스페인 포르투갈

SPAIN PORTUGAL

바르셀로나

포르투

마드리드

리스본

이주은 · 박주미 지음

작가 소개

글 · 사진 _ **이주은**

꿈에 그리던 유럽 여행을 시작으로 가이드북을 쓰게 되어 〈이지 유럽〉, 〈이지 동유럽〉, 〈프렌즈 런던〉, 〈프렌즈 미국서부〉, 〈프렌즈 미국동부〉, 〈프렌즈 뉴욕〉에 이르기까지 어느새 매년 유럽과 미국을 넘나드는 여행작가가 되었다.
책을 쓰게 되면서부터는 갔던 곳을 재방문해야 하는 즐거운 고충을 겪고 있는데, 스페인과 포르투갈은 최근 두드러지게 변모하는 곳이라 그런지 지루할 틈이 없었다. 스페인을 다섯 번 여행하고도 몰랐던 재미를 책 쓰며 알게 되었다. 오랜 역사를 촘촘히 채워온 수많은 드라마틱한 이야기들을 마주하며 여행이 더욱더 깊어졌고 그만큼 더 즐거워졌다.
스페인과 포르투갈을 여행하는 사람들이 모두 많이 느끼고, 많이 배우고, 많이 행복하기를!

글 · 사진 _ **박주미**

스물 둘, 멋모르고 처음 유럽 여행길에 올랐다가 이국의 낯선 풍경과 사람에 매료되면서 방랑벽을 얻게 되었다. 시간과 돈, 체력이 허락하는 한 계속 여행길에 올랐고 지금까지 유럽 19개국 118개 도시에 발을 내디뎠다.
여러 유럽 국가 중 쉽게 잊지 못하는 곳이 있다면 바로 스페인이다. 아름다운 풍광, 강렬한 태양만큼 정열적인 사람들, 각 도시에서 느껴지는 독특한 분위기 등 다채로운 매력이 공존하고 있다. 여행과 사진을 좋아하는 한낱 평범한 여행자인 내게 스페인은 더할 나위 없는 최고의 여행지가 되었고, 그곳에서 얻은 정보와 경험을 모두와 나누고 싶은 마음으로 열심히 책을 준비했다.
멀리 떠나서 마주한 모든 것들이 선물 같은 시간이 될 수 있기를!

일러두기

이 책에 실린 정보는 2019년 6월까지 이루어진 정보 수집을 바탕으로 합니다. 정확한 정보를 싣고자 노력했지만, 끊임없이 변하는 현지의 물가와 여행 정보에 변동 사항이 있을 수 있습니다. 또한, 본문에 소개된 추천 일정과 루트는 현지 상황과 시기, 개인 정보력에 따라 변수가 많다는 점을 염두에 두시길 바랍니다.
도서를 이용하면서 불편한 점이나 틀린 정보에 대한 의견은 아래로 제보 부탁드립니다.

알에이치코리아 편집부 hjko@rhk.co.kr
이주은 작가 junecavy@gmail.com
박주미 작가 jm_0720@naver.com

맵북 보는 방법

맵북은 구글 맵스와 연동됩니다. 맵북 페이지 상단에 있는 QR 코드를 스마트폰으로 스캔하면, 본문에 소개된 스폿이 찍혀 있는 구글 맵스로 연결됩니다. 일일이 검색할 필요 없이 지역별 명소, 쇼핑 플레이스, 음식점 등의 위치를 한눈에 확인할 수 있습니다.

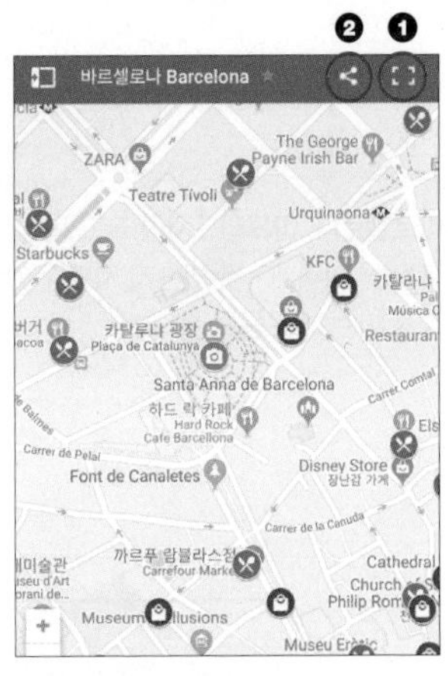

❶ 확대 아이콘을 누르면 구글 맵스 페이지로 이동합니다.
❷ 공유 아이콘을 누르면 지도 정보를 SNS에 공유할 수 있습니다.

지도 아이콘

- 명소
- 쇼핑
- 음식점
- 즐길거리
- 공항
- 기차역
- 메트로 (마드리드 · 바르셀로나)
- 메트로(발렌시아)
- 메트로(세비야)
- 메트로(빌바오)
- 케이블카
- 트램
- 버스터미널
- 버스정류장
- 관광안내소

본문 보는 방법

많은 도시가 있는 스페인은 교통의 중심이 되는 거점 도시와 주변 도시를 묶고 동부, 중부, 남부, 북부로 나누어 소개합니다. 포르투갈은 리스본을 중심으로 북부의 포르투까지 인기 있는 근교 도시를 순서대로 구성했습니다. 인사이드 파트의 스페인 · 포르투갈 한눈에 보기 지도를 보고 본문에 소개한 도시들의 위치를 파악해두면 편리하게 여행 계획을 세울 수 있습니다.

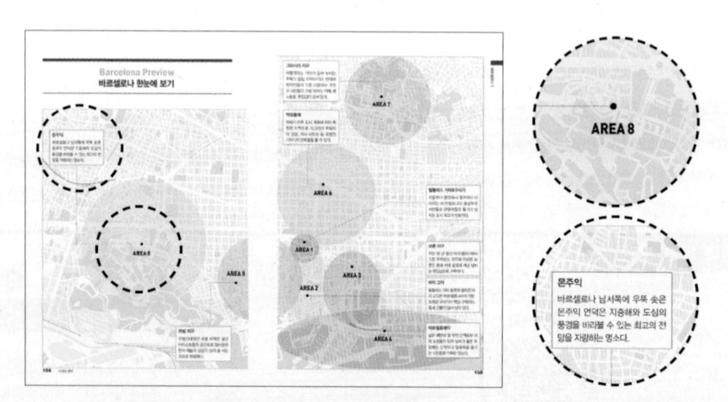

●바르셀로나, 마드리드처럼 크고 복잡한 대도시는 지역을 'AREA' 단위로 나누어 설명합니다. **'한눈에 보기'**에서는 지역을 어떻게 나누었는지 지도 위에 표시하고 개괄적인 설명을 덧붙여, 취향에 맞는 여행지를 찾고 전체적인 일정을 짜는 데 도움을 줍니다.

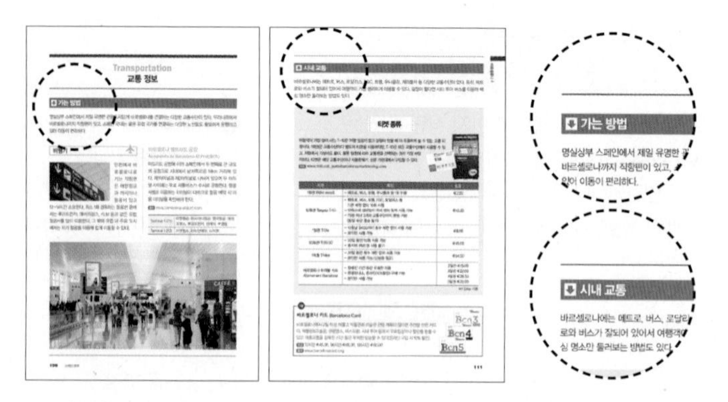

●**'교통 정보'**에서는 여행자들이 현지에서 헤매지 않고 편하게 다닐 수 있도록 가는 방법과 시내 교통에 대한 정보를 상세하게 안내합니다.

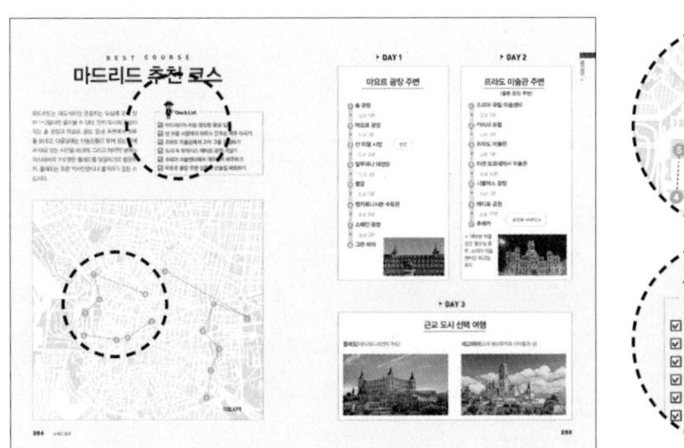

●'**추천 코스**'에서는 효율적으로 여행지를 둘러볼 수 있는 최적의 코스를 간단한 동선 지도로 알기 쉽게 소개합니다. 또한, 체크 리스트가 있어 놓치지 말아야 할 명소나 맛집, 쇼핑숍 등을 확인할 수 있습니다.

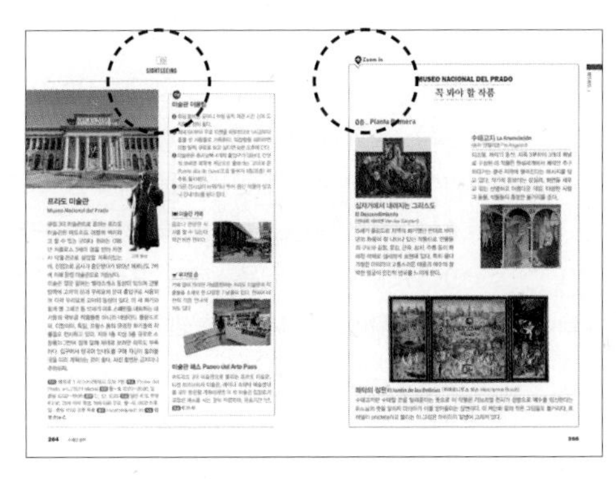

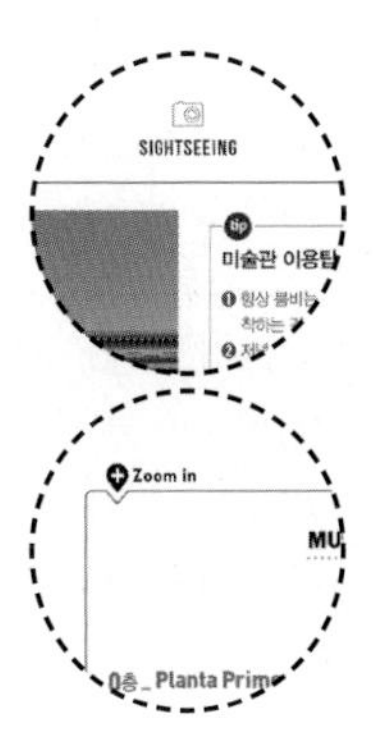

●본문 상단에는 어떤 장소인지 쉽게 구분할 수 있도록 아이콘을 넣었습니다. 또한, 조금 더 설명이 필요한 부분은 팁 박스와 줌인 박스를 이용하여 더욱 풍성한 정보를 실었습니다.

●본문에서 미처 다루지 못한 특별한 볼거리, 먹을거리, 재미있는 이야기 등은 토크 박스와 '스페셜'에서 조금 더 자세하게 소개합니다.

CONTENTS

PART 1
인사이드 스페인 포르투갈

PART3
스페인

PART 2
여행 시작하기

스페인 동부

스페인 중부

스페인 남부

스페인 북부

PART4
포르투갈

PART5
여행 준비하기

Barcelona

Barcelona

Madrid

Cordoba

Granada

Costa brava

Ronda

Segovia

Porto

Bilbao

Lisbon

Costa del Sol

PART 1

인사이드 스페인 포르투갈

북부
아스투리아스 지방
Asturias
산티아고 데 콤포스텔라
산티아나 델 마르
코미야스
산탄데르
빌바오
칸타브리아 지방
Cantabria
갈라시아 지방
Galicia
카스티야 이 레온 지방
Castilla y Leon
브라가
포르투
살라망카
세고비아
중부
마드리드
Madrid
엘 에스코리알
마드리드
코임브라
나자레
바탈랴
투마르
파티마
알쿠바사
오비두스
톨레도
Seville
신트라
Portugal
리스본
엑스트레마두라
Eztremadura
카스티야 라 만차
코르도바
세비야
남부
안달루시아
Andalucia
말라가
론다

SPAIN PORTUGAL PREVIEW

스페인 · 포르투갈 한눈에 보기

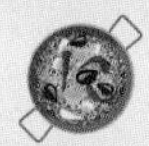

INSIDE

스페인 명소 베스트 10

BEST SPOTS

많은 사람의 가슴을 설레게 하는 유럽에서 가장 완벽한 여행지답게 수많은 볼거리가 있다.
그 어느 곳 하나 빼놓을 수 없을 만큼 중요하지만 절대 놓쳐서는 안 될 명소들을 소개한다.

스페인을 대표하는 건축물

바르셀로나 사그라다 파밀리아 성당 P.152

가우디가 숨을 거둘 때까지 약 40년간 남은 생을 바쳐 설계하고 감독한 미완성의 걸작품이다.

2

동화 속 상상의 실현

바르셀로나 구엘 공원 P.160

가우디가 꿈꾸던 동화적 상상력이 그의 후원자 구엘을 만나 현실에서 이뤄낸 또 하나의 걸작이다.

세계 3대 미술관

마드리드 프라도 미술관 P.264

보유한 작품만 약 3만 점. 스페인 3대 거장을 비롯해 스페인 황금기에 활약했던 화가들의 작품을 볼 수 있다.

4

엄격한 절제의 미

엘 에스코리알 P.318

스페인 국왕의 거주지이자 광대한 수도원으로 세계에서 손꼽히는 가장 아름다운 도서관이 있다.

INSIDE

5

로마 시대 토목 기술의 정수

세고비아 수도교 P.312

그 어떠한 접합제도 이용하지 않고 웅장하고 견고한 자태를 뽐내고 있어 놀라운 고대 로마의 유적이다.

6

세계에서 세 번째로 큰 규모

세비야 대성당 P.349

콜럼버스의 유해가 있는 곳으로 죽어서도 스페인 땅을 밟지 않겠다는 유언을 실행한 모습이 장관이다.

7

최고의 절경

론다 누에보 다리 P.369

절벽 위 도시의 구시가와 신시가를 연결하는 120m 깊이의 협곡에 세워진 다리는 론다의 상징이다.

8

이슬람 건축 중 최고의 걸작

그라나다 알람브라 P.392

스페인에 남아 있는 마지막 이슬람 문화 유산으로 정교하고도 아름다운 문양과 장식들이 가득하다.

스페인 미래형 복합단지

발렌시아 예술 과학의 도시 P.232

예술과 과학이라는 테마가 어우러져 여러 개의 미래 지향적 건물들이 모여 신비로움을 준다.

10

가톨릭의 3대 성지

산티아고 데 콤포스텔라 대성당 P.463

약 800km 산티아고 순례길의 최종 목적지가 되는 장소로 순례자에게 매우 중요한 의미를 지닌다.

INSIDE

포르투갈 명소 베스트 10

BEST SPOTS

스페인 여행의 보너스였던 포르투갈이 어느덧 유럽 최고의 핫플레이스로 떠올랐다 유럽의 남서쪽 끝에서 특유의 문화와 역사를 키워온 아름다운 포르투갈의 명소들을 찾아 떠나자.

포르투갈 영광의 상징

발견 기념비 P.497

포르투갈의 대항해 시대를 이끌었던 위대한 인물들이 새겨진 역동적인 모습의 기념물이다.

2

테주 강변의 우아한 탑

벨렝 탑 P.500

테주 강변에 요새로 지어진 탑으로 지하에는 끔찍한 감옥이, 위층에는 아름다운 테라스가 있다.

3

포르투갈 특유의 마누엘 양식의 걸작

제로니무스 수도원 P.495

포르투갈의 전성기였던 발견의 시대의 영광을 보여주는 아름다운 수도원이다.

4

리스본 대표 전망대

포르타스 두 솔 전망대 P.489

리스본의 대표 인증샷 장소로 리스본의 아름다운 풍광이 펼쳐지는 멋진 전망대다.

INSIDE

리스본을 내려다보는 고성

상 조르즈 성 P.490

로마 시대에 처음 지어져 수차례 주인이 바뀌고 재건되며 오랜 역사를 함께 해온 성이다.

6

동화 속 아름다운 성

페나 성 P.525

신트라의 언덕 위에 자리한 성으로 다양한 양식과 색상이 어우러져 테마파크의 궁전처럼 화려하다.

7

포르투갈 최초의 대학

코임브라 대학교 P.589

리스본에 처음 세워져 코임브라로 옮겨온 대학으로 종탑에 오르면 아름다운 도시가 한눈에 들어온다.

8

마누엘 양식의 아름다운 미완성 수도원

바탈랴 수도원 P.546

포르투갈 중부에 조용히 자리한 곳으로 유네스코 문화유산에 빛나는 아름다운 수도원 중 하나다.

9

정갈한 순례지

봉 제수스 두 몬트 P.599

파티마가 웅장하고 현대적인 순례지라면 이곳은 고전적이고 아름다운 순례지로서 가톨릭의 정신을 느낄 수 있다.

10

포르투 최고의 전망대

동 루이스 1세 다리 P.572

포르투에서 가이아 지역으로 건너가는 2층 다리로 도우루 강변이 한눈에 바라보이는 전망대다.

INSIDE

스페인 여행 버킷리스트

BUCKET LIST

**랜드마크만 보는 여행으로는 스페인을 제대로 즐겼다고 할 수 없다.
여타 유럽과는 다른 독특한 스페인의 매력 속에서 꼭 해봐야 할 것들은 무엇이 있을까?**

1 가우디 만나기

바르셀로나를 여행하는 가장 큰 이유는 가우디의 흔적을 찾는 것이다. 기하학적인 형태와 자연에서 영감을 얻은 독창적인 건축 스타일을 보면, 그가 세상을 떠나고 100년이 흐른 지금까지도 왜 많은 이들에게 사랑받고 있는지 알 수 있다.

2 플라멩코 & 투우 관람

뜨겁고 강렬한 스페인 이미지를 만드는데 일조한 플라멩코와 투우는 스페인에 온 이상 한 번쯤은 꼭 봐야 하는 공연이다. 백 마디 말은 필요 없다. 한 번 공연을 보면 왜 스페인 여행 버킷리스트에 들어가야 하는지 바로 알 수 있다.

3 프라도 미술관 관람

회화와 조각 등 3만 점 이상의 방대한 미술품을 소장하는 세계 3대 미술관 중 하나인 프라도 미술관은 마드리드 여행의 필수 코스. 수많은 걸작을 전시하고 있어 주요 작품만 본다 해도 하루 꼬박 걸린다(6시 이후는 무료 입장).

4 시에스타 즐기기

관광지, 레스토랑이 문을 닫아 거리가 조용해지는 스페인의 낮잠 시간 시에스타 Siesta. 1분 1초가 아쉬운 여행객의 입장을 모르는 것은 아니지만 한여름 40℃에 육박하는 치명적인 더위 속에 여행하는 것도 고된 일이다. 낮잠이 하나의 문화로 자리 잡고 있는 나라에 왔으니 그 속에 녹아들자.

5 스페인에서 이슬람 문화 찾기

여러 민족이 침입해 흥망성쇠를 거듭해 온 스페인은 문화 역시 다양하다. 특히 800년 동안 지배한 이슬람교의 영향으로 이슬람 문화가 짙게 남아 있다. 그 중에서 이슬람 문화의 백미를 보여주는 알람브라 궁전 관람은 필수!

6 라 리가 경기 직관

세계적인 선수들이 활약하고 있는 라 리가 경기 직관은 축덕들의 꿈! 선수들의 명품 경기를 눈앞에서 보는 일은 짙은 여운을 남길 것이다. 특히 스페인 축구를 대표하는 바르셀로나와 레알 마드리드의 엘 클라시코가 열린다면 반드시 방문해봐야 한다.

〈스페인 하숙〉 따라 걷는 산티아고 순례길

CAMINO DE SANTIAGO

전 세계에서 찾아오는 수많은 순례자들의 고향 산티아고. 종교적인 목적이 아니어도 걷기 명상으로 자신을 돌아볼 수 있는 순례길 걷기는 새로운 힐링 여행의 매력을 보여준다.

산티아고 순례길
카미노 데 산티아고

걷기여행의 대표적인 루트 산티아고 순례길은 프랑스 남쪽의 작은 마을 생장피드포르 Saint-Jean-Pied-de-Port에서 시작해 스페인 북부를 가로질러 산티아고 데 콤포스텔라 Santiago de Compostela까지 이어지는 약 800km의 대장정이다. 유럽에서는 이미 오래전부터 가톨릭 순례자들이 찾는 곳이었는데, 1993년에 유네스코 세계문화유산으로 등재되면서 더욱 많은 사람들이 찾게 되었고 1997년 파울로 코엘료의 책에 등장해 세계적인 관심을 받게 되었다. 꼬박 한 달이 걸리는 긴 여정이지만, 종교적인 목적뿐 아니라 힐링과 자기 성찰, 걷기 명상 등 다양한 이유로 방문자가 늘고 있다.

최근에는 단순한 여행자들도 찾고 있는데, 여행자들에게 있어 산티아고 순례길의 매력은 스페인의 다채로운 풍경과 마주하며 세계 각국에서 온 사람들과 만날 수 있다는 것이다. 하지만, 진지하게 순례길 걷기를 마음먹었다면 100km 이상 완주해서 순례 증서를 받는 것도 의미가 있다.

산티아고 데 콤포스텔라와 함께 들러보면 좋은 순례길 인기 도시

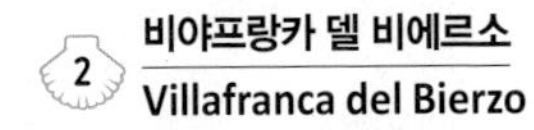

1 레온 León

산티아고 데 콤포스텔라에서 300km 정도 떨어져 있어 덜 부담스러운 일정을 원하는 사람들의 출발지가 되는 도시다. 10~12세기 번영을 누렸던 레온 왕국의 수도로 볼거리가 많고 교통도 편리해서 많은 사람들이 선호한다. TV 프로그램 지오디의 〈같이 걸을까〉에 시작점으로도 나왔다.

2 비야프랑카 델 비에르소 Villafranca del Bierzo

레온에서 산티아고 데 콤보스텔라로 가는 길에 자리한 작은 마을로 TV 프로그램 〈스페인 하숙〉에 나오면서 유명해졌다. 방송에 나왔던 거대한 건물은 '산 니콜라스 엘 레알 San Nicolas El Real' 건물로, 오래된 수도원을 개조해 현재는 순례자들의 숙소인 알베르게로 이용하고 있다.

tip

순례 증서 받기

❶ 시작 도시의 순례자 사무실이나 공립 알베르게에서 순례자 여권이라고 할 수 있는 크리덴시알 Credencial을 받는다.
❷ 크리덴시알이 있으면 저렴한 순례자 전용 숙소인 알베르게 Albergue에 묵을 수 있고, 간혹 식당 등에서도 할인을 받을 수 있다. 그리고 구간별로 증명 스탬프를 받을 수 있다.
❸ 최종 목적지인 산티아고 데 콤포스텔라에 도착해 순례자 사무소에서 크리덴시알을 보여주면, 도보로 100km 이상 걸은 경우 순례 증서인 콤포스텔라 Compostela를 받을 수 있다.

알베르게

성난 소와 치열한 한판 승부, 투우

CORRIDA DE TOROS

금빛의 찬란한 복장과 날렵한 몸짓으로 흥분해 날뛰는 소를 제압하는 스페인 고유문화 축제인 투우.
전통문화와 동물 학대 그사이에 많은 논란이 있지만, 스페인의 자존심이자 정열의 상징임은 틀림없다.

스페인의 투우

투우는 목축과 농업의 번성을 기원하면서 황소를 제물로 바치는 종교의식에서 비롯했다. 이후 귀족들의 스포츠로 성행했고 대중화되면서 현대의 투우가 탄생했다. 동물 학대와 잔혹성 때문에 세계 각국에서 비난을 받고 있어 경기 자체는 많이 줄었지만, 안달루시아 지방에서는 투우를 전통문화로 계승하고 있고 중요 축제에서는 빠지지 않는 행사로 자리 잡았다.

투우 티켓 예매

대부분 도시에 투우장이 있으며 공식 시즌은 3월부터 10월까지다. 티켓은 온라인 예매나 현장 구매를 하는 것이 대부분이며, 성수기나 축제 시즌에는 좌석이 없을 수 있어 미리 예매해야 한다.

플라멩코

오랜 세월 고통과 핍박 속에서 살던 집시들이 자신의 삶을 대변하듯 토해낸 노래와 춤은 강렬한 개성을 가진 예술로 인정받으며 스페인 공연문화로 정착했다. 예술적인 측면을 강조한 화려한 공연의 세비야와, 집시들이 거주하던 동굴을 공연장으로 이용하는 그라나다가 플라멩코의 2대 중심지다.

플라멩코 완성의 3가지 요소

01 무용수, 바일레 Baile

바일라오르 Bailaor(남자) 바일라오라 Bailaora(여자)

화려하고 역동적인 춤사위, 세월의 연륜에서 나오는 풍부한 표현력은 가히 압도적이다. 남성 무용수가 직선 느낌이라면, 여성 무용수는 곡선미를 살린 부드럽고 우아한 느낌이다.

02 가수, 칸테 Cante

칸타오르 Cantaor(남자) 칸타오라 Cantaora(여자)

대부분 남성 가수가 많다. 애환, 절망, 사랑, 기쁨 등 집시들의 삶을 노래한다.

03 기타연주자, 토케 Toque

19세기 기타가 도입되기 전까지는 박수로만 박자를 맞췄으나 현재는 기타 반주와 더불어 캐스터네츠를 사용해 독특한 리듬을 만들어내기도 한다.

스페인 예술의 꽃, 플라멩코

FLAMENCO

'태양의 나라', '정열의 나라'라는 뜨겁고 강렬한 스페인의 이미지를 만드는데 일조한 플라멩코. 격정적인 음악과 절제된 몸짓, 폭발적 감정이 어우러진 플라멩코는 관객들에게 전율을 선사한다.

축구 팬들의 로망, 라 리가

SOCCER

안방 1열이 대세라지만 실제 경기장에서 관람했을 때의 감동만 할까? 유럽 축구 5대 리그 중 하나이자, 세계 최정상 선수들이 활약하는 라 리가 직관의 기회는 절대 놓칠 수 없다.

라 리가

1927년에 설립된 스페인 축구 리그로, 유럽 리그 중에서도 최고로 손꼽히며 세계에서 가장 인기 있는 스포츠 중 하나라고 할 수 있다. 매년 8월부터 다음 해 5월까지 20개 구단이 각각 38번의 경기를 치러 순위를 결정한다. 하위 3개 구단은 2부 리그로 강등되고, 2부 리그의 상위 3개 구단은 1부 리그로 승격되는 시스템이다.

티켓 예매 방법

레알 마드리드와 FC 바르셀로나의 경기처럼 치열하고 재미있는 더비 경기가 아니라면 대체로 현장에서 티켓을 구할 수 있지만, 빅 매치라면 조기에 매진되는 일이 비일비재해서 티켓 오픈일에 바로 예매하는 것을 추천한다. 대부분 각 구단의 공식 사이트에서 예매할 수 있고 해외 사이트 이용이 어렵다면 대행사를 통해 티켓을 구입할 수도 있다.

가장 보고 싶은 라이벌 매치

레알 마드리드와 FC 바르셀로나의 경기를 두고 '고전의 승부'라는 뜻의 엘 클라시코 El Clásico라 부르는 것처럼 축구 팬들을 뜨겁게 많은 수많은 더비 경기가 있다. 축구를 잘 모르더라도 여행 중 가장 치열하고 재미있는 경기를 보고 싶다면 대표적인 라이벌 매치를 기억해두자.

El Clásico
엘 클라시코
레알 마드리드 / FC 바르셀로나

El Derbi madrileño
엘 데르비 마드릴레뇨(마드리드 더비)
레알 마드리드 CF / 아틀레티코 마드리드

El Derbi Vasco
엘 데르비 바스코(바스크 더비)
레알 소시에다드 / 아틀레틱 빌바오

El Derbi catalán
엘 데르비 카탈란(바르셀로나 더비)
FC 바르셀로나 / RCD 에스파뇰

El Derbi sevillano
엘 데르비 세비야노(안달루시아 더비)
세비야 FC / 레알 베티스

El Derbi valenciano
엘 데르비 발렌시아노(발렌시아 더비)
발렌시아 CF / 레반테 UD

El Derbi gallego
엘 데르비 갈레고(갈리시아 더비)
셀타 비고 / 데포르티보 라코루냐

INSIDE

스페인을 맛보다. 꼭 먹어야 할 TOP 12

SPAINISH FOOD

하루 5끼를 챙겨 먹을 정도로 먹는 것을 중요하게 생각하는 스페인 사람들.
덕분에 스페인 요리 세계는 무궁무진하고 침샘을 자극하는 스페인 대표 음식도 많다.

↑ 토르티야 데 파타타 Tortilla de patatas

'작은 감자 케이크'라는 뜻으로 감자와 달걀을 올리브 오일에 두툼하게 익힌 스페인식 오믈렛. 지역별로 만드는 방법이 다르고, 재료에 따라 맛이 달라진다.

↑ 판 콘 토마테 Pan con tomate

카탈루냐 지방에서 유래된 음식으로 구운 바게트에 생마늘과 토마토를 문지른 아침 대용 건강식이다.

↑ 가스파초

Gazpacho

덥고 건조한 여름에 더위를 식히기 위해 먹던 안달루시아 지방의 차가운 수프. 토마토, 피망, 양파를 갈아 만들었다.

↑ 폴포 아 라 가예가

Pulpo a la gallega

스페인 북서부 갈리시아 지방의 문어 요리. 삶은 감자 위에 올린 문어의 고소하고도 부드러운 식감이 특징이다.

↑ 감바스 알 아히요

Gambas al Ajillo

감바스는 '새우', 아히요는 '마늘'을 뜻하는 이름 그대로 새우, 마늘, 올리브유를 이용해 만든 스페인 전채 요리다.

← 올리브 Oliva

스페인은 축복받은 지중해성 기후 덕분에 전 세계 올리브 최대 생산을 자랑한다. 레스토랑에서 맥주 한 잔만 주문해도 안주로 올리브 절임이 나오는 것을 심심찮게 볼 수 있다.

↑ 보카디요 Bocadillo

반으로 잘라 만든 스페인식 샌드위치. 오징어 튀김, 하몽, 고기 등 속에 채워 넣는 재료에서 지역 특색이 보인다.

↓ 크레마 카탈라나

Crema Catalana

겉은 바삭한 캐러멜, 속은 부드럽고 달콤한 커스터드 크림이 든 카탈루냐 지방의 디저트로 프랑스의 크렘 블뤼레와 비슷하다.

← 멜론 콘 하몽

Melón con Jamón

돼지 뒷다리를 소금에 절여 최소 6개월 이상 건조와 숙성을 반복해 만든 생햄인 하몽은 냉장시설이 없던 시절에 장기간 보관하고 먹기 위해 탄생한 요리다. 다양한 요리에도 두루 쓰이지만 달콤하고 수분 가득한 멜론과의 조합은 단짠의 정석을 보여준다.

코치니요 아사도 →

Cochinillo Asado

생후 2개월을 넘지 않은 새끼돼지를 화덕에 구운 세고비아 명물 요리. 접시로 고기를 자르는 퍼포먼스는 부드럽다는 것을 보여주기 위함이다.

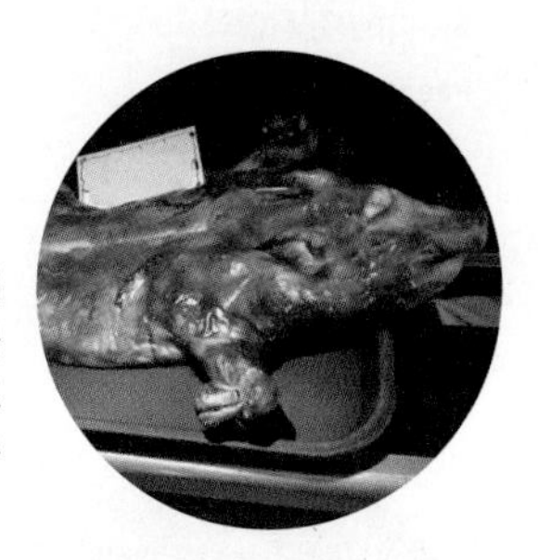

↑ 초코라테 콘 추로스

Chocolate con Churros

아침 식사나 간식은 물론이고 심지어 해장으로 먹기도 한다. 스페인에서는 초코라테에 찍어 먹는데, 보기와 달리 달지 않고, 진하고 걸쭉하다.

← 생과일 Fruta fresca

뜨겁고 강렬한 태양을 담은 스페인 과일 맛보기는 필수! 비옥한 땅과 좋은 날씨 덕에 향이 풍부하고 당도가 높으며 가격까지 착한 생과일은 그냥 지나칠 수가 없다. 특히 납작복숭아, 오렌지, 살구는 꼭 한 번 맛봐야 한다.

INSIDE

스페인의 흔한 점심 메뉴, 파에야

PAELLA

양쪽 손잡이가 달린 크고 얕은 프라이팬을 뜻하는 파에야.
이름의 기원처럼 스페인에서는 흔하디 흔한 요리지만 빼놓을 수 없는 가장 유명한 요리이기도 하다.

바닥에 눌어붙은 누룽지 소카랏 Socarrat은 파에야의 별미!

파에야 미스타
Paella Mixta
육류와 해산물이 혼합된 파에야

파에야 발렌시아나
Paella Valenciana
'파에야의 원조'인 발렌시아 지방의 것으로 닭고기와 토끼고기가 들어가는 것이 특징

파에야

둥글고 커다란 프라이팬에 쌀, 채소, 고기 혹은 해물을 넣고 볶은 다음, 육수를 붓고 끓이다가 쌀을 넣어 익힌 스페인식 쌀 요리로 본고장은 발렌시아다.
향신료의 여왕인 사프란을 넣어 황금빛을 띠는 것이 특징.

파에야 데 마리스코스
Paella de Mariscos
새우, 오징어, 바지락, 홍합 등 다양한 해산물이 들어간 파에야

아로스 네그로 Arroz Negro
오징어 먹물을 넣어 만든 검은 먹물 파에야로 마늘과 올리브유로 만든 알리올리 소스와 같이 먹는다.

아로스 칼도스 Arroz Caldoso
쌀과 다양한 해산물을 넣고 국물이 자작하게 끓인 해물 죽

피데우아 Fideuá
쌀 대신 짧고 얇은 면을 넣어 만든 해산물 파에야

맥주 파트너, 한입 쏙 타파스

TAPAS

술이나 음료가 든 잔에 파리가 들어가는 것을 막기 위해 빵 조각을 올려둔 것에서 비롯되었다는 독특한 기원을 가진 타파스. 술과는 떼려야 뗄 수 없는 음식이다.

타파스

술과 곁들여 먹는 간단한 음식인 타파스는 스페인 식사 문화를 논할 때 빠질 수 없다. 에피타이저, 메인 요리, 디저트 구분 없이 안주로 먹는 소량의 음식이기에 모든 음식이 타파스가 될 수 있어 그 종류만 해도 수백 가지에 이른다.

타파스, 핀초스 뭐가 다를까?

결론부터 말하면 핀초스는 타파스의 일종!
타파스 Tapas가 작은 접시에 나오는 요리라면
핀초스 Pinchos는 작은 바게트 위에 재료를 올리고
이쑤시개로 고정한 바스크 지방의 타파스다.
얇게 자른 바게트에 재료를 올린
몬타디토 Montadito도 비슷하다.
여러모로 헷갈릴 수 있지만 확실한 것은
술과 함께 즐기기 좋은 음식이라는 것이다.

맛과 향으로 유혹하는 스페인 커피

COFFEE

여행 중 언제 어디서나 저렴한 가격에 깊은 맛과 풍부한 향의 커피를 마실 수 있다는 것은 행운이다. 다만, 메뉴 이름은 영어와 많이 달라 의사소통에 어려움이 있어 미리 확인해두는 것이 필요하다.

카페 솔로
Café Solo
에스프레소

카페 도브레
Café Doble
에스프레소 더블샷

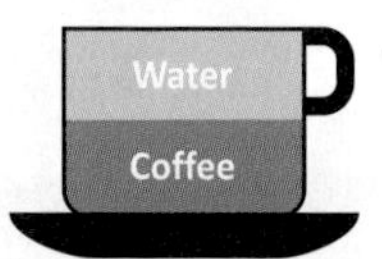

카페 라르고
Café Largo
스페인식 아메리카노

카페 코르타도
Café Cortado
카페 솔로에 적은 양의 우유를 넣은 커피

카페 콘 레체
Café Con Leche
1:1 비율로 카페 솔로와 우유를 넣은 커피

레체 만차다
Leche Manchada
카페 솔로에 많은 양의 우유를 넣은 스페인식 카페 라테

카페 봄본
Café Bombón
카페 솔로에 달콤한 연유를 넣은 커피

카페 카라히요
Café Carajillo
카페 솔로에 브랜디 혹은 위스키 섞은 커피

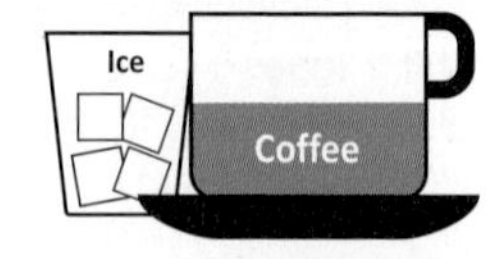

카페 콘 이엘로
Café Con Hielo
카페 솔로와 얼음이 담긴 컵이 나오는 스페인식 아이스커피

스페인의 특별한 음식 문화

FOOD CULTURE

여름엔 40℃를 넘고, 오후 10시가 돼서야 해가 지는 스페인의 낮은 유독 길다.
낮에 활동하는 것이 상당히 힘들다 보니 낮잠과 하루 5끼를 즐기는 독특한 식사 풍습이 생겼다.

스페인 사람들은 정말 하루 5끼를 먹을까?

스페인의 긴 낮을 버티기 위해 시에스타 Siesta가 생겼고, 더불어 늦어진 점심으로 하루 5끼를 먹는 문화가 생겼다. 그렇다고 많이 먹는 것은 아니다. 적은 간식과 식사를 모두 합하면 하루 먹는 양은 비슷하다. 게다가 조금씩 다섯 번 나눠 먹어 건강한 식사가 가능하다.

우리와 다른 스페인 식사 예절

❶ 직원의 안내에 따라 자리에 앉으세요.
입구에서 직원이 인원수를 확인하고 안내하기 전까지 마음대로 자리를 찾아 앉으면 안 됩니다.

❷ 손을 들고 직원을 크게 부르지 마세요.
주문을 하거나 무언가를 요청하고자 한다면 직원과 눈을 맞추면 됩니다. 기다려도 오지 않는다면 손을 가볍게 들어 눈을 맞추도록 합니다.

❸ 계산은 카운터에서 하지 않습니다.
눈짓으로 직원을 불러 계산서를 요청한 후 그 자리에서 계산합니다.

❹ 스페인은 팁 문화가 없습니다.
팁 문화는 없지만, 만족스러운 식사로 팁을 주고 싶다면 원하는 만큼 지불하면 됩니다.

Desayuno (데사유노)

이른 아침 빵, 커피, 우유 등 가볍게 먹는 식사를 말한다. 대개 크루아상, 토스트, 추로스, 비스킷을 먹는다.

Almuerzo (알무에르소)

우리나라 아점에 해당하는 식사로 타파스나 스페인식 샌드위치 보카디요, 혹은 샐러드를 먹는다.

Comida (꼬미다)

전채요리, 메인요리, 디저트까지 코스로 즐기는 점심식사. 메뉴 선택이 어렵다면 오늘의 메뉴인 메뉴 델 디아 Menú del día를 추천한다. 약 2시간 동안 느긋하게 즐기는 하루의 가장 비중 있는 식사다.

Merienda (메리엔다)

저녁 식사 전에 간식을 즐기는 시간. 아점과 마찬가지로 보카디요, 타파스, 케이크 등을 먹는다.

Cena (세나)

저녁 식사이기는 하지만 점심보다는 적게 먹으며 바르 Bar에서 맥주와 와인에 곁들여 먹는 것이 보통이다.

포르투갈을 맛보다. 꼭 먹어야 할 TOP 12

PORTUGUESE FOOD

유명한 음식이 에그타르트밖에 없다고 생각한다면 포르투갈 여행의 즐거움 중 반은 잃는 것과 같다. 바다와 맞닿아 있어 해산물을 많이 사용하고 매콤한 요리도 많아 우리의 맛과 비슷하다.

카타플라나

Cataplana →

본래 포르투갈어로 카타플라나는 구리 냄비를 지칭하며, 용기에 각종 해산물을 넣고 끓여 먹던 것이 요리의 이름이 되었다.

↑ 파스텔 데 나타

Pastel de Nata

에그타르트의 본고장은 포르투갈이다. 18세기 수도사들이 쓰고 남은 달걀노른자를 이용해 만들었다. 겉은 바삭하고 속은 촉촉하며, 커스터드 크림이 가득해 달콤하다.

← 칼두 베르드 Caldo Verde

삶아 으깬 감자와 잘게 썬 볶은 양배추를 넣고 푹 끓이다 소시지를 넣어 만든 수프. 담백하고 깔끔하다.

← 코지두 아 포르투게자

cozido à portuguesa

고기와 각종 채소를 넣고 끓인 스튜로 쉽게 구할 수 있는 재료를 사용한 것이 특징이다. 주로 일요일에 먹는 가정식이다.

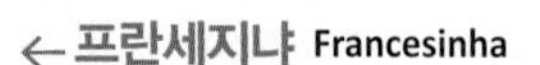

← 프란세지냐 Francesinha

칼로리가 높은 내장파괴 샌드위치. 두 개의 식빵 사이에 소시지와 고기를 가득 넣고 치즈를 녹여 빵의 표면을 감쌌다. 포르투에서 유명하며, 감자튀김과 맥주를 곁들여 먹기도 한다.

↓ 폴부 아 라가레이루

Polvo à lagareiro

문어가 질기다는 편견을 깨는 스테이크 요리로 쫄깃하면서도 부드러운 식감에 놀라게 된다. 채소, 감자와 함께 먹는다.

↑ 프랑구 피리피리

Frango Piri Piri

작고 매운 피리피리 고추 소스를 발라 직화로 구운 포르투갈 국민 치킨 요리. 살짝 매콤해서 우리 입맛에 잘 맞는다.

↑ 바칼라우 Bacalhau

소금에 절인 대구를 각종 채소에 곁들여 먹는 전통 음식으로 지역, 재료에 따라 만들 수 있는 요리법만 천 가지가 넘는다

↓ 아호즈 드 마리스쿠

Arroz de Marisco

토마토 퓌레에 문어, 조개, 새우 등 각종 해산물을 넣고 걸쭉하게 끓인 요리로 일명 해물밥이라 부른다. 쌀과 국물에 익숙한 한국인의 입맛에 잘 맞으며 포르투갈 어디에서든 쉽게 접할 수 있다.

← 사르디냐 그렐랴다쉬

Sardinha Grelhadas

포르투갈 사람들은 대구만큼 정어리를 즐겨 먹는다. 매년 6월이면 리스본에서 풍어를 기원하는 '성 안토니오 축제'가 열리는데 정어리구이를 나눠 먹는 풍경을 볼 수 있다.

비파나 Bifana →

볶은 고기와 치즈를 넣은 돼지고기 샌드위치. 맥도날드에 MC Bifana라는 메뉴가 있을 정도로 포르투갈인들이 즐겨 먹는 음식 중 하나다.

← 하바나다 Rabanada

포르투갈식 프렌치토스트로 기존의 것과 다른 점이라면 묽은 커스터드 소스와 같이 먹는다는 것이다. 소스가 가득해 달콤한 하바나다는 커피와 함께 마시면 좋다.

INSIDE

'한 잔'하고 싶은 스페인 · 포르투갈

ALCOHOL

스페인과 포르투갈에는 다채로운 맛을 즐길 줄 아는 애주가들을 위한 개성 넘치는 술이 많다. 시원 달콤한 상그리아부터 지역 와인까지. 여행의 품격을 높여주는 맛있는 술을 소개한다.

스페인 술

1 상그리아 Sangria

레드 와인에 사과, 오렌지, 레몬 등 과일과 탄산수를 넣어 차게 마시는 과일주. 피를 뜻하는 상그레 Sangre라는 단어에서 유래된 만큼 대개는 레드 와인을 베이스로 두지만, 화이트 와인을 이용한 상그리아 블랑카 Sangria Blanca도 있다.

2 셰리 Jerez

식욕을 돋우는 식전주로 스페인 남부의 헤레스 데 라 프론테라 지역 Jerez de la Frontera의 와인이다. 일반 와인에 브랜디를 넣어 알코올 도수가 높고 향이 강한 것이 특징이다.

3 틴토 데 베라노 Tinto de Verano

'여름의 레드 와인'이라는 뜻으로 안달루시아 지방 사람들이 많이 마신다. 상그리아와 비슷하지만 끓이거나 숙성하지 않고 탄산수와 얼음을 넣어 시원하게 마시는 것이 다르다.

4 카바 Cava

프랑스에서는 샴페인이라고 하지만, 스페인에서 생산된 스파클링 와인은 카바라고 부른다. 빠레야다 · 샤렐로 · 마카베오가 카바의 기본 품종이며, 병 숙성 기간에 따라 15개월 이상은 리제르바 Reserva, 30개월 이상은 그란 리제르바 Gran Reserva로 나뉜다. 카바의 대명사로 불리는 코도르니우 Codorniu, 프레이세넷 Freixenet 두 회사가 가장 유명하다.

5 시드라 Sidra

스페인 북부 바스크 지방에서 맛볼 수 있는 사과 발효주로 새콤하면서도 신선한 사과 향을 풍긴다. 병을 머리 높이 들어 폭포처럼 따라주는데, 최대한 공기를 많이 접촉시켜 맛을 극대화하기 위함이다.

6 차콜리 Txakoli

바스크 지방의 전통 스파클링 화이트 와인으로 도수가 높지 않고 향이 가벼우며 드라이해서 식전주로 제격이다. 대부분의 음식과 잘 어울린다.

맥주 Cerveza

스페인어로 맥주는 세르베사라고 하며 맥주잔의 종류에 따라 주문할 수 있다. 가장 작은 까냐 Caña, 컵이 긴 투보 Tubo, 500ml 사이즈의 하라 Jarra 그리고 병맥주인 보테야 Botella가 있다.

스페인 4대 맥주

❶ 에스트렐라 담 Estella Damn(바르셀로나)
❷ 마호 Mahou(마드리드)
❸ 크루스캄포 Cruzcampo(세비야)
❹ 알함브라 Alhambra(그라나다)

클라라 Clara

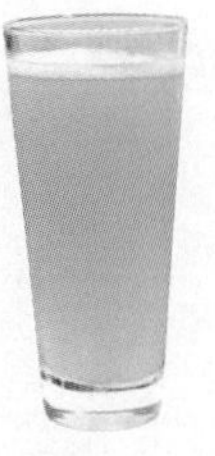

맥주와 레몬 맛 탄산수를 섞은 맥주를 클라라라고 한다. 알코올 도수가 높지 않고 달콤해서 가볍게 마실 때 좋다.

포르투갈 술

진지냐 Ginjinha

체리로 만든 포르투갈의 전통주. 체리와 설탕을 넣어 달콤함이 느껴짐과 동시에 식도를 타고 내려가면서 센 도수의 뜨끈함이 올라온다. 식전주로 많이 마시며, 초콜릿으로 만든 잔에 담아 팔기도 한다.

맥주 Cerveja

포르투갈에서는 맥주를 세르베자라고 한다. 포르투갈 맥주 브랜드의 양대 산맥은 슈퍼복 Super Bock과 사그레스 Sagres로, 어디에서든 쉽게 볼 수 있다.

포트 와인 Vinho do Porto

스페인 셰리와 더불어 세계 2대 주정 강화 와인으로 포르투갈을 대표하는 술이다. 브랜디를 섞어 만들기 때문에 도수가 높은 것은 물론 일반 와인보다 단맛이 강하다. 포르투에는 테일러 Taylor's, 그라함 Graham's, 샌드맨 Sandeman 등 포트 와인을 생산하는 크고 작은 와이너리 26곳이 모여 있다.

파라도르에서의 하룻밤

PARADOR

스페인을 여행하는 사람에게 하는 많은 조언 중 하나는 '파라도르에서 숙박해보기'다. 시설은 현대적이지만, 해당 지역의 특색은 유지한 고품격 숙소에서 보내는 특별한 시간!.

파라도르

중세의 고성, 시청사, 수도원, 수녀원, 병원 등 역사적인 건물을 개조하여 국가에서 운영하는 국영 호텔이다. 1928년 스페인 국왕 알폰소 13세 Alfonso XIII가 관광 활성화를 위해 처음 설립 이후 현재 약 100여 개의 호텔이 스페인 전역에 자리한다. 파라도르의 매력을 한 마디로 표현하면, '옛 스페인 정취를 느끼며 즐기는 쾌적한 호텔 라이프'라 할 수 있다. 전망 좋은 곳에서 느끼는 환상적인 경치와 합리적으로 맛보는 그 지방의 향토 요리는 덤으로 즐기는 매력 포인트.

파라도르 중에서도 가장 전망이 빼어난

론다 Parador de Ronda

깎아지른 기암괴석 위에 있어 뛰어난 자연 경관을 자랑하는 론다 파라도르는 옛 시청사 건물을 개조하여 운영하고 있다.

알람브라 궁전 성채의 심장부에 있는

그라나다 Parador de Granada

15세기 수도원을 개조한 파라도르로, 알람브라 궁전 내에 있어 이른 새벽이나 늦은 밤에도 알람브라를 산책할 수 있다는 것이 가장 큰 특권이다.

구시가지 전경이 한눈에 내려다보이는

톨레도 Parador de Toledo

테라스에서 바라보는 톨레도의 아름다운 경관은 형용할 수 없을 정도. 해가 떠오르는 아침도, 은은한 조명으로 물드는 야경도 모두 황홀하다.

15세기 순례자들을 위해 세워진 병원

산티아고 데 콤포스텔라

Parador de Santiago de Compostela

순례의 최종 목적지인 대성당 바로 옆에 있으며, 파라도르에서도 몇 안 되는 5성 호텔로 그에 걸맞은 화려함과 고풍스러움을 자랑한다.

'마법에 걸린 마을'을 바라볼 수 있는

쿠엥카 Parador de Cuenca

중세 수도원을 개조한 파라도르. 기암괴석이 둘러싸고 있는 마을, 절벽 위에 지어진 중세의 집들이 연출하는 환상적인 풍경을 볼 수 있다.

INSIDE

스페인 미술 여행

PICTURES

스페인 회화의 황금시대를 연 엘 그레코의 작품을 비롯, 세계적으로 유명한 미술 작품을 스페인 곳곳에서 만날 수 있다. 스페인 여행을 하면서 찾아보면 좋은 작품을 소개한다.

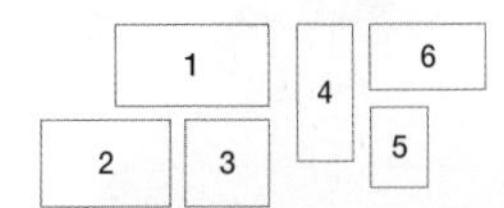

1 **피카소**
게르니카 Guernica p.000

스페인에서 소장하고 있는 피카소의 유명한 작품들 중 가장 대표적인 것은 그의 대작 게르니카다. 마드리드의 소피아 국립 미술센터에 있으며 스페인 내전 중 스페인의 작은 마을 게르니카에서 일어난 잔인한 살상을 알리고자 그린 그림이다. 게르니카 마을에는 복제품이 야외에 전시되어 있다.

2 **고야**
1808년 5월 3일의 처형
El Tres de Mayo

궁정화가였다는 것이 믿기지 않을 만큼 다양하고 독특한 개성을 지닌 고야는 스페인에 많은 작품이 있지만, 그중에서도 프라도 미술관에 있는 이 작품을 빼놓을 수 없다. 스페인을 점령했던 나폴레옹 군대에 대항하는 시민들이 1808년 5월 3일 무자비하게 처형당하는 장면을 그리고 있다.

3 **엘 그레코**
오르가스 백작의 장례식
El entierro del Conde de Orgaz

톨레도의 산토 토메 교회에 전시되어 있는 작품이다. 성당의 후원자였던 오르가스 백작의 사망 후 1586~1588년에 그렸다. 아래는 오르가스를 매장하는 지상의 모습, 위에는 그리스도와 성모 마리아에게 가는 천상의 모습을 대비시켜 표현했다.

4 **엘 그레코**
엘 엑스폴리오 El Expolio

톨레도 대성당에 있는 이 작품은 1577~1579년에 그린 것으로 엘 그레코의 다른 성화들과 마찬가지로 성스러움이 그대로 느껴지는 작품이다. 예수의 영롱한 눈빛과 표정은 실제로 보았을 때 더욱 실감나게 다가온다.

5 **벨라스케스**
궁정의 시녀들 Las Meninas

마드리드의 프라도 미술관이 자랑하는 벨라스케스의 대표작이다. 중심의 마르가리타 공주와 주변의 인물들에 대해 아직까지도 다양한 해석이 나오고 있으며 왼쪽 끝에 화가 자신의 모습을 그려 넣은 것도 재미있다. 수많은 리메이크와 패러디의 소재가 되는 유명한 작품이다.

6 **보스**
쾌락의 정원
El Jardín de las Delicias

마드리드의 프라도 미술관에 있는 이 작품은 피조물, 쾌락의 동산, 지옥 3부작이 3개의 패널로 구성되어 있다. 쾌락과 지옥의 모습을 작가의 독특한 상상력으로 풀어냈다. 화사한 색상과 다양한 인간군상, 동식물들을 천천히 구경하는 것만으로도 재미있다.

INSIDE

스페인 인기 쇼핑 리스트

SHOPPING

장바구니가 제아무리 크다 해도 아차 하는 순간 용량 초과.
스페인 잡화와 먹거리는 최고의 기념품이자 선물용으로도 그만이다. 꼭 필요한 쇼핑 필수템만 골랐다.

올리브 제품

세계적인 올리브 생산국 스페인에서 빼놓을 수 없는 아이템. 신선한 올리브 오일은 물론이고, 올리브로 만든 비누, 화장품, 식료품까지 다양한 종류가 있다. 바디용품으로 유명한 브랜드는 국내에도 일부 수입된 라 치나타 La Chinata.

파프리카 가루 Pimentón de la Vera

요리에 관심이 있는 사람에게 꼭 추천하고 싶은 아이템. 마트에서 쉽게 구할 수 있는데, 종류가 많아서 잘 골라야 한다. 먼저, 피멘테 데 라 베라 Pimentón de la Vera(라 베라의 파프리카) 인증 로고를 확인한다. 라 베라산 파프리카는 품질도 좋지만 참나무연기로 훈제를 하며 까다로운 공정을 거쳐 향이 좋기로 유명하다. 파프리카 종류에 따라 피칸테Picantesms(매운맛)와 둘체 dulce(단맛)가 있는데, 피칸테가 매콤해서 우리 입에 잘 맞으며 둘체는 부드러운 맛이다.

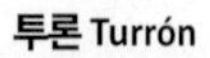

투론 Turrón

스페인의 전통 강정으로 아몬드와 같은 너츠에 꿀, 설탕 등을 넣어 덩어리로 만든 것이다. 마트 어디에서나 쉽게 구할 수 있으며, 가장 유명한 브랜드는 1775년부터 이어오고 있는 투로네스 비센스 Turrones Vicens. 가격이 좀 비싼 편이지만 종류가 다양하며 포장이 고급스러워 선물용으로 좋다.

상그리아 Sangria

스페인에서 맛본 상큼한 상그리아를 집으로 가져오고 싶다면 귀엽고 예쁜 선물용 상그리아나 미니 상그리아를 구입하자. 마트에서는 대용량도 팔고 있다.

이비자 소금 Sal de Ibiza

스페인의 자연보호 구역에서 태양과 바다, 그리고 바람 외에는 아무것도 넣지 않았다는 100% 바다 소금으로 80가지가 넘는 미네랄을 함유하고 있다고 한다. 선물용은 코르크 뚜껑에 도자기 용기와 도자기 스푼까지 있어 고급스러움을 더한다. 비닐이나 종이봉투에 담아 파는 리필용은 대용량일수록 저렴하다.

기념품

왕궁이나 박물관, 성당 등 유명한 관광지에서는 항상 그와 관련된 기념품이 있다. 품질이 좋을수록 가격이 나가지만 좋은 추억도 함께 남는다.

에스파듀 Espadrilla

가볍고 편한 신발로 유명한 에스파듀(에스파드리야)는 스페인에서 특히 저렴하게 살 수 있다. 종류도 매우 다양하다.

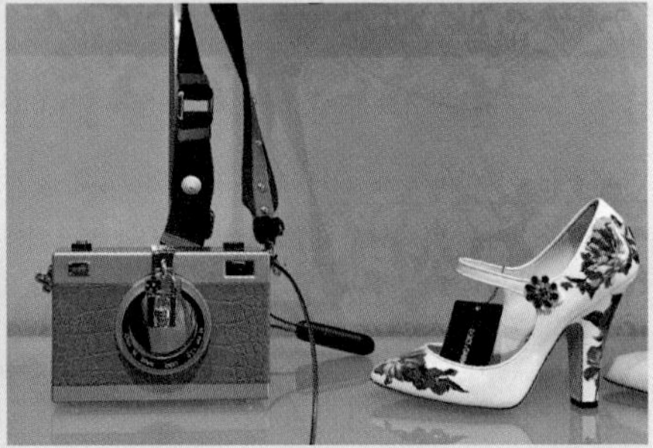

스페인 인기 패션 브랜드

FASHION

우리나라에서 살 때보다 훨씬 싸고 품목도 다양한 스페인 인기 패션 브랜드를 모았다.
쇼핑몰 면세 찬스를 노리면 할인도 혜택도 두 배라는 사실.

ZARA

자라 ZARA

스페인을 대표하는 SPA 브랜드로 전 세계에 지점을 가진 유명 브랜드다. 스페인에서는 우리나라보다 저렴한 가격으로 다양한 상품을 고를 수 있다.

마시모 두티 Massimo Dutti

자라, 베르슈카, 스트라디바리우스 등 10여개의 SPA 브랜드를 소유한 인디텍스의 중급 브랜드. 무난한 스타일로 꾸준한 인기를 누리고 있다.

Desigual

데시구알 Desigual

화려한 색감과 패턴으로 눈길을 끄는 여성 패션 브랜드. 스페인의 이미지와 잘 어울린다.

LOEWE
VISION

로에베 LOEWE

스페인의 가죽 장인들이 만들어낸 명품 브랜드. 품질 좋은 가죽 가방이 특히 인기다.

CAMPER

캠퍼 CAMPER

140년 전통을 자랑하는 유명 신발 브랜드. 개성 있는 디자인에 편안함까지 갖춰 인기다.

BIMBA Y LOLA

빔바 이 롤라 BIMBA Y LOLA

패션에 민감한 컨템퍼러리 브랜드. 한국과 가격차가 큰 편이고 개성 있는 디자인도 많다.

MANGO

망고 MANGO

우리나라에서는 매장이 많이 줄었지만, 유럽에서는 여전히 인기 브랜드다. 가격도 좀 더 저렴하다.

Bershka

베르슈카 Bershka

자라의 자매 브랜드로 한국에서는 '버쉬카'라고 부른다. 역시 저렴하고 다양한 상품이 있다.

TOUS

토스 TOUS

곰돌이로 잘 알려진 액세서리 브랜드. 한국 백화점에도 있지만 본토 스페인에서는 좀 더 다양한 디자인과 저렴한 상품을 만나볼 수 있다.

UNO de50

우노 데 신퀜타 UNO de 50

'50개의 하나'라는 뜻을 지닌 이 액세서리 브랜드는 다소 투박한 핸드메이드 느낌의 은제품으로 국내에도 마니아가 있다.

INSIDE

스페인 마트 쇼핑 리스트

SHOPPING

아기자기한 생활용품과 스페인 먹거리가 잘 갖춰진 스페인 마트에서 여행자들에게 인기 있는 것만 모았다.
지갑이 너무 활짝 열리지 않게 주의할 것.

카모마일차

1유로의 행복을 느낄 수 있는 인기 아이템으로, 가볍고 저렴하고 향도 좋다. 스페인어로 카모마일은 만사니야 Manzanilla다.

투론

포장은 조금 떨어지지만 기념품점이나 전문점보다 저렴하게 살 수 있다.

파에야 재료

집에서 파에야를 자주 해먹을 계획이라면 주요 향신료인 사프란을 사가고, 재미로 몇 번 해먹는다면 기본 향신료가 모두 들어있는 것이 편리하다.

투론

다양한 종류와 브랜드의 꿀을 고를 수 있다. 가루 형태인 화분을 사가는 것도 편리하다.

엘 코르테 잉글레스 El Corte Inglés

스페인을 대표하는 백화점 브랜드로 포르투갈에도 지점이 있다. 여러 브랜드가 함께 모여 있어 원스탑 쇼핑을 하기에 편리하며 식료품을 제외한 당일 쇼핑 금액이 €100 넘으면 세금을 환급해주어 면세 서비스를 쉽게 받을 수 있다(원래는 한 상점에서 €90.15 이상).

백화점 쇼핑에 관심이 없는 사람이라도 지하나 맨 위층에 자리한 식품 코너는 꼭 가볼 만하다. 슈퍼마켓보다는 약간 비싸지만 크게 차이 나지 않으며 품질 좋은 식료품을 잘 선별해 놓아서 마트 쇼핑을 즐기기에 좋다. 자체 제작한 PB상품은 가격도 저렴한 편이다.

홈피 www.elcorteingles.es

올리브오일

대용량은 물론이고 1회용이나 휴대용 미니 사이즈도 살 수 있다.

쿠키

다양한 맛은 기본이고 저렴한 쿠키부터 예쁜 포장의 쿠키까지 고르는 재미가 있다.

통조림

구운 홍합이나 조림한 문어, 조개 등 다양한 해산물 통조림이 있다.

커피

스페인 국민브랜드 커피인 사이마사 Saimaza 커피를 저렴하게 사올 수 있다.

아줄레주 Azulejo

포르투갈 건축에서 빼놓을 수 없는 아줄레주는 개성 넘치는 화려함으로 관광객들의 눈을 사로잡는다. 아줄레주 타일 조각의 마그네틱은 리스본 어디서든 살 수 있을 만큼 흔한 기념품으로, 쟁반이나 장식품 등 형태가 다양해서 선택의 폭이 넓다. 품질에 따라 가격차가 큰데 저렴한 것은 €1부터 있다.

도자기

무겁고 커다란 그릇은 아니라도 에스프레소 잔이나 양념 병, 종, 보석함과 같은 아기자기한 도자기 기념품 하나쯤은 사고 싶어진다.

기념품 천국 포르투갈 쇼핑

SHOPPING

**최근 관광지로 급부상하고 있는 포르투갈에는 유난히 기념품점이 눈에 띈다.
아기자기하고 예쁜 물건들이 가득해 구경하는 것만으로도 즐겁다**

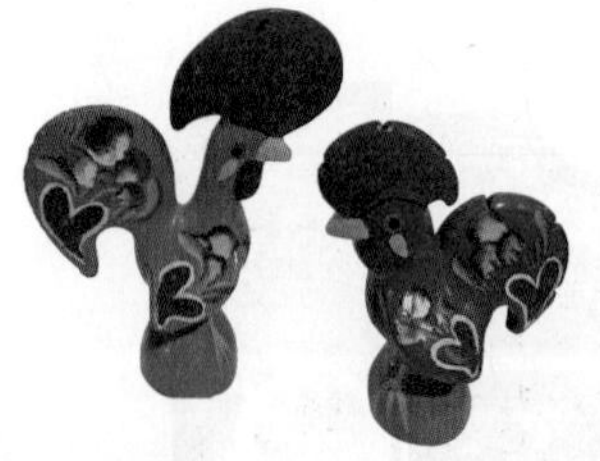

갈루 Galo(수탉)

누명을 쓴 수도사의 억울함을 풀어준 바르셀루스의 수탉 이야기를 시작으로 여러 의미를 지닌 수탉 조각품은 포르투갈 어디에서나 볼 수 있는 기념품이다.

사르디냐 sardinha(정어리)

대구와 함께 포르투갈을 대표하는 생선인 정어리는 날렵한 모양으로 기념품에도 종종 등장한다.

차

예쁜 틴케이스에 담긴 유기농 차들은 향도 좋지만 가볍다는 것도 큰 장점이다.

파테

통조림이 부담스럽다면 빵에 발라먹기 편한 파테를 구입하는 것도 좋은 선택. 역시 예쁜 포장으로 유혹하고 있다.

코르크 제품

전 세계 코르크의 절반을 생산하는 포르투갈에서는 샌들, 가방 등 코르크를 이용한 다양한 제품을 만날 수 있다.

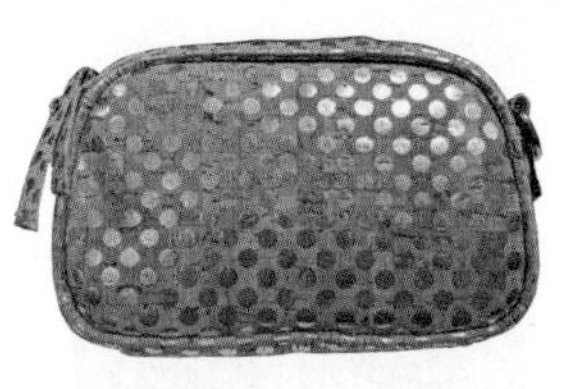

코우투 Couto

명품 치약으로 불리는 코우투 치약은 작은 사이즈가 있어서 간편한 선물용으로 인기다. 핸드크림도 선물용으로 좋다.

꽃소금

'플로 드 살 Flor de Sal'의 정확한 뜻은 '소금의 꽃'이지만, 보통 '꽃소금'으로 불린다. 바닷물로 만든 소금에서 맨 윗부분만 걷어낸 것으로, 미네랄이 풍부하고 부드럽게 짠맛이 특징이다.

자수 제품

수공예품이 유명한 포르투갈에는 예쁜 자수제품도 많다. 한땀 한땀 정성이 들어간 만큼 가격은 비싼 편이다.

통조림

이 예쁜 걸 과연 뜯어서 먹을 수 있을까? 해산물이 유명한 포르투갈은 통조림도 너무나 예쁘다.

INSIDE

비누 공화국 포르투갈

따뜻한 지중해의 햇살과 바람을 품은 포르투갈에서는 올리브 오일과 과일, 꽃 등의 풍부한 재료로 만든 천연 비누가 오래전부터 인기를 누리고 있다. 품질은 물론 포장까지 예뻐서 선물용으로 그만이다. 세계적인 브랜드로 성장한 클라우스 포르투와 포르투스 칼레가 대표적이며, 이 외에도 수많은 종류의 브랜드가 있다.

SOAP

빈티지 느낌의 레몬 비누

마트용 저렴한 프로폴리스 비누

올리브 오일이 첨가된 비누

클라우스 포르투 Claus Porto

명품 비누로 유명한 클라우스 포르투는 오랫동안 포르투갈 왕실에서 애용해 왕실 비누로 불리며 오늘날에도 고급 비누의 명성을 이어나가고 있다. 비싸기는 하지만 우아한 향과 아름다운 포장, 좋은 품질 덕분에 인기가 높다.

포르투스 칼레

포르투에서 탄생한 프레그런스 브랜드. 향초, 비누, 디퓨저에 아름다운 디자인과 매혹적인 향이 만났다. 꽃과 과일, 올리브 오일 등의 천연 재료로 만든 핸드메이드 제품은 선물용으로 인기 만점이다.

COFFEE

포르투갈 3대 커피

포르투갈은 오래 전부터 브라질을 식민지로 두고 있었던 만큼 커피도 일찍 들어왔다. 수많은 카페와 커피 브랜드가 있으며 커피 가격도 매우 저렴한 편. 도시마다 있는 로컬 커피숍에서 포르투갈 고유의 커피를 즐겨보자. 한국으로 가져오고 싶다면 마트에서 구할 수 있는 유명 브랜드를 사는 것도 방법.

1 델타

포르투갈에서 가장 유명한 브랜드로 점유율도 상당하다. 마트용은 일반 등급이지만 품질에 따라 3가지 레벨이 있으며 가장 고급은 다이아몬드 레벨이다. 매우 부드러운 맛으로 설탕 없이 즐겨도 좋다.

2 니콜라

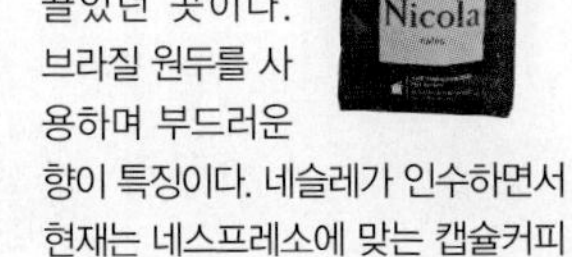

1929년 리스본의 호시우 광장에 오픈한 카페 니콜라는 많은 유명인들이 찾아와 인기를 끌었던 곳이다. 브라질 원두를 사용하며 부드러운 향이 특징이다. 네슬레가 인수하면서 현재는 네스프레소에 맞는 캡슐커피도 나오고 있다.

3 시칼

1947년 항구 도시 포르투에서 커피를 수입하는 회사로 시작한 시칼은 아프리카산 원두를 사용하며 현재는 네슬레에서 소유하고 있다. 리스본에 테이크아웃점이 많다.

핑구 도스 Pingo doce

포르투갈의 대표적인 마트 체인이다. 매장에 따라 규모가 다르지만 대체로 큰 편이며 깔끔한 분위기에서 저렴하게 마트 쇼핑을 즐길 수 있다. 포르투갈의 기념품들이 예쁘지만 다소 비싼 점을 감안한다면 마트에서 대체품을 고르는 것도 재미다. 착한 가격의 통조림과 파테, 비누, 커피, 다양한 간식거리는 물론, 유럽에서 유일하게 녹차를 생산하는 120년 역사의 구호아나 gorreana 차와 €1도 안 되는 가성비 최고의 르지리아 Lezíria 와인까지 구입할 수 있다.

명소로 보는 시대별 건축 양식

ARCHITECTURE

가우디로 대표되는 화려한 스페인 건축 문화는 그야말로 세계 최고. 다양한 역사의 흐름 속에서 유럽과 이슬람 등의 여러 건축 양식을 받아들이며 발전해 온 스페인 건축의 특징을 알아본다.

무어 양식

북아프리카 무어인들의 건축 양식으로 8세기부터 이베리아 반도를 지배했던 이슬람인들의 문화가 그대로 남아 있다. 아랍 스타일의 특징인 석회, 나무, 벽돌, 타일과 정교한 세공 등을 볼 수 있다. 안달루시아 지역이나 톨레도의 오래된 건물에서 찾아볼 수 있다.

무데하르 양식

무데하르란 레콩키스타 이후 개종하지 않은 이슬람인을 뜻한다. 12~15세기 기독교와 무슬림이 혼재하던 시기에 건축 양식에도 두 문화가 공존하는 독특한 모습이 나타나는데, 스페인에서만 볼 수 있는 이국적인 아름다움을 지니고 있다.

르네상스 양식

16세기 초 이탈리아에서 건너온 양식으로 다시 둥근 아치가 나타나고 다양한 기둥, 대칭 구조 등 다양한 특징을 보여준다. 이후 스페인 건축에서 르네상스 양식은 장식이 화려한 플라테레스코 양식으로 발전했다.

로마네스크 양식

10~13세기에 유행했던 양식으로 카탈루냐 지방과 북부 스페인에 주로 남아 있다. 반원형 아치와 창문이 적은 것이 특징이다. 스페인 건축이 대체로 그렇듯이 다른 양식과 섞여서 일부분만 나타나는 경우가 많다.

고딕 양식

12~16세기에 걸쳐 나타났던 고딕 양식은 유럽의 성당 건축에 자주 보이는데, 뾰족한 아치와 첨탑, 높은 천장 등이 특징이다. 15세기 말~16세기 초에는 고딕에 무데하르 양식이 남아 있어 이사벨 양식이라고 구분하기도 한다.

6

바로크 양식

17~18세기에 유행했던 양식으로 웅장하면서도 화려한 장식이 특징이다. 16세기 후반이 되어서야 스페인의 수도가 된 마드리드의 마요르 광장, 왕궁 등에서 찾아볼 수 있다. 산티아고 데 콤포스텔라의 서쪽 파사드도 훌륭한 예로 꼽힌다.

7

추리게라 양식

17세기 말 추리게라 집안의 건축가들이 이끈 스페인 후기 바로크 양식으로, 화려한 디테일 장식이 특징이다. 추리게라 가문이 살았던 살라망카의 신대성당, 산 에스테반 수도원 등에서 볼 수 있고 톨레도 대성당의 트렌스파렌테가 대표작이다.

8

신고전주의 양식

18세기 중후반에는 그리스와 로마의 고전 양식으로 회귀한 신고전주의 양식이 나타난다. 마드리드 왕궁 같은 바로크 건물에서도 함께 보이는 경우가 많으며 가장 대표적인 건물은 마드리드의 프라도 미술관이다.

9

모더니즘

20세기 초 가우디로 대표되는 스페인의 모더니즘은 바르셀로나에서 화려하게 펼쳐진다. 도시 전체가 모더니즘 건축의 전시장이라고 할 만큼 수많은 작품들이 있다. 또한, 20세기 말 프랭크 게리의 빌바오 구겐하임 미술관을 시작으로 21세기에는 장 누벨, 노먼 포스터 등 세계적인 건축가들의 작품이 지어지고 있다.

포르투갈 특유의 건축 양식

마누엘 양식 Manueline

포르투갈 역사에서 가장 찬란했던 대항해 시대인 마누엘 1세(1495~1521) 시절에 생겨난 양식이다. 건축물에 조개, 산호와 같은 해양 생물이나 밧줄, 닻과 같은 항해와 관련된 물품 모양을 장식한 것이 특징. 대표적인 마누엘 양식 건축물로는 제로니무스 수도원, 벨렝 탑, 투마르 수도원, 바탈랴 수도원이 있다.

아줄레주 Azulejos

무어인들로부터 전해진 타일 장식으로 벽과 바닥, 심지어 천장에도 사용했다. 16세기부터 포르투갈에서 독자적인 스타일로 발전했고, 17세기 말에는 흰 타일에 푸른색으로 서사적인 내용을 담는 것이 유행이었다. 18세기부터는 당시의 예술 양식에 따라 바로크, 신고전주의, 아르누보 양식으로 변화했고, 20세기에 이르러서는 모던 스타일의 기하학적인 무늬도 보여준다.

PART 2

여행 시작하기

우리나라 공항 안내

낯선 곳으로 떠난다는 설렘과 두려움이 함께 공존하는 여행 첫 날.
중요한 여행 준비물을 빠짐없이 챙겼는지 잘 확인하고 공항으로 떠나자.

인천국제공항

인천광역시 중구에 있는 국제공항으로 영종도와 용유도 사이를 매립해 2001년 3월 29일 개항했다. 개항 이후 동북아 허브 공항으로 착실히 성장했지만, 시간이 지나면서 폭발적으로 늘어나는 탑승자들의 수요를 소화하기는 힘들었다. 그래서 2018년 1월 18일 인천공항 제2여객터미널을 오픈, 포화상태인 제1여객터미널의 부담을 덜어주었다. 제2여객터미널에는 현재 대한항공, 델타항공, 에어프랑스, KLM 네덜란드 항공, 중화항공, 아에로플로트 등 다양한 항공사가 취항하고 있다. 두 터미널 사이는 15km로 순환버스를 이용해도 15분 정도 걸리므로 여행을 떠나기 전에 탑승권을 보고 어떤 터미널로 가야 하는지 꼭 확인해야 한다.

홈피 www.airport.kr

인천국제공항으로 가는 교통편

01

리무진버스

지역별로 다양한 노선이 있는 리무진버스를 이용해 인천국제공항으로 갈 수 있다. 고급형 리무진과 일반형 리무진 두 가지 종류가 있고, 서울 거의 전 지역에서 탈 수 있기 때문에 편하게 이용할 수 있다. 각 지역별 버스 노선과 요금은 공항리무진 홈페이지를 참고하면 된다.

홈피 www.airportlimousine.co.kr

02

공항철도

서울역에서 인천국제공항을 연결하는 열차. 직통열차와 일반 열차로 나뉜다. 직통 열차는 서울역에서 출발해 중간 정차 없이 공항 1터미널까지 약 43분, 공항 2터미널까지 약 51분이 소요된다. 운행 시간은 서울역 출발 기준 06:10~22:50이다. 일반 열차는 공덕 역, 홍대입구역, 디지털미디어시티 역, 김포공항역 등 12개 역에 정차하며 공항 1터미널까지 약 59분, 공항 2터미널까지 약 66분이 소요된다. 운행 시간은 05:20~23:40이다. 배차 간격은 10분 전후.

홈피 www.arex.or.kr

03

승용차

승용차로 갈 경우 인천국제공항고속도로를 이용하면 된다. 고속도로 통행 요금은 서울 출발 시 경차가 3,300원, 소형이 6,600원, 중형이 11,300원이다(2019년 5월 기준). 공항에 도착한 후 3층 출국장에 잠시 정차하는 것은 별문제가 없지만, 차를 오래 세워둬야 한다면 반드시 주차장을 이용해야 한다. 주차장은 단기와 장기로 구분되는데 며칠간 세워둘 생각이라면 장기 주차장을 이용하는 것이 경제적이다.

요금 단기 주차장 기본 30분 1,200원, 추가 15분마다 600원, 1일 24,000원 / 장기 주차장 1일 소형 9,000원, 대형 12,000원

tip

도심공항터미널

대한항공이나 아시아나항공을 이용한다면 삼성동 코엑스나 서울역에 있는 도심공항터미널에서 미리 탑승수속을 마치고 편안하게 공항으로 떠날 수 있다. 에어프랑스, 유나이티드항공 등 도심공항터미널과 연계되어 있는 외국항공사와 일부 저가항공사도 가능하다. 도심공항터미널에서 탑승수속을 마치고 공항에 도착한 여객은 인천국제공항 3층 출국장 측면의 전용통로를 이용해 보안검색을 마친 후 바로 출국심사대를 통과할 수 있다.

주소 서울시 강남구 테헤란로 87길 22
전화 02-551-0077~8
홈피 www.calt.co.kr

김해국제공항

1976년에 처음 문을 연 김해국제공항은 행정구역상으로 경상남도 김해시에 속했지만, 지금은 부산광역시 강서구에 속한다. 2007년 국내선 터미널과 국제선터미널이 분리되었고, 현재 무료 셔틀버스가 두 터미널을 연결한다. 3층 규모의 국제선터미널 1층에는 입국장, 2층에는 출국장, 3층에는 레스토랑이 모여 있다.

주소 부산광역시 강서구 공항진입로108
전화 1661-2626
홈피 www.airport.co.kr/gimhae/main.do

김해국제공항으로 가는 교통편

01

버스

시내버스 307번을 이용하면 비교적 저렴하게 공항으로 갈 수 있으며, 부산 시내의 주요 지역을 경유하는 리무진버스를 이용해도 된다. 마산, 창원, 진해, 경주, 울산, 양산, 김해 등 경남의 주요 도시에서는 공항을 연결하는 시외버스를 운영하고 있다. 버스를 이용할 경우 국제선 청사 1층에 도착하게 된다.

02

지하철

지하철 2호선 사상역에서 경전철로 환승하거나 지하철 3호선 대저역에서 경전철로 갈아타고 공항역에 내리면 된다.

03

철도

경부선 KTX, 새마을호, 무궁화호를 이용할 때는 구포역에서 하차하는 것이 좋다. 구포역에서 하차한 후 역 앞에 있는 길 건너편에 위치한 3호선 구포역에서 지하철을 타면 김해국제공항까지 약 35분이 소요된다.

출입국 가이드

스페인 · 포르투갈 여행은 공항에 도착하는 순간부터 시작된다.
예전에 비해 공항에서의 수속 과정이 많이 간소화되어 해외여행이 처음인 여행자도 어렵지 않게 이용할 수 있다.

한국에서 출국하기

STEP 1

터미널 도착

출발 2~3시간 전에 공항에 도착해야 하며, 방문할 곳이 제1 · 2 여객 터미널 중 어디인지를 미리 확인한다. 도착 후에는 출발 안내 전광판을 보고 해당 항공사 탑승 카운터로 이동한다.

STEP 2

탑승 수속

해당 항공사 탑승 카운터에서 여권과 전자항공권 E-Ticket 제시 후 탑승권을 발권하고, 수하물을 위탁한다.많은 사람들로 붐빌 때는 셀프체크인 기기를 이용하는 것도 좋은 방법이다.

STEP 3

세관 신고

1만 달러를 초과하는 여행 경비를 소지하거나 여행 시 사용하고 다시 가져올 고가의 귀중품은 출국 전 '휴대 물품 반출 신고서'를 받아야 한다. 그래야 입국 시 면세를 받을 수 있다.

STEP 4

보안 검색

출국장 입장 시 여권과 탑승권 확인 후 검색대에서 소지품 검사를 하며, 탐지기 통과와 함께 검색요원이 몸수색을 한다.

STEP 5

출국 심사

출국 심사대에서 여권 제시한다. 대한민국 성인은 사전등록 없이 자동 출입국심사가 가능하며 유인 출국 심사를 받는다 해도 출국 심사 날인은 따로 없다.

STEP 6

게이트 이동 및 탑승

보안 검색 및 출국 심사를 마치고 면세지역으로 들어간다. 탑승권의 게이트 번호와 위치 확인 후 30~40분 전까지는 게이트 앞에 도착한다.

셀프체크인

체크인 카운터가 많은 사람들로 붐빌 때는 공항 출국장에 설치되어 있는 셀프체크인 기기를 이용하는 것이 좋다. 예약 확인을 위한 예약번호 또는 여권만 있으면 준비는 끝. 화면 터치 몇 번으로 간단하게 체크인을 할 수 있고, 탑승권도 발급받을 수 있어 편리하다. 단, 셀프체크인을 할 수 없는 항공사도 있으므로 사전에 확인을 꼭 해야 한다.

스페인 & 포르투갈 입국하기

STEP 1

터미널 도착

도착 후 입국 심사를 위해 'Passport Control' 표지판을 따라 이동한다.

STEP 2

입국 심사

입국 신고서를 따로 작성하지 않으며, 대개는 심사관이 별다른 질문을 하지 않지만 간혹 체류 기간, 장소, 목적을 묻기도 한다.

STEP 3

세관 신고

입국 시 따로 신고해야 할 품목이 있다면 붉은색 표지판의 'Goods to declare', 없다면 녹색 표지판의 'Nothing to Declare'를 거쳐 가면 된다.

STEP 4

수하물 찾기

입국 심사를 마치고 'Baggage claim'으로 이동한다. 안내 전광판에서 수하물 수취대 번호를 확인한 후 짐을 찾는다. 만약 파손 · 분실되었다면 분실 신고 센터에 접수한다.

스페인 · 포르투갈에서 이동하기

스페인과 포르투갈의 수많은 도시를 효율적으로 여행하려면 이동 방법을 잘 파악하고 있어야 한다. 도시 간 이동 시 어떤 교통편을 이용하면 좋을지 알아보자.

저가 항공으로 이동하기

라이언에어 RYANAIR

유럽에서 가장 많은 노선을 보유한 아일랜드의 초대형 저가 항공사다. 최저가라는 장점과 함께 항공권 가격보다 벌금이 훨씬 비싼 항공사라고도 알려져 있으니 온라인 체크인, 보딩패스 출력, 수하물 규정, 라이언에어 데스크에서 비자 스탬프 확인 등 주의사항은 미리 숙지할 필요가 있다.

홈피 www.ryanair.com

가장 많이 이용하는 구간 마드리드 ↔ 포르투 바르셀로나 ↔ 세비야

부엘링 VUELING

스페인 저가 항공사인 부엘링은 거점으로 하는 바르셀로나를 포함해 마드리드, 말라가, 발렌시아, 빌바오, 산 세바스티안 등 공항이 있는 스페인 도시들을 연결한다.

홈피 www.vueling.com

가장 많이 이용하는 구간 바르셀로나 ↔ 그라나다, 산 세바스티안 말라가 ↔ 빌바오

이베리아 항공 IBERIA

원월드 회원사의 스페인 국적 항공사로 가격이 저렴하진 않지만, 스페인 내 많은 노선을 확보하고 있어 라이언에어와 부엘링 티켓을 확보하지 못했을 때 이용해 볼 만하다.

홈피 www.iberia.com

가장 많이 이용하는 구간 말라가 ↔ 발렌시아

탑 포르투갈 항공 TAP PORTUGAL

스타얼라이언스 회원사의 포르투갈 국적의 항공사. 저가 항공사만큼 가격이 아주 저렴하진 않지만, 스페인과 포르투갈의 도시들을 연결하는 노선이 많다.

홈피 www.flytap.com

가장 많이 이용하는 구간 〉 리스본 ↔ 세비야, 발렌시아

저가 항공권 이용 시 주의사항

❶ 대부분 저가 항공은 변경 및 취소 불가
❷ 위탁 수하물, 좌석지정 원할 시 추가 요금 발생
❸ 예약 시 이용 공항 위치 확인. 저가 항공은 메인 공항을 이용하지 않을 수 있다.
❹ 온라인 체크인 필수(벌금 부과). 항공사별로 차이가 있으니 미리 하는 것을 추천
❺ 기내 수하물 규정 준수. 공항에서 수하물 추가 시 2배 요금 부과

기차로 이동하기

대도시를 거점으로 많은 기차 노선이 이베리아 반도를 연결하고 있다. 일정이 확정됐다면 할인가로 예약하기 위해서라도 서두르는 것이 좋다.

스페인 철도청, 렌페 Renfe

스페인 도시 곳곳을 연결하고 있는 많은 기차는 스페인 철도청 렌페 Renfe에서 운행한다. 열차의 종류는 크게 초고속 · 장거리 열차 / 중거리 열차 / 지역 근교 열차로 분류된다. 예약은 렌페 홈페이지에서 하면 되는데, 만약의 문제 발생을 고려해 회원가입을 하고 예약하는 것이 좋다.

홈피 www.renfe.com

● 초고속 · 장거리 열차

스페인에서 가장 빠른 열차 아베 AVE를 비롯해 알비아 Alvia, 알타리아 Altaria, 아반트 Avant, 탈고 Talgo 등이 장거리 열차에 속한다. 초고속 · 장거리 열차 탑승은 예약을 해야 하고, 공항처럼 티켓과 짐 검사 후 대합실로 들어갈 수 있기 때문에 기차역에 여유롭게 도착해야 한다.

가장 많이 이용하는 구간 〉 마드리드 ↔ 세비야, 바르셀로나

① 예약번호 ② 콤비나도 세르카니아스 (p.00)
③ 출발지 ④ 출발 날짜, 시간 ⑤ 도착지 ⑥ 도착 날짜, 시간 ⑦ 열차 종류 ⑧ 좌석 종류 ⑨ 열차 칸 ⑩ 좌석 번호

●중거리 열차

대부분 레지오날 Regional로 표기되는 열차가 중거리 열차에 해당한다. 1등석이 있는 초고속 · 장거리 열차와 달리 2등석만 있으며 예약은 하지 않아도 된다.

●세르카니아스 Cercanías

도심과 근교를 연결하는 열차로 바르셀로나, 마드리드, 세비야, 말라가, 발렌시아 등 대도시나 주요 도시에서 운행한다. 바르셀로나에서는 로달리스 Rodalies라고 부른다.

홈피 www.renfe.com/viajeros/cercanias

포르투갈 철도청, CP

포르투갈의 철도망은 리스본과 포르투를 연결하는 노선을 중심으로 하며 가장 빠른 알파펜둘라 AP와 인터시티 IC가 두 도시를 연결한다. 예약은 3개월 전부터 가능하며 빨리 예약하면 2등석은 절반 이상의 가격, 1등석은 2등석 가격으로 구할 수 있다.

홈피 www.cp.pt

스페인 · 포르투갈 여행, 유레일 패스가 꼭 필요할까?

결론부터 말하자면 '그렇지 않다'는 것. 다른 유럽과 달리 이베리아 반도는 예외다. 기차를 탈 일이 많지 않고, 저가 항공과 버스를 자주 이용하기 때문이다. 게다가 일찍 구입하면 구간권이 패스보다 훨씬 저렴할뿐더러, 패스 소지자라 할지라도 초고속 · 장거리 열차는 예약비(€ 5.00~25.00)가 따로 든다.
※단, 프로모션 가격은 환불 불가 조건이 많아 계획대로 움직여야 한다.
만약 정해진 일정 없이 자유롭게 다닐 예정이거나, 구간권 예약이 귀찮다면 한 국가만 선택하여 집중적으로 여행할 수 있는 원 컨트리패스 One Country Pass를 고려해 봐도 좋다.

버스로 이동하기

스페인, 포르투갈의 대표 버스 회사

이베리아 반도의 두 국가는 그 어떤 교통수단보다 버스 이용이 높은 편이다. 지형 특성상 고속도로망이 잘 구축되어 있기 때문이다. 특히 스페인 남부와 북부에서는 기차보다 버스가 더 유용하다. 스페인 최대 버스 회사인 알사 ALSA가 대도시와 주요 도시를 모두 연결하고, 그 외 각 지방의 버스 회사들이 작은 마을까지 연결하는 노선망을 갖추고 있어 스페인 전역을 누빌 수 있다.

알사 ALSA

스페인의 대표 버스 회사로 국내외를 포함해 여행객이 많이 이용하는 노선을 운행한다. 일찍 예약하면 할인된 가격으로 티켓을 구입할 수 있다.

ALSA

홈피 www.alsa.es

유로라인 Euroline, 플릭스 버스 Flixbus

각각 벨기에와 독일에 본사를 둔 국제버스 회사로 스페인과 포르투갈 사이를 오갈 때 주로 이용한다. 장거리인 만큼 야간버스를 이용할 생각이라면 고려할 만하다.

eurolines
FLiXBUS

홈피 www.eurolines.es, www.flixbus.com

헤드 에스프레수스 Rede Expressos

리스본과 포르투를 연결하는 장거리 버스를 비롯해 다양한 노선을 운행하고 있는 포르투갈의 가장 대표적인 버스 회사다.

Rede expressos

홈피 www.rede-expressos.pt

테주 Tejo, 후두비아리아 Rodoviaria

주로 소도시를 잇는 로컬 노선을 운행한다. 홈페이지에서 스케줄 확인은 가능하지만 예매는 안 된다.

홈피 www.rodotejo.pt

버스 이용 시 주의사항

❶ 버스터미널 내 티켓 창구는 회사별로 따로 운영한다.
❷ 시에스타에는 티켓 창구가 운영하지 않으며 자동 발매기나, 버스 기사에게 직접 구입한다.
❸ 성수기, 인기 구간은 미리 예약한다.

스페인 · 포르투갈 교통 한눈에 보기

교통수단별 도시간 이동 시간

출발	도착	기차	버스	항공
마드리드	바르셀로나	3시간(AVE)	7시간 55분	1시간 15분
	발렌시아	1시간 42분	4시간 15분	
	빌바오	4시간 50분	5시간 10	
	코르도바	1시간 40분	4시간 50분	
	세비야	2시간 30분	6시간 25분	
	산티아고 데 콤포스텔라		7시간 55분	1시간 15분
	리스본	9시간 20분	10시간	1시간 20분
	톨레도	33분	1시간	
	세고비아	30분	90분	
	그라나다	3시간 55분	4시간 30분	
	쿠엥카	55분	2시간 10분	
바르셀로나	발렌시아	3시간 10분	3시간 50분	
	말라가	5시간 50분		
	세비야	5시간 25분		
	지로나	38분	1시간 20분	
	빌바오	6시간 34분	7시간 45분	
	그라나다	7시간 10분		
	리스본			1시간 55분
	몬세라트	1시간	1시간 25분	
발렌시아	쿠엥카	53분		
세비야	론다		1시간 45분	
	그라나다	2시간 20분	3시간 분	
	말라가	1시간 55분	2시간 45분	
	코르도바	44분	2시간	
	리스본		6시간 45분	1시간 10분
빌바오	산세바스티안	2시간 30분	1시간 20분	
	산탄데르	3시간	1시간 30분	
리스본	신트라	40분		
	나자레		1시간 50분	
	파티마		1시간 20분	
	포르투	3시간	3시간 30분	
	코임브라	2시간	2시간 20분	
포르투	산티아고 데 콤포스텔라		4시간 15분	

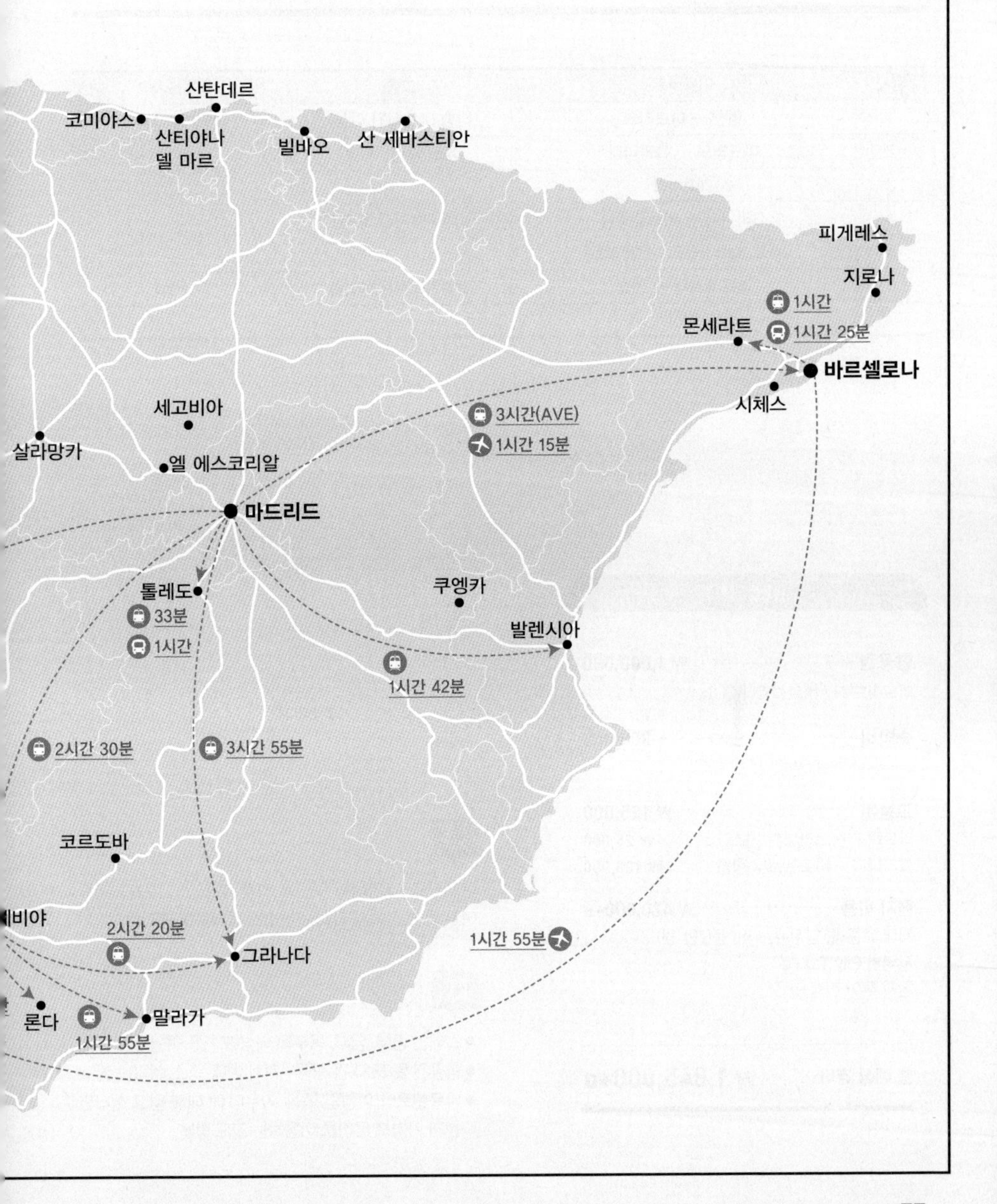
산탄데르
코미야스
산티야나
델 마르
빌바오
산 세바스티안
피게레스
지로나
1시간
몬세라트
1시간 25분
바르셀로나
시체스
3시간(AVE)
1시간 15분
세고비아
살라망카
엘 에스코리알
마드리드
톨레도
33분
1시간
쿠엥카
발렌시아
1시간 42분
2시간 30분
3시간 55분
코르도바
비야
2시간 20분
그라나다
1시간 55분
론다
말라가
1시간 55분

5박 7일

마드리드 + 그라나다 + 바르셀로나

일자	이동루트	교통	숙박도시
1	인천 → 마드리드	비행기(13시간 이상)	마드리드 1박
2	마드리드 → 그라나다	버스(4시간 30분)	그라나다 2박
3	그라나다		
4	그라나다 → 바르셀로나	비행기(1시간 30분)	바르셀로나 2박
5	바르셀로나(근교 : 몬세라트)		
6	바르셀로나 → 인천	비행기(12시간 이상)	기내 1박
7	인천		

RECEIPT

항공권 ---------- **₩ 1,000,000**
마드리드 IN / 바르셀로나 OUT

숙박비 ---------- **₩ 300,000**
3~4성급 호텔 5박(2인 1실 기준)

교통비 ---------- **₩ 125,000**
마드리드 – 그라나다 버스 **₩ 25,000**
그라나다 – 바르셀로나 항공 **₩ 100,000**

현지 비용 ---------- **₩ 420,000+α**
시내 교통비, 입장료, 식비 등(7만 원)
지역별 City Tax+α
현지 투어 진행+α

총 예상 경비 **₩ 1,845,000+α**

마드리드–그라나다 구간은 티켓 비용, 소요 시간, 환승 여부 등 조건에서 기차보다 버스가 월등히 편리하다.

Key Point

- 스페인 중부, 남부, 동부의 핵심 도시를 여행하는 일정
- 항공권 및 도시 간 항공 · 기차 예매, 숙소 예약은 필수
- 바르셀로나 여행의 핵심 '가우디'에 대해 알고 싶다면 현지 가이드 투어를 이용하는 것도 방법

6박 8일

마드리드 + 세비야 + 그라나다 + 바르셀로나

일자	이동루트	교통	숙박도시
1	인천 → 마드리드	비행기(13시간 이상)	마드리드 1박
2	마드리드 → 세비야	기차(2시간 30분)	세비야 1박
3	세비야 → 그라나다	버스(3시간)	그라나다 2박
4	그라나다		
5	그라나다 → 바르셀로나	비행기(1시간 30분)	바르셀로나 2박
6	바르셀로나(근교 : 몬세라트)		
7	바르셀로나 → 인천	비행기(12시간 이상)	기내 1박
8	인천		

RECEIPT

항공권 ------------------------ **₩ 1,000,000**
마드리드 IN / 바르셀로나 OUT

숙박비 -------------------------- **₩ 360,000**
3~4성급 호텔 6박(2인 1실 기준)

교통비 -------------------------- **₩ 185,000**
마드리드–세비야 AVE(고속열차) **₩ 60,000**
세비야–그라나다 버스 **₩ 25,000**
그라나다–바르셀로나 항공 **₩ 100,000**

현지 비용--------------------- **₩ 490,000+α**
시내 교통비, 입장료, 식비 등(7만 원)
지역별 City Tax+α
현지 투어 진행+α

총 예상 경비 **₩ 2,035,000+α**

체력이 된다면, 4일차 밤 비행기를 이용해 그라나다에서 바르셀로나로 이동하면 대도시에서 보내는 여행 시간을 늘릴 수 있다.

- 주어진 시간은 짧고 많은 도시를 보고 싶을 때 추천하는 핵심 도시 일정
- 그라나다 여행의 필수 코스 '알람브라' 티켓 예매 필수
- **바르셀로나 근교 여행** : 몬세라트, 시체스, 지로나, 피게레스, 코스타 브라바

6박 8일

리스본 + 마드리드 + 바르셀로나

일자	이동루트	교통	숙박도시
1	인천 → 리스본	비행기(15시간 이상)	리스본 2박
2	리스본(근교 : 신트라)		
3	리스본 → 마드리드	비행기(1시간 20분)	마드리드 2박
4	마드리드(근교 : 톨레도)		
5	마드리드 → 바르셀로나	기차(3시간)	바르셀로나 2박
6	바르셀로나(근교 : 몬세라트)		
7	바르셀로나 → 인천	비행기(12시간 이상)	기내 1박
8	인천		

RECEIPT

항공권 ------------------------ ₩ 1,000,000
리스본 IN / 바르셀로나 OUT

숙박비 -------------------------- ₩ 360,000
3~4성급 호텔 6박(2인 1실 기준)

교통비 -------------------------- ₩ 180,000
리스본–마드리드 항공 ₩ 80,000
마드리드–바르셀로나 AVE(고속열차) ₩ 100,000

현지 비용 --------------------- ₩ 490,000+α
시내 교통비, 입장료, 식비 등 (7만원)
지역별 City Tax+α
현지 투어 진행+α

총 예상 경비 ₩ 2,030,000+α

마드리드–바르셀로나 구간은 기차 대신 저가항공을 이용할 수도 있지만, 공항 이동 시간과 대기 시간을 고려하면 기차를 이용하는 것이 더 낫다.

- 포르투갈, 스페인의 핵심 3대 도시를 여행하는 일정
- **리스본 근교 여행** : 신트라, 호카곶, 카스카이스
  마드리드 근교 여행 : 톨레도, 세고비아, 쿠엥카, 엘에스코리알, 살라망카
  바르셀로나 근교 여행 : 몬세라트, 시체스, 지로나, 피게레스, 코스타 브라바

7박 9일

마드리드 + 론다 + 그라나다 + 바르셀로나

일자	이동루트	교통	숙박도시
1	인천 → 마드리드	비행기(13시간 이상)	마드리드 2박
2	마드리드(근교 : 톨레도)		
3	마드리드 → 론다	기차(3시간 45분)	론다 1박
4	론다 → 그라나다	기차(2시간 34분)	그라나다 2박
5	그라나다		
6	그라나다 → 바르셀로나	비행기(1시간 30분)	바르셀로나 2박
7	바르셀로나(근교 : 몬세라트)		
8	바르셀로나 → 인천	비행기(12시간 이상)	기내 1박
9	인천		

RECEIPT

항공권 ---------------------- **₩ 1,000,000**
마드리드 IN / 바르셀로나 OUT

숙박비 ---------------------- **₩ 420,000**
3~4성급 호텔 7박(2인 1실 기준)

교통비 ---------------------- **₩ 180,000**
마드리드–론다 ALTARIA(고속열차) **₩ 50,000**
론다–그라나다 일반열차 **₩ 30,000**
그라나다–바르셀로나 항공 **₩ 100,000**

현지 비용 ------------------ **₩ 560,000+α**
시내 교통비, 입장료, 식비 등(7만 원)
지역별 City Tax+α
현지 투어 진행+α

총 예상 경비 **₩ 2,160,000+α**

교통 TIP

론다에서 그라나다까지 기차가 가장 빠른 수단이지만, 부득이하게 버스를 이용해야 한다면 말라가까지 이동 후 다른 버스로 타야 하며, 4시간 20분이 소요된다.

- 스페인 대도시와 안달루시아 지방의 주요 2대 도시를 여행하는 일정
- 론다의 절경을 감상하고 싶다면 국영 호텔 '론다 파라도르'에 머무는 것을 추천
- **마드리드 근교 여행** : 톨레도, 세고비아, 쿠엥카, 엘에스코리알, 살라망카
  바르셀로나 근교 여행 : 몬세라트, 시체스, 지로나, 피게레스, 코스타 브라바

7박 9일

마드리드 + 세비야 + 론다 + 그라나다 + 바르셀로나

일자	이동루트	교통	숙박도시
1	인천 → 마드리드	비행기(13시간 이상)	마드리드 1박
2	마드리드 → 세비야	기차(2시간 30분)	세비야 1박
3	세비야 → 론다	버스(1시간 45분)	론다 1박
4	론다 → 그라나다	기차(2시간 34분)	그라나다 2박
5	그라나다		
6	그라나다 → 바르셀로나	비행기(1시간 30분)	바르셀로나 2박
7	바르셀로나(근교 : 몬세라트)		
8	바르셀로나 → 인천	비행기(12시간 이상)	기내 1박
9	인천		

RECEIPT

항공권 ---------- ₩ 1,000,000
리스본 IN / 바르셀로나 OUT

숙박비 ---------- ₩ 420,000
3~4성급 호텔 7박(2인 1실 기준)

교통비 ---------- ₩ 210,000
마드리드-세비야 AVE(고속열차) ₩ 60,000
세비야-론다 버스 ₩ 20,000
론다-그라나다 일반열차 ₩ 30,000
그라나다-바르셀로나 항공 ₩ 100,000

현지 비용 ---------- ₩ 560,000+α
시내 교통비, 입장료, 식비 등(7만 원)
지역별 City Tax+α
현지 투어 진행+α

총 예상 경비 **₩ 2,190,000+α**

세비야-론다 구간은 당일치기 여행지로 유명한 곳이어서 온라인 예매나 현지에서 하루 전에는 예매를 해두는 것이 좋다.

- 짧은 기간 동안 안달루시아 지방의 핵심 도시를 여행하는 일정
- 플라멩코로 유명한 세비야 · 그라나다 두 지역에서 서로 다른 공연 즐기는 것도 좋은 경험
- **바르셀로나 근교 여행** : 몬세라트, 시체스, 지로나, 피게레스, 코스타 브라바

12박 14일

포르투갈 + 산티아고 데 콤포스텔라

일자	이동루트	교통	숙박도시
1	인천 → 리스본	비행기(15시간 이상)	리스본 3박
2	리스본		
3	리스본(근교 : 신트라)		
4	리스본 → 나자레	버스(2시간)	나자레 4박
5	나자레 → 오비두스 → 나자레	버스 왕복(2~3시간)	
6	나자레 → 알쿠바사 → 나자레	버스 왕복(1시간)	
7	나자레 → 바탈랴 → 나자레	버스 왕복(1~2시간)	
8	나자레 → 파티마	버스(1시간 30분)	파티마 1박
9	파티마 → 코임브라	버스(1시간)	코임브라 1박
10	코임브라 → 포르투	버스(1시간 30분)	포르투 2박
11	포르투		
12	포르투 → 산티아고 데 콤포스텔라	버스(4시간 15분)	산티아고 데 콤포스텔라 1박
13	산티아고 데 콤포스텔라 → 인천	비행기(15시간 이상)	기내 1박
14	인천		

RECEIPT

항공권 ------------------------ ₩ 1,200,000
리스본 IN / 산티아고 데 콤포스텔라 OUT

숙박비 ------------------------ ₩ 720,000
3~4성급 호텔 12박(2인 1실 기준)

교통비 ------------------------ ₩ 150,000
전체 구간 버스 이동 시

현지 비용 -------------------- ₩ 910,000+α
시내 교통비, 입장료, 식비 등(7만 원)
지역별 City Tax+α
현지 투어 진행+α

총 예상 경비 **₩ 2,980,000+α**

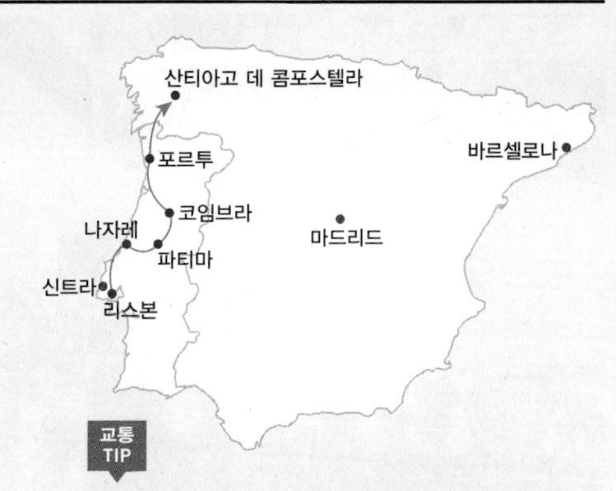

교통 TIP

포르투갈은 소도시간 대중교통이 발달하지 않아 버스를 이용하려면 나자레에 오래 머물러야 한다. 나자레에서 근교 도시들로 이동 시 투어버스나 렌터카를 이용한다면 일정을 하루 줄이고도 조금 멀리 떨어진 투마르까지 볼 수 있다. 즉, 오비두스/나자레, 알쿠바사/바탈랴, 투마르/파티마를 묶어서 3일 동안 여행할 수 있다.

12박 14일

스페인 완전 일주

일자	이동루트	교통	숙박도시
1	인천 → 마드리드	비행기(13h 이상)	마드리드 2박
2	마드리드(근교 : 톨레도)		
3	마드리드 → 코르도바	기차(1h 45m)	코르도바 1박
4	코르도바 → 세비야	기차(44m)	세비야 1박
5	세비야 → 론다	버스(1h 45m)	론다 1박
6	론다 → 말라가	버스(1h 45m)	말라가 2박
7	말라가(근교 : 네르하)		
8	말라가 → 그라나다	버스(1h 45m)	그라나다 2박
9	그라나다		
10	그라나다 → 바르셀로나	비행기(1h 30m)	바르셀로나 3박
11	바르셀로나		
12	바르셀로나(근교 : 몬세라트)		
13	바르셀로나 → 인천	비행기(12h 이상)	기내 1박
14	인천		

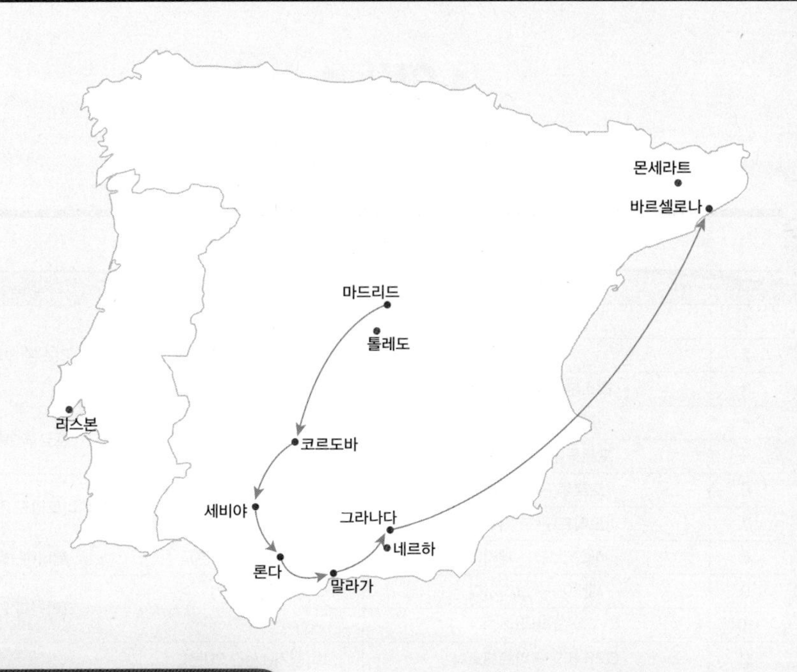

RECEIPT

항공권 ------------------------ **₩ 1,000,000**
마드리드 IN / 바르셀로나 OUT

숙박비 --------------------------- **₩ 720,000**
3~4성급 호텔 12박(2인 1실 기준)

교통비 --------------------------- **₩ 255,000**

마드리드-코르도바 AVE(고속열차)	**₩ 85,000**
코르도바-세비야 일반열차	**₩ 20,000**
세비야-론다 버스	**₩ 20,000**
론다-말라가 버스	**₩ 15,000**
말라가-그라나다 버스	**₩ 15,000**
그라나다-바르셀로나 항공	**₩ 100,000**

현지 비용 -------------------- **₩ 910,000+α**
시내 교통비, 입장료, 식비 등 (7만 원)
지역별 City Tax+α
현지 투어 진행+α

총 예상 경비 **₩ 2,885,000+α**

- 코르도바-세비야 구간은 기차 대신 버스를 이용하면 1시간 더 소요되지만, 티켓은 1/2 저렴한 가격으로 구입할 수 있다.
- 스페인 남부 안달루시아 지방은 기차보다 버스가 발달해 있다. 도시 간 이동뿐 아니라 근교 도시로 이동 시 버스가 편리하다.
- 세비야-론다 구간은 당일치기 여행지로 유명한 곳이어서 온라인 예매나 현지에서 하루 전 예매를 해두는 것이 좋다.

- 스페인에서 꼭 봐야 할 도시들을 여행하는 일정
- 코르도바를 제외하고 마드리드 근교 여행이나 세비야에 시간을 좀 더 투자할 수도 있다.
- **마드리드 근교 여행** : 톨레도, 세고비아, 쿠엥카, 엘에스코리알, 살라망카
  말라가 근교 여행 : 코스타 델 솔
  바르셀로나 근교 여행 : 몬세라트, 시체스, 지로나, 피게레스, 코스타 브라바

12박 14일

포르투갈 + 스페인 완전 일주

일자	이동루트	교통	숙박도시
1	인천 → 리스본	비행기(15시간 이상)	리스본 3박
2	리스본		
3	리스본(근교 : 신트라)		
4	리스본 → 포르투	기차(3시간)	포르투 2박
5	포르투(근교 : 브라가)		
6	포르투 → 마드리드	비행기(1시간 15분)	마드리드 2박
7	마드리드(근교 : 톨레도)		
8	마드리드 → 세비야	기차(2시간 30분)	세비야 1박
9	세비야 → 그라나다	버스(3시간)	그라나다 2박
10	그라나다		
11	그라나다 → 바르셀로나	비행기(1시간 30분)	바르셀로나 2박
12	바르셀로나(몬세라트)		
13	바르셀로나 → 인천	비행기(12시간 이상)	기내 1박
14	인천		

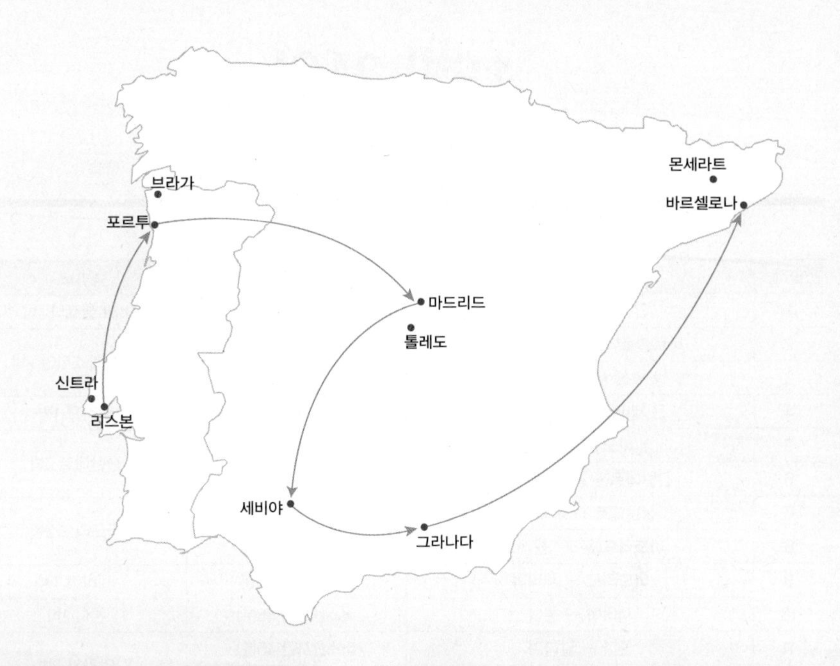

RECEIPT

항공권 ------------------------ **₩ 1,000,000**
리스본 IN / 바르셀로나 OUT

숙박비 ------------------------ **₩ 720,000**
3~4성급 호텔 12박(2인 1실 기준)

교통비 ------------------------ **₩ 280,000**

리스본–포르투 기차	**₩ 35,000**
포르투–마드리드 항공	**₩ 60,000**
마드리드–세비야 AVE(고속열차)	**₩ 60,000**
세비야–그라나다 버스	**₩ 25,000**
그라나다–바르셀로나 항공	**₩ 100,000**

현지 비용 ------------------- **₩ 910,000+α**
시내 교통비, 입장료, 식비 등(7만 원)
지역별 City Tax+α
현지 투어 진행+α

총 예상 경비 **₩ 2,910,000+α**

- 항공 예약 상황에 따라 마드리드–포르투–리스본–세비야 순서로 일부분 일정 변경이 가능하다.
- 리스본–포르투 구간은 기차 대신 버스를 이용하면 30~40분 더 걸리며 가격은 예약 시점에 따라 비슷하거나 조금 저렴하다.
- 저가 항공을 세 번 이용해야 하는 일정으로, 미리 예약할수록 저렴하게 티켓을 구입할 수 있다.

- 포르투갈, 스페인의 핵심 도시들만 선별한 여행 일정
- **리스본 근교 여행** : 신트라, 호카곶, 카스카이스
  포르투 근교 여행 : 브라가, 코임브라
  마드리드 근교 여행 : 톨레도, 세고비아, 쿠엥카, 엘에스코리알, 살라망카
  바르셀로나 근교 여행 : 몬세라트, 시체스, 지로나, 피게레스, 코스타 브라바

BEST COURSE

19박 21일

스페인 완전 일주

일자	이동루트	교통	숙박도시
1	인천 → 바르셀로나	비행기(12시간 이상)	바르셀로나 1박
2	바르셀로나 → 산 세바스티안	비행기(1시간 15분)	산 세바스티안 2박
3	산 세바스티안		
4	산 세바스티안 → 빌바오	버스(1시간 20분)	빌바오 1박
5	빌바오 → 산탄데르	버스(1시간 20분)	산탄데르 2박
6	산탄데르(근교 : 코미야스)		
7	산탄데르 → 마드리드	기차(4시간 10분)	마드리드 2박
8	마드리드(근교 : 톨레도)		
9	마드리드 → 세비야	기차(2시간 30분)	세비야 1박
10	세비야 → 론다	버스(1시간 45분)	론다 1박
11	론다 → 말라가	버스(1시간 45분)	말라가 2박
12	말라가(근교 : 코스타 델 솔)		
13	말라가 → 그라나다	버스(1시간 45분)	그라나다 2박
14	그라나다		
15	그라나다 → 발렌시아	버스(7시간 30분)	발렌시아 2박
16	발렌시아		
17	발렌시아 → 바르셀로나	기차(3시간 30분)	바르셀로나 3박
18	바르셀로나		
19	바르셀로나(근교 : 몬세라트)		
20	바르셀로나 → 인천	비행기(12시간 이상)	기내 1박
21	인천		

발렌시아 출발을 14일차 야간 버스를 이용하면 주간 이동 시간을 아낄 수 있다. 만약 장거리 버스 이동이 부담스럽다면 일정을 바꿔 말라가–발렌시아 구간을 항공으로 이동할 수도 있다.

- 스페인의 크고 작은 도시들을 모두 포함하는 일정
- 일정이 타이트하다면 취향에 맞게 일정을 빼거나 늘릴 수 있다.
- **마드리드 근교 여행** : 톨레도, 세고비아, 쿠엥카, 엘에스코리알, 살라망카
  바르셀로나 근교 여행 : 몬세라트, 시체스, 지로나, 피게레스, 코스타 브라바
  산탄데르 근교 여행 : 산티야나 델 마르, 코미야스

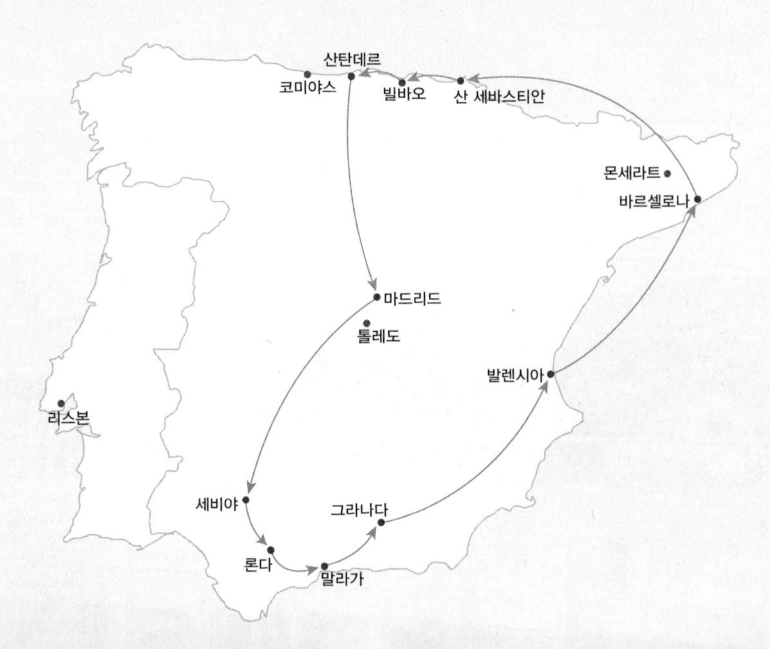

RECEIPT

항공권 ------------------------ **₩ 1,200,000**

바르셀로나 IN / 바르셀로나 OUT

숙박비 ------------------------ **₩ 1,140,000**

3~4성급 호텔 19박(2인 1실 기준)

교통비 -------------------------- **₩ 305,000**

바르셀로나-산 세바스티안 항공	**₩ 60,000**
북부 구간 버스 이동	**₩ 20,000**
산탄데르-마드리드 ALVIA(고속열차)	**₩ 35,000**
마드리드-세비야 AVE(고속열차)	**₩ 60,000**
남부 구간 버스 이동	**₩ 50,000**
그라나다-발렌시아 버스	**₩ 40,000**
발렌시아-바르셀로나 TALGO(고속열차)	**₩ 40,000**

현지 비용 ------------------ **₩ 1,400,000+α**

시내 교통비, 입장료, 식비 등(7만 원)

지역별 City Tax+α

현지 투어 진행+α

총 예상 경비 **₩ 3,845,000+α**

PART 3

SPAIN
스페인

스페인 기초 정보

국명

에스파냐 왕국
Reino de España

공식 명칭은 스페인 왕국 Kingdom of Spain이며, 스페인어로는 에스파냐 왕국 Reino de España이라 부른다.

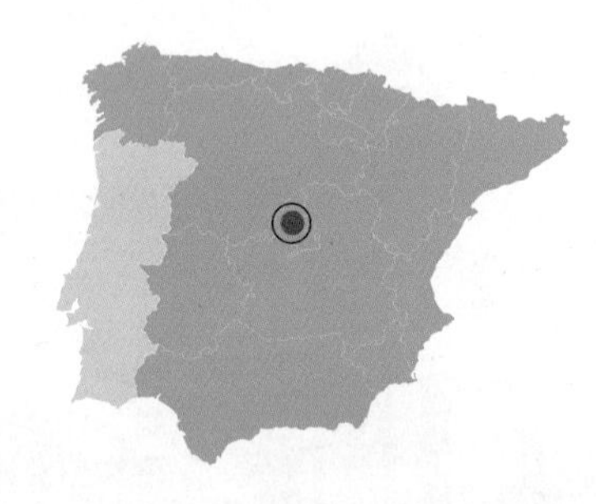

수도

마드리드 Madrid

스페인의 정치, 문화, 산업, 교통의 중심이자 유럽에서 다섯 번째로 인구가 많은 도시로 물의 원천이라는 아랍어 마헤리트 Majerit에서 유래되었다. 1561년 펠리페 2세 국왕이 톨레도에서 마드리드로 수도를 옮기면서 지금에 이르렀는데, 다른 유럽국가의 수도와 달리 역사는 비교적 짧은 편이다.

면적

505, 990km^2

유럽 연합 회원국 중에서는 프랑스 다음으로 면적이 넓은 나라며, 한반도보다 약 2.3배 크다.

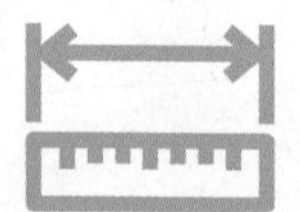

시차

-8시간

한국보다 8시간 느리며 국제표준시(UTC) 기준으로는 2시간 느리다. 서머타임인 3~10월에는 한 시간 빨라져 7시간 차이가 난다.

인구

약 4,673만 명

인구 밀도는 92명/km^{2}로 주변 국가에 비해 낮다. 마드리드와 바르셀로나 주변 도시를 제외하고는 해안가에 밀집되어 분포되어 있다.

위치

유럽 남서쪽
이베리아 반도

이베리아반도의 대부분을 차지하고 있으며 북쪽으로는 프랑스와 안도라, 서쪽으로는 포르투갈, 남쪽으로는 모로코와 붙어 있다.

정치

입헌군주국, 내각책임제

국가의 원수는 국왕으로 세습군주제 체제를 유지하는 입헌군주국 국가이자, 내각책임제를 채택해 총리를 정부수단으로 두고 있다.

경제

1인당 GDP $32,559

(2019년 기준)

스페인은 세계에서 손에 꼽히는 서비스 무역 강국으로 서비스 산업 분야가 높은 비율을 차지한다. 이외에도 자동차, 신재생 에너지 분야에서도 선두적인 입지를 확보하고 있다.

전압

220V, 50Hz

우리나라와 전압이 같고 플러그 타입도 F로 똑같아서 변환 콘센트 없이 한국 전자제품을 그대로 사용할 수 있다.

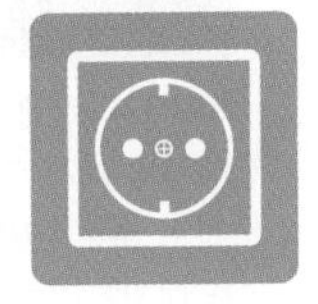

기후

지리적 특성에 따라 기후 또한 다양하게 나뉜다. 중부는 대륙성 기후, 남동부는 지중해성 기후, 북부는 서안 해양성 기후를 보인다. 여행하기에 가장 좋은 시기는 6월과 9월이다.

언어

스페인어(카스티야노 Castellano)

공용어는 스페인어지만 자치주에 따라 카탈루냐어, 발렌시아노, 바스크어.

종교

가톨릭(67%)

국가 정체성으로 삼은 가톨릭이 가장 많고 무교가 28%, 이슬람교나 유대교와 같은 기타 종교가 5%를 차지한다.

통화

유로(Euro) €1.00=약 1,309원

(2019년 4월)

유럽 연합의 19개국에서 공동으로 사용하는 유로를 사용한다. 지폐는 €5, €10, €20, €50, €100, €200, €500가 있으며 동전은 1c, 2c, 5c, 10c, 20c, 50c, €1, €2이 있다. 1유로는 100센트다.

국가번호

+34

한국에서 스페인으로 전화할 때는 001(국제전화 식별 번호)+34(스페인 국가 번호)+(스페인 지역 번호)+123-456(상대방 전화 번호) 순으로 누르면 된다.

공휴일 (2019년 기준)

날짜	공휴일
1월 1일	신년
1월 2일	국토회복운동의 날(그라나다)
1월 6일	동방박사의 날
2월 28일	안달루시아의 날(안달루시아 지방)
4월 18일	성 목요일*
4월 19일	성 금요일*
4월 21일	부활절*
4월 22일	부활절 월요일*
4월 23일	성 조르디의 날(카탈루냐 지방)
5월 1일	노동절
5월 2일	마드리드의 날(마드리드)
5월 15일	이시드로의 날(마드리드)
6월 10일	성림강림절(바르셀로나)*
6월 11일	성체축일(그라나다)*
6월 24일	성 후안의 날(카탈루냐 지방)
8월 15일	성모 승천일
9월 11일	카탈루냐의 날(카탈루냐 지방)
10월 9일	발렌시아의 날(발렌시아)
10월 12일	신대륙발견 기념 국경일
11월 1일	모든 성인의 날
11월 9일	수호 성인의 날(마드리드)
12월 6일	제헌절
12월 8일	성령수태일
12월 25일	성탄절
12월 26일	성 에스테반의 날(카탈루냐 지방)

※ *은 매년 날짜가 바뀌는 공휴일
※ 자치주에 지정 공휴일에 차이가 있음

스페인 역사

로마가 이베리아 반도 전체를 정복했다. 이때 지금의 스페인 지역을 로마의 '히스파니아 Hispania' 지방이라 불렀다.

5세기 로마의 멸망 후 게르만족인 서고트의 지배를 받았고, 6세기에 톨레도 Toledo를 수도로 했다.

과달레테 전투

북아프리카에서 건너온 무슬림과 충돌하면서 711년 과달레테 전투에서 패해 이슬람의 지배를 받기 시작했다. 722년 스페인 북쪽 코바동가 전투에서 무슬림 군대를 물리치면서 800년에 걸친 레콩키스타(국토회복운동)가 시작된다. 기독교 왕국 초기 역사에서 아스투리아스가 가장 먼저 건국하여 세를 넓혔고, 10세기에는 레온 Leon, 갈리시아 Galicia, 카스티야 Castile, 아라곤 Aragon, 나바라 Navarra 등 다양한 왕국이 탄생했다. 이때 지금의 바르셀로나 지역에는 카탈루냐 현이 생겼다.

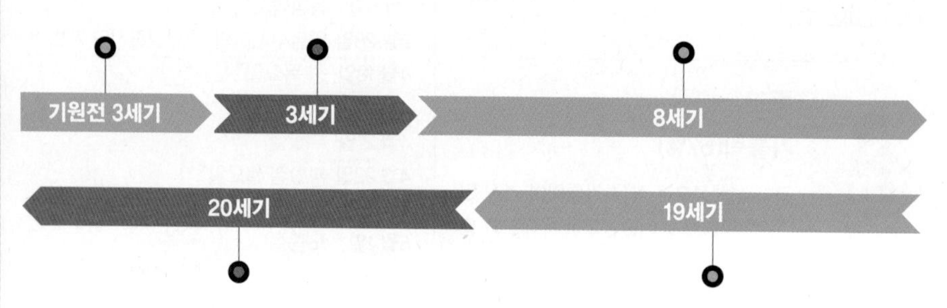

제1차 세계대전이 발발했을 당시에는 중립국이었으나 국내 정치가 워낙 복잡했기 때문에 결국 스페인 내전(1936~1939)이 일어나게 되었다. 이후 프랑코의 독재가 이어졌지만, 1975년 후안 카를로스 1세의 입헌군주국으로 민주화가 시작되었다. 1970년대부터 빠른 경제성장을 이루기 시작, 1986년 EU의 전신인 EEC에 가입하고 1992년에는 바르셀로나 올림픽, 세비야 세계박람회를 개최했다.

스페인 내전

1808년에 나폴레옹이 스페인을 침공했고 1814년에 독립했다. 1801~1826년에는 아메리카 대륙의 식민지 대부분을 잃는 등 대내외적으로 암울한 시기가 계속되었다. 1833년 왕위 계승을 둘러싸고 벌어진 내전에서는 이사벨파가 승리했지만, 정치적 혼란은 여전히 가중되었고, 1873년 공화국이 성립되었다가 쿠데타로 왕정이 복고되어 입헌군주국이 되는 등 혼란이 거듭되었다. 그러다 1898년 미국과의 전쟁으로 많은 식민지를 잃고 쇠퇴의 길을 걷게 된다.

나폴레옹 전쟁

알폰소와 엘시드

기독교 왕국들의 레콩키스타가 한창이었던 시기다. 1085년 카스티야의 알폰소 6세가 톨레도를 함락시키고, 1094년 전설적인 영웅 엘시드가 발렌시아를 정복하면서 기독교 세력이 남쪽으로 확장해갔다.

살라망카 대학

1134년에 레온 왕국이 살라망카Salamanca에 유럽 최초 대학교를 설립했다(공식 승인된 최초의 대학은 1212년 팔렌시아 대학교). 살라망카 대학은 1218년에 알폰소 9세로부터 공식적으로 인정받았다.

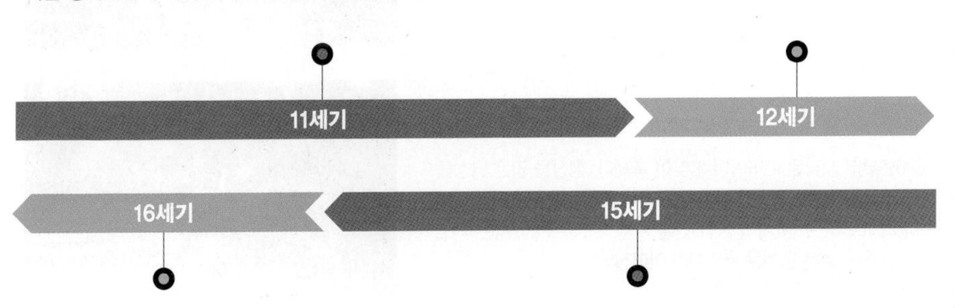

막시밀리안 1세의 손자인 카를로스 1세가 1516년 통일 스페인의 국왕이 되고 1519년 신성로마제국의 황제로 오른다. 펠리페 2세가 수도를 마드리드로 옮겼고, 16~17세기에는 세르반테스, 엘 그레코 등이 등장하면서 문학과 예술이 발전했다.

스페인 무적함대

1469년 당시 가장 강력한 기독교 왕국이었던 아라곤과 카스티야가 결혼을 통해(페르난도 2세와 이사벨라 여왕) 에스파냐(스페인) 왕국을 만들었다. 1492년 에스파냐 왕국은 이베리아 반도의 마지막 무슬림 왕국 그라나다를 정복했으며, 같은 해 이사벨 여왕의 후원을 받은 콜럼버스가 아메리카 대륙을 '발견'하면서 제국의 길로 나아간다.

그라나다 정복

아메리카 당도

스페인 축제

스페인은 1년 365일 축제가 열리지 않는 날이 없다고 해서 '축제의 나라'라고도 불린다. 대도시부터 작은 마을까지 많은 축제가 이어지는데, 지역 사회 결속력을 다지고 전통을 이어감에 있어 매우 중요한 행사라고 할 수 있다. 여행객에겐 현지인과 더 가까이 접하며 소통할 기회이기도 하다.

스페인 4대 축제

발렌시아 불꽃 축제 Las Fallas de San José

목수와 조각가들의 수호성인인 산 호세를 기리는 축제로 성모 마리아상 헌화 퍼레이드, 축제의 여왕 선발 등 다채로운 행사가 있지만 1년 동안 만든 니놋 Ninot(인형)이 거리를 장식하고 마지막 날 밤 모두 불태우는 크레마 la Cremà가 축제의 대미를 장식한다.

세비야 4월 축제 Feria de abril

1846년부터 시작된 세비야의 봄맞이 축제다. 정장을 입은 남성들이 세비야 전통 복장의 여성들을 말과 마차에 태워 행진하는 것이 하이라이트다. 수백 개의 움막 건물 카세타 Caseta에서는 먹고 마시고 춤을 추는 흥겨운 분위기가 이어진다.

팜플로나 산 페르민 축제 Las fiestas de San Fermín

바스크 지방의 수호성인 산 페르민을 기리는 축제로 헤밍웨이의 소설 《해는 다시 떠오른다》에 등장하여 매년 100만 명이 관람하는 대표 축제가 되었다. 여섯 마리 소를 투우장으로 이끄는 소몰이 El encierro를 비롯해 거인 인형 퍼레이드, 투우 등 행사가 있다.

부뇰 토마토 축제 La Tomatina

1940년에 시작돼 역사가 길지 않지만, 세계적으로 유명한 축제가 되었다. 중앙 광장에 긴 기둥이 설치되고 기둥을 타고 올라 끝의 햄을 잡아채는 순간 토마토 던지기가 시작된다. 1시간 동안 진행되며 대포가 울리면 종료된다.

그 밖의 주요 축제

1월

산 세바스티안 라 타보라다
La Tamborrada

요리사와 군인 복장을 한 참가자들이 북치고 노래하며 행진하는 축제로 도시 전체가 떠들썩해진다.

3~4월

세비야 세미나 산타
Semana Santa

부활절 전 1주일간 열리는 종교 축제로 스페인에서 세비야가 가장 유명하다.

8월

말라가 축제
Feria de Málaga

매년 말라가에서 열리는 대규모 축제로 불꽃놀이, 플라멩코, 투우 등 수준 높은 공연이 펼쳐진다.

9월

리오하 수확제
Fiestas de la Vendimia Riojana

와인의 산지로 알려진 리오하 지방의 주도 로그로뇨에서 거창한 수확제가 열린다.

바르셀로나 라 메르세
La Mercè

성모 마리아의 영광을 기리는 종교 축제로 바르셀로나 최고의 축제이며 일주일간 펼쳐진다.

5월

헤레스 말 축제
Feria de Caballo

말을 탄 전통복장의 사람들 행렬과 세계적 명성을 갖는 정통 셰리주의 맛을 느낄 수 있는 축제다.

마드리드 산 이시드로 축제
Fiestas de San Isidro Labrador

농부들의 수호성인인 산 이시드로를 기리는 축제로 옛 마드리드 정취를 느낄 수 있다.

도시별 인물 탐구

펠리페 2세 P.319
Felipe II(1527~1598)
그가 짓게 했던 엘 에스코리알 수도원의 왕실 묘지에 묻혀 있다.

엘 그레코 P.296
El Greco(1541~1614)
산타 크루즈 미술관, 산토 토메 성당, 엘 그레코 박물관에 그의 자취가 남아 있다.

엘 에스코리알

톨레도

크리스토퍼 콜럼버스 P.348
(1451~1506)
세비야 대성당에 그의 관이 있다.

세비야

피카소 P.412
Pablo Ruiz Picasso
(1881~1973)
피카소의 생가가 남아 있다.

말라가

벨라스케스 P.267
Diego Velazque(1599~1660)
프라도 미술관에 동상과 함께 많은 작품이 있다.

고야 P.267
Francisco Goya(1746~1828)
프라도 미술관과 왕립 미술아카데미에 작품이 있다.

마드리드

달리 P.211
Salvador Dali(1904~1989)
초현실주의 화가 달리의 색채가 잘 묻어나는 달리 미술관이 있다.

피게레스

바르셀로나

가우디 P.121
Antoni Gaudi(1852~1926)
구엘 공원, 구엘 저택, 가우디 성당 등에서 천재성을 느낄 수 있다.

미로 P.164
Joan Miró i Ferrà
(1893~1983)
미로 미술관에서 그의 작품들을 볼 수 있다.

이사벨 1세 P.389
(1451~1504)
왕실 예배당에 묻혔으며 이사벨라 카톨리카 광장에 동상이 있다.

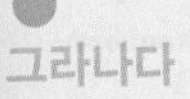

스페인 동부
Eastern Spain

바르셀로나를 수도로 삼는 카탈루냐 지방 Cataluña과 지중해 무역의 주요 상업 도시였던 발렌시아가 있는 발렌시아 지방 València이 스페인 동부에 속하며 스페인 여행 중 빼놓을 수 없는 곳이기도 하다. 카탈루냐 지방은 예부터 독자적인 언어와 문화 전통을 이어오고 있는 곳으로 지금도 마드리드가 중심인 지방과 대립하며 독립과 자치를 요구하고 있다. 발렌시아 지방은 쌀과 오렌지 산지로 알려져 있으며, 스페인 대표 음식인 빠에야의 본고장이기도 하다.

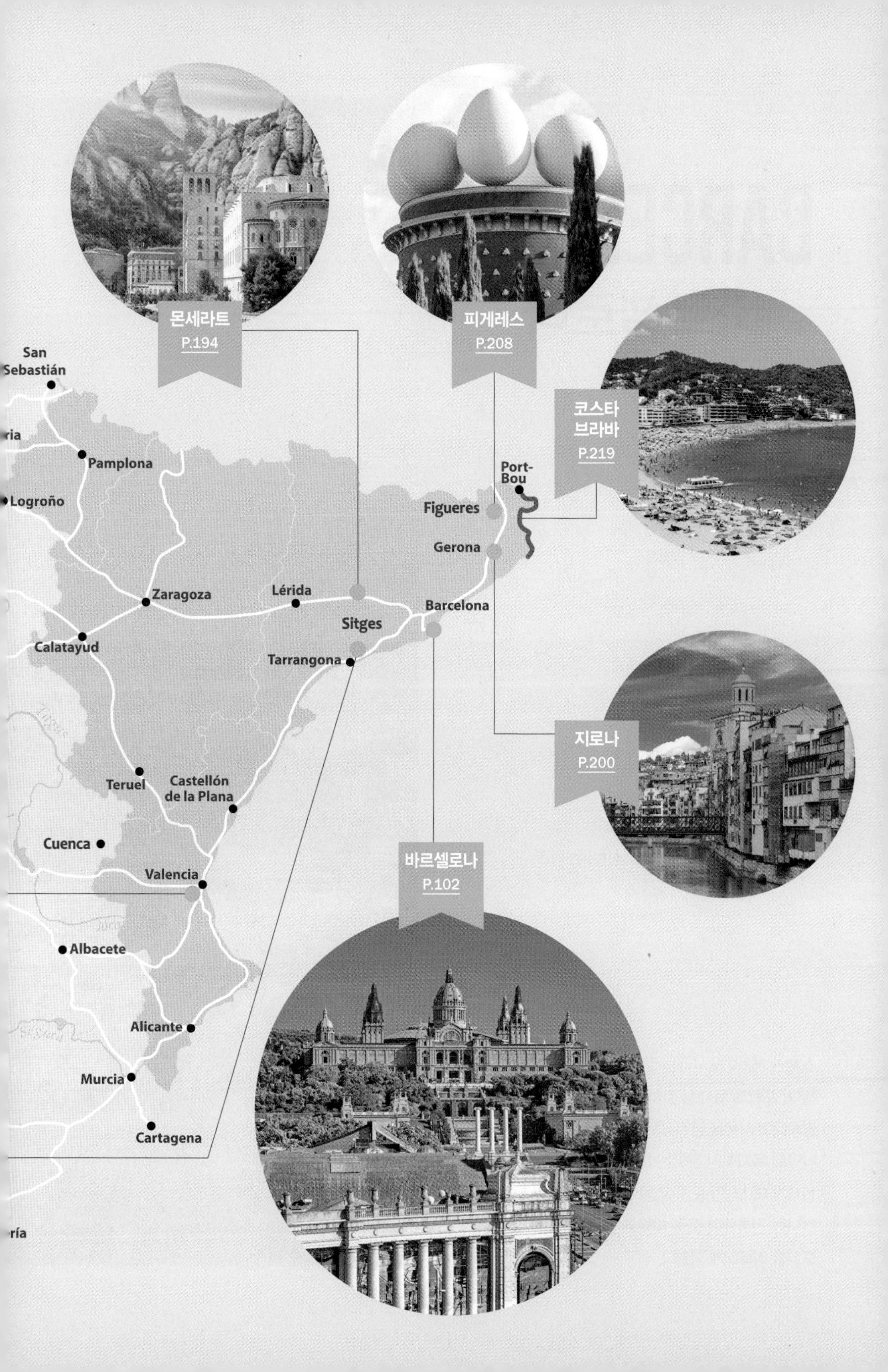

몬세라트
P.194
피게레스
P.208
코스타
브라바
P.219
지로나
P.200
바르셀로나
P.102
San
Sebastián
ria
Pamplona
Logroño
Port-
Bou
Figueres
Gerona
Zaragoza
Lérida
Barcelona
Sitges
Calatayud
Tarrangona
Teruel
Castellón
de la Plana
Cuenca
Valencia
Albacete
Alicante
Murcia
Cartagena
ría

1

BARCELONA
바르셀로나

스페인 제2의 도시라는 말은 바르셀로나인들에게 실례다. 프랑코 독재정권 시절 자치권을 박탈당하고 카탈루냐어 사용을 금지당하는 탄압을 받았지만, 카탈루냐만의 독자적인 문화는 도시 발전에 크게 기여했다. 19세기 대대적인 도시 재정비가 이뤄지며 아름다운 모더니즘 건축물이 꽃을 피웠고 현재 스페인 최고 관광 도시를 이룩하게 되었다.

Barcelona Preview
바르셀로나 한눈에 보기

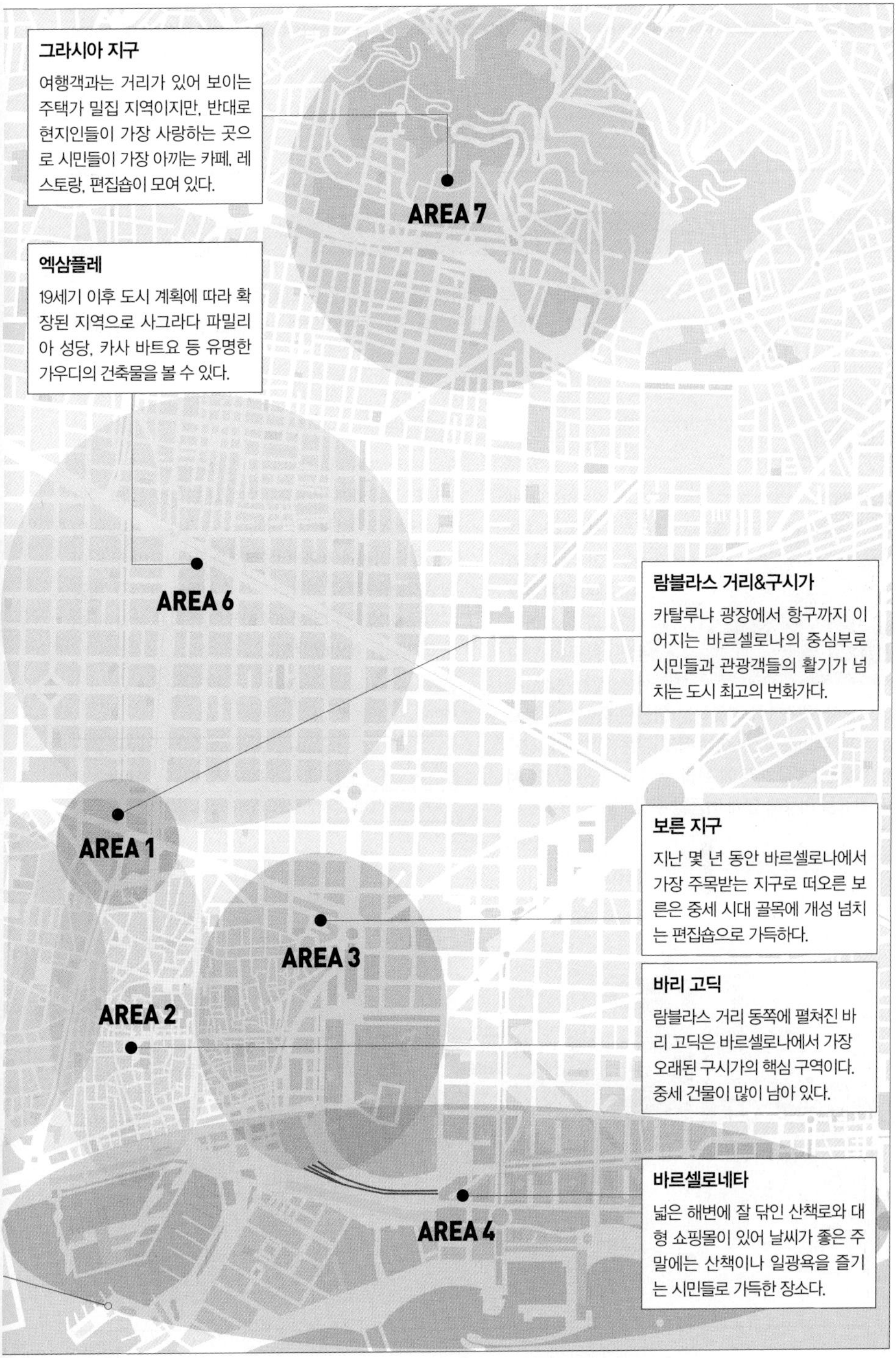

그라시아 지구
여행객과는 거리가 있어 보이는 주택가 밀집 지역이지만, 반대로 현지인들이 가장 사랑하는 곳으로 시민들이 가장 아끼는 카페, 레스토랑, 편집숍이 모여 있다.
AREA 7
엑삼플레
19세기 이후 도시 계획에 따라 확장된 지역으로 사그라다 파밀리아 성당, 카사 바트요 등 유명한 가우디의 건축물을 볼 수 있다.
AREA 6
람블라스 거리&구시가
카탈루냐 광장에서 항구까지 이어지는 바르셀로나의 중심부로 시민들과 관광객들의 활기가 넘치는 도시 최고의 번화가다.
AREA 1
보른 지구
지난 몇 년 동안 바르셀로나에서 가장 주목받는 지구로 떠오른 보른은 중세 시대 골목에 개성 넘치는 편집숍으로 가득하다.
AREA 3
바리 고딕
람블라스 거리 동쪽에 펼쳐진 바리 고딕은 바르셀로나에서 가장 오래된 구시가의 핵심 구역이다. 중세 건물이 많이 남아 있다.
AREA 2
바르셀로네타
넓은 해변에 잘 닦인 산책로와 대형 쇼핑몰이 있어 날씨가 좋은 주말에는 산책이나 일광욕을 즐기는 시민들로 가득한 장소다.
AREA 4

Transportation
교통 정보

가는 방법

명실상부 스페인에서 제일 유명한 관광도시답게 바르셀로나를 연결하는 다양한 교통수단이 있다. 우리나라에서 바르셀로나까지 직항편이 있고, 스페인 국내는 물론 유럽 국가를 연결하는 다양한 노선들도 활발하게 운행하고 있어 이동이 편리하다.

비행기

인천에서 바르셀로나로 가는 직항편은 대한항공과 아시아나항공이 있고 13~14시간 소요된다. 최소 1회 경유하는 항공편 중에서는 루프트한자, 에어프랑스, KLM 등과 같은 유럽 항공사를 많이 이용한다. 그 밖에 유럽 내 주요 도시에서는 저가 항공을 이용해 쉽게 이동할 수 있다.

바르셀로나 엘프라트 공항
Aeropuerto de Barcelona-El Prat(BCN)

마드리드 공항에 이어 스페인에서 두 번째로 큰 규모의 공항으로 시내에서 남서쪽으로 14km 거리에 있다. 제1터미널과 제2터미널로 나뉘어 있으며 두 터미널 사이에는 무료 셔틀버스가 수시로 운행한다. 항공사별로 이용하는 터미널이 다르므로 항공 예약 시 이용 터미널을 확인해야 한다.

홈피 www.aena.es/es/aeropuerto-barcelona/index.html

Terminal 1 (T1)	대한항공, 아시아나항공, 영국항공, 에어프랑스, 루프트한자, 핀에어, 부엘링
Terminal 2 (T2)	저먼윙스, 라이언에어, 이지젯

공항에서 시내로

바르셀로나 공항에서 시내까지의 교통수단은 공항버스, 렌페, 버스, 메트로, 택시가 있다. 다양한 방법이 있지만, 공항버스를 가장 많이 이용한다. 자신의 목적지까지 편리하고 빠르게 연결할 방법이 가장 좋은 선택이다.

❶ 공항버스 Aero Bus

제1터미널에서 출발하는 A1 버스와 제2터미널에서 출발하는 A2 버스가 있다. 출발하는 장소만 다를 뿐 행선지는 같다. 버스의 배차 간격이 5~10분으로 매우 짧아 이용하기 편하며, 티켓은 자동판매기나 운전기사에게 구입할 수 있다(단, 운전 기사에게 구입 시 현금만 가능).

홈피 www.aerobusbcn.com

노선	운행 시간	주요 행선지	소요시간	요금(성인 기준)
A1 (제1터미널)	(공항 출발) 05:35~01:05 (시내 출발) 05:00~00:30	Pl. Espanya Gran Via – Urgell Pl. Universitat Pl. Catalunya	35분	편도 €5.90 왕복 €10.20
A2 (제2터미널)	(공항 출발) 05:35~01:00 (시내 출발) 05:00~00:30			

* 왕복 티켓 : 돌아오는 티켓은 개시 후 15일 안에 사용 가능

❷ 렌페 Renfe

스페인 국철인 렌페는 제1터미널, 제2터미널에서 30분 간격으로 운행한다. 산츠역 Sants(19분 소요), 파세지 데 그라시아역 Passeig de Gràcia(26분 소요)에 정차하며 최종 목적지까지는 메트로나 버스로 환승해 이동하면 된다.

운행 (공항 출발) 05:13~23:38(파세지 데 그라시아 출발) 05:08~23:07 요금 €2.20 / T-10 사용 가능

❸ 버스 Autobús

스페인 광장과 카탈루냐 광장으로 이동하는 가장 저렴한 방법으로 낮에는 46번, 야간에는 N16, N17, N18 버스가 있다. 야간 버스는 정차하는 목적지가 거의 비슷한데 N18번 버스는 두 버스보다 정차하는 정류장이 적어 비교적 빠르게 도착할 수 있다.

요금 €2.20 / T-10 사용 가능
홈피 www.tmb.cat, www.ambmobilitat.cat

버스 노선	운행 시간	주요 행선지	소요시간	배차간격
46번 (제1,2터미널)	(공항 출발) 05:30~23:50 (시내 출발) 04:50~23:50	Pl. Espanya	35분	30분
N16 (제2터미널)	(공항 출발) 23:33~05:13 (시내 출발) 23:30~05:10	Pl. Espanya Ronda Universitat - Pl. de Catalunya	60분	20분
N17 (제1터미널)	(공항 출발) 21:55~04:45 (시내 출발) 23:00~05:00		60분	20분
N18 (제1,2터미널)	(시내 출발) 00:05~04:45 (공항 출발) 00:18~04:38		30분	20분

❹ 메트로 Metro

L9 노선이 제1터미널과 제2터미널을 운행하지만 L1, L3, L5 노선으로 갈아타야 하고 T-10 사용이 불가하다. 별도의 티켓을 이용해야 하며 당연히 환승도 안 된다. 해당 노선 주변에 목적지가 있을 경우에만 추천하는 방법이다.

요금 €4.50

❺ 택시 Taxi

공항에서 시내까지 거리가 멀지 않아 택시 요금도 크게 비싸지 않은 편이다. 짐이 많거나 여러 명일 때는 택시가 오히려 경제적일 수 있다. 야간, 일요일, 공휴일에는 할증요금이 추가되며 공항세와 캐리어 추가 요금이 붙는다.

요금 €25.00~35.00

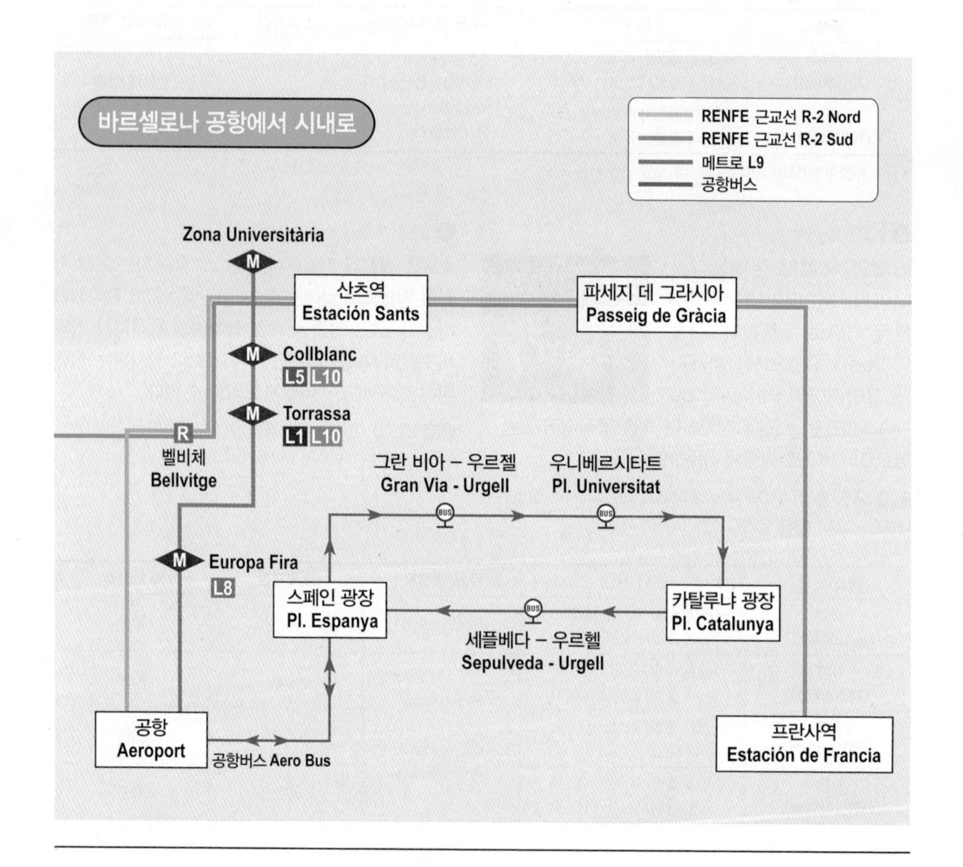

기차

바르셀로나에서 근교 도시로의 이동은 기차를 이용하고 그외 장거리 구간은 기차나 저가항공을 이용한다. 대표적인 기차역으로는 두 곳이 있으며 주로 산츠역을 이용한다.

❶ 산츠역 Estación de Sants

바르셀로나의 중앙역 역할을 하는 기차역으로 스페인 각지에서 출발한 국내선과 프랑스 파리, 마르세유 등 국제선 열차가 오가는 바르셀로나 최대 규모의 기차역이다. 메트로 L3, L5 노선과 연결된다.

❷ 프란사역 Estació de França

산츠역이 생기기 전까지 오랫동안 바르셀로나와 다른 도시를 연결하는 관문 역할을 했던 기차역이다. 1848년에 건설된 유서 깊은 기차역인 만큼 건물도 고풍스럽다. 프란사역 근처에 메트로 L4 바르셀로네타역 Barceloneta이 있다.

목적지	기차 종류	소요시간
마드리드	AVE	2시간 10분 ~ 3시간 10분
발렌시아	TALGO	3시간 10분 ~ 3시간 38분
말라가	AVE	5시간 50분
세비야	AVE	5시간 25분 ~ 5시간 32분
산 세바스티안	ALVIA	5시간 33분
빌바오	ALVIA	6시간 34분
그라나다	AVE-MD/BUS	7시간 10분 ~ 7시간 40분
파리	RENFE-SNCF	6시간 28분

tip

장거리 기차 티켓 구입 시 제공되는 무료 티켓

스페인 국철 렌페 Renfe를 예약하면 바르셀로나에서는 로달리스 Rodalies, 마드리드에서는 세르카니아스 Cercanías라고 불리는 국철을 1회 무료 탑승할 수 있다.
예를 들어, 마드리드-바르셀로나 구간 렌페를 이용할 때 솔광장에서 아토차역으로 가는 열차나 바르셀로나 도착 후 산츠역에서 카탈루냐 광장까지 가는 열차를 무료로 이용할 수 있다.

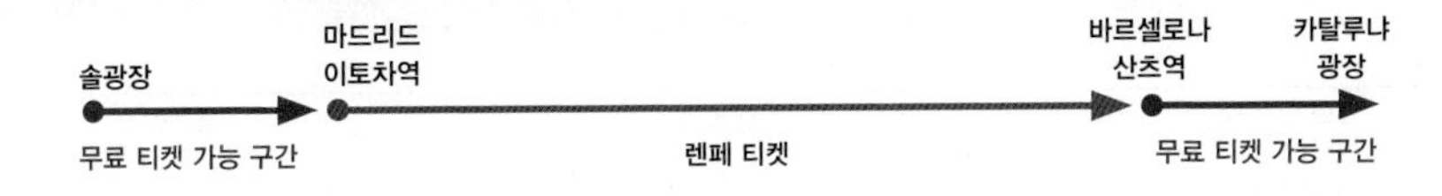

- 출발 전 혹은 출발 후 둘 중 1회만 사용 가능
- 출/도착 기준 4시간 이내만 가능
- 렌페 티켓의 콤비나도 세르카니아스 Combinado Cercanías 5자리 일련번호로 티켓 발매기나 창구에서 무료승차권을 얻을 수 있다.

버스 

스페인 곳곳을 연결하는 버스는 단거리부터 중장거리까지 다양한 노선을 확보하고 있는 교통수단이다. 특히 근교로 이동할 때 기차보다 이동시간이 짧고 비용이 적어 합리적인 수단이다.

❶ 북부 버스터미널 Estación de autobuses Barcelona Nord

바르셀로나 최대 규모의 버스터미널로 스페인 각지로 이동하는 국내선을 비롯해 많은 국제선 버스가 발착한다. 특히 히로나, 피게레스, 코스타 브라바 등 바르셀로나에서 당일치기로 다녀오는 도시들로 이동 시 북부 버스터미널을 이용한다. 시설이 현대적이지는 않아도 메인 버스터미널답게 시설이 잘되어 있는 편이다. 내부로 들어가면 각 버스 회사의 창구가 있고 아래층은 탑승장과 각종 편의 시설이 있다.

❷ 산츠 버스터미널 Estación de Sants

버스터미널이라기엔 야외 환승센터에 가깝다. 북부 버스터미널이 스페인 북동쪽 도시를 연결한다면, 산츠 버스터미널은 유로라인 Eurolines에서 운행하는 국제노선이 대부분이다. 물론 북부에서 출발한 버스가 산츠를 거쳐 가기도 한다. 몬세라트를 연결하는 버스도 이곳에서 탑승할 수 있는데, 버스회사 줄리아 Autocares Julià에서 하루 1대 출발한다. 메트로 L3, L5호과 이어지는 산츠역 Sants Estació과 접근성이 좋다.

버스 회사	행선지	홈페이지
알사 ALSA	마드리드, 빌바오, 산 세바스티안, 산탄드레, 발렌시아, 히로나, 말라가, 그라나다, 네르하, 세비야	www.alsa.es
사갈레스 Sagalés	히로나 공항, 히로나, 피게레스, 라 로카 빌리지	www.sagales.com
사르파 Sarfa(Moventis)	베구로, 로제스, 카다케스	https://compras.moventis.es
유로라인 Eurolines	포르투갈, 프랑스, 벨기에, 독일, 체코 등	www.eurolines.es

시내 교통

바르셀로나에는 메트로, 버스, 로달리스, FGC, 트램, 푸니쿨라, 케이블카 등 다양한 교통수단이 있다. 특히, 메트로와 버스가 잘되어 있어서 여행객이 가장 편리하게 이용할 수 있다. 일정이 짧다면 시티 투어 버스를 이용해 핵심 명소만 둘러보는 방법도 있다.

티켓 종류

여행객이 가장 많이 사는 T-10은 여행 일정이 짧고 일행이 있을 때 더 유용하게 쓸 수 있는 교통 티켓이다. 1회권은 교통수단마다 별도의 티켓을 사용하지만, T-10은 모든 교통수단에서 사용할 수 있고, 저렴해서 가성비도 좋다. 물론 일정에 따라 교통권을 선택하는 것이 가장 바람직하다. 티켓은 해당 교통수단이나 자동판매기, 신문 가판대에서 구입할 수 있다.

지도 www.tmb.cat, www.barcelonasmartmoving.com

티켓	특징	요금
1회권 Bitllet senzill	- 메트로, 버스, 트램, 푸니쿨라 등 1회 이용	€2.20
10회권 Targeta T-10	- 메트로, 버스, 트램, FGC, 로달리스 등 기한 제한 없이 10회 사용 - 인원수에 상관없이 여러 명이 함께 사용 가능 - 75분 이내 3개의 교통수단까지 환승 가능 (동일 수단 환승 불가)	€10.20
1일권 T-Dia	- 다음날 04:00까지 횟수 제한 없이 사용 가능 - 본인만 사용 가능	€8.60
50회권 T-50/30	- 30일 동안 50회 사용 가능 - 동시에 여러 명 사용 불가	€43.50
1개월 T-Mes	- 30일 동안 횟수 제한 없이 사용 가능 - 본인만 사용 가능 (신분증 필요)	€54.00
바르셀로나 트래블 카드 Abonament Barcelona	- 정해진 기간 동안 무제한 이용 - 관광안내소, 온라인(10%할인) 구매 가능 - 본인만 사용 가능	2일권 €15.00 3일권 €22.00 4일권 €28.50 5일권 €35.00

※1 Zona 기준

바르셀로나 카드 Barcelona Card

바르셀로나에서 2일 이상 머물고 박물관과 미술관 관람 계획이 많다면 추천할 만한 카드다. 박물관&미술관, 관광명소, 레스토랑, 시내 투어 등에서 무료입장이나 할인을 받을 수 있고 대중교통을 정해진 시간 동안 무제한 탑승할 수 있다(온라인 구입 시 10% 할인).

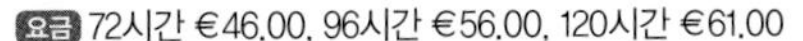

요금 72시간 €46.00, 96시간 €56.00, 120시간 €61.00

홈피 www.barcelonacard.org

메트로(지하철)

L1~L5, L9~L11까지 총 8개의 노선으로 이루어져 있다. 관광 명소와 메트로 역이 가까워 여행객이 가장 많이 이용하는 교통수단이다. 우리나라 지하철과 시스템이 비슷해서 편리하지만, 다른 점이라면 개찰구에 티켓 넣는 곳이 왼쪽이라는 것과 나갈 때 티켓 인식 없이 개찰구를 통과한다는 점이다. 내릴 땐 문에 있는 버튼을 눌러야 문이 열린다.

운행 05:00~24:00 (금요일, 공휴일 전일 02:00까지) 토요일, 1.1, 6.24, 8.15, 9.24 24시간 운행

버스

17개 노선의 야간 버스 Nit Bus를 포함, 약 120여 개의 노선이 바르셀로나 전역을 운행한다. 메트로로 접근하기 힘든 구엘 공원이나 몬주익 언덕에 갈 때 편리하다. 버스 탑승 시에는 택시처럼 가볍게 손을 들어 버스를 세워야 하며, 티켓은 펀칭 기계에 화살표 방향으로 넣어야 한다(버스에서 티켓 구입 시 잔돈 준비).

운행 일반 05:00~23:30 / 심야 23:30~05:00

택시

검은색 차체에 노란색 문의 바르셀로나 택시는 다른 유럽 도시와 달리 요금이 저렴하고 치안이 좋다. 미터제로 요금이 책정되는데, 뒷좌석 창문에 기본 요금표가 붙어 있어 안심하고 탈 수 있다. T-1, T-2, T-3, T-4로 요금 체계가 나뉘며 요일과 시간, 큰 짐의 여부에 따라 조금씩 추가된다. 빈 택시 앞 유리에는 LLUIRE 혹은 LIBRE라고 표시되어 있다.

요금 €2.15, 1Km당 €1.13 추가(T-1 기준)

홈피 www.taxi.amb.cat

MEMO

바르셀로나 버스 투리스틱 Barcelona Bus Turístic

바르셀로나 교통국 TMB에서 운영하는 공식 시티 투어 버스로 시내 주요 관광지 45곳을 운행한다. 북부는 파란색, 남서부는 빨간색, 해안은 초록색 총 3개의 노선이 있다. 티켓 구입 후 원하는 노선을 정해진 기간에 이용하면 된다(온라인 구입 시 10% 할인).

운행 여름 09:00~20:00, 겨울 09:00~19:00

요금 1일 €30.00, 2일권 €40.00

홈피 www.barcelonabusturistic.cat

기타

❶ 로달리스 Rodalies

렌페 Renfe에서 운영하는 기차의 한 종류로 세르카니아스 Cercanías라고도 불린다. 카탈루냐 지역을 연결하며 바르셀로나에서는 산츠역을 중심으로 운행한다. 공항과 시체스, 히로나와 피게레스 등 근교로 이동할 때 이용하기 좋다.

홈피 http://rodalies.gencat.cat

❷ FGC

바르셀로나와 근교 도시를 연결하는 카탈루냐 민영 철도다. 카탈루냐 광장에서 티비다보, 에스파냐 광장에서 몬세라트와 콜로니아 구엘 성당에 갈 때 주로 이용한다.

홈피 www.fgc.es

❸ 트램 Tram

메트로와 버스가 잘 되어 있기도 하고, 트램 노선이 여행객의 동선에서 벗어난 지역을 운행하고 있어서 자주 이용하는 교통수단은 아니지만 바르셀로네타 해변이나 캄프 누에 갈 때 이용해볼 만 하다. 현대적이고 쾌적한 트램안에서 이색적인 시내 풍경을 만끽할 수 있다.

홈피 www.tram.cat

바르셀로나 프리 워킹 투어

카탈루냐 광장에서 시작해 람블라스 거리, 고딕 지구, 대성당 등 주요 명소를 돌아보는 무료 투어로 약 2시간 30분이 소요된다. 홈페이지 사전 예약이 필요하다.

운영 월~목 11:00, 15:00, 금~일 10:00
홈피 http://freewalkingtoursbarcelona.com

ℹ 관광안내소

카탈루냐 광장
위치 카탈루냐 광장 내 지하
주소 Plaça de Catalunya, 17, 08002 Barcelona
오픈 08:30~21:00

산 히우메 광장
위치 산 히우메 광장 시청사 1층
주소 Carrer de la Ciutat, 2, 08002 Barcelona
오픈 월~금 08:30~20:00, 토요일 09:00~20:00, 일 · 공휴일 09:00~15:00
홈피 www.barcelonaturisme.com

BEST COURSE

바르셀로나 추천 코스

바르셀로나는 랜드마크가 많아 최소 4일 이상 머무는 것을 추천한다. 몬주익 언덕과 구엘 공원을 제외하고 모두 도보로 이동할 수 있지만, 대도시인 만큼 메트로와 버스를 적절히 이용하여 체력과 시간을 아끼는 것이 중요하다. 일주일 이상 머물 수 있는 시간적 여유가 있다면 근교 여행도 고려해볼 만하다. 몬세라트, 시체스, 피게레스 등 당일치기가 가능한 도시들이 많아 선택의 폭도 넓다.

Check List

- ☑ 가우디 건축 탐방
- ☑ 몬주익 분수쇼 보기
- ☑ 근교 도시 여행하기
- ☑ 구시가지 산책하기
- ☑ 바르셀로네타 해변에서 여유 부리기
- ☑ 스페인 잇 아이템 쇼핑하기
- ☑ 축구경기 직관하기

DAY 1

1. **카탈루냐 광장**
   ▼ 도보 1분
2. **람블라스 거리**
   ▼ 도보 6분
3. **보케리아 시장**
   ▼ 도보 7분
4. **라발 지구(현대미술관, 람블라 데 라발)**
   ▼ 도보 6분
5. **구엘 저택**
   ▼ 도보 25분 or 버스 15분
6. **바르셀로네타**

DAY 2

1. **구엘 공원**
   ▼ 버스 15분
2. **산 파우 병원**
   ▼ 도보 10분
3. **사그라다 파밀리아 성당**
   ▼ 버스 10분
4. **카사 밀라**
   ▼ 도보 6분
5. **카사 바트요**
   ▼ 도보 1분
6. **그라시아 거리**

DAY 3

1. **레이알 광장**
   ▼ 도보 5분
2. **산 하우메 광장**
   ▼ 도보 3분
3. **산 펠립 네리 광장**
   ▼ 도보 2분
4. **바르셀로나 대성당**
   ▼ 도보 2분
5. **왕의 광장**
   ▼ 도보 5분
6. **피카소 미술관**
   ▼ 도보 2분
7. **산타 마리아 성당**
   ▼ 도보 6분
7. **시우타데야 공원**

DAY 4

1. **몬세라트(근교)**
   ▼ FGC 1시간
2. **에스파냐 광장**
   ▼ 버스 25분
3. **몬주익 성**
   ▼ 버스 20분
4. **몬주익 분수쇼**

AREA 1

람블라스 거리 & 구시가

La Rambla

구시가에서 가장 오래된 고딕 지구에는 13~14세 오랜 세월의 흔적이 그대로 묻어나는 고딕 양식의 건물이 많이 남아 있다. 그뿐만 아니라 고대 로마 시대 유적이 곳곳에 있어 2천 년 역사의 숨결을 느끼게 한다. 옛 건물 안에 자리한 상점의 풍경에서는 과거와 현대가 어우러진 매력이 또 하나의 볼거리로 다가온다.

SIGHTSEEING

카탈루냐 광장

Plaça de Catalunya

바르셀로나의 중심이 되는 광장으로 북쪽으로는 그라시아 거리, 남쪽으로는 람블라스 거리가 이어진다. 광장 주변에는 엘 코르테 잉글레스 백화점, 관광안내소, 시내 택스리펀 사무실, 은행, 경찰서가 있다. 광장은 공항버스가 정차하는 곳이자 시티 투어 버스의 시작점이고 프리 워킹 투어의 모임장소로 이용되는 관광의 핵심이기도 하다. 문화예술 전시행사나 축제도 종종 열린다.

위치 메트로 L1, L3 카탈루냐역 Catalunya **주소** Plaça de Catalunya, 08002 Barcelona **지도** 맵북 **P.03-G**

tip

바르셀로나 시내 택스리펀

공항에서 시간을 절약하고, 미리 환급받은 돈을 여행 마지막까지 쓸 수 있다는 것이 시내 택스리펀의 장점이다. 가장 유명한 대행사인 글로벌 블루 Global Blue, 프리미어 택스 프리 Premier Tax Free 사무실이 카탈루냐 광장 내 지하에 있다.

① 여권, 구입 영수증과 택스리펀 서류, 보증을 위한 신용카드 제시
② 수수료를 제외한 금액 환급
③ 출국 시 공항에서 택스리펀 서류에 세관 도장 받기
④ 비치된 우체통에 서류 넣으면 완료

람블라스 거리
La Rambla

호안 미로의 모자이크 타일 바닥

바르셀로나의 핵심 광장인 카탈루냐 광장에서 콜럼버스 기념탑에 이르는 거리다. 원래는 작은 강이 흐르던 곳이었는데, 14세기 도시 확장 계획으로 성벽을 허물고 강을 메우면서 현지인과 여행객으로 인산인해를 이루는 바르셀로나 도시 생활의 중심지로 발돋움하게 되었다. 1.2km에 달하는 람블라스 거리에는 카페와 레스토랑, 각종 상점이 늘어서 있고, 곳곳에서 예술가들의 다양한 퍼포먼스를 볼 수 있어 전형적인 유럽 거리 풍경을 만끽할 수 있다. 또한, 넓은 도로 양쪽으로는 아름드리 플라타너스가 가득해서 도심 속 숲속을 연상케 한다. 거리 중간에는 호안 미로가 디자인한 빨강, 파랑, 노랑의 모자이크 타일 바닥이 있으며 레이알 광장, 구엘 저택 등 주요 명소로 향하는 거리와도 연결되어 있다.

위치 카탈루냐 광장에서 도보 1분, 메트로 L3 리세우역 Liceu 하차 지도 맵북 P.04-A

람블라스 거리 소매치기

바르셀로나는 불명예스럽게도 세계에서 소매치기가 가장 많은 도시로 알려졌다. 특히, 람블라스 거리는 여행객을 호시탐탐 노리는 소매치기의 활동구역으로도 불린다. 만약 소매치기를 당했다면 경찰서를 찾아가 도난 신고서 Police Report를 작성해야 한다.

보케리아 시장
Mercat de la Boqueria

산 호셉 시장 Mercado de San José으로도 불리는 보케리아 시장의 기원은 1217년으로 거슬러 올라간다. 고기를 팔던 시장에서 품목을 늘리고, 규모를 확대하면서 바르셀로나의 식탁을 책임지는 명실상부 최고의 재래시장이 되었다. 신선한 해산물, 스페인 특산품 하몽, 스페인의 강렬한 태양을 양껏 먹고 자란 과일 등 다양한 식재료가 가득하다. 가볍게 식사할 수 있는 바르 Bar도 있다. 시장 안쪽으로 들어갈수록 가격은 저렴하며, 마감 시간에는 최대 반값까지 할인도 한다.

위치 ① 카탈루냐 광장에서 도보 8분 ② 메트로 L3 리세우역 Liceu 하차, 도보 2분 **주소** La Rambla, 91, 08001 Barcelona **오픈** 08:00~20:30 **휴무** 일요일 **홈피** www.boqueria.barcelona **지도** 맵북 P.04-A

엘 코르테 잉글레스
El Corte Inglés

스페인 전역에 있는 백화점으로 바르셀로나에만 약 10곳이 있다. 카탈루냐 광장에 위치한 백화점이 가장 인접성이 좋다. 각종 매장을 비롯해 슈퍼마켓, 택스프리 사무실이 12층에 걸쳐 있다. 꼭대기 층인 9층의 푸드코트 **라 플라사 La Plaça**에서는 광장을 조망할 수 있다. 여권 소지 후 인포메이션 센터에 방문하면 구매한 금액의 10%를 적립할 수 있는 카드를 발급해주는데 1회 적립 이후 바로 사용 가능하다.

위치 카탈루냐 광장에서 도보 2분 주소 Avinguda del Portal de l'Àngel, 19, 08002 Barcelona 오픈 월~일 09:30~22:00 전화 +34 933 06 38 00 홈피 www.viena.es 지도 맵북 P.06-J

비센스
VICENS

스페인 여행 쇼핑리스트에도 빠지지 않는 뚜론 Turrón은 견과류와 꿀이 들어간 스페인 전통 과자로 우리식으로 비유한다면 누가 혹은 엿이라고 할 수 있다. 뚜론의 가장 유명한 전문점으로는 비센스를 꼽을 수 있는데, 1775년부터 시작된 유서 깊은 브랜드로 백화점이나 마트 내에서도 볼 수 있다. 매장에서는 각기 다른 종류의 뚜론을 시식해볼 수 있으며, 선물용이라면 무료로 포장도 해준다. 퀄리티가 괜찮고 맛도 고급스러워서 여행객이라면 꼭 하나쯤은 사 간다.

주소 La Rambla, 111, Quiosco 43, 08022 Barcelona 오픈 월~토 10:00~20:30, 일요일 11:00~20:00 전화 +34 629 32 82 55 홈피 www.viena.es 지도 맵북 P.04-F

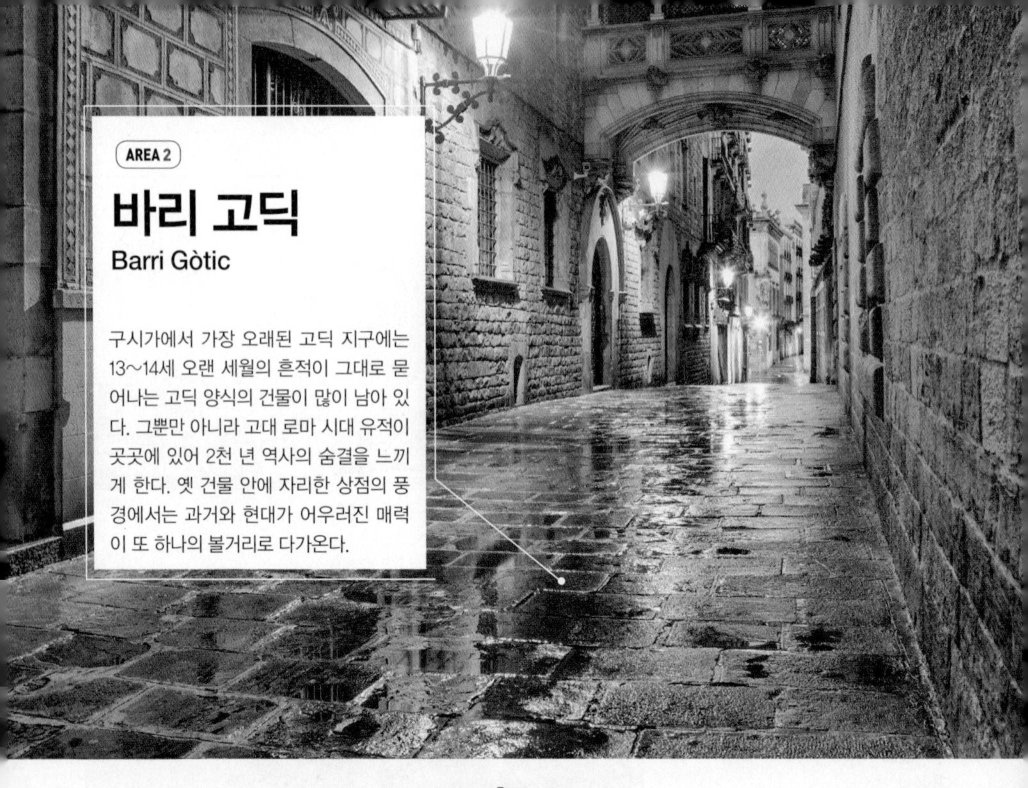

AREA 2

바리 고딕
Barri Gòtic

구시가에서 가장 오래된 고딕 지구에는 13~14세 오랜 세월의 흔적이 그대로 묻어나는 고딕 양식의 건물이 많이 남아 있다. 그뿐만 아니라 고대 로마 시대 유적이 곳곳에 있어 2천 년 역사의 숨결을 느끼게 한다. 옛 건물 안에 자리한 상점의 풍경에서는 과거와 현대가 어우러진 매력이 또 하나의 볼거리로 다가온다.

SIGHTSEEING

레이알 광장
Plaça Reial

커다란 야자수가 심어져 이국적인 정취가 느껴지는 광장 한쪽에는 가우디의 초기작이 있다. 1879년 바르셀로나 건축학교 졸업 후 처음 제작한 **레이알 광장의 가로등 Farolas de la plaza Real**은 날개 달린 투구와 기둥을 감싼 뱀이 돋보이는 작품이다. 광장은 19세기 신고전주의 양식 건물로 둘러싸여 있으며 아케이드에는 레스토랑과 카페, 클럽이 즐비하다. 덕분에 바르셀로나의 인기 있는 나이트 라이프 장소로 알려진다. 특히, 저렴한 플라멩코 공연장 타란토스 Tarantos와 긴 역사의 재즈클럽 잠보리 Jamboree가 유명하다. 일요일 오전에는 벼룩시장이 열린다.

위치 ① 카탈루 광장에서 도보 12분 ② 메트로 L3 리세우역 Liceu 하차, 도보 3분 주소 Plaça Reial, 9, 08002 Barcelona 지도 맵북 P.04-E

스페인을 대표하는 천재 건축가

안토니 가우디 ★ Antoni Gaudí (1852~1926)

20세기 위대한 건축가로 불리는 가우디는 카탈루냐의 소도시 레우스 Reus에서 태어났다. 17세부터 건축 공부를 했으며 그의 재능은 든든한 후원자이자 친구인 에우세비 구엘 Eusebi Güell을 만나면서 화려하게 꽃 피운다.

가우디 건축은 기하학적인 형태와 자연에서 영감을 얻은 독창적인 건축 스타일로 유명하다. 그를 대표하는 표현방식은 **트랜카디스 기법 Trencadis**으로 가우디가 가장 좋아했던 자재인 타일을 조각조각 깨서 곡면에 붙인 모자이크의 한 유형이다. 또 다른 특징은 '곡선'으로 물결처럼 일렁이는 유려한 곡선의 미를 충분히 살려 작품에 반영한 것이다.

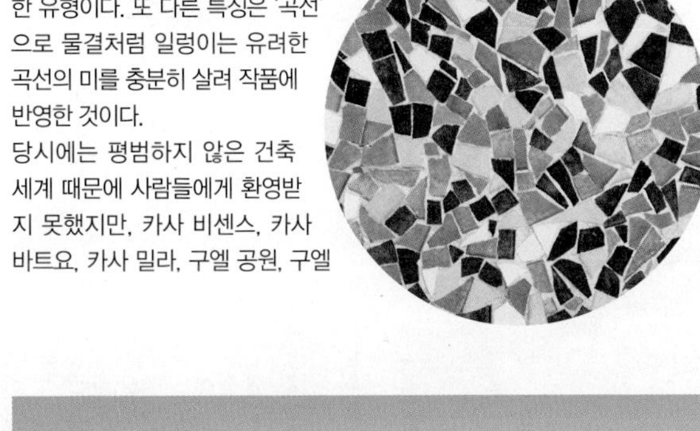

당시에는 평범하지 않은 건축 세계 때문에 사람들에게 환영받지 못했지만, 카사 비센스, 카사 바트요, 카사 밀라, 구엘 공원, 구엘 저택, 사그라다 파밀리아 성당, 콜로니아 구엘 납골당 등 총 7개의 건축물이 유네스코에 등재될 만큼 사후에는 더 높이 평가되고 있다.

신앙심이 깊었던 가우디는 반평생을 사그라다 파밀리아 성당 건축에 매달렸는데, 1926년 6월 7일 산 펠립 네리 교회로 향하던 중 전차에 치이는 사고로 숨을 거두게 된다. 대담하고 파격적인 작품과는 대조적으로 소박한 삶을 살았던 가우디였기에 사고 당시 부랑자와 같은 행색으로 오랜 시간 방치되었고 뒤늦게 병원으로 옮겼으나 사망했다. 성당 역시 미완성에 그쳤지만, 가우디의 정신을 계승한 건축가들의 연구를 바탕으로 성당 건축은 계속되고 있다.

산 하우메 광장
Plaça de Sant Jaume

14세기에 고딕 양식으로 지어진 바르셀로나 시청사 Ayuntamiento de Barcelona와 16세기에 르네상스 양식으로 지어진 카탈루냐 자치정부 청사 Palacio de la Generalidad가 마주한 산 하우메 광장은 바르셀로나 정치와 행정의 중심지다. 지금도 시위와 집회가 종종 열리며, 크리스마스 같은 기념일에는 축제와 행사가 잇따른다. 특히, 바르셀로나에서 가장 큰 축제라고 불리는 라 메르세 축제 La Mercè가 산 하우메 광장을 중심으로 도심 곳곳에서 펼쳐진다.

위치 ① 레이알 광장에서 도보 5분 ② 메트로 L4 하우메 I역 Jaume I 하차, 도보 2분 **주소** Plaça de Sant Jaume, 1, 08002 Barcelona **지도** 맵북 P.04-F

바르셀로나를 대표하는 축제,

라 메르세 ★ La Mercè

크고 작은 축제가 자주 열리는 도시지만, 바르셀로나를 상징하는 축제라면 단연 라 메르세 La Mercè라고 할 수 있다. 9월 24일 전후로 5~7일간 열리는 축제는 성모 마리아의 영광을 기리기 위한 종교 축제다. 1687년에 메뚜기 떼의 습격으로부터 도시를 구한 성모 마리아에 대한 감사를 표현하기 위함인데, 종교 축제이긴 해도 지역 문화가 어우러져 1902년부터 바르셀로나에서 가장 크고 화려한 연례 축제로 자리 잡았다.

축제 기간에는 도시 전역에서 수백 개의 행사가 열려 굳이 축제 장소를 찾아가지 않아도 어디서든 쉽게 즐길 수 있다. 거리 행진, 춤, 음악회는 물론이고 종교적인 측면과 카탈루냐 지방의 특성이 반영된 다양한 범위의 행사가 펼쳐져 남녀노소 불문하고 모두 즐길 수 있다.

홈피 http://lameva.barcelona.cat/merce/ca

코레폭 Correfoc
불꽃 달리기라는 뜻의 행사로 악마 분장을 하고 불꽃과 폭죽을 터뜨리며 시내를 다니는 일종의 불꽃놀이

거인 인형 퍼레이드 Gegants
헤칸트 Gegants라 불리는 카탈루냐 전통 의상을 입은 거인 인형들의 행진

사르다나 춤 Sardana
카탈루냐 지방의 전통춤인 사르다나 공연 혹은 경연대회

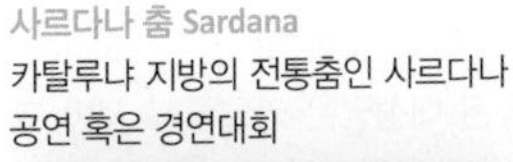

인간 탑 쌓기 Castellers
유네스코 인류무형문화유산에 등재된 카탈루냐 지방의 전통문화로 견고하고도 높은 탑을 쌓는 경기

©Uri Li.

프로젝션 쇼 Light projection show
주요 건축물을 스크린 삼아 영상을 투사하여 화려한 밤을 장식하는 공연

피로뮤지컬 Piromusical
축제의 대미를 장식하는 행사로, 음악에 맞춰 다채로운 색상을 입은 분수가 뿜어져 나오는 하나의 예술공연

산 펠립 네리 광장

Plaça de Sant Felip Neri

스페인 내전, 가우디, 영화 〈향수〉와 연관 있는 장소다. 1938년 스페인 내전 당시 프랑코 군대의 폭격기가 투하한 폭탄이 광장의 산 펠립 네리 교회 Iglesia de San Felipe Neri에 떨어졌고, 교회로 피신했던 인근 학생을 포함한 민간인 42명이 사망하는 비극적인 일이 일어났다. 가우디가 매일 다니던 성당도 바로 이곳인데, 전차에 치이던 날도 성당에 오다가 사고가 발생해 결국 생을 마감하게 된 것이다. 영화 〈향수〉에서는 주인공이 처음으로 살인을 하는 장소로 나온다. 높은 주변의 건물로 그늘진 광장은 이곳에 얽힌 내막을 알고 나면 더 스산하게 느껴진다.

위치 산 하우메 광장에서 도보 3분 **주소** Plaça de Sant Felip Neri, 08002 Barcelona **지도** 맵북 **P.04-F**

바르셀로나 대성당

Catedral de Barcelona

13세기 말에 착공해 15세기 중반에 완공된 대성당은 카탈루냐 지방 고유의 고딕 양식으로 지어졌다. 수호 성녀 에우랄리아 Santa Eulalia를 위한 성당답게 중앙 제단 지하에는 그녀의 유해가 안치되어 있고 대리석관에는 순교 장면을 묘사해두었다. 성녀 에우랄리아는 신앙을 지키려다 로마인들의 모진 고문 끝에 순교했다. 안뜰의 13마리 거위는 그녀가 순교한 13세를 뜻한다. 엘리베이터를 타고 올라가면 정교하고 섬세한 종탑과 시가지를 한눈에 내려다볼 수 있다. 매주 목요일마다 성당 앞 광장에서 골동품 시장이 열리고, 주말에는 카탈루냐 전통춤인 사르다나를 추는 사람도 볼 수 있다.

위치 ① 산 펠립 네리 광장에서 도보 2분 ② 메트로 L4 하우메 I역 Jaume I 하차, 도보 3분 **주소** Pla de la Seu, s/n, 08002 Barcelona **오픈** **무료** 월~금 08:30~12:30, 17:45~19:30, 토요일 08:30~12:30, 17:15~20:00, 일요일 08:30~13:45, 17:15~20:00 / **유료** 월~금 12:30~19:45, 토요일 12:30~17:30, 일요일 14:00~17:30 **요금** **무료 입장 시간** 성가대석 €3.00, 성당 지붕 €3.00 / **유료 입장 시간** €7.00 **홈피** www.catedralbcn.org **지도** 맵북 **P.04-F**

키스의 벽

El món neix en cada besada

'세상은 모든 키스로 시작된다'는 주제의 거대한 벽은 카탈루냐 출신의 사진작가 조안 폰트쿠베르타 Joan Fontcuberta의 작품이다. 가로 8m, 세로 3.8m의 벽은 '시민들의 자유의 순간'을 담은 4,000장의 타일로 이루어져 있으며 이 작품은 카탈루냐 역사와 깊은 관련이 있다. 왕위 계승 전쟁에서 패배한 1714년 9월 11일을 카탈루냐의 날로 국경일을 지정해 두고 있는데, 300주년이 되던 2014년에 카탈루냐 독립을 위해 싸운 날이자 독립을 기원하는 사람들의 염원을 담아 제작했다.

위치 바르셀로나 대성당에서 도보 2분 **주소** Plaça d'Isidre Nonell, 1-3, 08002 Barcelona **지도** 맵북 **P.04-B**

TALK

카탈루냐 지방의 민족정신이 담긴

사르다나 * Sardana

서로의 손을 잡고 원을 그리며 추는 모습이 마치 우리나라의 강강술래를 연상케 한다. 사르다나는 카탈루냐 지방의 전통춤으로 기원은 확실하진 않지만 16세기로 추정하고 있으며 19세기에 들어 확산되었다고 전해진다. 특히 춤과 카탈루냐어가 금기시되던 프랑코 독재 정권하에서는 카탈루냐인임을 확인하던 춤임과 동시에 애환과 민족정신이 담긴 춤으로 단결을 확인하게 했다.

매주 주말 오후면 바르셀로나 대성당 앞 광장에서 사르다나를 추는 사람들을 볼 수 있는데 주로 어르신들이 많지만, 남녀노소 누구나 자연스레 참여할 수 있다. 춤출 때는 알파르가타 Alpargata 혹은 에스파르데냐 Espardenya라고 불리는 신발을 착용하는데, 바닥을 마로 만들고 발등을 천이나 끈으로 만들어 착용감이 편하다.

시간 토요일 18:00~18:30, 일요일 11:15~13:00

왕의 광장
Plaça del Rei

콜럼버스가 제1차 항해로 신대륙을 발견한 직후인 1493년에 스페인에 돌아와 이사벨 1세와 페르난도 2세를 알현한 왕궁이 있는 광장이다. 14세기에 지어진 마요르 왕궁 Palau Reial Major의 안뜰인 셈이다. 광장의 정면 건물은 콜럼버스가 왕을 알현한 티넬의 방 Salon del Tinell이 있는 알현실, 오른쪽 건물이 산타 아가타 왕실 예배당 Capella de Santa Àgueda, 왼쪽 건물은 현재 문서 보관소로 사용 중인 요크티넨 궁 Palacio del Lloctinent이다. 한때는 스페인 권력의 중심이었던 곳이 지금은 시민들의 휴식 공간이자 예술가들의 무대가 되었다.

위치 ① 메트로 L4 하우메 I역 Jaume I 하차, 도보 1분 ② 바르셀로나 대성당에서 도보 2분 주소 Plaça del Rei, 7, 08002 Barcelona 지도 맵북 P.05-G

바르셀로나 역사 박물관
Museu d'Història de Barcelona (MUHBA)

로마인이 건설한 고대 식민도시 바르키노 Barcino(바르셀로나 옛 이름)로의 여행이 가능한 박물관이다. 도시 개발과 함께 지하에 감춰져 있던 2천 년 전의 고대 로마 시대 흔적이 드러났다. 통유리 위를 걸으며 생선 손질 장소, 와인저장고, 빨래터, 공중목욕탕 등 로마 시대를 직접 체험할 수 있게 해 둔 전시가 무척 흥미롭다. 왕궁의 산타 아가타 왕실 예배당과 티넬의 방도 연결되어 있다. 그야말로 도심 한복판에 고대부터 현재에 이르는 도시의 역사를 한눈에 볼 수 있는 곳이다.

위치 ① 메트로 L4 하우메 I역 Jaume I 하차, 도보 1분 ② 왕의 광장에서 도보 1분 주소 Plaça del Rei, s/n, 08002 Barcelona 오픈 화~토 10:00~19:00, 일요일 10:00~20:00 휴무 월요일, 1.1, 5.1, 6.24, 12.25 요금 일반 €7.00, 학생 €5.00, ※월요일 오후 3시 이후, 매월 첫째 주 일요일 무료 홈피 www.museuhistoria.bcn.es 지도 맵북 P.05-G

라 마누알 알파르가테라
La Manual Alpargatera

바르셀로나 관광객의 필수 코스와도 같은 곳으로 에스파르데냐 Espardenya(에스파듀)를 판매하는 신발 가게다. 1940년에 문을 연 유서 깊은 곳인 만큼 많은 유명인사도 이곳을 방문했다. 에스파르데냐는 삼·황마·짚 등의 식물 섬유로 만든 밑창과 면·린넨으로 만든 몸체로 이루어진 가볍고 친환경적인 신발이다. 남녀노소 누구나 신을 수 있게 다양한 패턴과 디자인의 신발이 준비되어 있으며, 한국어를 할 수 있는 직원이 있어 신발을 고르는데 수월하다.

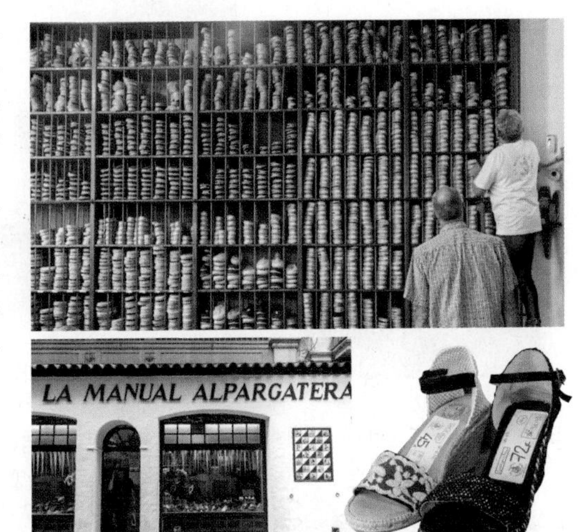

주소 Carrer d'Avinyó, 7, 08002 Barcelona 오픈 09:45~13:30, 16:30~20:00 휴무 일요일 전화 +34 933 01 01 72 홈피 www.lamanualalpargatera.es 지도 맵북 P.04-F

토니 폰즈
Toni Pons

불과 30m 거리의 라 마누알 알파르가테라가 조금 더 전통적이고 기본에 충실했다면, 토니 폰즈는 트렌디한 느낌이다. 매장도 여느 신발 가게처럼 세련된 느낌이다. 벽면에는 사이즈별로 기본 디자인이 쌓여 있고 진열대에는 알록달록 다양한 소재의 디자인이 가득하다. 가격대는 조금 있는 편이지만, 우리나라에서 구입하려면 많게는 2배까지도 차이가 나므로 현지에서 구입하는 것이 이득이다.

주소 Carrer d'Avinyó, 5, 08002 Barcelona 오픈 월~토 09:30~21:30 휴무 일요일 홈피 www.tonipons.com 지도 맵북 P.04-F

홈 온 어스
home on earth

자연에서 얻은 소재를 바탕으로 인테리어 소품이나 패션 잡화, 리빙용품을 제작하여 판매하는 자연주의 브랜드로 바르셀로나에 기반을 뒀다. 코코넛 껍질로 만든 조명이나 씨앗을 형상화한 조명처럼 최대한 자연 그대로의 소재로 제품을 만들어 나무의 질감이나 결이 생생하게 느껴진다. 그렇다 보니 대체로 따뜻하고 포근한 느낌의 제품이 많은 편이다. 간혹 바르셀로나의 상징물이 그려진 소품도 판매한다.

주소 Carrer de la Boqueria, 14, 08002 Barcelona 오픈 월~토 09:30~21:00, 일요일 10:00~20:30 전화 +34 933 15 85 58 홈피 www.homeonearth.com 지도 맵북 P.04-E

코쿠아
Kokua Barcelona

유명 브랜드 제품은 아니지만, 바르셀로나에서만큼은 명물인 코쿠아는 플랫슈즈와 가방을 판매하는 곳이다. 매장에 들어서는 순간 형태는 같지만, 색깔과 재질이 모두 다른 다양한 플랫슈즈가 진열되어 있다. 슈즈는 대략 350가지, 송치로 된 가방은 70여 종이 있다. 대부분의 플랫슈즈는 보기보다 불편한데, 코쿠아 슈즈는 밑창이 도톰하고 가죽이 부드러워 착화감이 좋기로 유명하다. 가방과 슈즈를 함께 판매하는 행사, 2+1 할인 행사도 종종 진행한다.

주소 Carrer de la Boqueria, 30, 08002 Barcelona 오픈 월~토 09:40~21:00, 일요일 09:40~20:45 홈피 https://kokuabarcelona.com 지도 맵북 P.04-F

SHOPPING

라 노스트라 시우타트
La Nostra Ciutat

로컬 디자인 편집샵인 라 노스트라 사우타트는 건물 안쪽 깊숙하게 자리 잡아 고딕 지구의 비밀 아지트 같은 느낌이다. 에코백 · 티셔츠 · 엽서 · 그림책 · 식탁보 · 앞치마 · 귀걸이 · 파우치 등 다양한 소품을 파는데 대부분 바르셀로나와 관련되어 있다. 특히 매장 벽면을 가득 메운 그림 액자는 도시의 대표 건축물을 담고 있으며, 아기자기해서 인테리어용으로 소장 욕구를 불러일으킨다.

주소 Carrer del Pi, 11, 08002 Barcelona 오픈 11:00~21:00 전화 +34 931 56 15 39 홈피 https://lanostraciutat.co 지도 맵북 P.04-B

보트 델룸
Bot Dellum

해변의 여유로운 감성을 그대로 옮겨온 듯한 느낌의 상점이다. 경쾌하고 밝은 색조로 가득한 보트 델룸에는 바다와 관련된 각종 소품이 가득하다. 그릇 · 시계 · 패브릭 소품 등 마린 컨셉으로 만들어져 푸른 지중해의 이미지가 느껴진다. 특히 이곳은 빨강 · 분홍 · 노랑 · 파랑 등 알록달록한 예쁜 색감의 좋은 원단으로 만든 아이들 우비와 장화가 유명하다.

주소 Carrer del Pi, 6, 08002 Barcelona 오픈 월~토 10:00~ 21:00, 일요일 11:00~16:00, 17:00~ 20:00 전화 +34 936 67 57 03 지도 맵북 P.04-B

사봉
Sabon

허브와 꽃에서 추출한 천연재료 이외의 화학 첨가물은 사용하지 않고 이스라엘 사해 바다의 소금을 원료로 제품을 만드는 자연 친화적인 이스라엘 브랜드 사봉은 스크럽 제품으로 유명하다. 매장 가운데 사봉의 마스코트인 스톤 싱크에서 직원의 도움을 받아 스크럽부터 로션까지 단계별로 테스트해 볼 수 있다. 바디제품 이외에도 디퓨저, 입욕제, 캔들이 진열되어 있다.

주소 Carrer dels Boters, 8, 08002 Barcelona 오픈 월~토 10:00~22:00, 일요일 11:00~20:00 전화 +34 934 12 47 89 홈피 www.sabon.es 지도 맵북 P.04-B

덕 스토어
Duck Store Barcelona

일명 고딕 지구의 오리 가게다. 할로윈 · 자유의 여신상 · 잭 스패로우 · 셀카봉을 든 오리 · 여행하는 오리 · 트럼프 오리 등 각 시대를 상징하는 오리뿐 아니라 도시의 상징을 표현한 오리들이 가득하다. 구엘 공원의 마스코트인 용 · FC 바르셀로나 · 플라멩코 오리는 바르셀로나를 추억하기에도 그만이다.

주소 Carrer de la Palla, 11, 08002 Barcelona 오픈 10:30~20:30 전화 +34 936 33 89 50 홈피 www.barcelonaduckstore.com 지도 맵북 P.04-B

사바테르 에르마노스
Sabater Hnos

아르헨티나 출신의 창업자 사바테르를 시작으로 3대째 운영하는 비누 가게다. 민트 · 멜론 · 코코아 · 계피 · 박하 · 초콜릿 · 레몬 · 딸기 등 약 30가지 이상의 향기를 가진 비누들이 있고 나비 · 별 · 꽃 · 하트 등 다양한 모양을 가진 비누도 있다. 100% 식물성 기름으로 이루어진 비누지만, 그중 여드름용 Argan과 아토피용 Calendula 비누의 효과를 본 사람들의 입소문이 퍼지면서 더욱 유명해졌다.

주소 Plaça de Sant Felip Neri, 1, 08002 Barcelona 오픈 10:30~21:00 전화 +34 933 01 98 32 홈피 www.sabaterhermanos.es 지도 맵북 P.04-F

세레리아 수비라
Cereria Subirà

1761년부터 운영한 바르셀로나의 향초 가게다. 고풍스러운 내부만큼 각양각색의 아름다운 양초들이 가득해 매장에 들어서면 눈이 휘둥그레 커진다. 바르셀로나를 상징하는 사그라다 파밀리아나 구엘 공원의 도마뱀 모양의 향초부터 과일 · 빵 · 동물 · 선인장 등 다양하고 예쁜 향초들이 가득하다. 가톨릭 관련 행사 향초도 판매하고 있다.

주소 Baixada de la Llibre teria, 7, 08002 Barcelona 오픈 월~목 09:30~13:30, 16:00~20:00, 금요일 09:30~20:00, 토요일 10:00~20:00 휴무 일요일 전화 +34 933 15 26 06 홈피 www.cereriasubira.cat 지도 맵북 P.05-G

AREA 3

보른 지구
Born

중세 시대 건축물이 그대로 남아 있는 보른 지구는 관광객보다는 현지인들이 더 많이 찾는다. 좁은 골목 사이로 신진 예술가와 디자이너들의 상점이 줄을 짓고 진한 커피 향을 풍기는 작은 카페도 많아 골목 산책이 즐거워진다. 바르셀로나의 또 다른 정서를 느끼고자 한다면 답은 보른 지구다.

카탈루냐 음악당
Palau de la Música Catalana

가우디만큼 명성이 대단했던 스페인 건축가 루이스 도메네크 이 몬타네르 Lluís Domènech i Montaner의 20세기 초 걸작품이다. 시민들의 기부금으로 지어진 음악당인 만큼 카탈루냐 특색이 그대로 반영되었으며 유네스코 세계문화유산에도 등재되었다. 꽃과 모자이크 타일로 조각된 건물 외관도 화려하지만, 하이라이트는 중앙홀의 천장이다. 스테인드 글라스로 태양과 하늘을 표현한 천장은 화려함의 극치를 보여준다. 100년이 지난 지금도 수준 높은 공연이 열리고 있으며, 55분가량의 가이드 투어도 가능하다.

위치 메트로 L1, L4 우르키나오나역 Urquinaona 하차, 도보 2분 **주소** C/ Palau de la Música, 4-6, 08003 Barcelona **오픈** 10:00~15:30, 7월 10:00~18:00, 8월 09:00~18:00 **요금** 일반 €20.00, 학생 €11.00 **홈피** www.palaumusica.cat **지도** 맵북 P.05-C

산타 카테리나 시장
Mercat de Santa Caterina

1848년에 문을 연 시장으로 보케리아 시장보다 규모는 작지만, 관광객보다는 현지인을 위한 시장이라 가격도 훨씬 합리적이고 상품 진열부터 확연히 차이가 난다. 산타 카테리나라는 이름은 19세기 지어진 수녀원 부지 위에 세워졌기에 수녀원 이름에서 가져왔다. 2005년 리모델링을 통해 깔끔한 재래시장으로 재탄생했는데, 채소와 과일의 강렬한 색채를 반영한 도자기 타일 지붕이 돋보인다. 시장 뒤쪽에는 리모델링 중 발견된 고고학 유적지를 보존하고 있다.

위치 메트로 L4 하우메 I역 Jaume I 하차, 도보 5분 **주소** Av. de Francesc Cambó, 16, 08003 Barcelona **오픈** 월·수·토 07:30~15:30, 화·목·금 07:30~20:30 **휴무** 일요일 **홈피** www.mercatsantacaterina.com **지도** 맵북 P.05-G

피카소 미술관
Museo Picasso

1963년 피카소의 오랜 친구이자 비서였던 하이메 샤바르테스 Jaime Sabartés가 574점의 작품을 기증하면서 미술관을 개관했다. 이후 살바도르 달리와 그의 아내가 추가 기증한 작품으로 미술관은 확대되었고 현재 4천여 점이 소장되어 있다. 주로 피카소의 소년기, 청년기 작품을 소장하고 있으며 〈첫영성체 La primera comunión〉, 〈과학자의 자비 Ciencia y caridad〉, 〈시녀들 Las Meninas〉이 가장 유명하다. 미술관 내부 사진 촬영은 금지다.

위치 메트로 L4 하우메 I역 Jaume I역 하차, 도보 4분 주소 Carrer Montcada, 15-23, 08003 Barcelona 오픈 월요일 10:00~17:00, 화~일 09:00~16:30, 목요일 09:00~21:30 휴무 1.1, 5.1, 5.13, 6.24, 12.25 요금 일반 €12.00, 학생 €7.00(목요일 18:00~21:30, 매월 첫째 주 일요일, 2.12, 5.18, 9.24 무료) 홈피 www.museupicasso.bcn.cat 지도 맵북 P.05-G

tip

아트티켓 Articket BCN

바르셀로나의 주요 미술관 6곳을 입장료의 45% 할인된 가격으로 상과 기획 전시 모두 관람할 수 있고 대기하지 않아도 되는 혜택을 누릴 수 있다. 1년 동안 1회씩 방문할 수 있고, 16세 미만 아이와 동반 입장이 가능하다. 홈페이지, 해당 미술관, 관광안내소에서 살 수 있다.

요금 €30.00 홈피 http://articketbcn.org

산타 마리아 델 마르 성당
Basílica de Santa Maria del Mar

지중해 무역이 번성했던 14세기에 이곳은 바다와 육지의 경계였다. 성당은 선원들의 기금으로 지어졌는데, 항해를 떠나기 전 안전과 무사를 기원하기 위함이었다. '바다의 성모마리아'라는 뜻도 이 때문이다. 오랜 기간에 걸쳐 지어진 다른 중세 성당과 달리 55년이라는 비교적 짧은 기간에 완성했지만, 카탈루냐 고딕 양식을 사용했다는 점에서 더 큰 의미가 있다. 크고 화려한 장식과 섬세한 부조는 없지만, 내부 분위기를 우아하게 만들어주는 스테인드글라스는 매력적인 볼거리다. 서쪽의 큰 장미 창은 1428년 바르셀로나 지진으로 15세기 중반에 다시 만들어졌다.

위치 메트로 L4 하우메 I역 Jaume I 하차, 도보 4분 주소 Plaça de Santa Maria, 1, 08003 Barcelona 오픈 월~토 09:00~13:00, 17:00~20:30, 일요일 10:00~14:00, 17:00~20:00 홈피 www.santamariadelmarbarcelona.org 지도 맵북 P.05-K

시우타데야 공원
Parque de la Ciudadela

바르셀로나에서 몬주익 공원 다음으로 가장 큰 규모를 자랑하는 공원이다. 펠리페 5세가 바르셀로나를 점령하여 도시를 통제하고자 만들었던 요새를 허물고 1888년 만국 박람회장으로 사용하기 위해 재조성했다. 지금은 휴식 및 문화공간으로 이용되고 있으며 공원의 중앙 연못에서는 보트를 타는 바르셀로나 시민들의 모습도 볼 수 있다. 공원 내에는 가우디가 제작에 참여한 카스카다 분수 Cascada를 비롯해 동물원 Zoològic, 카탈루냐 의회 Parlamento de Cataluña가 있다.

위치 메트로 L1 아르크 데 트리옴프역 Arc de Triomf 하차, 도보 7분 주소 Passeig de Picasso, 21, 08003 Barcelona 지도 맵북 P.05-L

개선문
Arc de Triomf

1888년 만국 박람회장의 관문으로 지어졌다. 파리나 로마의 개선문과는 다른 느낌이 강한데, 당시 스페인에서 유행하던 네오 무데하르 양식 Neo-Mudéjar으로 만들었다. 개선문 중앙 상단에 박람회 참여를 환영하는 모습과 메달을 수여하는 모습이 담긴 부조가 있고, 모서리에는 농업, 산업, 상업, 예술에 관한 부조가 있다. 기념물답게 고전적이면서도 획기적인 방법을 사용한 것이 흥미롭다.

위치 메트로 L1 아르크 데 트리옴프역 Arc de Triomf 하차, 도보 3분 주소 Passeig de Lluís Companys, 08003 Barcelona 지도 맵북 P.03-K

와와스 바르셀로나
WaWas Barcelona

보른 지구의 로컬 디자인 편집샵으로 티셔츠 · 에코백 · 머그잔 · 엽서 · 이비자소금 · 요리책 등의 소품을 판매한다. 선물용이나 기념품으로 좋은 소품들은 적어도 거리의 천편일률적인 기념품보다 소장가치가 있다. 인테리어용으로 좋은 귀여운 소품들도 가득하니 여유가 되면 한 번 둘러볼 만하다.

주소 Carrer dels Carders, 14, 08003 Barcelona 오픈 11:00~14:00, 17:00~21:00 전화 +34 933 19 79 92 홈피 www.wawasbarcelona.com 지도 맵북 P.05-H

갤러리아 막쏘
Galería Maxó

천장 벽을 따라 기차가 움직이고 그 아래 공간은 온통 크고 작은 액자들로 가득하다. 빈티지한 소품과 잘 어우러진 갤러리아 막쏘는 바르셀로나의 모습을 원목 액자에 담아 판매한다. 여행하는 동안 보았던 가우디의 작품들이나 거닐었던 골목들이 모두 액자에 담겨 있다. 바르셀로나를 기억하고 싶은 사람들에게는 꽤 괜찮은 기념품일 수 있다. 갤러리아 막쏘는 고딕 지구에도 있다.

주소 Carrer del Portal Nou, 29, 08003 Barcelona 오픈 11:00~22:00 전화 +34 931 87 68 44 홈피 www.galeriamaxo.com 지도 맵북 P.05-D.H

티 샵
Tea Shop

스페인 전역에서 쉽게 볼 수 있는 차 브랜드지만, 본고장은 바르셀로나로 1990년에 처음 매장을 오픈했다. 홍차 · 녹차 · 보이차 · 루이보스 · 백차 등 기본부터 다양한 블렌딩의 차의 종류만 수백 가지에 달한다. 대체로 찻잎은 선명하고 화려하며, 향긋한 향이 아찔할 정도로 세련된 느낌이다. 수준 높은 블랜딩 제품에 비해 가격이 부담 없는 데다가 틴케이스가 예뻐 선물용으로도 인기가 좋다. 스페인에서만 구입할 수 있는 샹그리아티도 있으니 시음해 보고 결정하는 것이 좋다.

주소 Placeta de Montcada, 10, 08003 Barcelona 오픈 11:00~21:00 전화 +34 932 95 51 44 홈피 www.teashop.com 지도 맵북 P.05-G

카사 지스퍼트
Casa Gispert

1851년에 문을 연, 약 170년 역사와 전통을 자랑하는 견과류 가게다. 견과류를 좋아하는 사람에겐 천국과도 같은 곳. 나무를 넣고 불을 지펴 직접 견과류를 볶는 전통 방식을 고수하는 풍경을 매장 안쪽에서도 볼 수 있다. 아몬드 자체의 오독오독 씹히는 맛이 고소하고, 꿀이나 초콜릿을 묻혀 파는 견과류도 인기가 좋다. 대용량 유리병에 넣어 팔기도 하고 원하는 만큼 종이봉투에 담아서 주기도 한다. 그 밖에 향신료 · 말린 과일 · 커피 · 초콜릿 · 잼 · 누가 · 올리브유 등도 있다.

주소 Carrer dels Sombrerers, 23, 08003 Barcelona 오픈 10:00~20:30 휴무 일요일 전화 +34 933 19 75 35 홈피 www.casagispert.com 지도 맵북 P.05-G

AREA 4

바르셀로네타

Barceloneta

탁 트인 지중해를 바라볼 수 있는 바르셀로네타는 시민들의 사랑을 한몸에 받는 넓은 해변이다. 해변을 따라 잘 닦인 산책로를 걸어도 좋고, 대형 쇼핑몰에서 쇼핑을 즐기거나, 신선하면서도 저렴한 해산물 요리를 맛볼 수도 있다. 특히 여름에는 수영이나 일광욕을 즐기는 사람들로 붐비는 바르셀로나 최고의 휴양지가 된다.

SIGHTSEEING

콜럼버스 기념탑

Monument a Colom

1888년 바르셀로나 만국박람회 때 미국과의 교역을 기념하기 위해 세운 기념탑이다. 높이 60m의 기념탑 정상에는 콜럼버스가 바다를 가리키는 동상이 있는데, 그의 손끝이 향하는 곳이 어디인지에 대해 세 가지 의견이 전해진다. 콜럼버스가 발견한 신대륙인지, 신대륙으로 향하는 바닷길인지, 콜럼버스의 고향 제네바인지. 다만, 확실한 근거가 있는 것은 아니니 재미로 알아두자. 탑 내부에는 엘리베이터가 있어 전망대로 올라갈 수 있으며, 람블라스 거리를 비롯한 시내를 조망할 수 있다.

위치 메트로 L3 드라사네스역 Drassanes 하차, 도보 3분 **주소** Plaça Portal de la pau, 08001 Barcelona **오픈** 08:30~20:30 **휴무** 1/1, 12/25 **요금** 일반 €6.00 **지도** 맵북 P.03-K

포트 벨
Port Vell

1492년 이사벨 1세의 후원으로 산타 마리아호를 타고 신대륙 발견에 나선 콜럼버스가 첫 항해를 마치고 돌아온 곳이 바르셀로나 벨 항구다. 선박이 지나갈 때면 분리되었다가 다시 결합하는 **람블라 데 마르 Rambla de Mar**라는 다리도 있다. '바다의 람블라'라는 뜻에서 람블라스 거리의 연장선이라 생각할 수 있다. 항구 안쪽에는 대형 쇼핑몰 마레마그눔 Maremagum과 80m 수중 터널이 있는 아쿠아리움 바르셀로나 수족관 Aquàrium이 있다.

위치 메트로 L3 드라사네스역 Dra ssanes 하차, 도보 6분
지도 맵북 P.03-K

카탈루냐 역사박물관
Museu d'Història de Catalunya

바르셀로나 옛 항구에서 유일하게 보존된 건물, 팔라우 데 마르 Palau de Mar 안에 있는 박물관이다. 19세기 후반에 무역을 위한 창고로 지어졌으며 박물관을 비롯해 여러 시설이 들어서 있다. 1996년에 개관한 박물관은 명칭에서 알 수 있듯 카탈루냐를 이해하기 위한 주제들로 구성되어 있다. 역사와 문화, 경제와 정치 그리고 독립까지. 꼭 찾아가야 할 명소는 아니지만 카탈루냐에 대해 관심이 많다면 시간 내서 가볼 만하다.

© Elisa.rolle

위치 메트로 L4 바르셀로네타역 Barceloneta 하차, 도보 3분 주소 Plaça de Pau Vila, 3, 08039 Barcelona 오픈 화 · 목~토 10:00~19:00, 수요일 10:00~20:00, 일요일 10:00~14:30 휴무 월요일, 1.1, 1.6, 5.1, 6.10, 12.25 요금 상설 일반 €4.50, 학생 €3.50, 특별 일반 €4.00, 학생 €6.50, 상설+특별 일반 €6.50, 학생 €4.50 홈피 www.mhcat.cat

올림픽 선수촌
Vila Olímpica

바르셀로나 올림픽을 계기로 주변이 재개발되어 선수촌으로 사용되었다. 지금은 레스토랑, 카페, 공원, 카지노, 클럽이 있는 바르셀로나 시민들의 여가 장소가 되었다. 각기 다른 건물이지만 쌍둥이 빌딩처럼 보이는 호텔 아르트스 Hotel Arts와 토레 마프레 Torre Mapfre 앞에는 거대한 물고기 조형물이 있는데, 빌바오 구겐하임 미술관을 디자인한 유명 건축가 프랭크 게리 Frank Gehry의 작품이다. 금속으로 제작해 햇빛을 받으면 비늘이 반짝이는 것처럼 보인다.

위치 메트로 L4 시우타데야|빌라 올림피카역 Ciutadella | Vila Olímpica 하차, 도보 5분 지도 맵북 P.03-L

SIGHTSEEING

바르셀로네타
Barceloneta

바르셀로나 동쪽으로 돌출된 삼각지대를 바르셀로네타라고 부른다. 해변이 조성되어 있어 여름이면 해수욕을 즐기는 사람들로 붐빈다. 18세기까지만 해도 무인도 같았던 곳이 1754년에 주택이 건설되고 어부와 항구 근로자들이 정착하면서 활기를 찾았다. 그러다 1992년 바르셀로나 올림픽을 기점으로 휴식과 레저를 즐길 수 있는 환경이 조성되었다. 해변을 따라 씨푸드 레스토랑도 줄지어 들어서 있어 저렴하고 다양한 해산물을 맛볼 수 있다.

위치 메트로 L4 바르셀로네타역 Barceloneta 하차, 도보 12분 지도 맵북 P.03-K

SHOPPING

마레마그눔
Maremagnum

바르셀로나의 대표 항구 포트 벨에 있는 대형 쇼핑몰이다. 0층에는 각종 쇼핑매장이 입점해 있고 1층은 레스토랑, 3층에는 전망대와 카페가 들어서 있다. 많은 브랜드가 입점한 것은 아니지만 일요일과 공휴일에 문을 닫는 시내 매장과 달리 365일 연중무휴로 쇼핑할 수 있다는 것이 가장 큰 특징이다. 항구 주변을 산책하다 휴식 겸 들러도 좋다.

주소 Moll d'Espanya, 5, 08039 Barcelona 오픈 10:00~22:00 전화 +34 932 25 81 00 홈피 https://maremagnum.klepierre.es 지도 맵북 P.03-K

AREA 5

라발 지구
El Raval

원래는 우범 지대였지만 박물관과 호텔이 생기고 젊은 아티스트가 모이면서 예술 지역으로 새롭게 거듭나고 있다. 이민자들이 터전을 이룬 지역이라 세계 각국의 음식을 파는 식당이 많다는 것도 장점이라면 장점. 치안이 많이 좋아졌다고는 하지만, 해가 지면 라발 지구는 피하는 것이 좋다.

SIGHTSEEING

구엘 저택
Palau Güell

가우디의 재능을 알아보고 꽃피울 수 있게 경제적 지원을 아끼지 않은 에우세비 구엘의 저택으로 1886년부터 1888년 사이에 건설했다. 집을 뜻하는 카사 Casa가 아닌 궁전을 의미하는 팔라우 Palau라 불릴 만큼 화려함을 자랑한다. 지하 궁전 같은 마구간부터 콘서트실, 예배당, 서재, 침실 등 가우디의 독창성이 그대로 드러난다. 별이 촘촘히 박혀 우주를 연상케 하는 중앙 홀과 트랜카디스 기법으로 타일을 쪼개 붙인 12개의 굴뚝이 있는 옥상이 핵심이다. 옥상은 비가 오는 날에 안전 문제로 개방하지 않는다.

람블라 데 라발
Rambla del Raval

플라타너스 대신 야자수가 거리 양쪽으로 늘어서 있는 이곳은 라발 지구의 람블라스 거리라고 부른다. 광장의 고양이 동상은 콜롬비아 출신의 페르난도 보테로 Fernando Botero의 작품이다. 육감적인 모나리자를 그렸듯 고양이 역시 엉뚱한 상상을 더해 만들었다. 젊음과 예술의 거리로 탈바꿈하고 있는 지역답게 종종 공연이 열리기도 하며 주말이면 수공예마켓이 열려 활기를 더한다.

위치 메트로 L3 리세우역 Liceu 하차, 도보 6분 오픈 수공예마켓 11:00~21:00 홈피 www.mercatraval.com 지도 맵북 P.09-H

라발 지구의 무료 전망대
바르셀로 라발 호텔 Barceló Raval Hotel

람블라 데 라발에는 4성급의 디자인 호텔 바르셀로 라발이 있다. 11층 꼭대기의 360° Terrace는 탁 트인 전망을 자랑하는 전망대로 투숙객이 아닌 사람도 이용할 수 있다. 전망대의 작은 바는 가격이 비싸지 않아 가볍게 맥주 한잔하며 시내를 조망하기 좋다.

홈피 www.barcelo.com

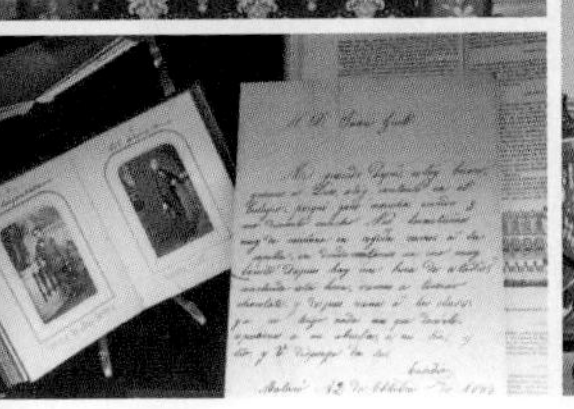

위치 ① 메트로 L3 리세우역 Liceu 하차, 도보 3분 ② 레이알 광장에서 도보 3분 주소 Carrer Nou de la Rambla, 3-5, 08001 Barcelona 오픈 4.1~10.31 10:00~20:00 / 11.1~3.31 10:00~17:30 휴무 월요일 요금 일반 €12.00, 학생 €9.00 홈피 http://palauguell.cat 지도 맵북 P.04-E

현대 미술관
Museu d'Art Contemporani de Barcelona(MACBA)

1995년 라발 지구의 개발 목적으로 설립된 미술관은 줄여서 막바 MACBA라고 부른다. 스페인뿐만 아니라 세계 현대 미술 5천여 점을 전시 · 보관한다. 특별 전시도 자주 열려 현대 미술 트렌드를 빠르게 접할 수 있다. 사실 현대 미술관이 유명한 것은 작품보다도 건물 자체 때문인데, 옛 수도원이 있던 자리에 '백색 건축의 거장'이라 불리는 리차드 마이어 Richard Meier의 설계로 지어졌기 때문이다. 흰 외벽에 직선과 곡선의 조화를 이룬 건물은 마이어의 작품답다. 내부 또한 자연 채광으로 연출해 작품에 더 집중할 수 있게 했다.

위치 메트로 L1, L3 카탈루냐역 Catalunya 하차, 도보 7분 **주소** Plaça dels Àngels, 1, 08001 Barcelona **오픈** 월 · 수~금 11:00~19:30, 토요일 10:00~20:00, 일요일 10:00~15:00 **휴무** 화요일 **요금** 일반 €11.00, 학생 €8.80(토요일 16:00~20:00, 4.14, 4.15 5.18, 9.24 무료) **홈피** www.macba.cat **지도** 맵북 **P.03-G**

바르셀로나 해양 박물관
Museo Marítimo de Barcelona

13세기부터 18세기까지 수많은 범선을 만들었던 옛 왕립 조선소 건물을 개조하여 1929년에 개관한 박물관으로 흥미로운 전시물과 관람의 이해를 돕는 자료들이 가득하다. 각종 군함, 상선, 어선 등 모형을 전시해 스페인 항해 역사를 잘 보여준다. 1571년 레판토 해전 당시 돈 후안 Don Juan의 전함을 복원한 전시가 하이라이트이며, 콜럼버스가 신대륙 발견 당시 탔던 산타 마리아호 Pailebot Santa Eulàlia도 항구에 재현해두었다.

위치 메트로 L3 드라사네스역 Drassanes 하차, 도보 2분 **주소** Av. de les Drassanes, s/n, 08001 Barcelona **오픈** 10:00~20:00 **휴무** 1.1, 1.6, 12.25, 12.26 **요금** **박물관+산타 마리아호** 일반 €10.00, 학생 €5.00 / **산타 마리아호** 일반 €3.00, 학생 €1.00(일요일 15:00 이후, 5/18, 9/24 무료) **홈피** www.mmb.cat **지도** 맵북 **P.09-L**

타이포그래피

Typographia

2013년에 포르투갈 리스본에 매장을 오픈한 이후 포르투, 바르셀로나, 마드리드에 지점을 둔 프린팅 티셔츠 상점이다. 각 도시를 상징하는 무늬들로 디자인한 티셔츠가 많아 기념 티셔츠를 모으는 여행객이라면 꼭 한 번 들르곤 한다. 여느 관광지 티셔츠와 달리 촌스럽지 않고, 독특하면서도 디자인이 예뻐서 바르셀로나를 추억하기에는 안성맞춤인 아이템이다. 티셔츠 소재도 좋고, 디자인도 매번 바뀐다.

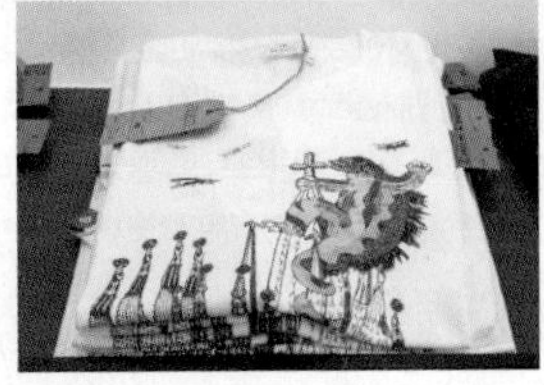

주소 Carrer d'Elisabets, 5, 08001 Barcelona 오픈 10:00~22:00 홈피 www.typographia.com 지도 맵북 P.04-A

라 치나타

La Chinata

세계 최대 올리브 생산지답게 스페인에는 많은 올리브 관련 제품들이 있다. 그중 라 치나타는 1932년부터 올리브를 연마하면서 시작된 브랜드로 다양한 미식 라인, 뷰티 라인 제품을 론칭했다. 최상의 올리브로 만든 제품들은 믿을 수 없을만큼 저렴하고, 패키지도 잘 되어 있어 선물용으로도 좋다. 각종 올리브 오일과 함께 비스킷과 빵이 놓여 있어 시식이 가능하며, 유리제품을 구매하면 에어캡으로 포장해준다.

주소 Carrer dels Àngels, 20, 08001 Barcelona 오픈 월~토 10:00~21:00, 일요일 12:00~19:00 전화 +34 934 81 69 40 홈피 https://aceite-de-oliva-y-cosmetica-natural-la-chinata-barcelona-raval.business.site 지도 맵북 P.03-K

AREA 6

엑삼플레
Eixample

'확장'이라는 뜻의 엑삼플레 지구는 19세기 말 계획적으로 조성된 바르셀로나의 신시가지다. 가우디와 몬타네르 등 모더니즘을 대표하는 건축가들이 도시 개조에 참여해 지구 전체가 모데르니스메 야외 박물관처럼 느껴진다. 지구의 중심인 그라시아 거리 양쪽으로 명품 브랜드 상점, 레스토랑, 모데르니스메 건축물이 즐비해 걷는 것만으로도 즐거운 곳이다.

tip

모데르니스메 Modernisme

19세기 말에서 20세기 초까지 유럽에서 일어난 예술부흥운동으로 모데르니스메는 카탈루냐어로 모더니즘을 뜻한다(프랑스에서는 아르누보). 특히, 카탈루냐에서는 건축 분야에서 두드러졌으며 가우디, 몬타네르를 중심으로 독창적인 작품이 탄생했다.

바르셀로나를 아름답게 만드는 작품을 만나는 길

그라시아 거리
Passeig de Gràcia

카탈루냐 광장에서 디아고날역 Diagonal까지 북서쪽으로 약 1.3km에 걸쳐 형성된 거리다. 자라, 망고와 같은 스파 브랜드부터 루이비통, 샤넬, 로에베 등 명품 브랜드가 줄지어 있어 바르셀로나의 샹젤리제라고도 불린다. 엑삼플레 지구를 관통하는 거리인 만큼 카사 밀라, 카사 바트요, 카사 아마트예르 등 모데르니스메 건축물도 만날 수 있다. 가우디의 가로등이라고 오해받는 32개의 철제 가로등은 페레 팔케스 이 우르피 Pere Falqués i Urpí의 작품으로 흰 타일을 쪼개 붙인 타일 위로 꽃무늬 장식이 돋보인다.

위치 ① 메트로 L1, L3 카탈루냐역 Catalunya 하차, ② 메트로 L2, L3, L4 파세이그 데 그라시아역 Passeig de Gràcia 하차, ③ 메트로 L3, L5 디아고날역 Diagonal 하차 **지도** 맵북 P.06-F

TALK

가우디 작품이라 오해 받는 가로등

가우디와 같은 시대에 활동했던 모데르니스메 건축가 페레 팔케스 이 우르피 Pere Falqués i Urpí는 바르셀로나 시내 공공장소에 많은 작품을 남겼다. 여행객이 쉽게 접할 수 있는 작품은 가로등이다. 우아하면서도 독특한 모던 스타일이 돋보이는 가로등은 가우디의 가로등이라고 종종 오해를 받는데, 가로등을 본다면 아름다운 거리를 조성한 사람은 페레 팔케스 이 우르피라는 것을 기억하자.

그라시아 거리
Passeig de Gràcia
(카탈루냐 광장 인근)

가우디 거리
Avinguda de Gaudí
(산 파우 병원과 사그라다 파밀리아 성당 사이)

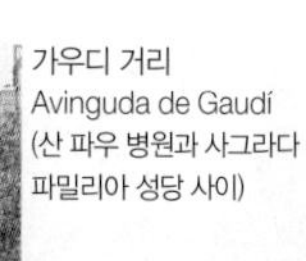

루이스 콤파니스 거리
Passeig de Lluís Companys
(개선문 인근)

카사 바트요
Casa Batlló

바르셀로나의 사업가 호세 바트요 이 카사노바스 Josep Batlló i Casanovas는 자신의 저택을 대담하고 독창적으로 개조하길 원했고, 1904년부터 1906년에 걸쳐 가우디는 개성 넘치면서도 입체적인 카사 바트요를 탄생시켰다. 해골 모양의 발코니와 뼈 모양의 기둥 때문에 뼈로 만든 집이라는 뜻의 카사 델스 오소스 Casa dels ossos라고 불리기도 한다. 햇빛을 받으면 다채로운 색을 발하는 외벽은 마치 바다에 햇빛이 반사하는 것처럼 보인다. 내부 역시 바다를 떠올리게 한다. 파도를 떠올리게 하는 연회장 천장, 해저에 온 듯 푸른색 타일로 장식된 벽면, 그 밖의 집안 곳곳을 곡선으로 처리했다. 특히, 연회장 벽면의 유리 모자이크 덕분에 시시각각 변하는 독특한 채광을 선사한다. 옥상은 화려한 타일로 꾸며놓았는데, 용의 척추를 형상화해 구불거리는 것처럼 보인다. 카사 바트요는 2002년부터 대중에 공개되었으며 2005년에 유네스코 세계문화유산에 등재되었다.

위치 ① 메트로 L2, L3, L4 파세이그 데 그라시아역 Passeig de Gràcia 하차, 도보 1분 **주소** Passeig de Gràcia, 43, 08007 Barcelona **오픈** 09:00~21:00 **요금** **온라인 기준** 일반 €25.00, 학생 €22.00, ※패스트패스 포함 및 기타 종류는 홈페이지 확인 **홈피** www.casabatllo.es **지도** 맵북 **P.06-J**

카사 밀라
Casa Milà

카사 바트요에 매료된 페레 밀라 이 캄프스 Pere Milà i Camps가 가우디에게 의뢰한 고급 연립 주택이다. 지금은 카사 밀라(밀라의 집)라고 부르지만, 당시에는 울퉁불퉁한 외관이 채석장을 연상케 한다 해서 라 페드레라 La Pedrera라고 불렀다. 하나의 바위산 같은 독특한 형상에 곡선으로 리듬을 만들어 파도가 일렁이게 하고, 발코니 철제 난간은 그 파도에 휩쓸린 해조류를 표현한 것에서 자연친화 건축을 지향한 가우디를 엿볼 수 있다. 지상 6층으로 설계된 건물에 총 8채의 독립된 집이 있으며 지하 차고, 다락, 옥상도 갖추고 있다. 건물 가운데는 중정을 만들어 채광과 통풍까지도 고려했다. 카사 밀라의 핵심은 옥상인데 굴뚝을 투구 쓴 병사 모양으로 만들고, 환기구를 십자가 모양으로 만들었다. 옥상 아래층은 에스파이 가우디 Espai Gaudí라는 이름의 박물관으로 꾸며 가우디의 작품과 영상을 전시하고 있다. 박물관 아래층엔 당시 사람들이 살던 실내를 재현하고 있어 중산층의 생활상을 알 수 있다. 그 밖에 엘리베이터, 가구, 계단 난간, 손잡이 등 가우디가 직접 디자인한 세세한 부분에서 카사 밀라와 교감하는 느낌을 받을 수 있다. 당시에는 평범함을 거부한 가우디의 작품이 기존 건축 틀을 벗어난 난해한 디자인으로 비난과 조롱을 받았지만, 현재에 와서는 예술로 인정받아 유네스코 세계 문화유산으로도 지정되었다.

위치 ① 메트로 L3, L5 디아고날역 Diagonal 하차, 도보 2분, ② 카사 바트요에서 도보 6분 **주소** Provença, 261-265, 08008 Barcelona **오픈** 하절기 09:00~20:30, 동절기 09:00~18:30(정확한 날짜와 주간/야간 시간은 홈페이지 참고) **휴무** 12.25 **요금** **주간** 일반 €22.00, 학생 €16.50, **야간** 일반 €34.00, 7~12세 €17.00, **주간+야간** 일반 €41.00, 7~12세 €20.50 **홈피** www.lapedrera.com **지도** 맵북 P.06-F

카사 아마트예르

Casa Amatller

초콜릿 제조업자 안토니 아마트예르 Antoni Amatller가 자신의 저택을 모데르니스메 건축가 호셉 푸이그 이 카다팔츠 Josep Puig i Cadafalch에게 리모델링을 의뢰했다. 바로 옆 카사 바트요보다 이른 1898년에서 1900년 사이에 진행되었다. 카탈루냐 고딕 양식으로 지어졌으며 섬세하고 화려한 장식이 돋보인다. 특히, 계단 모양의 지붕은 네덜란드 건축 양식을 반영했음을 알 수 있다. 내부 관람은 가이드 투어로만 가능하다.

위치 카사 바트요에서 도보 1분 주소 Passeig de Gràcia, 41, 08007 Barcelona 오픈 11:00~18:00 휴무 12.25 요금 **투어 45분** 일반 €19.00, 7~12세 €9.50, **투어 60분** 일반 €24.00, 7~12세 €12.00 홈피 http://amatller.org 지도 맵북 **P.06-J**

TALK

부조화의 거리

★ **Manzana de la Discordia**

그라시아 거리 한 블록 안에 유명한 건축가 네 명이 만든 서로 다른 건축물이 있다. 당대에는 같은 시대에 각기 다른 스타일의 건물 네 채가 나란히 서 있는 것이 조화를 이루지 못한다고 생각했다. 하지만 100년이 지난 지금은 '카탈루냐 르네상스'라 불리던 모데르니스메 운동의 결과로서 훌륭한 앙상블을 이루는 것처럼 보인다.

안토니 타피에스 미술관
Fundació Antoni Tàpies

스페인의 화가이자 조각가인 안토니 타피에스 Antoni Tàpies는 미로 · 달리를 잇는 스페인 현대 미술의 거장이다. 대학에서 법률을 공부했지만, 회화에 관심을 갖게 된 이후 초현실주의를 넘어 독자적인 양식을 구축했다. 작품이 다소 심오하게 느껴져 정확한 이해는 어려운데, 타피에스가 의도한 것이 개개인의 상상이기에 느껴지는 대로 감상하면 된다. 붉은 벽돌과 지붕 위 오브제가 어우러진 독특한 건물은 1990년 루이스 도메네크 이 몬타네르가 설계했다.

위치 카사 바트요에서 도보 2분 주소 255, Carrer d'Aragó, 08007 Barcelona 오픈 화~목 · 토 10:00~19:00, 금요일 10:00~21:00, 일요일 10:00~15:00 휴무 월요일, 1.1, 1.6, 12.25, 12.26 요금 일반 €8.00, 학생 €6.40 홈피 www.fundaciotapies.org 지도 맵북 P.06-F

카사 칼베트
Casa Calvet

가우디가 설계한 작품 중 가장 단조로운 작품이지만, 오히려 더 색다르게 느껴진다. 바로크 양식을 이용했다는 것과 그의 작품에서 쉽게 볼 수 없는 대칭과 균형의 질서를 다뤘다는 점 때문이다. 게다가 카사 칼베트로 제1회 바르셀로나 건축상(1900년)을 받기도 했다. 페레 마르티르 칼베트 Pere Màrtir Calvet의 후손들이 의뢰하여 1893년부터 3년에 걸쳐 지어졌는데, 파사드에 사용된 석재는 몬주익에서 가져왔고, 섬유사업을 했던 의뢰인의 특성을 반영하듯 입구 기둥을 실뭉치로 표현했다. 개인 사유지라 내부는 들어가 볼 수 없지만, 1층의 레스토랑과 카페를 통해 볼 수 있다.

위치 ① 메트로 L1, L4 우르키나오나역 Urquinaona 하차, 도보 3분, ② 카탈루냐 광장에서 도보 7분 주소 Carrer de Casp, 48, 08010 Barcelona 지도 맵북 P.06-J

사그라다 파밀리아 성당
Temple Expiatori de la Sagrada Família

바르셀로나 여행 중 반드시 보고 가야 할 랜드마크이자 스페인을 대표하는 건축물인 사그라다 파밀리아 성당은 가우디 건축의 백미로 꼽힌다. 성 가족이라는 뜻으로 예수와 성모 마리아, 요셉을 의미한다. 성당 공사는 1882년 3월 19일 성 요셉 대축일에 건축가 프란시스코 파울라 델 비야르 Francisco de Paula del Villar의 도면으로 시작된다. 하지만, 의뢰인과의 의견대립으로 사임하면서 당시 31세였던 가우디가 그 뒤를 이어받아 기존 설계는 전면 수정되었고 가우디만의 기념비적이고 혁신적인 디자인으로 새롭게 태어난다. 가우디는 1926년 6월 7일 불의의 사고로 세상을 떠나기 전까지 43년을 성당 건축에 바쳤는데, 마지막 10년은 전적으로 매달렸다고 한다. 도중에 스페인 내전과 제2차 세계대전으로 작업이 중단되기도 했지만, 이후 가우디의 정신을 계승하여 작업하고 있다. 성당은 가우디 사후 100년이 되는

2026년에 완공 예정이다.
성당의 평면은 좌우가 짧고 세로가 긴 거대한 라틴 십자가 형태이며 3개의 파사드가 있다. 가우디 파트인 예수 탄생 Nativity Façade, 수비라츠 파트인 예수 수난 Passion Façade 그리고 예수 영광 Glory Façade으로 나뉜다. 완성될 성당에는 총 18개의 첨탑이 세워진다. 3개의 파사드 위에 4개씩 총 12개는 예수의 열두 제자를 뜻하고, 중앙의 4개는 4명의 복음서 저자, 북쪽의 성모 마리아를 뜻하는 첨탑과 중앙의 가장 높은 예수 첨탑으로 구성될 것이다.
자연을 모티브로 삼는 가우디의 건축은 성당에도 적용되었는데, 성당 내부라고는 믿기지 않을 풍경이다. 숲속에 햇살이 비치는 편안한 느낌을 성당에 끌어왔다. 스테인드글라스를 통해 백색 기둥은 자연광으로 채색하여 누구도 시도하지 않았던 상상을 현실로 만들었다. 내부 지하 예배당에는 여생을 바친 가우디가 잠들어 있고, 종탑으로 오를 수 있는 계단과 엘리베이터도 있다. 예수 수난 파사드 부근에는 성당 건축 과정을 보여주는 지하 박물관이 있다.

위치 메트로 L2, L5 사그리다 파밀리아역 Sagrada Família 하차, 도보 1분 **주소** Carrer de Mallorca, 401, 08013 Barcelona **오픈** 11~2월 09:00~18:00 / 3월, 10월, 09:00~19:00 / 4~9월 09:00~20:00 / 1.1, 1.6, 12.25, 12.26 09:00~14:00 **요금** **성당** 일반 €17.00, 학생 €15.00, **성당+종탑** 일반 €32.00, 학생 €30.00 **홈피** www.sagradafamilia.org **지도** 맵북 **P.07-G**

Zoom in

TEMPLE EXPIATORI DE LA SAGRADA FAMÍLIA
사그라다 파밀리아 성당 파사드 살펴보기

예수 탄생 Nativity Façade(1894~1930)

성당 동쪽의 파사드로 일명 가우디 파트라고 불린다. 예수의 탄생부터 유년시절을 담고 있는 파사드는 무척 화려하고 정교하다. 성경 속 인물들의 조각들은 가우디가 동네 사람들을 모델로 제작한 것이다.

수태고지

예수 탄생

동방박사의 경배

성모 마리아의 대관식

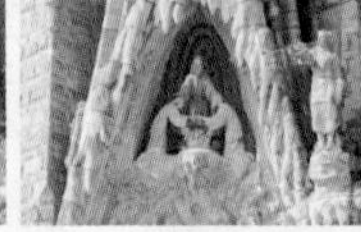
성모 마리아의 결혼

성전봉헌

예수 수난 Passion Façade(1954~1976)

조셉 마리아 수비라츠 Josep Maria Subirachs의 파트로 불리는 서쪽 파사드다. 가우디 조각과 뚜렷한 차이를 보이는데, 깔끔한 직선과 간결한 구성이 돋보인다. 최후의 만찬, 유다의 배신, 베로니카의 수건 등 다양한 장면이 담겨 있다.

최후의 만찬

유다의 키스

베드로의 부인

빌라도 앞의 그리스도

십자가를 진 그리스도 (가우디)

십자가 처형

예수 영광 Glory Façade(2002~)

예수의 부활과 영광을 담은 파사드로 완공되면 메인이 된다. 2002년이 되어서야 착공했다.

tip

- 연간 300만 명에 달하는 성당 방문객! 예약은 선택이 아닌 필수
- 티켓 종류는 5가지(종탑, 오디오 가이드, 가이드 투어, 구엘 공원 내 가우디 집 포함 등)

산 파우 병원
Hospital de Sant Pau

'세계에서 가장 아름다운 병원'으로 불리며 아르누보 양식의 대표 걸작이기도 하다. 15세기에 지어진 라발 지구의 산타 크레우 병원이 도시 인구 증가와 의학 발전에 대응할 수 없게 되자 산타 크레우 병원의 뒤를 이을 산 파우 병원을 짓게 된다. 정식 명칭도 산타 크레우 이 산 파우 병원 Hospital de la Santa Creu i Sant Pau이다. 넓은 부지에 48개의 동을 계획했고 은행가 파우 길 세라 Pau Gil i Serra의 막대한 유산 덕분에 1902년 공사에 착수했다. 설계는 루이스 도메네크 이 몬타네르가 맡았다. 그는 1923년에 사망했지만, 그의 자식들이 이어받아 1930년에 완공했다. 병원의 기능은 2009년까지였고 이후는 뒤편의 현대식 병원으로 옮겨졌다. 몬타네르는 '예술에는 사람을 치유하는 힘이 있다'고 믿었는데 환자들의 정서적인 안정까지 생각한 그의 노력을 병원 곳곳에서 느낄 수 있다. 1997년 유네스코 세계문화유산에 등재되었다.

위치 ① 메트로 L5 산 파우 도스 데 마이그역 Sant Pau | Dos de Maig 하차, 도보 3분, ② 사그라다 파밀리아 성당에서 도보 9분 **주소** Carrer de Sant Antoni Maria Claret, 167, 08025 Barcelona **오픈** 11~3월 월~토 09:30~16:30, 일요일 09:30~14:30 / 4~10월 월~토 09:30~14:30, 일요일 09:30~14:30 **휴무** 1.1, 1.6, 12.25 **요금** 일반 €14.00, 학생 €9.80, ※2.12, 4.23, 9.24, 매월 첫째 주 일요일 무료 **홈피** www.santpaubarcelona.org **지도** 맵북 **P.07-D**

엔칸츠 벼룩시장
Mercado Encants

유럽에서 가장 오래된 벼룩시장 중 하나로 시장이 형성된 시기는 14세기로 추정하고 있다. 원래 위치는 지금 시장의 반대편 빈 공터였으며 2013년 황금빛 지붕을 드리운 현대식 건축물로 새롭게 태어났다. 관광객보다는 현지인이 즐겨 찾는 시장으로, 삶의 활력이 제대로 느껴지는 진짜배기 벼룩시장이라고 할 수 있다. 엔티크한 골동품, 책, 의류, 액세서리, 침구류, 화장품 등 시장의 규모만큼 취급하는 품목도 많다.

위치 메트로 L1 글로리에스역 Glòries 하차, 도보 4분 주소 Carrer de los Castillejos, 158, 08013 Barcelona 오픈 월 · 수 · 금 · 토 09:00~20:00 홈피 www.encantsbcn.com 지도 맵북 P.07-L

TALK

야경이 아름다운 아그바 타워 ★ Torre Agbar

프랑스 건축가 장 누벨 Jean Nouvel이 몬세라트 바위산에서 영감을 받아 디자인한 아그바 그룹의 수자원 공사 건물이다. 도시 분위기와 맞지 않는다는 비판을 받기도 했지만, 2008년에는 프리츠커 건축상을 받았다. 높이 144m의 건물은 4500개의 LED 유리창으로 이루어져 있는데, 온도를 감지하는 센서가 있어 자동으로 여닫아 채광과 통풍을 조절한다. 또한, 발광 장치가 있어 매혹적인 바르셀로나 야경을 선사한다.

위치 ① 메트로 L1 글로리에스역 Glòries 하차, 도보 3분, ② 트램 T4, T5, T6 글로리에스 Glòries 정류장 하차, 도보 5분 주소 Avinguda Diagonal, 211, 08018 Barcelona 홈피 www.torreagbar.com 지도 맵북 P.03-H

그라시아 거리
Passeig de Gràcia

카탈루냐 광장으로부터 거리 끝까지 약 20분 정도 걸리는 큰길로 루이비통 · 프라다 · 샤넬 · 구찌와 같은 명품 브랜드부터 자라 · 망고 · H&M 등의 대중 브랜드 매장이 줄지어 이룬 쇼핑거리다. 메인 거리에서 중간중간 이어진 샛길에도 많은 쇼핑 상점과 레스토랑, 바, 카페가 모여 있다.

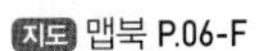

지도 맵북 P.06-F

무이 무쵸 & 카사 비바
Muy Mucho & Casa Viva

바르셀로나를 중심으로 유럽 각지에 점포를 두고 있는 스페인 잡화점이다. 홈데코에 관심이 많은 사람이라면 무이무쵸에서 오랜 시간을 보낼 수 있을 정도로 아기자기한 유럽풍 소품들이 가득하다. 침실, 욕실, 주방, 거실, 등 방대한 양의 소품들은 품질이 좋고 가격도 저렴하다는 것이 가장 큰 장점이다. 계절마다 특별한 데코용품도 쏟아져 나오고 세일 기간에는 최대 50%까지도 할인한다.

무이 무쵸
주소 Rambla de Catalunya, 35, 08007 Barcelona 오픈 월~금 10:00~20:30, 토요일 10:30~21:00 휴무 일요일 홈피 https://muymucho.es 지도 맵북 P.06-E

카사 비바
주소 Rambla de Catalunya, 41, 08007 Barcelona 오픈 10:00~21:00 휴무 일요일 전화 +34 934 96 06 48 홈피 www.casaviva.es 지도 맵북 P.06-I

AREA 7

그라시아 지구

Gràcia

카사 비센스와 구엘 공원을 제외하면 이렇다 할 관광 명소도 없는 주택가에 가까운 곳이지만 그렇기에 진짜 바르셀로나를 느낄 수 있는 곳이다. 시내 중심만큼 화려하진 않지만 개성 넘치는 상점이 있고 현지인이 사랑하는 맛집이 있어 그들의 소소한 삶을 엿볼 수 있는 지역이라 할 수 있다.

SIGHTSEEING

카사 비센스

Casa Vicens

타일 공장 업자였던 마누엘 비센스 이 몬타네르 Manuel Vicens i Montaner의 의뢰로 설계된 가우디의 첫 작품이다. 1883년부터 1885년 사이에 여름 별장 목적으로 지었으며, 동서양이 적절하게 조화를 이룬 네오 무데하르 양식을 사용하여 카탈루냐에서 볼 수 없었던 스타일을 연출했다. 의뢰인의 직업 덕분에 타일을 충분히 활용할 수 있었고, 대부분 자연에서 얻은 모티브로 건축에 임했다. 부지에 있던 종려나무와 금잔화를 건축에 반영하여 주변 환경과 이질감 없이 조화를 이루게 했다는 점을 보면 알 수 있다. 주거 공간이기 때문에 내부 입장은 불가능하다.

위치 메트로 L3 폰타나역 Fontana 하차, 도보 3분 주소 Carrer de les Carolines, 20, 08012 Barcelona 오픈 10:00~20:00 휴무 1.1, 1.6, 12.25 요금 일반 €16.00, 학생 €12.00, ※5.18 무료 홈피 https://casavicens.org 지도 맵북 **P.06-B**

TALK

바르셀로나 최고의 로컬 축제

그라시아 축제 ★ Festa Major de Gràcia

매년 8월 중순이면 그라시아 지구에서 특별한 축제가 열린다. 1817년에 처음 시작한 200회가 넘은 유서 깊은 축제다. 퍼레이드, 인간 탑 쌓기, 공연, 요리 대회, 불꽃놀이 등 다양한 프로그램으로 구성되어 있다.

축제의 하이라이트는 평범하고 한적했던 골목이 다양한 테마로 꾸며지는 거리 축제다. 놀랍게도 대부분 재활용품을 사용해서 꾸민다는 것인데 꽤 퀄리티가 좋다. 또한, 축제 준비부터 진행까지 모두 동네 사람들의 힘으로만 이루어진다는 점에서 더욱 의미 있다. 마지막 날에는 가장 인기 있던 테마 골목을 선정하는 시상식이 있다.

홈피 www.festamajordegracia.cat

구엘 공원
Park Güell

가우디의 동화적 상상력과 구엘의 후원으로 탄생할 수 있었던 가우디의 또 다른 걸작이다. 영국 여행을 자주 가던 구엘은 영국 전원도시를 보고 바르셀로나 중산계급을 위한 거주공간을 꿈꾸며 가우디에게 설계를 맡겼다. 스페인어 대신 'Park'라고 영문식 표기를 한 것도 이 때문이다. 공사는 1900년부터 진행되었는데, 60가구를 예정하고 분양했지만 단 3가구만 분양이 되고 설상가상 자금난으로 1914년에 공사가 중단된다. 3가구는 구엘, 친구인 마르티 트리아스 Martí Trias 마지막으로 가우디에게만 분양되었는데, 분양 실패에는 당시 엑삼플레 도시계획의 진행과 구엘 공원까지의 교통 문제가 영향을 끼쳤다고 보고 있다. 구엘의 사망 후에는 바르셀로나시에 기증되어 공원으로 개방되었다.
동화 속에서 봤을 법한 정문 양옆의 건물은 관리 사무실과 관리인의 거주 공간으로 만들어졌다. 그 앞으로는 구엘 공원의 마스코트인 도마뱀 분수가 있다. 가우디가 즐겨 사용한 트랜카디스 기법의 작품 중에서 가장 완성도가 높은 것으로 평가되고 있다. 계단을 따라 오르면 시장으로 이용하려던 공간이 있는데 그리스 신전을 떠올리게 하는 모양새다.

가우디 박물관

바로 위는 **자연 광장 Plaça de la Natura**으로 알록달록 타일 조각을 이어 붙인 구불구불한 긴 벤치가 있다. 비가 오면 벤치의 구멍을 따라 뒤로 물이 빠지고 광장 아래 86개 기둥을 따라 흘러내려 저수 창고로 모였다가 도마뱀의 입으로 내뱉게 되는 저수 시스템도 설치해두었다. 가우디는 자연을 훼손하지 않고 지형적 특색을 최대한 살리려 노력했는데, 파도 통로 역시 그 자리에 있는 돌만을 쌓아서 만들어냈다.

공원 안에는 가우디가 1906년부터 아버지, 조카와 함께 20년간 살았던 집이 있는데, 지금은 **가우디 박물관 Casa Museo Gaudí**으로 개관하여 일반에게 공개하고 있다. 관내에는 가우디가 직접 디자인한 스케치와 가구를 비롯한 그의 유품이 전시되어 있다.

위치 ① 메트로 L3 레셉스역 Lesseps 하차, 도보 15분, ② 버스 24번, 92번 파르크 구엘 Parc Güell 정류장 하차, 도보 1분 주소 Carrer d'Olot, 5 08024 Barcelona 오픈 1.1~3.24, 10.28~12.31 08:30~18:15 / 3.25~4.29, 8.27~10.27 08:00~20:30 / 4.30~8.26 08:00~21:30 요금 일반 €10.00, 7~12세 €7.00 홈피 https://parkguell.barcelona 지도 맵북 P.03-C

tip
- 무료존/유료존이 구분되어 있으며 유료존은 8시 이전에는 무료입장 가능
- 시간당 입장객 수가 정해져 있으니 성수기에는 예약 필수

TALK

바르셀로나 야경 명소

벙커 ★ Bunkers del Carmel

El Carmel 지역에 위치한 벙커는 스페인 내전 때 방공시설로 사용했던 곳이다. 내전 이후 집을 잃은 시민들은 이곳에서 1990년까지 판잣집을 짓고 살았지만, 현재는 바르셀로나의 전경을 한눈에 내려다볼 수 있는 무료 전망대로 운영한다. 360도 파노라마로 시내 전체가 보이는데, 특히, 해 질 무렵에는 석양을 보기 위해 수많은 사람이 찾아온다.

위치 ① 버스 92번 Ctra. del Carmel – Mühlberg 정류장 하차, 도보 9분, ② 버스 119번 Marià Lavèrnia 정류장 하차, 도보 2분 주소 Carrer de Marià Labèrnia, s/n, 08032 Barcelona 홈피 www.bunkers.cat

AREA 8

몬주익
Montjuïc

몬 Mon은 산, 주익 Juïc은 유대인. 14세기 말 스페인 전역에서 모인 유대인이 이곳에 살면서 붙은 이름이다. 만국박람회와 올림픽을 계기로 개발되면서 몬주익을 찾는 관광객이 늘었는데, 무엇보다도 지중해와 도심의 탁 트인 풍경을 바라볼 수 있어 최고의 전망을 자랑하는 명소로 자리 잡았다.

SIGHTSEEING

에스파냐 광장
Plaça d'Espanya

1929년 만국박람회의 관문으로 형성된 광장. 중앙의 분수는 가우디의 동료였던 조셉 마리아 후홀 Josep Maria Jujol이 설계한 것으로, 이베리아반도의 주요 강인 에브로강, 타호강, 과달키비르강을 의미한다. 광장 주변에 있는 붉은 벽돌의 아레나 쇼핑몰은 1900년부터 1977년까지 투우장으로 사용했던 건물로, 옥상에는 전망대가 있어 광장을 내려다볼 수 있다. 언덕 쪽으로는 이탈리아 베네치아 산 마르코 광장의 종탑을 모델로 만든 47m 높이의 쌍둥이 베네치아 타워 Torres venecianas가 있으며 피라 데 바르셀로나 Fira de Barcelona 박람회장 입구로 사용한다.

위치 메트로 L1, L3, L8 에스파냐 광장역 Pl. Espanya 하차 주소 Plaça Espanya, 08015 Barcelona 지도 맵북 P.08-B

아레나 쇼핑몰 옥상 전망대

카탈루냐 국립 미술관

Museu Nacional d'Art de Catalunya(MNAC)

11세기부터 20세기 초까지 카탈루냐 예술품을 보관 · 전시한 미술관이다. 1929년 만국박람회를 위해 건립한 국립 궁전 Palau Nacional을 개조하여 1934년에 개관했다. 로마네스크 컬렉션은 세계적으로도 유명한데, 카탈루냐 지역의 로마네스크 양식 성당에서 수집한 벽화와 공예품이 방대하다. 그중에서도 보이 계곡 Vall de Boí의 산 클레멘테 데 타울 성당에서 그대로 옮겨온 '전능하신 그리스도' 벽화가 가장 볼만하다. 그 밖에 엘 그레코, 수르바란, 벨라스케스, 루벤스, 가우디, 피카소 등의 작품도 전시되어 있다.

위치 메트로 L1, L3, L8 에스파냐 광장역 Pl. Espanya 하차, 도보 12분 **주소** Palau Nacional, Parc de Montjuïc, s/n, 08038 Barcelona **오픈** 10~4월 화~토 10:00~18:00, 일요일 10:00~15:00 / 5~9월 화~토 10:00~20:00, 일요일 10:00~15:00 **휴무** 월요일, 1.1, 5.1, 12.25 **요금** 일반 €12.00, 7~12세 €8.40, ※토요일 15:00 이후, 매월 첫째 주 일요일, 5.18, 9.11 9.24 무료 **홈피** www.museunacional.cat **지도** 맵북 P.08-F

TALK 

바르셀로나 여행의 꽃

마법의 분수 쇼 ★ Font màgica

카탈루냐 미술관을 배경으로 음악과 빛 그리고 물줄기가 어우러지는 장관은 세계 3대 분수 쇼라 칭할 만큼 환상적이다. 1929년 만국박람회 때 설치된 분수에 1980년부터 음악과 조명을 추가하여 선보인 분수 쇼는 바르셀로나 여행에서 필수 볼거리로 손꼽힌다. 공연 스케줄은 홈페이지에서 확인할 수 있고, 좋은 자리를 확보하려면 일찍 가야 한다. 수많은 인파가 몰리기 때문에 소매치기가 빈번하게 발생하니 주의해야 한다.

홈피 www.bcn.es/fontmagica

호안 미로 미술관
Fundació Joan Miró

강렬하면서도 순수한 색채로 신선한 시각적 경험을 제공하는 초현실주의 화가 호안 미로의 미술관이다. 호안 미로는 1968년 직접 재단을 설립했고, 그의 친구였던 건축가 호세 루이스 셀트 Josep Lluís Sert의 설계를 바탕으로 미술관을 건축했다. 1975년에 개관한 미술관은 미로의 회화 작품 217점과 조각 179점을 포함 약 14,000여 점에 달하는 작품을 전시하고 있다. 그의 작품 이외에 신진 작가들의 전시도 정기적으로 열리고 있다. 옥상은 바르셀로나 시내를 조망할 수 있는 뷰포인트로 꼽힌다.

위치 ① 카탈루냐 국립미술관에서 도보 10분, ② 버스 55번, 150번 Av Miramar 정류장 하차, 도보 1분 **주소** Parc de Montjuïc, s/n, 08038 Barcelona **오픈** 화·수·금 11~3월 10:00~18:00, 4~10월 10:00~20:00, 목요일 10:00~21:00, 토요일 10:00~20:00, 일요일 10:00~15:00 **휴무** 월요일, 1.1, 12.25, 12.26 **요금** 일반 €13.00, 학생 €7.00 **홈피** www.fmirobcn.org **지도** 맵북 **P.09-G**

스페인 마을
Poble Espanyol

1929년 만국박람회를 방문하는 많은 관광객에게 스페인의 문화를 보고 느낄 수 있도록 조성된 테마파크다. 117개의 스페인 전통 건물로 꾸며져 있고, 건물 내부는 30여 명의 장인들이 가죽 · 유리 · 도자기 공방으로 이용하고 있다. 마을 안쪽에는 피카소, 달리, 미로를 포함한 현대 예술가의 작품 300점을 전시하는 프란 다우렐 미술관 Museu Fran Daurel이 있다. 비록 재현한 마을이기는 해도 스페인의 문화적 다양성을 한눈에 살펴볼 수 있고, 구석구석 예쁘게 조성해서 기념사진 찍기에는 안성맞춤이다.

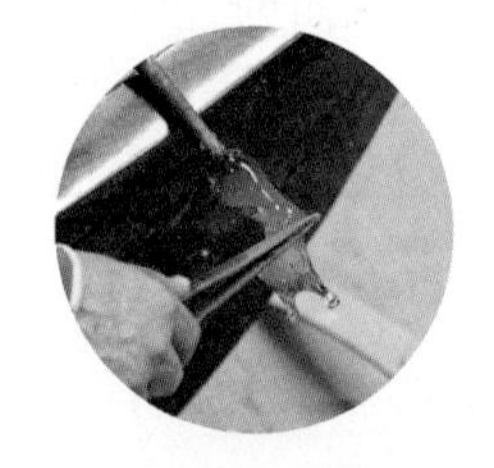

위치 버스 13번, 23번, 150번 Poble Espanyol 정류장 하차, 도보 1분 **주소** Av Francesc Ferrer i Guardia, 13, 08038 Barcelona **오픈** 월요일 09:00~20:00, 화·수·목·일 09:00~24:00, 금요일 09:00~03:00, 토요일 09:00~04:00 **요금** **현장 구매** 일반 €14.00, 학생 €10.50, 야간 €7.00, **온라인 구매** 일반 €12.60, 학생 €10.50, 야간 €6.30 **홈피** www.poble-espanyol.com **지도** 맵북 **P.08-B**

황영조 선수 기념비

올림픽 경기장

Estadi Olímpic Lluís Companys

제25회 바르셀로나 올림픽의 감동이 되살아나는 경기장이다. 원래는 1929년 만국박람대회장을 위해 지었는데, 올림픽 준비 기간에 55,000여 명을 수용할 수 있는 곳으로 개조했다. 우리에겐 조금 더 특별한 인연이 있는 장소로, 황영조 선수가 마라톤 종목에서 금메달을 목에 건 바로 그곳이다. 경기장 맞은편에는 바르셀로나와 경기도의 결연으로 세운 황영조 선수의 기념비가 있고, 올림픽 관련 자료를 전시하는 **올림픽 스포츠 박물관 Museu Olímpic i de l'Espor**이 경기장 옆에 있다.

올림픽 경기장

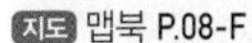

위치 버스 55번, 150번 Av de l'Estadi 정류장 하차, 도보 1분
주소 Passeig Olímpic, 15-17, 08038 Barcelona 오픈 여름 08:00~20:00, 겨울 08:00~18:00 홈피 www.estadiolimpic.cat
지도 맵북 P.08-F

올림픽 스포츠 박물관

주소 Avinguda de l'Estadi, 60, 08038 Barcelona 오픈 10~3월 화~토 10:00~18:00, 일요일 10:00~14:30 / 4~9월 화~토 10:00~20:00, 일요일 10:00~14:30 휴무 월요일, 1.1, 5.1, 12.25, 12.26
요금 일반 €5.80, 학생 €3.60 홈피 www.museuolimpicbcn.cat
지도 맵북 P.08-F

올림픽 스포츠 박물관

tip

몬주익 야외 수영장 Piscines Municipals Montjuïc

1992년 바르셀로나 올림픽 때 경기장으로 사용되던 장소로, 바르셀로나의 전경을 감상하며 수영할 수 있는 곳이다. 여름에 2개월만 개장하는데, 수심이 깊어 주의해야 한다.

주소 Avinguda Miramar, 31, 08038 Barcelona 오픈 7~8월 11:00~18:30
요금 일반 €6.80 홈피 https://guia.barcelona.cat

몬주익 성
Castell de Montjuïc

173m 높이에 자리한 몬주익 성은 바르셀로나 시내와 지중해가 360도 파노라마로 펼쳐지는 훌륭한 전망을 자랑한다. 1640년에 세워진 요새는 18세기 초 스페인 왕위계승 전쟁 때 개조되어 군사적 요충지 역할을 했다. 프랑코 정권이 지배할 때에는 수용소와 처형장으로 사용되기도 했다. 1963년부터 지금까지는 무기와 군복을 전시하는 군사 박물관 Museu Militar으로 운영 중이다.

위치 버스 150번 Castell 정류장 하차, 도보 1분 **주소** Ctra. de Montjuïc, 66, 08038 Barcelona **오픈** 3~10월 10:00~20:00 / 11~2월 10:00~18:00 **휴무** 1.1, 12.25 **요금** 일반 €5.00, 학생 €3.00, ※일요일 오후 3시 이후, 매월 첫째 주 일요일 무료 **홈피** http://ajuntament.barcelona.cat/castelldemontjuic **지도** 맵북 P.08-J

미라마르 전망대
Mirador de Miramar

바르셀로나 항구에서 출발한 로프웨이가 도착하는 곳에 있는 전망대로, 지중해와 시내 풍경을 한눈에 담을 수 있다. 도시를 품을 수 있는 넓은 전망대는 바쁜 일정 속에서 한 템포 쉬어갈 수 있게 해주는 곳이다. 로프웨이 탑승장에는 레스토랑 겸 루프탑바가 있어 차 한잔 마시며 여유를 가져보는 것도 좋겠다.

미라마르 레스토랑
위치 ① 호안 미로 미술관에서 도보 15분, ② 버스 150번 Av Miramar - Pl Carlos Ibáñez 정류장 하차, 도보 6분 주소 Ctra. de Miramar, 40, 08038 Barcelona 오픈 10:00~20:00(루프탑바 ~02:00) 홈피 www.club-miramar.es 지도 맵북 P.09-L

tip

몬주익 언덕 오르는 방법

150번 버스
에스파냐 광장에서 몬주익 성까지 주요 명소를 모두 지나는 가장 편리한 교통수단이다.

로프웨이 Teleférico de Barcelona
바르셀로나 항구의 산 세바스티안 타워 Torre San Sebastián를 출발해 하이메 1세 타워 Torre Jaime I를 거쳐 몬주익 언덕의 미라마르 Miramar까지 운행하는 케이블카로, 아찔한 높이에서 바르셀로나 시내를 구경할 수 있다.

운행 10.30~2.28 11:00~17:30 / 3.1~5.31, 9.11~ 10.29 10:30~19:00 / 6.1~9.10 10:30~20:00 요금 편도 €11.00, 왕복 €16.50 홈피 www.telefericode barcelona.com

푸니쿨라 Funicular
메트로 L2, L3 파랄렐역 Paral · lel과 몬주익 언덕을 약 2분 만에 오르는 등산 열차로 메트로 역에서 별도의 티켓 없이 바로 환승할 수 있다. 푸니쿨라 데 몬주익역 Funicular de Montjuïc은 중간 지점에 있어 정상까지는 버스를 이용하거나 바로 옆의 케이블카를 이용해야 한다.

© Victuallers

운행 봄 · 여름 평일 07:30~22:00, 주말 09:00~22:00 / 가을 · 겨울 평일 07:30~20:00, 주말 09:00~20:00

케이블카 Telefèric
푸니쿨라 역 바로 옆에 있는 Telefèric de Montjuïc에서 케이블카를 타면 미라마르 Miramar를 지나 몬주익성까지 약 10분 소요된다. 별도의 티켓이 필요하고 가격도 비싸지만, 광활한 도시 풍경을 한눈에 담을 수 있다.

운행 11~2월 10:00~18:00 / 3~5월, 10월 10:00~19:00 / 6~9월 10:00~21:00 요금 편도 €8.40, 왕복 €12.70 홈피 www.telefericdemontjuic.cat

AREA 9

그 밖의 볼거리

바르셀로나 중심에서는 벗어나지만 일정에서 빼놓으면 아쉬운 곳들이 많다. 꿈의 구장 캄프 누는 물론이고 가우디의 또 다른 작품이 있는 곳. 그리고 최고의 전망을 자랑하는 장소까지. 바르셀로나의 숨은 명소들을 발견하는 것만큼 큰 재미도 없을 것이다.

SIGHTSEEING

캄프 누
Camp Nou

축구의 성지라 불리는 FC 바르셀로나의 홈구장으로 축구팬이라면 꼭 한 번 가보고 싶어 하는 경기장이다. 유럽에서 가장 큰 구장으로 약 9만 9천여 명을 수용한다(참고로 서울월드컵경기장은 약 6만 6천 석). 직접 관전하는 것이 좋지만 경기가 없다면 투어로 FC 바르셀로나 박물관 Museu del Futbol Club Barcelona과 경기장을 둘러볼 수 있다. 메시의 발롱도르 트로피와 각종 우승컵, 선수들의 운동화 등이 전시된 역사관을 비롯해 기자회견장, 라커룸, 선수들 경기장 입장 통로도 볼 수 있으며 약 1시간 30분 소요된다. 투어 끝에는 공식 매장인 FC Botiga의 메가스토어로 연결된다.

캄프 누+박물관 투어

위치 ① 메트로 L3 팔라우 레이알역 Palau Reial 하차, 도보 8분, ② 메트로 L5 콜블랑크역 Collblanc 하차, 도보 10분, ③ 트램 T1, T2, T3 Palau Reial 정류장 하차, 도보 8분 주소 C. d'Aristides Maillol, s/n, 08028 Barcelona 오픈 09:30~19:30(경기 일정에 따라 변동 혹은 휴무) 요금 일반 €26.00, 6~13세 €20.00 홈피 www.fcbarcelona.cat 지도 맵북 P.02-A

FC Botiga

주소 C. d'Arístides Maillol, s/n, 08028 Barcelona 오픈 10:00~20:30 홈피 www.fcbarcelonastoreasia.com 지도 맵북 P.02-A

구엘 별장
Pavellons de la Finca Güell

구엘 별장의 증·개축 공사가 진행되면서 구엘은 가우디를 신뢰하게 된다. 가우디는 1884년부터 1887년까지 정문과 정문 왼쪽 관리인의 집, 오른쪽의 마구간 정도의 설계만 맡았지만, 임팩트는 컸다. 정문은 그리스 신화 헤라클레스의 12가지 과업 중 하나인 황금 사과 이야기 속 라돈(용)을 표현했고 그 옆 기둥은 황금 사과나무를 형상화했는데, 그 표현력이 압권이다. 주변의 트랜카디스 기법과 무데하르 양식의 장식도 곳곳에서 찾을 수 있다. 현재는 카탈루냐 공과대학으로 사용 중이다.

위치 ① 메트로 L3 팔라우 레이알역 Palau Reial 하차, 도보 7분, ② 트램 T1, T2, T3 Pius XII 정류장 하차, 도보 6분 **주소** Avinguda de Pedralbes, 7, 08028 Barcelona **오픈** **가이드 투어** 10:00~16:30(영어 10:15, 11:15, 15:00) **휴무** 1.1, 1.6, 12.25, 12.26 **요금** 일반 €5.00, 7~18세 €2.50 **홈피** www.rutadelmodernisme.com **지도** 맵북 P.02-A

TALK

구엘 별장 주변의 또 다른 가우디의 작품

페드랄베스 공원 Parc de Pedralbes의 헤라클레스 분수 Font d'Hèrcules(1884)

물이 나오는 수도꼭지 부분이 작품으로 현재 분수는 작동이 중단된 상태다.

주소 Avinguda Diagonal, 686, 08028 Barcelona

핀카 미라예스 Finca Miralles(1901)

구불구불한 외벽과 문이 마치 용을 형상화한 느낌이 든다.

주소 Passeig de Manuel Girona, 55, 08034 Barcelona

티비다보
Tibidabo

몬주익 언덕보다 2배 높은 512m의 티비다보는 바르셀로나 최고의 전망대로 알려진 곳이다. 언덕에는 1901년에 개장한 티비다보 놀이공원 Parc d'Atraccions Tibidabo이 있는데, 스페인에서 가장 오래된 놀이공원이자 유럽에서 두 번째로 오래된 곳이다. 관람차가 있는 파노라마 구역은 별도의 티켓 없이 누구나 입장할 수 있다. 놀이공원 뒤로는 프랑스 파리 몽마르트의 사크레 쾨르 성당을 모델로 1961년 완공된 사그라트 코르 성당 Temple Expiatori del Sagrat이 있다. 성당 전망대에서 바라보는 뷰가 환상적이다.

티비다보 놀이공원

주소 Plaza del Tibidabo, 3-4, 08035 Barcelona 오픈 홈페이지 확인 요금 **파노라마 구역 놀이기구** 일반 €12.70, 신장 120cm 미만 €7.80, **전 구역 놀이기구** 일반 €28.50, 신장 120cm 미만 €10.30 홈피 www.tibidabo.cat 지도 맵북 P.03-C

사그라트 코르 성당

주소 Cumbre del Tibidabo, 08035 Barcelona 오픈 11:00~20:00 요금 전망대 €4.00 홈피 https://tibidabo.salesianos.edu

티비다보 가는 방법

T2A 버스

카탈루냐 광장에서 티비다보로 한 번에 가는 직행버스로 광장의 람블라 데 카탈루냐 Rambla de Catalunya 거리와 맞닿는 곳 정류장에서 탑승한다. 놀이공원이 개장하는 날에만 운행한다.

운행 10:00부터 폐장 30분 전까지 요금 편도 €3.00 소요시간 30~40분

FGC+버스+푸니쿨라

① FGC L7 Av. Tibidabo역 하차
→ 오르막길 Av Tibidabo – Mas Yebra 정류장에서 196번 버스 탑승
② Pl del Doctor Andreu – Funicular del Tibidabo 정류장 하차
→ 푸니쿨라 탑승

푸니쿨라

운행 개장에 따라 운행 여부/시간 다름
요금 입장료 구입 시 €4.10, 미구입 시 €7.70

콜로니아 구엘
Colonia Güell

바르셀로나에서 서쪽으로 약 18km 떨어진 산타 콜로마 데 세레베요 Santa Coloma de Cervelló에는 구엘 가문의 섬유공업 주택 단지인 콜로니아 구엘이 있다. 후안 구엘 Joan Güell과 그의 아들 에우세비 구엘 Eusebi Güell이 공장과 함께 노동자들을 위한 교육, 의료, 문화시설을 갖춘 마을을 건설한 것이다.
구엘은 성당 건축을 가우디에게 의뢰했다. 하지만, 공사는 그로부터 10년이 지난 1908년이 돼서야 시작하게 되는데, 설계를 위한 연구 기간이 길어진 탓이었다. 아쉽게도 **가우디 예배당 Cripta Gaudí**은 자금 문제로 1914년에 공사가 중단되었다. 미완성 상태임에도 불구하고 걸작이라 평가 받는 이유는 세계 건축사를 다시 쓰게 한 기법이 여럿 탄생했기 때문이다. 지금의 사그라다 파밀리아 성당을 있게 한 현수선 아치도 이곳에서 검증한 것이다. 현재 유일하게 완성된 곳은 지하 예배당으로 성당 벽면을 장식한 철제 장식과 타일 조각, 인간의 신체를 보는 듯한 현무암 기둥, 유려한 곡선의 신도석 그리고 기둥 사이로 들어오는 빛까지 모두 가우디스러운 멋을 느낄 수 있다. 관광안내소 전시관에는 콜로니아 구엘과 관련한 역사와 가우디의 탐구 정신을 엿볼 수 있는 전시물이 있다.

위치 에스파냐 광장역 Pl. Espanya에서 FGC S3, S4, S8, S9 탑승 → 콜로니아 구엘역 Colonia Güell 하차, 도보 10분 주소 Calle Claudi Güell, 08690 Colònia Güell, Santa Coloma de Cervelló, Barcelon 오픈 11~4월 평일 10:00~17:00, 주말 10:00~15:00 / 5~10월 평일 10:00~19:00, 주말 10:00~15:00 휴무 1.1, 1.6, 3.25, 성 금요일, 12.25, 12.26 요금 **일반 티켓** 일반 €8.50, 학생 €6.50, **오디오가이드 포함** 일반 €9.50, 학생 €7.50 홈피 www.gaudicoloniaguell.org

tip

● 통합권 : FGC 왕복+성당 입장료+한국어 오디오가이드
카탈루냐 광장 관광안내소와 에스파냐역 Pl. Espanya에서 통합권을 판매한다.
콜로니아 구엘 관광안내소에서 교환하면 된다(단, 별도 구매했을 때와 요금은 같다).
요금 일반 €15.20, 학생 €10.60
● 콜로니아 구엘역에서 시작된 발자국은 관광안내소와 이어진다.
● 몬세라트 통합권으로 몬세라트 다녀오는 길에 콜로니아 구엘에 들를 수 있다(가우디 예배당 입장 가능 시간 반드시 확인).

© Jorge Franganillo

라 로카 빌리지
La Roca Village

바르셀로나 근교에 있는 아울렛으로 130개 이상의 브랜드가 입점해 있다. 스페인 브랜드인 캠퍼, 빔바이롤라, 데시구알 등을 비롯해 버버리, 프라다, 구찌 등 다양한 브랜드를 만날 수 있다. 바르셀로나 시내의 매장과 백화점은 대부분 일요일에 문을 닫지만, 아울렛은 정상영업하기 때문에 일요일에 쇼핑하고자 한다면 라 로카 빌리지를 찾는 것이 좋다. 인포메이션 센터에서 이메일 주소와 여권만 있으면 VIP 카드를 발급받을 수 있고 구입 시 10% 할인받을 수 있다(아울렛 매장은 기본 30~40% 세일).

위치 ① Passeig de Gracia 6번지에서 쇼핑 익스프레스 버스 탑승, 약 40분 소요, ② Carrer de Casp 34에서 Sagalés 버스 탑승, 약 40분 소요 **주소** La Roca Village, s/n, 08430 Santa Agnès de Malanyanes, Barcelona **오픈** 10:00~21:00 **휴무** 화요일 **요금** **쇼핑 익스프레스 버스** 일반 €20.00, 3~12세 €10.00, **Sagalés 버스** (왕복) 일반 €15.00, 4~12세 €8.00 **홈피** www.larocavillage.com, www.sagales.com

비에나 람블라스 거리 & 구시가
VIENA

뉴욕타임스의 저명한 미식 평론가가 '세계에서 가장 맛있는 샌드위치'라고 소개한 곳으로, 바르셀로나에만 8개 지점이 있다. 1969년에 문을 연 비에나의 명물은 하몽 이베리코 샌드위치 Jamon Ibérico로 판 콘 토마테(토마토, 마늘, 올리브유를 바른 구운 빵)에 질 좋은 하몽을 얹은 간단한 메뉴다. 겉은 바삭하고 속은 촉촉하며, 짭조름한 샌드위치의 맛은 생각보다 놀랍다. 이외에도 스페인식 샌드위치 보카디요 Bocadillo의 종류가 많다. 클래식한 분위기에서 브런치를 즐기기 좋다.

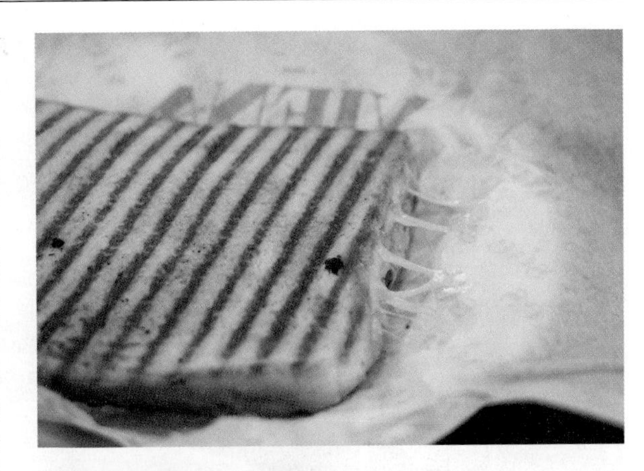

주소 La Rambla, 115, 08002 Barcelona 오픈 일~목 08:00~24:00, 금~토 08:00~01:00 가격 하몽 이베리코 샌드위치(미니) €3.65 전화 +34 933 17 14 92 홈피 www.viena.es 지도 맵북 P.04-A

레스 킨세 니츠 바리 고딕
Les Quinze Nits

레이알 광장 북쪽에 자리한 파에야 맛집으로 믹스 파에야 Paella mixta, 해물 파에야 Paelle de pescado, 먹물 파에야 Arroz negro con sepia en su tinta 등 세 종류가 있다. 보통 파에야가 그렇듯 최소 2인부터 주문할 수 있으며, 나오기까지 오래 걸린다. 유동인구가 많은 광장에 있다 보니 식사시간에는 웨이팅이 기본인데, 특히, 광장의 활기찬 분위기를 고스란히 느낄 수 있는 야외 테라스 좌석에 앉으려면 더 오래 걸릴 수 있다. 파에야가 유명한 곳이기는 하지만 전채 요리부터 메인 요리, 디저트, 와인까지 가성비 훌륭한 코스 메뉴를 즐길 수 있는 평일 점심의 메뉴 델 디아도 괜찮은 편이다.

주소 Plaça Reial, 6, 08002 Barcelona 오픈 09:00~23:30 가격 해물 파에야 €13.45, 메뉴 델 디아 €11.75 전화 +34 933 17 30 75 홈피 www.grupandilana.com 지도 맵북 P.04-E

바코아 바리 고딕
BACOA

© Jorge Franganillo

마드리드에 하나, 바르셀로나 시내에 다섯 개의 지점을 두고 있는 수제 버거집이다. 주로 스페인에서 나고 자란 식자재를 이용한다. 주문서에 원하는 버거 스타일, 사이드 메뉴, 음료, 디저트를 체크해서 주문하고, 받은 번호표를 테이블 위에 두면 직원이 가져다주는 방식이다. 가장 무난한 클래식 버거 Clasica, 베이컨과 체다&만체고 치즈가 들어간 대표 메뉴 바코아 버거 La Bacoa, 채식주의자를 위한 버거 등 총 14가지 종류가 있다.

주소 Carrer de Ferran, 10, 08002 Barcelona 오픈 일~목 12:00~01:00, 금~토 12:00~02:00 가격 클래식 €5.90, 바코아 €8.50 전화 +34 934 61 30 78 홈피 www.bacoaburger.com 지도 맵북 **P.04-E**

마오즈 바리 고딕
MAOZ

1991년 네덜란드 암스테르담을 시작으로 미국과 유럽에도 지점을 둔 팔레펠 전문점이다. 팔라펠은 으깬 병아리콩을 둥근 모양으로 빚어 튀긴 중동 지방의 요리로, 채식주의자들이 즐겨 먹는다. 팔라펠 샌드위치를 주문하면 그 자리에서 빵을 굽고 안에 팔라펠을 넣어주며, 샐러드로 주문하면 용기에 팔라펠 몇 알을 담아준다. 채소와 소스는 취향에 맞게 넣어 먹는 뷔페 형식이다. 사이드 메뉴로는 감자튀김과 고구마튀김이 있다.

주소 Carrer de Ferran, 13, 08002 Barcelona 오픈 일~목 11:00~02:00, 금 · 토 11:00~03:00 전화 +34 678 60 49 46 홈피 www.maozusa.com 지도 맵북 **P.04-E**

EATING

그릴 룸 바리 고딕

Grill Room

레이알 광장 주변에 있는 가성비 좋은 레스토랑이다. 아기자기한 인테리어와 오픈키친이 돋보이는 공간에서 편안하게 식사할 수 있다. 손님이 끊이질 않는 곳이어서 오픈 시간에 맞춰가지 못한다면, 한창 붐비는 식사시간은 피하는 것이 좋다. 그릴 룸에서 추천하는 것은 메뉴 델 디아. 전채요리, 메인요리, 디저트가 각각 2~3가지씩 준비되어 있어서 코스별로 하나를 골라 주문하면 된다. 음료와 식전 빵도 포함되어 있어 제대로 된 한 끼 식사를 즐길 수 있다.

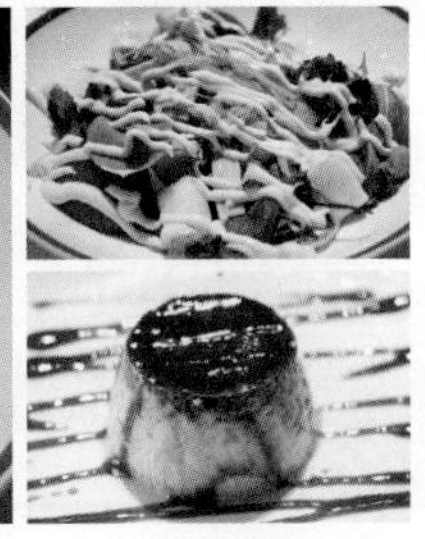

주소 Carrer dels Escudellers, 8, 08002 Barcelona 오픈 일~목 13:00~15:45, 20:00~23:00, 금 · 토 13:00~15:45, 20:00~23:30 가격 메뉴 델 디아 €11.75 전화 +34 931 15 71 56 홈피 www.grupandilana.com 지도 맵북 P.04-I

츄레리아 바리 고딕

Xurreria

1968년에 문을 연, 바르셀로나에서 가장 유명한 추로스 전문점이다. 갓 튀겨 따끈하고 바삭하게 씹히는 맛도 좋지만, 한국인을 배려해서 한글로 쓴 영업시간과 제법 능숙한 한국어로 주문받는 주인이 오랫동안 기억남을 곳이다. 가장 인기 있는 메뉴는 설탕을 뿌린 오리지널 추로스 Xurros와 겉에 초콜릿을 가득 묻힌 Xurros de Xocolata. 그 밖에도 누텔라, 크림, 초콜릿이 들어 있는 다양한 종류의 추로스가 있다. 100g부터 최대 1kg까지 무게에 따라 가격이 달라진다.

주소 Carrer dels Banys Nous, 8, 08002 Barcelona 오픈 월~금 07:00~13:30, 15:30~20:15, 토요일 07:00~14:00, 15:30~20:30, 일요일 07:00~14:30, 16:00~20:30 휴무 수요일 가격 100g €1.30~ 지도 맵북 P.04-F

엘 드라크 산트 조르디 바리 고딕
El Drac de Sant Jordi

산타 마리아 델 피 성당 근처에 있는 작은 타파스 집이다. 4가지 타파스와 음료 한 잔이 포함된 가격이 10유로로 저렴해서 유명해진 곳이다. 규모가 크지는 않지만, 타파스 자체가 간단히 먹는 음식이기에 회전율은 좋은 편이다. 타파스는 직접 골라 담으면 되는데, 많은 타파스 종류에 쉽게 결정을 내리지 못하겠다면 직원의 추천을 받는 것도 좋다. 대단한 맛집은 아니지만 가볍게 타파스를 즐기고 싶다면 가볼 만하다.

주소 Plaça de Sant Josep Oriol, 3, 08002 Barcelona 오픈 월요일 16:00~21:00, 화~토 09:00~14:00, 16:00~21:00, 일요일 09:00~14:30, 16:00~20:30 가격 타파스 4가지+음료 €10.00 지도 맵북 P.04-F

그랑하 라 파야레사 바리 고딕
Granja La Pallaresa

1947년에 문을 연 스페인 전통 디저트 카페다. 흰 셔츠에 보타이를 맨 직원들의 모습은 유서 깊은 카페에 온 듯한 기분을 느끼게 한다. 대표 메뉴는 추로스 Xurros와 스페인식 초코라테 Xocolata Espanyola다. 갓 튀겨서 바삭한 미니 추로스를 걸쭉하고 진한 초콜릿에 찍어 먹으면 여행의 피로도 사라진다. 단맛보다는 쌉싸름한 맛이 강한 초코라테가 싫다면 우유가 들어간 프랑스식 Francesa이나 휘핑크림이 올라간 스위스식 Suizo도 좋다. 이곳에선 추로스 대신 동그랗고 납작한 스페인 전통 빵 엔사이마다 Ensalmada를 찍어 먹기도 한다.

주소 Carrer de Petritxol, 11, 08002 Barcelona 오픈 월~토 09:00~13:00, 16:00~21:00, 일요일 09:00~13:00, 17:00~21:00 가격 추로스 €1.70, 엔사이마다 €1.50, 초코라테 €2.80 전화 +34 933 02 20 36 지도 맵북 P.04-B

운 젤라또 페르 테 바리 고딕

Un gelato per te

산 펠립 네리 광장 근처에 알록달록하고 귀여운 아이스크림 모양의 배너가 걸려 있다. 겉보기에는 여느 젤라토 가게와 다를 게 없어 보이지만, 시럽이 아닌 제철 과일로 직접 만드는 수제 아이스크림이라는 점이 이곳만의 특징이며 그에 대한 자부심도 대단하다. 인기 메뉴는 복숭아 Préssec. 스페인 여행 시 꼭 먹어야 할 과일로 꼽는 납작 복숭아의 부드럽고 달콤한 과즙이 아이스크림에 그대로 녹아 있다. 다만, 복숭아 맛은 여름철에만 만나볼 수 있다.

주소 Carrer de Sant Felip Neri, 1, 08002 Barcelona 오픈 11:00~20:30 가격 €2.30~ 전화 +34 629 30 81 96 지도 맵북 P.04-F

아이스 웨이브 바르셀로나 바리 고딕

Ice Wave Barcelona

우리나라 사람들에게도 익숙한 철판 아이스크림을 파는 곳으로 스페인 곳곳에서 볼 수 있다. -30℃ 철판에서 만들어지는 아이스크림은 화려한 비주얼로 거리를 지나는 사람들의 이목을 집중시킨다. 요거트 아이스크림을 베이스로 토핑과 소스를 직접 고르는데, 그래서 더욱 진하고 특별한 맛이 난다. 약간 비싸게 느껴질 수 있지만, 거리를 걸으며 군것질하기에는 그만이다.

주소 Carrer del Pi, 13, 08002 Barcelona 오픈 월~목 11:00~24:00, 금~일 11:00~01:00 가격 €3.50~ 전화 +34 971 57 14 36 홈피 www.icewaveshow.com 지도 맵북 P.04-B

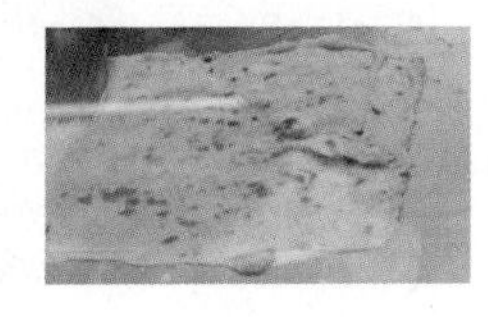

분보 바리 고딕
Bún Bò Viêtnam

비가 추적추적 오는 날이나 쌀쌀한 날에 따끈한 국물이 생각난다면 고딕 지구 바르셀로나 대성당 근처의 분보를 추천한다. 따뜻하고 진한 육수의 베트남 쌀국수 Pho를 스페인에서 볼 수 있다는 것이 참 반갑다. 알록달록한 등이 천장에 매달려 있고 베트남 소품들로 꾸민 산뜻한 분위기의 실내 인테리어가 돋보인다. 아기자기한 예쁜 일러스트 메뉴판은 영어로 되어 있어 주문이 어렵지 않고, 점심 코스 요리인 메뉴 델 디아도 볼 수 있다.

주소 Carrer dels Sagristans, 3, 08002 Barcelona **오픈** 일~목 12:00~24:00, 금 · 토 12:00~01:00 **전화** +34 933 01 13 78 **홈피** www.bunbovietnam.com **지도** 맵북 P.04-B

보스코 바리 고딕
BOSCO

의류매장과 패션잡화 상점이 즐비한 번잡한 쇼핑 거리에서 한 블록만 들어가면 전혀 다른 분위기의 조용한 공간이 나온다. 보스코는 바로 그곳에 자리한다. 아치형 기둥을 사이에 두고 왼쪽은 테이블 좌석, 오른쪽은 바 형태로 꾸민 세련되고 예쁜 레스토랑이다. 타파스와 파에야 등 다양한 메뉴가 있지만, 보스코는 가성비 좋은 메뉴 델 디아로 유명한 곳이어서 식사로 뭘 먹어야 할지 메뉴 고르기가 까다롭지 않다. 고급 레스토랑 못지않은 분위기에서 저렴한 가격으로 코스 요리를 즐길 수 있다. 야외 테라스에서 식사할 경우 1유로가 추가된다.

주소 Carrer dels Capellans, 9, 08002 Barcelona **오픈** 월요일 12:00~17:00, 화~토 12:00~24:00 **휴무** 일요일 **가격** 메뉴 델 디아 €12.00 **전화** +34 934 12 13 70 **홈피** www.restaurantbosco.com **지도** 맵북 P.04-B

엘 콰트레 가츠 바리 고딕

Els Quatre Gats

눈에 띄지 않는 구석진 곳에 있지만, 여행객이라면 한 번씩 찾아가 보는 곳이다. 직역하면 '네 마리 고양이'라는 뜻으로 그만큼 한적하고 조용하다는 뜻이다. 1897년에 문을 연 이후, 예술가들이 모여 토론과 전시를 위한 장소로 이용했는데, 특히 피카소의 단골집으로 유명하다. 카탈루냐 화가 라몬 카사스 이 카르보 Ramon Casas i Carbó가 그린 2인승 자전거를 타는 모습의 작품, 피카소가 디자인한 메뉴판 등 당대 예술가들의 작품으로 가득해서 작은 미술관에 온 듯한 기분도 든다.

주소 Carrer de Montsió, 3, 08002 Barcelona 오픈 09:00~24:00 전화 +34 933 02 41 40 홈피 www.4gats.com 지도 맵북 P.04-B

웍 투 웍 바리 고딕

Wok To Walk

아시아 프랜차이즈 음식점으로 바르셀로나에만 3개, 마드리드에 2개의 지점이 있다. 굉장한 맛집이라고는 할 수 없지만, 아시아의 맛이 그리워질 때쯤 찾아 가볼 만하다. 이곳의 대표 메뉴는 일명 '누들 박스'로 불리는 볶음면과 볶음밥이다. 주문할 때 면 혹은 밥 종류를 고른 후 토핑과 소스를 직접 선택하면 된다. 토핑은 여러 개를 넣을 수 있으며, 그에 따라 각각 추가 요금이 붙는다. 양도 많고 저렴해서 현지인에게도 인기가 많은 편이다.

주소 Carrer de Jaume I, 7, 08002 Barcelona 오픈 일~목 12:00~02:30, 금 · 토 12:00~03:00 가격 누들 €4.95, 토핑 €1.50~ 전화 +34 931 376 463 홈피 www.woktowalk.com 지도 맵북 P.04-F

츄레리아 라이에타나
Xurreria Laietan

보른 지구

규모가 작고 간판도 눈에 잘 띄지 않지만, 1962년에 문을 연 후 지금까지도 현지인의 사랑을 듬뿍 받는 추로스 맛집이다. 현지인들이 아침 식사 장소로 애용하는 곳이기도 하며 포장 손님이 끊임없이 드나들어 금방 추로스가 동이 나지만, 그만큼 갓 튀겨낸 따끈한 추로스를 맛볼 수 있다는 장점이 있다. 대표 메뉴는 초코라테와 추로스 세트 Xocolate amb Xurros로, 진득한 초코라테와 바삭하고 쫄깃한 추로스는 환상의 하모니를 자랑한다.

주소 Via Laietana, 46, 08003 Barcelona 오픈 월~금 07:00~13:00, 16:30~20:30, 일요일 08:00~13:30 휴무 토요일 가격 초코라테와 추로스 €3.30 전화 +34 932 68 12 63 지도 맵북 P.05-C

사가르디 바르셀로나 고딕
보른 지구

Sagardi BCN Gòtic

스페인 북부의 바스크 지방에서 즐겨 먹는 타파스의 일종인 핀초스로 유명한 가게다. 바게트 위에 치즈, 하몽, 해산물, 고기, 과일 등 재료를 이쑤시개로 고정한 음식인데, 종류가 어찌나 다양한지 핀초스를 구경하는 것만으로도 눈이 호강하는 기분이다. 접시를 받아들고 진열장 앞에서 마음에 드는 핀초스를 골라 먹고 마지막에는 먹으면서 빼놓은 이쑤시개로 음식값을 계산한다. 주로 진열장 앞 바에 서서 먹는데, 앉을 수 있는 야외 테라스는 비용이 추가된다.

주소 Carrer de l'Argenteria, 62, 08003 Barcelona 오픈 일~목 10:00~00:30, 금 · 토 10:00~01:00 가격 핀초스 €1.95(개당) 전화 +34 933 19 99 93 홈피 www.sagardi.com 지도 맵북 P.05-G

카페 엘 마그니피코

Cafés El Magnífico

보른 지구

커피 본연의 향과 따뜻함을 즐기고자 한다면 1919년 처음 오픈한 이래로 꾸준히 사랑받고 있는 카페 엘 마그니피코를 추천한다. 앉아서 마실 수 있는 공간은 없지만, 벽의 커피잔 장식과 로스팅 기계를 직접 볼 수 있는 즐거움이 있다. 신선한 원두의 종류도 많아 책자를 보고 로스팅한 원두를 살 수도 있다. 카페 콘 레체 Café con Leche와 코르타도 Cortado가 가장 유명하며 주문 시 쿠키나 초콜릿을 같이 준다. 커피의 깊고 진한 풍미와 향기를 느끼며 보른 지구의 골목을 누벼도 좋다.

주소 Carrer de l'Argenteria, 64, 08003 Barcelona 오픈 10:00~20:00 휴무 일요일 가격 코르타도 €1.50, 카페 콘 레체 €2.00 전화 +34 933 19 39 75 홈피 www.cafeselmagnifico.com 지도 맵북 P.05-K

부보 보른 지구

Bubó Born

보른 지구를 산책하다가 당 충전이 필요하다면 부보를 추천한다. 깔끔하고 모던한 분위기의 매장 안에는 디저트라기보단 예술작품에 가까운 많은 초콜릿이 진열되어 있다. 사비나 케이크 XABINA는 2년 연속 세계 디저트 대회에서 우승을 차지한 부보의 시그니처 메뉴로 무척 달아 커피와 함께 먹는 것이 좋다. 선물용으로 깔끔하게 포장된 초콜릿 중에서는 마카다미아 초콜릿이 가장 인기 있다. 그라시아 지구에도 지점을 두고 있다.

© cyclonebill

주소 Carrer de les Caputxes, 10, 08003 Barcelona 오픈 월~목 10:00~21:00, 금 · 토 10:00~23:00, 일요일 10:00~22:00 가격 사비나 €5.10 전화 +34 932 68 72 24 홈피 www.bubo.es 지도 맵북 P.05-K

호프만 베이베리 보른 지구
Hofmann Pastisseria

바르셀로나에서 가장 맛있는 크루아상을 맛볼 수 있는 곳이다. 마치 동네 빵집에 온 듯 작은 규모지만, 알고 보면 바르셀로나의 유명 요리학교 호프만에서 운영하는 유명한 곳이다. 딸기, 망고, 초콜릿 등 다양한 크로아상이 있지만 가장 인기 좋은 것은 오리지널과 마스카르포네 치즈 크로아상이다. 겉은 바삭하고 속은 촉촉하며 부드럽게 퍼지는 버터 향이 좋다. 오후에는 다 판매되어 맛볼 수 없는 경우가 많으므로 조금 서두르는 편이 좋다. 같은 골목의 **호프만 라 세카 Hofmann La Seca**에서 커피와 함께 즐길 수 있다.

주소 Carrer dels Flassaders, 44, 08003 Barcelona 오픈 월~토 09:00~14:00, 15:30~20:00, 일요일 09:00~14:30 가격 오리지널 €1.20, 마스카르포네 €2.50 전화 +34 932 68 82 21 홈피 www.hofmann-bcn.com 지도 맵북 **P.05-H**

핌팜 버거 보른 지구
Pim Pam Burger

보른 지구의 피카소 미술관 근처에 자리한 수제버거집으로 유명세보다 매장은 작은 편이다. 맛도 맛이지만 합리적인 가격에 고퀄리티의 버거를 먹을 수 있어 사람들의 발길이 끊이질 않는다. 두툼한 패티와 신선한 채소가 들어간 버거는 한입 베어 먹기 힘들 정도로 크다. 버거만큼 감자튀김도 유명한데, 갓 튀겨내서 겉은 바삭하고 속은 부드럽다. 핌팜 버거 근처의 **핌팜 플랫츠 PIM PAM PLATS**도 같은 매장이지만, 다양한 스페인 음식들을 진열한 반찬가게 혹은 브런치 카페에 가깝다.

주소 Carrer del Sabateret, 4, 08003 Barcelona 오픈 12:00~24:00 가격 핌팜 버거 €6.10, 감자튀김 €3.00 전화 +34 933 15 20 93 홈피 www.pimpamburger.com 지도 맵북 **P.05-H**

엘 레이 데 라 감바 1 바르셀로네타

El Rey De La Gamba 1

1972년에 오픈한 '새우의 왕'이라는 뜻의 이름을 가진 레스토랑으로 1호점과 2호점이 나란히 붙어 있다. 한국인 관광객이 많아 한글로 된 메뉴판도 있어 쉽게 주문할 수 있다. 해산물 전문점답게 다양한 해산물 요리가 있는데, 그중 해산물 모둠 세트가 가장 인기 있다. 파에야도 비교적 괜찮은 편이다. 다만, 주문할 때 소금을 조금만 넣어 달라고 하는 것이 좋다.

주소 Passeig de Joan de Borbó, 53, 08003 Barcelona 오픈 12:00~01:00 가격 해산물 모둠 세트 €35.00~ 전화 +34 932 25 64 01 홈피 www.reydelagamba.com 지도 맵북 P.03-K

쉬링기토 에스크리바 바르셀로네타

Xiringuito Escribà

파에야 맛집으로 해변 끝쪽에 위치한다. 사방이 트여 있어 창가 쪽에 앉으면 바다를 볼 수 있고, 안쪽에 앉으면 오픈된 키친에서 파에야가 만들어지는 과정을 직접 볼 수 있다. 셰프의 파에야 조리와 함께 테이블 위에 모래시계를 놔주는데, 이는 조리 시간을 의미한다. 디저트 주문 시 넓은 트레이에 한가득 담은 디저트를 직접 선택해서 먹을 수도 있다. 가격은 조금 센 편이지만, 분위기와 맛을 생각하면 가볼 만하다.

주소 Av. del Litoral, 62, 08005 Barcelona 오픈 13:00~17:00, 19:00~22:30 가격 해산물 파에야 €21.5 전화 +34 932 21 07 29 홈피 http://xiringuitoescriba.com 지도 맵북 P.03-L

© Javier Lastars

마리나 베이 바르셀로네타

Marina Bay

프랑크 게리의 Frank Gehry의 거대한 물고기 조형물 인근에 지중해의 진한 풍미를 느낄 수 있는 곳이 있다. 입구에 들어서면 나무 테이블과 의자, 초록 식물들로 가득해 휴양지에 온 기분이다. 신선한 지중해풍 식재료를 사용한 메뉴들이 많은데, 오동통한 새우에 마늘 소스로 맛을 낸 감바스 알 아히요 Gambas al ajillo와 간이 적절히 베어 고소한 먹물 파에야 Arros negre가 유명하다. 오징어 튀김 Calamares ala romana과 갈리시아식 문어 요리 Pulpo a la gallega도 추천.

주소 Carrer de la Marina, 19-21, 08005 Barcelona 오픈 10:00~01:00 가격 감바스 알 아히요 €11.90, 먹물 파에야 €18.45 전화 +34 932 21 15 14 홈피 www.monchos.com 지도 맵북 P.03-L

노라이 라발 라발 지구

Norai Raval

지중해 햇살을 만끽할 수 있는 도심 속 카페 겸 레스토랑으로 바르셀로나 해양 박물관 안에 자리한다. 번잡한 람블라스 거리 끝에 있어 충분한 휴식과 여유로운 시간을 보내기 좋다. 내부는 아치형의 높은 천장을 벽돌 기둥이 지탱하고 있고 전면이 유리창으로 되어 있어 창밖으로 시원한 풍경이 펼쳐진다. 날씨가 좋은 날에는 오렌지 나무로 가득한 정원에서 햇살을 만끽하며 티타임을 가지기 좋다. 분위기 좋은 카페는 가격이 비쌀 거란 편견과 달리 이곳은 가격도 착한 편이며, 가성비 괜찮은 점심 메뉴나 보카디요 같은 간단한 음식도 판매한다.

주소 Av. de les Drassanes, 1, 08001 Barcelona 오픈 평일 09:00~20:00, 주말 10:00~20:00 전화 +34 666 91 99 98 홈피 http://mmb.cat 지도 맵북 P.04-I

모리츠 맥주공장 라발 지구
Fàbrica Moritz Barcelona

1856년에 설립된 바르셀로나 국민 맥주 모리츠의 공장으로 다양한 맥주와 요리를 즐길 수 있다. 스페인 어디에서나 맛볼 수 있는 모리츠 맥주지만, 이곳의 매력이라면 맥주가 제조되는 공장을 둘러보고 수제 맥주를 마실 수 있다는 점이다. 가장 인기 있는 메뉴는 12cl씩 4잔이 나오는 샘플러 Tast Cerceza Moritz와 맥주를 머금은 비어캔치킨 Cockerel "a la Moritz" with chips이다. 맥주를 좋아하는 사람이라면 한 번쯤 가볼 만하다.

주소 Ronda de Sant Antoni, 39, 41, 08011 Barcelona 오픈 09:00~15:00 가격 샘플러 €8.00, 비어캔치킨 €12.75 전화 +34 934 26 00 50 홈피 www.moritz.cat 지도 맵북 P.09-D

라 탈리아텔라 엑삼플레
La Tagliatella

스페인에 왔다고 해서 스페인 요리만 먹을 수는 없듯, 메뉴 선정이 어려울 땐 우리 입맛에 맞는 이탈리안 레스토랑을 추천한다. 스페인 전역에 있는 체인으로 바르셀로나에만 8개의 지점이 있다. 매장마다 편차는 거의 없다. 고풍스럽고 고전적인 내부 인테리어가 돋보이며, 오픈 키친 형태로 조리 과정도 볼 수 있다. 특별한 메뉴가 있는 것은 아니고 흔히 보던 피자와 파스타가 주메뉴지만, 한입 먹어보면 계속 들어가는 것이 마성의 맛임에는 분명하다. 파스타를 선택하면 면도 직접 고를 수 있는데, 양이 무척 많아 남길 경우에는 포장도 가능하다.

주소 Ronda de la Universitat, 31, 08007 Barcelona 오픈 일~목 13:00~16:00, 20:00~23:00, 금·토 13:00~16:30, 19:30~23:30 가격 €15.00 내외 전화 +34 934 12 46 55 홈피 www.latagliatella.es 지도 맵북 P.06-A,F,I,J

엘 그롭 브라세리아 엑삼플레 · 그라시아 지구
El Glop Braseria

한국 식당이 아닐까 생각될 정도로 한국인이 많지만, 그만큼 우리 입맛에도 잘 맞는다는 것이 검증된 바르셀로나의 맛집이다. 입구가 좁아 규모가 작을 것 같지만, 오픈된 주방을 지나 안쪽으로 가면 넓은 내부가 나타난다. 대표 메뉴는 파에야다. 기본 2인 이상만 가능한 다른 레스토랑과 달리 이곳은 1인분도 주문할 수 있다는 장점이 있으며, 생쌀을 그대로 조리하기 때문에 20분 정도 소요된다. 카사 바트요 주변의 El Glop De La Rambla, 그라시아 지구의 Taverna El Glop까지 바르셀로나에 3개의 지점이 있다.

주소 Carrer de Casp, 21, 08010 Barcelona 오픈 평일 07:30~24:00, 주말 12:00~24:00 가격 해산물 파에야 €15.55, 먹물 파에야 €14.90 전화 +34 933 18 75 75 홈피 http://braseriaelglop.com 지도 맵북 P.06-J

타파스 24 엑삼플레
Tapas 24

세계적으로 명성이 자자한 엘 불리 El Bulli의 수석 셰프였던 카를로스 아벨란 Abellán이 운영하는 타파스 집이다. 맛도 맛이지만, 유니폼을 맞춰 입은 직원들의 훌륭한 서비스는 물론 아기자기한 일러스트로 꾸며진 메뉴판, 봉투 겸 메뉴판 역할을 하는 커트러리, 통조림 뚜껑에 꽂혀 나오는 영수증 등 소소한 곳에서 즐거움을 준다. **비키니 샌드위치 Bikini Carles Abellan**는 구운 빵에 하몽, 치즈, 햄, 소스가 들어간 것으로 타파스 24에서 가장 사랑받는 메뉴다.

© Kent Wang

© Henrik Ahlen

비키니 샌드위치

주소 Carrer de la Diputació, 269, 08007 Barcelona 오픈 09:00~24:00 가격 비키니 샌드위치 €9.00 전화 +34 934 88 09 77 홈피 www.carlesabellan.com/mis-restaurantes/tapas-24 지도 맵북 P.06-J

시우타드 콘달 엑삼플레

Ciutat Comtal(Ciudad Condal)

바르셀로나 타파스 맛집으로 손꼽히는 곳 중 하나가 바로 시우타트 콘달이다. 워낙 유명한 곳이어서 식사시간에는 대기 명단에 이름을 올려두고 기다려야 할 만큼 붐비지만, 빠르고 정확한 서비스로 로테이션은 빠른 편이다. 감바스 Gambas al ajillo, 꿀대구 Bacalao all I oli mel, 맛조개 Navajas, 문어 요리 Tapita de pulpo 등 많은 타파스가 있으며, 양 대비 가격은 조금 비싼 편이어서 식사로는 만족하기 힘들 수 있다.

주소 Rambla de Catalunya, 18, 08007 Barcelona **오픈** 평일 08:00~13:30, 주말 09:00~13:30 **가격** 감바스 €7.55, 꿀대구 €9.95 **전화** +34 807 57 59 77 **홈피** www.hostalciudadcondal.com **지도** 맵북 P.06-I

© Lou Stejskal

브런치 & 케이크 엑삼플레

BRUNCH & CAKE

핫하고 힙하다는 브런치 카페로 바르셀로나에만 4개의 지점이 있다. 아기자기한 인테리어와 크고 화려한 플레이팅으로 SNS 감성의 예쁜 카페로 입소문이 자자하다. 그 때문에 내부가 협소함에도 불구하고 현지인과 관광객 모두에게 인기가 많아 웨이팅은 기본이다. 샐러드, 팬케이크, 컵케이크 등의 메뉴가 있으며 모두 하나같이 테이블 위에 놓인 한 폭의 그림 같은 비주얼을 자랑한다. 브런치의 대표 메뉴인 에그 베네딕트 역시 검은 와플 위에 홀랜다이즈 소스를 끼얹어 이곳만의 새로움을 더했다. 오감을 자극하는 브런치를 즐기고 싶다면 방문할 가치가 있다.

주소 Carrer d'Enric Granados, 19, 08007 Barcelona **오픈** 09:30~21:30 **가격** 에그 베네딕트 €11.90 **전화** +34 932 16 03 68 **홈피** www.brunchandcake.com **지도** 맵북 P.06-E,I

비니투스 엑삼플레
VINITUS

바르셀로나처럼 깔끔하고 세련된 느낌의 타파스 레스토랑으로, 개그맨 권혁수가 비니투스에서 요리를 먹고 눈물을 흘렸다 하여 한국인에겐 특히나 유명하다. 내부로 들어가면 가운데 바 테이블과 함께 주방이 오픈되어 있어 싱싱한 해산물이 즉석에서 만들어지는 모습을 볼 수 있다. 그 중 꿀대구 Bacallà a l'allioli de mel 요리는 우리나라 사람들이 예외 없이 주문한다는 인기 메뉴. 부드러운 대구살과 달달한 꿀의 조화가 인상적인데, 찜과 구이에 익숙한 우리나라에서는 맛볼 수 없기에 더욱 매력적이다. 버터의 고소함이 느껴지는 맛조개 Navajas와 소고기 등심 푸아그라 "Solomillo" de vedella amb Foie도 추천한다.

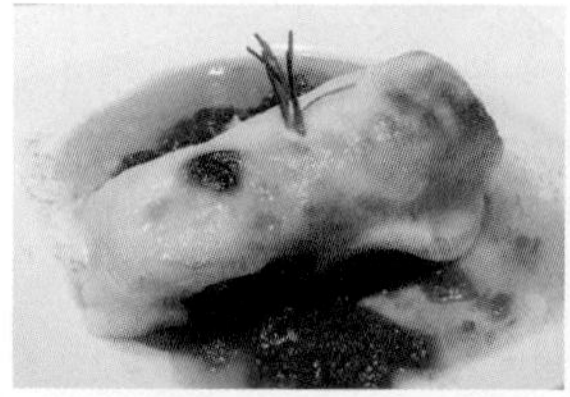

주소 Carrer del Consell de Cent, 333, 08007 Barcelona 오픈 11:30~01:00 가격 꿀대구 €9.95, 맛조개 €9.95, 소고기 등심 푸아그라 €5.95 전화 +34 933 63 21 27 홈피 https://vinitusbarcelona.net 지도 맵북 P.06-I

세르베세리아 카탈라나 엑삼플레
Cervecería Catalana

독창적이고 맛이 뛰어난 타파스를 선보이는 레스토랑이다. 규모가 크지만, 식사시간에는 줄을 서서 기다려야 할 만큼 인기가 많은 레스토랑이며 서빙도 빠른 편이다. 많은 메뉴 중에 추천할 것은 바게트 위에 재료를 올린 타파스의 일종, 몬타디토스 Montaditos로, 특히, 송아지 안심 Solomillo de ternera이 맛있다. 바삭한 감자튀김과 고소한 반숙 달걀에 브라바 소스를 섞은 우에보스 카브레도스 Huevos "cabreados"는 간단한 것 하지만, 달걀과 감자튀김의 환상적인 조화를 느낄 수 있는 요리다.

주소 Carrer de Mallorca, 236, 08008 Barcelona 오픈 09:00~01:30 가격 몬타디토스 솔로미오 데 테르네라 €4.50, 우에보스 카브레도스 €6.60 전화 +34 932 16 03 68 홈피 www.cerveceriacatalana.com 지도 맵북 P.06-E

라 리타 엑삼플레

LA RITA

저렴한 가격의 런치 메뉴를 즐길 수 있는 곳이다. 외관은 아담하지만, 안으로 들어서면 고급스러우면서도 포근한 분위기의 넓은 실내가 눈에 들어온다. 규모가 꽤 큰 편인데도 불구하고 오픈 전부터 많은 사람이 줄을 서는 이유는 메뉴 델 디아 때문이다. 전채요리, 메인요리, 디저트, 음료 등 각각 2~3가지 선택 사항이 있고 요일별로 메뉴도 바뀐다. 추가 비용을 지불하면 메뉴 선택폭이 조금 더 넓어진다. 카사 바트요 주변에 있어 관광 후에 점심 식사 장소로도 좋다.

주소 Carrer d'Aragó, 279, 08009 Barcelona 오픈 일~목 13:00~15:45, 20:00~23:00, 금~토 13:00~15:45, 20:00~23:30 가격 메뉴 델 디아 €11.45 전화 +34 934 87 23 76 홈피 www.grupandilana.com 지도 맵북 P.06-F

페르바코 엑삼플레

PerBacco!

이탈리아 정통 화덕 피자를 맛볼 수 있는 이탈리안 레스토랑으로 페르바코를 상징하는 오토바이 한 대가 식당 앞에 세워져 있다. 카사 밀라에서 도보 7분 거리에 있어 관광지와의 접근성은 떨어지지만, 화덕에서 갓 구워낸 피자를 먹고 싶다면 찾아가 볼 만하다. 피자 자체는 기본에 충실하면서도 쫄깃쫄깃한 도우 위에 갖가지 토핑을 얹어 담백한 풍미가 느껴진다. 맛은 물론이고 아늑한 분위기 속에서 친절한 서비스를 받으며 먹는 즐거움이 큰 곳이다.

주소 Avinguda Diagonal, 339, 08037 Barcelona 오픈 화~수 12:30~23:00, 월 · 목 · 금 12:30~23:30, 토요일 20:00~23:30 휴무 일요일 전화 +34 934 76 28 38 홈피 www.perbaccobarcelona.com 지도 맵북 P.06-F

라 파라데타 엑삼플레

La Paradeta

바르셀로나에 여러 지점을 두고 있는 프랜차이즈 해산물 레스토랑이다. 입구에 들어서면 다양한 해산물이 진열되어 있다. 싱싱한 해산물을 직접 고르고 조리 방법을 선택한 후, 안쪽으로 들어가서 음료와 함께 계산한다. 해산물 가격은 kg당 가격으로 무게를 재서 측정한다. 이후 영수증에 적힌 번호가 불리면 음식을 찾아가는 방식으로 이루어진다. 분업화가 되어 있어 빠르게 진행되지만, 워낙 사람이 많아 금방 자리도 차고, 대기도 필수라서 오픈 전부터 기다리는 사람이 많다.

주소 Passatge de Simó, 18, 08025 Barcelona **오픈** 일~목 13:00~16:00, 20:00~23:30, 금 · 토 13:00~16:00, 20:30~23:30 **휴무** 월요일 **전화** +34 934 50 01 91 **홈피** www.laparadeta.com **지도** 맵북 P.06-J

아로세리아 가우디 엑삼플레

Arrosseria Gaudi

산 파우 병원과 사그라다 파밀리아 성당 사이에 있는 레스토랑이다. 피자와 파스타, 스테이크와 각종 해산물 요리 등 다양한 메뉴가 있지만, 먹물 파에야 Arròs con sípia가 가장 유명하다. 파에야 냄비에 담겨 나온 짜장밥 같은 비주얼이지만, 새우와 홍합, 오징어가 올라간 먹물 파에야는 간도 세지 않고 고소해서 자기도 모르게 싹싹 긁어먹게 된다. 탱글탱글한 새우에 갈릭으로 담백하게 맛을 낸 감바스 알 아히요 Gambes amb allada 역시 입맛을 돋워주는 메뉴다. 다른 지역의 레스토랑보다 가격은 비싼 편이다.

주소 Av. de Gaudí, 44-46, 08025 Barcelona **오픈** 월~목 11:00~01:00, 금~일 11:00~02:00 **가격** 먹물 파에야 €16.95, 감바스 알 아히요 €14.95 **전화** +34 934 46 17 77 **홈피** http://arrosseriagaudi.com **지도** 맵북 P.07-H

푸이그그로스 엑삼플레
Puiggròs

산 파우 병원과 사그라다 파밀리아 성당 사이에 있는 베이커리 카페다. 빵, 샌드위치, 케이크, 파이, 디저트 초콜릿 등 진열장 가득한 형형색색의 빵들이 시각과 후각을 자극한다. 다양한 종류의 빵이 있어 무엇을 먹어야 할 지 고민될 정도. 안쪽에서는 실제로 빵을 만드는 공간이 있다. 주문 후에는 예쁜 접시에 담아주는데, 빵의 특성에 맞게 데워주거나 잘라주기도 한다. 일부러 찾아올 정도는 아니지만, 주변에 머물고 있다면 이곳에서 현지인들처럼 아침 식사를 해봐도 좋다.

주소 Av. de Gaudí, 77, 08025 Barcelona 오픈 07:0~21:30 전화 +34 934 35 81 66 지도 맵북 P.07-H

라 네나 그라시아 지구
La nena

스페인어로 '소녀'라는 뜻의 카페 이름처럼 아기자기하다. 유아용으로 보이는 작고 귀여운 테이블과 의자가 참 앙증맞다. 관광객보다는 현지인이 많은 라 네나의 대표 메뉴는 초코라테 Chocolate a la taza와 멜린드로 Melindro다. 보통 추로스를 찍어 먹지만 카탈루냐 지방 사람들은 멜린드로를 더 즐겨 먹는다. 빵과 비스킷 사이의 폭신하고 부드러운 식감의 멜린드로를 담백하고 진한 초코라테에 찍어 먹으면 그만이다. 많이 달지 않아 열량 부담도 적다.

주소 Carrer de Ramón y Cajal, 36, 08012 Barcelona 오픈 08:30~22:30 가격 초코라테 €3.00, 멜린드로 €2.20 전화 +34 932 85 14 76 홈피 https://la-nena-chocolate-cafe.business.site 지도 맵북 P.06-B

푸라 브라사 에스파냐 광장 · 카탈루냐 광장

Pura Brasa

에스파냐 광장과 카탈루냐 광장에 자리한 숯불구이 맛집으로 유동인구가 많은 곳에 있는 큰 레스토랑은 비싸고 맛이 없다는 편견을 깨주는 곳이기도 하다. 스테이크와 해산물 그릴 요리, 햄버거와 파스타 등 다양한 메뉴를 망라한다. 뜨겁게 달군 돌판에 취향대로 구워 먹는 스테이크가 주메뉴지만 다른 메뉴도 평균 이상이다.

주소 Gran Via de les Corts Catalanes, 373 - 385, 08015 Barcelona 오픈 12:00~24:00 전화 +34 934 23 59 82 홈피 www.purabrasa.com 지도 맵북 P.06-I, P.09-C

해피 락 에스파냐 광장

Happy Rock

아레나 쇼핑몰 4층에 위치한 해피 락은 패밀리 레스토랑을 연상케 한다. 깔끔하고 넓은 공간에 에너지 넘치는 분위기다. 샐러드, 타파스, 그릴 요리 등 다양한 메뉴가 있는데, 오븐에 구워 육즙이 살아있는 고기 패티가 일품인 버거가 해피 락의 인기 메뉴다. 평일 점심에는 전채요리부터 디저트와 음료가 포함된 가성비 좋은 메뉴 델 디아도 제공하고 있어 합리적인 가격으로 푸짐하고 맛있는 식사를 할 수 있다.

주소 Gran Via de les Corts Catalanes, 373, 385, 08015 Barcelona 오픈 12:00~24:00 가격 메뉴 델 디아 €11.90 전화 +34 932 89 31 52 홈피 www.happy.es/happy-rock 지도 맵북 P.09-C

타파 타파 에스파냐 광장 · 엑삼플레

Tapa Tapa Arenas

1993년 그라시아 거리 Passeig de Gràcia에 처음 문을 연 타파스 레스토랑으로, 스페인 전역에 매장을 보유하고 있다. 바르셀로나 도심과 해안 모두 곳곳에 매장이 많아 접근성도 좋다. 뛰어난 맛을 기대하기는 어렵지만, 가격이 부담스럽지 않아 여러 종류의 타파스를 맛볼 수 있다는 장점이 있다. 타파스뿐 아니라 파에야나 스테이크와 같은 메뉴도 있어서 식사도 가능하다. 여느 타파스 집과 달리 메뉴판에 사진이 있어 선택이 쉽다는 것도 장점 중 하나다.

© Jun Seita

주소 Gran Via de les Corts Catalanes, 373, 385, 08015 Barcelona 오픈 10:00~01:00 가격 작은 접시 €5.00 내외, 큰 접시 €10.00 내외 전화 +34 932 92 46 44 홈피 www.tapataparestaurant.com 지도 맵북 P.09-C

퀴멧 퀴멧 포블레 섹

Quimet Quimet

© Kent Wang

© Boyko Blagoev

1914년에 작은 와인 가게로 문을 연 이후, 지금은 각종 술과 안주를 판매하는 타파스 집이 되었다. 여러 매체에 소개되면서 더욱 유명해졌지만, 내부가 협소해 늘 북적인다. 이곳이 유명한 이유는 통조림 요리로 만든 다양한 안주 때문인데 요거트와 트러플 꿀이 들어간 연어 타파스 Salmon, yogurt y miel trufada와 새우와 피망 그리고 캐비어가 올라간 몬타디토 Langostinos con piquillo가 가장 유명하다. 정해진 테이블은 없으며 따로 주문을 받으러 오지 않아 주문부터 계산까지 직접 해야 한다.

주소 Carrer del Poeta Cabanyes, 25, 08004 Barcelona 오픈 월~금 12:00~16:00, 19:00~22:30 휴무 토 · 일요일 가격 연어 타파스 €3.00, 새우, 피망, 캐비어 몬타디토 €3.50 전화 +34 934 42 31 42 홈피 www.facebook.com/quimetyquimet 지도 맵북 P.09-H

MONTSERRAT
몬세라트

'톱니바퀴 모양의 산'이라는 뜻의 몬세라트는 해발 1,235m의 암석 절벽으로 이루어져 있다. 해저 융기로 만들어진 6만여 개의 봉우리가 어우러진 풍경에서 가우디는 사그라다 파밀리아 성당과 카사 밀라를 짓는데 큰 영감을 받았다고도 전해진다. 산 중턱에 자리한 카탈루냐 지방의 중요한 성소인 수도원의 신비로운 풍경에 순례자와 관광객의 발길이 끊이지 않는다.

Transportation
교통 정보

가는 방법

몬세라트까지는 기차와 버스를 이용할 수 있다. 버스가 요금도 저렴하고 기차와 소요시간도 엇비슷하지만, 케이블카나 산악열차를 타고 올라가면서 신비로운 풍경을 볼 수 있다는 장점으로 기차를 더 많이 이용하고 있다.

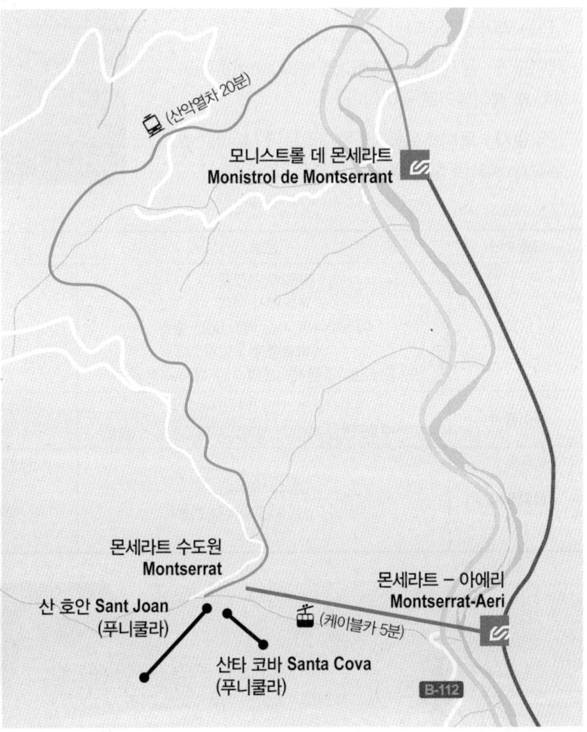

몬세라트 통합권 Trans Montserrat

구입 카탈루냐 광장 관광안내소, 에스파냐역에서 구입 가능

요금 **통합권 1** €31.60 메트로 2회+FGC+케이블카/산악열차+푸니쿨라(산 호안, 산타 코바)

통합권 2 €35.65 통합권 1+오디오가이드+(간단한 스낵)

통합권 3 €50.95 통합권 2+박물관+식사

주의사항

- 산악열차 Cremallera, 케이블카 둘 중 택1
  (올라가고 내려올 때 다른 교통수단 교차 탑승이 불가하며, 이용하는 교통수단에 따라 정차하는 역이 다르다.)
- 푸니쿨라를 타지 않을 예정이거나, 운행하지 않는 기간에는 FGC+산악열차 티켓만 구매 가능
  비수기 왕복 일반 €15.40, 4~14세 €10.45 / 성수기 왕복 일반 €16.40, 4~14세 €11.00

기차

❶ 바르셀로나 에스파냐역 Pl. Espanya에서 FGC R5 만레사 Manresa행을 탄다.

❷ 케이블카/산악열차 중 이용 교통수단에 따라 내리는 역이 달라진다.

– 케이블카 : 몬세라트–아에리역 Montserrat-Aeri 하차 후 케이블카로 갈아탄다.

– 산악열차 : 모니스트롤 데 몬세라트역 Monistrol de Montserrat 하차 후 산악열차로 갈아탄다.

교통수단	운행	요금
FGC	08:36~17:56 ※만레사 방향 에스파냐역 기준 매시 36분 출발 ※바르셀로나 방향 모니스트롤 데 몬세라트역 기준 매시 41분 출발	편도 €5.25
케이블카	3.1~10.31 매일 09:40~19:00 11.1~2.28 평일 10:00~17:45, 주말 09:40~18:15	일반 편도 €8.75, 왕복 €13.50 4~14세 편도 €4.80, 왕복 €7.40
산악열차	08:48~19:48 (비수기/성수기에 따라 변동)	일반 (비수기) 편도 €6.60, 왕복 €11.00 (성수기) 편도 €7.20, 왕복 €12.00 4~14세 (비수기) 편도 €3.65, 왕복 €6.05 (성수기) 편도 €3.95, 왕복 €6.60

버스

산츠 버스터미널 Estación de Sants에서 줄리아 Autocares Julià사의 버스가 몬세라트까지 하루 1대 매일 운행한다. 티켓은 버스 내에서 구입할 수 있다. 소요시간은 1시간 25분.

운행 **바르셀로나 출발** 출발 09:15, 도착 10:40 / **몬세라트 출발** 10~5월 출발 17:00, 도착 18:15, 6~9월 출발 18:00, 도착 19:15

요금 편도 €5.10

BEST COURSE

몬세라트 추천 코스

대부분 몬세라트 도착 후 성당의 검은 성모상을 보기 위해 모여들기 때문에 산 호안이나 산타 코바에 먼저 다녀올 것을 추천한다. 푸니쿨라를 타고 산 호안에 올랐다가 내려올 때는 걸어 내려오는 것도 괜찮다. 다만, 성당에 도착하는 시간은 에스콜로니아 소년 합창단 시간을 꼭 고려해야 한다.

DAY 1

1. **몬세라트 수도원**
   ▼ 푸니쿨라 4분
2. **산 호안**
   ▼ 푸니쿨라 4분
3. **몬세라트 수도원**
   ▼ 푸니쿨라 2분
4. **산타 코바**

tip

- 등산로가 잘 되어 있다지만, 편한 신발은 필수다.
- 바람이 많이 부는 곳이어서 외투를 준비하면 좋다.
- 레스토랑이 있긴 하지만, 가격이 비싼 편이니 미리 간식을 준비한다.

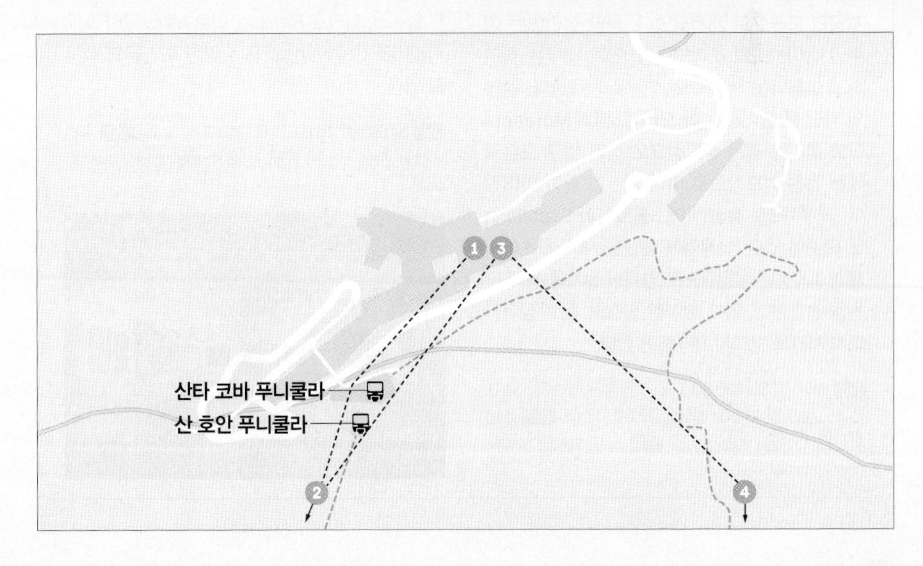

몬세라트 수도원
Monestir de Montserrat

해발 725m 산 중턱에 자리한 베네딕트 수도회의 수도원으로 1025년에 지어졌다. 19세기에는 나폴레옹 군대에 의해 두 번이나 피해를 입었지만, 재건되어 현재도 약 80여 명의 수도사들이 살고 있다. 카탈루냐 지역 최대의 성지답게 매년 수백만 명의 순례자들이 이곳을 찾고 있다. 수도원의 건물들은 성당, 박물관, 레스토랑, 기념품 상점 등으로 이용되고 있다.

위치 케이블카 정류자에서 도보 5분 주소 08199 Montserrat, Barcelona 홈피 www.abadiamont serrat.net

성당
Basilica de Montserrat

16세기에 지어진 성당으로, 1811년에는 나폴레옹 군대에 의해 수도원이 파괴되었다가 지금의 모습으로 재건되었다. 성당 정면에는 예수와 십이사도가 조각되어 있으며, 내부는 화려하고 아름다운 벽화와 조각들로 가득하다. 성당의 가장 큰 볼거리는 **라 모레네타 La Moreneta**라고 불리는 검은 성모상으로 성당 입구 오른쪽에는 검은 성모상으로 이어지는 긴 줄이 이어진다. 세계적으로 유명한 **에스콜로니아 Escolania**도 이곳에 있다. 14세기에 창설된 세계 최초이자 세계 3대 소년 합창단으로 엄격한 절차를 통해 단원을 선발한다. 맑고 청아한 합창을 듣고 싶다면 미사 시간을 반드시 체크해야 한다.

오픈 성당 07:30~20:00 / 소년 합창단 월~목 13:00, 18:45, 금요일 13:00, 일요일 12:00, 18:45 휴무 소년 합창단 토요일, 6.25~8.22 홈피 소년 합창단 www.escolania.cat

몬세라트 박물관
Museu de Montserrat

1911년 중근동 지방의 고고학, 민족학, 동식물학 등 관련 자료를 전시하기 위한 박물관으로 개관했다. 19세기에 수도원이 파괴되는 일이 있었기에 많은 유산을 잃기도 했지만, 여전히 고고학적 가치가 높은 자료와 성직자의 유물이 남아 있다. 전시된 1300여 점의 작품 중에는 엘 그레코 El Greco, 피카소 Picasso, 미로 Miró, 달리 Dalí, 카라바조 Caravaggio 등 유명한 화가들의 작품도 있다.

오픈 10:00~17:45(6.23~9.11 10:00~18:45) 요금 일반 €7.00, 학생 €6.00 홈피 www.museudemontserrat.com

산 호안
Sant Joan

수도원을 비롯해 몬세라트의 전경을 즐기기 위해 오르는 곳이다. 산 호안역에서 약 10분 거리의 **산 호안 예배당 Capella de Sant Joan**이 있고 뒤쪽 봉우리에 산 호안 성당 Ermita de Sant Joan이 있다. 수도사가 기거하던 곳이었지만 프랑스군의 침략으로 지금은 그 흔적만 남아 있다. 더 가면 산 오노프레 성당 Ermita de Sant Joan과 산타 막달레나 성당 Ermita de Santa Magdalena이 있는데 산세가 험한 편이다. 내려올 때는 푸니쿨라 대신 걸어 내려오면서 십자가 전망대 Creu de Sant Miquel에서 수도원 전경을 바라보는 것도 좋다. 다만, 약 2시간 정도 소요되는 것을 고려해야 한다.

위치 산 호안 푸니쿨라역 Sant Joan Funicular에서 4분 **오픈** 10:00~18:50(날짜에 따라 변동, 홈페이지 참고) **요금** **일반** 편도 €8.75, 왕복 €13.50, **4~13세** 편도 €4.80, 왕복 €7.40 **홈피** www.cremallerademontserrat.cat

산타 코바
Santa Cova

검은 성모상 라 모레네타 La Moreneta가 발견된 동굴로 '거룩한 동굴'이라는 뜻을 담고 있다. 작은 예배당 안으로 들어서면 검은 성모상이 발견된 동굴이 있다. 동굴 안 검은 성모상은 복제품이다. 예배당으로 가는 길은 예수의 탄생 · 고난 · 부활을 담은 15개의 기념물이 있는데, 그중 〈그리스도의 부활〉은 가우디의 작품이다.

위치 산타 코바 푸니쿨라역 Sant Cova Funicular에서 20분 **오픈** 10:00~18:00(날짜에 따라 변동, 홈페이지 참고) **요금** ※2020년 재오픈 예정 **홈피** www.cremallerademontserrat.cat

tip

예배당 안쪽에는 간절한 기도를 담은 소중한 물건을 두고 오는 공간이 있다. 짧은 메모나 사진을 같이 준비해 가는 사람도 많다.

TALK

검은 성모상, **라 모레네타** ★ La Moreneta

ⓒCsiraf

1100년 목동들이 동굴에서 발견했으며, 1881년 교황 레오 13세는 카탈루냐의 성모로 인정했다. 나무로 만들어진 검은 성모상은 치유의 능력이 있다고 전해지면서 신도들이 이곳을 찾아 건강을 기원한다. 성모상은 유리관에 보존되어 있는데, 성모상의 손을 만지면 소원이 이루어진다고 해서 늘 성모상을 만나러 가는 길엔 길게 줄이 늘어서 있다.

오픈 검은 성모상 08:00~10:30, 12:00~18:15 (7.15~9.30 07:30~ 20:00)

산 조르디 조각상

사그라다 파밀리아 성당의 서쪽 파사드 '예수 수난'을 조각한 조셉 마리아 수비라츠 Josep Maria Subirachs의 산 조르디 Sant Jordi 조각상이다. 음각으로 조각한 얼굴이 독특하다.

3

GIRONA
지로나

도시 중심을 지나는 오냐르 강과 주변의 알록달록한 색감의 건물 풍경은 지로나를 스페인의 피렌체라고 부르게 한다. 특별한 랜드마크가 없는 지로나를 많은 사람이 찾게 하는 이유이기도 하다. 중세시대의 골목과 건축이 잘 보존된 만큼 이름만 대면 알 법한 드라마와 영화의 촬영지로도 많이 소개되었다.

tip
이 도시를 부르는 명칭은?
카탈로니아어로는 지로나 Girona, 스페인어 표기와 발음은 헤로나 Gerona다.

Transportation
교통 정보

가는 방법

바르셀로나 근교 여행으로 많이 가는 지로나는 주로 기차와 버스를 이용하는데, 소요시간은 크게 차이가 없고 요금은 버스가 조금 더 저렴한 편이다. 지로나 기차역과 버스터미널은 바로 붙어 있으니 바르셀로나에서 출발할 때 편리한 교통수단을 선택하면 된다.

비행기

스페인 국내에서 이용할 수 있는 교통수단은 아니다. 런던, 파리, 로마와 같은 유럽 주요 도시에서 라이언에어 Ryanair를 통해 지로나로 오갈 때 이용할 수 있는 방법이다.

지로나-코스타 브라바 공항
Aeropuerto de Girona-Costa Brava(GRO)

라이언에어의 허브공항으로 시내에서 남서쪽으로 11km 거리에 있다. 라이언에어의 일부 항공편은 바르셀로나 공항 대신 지로나 공항을 이용한다.

홈피 www.aena.es/es/aeropuerto-girona-costa-brava/index.html

공항에서 시내로

시내로 들어가는 교통수단으로는 버스와 택시가 있다. 가장 많이 이용하는 버스는 1시간 간격으로 운행하며, 바르셀로나를 비롯한 다른 도시에서 출발해 공항을 거쳐 시내로 들어간다.

홈피 www.sagalesairportline.com

교통수단	운행 시간	주요 행선지	소요시간	요금
602번 607번	(공항 출발) 05:30~00:30 (시내 출발) 05:00~00:00	Estació d'Autobusos de Girona	29분	€2.75
택시			20분	€24.00~28.00

기차

바르셀로나 산츠역 Barcelona Sants에서 30분 간격, 파세이그 데 그라시아역 Passeig de Gràcia에서는 1시간 간격으로 지로나역까지 운행한다. 열차 종류에 따라 소요시간과 요금의 차이가 있다.

출발지	소요 시간
바르셀로나 산츠역	38분~1시간 31분
파세치 데 그라시아역	1시간 12분~1시간 27분

버스

북부 버스 터미널 Estación de autobuses Barcelona Nord에서 버스회사 사갈레스 Sagalés의 602번 버스가 지로나 버스터미널 Estació d'Autobusos de Girona까지 연결된다. 2시간 간격으로 버스가 운행한다.

출발지	소요 시간	버스회사
바르셀로나	1시간 20분	사갈레스 Sagalés www.sagales.com

BEST COURSE

지로나 추천 코스

지로나의 구시가는 반나절이면 둘러볼 수 있는 작은 도시로 도보여행이 가능하다. 구시가는 오냐르 강 Riu Onyar의 동쪽으로 주요 명소도 대부분 모여 있다. 기차역으로 되돌아 올 때는 대성당 부근에서 시작되는 로마 성벽을 따라 구시가의 풍경을 감상하며 여행의 마무리를 짓기 좋다.

Check List

- ☑ 스페인의 피렌체 발견하기
- ☑ 〈왕좌의 게임〉 촬영지 찾아가기
- ☑ 로마 성벽 위에서 도시 풍광 즐기기

DAY 1

1. **영화 박물관**
   ▼ 도보 6분
2. **유대인 역사 박물관**
   ▼ 도보 3분
3. **지로나 대성당**
   ▼ 도보 2분
4. **아랍 목욕탕**
   ▼ 도보 2분
5. **갈리간츠 성당**
   ▼ 도보 3분
6. **성벽**

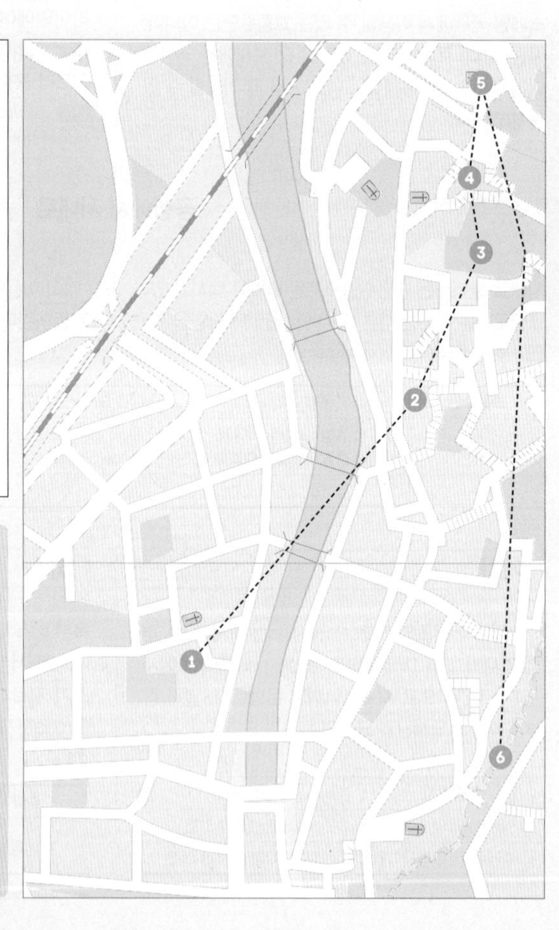

관광안내소

위치 람블라 데 리베르타드 거리 주소 Rambla de la Llibertat, 1, 17004 Girona 오픈 4~10월 월~금 09:00~20:00, 토요일 09:00~14:00, 16:00~20:00, 일요일 09:00~14:00 / 11~3월 월~금 09:00~19:00, 토요일 09:00~14:00, 15:00~19:00, 일요일 09:00~14:00 휴무 1.1, 1.6, 12.25, 12.26 홈피 www.girona.cat/turisme

영화 박물관
Museo del Cinema

다수의 영화 촬영지로 등장한 도시답게 영화 박물관도 있다. 건물 외벽의 필름 조형물은 영화 박물관의 상징과도 같다. 1998년에 개관한 이곳은 카탈루냐 출생의 영화감독 토마스 마요르 Tomàs Mallol의 컬렉션을 전시하고 있다. 영화의 아버지라 불리는 뤼미에르 형제 Los hermanos Lumière의 카메라를 비롯해 약 2만 점의 전시물로 400년 영화 역사를 생생하게 소개한다. 그동안 유럽의 흔한 미술관과 박물관에 지쳤다면 영화라는 흥미로운 주제의 이곳에서 즐거운 시간을 보낼 수 있을 것이다.

위치 지로나역에서 도보 9분 주소 Carrer de la Sèquia, 1, 17001 Girona 오픈 9~6월 화~토 10:00~18:00, 일~월 10:00~14:00 / 7~8월 월~토 10:00~19:00, 일요일 10:00~14:00 휴무 1.1, 1.6, 12.25, 12.26 요금 일반 €6.00, 학생 €3.00, ※5.18, 12.28, 매월 첫째 주 일요일 무료 홈피 www.museudelcinema.cat 지도 맵북 **P.10-D**

유대인 역사 박물관
Museu d'Història dels Jueus

지로나의 유대인 거주 지역은 오늘날 스페인에 남아 있는 유대인 유적 중 가장 보존이 잘된 곳으로 알려졌다. 1492년까지 유대인이 살았던 그 흔적은 역사박물관을 통해 엿볼 수 있는데, 당시에 지어진 집, 그들의 전통과 문화, 유대교 회당, 종교재판 등 유대인의 생활상을 알아볼 수 있다.

위치 영화 박물관에서 도보 6분 주소 Carrer de la Força, 8, 17004 Girona 오픈 7~8월 월~토 10:00~20:00, 일요일 10:00~14:00 / 9~6월 화~토 10:00~18:00, 월~일 10:00~14:00 휴무 1.1, 1.6, 12.25, 12.26 요금 일반 €4.00, 학생 €2.00 홈피 www.girona.cat/call 지도 맵북 **P.10-B**

TALK 

지로나에서는 조용하고 평범한 골목
<왕좌의 게임> 팬들에겐 신비스러운 장소

중세시대의 골목과 건축이 잘 보존된 지로나는 영화 〈향수〉와 한국드라마 〈푸른 바다의 전설〉의 촬영지로 유명하다. 특히 폭발적인 인기를 얻은 미국 드라마 〈왕좌의 게임〉은 지로나 구시가 곳곳을 담아냈는데, 팬이라면 '아, 거기!'라고 단번에 알아볼 수 있을 만큼의 명장면이 탄생하기도 했다. 드라마 속 장면과 비교하며 걷다 보면 지로나는 조금 더 특별하게 다가올 것이다.

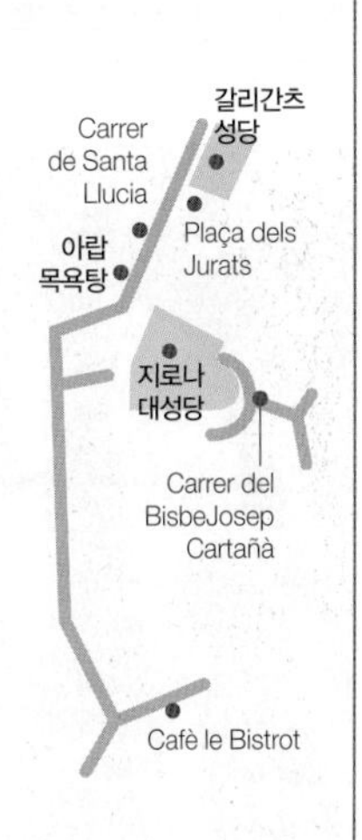

SIGHTSEEING

지로나 대성당
Catedral de Girona

정식 명칭은 산타 마리아 데 지로나 대성당 Catedral de Santa María de Gerona이다. 11세기 로마네스크 양식으로 건축하기 시작해 13세기에 고딕 양식으로 크게 증축하여 현재는 고딕 양식이 대부분이지만, 성당 정면에서는 바로크 양식도 볼 수 있다. 대성당의 특징으로는 바티칸 대성당 다음으로 신도석의 폭이 가장 넓고, 고딕 양식 성당 중에서는 가장 큰 규모를 자랑한다는 것이다. 중요한 보물로는 1100년경에 제작된 것으로 추정되는 로마네스크 양식의 천지창조 태피스트리 Tapiz románico de la Creación로 만물의 창조 과정이 묘사되어 있다.

위치 유대인 역사 박물관에서 도보 3분 주소 Plaça de la Catedral, s/n, 17004 Girona 오픈 4~6월, 9~10월 10:00~18:30 / 7~8월 10:00~19:30 / 11~3월 10:00~17:30 휴무 1.1, 1.6, 성 금요일, 12.25 요금 일반 €7.00, 학생 €5.00 홈피 www.catedraldegirona.cat 지도 맵북 P.10-B

아랍 목욕탕
Banys Àrabs

1194년 이슬람 건축을 모방하여 건설했지만, 사실은 로마네스크 양식이 가미되어 있다. 모두 5개의 공간으로 이루어져 있으며 탈의실, 온탕, 냉탕, 사우나 등 시설이 갖춰져 있다. 17세기에는 카푸치노회 수도원의 소유가 되면서 일부 공간을 주방 및 세탁실로 이용하기도 했지만, 그럼에도 스페인에 있는 목욕탕 유적 중 원형에 가깝게 보존된 장소로 알려진다.

© Guillem Femenias

위치 지로나 대성당에서 도보 2분 주소 Carrer Ferran el Catòlic, s/n, 17004 Girona 오픈 3~10월 월~토 10:00~19:00, 일요일 10:00~14:00 / 11~2월 10:00~14:00 휴무 1.1, 1.6, 12.25, 12.26 요금 일반 €2.00, 학생 €1.00 홈피 www.banysarabs.org 지도 맵북 P.10-B

TALK

지로나의 암사자
★ **Lleona de Girona**

산 펠리우 성당 Església de Sant Feliu 근처에는 로마네스크 양식의 돌기둥을 기어오르는 유명한 사자 동상이 있다. 예부터 지로나 시민들은 사자의 엉덩이에 키스하는 것이 이 지역의 정착민으로서의 관행이었는데, 오늘날에는 '사자의 엉덩이에 키스하면 지로나에 돌아온다'라는 관광객들을 위한 속설로 바뀌었다. 진품은 지로나 예술 박물관 Museo de Arte de Girona에 보관 중이다.

갈리간츠 성당
Sant Pere de Galligants

팔각형 종탑이 인상적인 베네딕트회 수도원 교회로 로마네스크 양식으로 지어졌다. 현재는 카탈루냐 고고학 박물관 Museu d'Arqueologia de Catalunya으로 사용 중이며, 지로나에서 발굴된 로마 시대 유물을 전시하고 있다.

위치 아랍 목욕탕에서 도보 2분 주소 Carrer de Santa Llúcia, 8, 17007 Girona 오픈 5~9월 화~토 10:00~19:00, 일요일 10:00~14:00 / 10~4월 화~토 10:00~18:00, 일요일 10:00~14:00 휴무 월요일, 1.1, 1.6, 12.25, 12.26 요금 일반 €4.50, 학생 €3.50, ※매월 첫째 주 일요일 무료 홈피 www.macgirona.cat 지도 맵북 P.10-B

성벽
Passeig de la Muralla

19세기에 일부가 파괴되기도 했지만, 기원전 1세기 고대 로마인들이 세운 성벽이 지금도 남아 있다. 지로나 대성당에서 지로나 예술대학까지 이어지는 성벽에서 바라보는 도시의 풍경은 중세시대 영화 속 배경을 바라보는 듯하다. 별도의 입장료가 없는 지로나 최고의 전망대다.

위치 갈라간츠 성당에서 도보 3분 지도 맵북 P.10-D

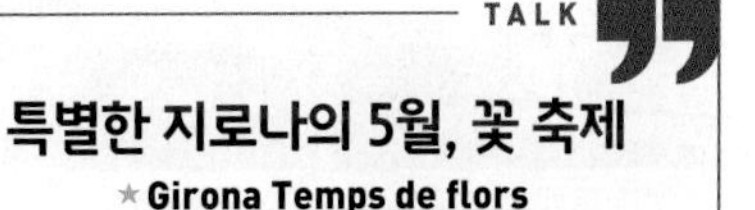

TALK

특별한 지로나의 5월, 꽃 축제
★ **Girona Temps de flors**

©Xavier Forcadell

매년 5월이면 형형색색의 꽃들이 모여 향긋한 꽃향기를 선사한다. 1954년에 작은 시민 극장에서 열리던 축제는 이후 갈리간츠 성당 Sant Pere de Galligants으로 범위를 넓혀갔고 현재에 이르러 구시가지 곳곳에서 행사가 열린다. 멋스러운 구시가에 가득 들어찬 꽃들을 구경하는 사람들로 활기를 띠고, 다양한 행사들이 열리며 꽃 이외에도 설치 미술이 많아 볼거리가 무궁무진하다.

로캄볼레스크
Rocambolesc

미쉐린 3스타 레스토랑의 조르디 로카 Jordi Roca 셰프와 그의 아내가 맛있고 눈이 즐거운 아이스크림을 위한 매장을 열었다. 6개의 아이스크림 중 하나를 선택하면 다양한 종류의 토핑을 취향대로 고를 수 있다. 아이스크림 샌드위치인 파네트 Panet도 만들어지는 과정이 흥미롭다. 바르셀로나, 마드리드에도 지점이 있지만, 〈왕좌의 게임〉 팬들에게는 지로나에서 가는 것이 더 의미 있을 수 있다. 제이미의 황금 손을 형상화한 셔벗바 폴로 Polo가 있기 때문이다. 그 밖에도 기상천외한 셔벗바가 많다.

주소 Carrer de Santa Clara, 50, 17001 Girona 오픈 금요일 11:00~23:00, 토~목 11:00~22:00 가격 콘/컵 €3.30, 토핑 추가 €3.95, 폴로 €4.20, 파네트 €4.95 전화 +34 972 416 667 홈피 www.rocambolesc.com 지도 맵북 P.10-B

아르투시
Restaurant Artusi

구시가지 한적한 골목에 자리 잡은 아르투시는 전채 요리부터 디저트와 음료, 식전빵까지 합리적인 가격에 메뉴 델 디아를 즐길 수 있는 곳이다. 레스토랑의 규모는 아담하지만 포근한 느낌의 인테리어가 돋보인다. 리조또와 타파스도 꽤 괜찮은 편인데, 특히, 해산물이 들어가 있는 메뉴는 깊은 풍미를 느낄 수 있다.

주소 Plaça de les Castanyes, 6, 17004 Girona 오픈 월~금 08:00~11:00, 토요일 09:00~23:00, 일요일 09:00~16:00 전화 +34 972 48 73 27 홈피 www.restaurantartusi.com 지도 맵북 P.10-D

찰라카

txalaka girona

카탈루냐 지방과 바스크 지방의 요리를 동시에 맛볼 수 있는 곳이다. 구시가에서 도보 5분 거리의 레스토랑은 관광객보다는 현지인을 더 많이 볼 수 있다. 레스토랑에 들어서면 바에 진열된 많은 핀초가 눈에 들어온다. 빵 위에 간단한 먹거리를 올린 핀초의 가짓수는 놀랄 정도로 많고 재료 또한 훌륭하다. 오징어 튀김이나 판 콘 토마테처럼 바르셀로나에서 흔히 먹던 음식도 이곳에서는 훌륭한 퀄리티에 저렴하게 먹을 수 있다. 평일 점심에는 메뉴 델 디아도 제공한다.

주소 Carrer Bonastruc de Porta, 4, 17001 Girona 오픈 13:00~16:00, 19:30~23:30 가격 메뉴 델 디아 €12.00 전화 +34 972 22 59 75 홈피 www.txalakagirona.com 지도 맵북 P.10-A

커피&그린스

Coffee&Greens

카페와 레스토랑으로 즐비한 람블라 데 리베르타드 거리에 있는 커피&그린스는 고즈넉한 구시가에 자리한 현대적이고 쾌적한 카페다. 좋은 품질의 신선한 원두를 사용한 커피와 각종 디저트가 가득한데 무엇보다 창밖으로 펼쳐진 오냐르 강과 함께 다닥다닥 붙은 집들의 풍경이 장관이다.

주소 Rambla de la Llibertat, 25, 17004 Girona 오픈 08:30~20:00 전화 +34 972 29 63 55 홈피 http://coffeegreens.es 지도 맵북 P.10-D

TALK

지로나의 전통 빵

★ **El xuixo**

크루아상 같은 모양에 겉엔 설탕이 듬뿍 뿌려져 있고 안에는 달콤한 슈크림이 가득 들어 있다. 1920년대에 지로나의 어느 한 제과점에서 탄생했으며 지로나 사람들이 차와 함께 아침 식사로 먹는다.

4

FIGUERES
피게레스

프랑스와 인접한 스페인 지로나 주의 작은 도시인 피게레스는 스페인 초현실주의 화가 살바도르 달리 Salvador Dalí가 태어나고 생을 마감한 곳이다. 달리 박물관 하나를 보기 위해 방문하는 여행지이지만 달리라는 이유만으로도 피게레스 방문은 충분한 가치가 있다. 엄숙한 기존 미술의 틀을 깬 달리 예술의 집대성이라고 볼 수 있는 곳이다.

Transportation
교통 정보

가는 방법

바르셀로나 당일치기 여행지로 유명한 피게레스까지는 기차와 버스로 갈 수 있다. 두 교통수단의 소요시간은 큰 차이가 없어 보이지만, 열차 종류에 따라 소요시간을 줄일 수 있어 기차를 더 많이 이용하는 편이다. 기차역과 버스터미널은 도보 1분 거리다.

기차

바르셀로나 산츠역 Barcelona Sants에서 지로나 Girona를 거쳐 피게레스까지 연결되며, 기차 종류에 따라 소요시간과 요금의 차이가 있다. 일반열차는 시내 중심에서 도보 12분 거리의 피게레스역 Figueres, 고속열차는 시내 중심에서 도보 20분 거리의 피게레스 빌라판트역 Figueres Vilafant을 이용한다.
피게레스 빌라판트역 앞에서 버스를 타고 솔 광장 Plaça del Sol에서 내리면 달리 극장 박물관까지 도보 10분이다. 버스는 1시간에 1대 운행한다.

출발지	소요 시간
바르셀로나 산츠역	55분 ~ 2시간 15분
파세치 데 그라시아역	1시간 45분 ~ 2시간 9분
지로나	14분 ~ 38분

버스

북부 버스터미널 Estación de autobuses Barcelona Nord에서 버스회사 사갈레스 Sagalés의 602번 버스가 지로나 Girona를 지나 피게레스 버스터미널 Estación de Autobuses de Figueres까지 연결된다. 바르셀로나에서는 2시간 간격, 지로나에서는 1시간 간격으로 운행한다. 피게레스와 묶어 당일치기 여행으로 많이 가는 카다케스 Cadaqués 행 버스도 피게레스 버스터미널에서 탑승한다. 연결편이 많지 않으므로 스케줄을 미리 확인할 필요가 있다.

출발지	소요 시간	버스회사
바르셀로나	2시간 25분	사갈레스 Sagalés www.sagales.com
지로나	55분	
케나케스	1시간	사르파 Sarfa https://moventis.es/es/Marcas/ sarfa

BEST COURSE

피게레스 추천 코스

피게레스는 살바도르 달리를 만나러 가는 곳인 만큼 달리 박물관이 전부라고 할 수 있다. 두 박물관은 2~3시간이면 둘러볼 수 있기 때문에, 오후에는 피게레스에서 1시간 거리의 달리와 그의 부인 갈라가 살았던 카다케스 Cadaqués까지 들러 온전히 달리 투어를 완성하는 것도 좋은 방법이다.

- ☑ 라 람블라 거리 La Rambla에서 달리 얼굴 찾아보기
- ☑ 상상력을 자극하는 달리 작품 관람하기

DAY 1

1. 피게레스역
   - ▼ 도보 12분
2. 달리 극장 박물관
   - ▼ 도보 1분
3. 달리 보석 박물관

관광안내소

주소 Plaça de l'Escorxador, 2, 17600 Figueres 오픈 7~9월 월~토 09:00~20:00, 일요일 10:00~15:00 / 10~6월 화~토 09:30~14:00, 16:00~18:00, 일~월 10:00~14:00 휴무 1/1, 1/6, 12/24, 12/25, 12/26, 12/31 홈피 http://es.visitfigueres.cat

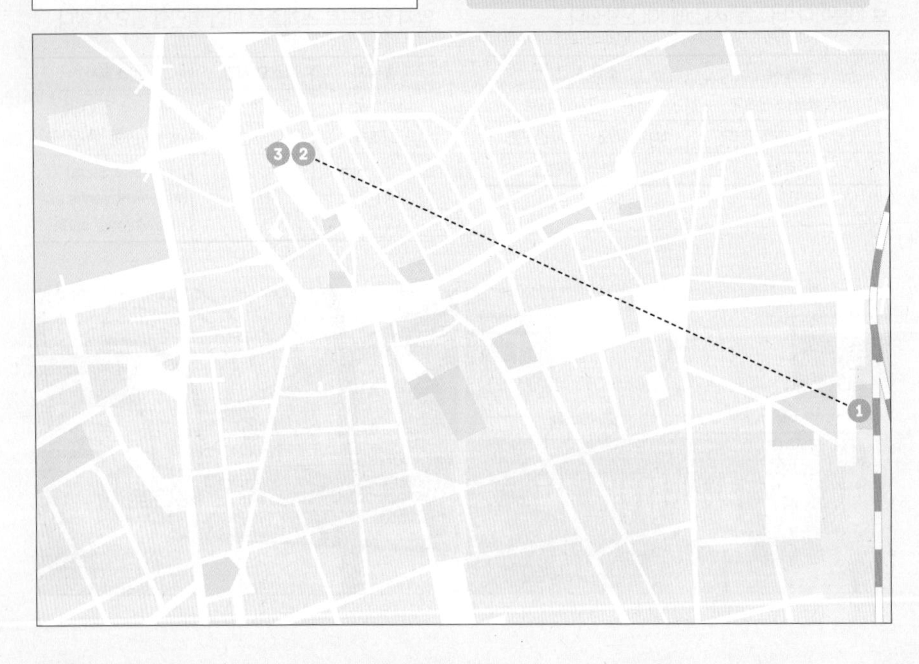

20세기 초현실주의 화가

살바도르 달리 ★ Salvador Dalí (1904~1989)

다재다능하여 다양한 예술 영역에서 유명세를 떨친 살바도르 달리의 고향은 피게레스다. 18세에 마드리드 미술 학교에서 공부했고, 파리 유학 중이던 20대에는 피카소, 막스 에른스트 등을 만나 초현실주의 운동을 접했으며 이후에는 다양한 예술 분야에서 활약했다.
달리를 보고 비범한 천재 혹은 특이한 행동을 일삼는 광인이라는 평을 내리는데, 그의 어린 시절을 알면 조금은 이해가 된다. 달리의 죽은 형을 그리워한 그의 부모는 달리가 태어나자 형의 이름을 달리에게 붙였고 자라면서도 그의 아버지와 마찰이 잦았다. 유복한 환경에서 자랐음에도 행복하지만은 않았던 것 같다.

달리의 인생에서 그의 아내 갈라 Gala를 빼놓을 수 없다. 갈라는 아내이자 영감을 불어넣는 뮤즈였고, 달리의 불안한 내면을 안정시키는 치유자이자 유명 화가로서 이름을 알리는데 일조한 인물이다. 갈라를 매우 사랑한 만큼 그녀가 멀어졌을 땐 신경쇠약과 건강 악화를 겪는 등 힘든 노년을 보냈다. 결국 그의 나이 85세에 심장마비로 사망했고, 달리 극장 미술관에 잠들게 되었다.

츄파춥스에 담긴 달리 이야기

막대 사탕의 대명사가 된 츄파춥스의 로고 디자인은 단순해 보이지만, 로고의 탄생과 함께 츄파춥스의 더 큰 성공에 불씨를 당기는 도화선이 되었다. 1969년 달리는 개인적인 친분이 있던 츄파춥스의 사장 엔리크 베르나 Enric Bernat와의 식사자리에서 그가 로고에 대한 고민을 털어놓자 냅킨에 데이지 꽃 모양의 로고를 단숨에 드려주었고, 지금까지도 츄파춥스의 상징이 되었다. 1988년에 약간의 로고 변경은 있었지만, 기본 사항은 거의 바뀌지 않았다.

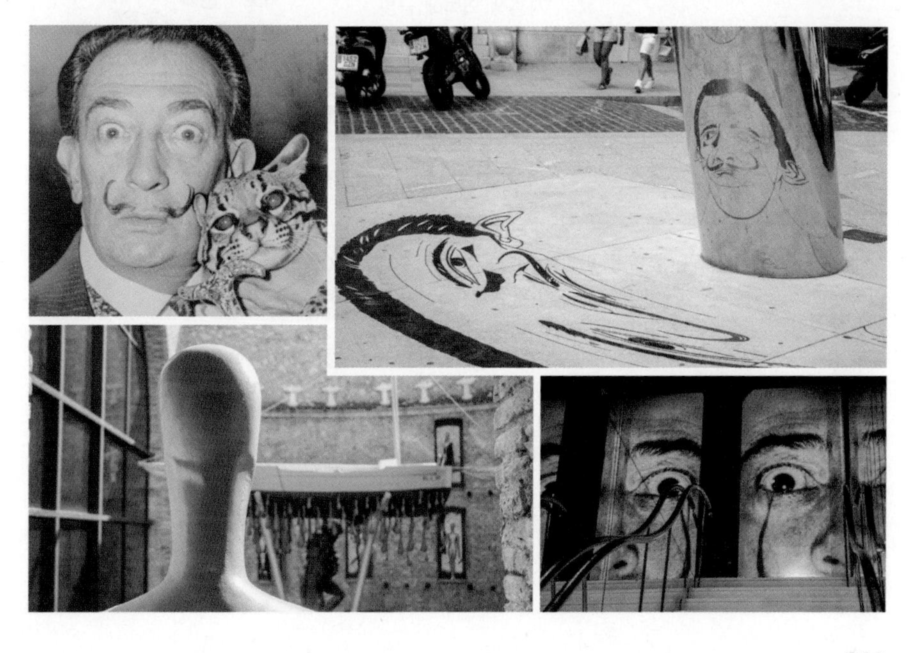

달리 극장 박물관
Teatre-Museu Dalí

자홍색 외벽에 금빛의 피게레스 전통 빵 모양의 장식을 촘촘하게 채우고, 지붕에는 거대한 달걀과 금빛 조각상을 올린 건물은 박물관이라기보다 테마파크를 연상케 한다. 달리는 스페인 내전으로 파괴된 시립 극장을 보수하여 1974년 박물관을 일반에 공개했다. 보는 이의 상상력을 자극하는 박물관의 전시물과 인테리어는 모두 달리의 아이디어에서 비롯되었는데, 그는 단순히 미술작품을 감상하는 것에 그치지 않고 관람객과 상호 작용할 수 있기를 바랐다. 그래서 박물관에 전시된 1,500여 점에 달하는 달리의 작품들은 여느 미술품처럼 액자에 고이 모셔진 형태와는 사뭇 다르다. 20세기 최고의 초현실주의 화가답게 직접 설계하고 완성한 그의 세계인 박물관은 모든 것이 상상 그 이상이다. 이곳에서만큼은 적어도 미술이 어렵다는 생각은 하지 않을 것이다.

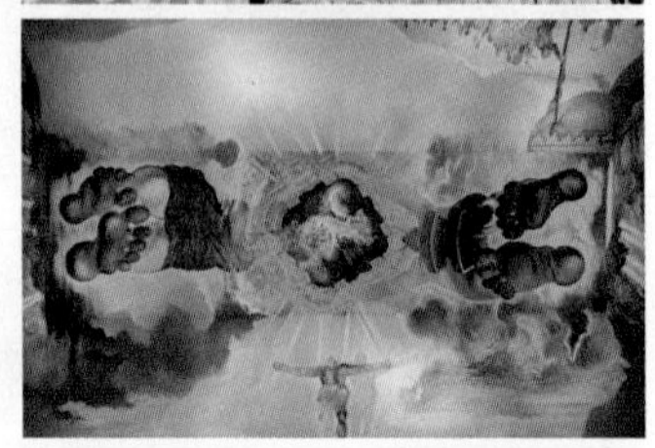

위치 피게레스역에서 도보 12분 **주소** Plaça Gala i Salvador Dalí, 5, 17600 Figueres **오픈** 11~2월 10:30~18:00, 3월, 10월 09:30~18:00, 4~9월 09:00~20:00(야간 7.28~9.1 22:00~01:00) **휴무** 10~6월 매주 월요일(비정기적이므로 홈페이지 참고) **요금** 일반 €15.00, 학생 €11.00(달리 보석 박물관 포함), 야간입장 €18.00 **홈피** www.salvador-dali.org **지도** 맵북 **P.10-E**

Zoom in

TEATRE-MUSEU DALÍ

달리 극장 박물관의 하이라이트

달리 극장 박물관은 이색적인 외관만큼이나 기상천외한 방식으로 구성되어있다. 관람객 스스로 생각하고 상상의 나래를 펼치길 바라는 의도로 미술관을 기획한 것이다. 회화, 조각, 초현실주의 오브제 등 수많은 작품 중 놓치지 말아야 할 작품을 소개한다.

비 오는 캐딜락
Car Naval. Rainy taxi(1974~1985)

돈을 넣으면 차 안에 비가 오는 설치미술

매 웨스트의 아파트먼트
Rostre de Mae West utilitzat com apartament(1974)

액자, 벽난로, 소파를 이용해 할리우드 유명 여배우 메이 웨스트 Mae West의 얼굴을 형상화한 작품

갈라리나Galarina(1945)

달리의 뮤즈이자 삶에 큰 영향을 주었던 갈라는 달리의 작품에 나체로 자주 등장한다.

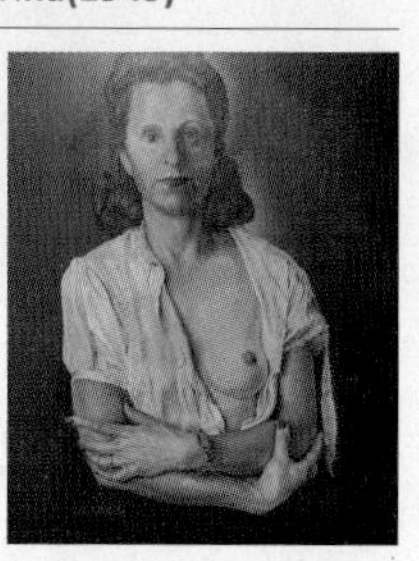

구운 베이컨과 부드러운 자화상
Autoretrat tou amb bacó fregit(1941)

흘러내리는 얼굴을 목발이 지탱하고 그 옆에는 베이컨이 놓여있는 작품. 콧수염이 아니라면 달리라고 생각하기 어려울 만큼 독특한 자화상이다.

달리 시각의 링컨
Lincoln in dalivision(1977)

벌거벗은 갈라의 뒤태를 그린듯하지만 멀리서 봤을 땐 링컨의 얼굴이 보인다.

21세기 파블로 피카소의 초상화
Retrat de Pablo Picasso al segle XXI(1947)

달리가 평생 존경하면서도 견제했던 피카소의 초상화

달리 보석 박물관

Dalí Joyas Colección

회화뿐 아니라 영화, 강연, 저술 등 광범위한 예술 영역에서 활동했던 다재다능한 예술가답게 달리는 보석 디자인에도 일가견이 있었다. 디자인은 물론 형상과 재질 등 세부사항을 직접 스케치해 이를 토대로 뉴욕의 카를로스 알레마니 Carlos Alemany 스튜디오에서 보석을 제작했다. 1941년부터 1970년까지 그렇게 만들어진 달리의 보석 작품 39점과 27개의 드로잉은 보석 박물관에 전시되고 있다. 작은 보석들은 마치 살아 숨 쉬는 듯 놀라운 정교함을 보인다.

위치 달리 극장 박물관에서 도보 1분 주소 Pujada del Castell & Carrer Maria Àngels Vayreda, 17600 Figueres 오픈 11~2월 11:00~18:30 / 3월, 10월 10:00~18:30 / 4~9월 09:30~20:30(야간 7.28~9.1 22:00~01:00) 휴무 10~6월 매주 월요일(비정기적이므로 홈페이지 참고) 요금 일반 €7.00, 학생 €5.00 홈피 www.salvador-dali.org 지도 맵북 P.10-E

살아있는 꽃 La flor vivent(1959)
짙은 녹색의 말라카이트 위에
다이아몬드와 금으로 만든 꽃이 피어 있다.

Zoom in

DALÍ JOYAS COLECCIÓN

달리 보석 박물관의 하이라이트

미술관과 대비되는 작은 규모지만, 작품은 미술관 못지않게 큰 감동을 준다.
외형적 화려함을 넘어 작은 보석들의 디테일을 하나하나 살렸으며
작은 장치의 도움을 받아 진짜 보석이 살아 움직이는 듯한 느낌을 받게 한다.

벌집의 심장
El Cor de bresca de mel(1949)

촘촘하게 박힌 루비가 심장을 이루고 그 안에 다이아몬드가 박힌 모양새가 마치 벌집을 떠올리게 한다.

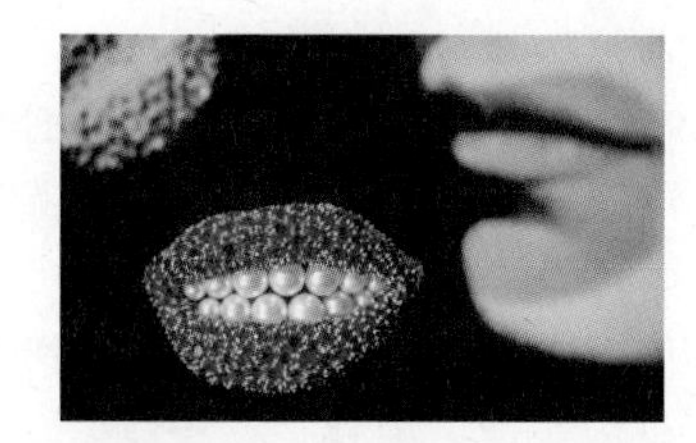

루비 입술
Llavis de robí(1949)

루비와 진주로 만든 입술 모양이다. 문학에서는 여인의 치아를 진주로 묘사하고 있다.

시간의 눈 L'ull del temps(1949)

다이아몬드, 백금, 에나멜로 만든 눈물을 흘리는 눈동자모양으로 달리 보석 작품을 대표한다.

석류의 심장
El cor de magrana(1949)

금으로 된 심장 안에 빨간 석류를 연상케 하는 루비가 박혀 있다.

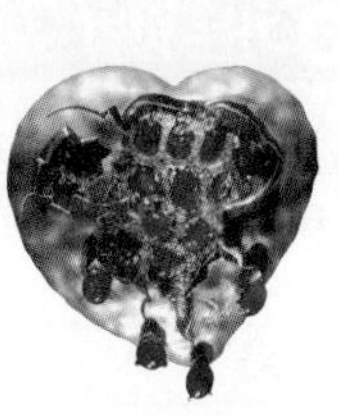

왕의 심장
El cor reial(1953)

중심의 심장은 루비로 이루어졌으며 마치 살아 움직이는 듯 하다. 사파이어, 에메랄드 등 많은 보석으로 이루어져 있다.

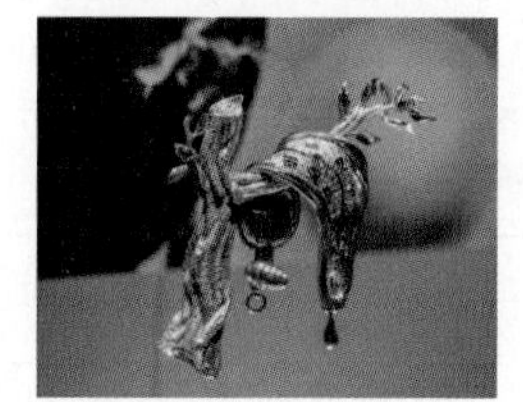

기억의 지속
La persistència de la memòria(1949)

달리의 초현실주의 대표작으로 금, 다이아몬드, 에나멜이 사용되었다.

SITGES
시체스

에메랄드빛 지중해가 넘실거리는 시체스는 바르셀로나 남서쪽에 위치한 휴양지다. 성당과 바다가 어우러진 풍경에 반해 이곳을 찾기도 하지만, 작은 도시임에도 독특한 테마로 한 굵직한 축제들이 매년 열리고 있어 해당 기간이 되면 전 세계에서 모여든다.

가는 방법

바르셀로나에서 시체스까지는 기차와 버스를 이용할 수 있다. 티켓 요금은 같은데 기차가 버스보다 조금 더 빨라 기차를 이용하는 사람이 많다.

기차

파세치 데 그라시아역 Passeig de Gràcia에서 20분 간격으로 운행하는 R2 Sud(Sant Vicenç de Calders행 혹은 Vilanova i la Geltrú행)을 타고 시체스역 Sitges에서 하차한다.

출발지	소요 시간
바르셀로나 산츠역	31분~37분
파세치 데 그라시아역	39분~44분

버스

카탈루냐 광장 부근의 Ronda de la Universitat, 33 정류장이나 에스파냐 광장 Plaça Espanya에서 몬버스 Monbus 회사의 e16번 버스 탑승 후 시체스 Parc Can Robert T 정류장에서 하차한다. 약 45분 소요된다.

홈피 www.monbus.cat

관광안내소

위치 시체스역 주소 Plaça Eduard Maristany, 08870 Sitges 오픈 10.15~6.15 월~금 10:00~14:00, 16:00~18:30, 토요일 10:00~14:00, 16:00~19:00, 일요일 10:00~14:00 / 6.16~10.14 월~토 10:00~14:00, 16:00~20:00, 일요일 10:00~14:00
홈피 www.sitgestur.cat

여행 방법

하얀 외벽에 비비드 컬러의 창문으로 포인트를 준 아기자기한 마을이 기차역 앞으로 펼쳐진다. 해변으로 가는 길에는 카페와 레스토랑, 상점이 늘어서 있어 휴양지 느낌을 강렬히 표출한다. 10분쯤 걸었을까, 맑은 빛의 청량한 하늘과 드넓은 바다가 나온다. 시체스에는 방파제로 구역을 나눈 해변만 16곳이 있는데, 각각 독특한 테마가 있다. 예를 들면 누드 비치와 동성 커플을 위한 해변이다. 우리에겐 낯선 문화가 당황스러울 수 있지만, 시체스에서는 모두가 자연스럽게 받아들이게 된다. 다른 휴양지보다 자유분방해서 관광객이 더 모이는 이유이기도 하다.

시체스 해변 중심부에는 이 도시를 상징하는 **산트 바르토메우 성당 Iglesia de Sant Bartomeu i Santa Tecla**이 있다. 17세기에 세워진 성당에서는 종종 결혼식을 올리는 풍경도 볼 수 있다.

20세기 초 시체스는 예술가에게 사랑 받은 도시였다. 그 때문에 작은 해변 마을의 규모 치고 미술관도 심심찮게 볼 수 있는데 대표적인 곳이 **카우 페라트 미술관 Museu Cau Ferrat**과 **마리셀 미술관 Museu de Maricel**이다. '예술의 도시'라고 불리던 시체스답게 해변 곳곳에 놓인 작품의 수도 많다.

인어의 손을 만지면 행운이 온다고 전해진다.

보고, 맛보고, 즐기는 오감만족
축제의 도시 시체스

시체스 카니발
Carnaval de Sitges

부활절을 앞두고 열리는 축제였지만, 지금은 종교적인 의미는 많이 사라졌고 모두가 즐기는 하나의 축제가 되었다. 수준급 분장을 하고 거리를 활보하는 퍼레이드는 카니발의 하이라이트다.

홈피 www.visitsitges.com

©Angelos Konstantinidis

시체스 타파타파
Sitges Tapa a Tapa

축제에 참여하는 40곳의 레스토랑은 각각 대표 타파스 메뉴와 맥주 한잔을 €3.00에 선보인다. 관광안내소에서 안내 책자를 제공하며, 맛있었다고 생각되면 해당 레스토랑에서 도장을 받으면 된다. 축제 후에는 도장의 합산을 통해 레스토랑의 순위를 정한다.

홈피 www.visitsitges.com

시체스 게이 프라이드
Sitges Gay Pride

유명 DJ가 진행하는 공연과 화려한 퍼레이드가 유명한 축제로, 전 세계에서 수천 명의 동성애 커플들의 화려한 코스튬이 눈길을 사로잡는다. 축제 기간에는 그들의 정체성을 상징하는 무지개 깃발로 거리가 장식된다.

홈피 www.gaysitgespride.com

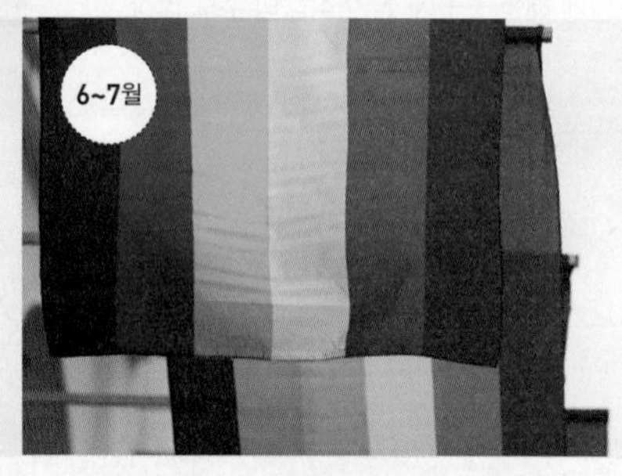

시체스 국제 영화제
Festival Internacional de Cinema Fantàstic de Cataluny

공포, SF, 스릴러 등의 영화에 대한 시상식으로 〈괴물〉, 〈베테랑〉, 〈부산행〉, 〈곡성〉, 〈아가씨〉 등 우리나라 영화도 다양한 부문에서 다수 수상한 바 있다.

홈피 http://sitgesfilmfestival.com

6

COSTA BRAVA
코스타 브라바

BARCELONA
COSTA BRAVA

코스타 브라바는 바르셀로나 북동쪽의 블라네스 Blanes부터 프랑스 국경과 맞닿은 포르트보우 Portbou까지 약 120km에 달하는 해안 지대를 뜻한다. 남부의 코스타 델 솔 Costa del Sol과 남동쪽의 코스타 블랑카 Costa Blanca와 더불어 스페인 3대 휴양지로 손꼽히며 절벽과 기암 사이 숨은 작은 해변들이 만들어낸 절경은 매년 여름 많은 사람을 끌어모으고 있다.

SIGHTSEEING

토사 데 마르
Tossa de Mar

코스타 브라바 시작점에 위치한 토사 데 마르는 바르셀로나에서 다녀오기 좋은 여름 휴양지다. 아름다운 지중해와 언덕 위에 자리한 중세 시대 성의 풍경은 마치 시간을 거슬러 올라간 듯하다. 마을의 중심인 **그란 해변 Platja Gran** 주위로는 해산물 레스토랑이 빼곡하고, 이어진 좁은 골목길엔 기념품 상점이 늘어서 있다. 언덕 위 **토사 데 마르 성 Castillo de Tossa de Mar**까지 산책로를 따라 오르면 **빌라 베야 Vila Vella**라고 하는 중세 시대 성곽 도시가 남아 있는 것을 볼 수 있다. 언덕 너머에 있는 아름다운 에메랄드빛 **코돌라 해변 Platja d'es Codolar**도 놓치지 말아야 할 숨은 장소다.

가는 방법 바르셀로나 북부 버스터미널 Estación de autobuses Barcelona Nord에서 사르파 Sarfa 버스 탑승, 토사 데 마르 버스터미널 Estació d'Autobusos de Tossa de Mar 하차(약 1시간 20분 소요)
홈피 www.infotossa.com

칼레야 데 팔라프루헬
Calella de Palafrugell

흰색 외벽과 붉은 계통의 지붕이 드넓은 지중해와 어우러진 그림 같은 풍경의 칼레야 데 팔라프루헬은 코스타 브라바 마을 중에서도 아름답기로 손꼽힌다. 매년 여름이면 유럽은 물론 미국에서도 휴가를 즐기러 이곳을 찾아 오는 사람이 많아 작은 해변은 금새 북적일 정도다. 5월부터 8월까지는 축제가 끊이지 않아 휴양지 분위기는 더욱 고조된다. 해안을 따라 산책로가 조성되어 있고 옆 마을 야프랑크 Llafranc도 30분이면 갈 수 있어 두 마을을 함께 둘러보기 좋다. 바르셀로나에서 당일치기 여행도 좋지만, 여름에 간다면 그 시기에만 느낄 수 있는 휴양지 느낌이 있으니 하루 숙박 해보는 것도 좋겠다.

가는 방법 바르셀로나 북부 버스터미널 Estación de autobuses Barcelona Nord에서 사르파 Sarfa 버스 탑승, 팔라프루헬 버스터미널 Estació d'Autobusos de Palafrugell 하차(약 2시간 10분 소요), 칼레야 데 팔라프루헬행 탑승, Calella de Palafrugell – Hotel Alga 하차(15분 소요)

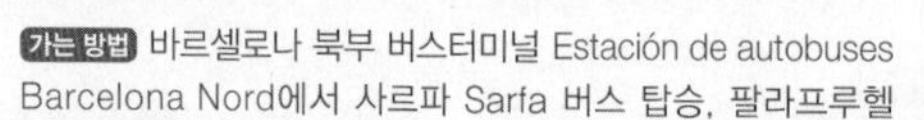

엠푸리아브라바
Empuriabrava

스페인의 베네치아 혹은 암스테르담이라는 화려한 수식어가 붙는 물의 도시다. 피게레스에서 동쪽으로 약 15km 떨어진 엠푸리아브라바는 스페인 유일의 수상 도시로 도시 전체가 고급 요트와 별장으로 가득하다. 습지였던 곳을 1967년에 지금의 모습으로 조성하면서 운하와 더불어 긴 해변을 갖게 되어 휴가를 즐기기에 더할 나위 없는 조건을 갖추고 있다. 보트를 빌려 한 바퀴 돌아볼 수도 있는데, 운전이 어렵지 않아 관광객들은 꼭 한번 타보곤 한다. 이 지역의 또 다른 명물은 스카이다이빙으로, 전 세계 스카이다이빙 마니아가 꼭 찾는 곳이니 관심 있다면 도전해보는 것도 좋다.

가는 방법 피게레스 버스터미널에서 Estació d'Autobusos de Figueres에서 사르파 Sarfa 12번 버스 탑승, 엠푸리아브라바 관광안내소 Empuriabrava Oficina de Turisme 하차(약 30분 소요)

카다케스
Cadaqués

하얀 집들이 옹기종기 모여 지중해 향기를 물씬 풍기는 카다케스는 프랑스와 인접한 곳에 있다. 평소에는 작은 어촌 마을이 여름이면 휴가 온 프랑스인을 많이 볼 수 있는 것도 그 때문이다. 카다케스가 유명한 것은 **달리의 집 Casa-Museu Salvador Dalí**이 있기 때문인데 1930년 매입 이후, 주거공간 · 작업실 · 정원 등 공간을 늘려나갔고 이곳에서 1982년까지 머물렀다고 전해진다. **산타 마리아 성당 Santa Maria de Cadaqués** 앞에서는 마을 전망을 즐길 수 있는데, 파블로 피카소, 호안 미로, 마르셀 뒤샹 등 많은 예술가들이 이곳을 왜 찾았는지 알 것 같은 느낌을 받을 수 있다.

가는 방법 ① 바르셀로나 북부 버스터미널 Estación de autobuses Barcelona Nord에서 사르파 Sarfa 버스 탑승, 카다케스 버스터미널 Cadaqués Estació 하차(약 2시간 45분 소요) ② 피게레스 버스 터미널 Estación de Autobuses de Figueres에서 사르파 Sarfa 버스 탑승, 카다케스 버스터미널 Cadaqués Estació 하차(약 1시간 소요) 홈피 https://moventis.es/es/Marcas/sarfa

달리의 집

주소 Pujada del Castell & Carrer Maria Àngels Vayreda, 17600 Figueres 오픈 9.16~1.7 10:30~18:00 / 2.11~6.14 10:30~18:00 / 6.15~9.15 09:30~21:00 휴무 1.8~2.10, 2.12~3.14 월요일, 6.4, 10.1, 11.2~12.30 월요일, 12.25 요금 일반 €12.00, 학생 €8.00 홈피 www.salvador-dali.org

VALÈNCIA
발렌시아

'태양의 나라', ' 축제의 나라', '미식의 나라'라고 불리는 스페인의 이미지를 모두 경험할 수 있는 도시가 발렌시아다. 비록 마드리드와 바르셀로나에 밀려 여행지로서 주목받지 못하지만, 스페인에서 세 번째로 큰 도시이자 중세시대에는 유럽 교역과 문화의 주요 중심지였다. 온화한 날씨와 맛있는 음식 그리고 아름다운 도시경관을 자랑하는 발렌시아는 놓쳐서는 안 될 여행지다.

Transportation
교통 정보

가는 방법

발렌시아를 드나들 때는 기차가 비교적 편리하다. 공항이 있지만 운행 편이 적고 연결되는 도시도 많지 않다. 하지만, 빌바오나 말라가에서 이동한다면 이용해볼 만하다. 버스는 시간이 오래 걸려 특별한 경우를 제외하고는 잘 이용하지 않는다.

비행기

우리나라에서 발렌시아까지 직항은 없고, 1회 경유하는 항공편이 있다. 스페인 내 도시와 유럽 다른 나라에서의 이동은 부엘링, 라이언에어, 이베리아에어 등 저가 항공으로 편하게 연결된다.

발렌시아 공항
Aeropuerto de Valencia (VLC)

도심에서 서쪽으로 8km 거리에 있으며 노스트룸 항공 Air Nostrum의 허브공항이다. 마드리드, 세비야, 그라나다, 빌바오 등 운항편이 있다.

홈피 www.aena.es/es/aeropuerto-valencia/index.html

공항에서 시내로

메트로, 버스, 택시를 이용해 시내로 이동할 수 있다. 메트로를 이용하는 것이 가장 편하며 사티바역 Xàtiva에서 내리면 발렌시아 북역이 있고, 구시가까지 도보로 15분 걸린다.

교통수단	운행 시간	주요 행선지	소요시간	요금	배차간격
메트로 3 · 5호선	월~금 05:27~23:57 토요일 05:47~00:28 일요일 07:08~00:01	Xàtiva	21분	€4.90	평일 15분 주말 20분
150번 버스	월~토 05:25~22:00	Mercat Central	40분	€1.45	평일 26분 토요일 35분
택시			25분	€16.00~ 20.00	

기차

발렌시아로 들어오는 열차 중 마드리드, 바르셀로나에서 출발하는 열차의 운행 편수가 가장 많다. 중앙역 역할을 하는 **발렌시아 북역 Estació del Nord**은 주로 근교 지역을 연결하는 노선을 운행한다. **호아퀸 소로야역 Estación Joaquin Sorolla**은 장거리 열차, 고속열차가 발착한다. 두 기차역은 약 850m 떨어져 있는데, 당일 기차 티켓 소지 시 무료 셔틀버스로 편하게 이동할 수 있다. 발렌시아 북역에서 여행 중심지인 구시가까지는 도보로 15분 정도 걸린다.

출발지	소요 시간
쿠엥카	53분 ~ 4시간 2분
마드리드	1시간 42분 ~ 5시간 3분
바르셀로나	3시간 10분 ~ 5시간 22분
세비야	3시간 54분 ~ 7시간 27분
말라가	4시간 9분 ~ 7시간 22분

발렌시아 북역

호아퀸 소로야역

버스

항공, 기차보다 많은 시간이 소요되어 자주 이용하는 교통수단은 아니다. 다만, 그라나다로 이동 시에는 제법 이용하는 사람이 많은데 기차 편이 없고 항공료가 비싼 탓이다. **발렌시아 버스 터미널 Estación de Autobuses de Valencia**은 구시가 북동쪽 투리아 역 Túria 부근에 있다. 시내 중심까지는 터미널 앞에서 79번 버스 탑승 후 Germanies – Sevilla 정류장에서 내리면 도보 5분 거리에 발렌시아 북역이 있다.

©Antonio Vera

출발지	소요시간	버스회사
바르셀로나	3시간 50분 ~ 5시간 30분	알사 ALSA www.alsa.com
그라나다	7시간 30분 ~ 9시간 30분	
말라가	9시간 30분 ~ 11시간 30분	
세비야	10시간 ~ 12시간	
마드리드	4시간 15분	아반사 AVANZA www.avanzabus.com
산 세바스티안	8시간 30분	빌만 버스 Bilman Bus www.bilmanbus.es
빌바오	8시간 40분	
산탄드레	10시간 40분	

시내 교통

구시가 내에서는 대중교통을 이용할 일이 없다. 하지만, 공항에서 시내로 들어올 때는 메트로를, 예술 과학의 도시나 해변으로 이동할 때는 버스, 트램을 타야 한다. 교통권은 일정에 따라 선택하는 것이 바람직하다. 자동판매기, 신문 가판대에서도 티켓을 살 수 있다.

홈피 www.metrovalencia.es, www.emtvalencia.es

티켓 종류	특징	요금
1회권 Billete Sencillo	– 버스, 트램, 메트로 1회 이용 (버스운전기사, 트램 정류장 자동판매기에서 구입 / 환승 불가)	€1.50
버스 교통카드 Bonobús	– 충전 카드 €2.00 / 최대 10회 충전 가능 – 승차시 단말기 인식 시점부터 1시간 이내 환승 가능	€8.50 (10회)
버스+메트로 교통카드 Bono Transbordo	– 버스, 메트로 교통카드 – 충전 카드 €2.00 / 최대 10회 충전 가능 – 승차시 단말기 인식 시점부터 50분 이내 3회 환승 가능 (동일 노선 환승 불가)	€9.00 (10회)
T1 / T2 / T3	– 정해진 시간 동안 무제한 이용 – T1 (24시간 €4.00), T2 (48시간 €6.70), T3(72시간 €9.70) – 충전 카드 €2.00	

* A Zona 기준

발렌시아 교통국 앱, EMT Valencia

목적지까지 가는 방법(대중교통, 도보, 자전거), 우회 노선 정보, 정류장 출발 · 도착 정보 등 발렌시아에서는 구글맵보다 교통국 앱이 더 유용하다.

관광안내소

구시가

위치 시청사 정문 안쪽 주소 Plaça de l'Ajuntament, 1, 46002 València 오픈 월~토 09:00~18:50, 일요일 10:00~13:50 휴무 1.1, 1.6, 12.25 홈피 www.visitvalencia.com

발렌시아 투어리스트 카드
Valencia Tourist Card

박물관과 미술관을 포함한 주요 관광지를 무료로 입장하거나 15~50%까지 할인 혜택을 받을 수 있다. 대중교통 역시 정해진 기간 동안 무제한 탑승이 가능한데, 공항에서 시내로 이동 시 메트로 이용도 포함된다. 관광안내소, 공항, 기차역에서 구입할 수 있다(온라인 구입 시 10% 할인).

요금 24시간 €15.00 / 48시간 €20.00 / 72시간 €25.00 홈피 www.visitvalencia.com/en/valencia-tourist-card

BEST COURSE

발렌시아 추천 코스

온전히 하루를 투자하면 발렌시아 주요 명소를 모두 둘러볼 수 있지만 여유롭진 않다. 여유가 된다면 1박 2일 코스로 일정을 잡아 자전거를 타고 투리아 공원, 예술 과학의 도시, 해변까지 편하게 둘러보는 것을 권한다.

☑ 오렌지, 파에야, 오르차타 맛보기
☑ 스페인 3대 축제 '라스 파야스' 즐기기
☑ 자전거 여행하기

▸DAY 1

1. 중앙 시장
   ▼ 도보 1분
2. 라 론하 데 라 세다
   ▼ 도보 4분
3. 발렌시아 대성당
   ▼ 도보 1분
4. 비르헨 광장
   ▼ 도보 5분
5. 국립 도자기 박물관
   ▼ 버스 10분
6. 파예로 박물관
   ▼ 도보 5분
7. 예술 과학의 도시
   ▼ 버스 20분 or 자전거 20분
8. 해변

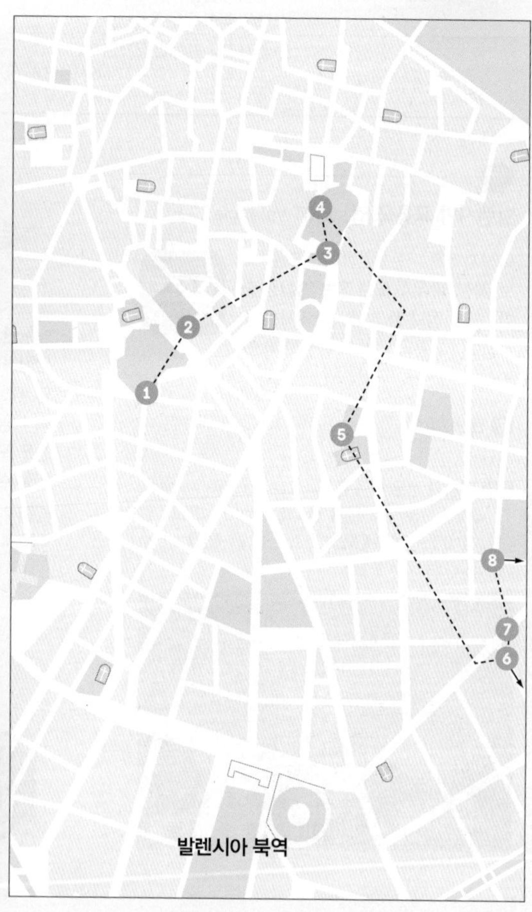

중앙 시장
Mercado Central de Valencia

온화한 기후 덕분에 농업이 발달한 발렌시아는 시장의 역사도 길다. 1839년에 지금의 자리에 세워진 야외 시장을 개선하기 위해 1928년에 아르누보 양식의 실내 시장을 지었다. 현재는 100년이 다 되어가는, 유럽에서 가장 큰 시장 중 하나가 되었다. 고기, 생선, 채소를 비롯해 따스하고 강한 햇살을 받은 빛깔 좋은 과일이 시장을 더욱 풍성하게 한다. 특히, 오렌지로 유명한 고장답게 맛도 좋고 값도 싸다. 활기찬 시장 풍경을 보고 싶다면 오후 보다는 오전에 방문하길 추천한다.

위치 발렌시아 북역에서 도보 10분 주소 Plaça de la Ciutat de Bruges, s/n, 46001 València 오픈 07:00~15:00 휴무 일요일 홈피 www.mercadocentralvalencia.es 지도 맵북 P.11-C

그 자리에서 착즙한 신선한 오렌지 주스를 마실 수 있다

라 론하 데 라 세다
La Lonja de la Seda

지중해 무역의 주요 상업 도시였던 발렌시아의 부와 힘을 보여주는 건축물로 후기 고딕 양식의 걸작이라 평가받는다. 15~16세기에 상품거래소로 지어졌으며 여러 개의 건물로 이루어져 있다. 살라 데 콘트라타시온 Sala de Contratacion은 상인들이 교역하던 곳인데, 비틀린 모양으로 높이 솟은 기둥과 천장에서 섬세함과 웅장함이 느껴진다. 상인들이 빚을 갚지 못하면 감금되던 탑, 예배당, 영사관, 정원도 있다. 1996년 유네스코 세계문화유산에 등재되었다.

위치 중앙 시장에서 도보 1분 주소 Carrer de la Llotja, 2, 46001 València 오픈 월~토 10:00~19:00, 일요일 10:00~14:00 휴무 1.1, 1.6, 5.1, 12.25 요금 일반 €2.00, 학생 €1.00, ※일요일 무료 지도 맵북 P.11-C

발렌시아 대성당
Catedral de València

로마 시대에는 로마 신전, 이슬람 시대에는 모스크가 있던 자리에 하우메 1세 Jaume I가 발렌시아를 탈환한 후 1262년부터 짓기 시작했다. 완공까지 무려 450년이 걸렸던 만큼 고딕 양식 이외에도 로마네스크, 바로크 양식이 혼재되어 있다. 가장 오래된 동쪽의 팔라우 문 Puerta del Palau은 로마네스크, 북쪽의 사도의 문 Puerta de los Apóstoles은 고딕, 남쪽의 주 출입구인 철의 문 Puerta de los Hierros은 바로크 양식으로 지어졌다. 성당의 가장 중요한 부분은 예수 그리스도가 최후의 만찬에서 사용했다는 성배가 있는 산토 칼리스 예배당 La Capilla del Santo Cáliz의 제단 뒤쪽이다. 철의 문 왼쪽의 미켈레테 탑 Torre del Micalet에 오르면 시가지를 조망할 수 있다.

위치 라 론하 데 라 세다에서 도보 4분 **주소** Plaça de l'Almoina, s/n, 46003 València **오픈** 3.20~10.31 월~토 10:00~18:30, 일요일 14:00~18:30 / 11.1~3.19 월~토 10:00~17:30 **휴무** 11.1~3.19 일요일 14:00~17:00 **요금** 성당 일반 €7.00, 탑 일반 €2.00 **홈피** www.catedraldevalencia.es **지도** 맵북 P.11-D

비르헨 광장
Plaza de la Virgen

광장 중앙의 분수대는 조각가 마누엘 실베스트레 몬테시노스 Manuel Silvestre Montesinos가 1976년에 설치한 작품이다. 이 분수대는 발렌시아의 삶과 밀접한 연관이 있다. 남자 조각은 투리아강 Río Turia을 의미하고, 주변의 8명 소녀는 관개수로를 뜻한다. 발렌시아는 비가 잘 오지 않는 지역임에도 벼농사를 많이 지었고 그래서 물이 많이 필요했다. 농민들은 대성당 사도의 문 근처에서 '물 재판 Tribunal de les Aigües'을 열어, 논에 사용할 물에 대해 회의를 했다. 지금도 매주 목요일 정오에 재현되며 2009년에는 유네스코 무형문화재로 지정되었다.

위치 발렌시아 대성당에서 도보 1분 주소 Plaça de la Verge, s/n, 46001 València 지도 맵북 P.11-D

물 재판 재현

국립 도자기 박물관(도스 아구아스 후작 궁전)

Museo Nacional de Cerámica(Palacio del Marqués de Dos Aguas)

도스 아구아스 후작의 가족들이 대대로 살던 곳으로 15세기 고딕 양식으로 지어졌다가 18세기에 바로크 양식으로 개조되었다. 로사리오의 성모 Virgen del Rosario 조각과 로코코 양식의 창이 어우러진 건물 입구가 아름답기로 유명하다. 건물 일부는 **국립 도자기 박물관**으로 사용 중이며 발렌시아의 3대 도자기인 파테르나 Paterna, 마니세스 Manises, 알코라 alcora를 비롯해 스페인 전역의 도자기를 볼 수 있다. 또한, 화려한 저택 내부도 관람할 수 있다.

위치 비르헨 광장에서 도보 5분 주소 Carrer del Poeta Querol, 2, 46002 València 오픈 화~토 10:00~14:00, 16:00~20:00, 일요일 10:00~14:00 휴무 월요일, 1.1, 1.12, 12.24, 12.25, 12.31 요금 일반 €3.00(토요일 16:00 이후, 일요일, 4.18, 5.18, 10.12, 12.6, 25세 이하, 65세 이상 무료) 홈피 www.mecd.gob.es/mnceramica 지도 맵북 P.11-F

파예로 박물관

Museo Fallero

발렌시아의 큰 축제인 라스 파야스 Las Fallas의 분위기를 엿볼 수 있는 박물관으로 1971년에 개관했다. 축제 기간에는 크고 작은 수백 개의 니놋 Ninot(인형)을 전시하는데, 그중 투표를 통해 1등으로 선정된 것만 박물관에 영구 전시한다. 스페인 내전 기간을 제외하고 축제가 공식으로 인정된 1934년부터 지금까지의 니놋이 전시되어 있다. 가장 인기 있는 니놋인 만큼 당대 최고의 솜씨는 물론 시대정신을 반영하고 있다 보니 사회의 변화도 알 수 있어 더욱 의미 있다.

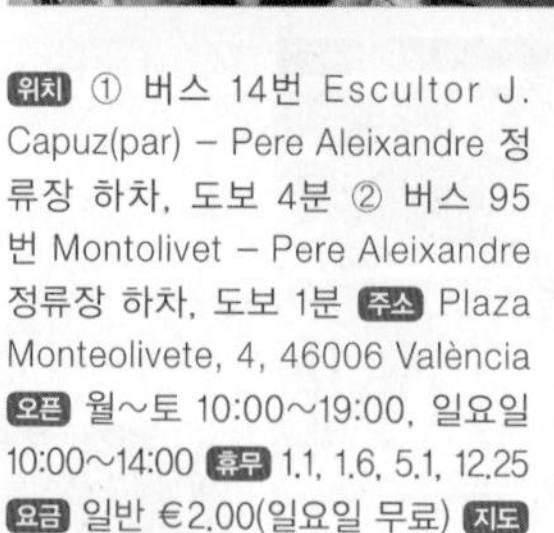

위치 ① 버스 14번 Escultor J. Capuz(par) – Pere Aleixandre 정류장 하차, 도보 4분 ② 버스 95번 Montolivet – Pere Aleixandre 정류장 하차, 도보 1분 주소 Plaza Monteolivete, 4, 46006 València 오픈 월~토 10:00~19:00, 일요일 10:00~14:00 휴무 1.1, 1.6, 5.1, 12.25 요금 일반 €2.00(일요일 무료) 지도 맵북 P.11-A

TALK

태우면 봄이 온다

라스 파야스 ★ **Las Fallas**

발렌시아의 가장 큰 축제이자 스페인 3대 축제에도 꼽히는 라스 파야스는 매년 3월 15일부터 산 호세 San José의 날인 19일까지 열린다. 목수와 조각가들의 수호성인인 산 호세를 기리는 축제로, 불필요한 것을 태우며 지난해 나쁜 기운은 떨치고 새해의 좋은 기운을 비는 봄맞이 축제다.

축제의 여왕 선발, 성모 마리아상 헌화 퍼레이드 등 많은 행사가 있지만, 하이라이트는 거리를 장식하는 니놋 Ninot(인형)이다. 각 동네에서 만든 수백 개의 인형은 니놋 전시회 La Exposición del Ninot를 통해 1등을 선발하고, 선정된 인형을 제외한 나머지는 19일에 다 태우는 **크레마 la Cremà**가 축제의 대미를 장식한다.

힘들게 만든 인형을 태우는 것이 아깝다는 생각이 들 수 있지만, 발렌시아 시민들에게는 새로운 봄을 맞이하는 기쁜 축제일 뿐이다. 2016년에는 유네스코 무형문화재로 지정되었다.

축제의 여왕 선발

투리아 공원

Jardín del Turia

예술 과학의 도시와 마찬가지로 투리아 강물이 흐르던 곳에 조성된 공원이다. 강물을 메운 자리에 형성된 공원이기에 약 7km 길이의 도심을 관통하는 긴 공원이 되었다. 1986년에 형성된 공원은 발렌시아 시민들이 사랑하는 여가 장소지만, 밤에는 인적이 드물어 가지 않는 것이 좋다. 예술 과학 도시 근처에는 **걸리버 공원 Parque Gulliver**이 있다. 70m 길이의 거대한 걸리버는 아이들을 위한 놀이터로 이용된다.

지도 맵북 P.11-D

예술 과학의 도시
Ciudad de las Artes y las Ciencias

문화와 과학, 예술이 한데 모인 유럽에서도 손꼽히는 복합단지로 옛 투리아강 Río Turia 자리에 형성되었다. 1957년 강의 범람으로 대홍수가 발생하면서 강의 물줄기를 남쪽으로 옮기자, 강바닥이 드러났고 이곳을 메워 공원과 문화공간을 조성하게 됐다. 여러 개로 이루어진 복합단지의 건물들은 마치 물 위에 떠 있는 듯한 신비로움을 주는데, 대부분 건물은 발렌시아 출신의 건축가 산티아고 칼라트라바 Santiago Calatrava가 설계했다. 구시가의 고풍스러운 느낌과는 전혀 다른 현대 도시의 느낌이 강한 곳으로, 밤낮 할 것 없이 시민들의 휴식처로 사랑받고 있다.

위치 ① 파예로 박물관에서 도보 5분 ② 버스 14번 Escultor J. Capuz(par) – la Plata 정류장 하차, 도보 5분
주소 Av. del Professor López Piñero, 7, 46013 València
오픈 **과학 박물관** 10:00~19:00 / **오세아노그라픽** 10:00~20:00(계절, 요일에 따라 다름, 홈페이지 참고)
요금 ① **레미스페릭** 일반 €8.00, 할인 €6.20
② **과학 박물관** 일반 €8.00, 할인 €6.20
③ **오세아노그라픽** 일반 €30.70, 할인 €22.90
①+② 일반 €12.00, 할인 €9.30, ①+③ 일반 €32.20, 할인 €24.20, ②+③ 일반 €32.20, 할인 €24.20
※할인 : 12세 미만, 만 65세 이상
홈피 www.cac.es **지도** 맵북 P.11-B

Zoom in

CIUDAD DE LAS ARTES Y LAS CIENCIAS

예술 과학의 도시 살펴보기

스페인의 미래 도시를 미리 만나 볼 수 있는 곳이 있다면 바로 이곳이다.
여러 분야가 한자리에 모인 예술 과학의 도시는 미래를 상징하는 건축물로 구성되어 있다.

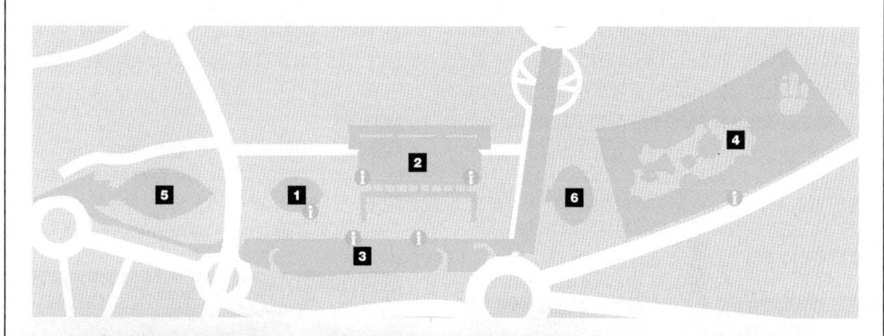

레미스페릭
Hemisfèric(1998)

IMAX 영화관, 천문관, 국제회의장으로 가장 처음 완공된 곳. 수면에 비친 건물을 사람의 눈동자로 형상화했다.

프렌시페 펠리페 과학박물관
El Museu de les Ciències Príncipe Felipe(2000)

고래의 등뼈를 연상시키는 건물로 창의력과 상상력을 자극하는 박물관으로 이용 중

움브라클레
Umbracle(2001)

야외정원으로 여름에는 핫한 클럽으로 변신하는 곳

오세아노그라픽
Oceanogràfic(2003)

유럽 최대의 아쿠아리움

레이나 소피아 예술 궁전
El Palau de les Arts Reina Sofia(2005)

세계적인 예술 공연이 끊이지 않는 오페라 하우스

아고라
L'Àgora(2009)

콘서트, 스포츠 경기, 회의, 패션쇼 등 다양한 행사 개최 공간

해변
Playas

발렌시아 동쪽으로 드넓은 해변이 펼쳐져 있다. 야자수를 따라 시원하게 뻗은 산책로가 있고, 그 길을 따라 카페와 레스토랑이 들어서 있다. 간혹 바르셀로나의 해변과 비교하기도 하는데, 관광객들로 붐비지도 않고 한적하게 즐기기에는 발렌시아가 더 좋다. 가장 유명한 해변으로는 말바로사 해변 Playa de la Malvarrosa과 아레나스 해변 Playa de las Arenas이 있다.

위치 ① 트램 T4, T6 Eugenia Viñes 정류장 하차, 도보 6분 ② 버스 32번 Passeig Marítim 정류장 하차, 도보 4분 지도 맵북 P.11-B

tip

자전거 타기 좋은 발렌시아

도시가 평평해서 자전거를 타고 여행하기 좋다. 특히, 투리아 공원, 예술 과학의 도시, 해변을 오가는 길은 자전거 도로가 잘 되어 있다. 시내에는 렌털숍이 많고 저렴하게 대여할 수 있다.

MO'bike

위치 중앙 시장에서 도보 1분 주소 Carrer del Poeta Llombart, 1, 46001 València 오픈 09:30~20:00 요금 1시간 €2.00, 24시간 €10.00(보증금 €50.00, 신분증 필요) 홈피 www.mobike.es

세라노 탑

Torres de Serranos

옛 발렌시아의 구시가는 성벽으로 둘러싸여 있었고 총 12개의 성문이 있었는데 지금은 북쪽의 세라노 탑과 서쪽의 콰르트 탑 Torres de Quart만이 그 자리를 지키고 있다. 14세기 말에 세워졌으며 16~19세기에는 귀족들의 감옥으로 사용되었다. 성문 열쇠를 건네면서 발렌시아의 최대 축제인 라스 파야스 Las Fallas가 시작되는 장소이기에 시민들에게는 상징적인 의미가 크다. 탑에 오르면 구시가를 내려다볼 수 있다.

위치 발렌시아 대성당에서 도보 7분 주소 Plaça dels Furs, s/n, 46003 València 오픈 월~토 10:00~19:00, 일요일 10:00~14:00 휴무 1.1, 1.6, 5.1, 12.25 요금 일반 €2.00, 16세 미만 €1.00(일요일 무료) 지도 맵북 P.11-C

발렌시아 미술관

Museo de Bellas Artes de Valencia

17~18세기에 지어진 궁전 건물을 1913년에 박물관으로 개관했다. 벨라스케스 〈자화상 Autorretrato〉, 엘 그레코 〈세례자 요한 San Juan Bautista〉을 포함해 리베라, 고야, 반다이크 등 거장들의 작품을 2,000여 점 전시하고 있다. 발렌시아 출신의 호아킨 소로야 Joaquín Sorolla의 작품이 가장 많으며, 중세시대의 종교화와 제단화도 큰 볼거리다.

위치 세라노 탑에서 도보 8분 주소 Carrer de Sant Pius V, 9, 46010 València 오픈 10:00~20:00 휴무 월요일, 1.1, 12.25 요금 무료 홈피 www.museobellasartesvalencia.gva.es 지도 맵북 P.11-D

비오파크

Bioparc

옛 투리아 강물 동쪽에 예술 과학의 도시가 있다면 서쪽 초입에는 비오파크가 있다. 2008년에 개장한 비오파크는 여느 동물원에서 쉽게 볼 수 있는 쇠창살, 철창이 없는 친환경 동물원으로 유명하다. 그래서 동물에게 음식을 주는 행위는 물론 동물원 내 음식 반입이 금지되어 있다. 마다가스카르 · 열대우림 · 습지 · 사바나 구역으로 나뉘어 아프리카 대륙의 야생을 재현했다. 2~3종의 동물이 한데 섞여 있는데, 갇혀 있다는 생각이 들지 않을 정도로 넓은 공간에서 자유롭게 생활하는 것을 볼 수 있다.

위치 ① 버스 98번, 99번 Pío Baroja 정류장 하차, 도보 1분 ② 버스 73번, 95번 Nou d'Octubre 정류장 하차, 도보 10분 ③ 메트로 3 · 5 · 9호선 Nou d'Octubre역 하차, 도보 10분 주소 Av. del Professor López Piñero, 7, 46013 València 오픈 겨울 10:00~18:00, 여름 10:00~21:00(계절에 따라 다름, 홈페이지 참고) 요금 13~64세 €23.80, 4~12세 €18.00 홈피 www.bioparcvalencia.es 지도 맵북 P.11-A

오르차테리아 산타 카탈리나

Horchatería Santa Catalina

1909년에 문을 연 오르차타 전문점으로 오랜 역사를 증명하듯 내부는 아름다운 그림이 그려진 타일 장식으로 되어 있다. 규모가 꽤 큰 편인데도 무더운 여름에는 2층으로 된 카페에 사람이 가득 들어찬다. 모두가 인정하는 이곳의 대표 메뉴는 오르차타 Horchata와 파르톤 Farton이다. 처음 맛본다면 특별하게 느껴지지 않을 수 있지만, 다른 곳과 비교하면 과연 산타 카탈리나가 최고임을 느끼게 된다.

주소 Plaça de Santa Caterina, 6, 46001 València **오픈** 08:15~21:30 **가격** 오르차타 €2.95, 파르톤 €0.95 **전화** +34 963 91 23 79
홈피 www.horchateriasantacatalina.com
지도 맵북 P.11-C

단테 33 카페
Caffé Dante 33

스페인식 샌드위치인 보카디요가 맛있는 카페다. 발렌시아 시청 뒤에 있어 접근성이 좋으며, 근처 숙소에 머문다면 이곳에서 아침 식사를 해봐도 좋다. 오전 8시부터 11시 30분까지 보카디요 델 디아 Bocadillo del dia를 제공하는데 바삭한 빵 안에 재료로 속이 꽉 찬 보카디요와 커피의 조합이 꽤 훌륭하다.

주소 Carrer del Frare, 4, 46002 València **오픈** 월~금 07:00~17:00 **휴무** 토 · 일요일 **가격** 보카디요 델 디아 €4.50 **전화** +34 963 51 41 65 **홈피** http://caffedante33.com **지도** 맵북 P.11-E

TALK

오르차타 * Horchata와 파르톤 * Farton

오르차타 Horchata는 무더운 여름날 갈증 해소용으로 먹는 발렌시아의 전통 음료다. 발렌시아의 풍부한 자연조건 덕에 오르차타를 만드는 추파 Chufa 재배가 원활했고 파에야 Paella와 함께 도시의 특산물로 자리 잡았다. 보기에는 우리나라의 막걸리나 쌀 음료와 비슷하지만 텁텁하지 않고 개운한 맛이 나며, 소화와 몸의 수분을 조절하는 역할을 한다.

오르차타와 함께 먹는 것이 바로 **파르톤 Farton**인데 발렌시아에서는 추로스보다 파르톤이 더 대중적이다. 발렌시아의 전통 빵으로 기다랗고 부드러운 빵을 오르차타에 푹 담가 촉촉한 맛을 느끼며 먹기도 한다.

에스 파에야
es. Paella

홀로 발렌시아를 여행하는 사람들을 위해 추천하는 파에야 집이다. 대부분 가게는 최소 2인분을 판매하지만, 에스 파에야는 1인분씩 판매한다. 오랜 전통은 없지만 모던하고 깔끔한 느낌의 인테리어가 돋보인다. 파에야와 음료 그리고 디저트로 구성된 기본 세트 메뉴 Menú tradicional와 전채 요리가 포함된 세트 Menú mediterráneo도 있다. 주문 후 진동벨을 주지만 음식을 직접 가져다 준다.

주소 Carrer de Sant Vicent Màrtir, 16, 46002 València 오픈 11:30~23:00 가격 세트 메뉴 €12.90 전화 +34 963 91 68 84 홈피 www.espuntopaella.com 지도 맵북 P.11-E

라 피아자
La Piazza

발렌시아에만 있는 이탈리아 피자 전문점으로 우체국 부근의 라 피아자가 가장 접근성이 좋다. 음식의 중요한 재료는 이탈리아산을 이용한다는 것이 특징이다. 이곳 역시 평일 낮에 제공되는 메뉴 델 디아 Menú del Día가 있어 가성비는 괜찮은 편. 피자 한 판과 음료 한 잔의 세트 메뉴와 디저트까지 포함되는 세트 메뉴, 두 가지가 있는데, 메뉴는 매일 매일 달라진다.

주소 Carrer de Correus, 7, 46002 València 오픈 일~목 12:00~16:00, 19:30~23:30, 금 · 토 12:30~16:00, 19:30~23:30 전화 +34 963 02 24 22 홈피 www.lapiazza.es 지도 맵북 P.11-F

오르차테리아 다니엘
Horchateria Daniel

초현실주의 화가 살바도르 달리와 스페인 시인 라파엘 알베르티 등 저명한 인사들도 찾았던 오르차타 집이다. 1949년부터 만들었으며 본점은 추파 재배지로 유명한 알보라이아 Alboraia 마을에 있다. 발렌시아 시내에서는 2013년에 문을 연 메르카도 데 콜론 Mercado de Colón과 레이나 광장에서 멀지 않은 지점의 매장에서 만날 수 있다. 오르차타 Horchata는 크기 별로 가격이 달라지며, 파르톤 Farton과 함께 주문하는 것을 추천한다.

주소 Mercado de Colón, Jorge Juan, 19, 46004 Valencia 오픈 일~목 10:00~22:00, 금 · 토 10:00~24:00 가격 오르차타 €2.30, 파르톤 €0.60 전화 +34 963 51 98 91 홈피 www.horchateria-daniel.es 지도 맵북 P.11-D

라 지라프
La Girafe

크레프라고도 불리는 프랑스의 전통 요리 갈레트 Galette로 유명한 곳이다. 갈레트는 밀가루를 이용하는 크레프와 달리 메밀가루를 이용하는 프랑스 북서부의 브르타뉴 지방 스타일이며, 식사용으로 먹는다. 반죽을 바싹하게 굽고 가운데에 각종 재료를 올려 사각형으로 면을 접어주면 된다. 갈레트 이외에도 다양한 메뉴가 있어 선택의 폭도 넓은 편. 해변에 있어 뷰가 좋고, 독특한 인테리어로 매장 구경하는 재미도 쏠쏠하다.

주소 Av. Mare Nostrum, 10, 46120 Alboraia, València 오픈 수 · 목 12:30~17:00, 20:00~23:00, 금 · 일 12:30~23:00, 토요일 10:00~24:00 휴무 월 · 화요일 전화 +34 963 68 44 12 지도 맵북 P.11-B

라 마스 보니타 파타코나
La Más Bonita Patacona

지중해를 연상시키는 흰색과 하늘색의 예쁜 인테리어 덕에 유난히 사람이 북적북적한 디저트 카페다. 커피와 케이크는 물론 샌드위치, 오믈렛, 시리얼, 토스트 등 간단한 브런치 메뉴도 있다. 해변 산책이나 수영을 즐긴 후에 마시기 좋은 신선한 유기농 과일 스무디도 이곳의 인기 메뉴다. 카페와 해변 사이에 있는 비치 바 라 마스 보니타 치링귀토 La Mas Bonita Chiringuito도 같은 체인이다.

주소 Passeig Marítim de la Patacona, 11, 46120 Alboraia, València **오픈** 일~목 08:00~00:30, 금 · 토 08:00~01:30 **전화** +34 961 14 36 11 **홈피** www.lamasbonita.es **지도** 맵북 P.11-B

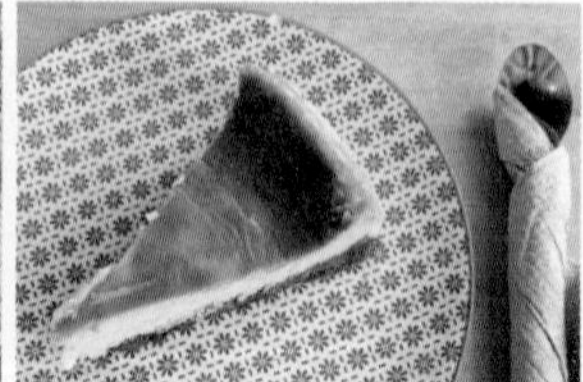

네코
Neco

발렌시아에 다섯 군데, 마드리드에는 한 군데 매장을 둔 지중해식 뷔페로 가격이 저렴하고 음식 종류가 많다는 것이 특징이다. 각종 샐러드와 고기 및 생선류, 디저트 등은 요일에 따라 조금씩 달라지고 음식이 떨어지면 새로운 음식들로 금방 채워진다. 파에야의 본고장답게 큰 팬에 담긴 파에야도 있다.

주소 Carrer de Pascual i Genís, 9, 46002 València **오픈** 13:15~17:00, 20:00~23:00 **가격** 평일 €10.95, 주말 €13.95(일요일 저녁 €10.95) **전화** +34 963 94 21 88 **홈피** www.necobuffet.com **지도** 맵북 P.11-F

라 리우아
La Riuá

파에야의 본고장인 발렌시아에 왔다면 당연히 파에야는 기본으로 먹어야 하는 법! 정통 파에야를 먹고자 한다면 라 리우아를 추천한다. 파에야를 전문으로 하는 곳답게 종류만 해도 약 20가지에 달한다. 닭고기와 토끼고기가 들어가는 파에야 발렌시아 Paella Valenciana는 전통이라고는 하지만 호불호가 갈리는 메뉴. 주문은 2인분부터 되며, 짠 편이니 소금을 조금만 넣어달라고 요청하는 것이 좋다.

주소 Carrer del Mar, 27, 46003 València **오픈** 화~토 14:00~16:15, 21:00~23:00, 일요일 14:00~16:15 **전화** +34 963 91 45 71 **홈피** www.lariua.com **지도** 맵북 P.11-D

ⓒ Raffaele Nicolussi

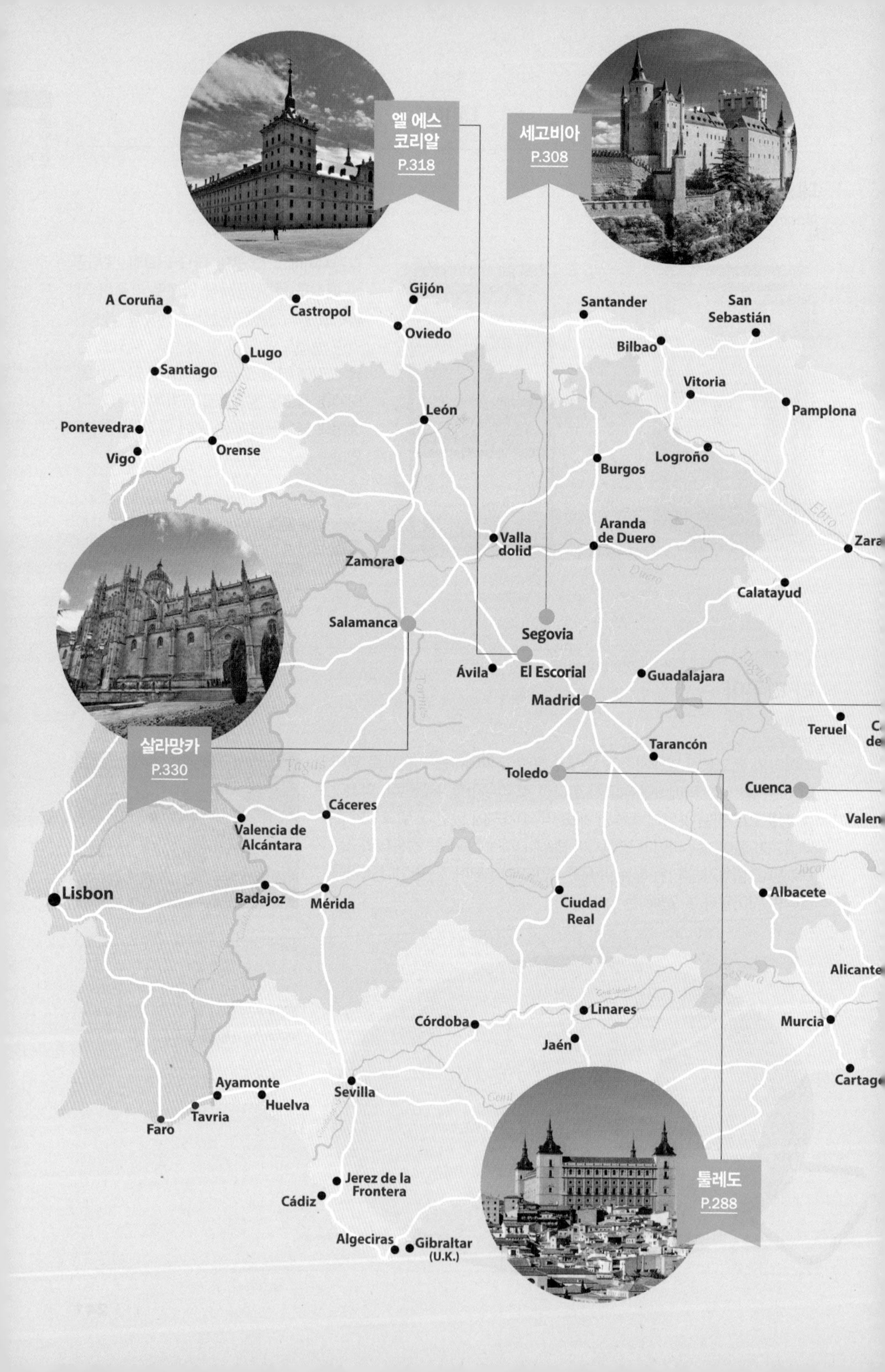

엘 에스 코리알
P.318
세고비아
P.308
A Coruña
Castropol
Gijón
Oviedo
Santander
San Sebastián
Bilbao
Lugo
Santiago
Vitoria
Pamplona
León
Pontevedra
Orense
Vigo
Burgos
Logroño
Aranda de Duero
Valladolid
Zaragoza
Zamora
Calatayud
Salamanca
Segovia
Ávila
El Escorial
Guadalajara
Madrid
Teruel
Tarancón
살라망카
P.330
Toledo
Cuenca
Cáceres
Valencia de Alcántara
Lisbon
Badajoz
Mérida
Ciudad Real
Albacete
Alicante
Linares
Córdoba
Murcia
Jaén
Ayamonte
Huelva
Sevilla
Tavria
Faro
Jerez de la Frontera
Cádiz
Algeciras
Gibraltar (U.K.)
톨레도
P.288

스페인 중부
Central Spain

스페인 중부는 이베리아 반도의 중심이자 오랜 스페인 역사의 중심이 되었던 지역이다. 에스파냐를 통일한 가장 강력했던 카스티야 왕국과 아라곤 왕국이 자리했던 곳으로 수많은 역사적 유산을 간직하고 있으며 현재에도 스페인의 수도 마드리드가 있어 관광지로 중요한 역할을 하고 있다.
마드리드를 베이스캠프로 삼아 근교에 자리한 매력적인 소도시들을 당일치기로 여행하기에 좋다.

마드리드
P.244

쿠엥카
P.322

1

MADRID
마드리드

스페인의 중앙에 위치한 마드리드는 명실상부한 스페인의 수도이자 교통의 중심지다. 유럽의 도시들에 비해 상대적으로 역사가 짧은 편이지만 웅장한 근세 건물들이 잘 보존되어 있으며 현대적인 모습도 잘 갖추고 있다. 근교에는 과거 카스티야 왕국의 흔적이 남아 있는 도시들이 많아 관광의 중심이 되는 베이스캠프 역할을 하고 있다.

PLAZA
MAYOR

Madrid Preview
마드리드 한눈에 보기

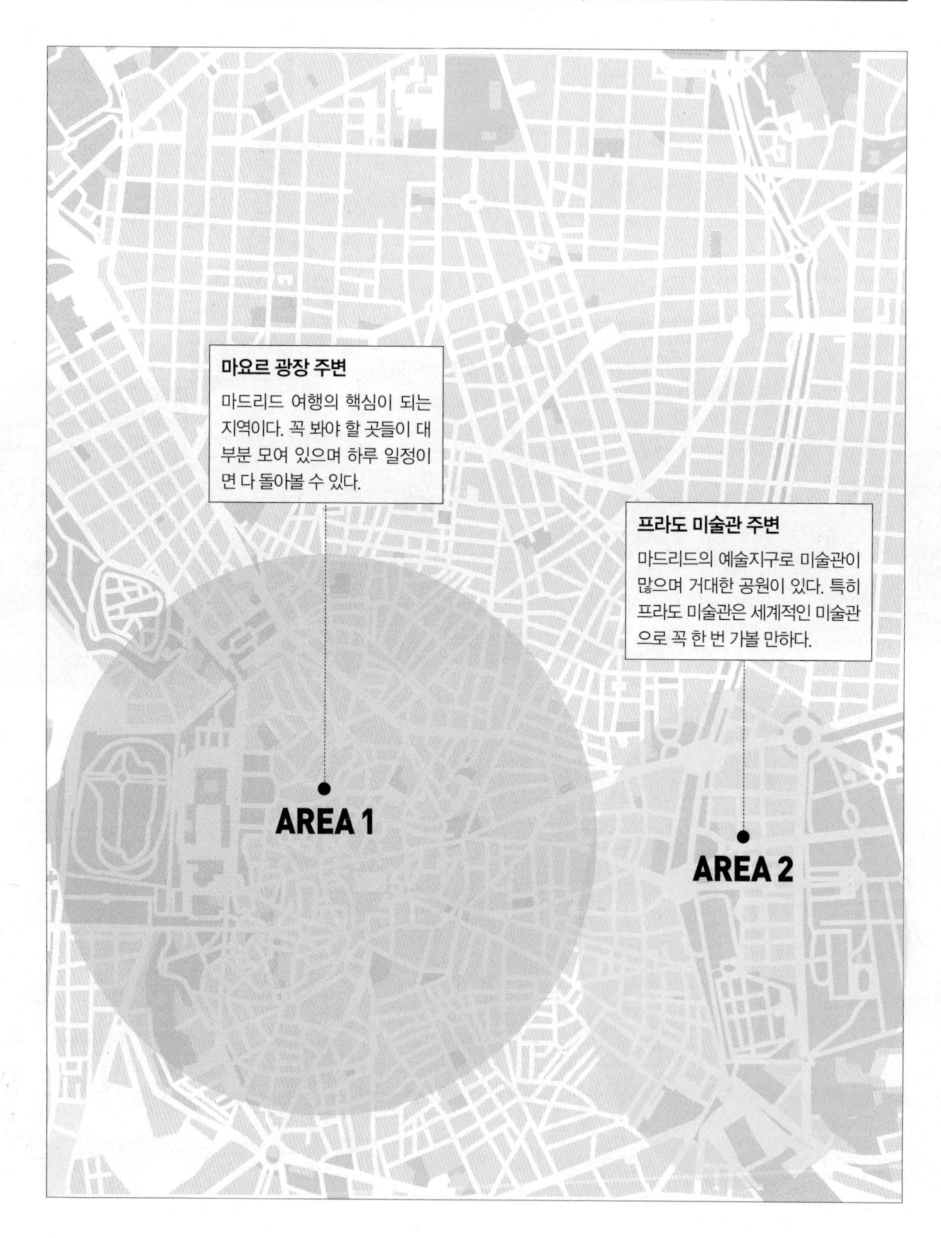

Transportation
교통 정보

가는 방법

스페인의 관문이자 교통의 요지 마드리드는 수많은 도시에서 항공, 기차, 버스로 어렵지 않게 찾아갈 수 있다.

비행기

한국에서 마드리드까지 다양한 노선의 경유편이 있으며 직항은 대한항공으로 주 3회, 13~14시간 소요된다. 스페인이나 유럽 내 주요 도시에서는 저가 항공을 이용해 쉽게 이동할 수 있다.

마드리드 국제공항
Aeropuerto Madrid-Barajas(MAD)

공식 명칭은 아돌프 수아레스 마드리드 바라하스 공항 Adolfo Suárez Madrid–Barajas Airport(스페인어 Aeropuerto Adolfo Suárez Madrid-Barajas)이다. 마드리드 시내에서 북동쪽으로 13km 떨어져 있어 가까운 편이다. 공항 터미널은 4개가 있는데, 터미널 1 · 2 · 3은 같은 건물에 있어 도보로 이동할 수 있지만, 터미널 4는 조금 떨어져 있어 무료 셔틀버스를 타고 가야 한다.

홈피 www.aeropuertomadrid-barajas.com

각 터미널 주요 항공사

T1	대한항공, 루프트한자, 이지젯, 라이언에어, 카타르항공, 터키항공 등 대부분의 국제 노선.
T2	에어베를린, KLM, TAP, 브뤼셀항공, 에어프랑스 등의 국내선과 쉥겐 가입국 운항 노선
T3	일부 국내선 외에는 거의 사용하지 않는다.
T4	영국항공, 핀에어, 부엘링, 이베리아항공, 에미레이트항공

공항에서 시내로

마드리드 공항에서 시내까지는 지하철, 버스, 근교열차(렌페) 등의 대중교통을 이용하면 된다. 요금 차이가 크지는 않지만 목적지에 따라 2~3회 갈아타야 하는 경우도 있으므로 교통편 선택을 잘 해야 한다. 여러 명이라면 택시를 이용해도 크게 부담되지 않는다.

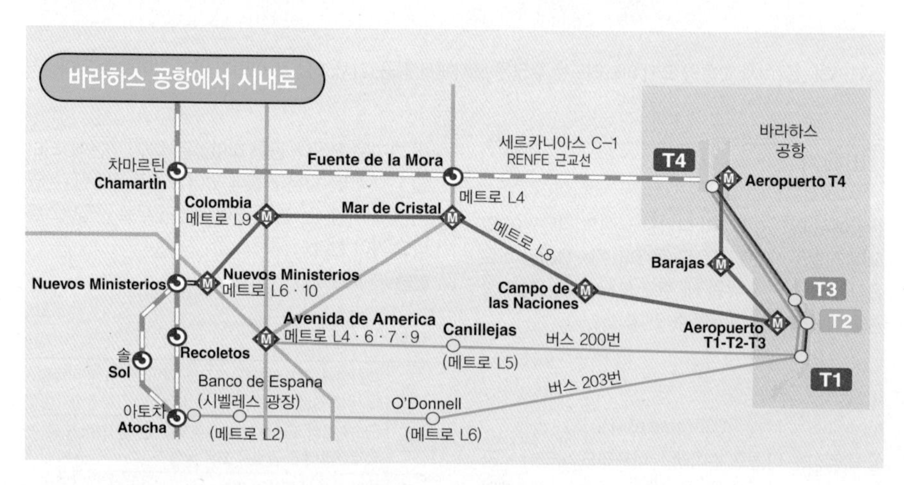

❶ 근교열차 Cercanías

근교열차인 세르카니아스 Cercanías C-1 노선이 터미널 4에서 출발해 마드리드 시내와 근교 지역을 연결한다. 공항에서 시내로 들어가는 가장 저렴한 교통수단으로, 일반 여행자들은 흔히 렌페(스페인 국영 철도)라고 줄여서 부르기도 한다. 유효한 기차 패스를 소지한 경우라면 무료로 이용할 수 있다. 단, 터미널 4에만 정류장이 있기 때문에 터미널1 · 2 · 3에서는 셔틀버스로 이동해야 한다. 지하철보다 배차 간격은 길지만 소요 시간은 짧은 편이다. 아토차역으로 가는 경우 한 번에 연결돼 편리하다.

▶터미널 1 · 2 · 3에서 무료 셔틀버스 이용 → 터미널 4 렌페역 → N.MINISTERIOS역에서 환승(8번 승강장으로 이동) → 솔역

▶터미널 1 · 2 · 3에서 무료 셔틀버스 이용 → 터미널 4 렌페역 → 아토차역

운행 06:02~02:33(아토차역까지 25분 소요) / 시내 출발 05:58~22:27 **요금** €2.60

tip

엘리베이터를 이용하세요!

마드리드 공항에서는 메트로나 근교열차가 시내와 잘 연결되어 버스보다 편리한 경우가 많다. 여행가방이 크거나 무겁다면 계단보다는 엘리베이터를 이용하자. 엘리베이터 안내판은 아이콘 표시 없이 스페인어로만 표기된 곳이 종종 있으니 단어를 기억해 두면 좋다. 엘리베이터는 스페인어로 아센소르 Ascensor.

❷ 버스 Autobús

버스는 공항버스와 시내버스가 있는데, 공항버스가 더 비싸지만 빠르게 시내로 들어간다. 시내버스는 저렴한 반면 마드리드 외곽의 지하철역까지만 간다. 버스의 행선지에 따라 자신의 목적지와 편리하게 연결되는 노선을 이용하도록 하자.

노선	터미널	행선지	운행 시간	소요 시간	요금
Exprés 203번	T1, T2, T4	오도넬(메트로 6호선 O'Donnell)	24시간 (야간노선: N27)	T1–아토차역 30분 T4–아토차역 40분	€5.00
		시벨레스 광장(메트로 2호선 Banco de Espana)			
		아토차(메트로 1호선 Atocha Renfe)	06:00~23:00		
200번	T1, T2, T3, T4	메트로 5호선 Canillejas	05:00~23:30	T1- Canillejas 25분 T1- Avenida de América 36분	€1.50
		메트로 4,6,7,9호선 Avenida de América			

※ 1.1, 12.24, 25, 31은 운휴

❸ 메트로 Metro

메트로 8호선이 공항과 시내를 연결하는데, 8호선은 노선이 짧고 도심 북쪽에 있어서 솔 광장이나 아토차역 등 시내 중심까지 가려면 갈아타야 한다. 터미널 1 · 2 · 3이라면 Aeropuerto T1-T2-T3역에서, 터미널 4라면 Aeropuerto T4역에서 타면 된다. 공항에서 시내까지 가는 편도 요금은 근교열차보다 비싸지만, 마드리드 시내에서 메트로를 자주 이용하거나 여럿이 움직인다면 아예 10회권을 구입하는 것이 경제적이다.

▶Aeropuerto T4 또는 Aeropuerto T1–T2–T3 → N.MINISTERIOS역에서 환승 → 솔 역

운행 06:05~01:30(시내까지 40분 정도 소요)

요금 목적지에 따라 €4.50~6.00(솔 광장까지 €5)

❹ 택시 Taxi

택시 승차장에서 쉽게 택시를 이용할 수 있다. 미터 표시 요금에 공항 요금이 추가되며 주말과 심야에 할증 요금이 있다.

운행 시내까지 25~30분 소요 **요금** €30~40

마드리드공항메트로

기차

마드리드에는 두 곳의 기차역이 있는데, 각기 다른 노선의 기차가 운행되니 주의해야 한다. 행선지가 같아도 운행 스케줄이 다르니 반드시 티켓에서 어느 역인지 확인한다. 기차역 간에는 지하철이나 근교열차 세르카니아스 Cercanias로 연결된다(과거 기차역이었던 프린시페 피오역 Estación de Principe Pío은 이제 통근열차와 버스만 운행한다).

❶ 차마르틴역 Estación de Chamartín

마드리드 북쪽에 위치한 역으로 스페인 북부 지방과 세고비아, 살라망카 등 근교, 그리고 국제선 열차와 야간 열차가 운행된다. 안내판이나 기차표에 약자로 Madrid-Ch로 표기되기도 한다.

위치 메트로 1, 10호선 차마르틴역 Chamartin

❷ 아토차역 Estación de Atocha

정식 명칭이 '푸에르타 데 아토차 Puerta De Atocha'이므로 기차표 등에는 약자로 Madrid-P.A로 표기되기도 한다. 시내 남쪽에 위치한 역으로 스페인 남부 지방과 톨레도 등 근교, 그리고 고속열차 아베 AVE가 운행된다. 여행자들이 가장 많이 이용하는 역으로, 마드리드 도심에서 가까우며 규모가 매우 커서 편의 시설도 많지만 헤매기 쉽다. 장거리 고속열차의 경우 보안검색대를 통과해야 하므로 역에 일찍 도착하는 것이 좋다.

위치 메트로 1호선 아토차 렌페역 Atocha Renfe

주요 도시까지의 소요 시간

도시	기차	버스
톨레도	33분(renfe)	50~90분(ALSA)
세고비아	30~60분	90분(La Sepulvedana)
쿠엥카	55~70분(AVE)	2시간10분~2시간30분(Avanza)
살라망카	1시간40분(Alvia)~3시간(Trenhotel)	2시간30분~2시간45분(Avanza)
코르도바	1시간 40분(AVE)	4시간50분(Socibus)
세비야	2시간 30분(AVE)	6시간25분(Socibus)
그라나다	4시간 30분	5시간(ALSA)
바르셀로나	8시간 50분(야간) 3시간(AVE)	7시간55분~8시간20분(ALSA)
빌바오	4시간 50분	4시간10분~5시간(ALSA)
리스본	9시간 20분(야간)	8~9시간(Eurolines, ALSA)

버스 

버스 노선이 발달한 스페인에는 터미널도 많다. 버스 회사와 행선지에 따라 터미널이 다르니 꼭 확인하도록 하자.

버스터미널		메트로
남부 버스터미널 Estación Sur de Autobuses	가장 큰 터미널로 대부분의 장거리 버스와 국제 노선	6호선 Méndez Álvaro
엘립티카 플라자 버스터미널 Intercambiador de Plaza Eliptica	톨레도 등 근교 지역	6, 11호선 Plaza Eliptica
프린시페 피오 버스터미널 Intercambiador de Príncipe Pío	근교 지방 노선	R, 6, 10호선 Príncipe Pío
아베니다 데 아메리카 버스터미널 Intercambiador de Av. de America	공항버스가 운행되며 바르셀로나, 빌바오, 그라나다 등 장거리 노선	4, 6, 7, 9호선 Avenida de América
몽클로아 Moncloa	세고비아 등 마드리드 북서부 근교나 산티아고 데 콤포스텔라 등 일부 장거리 노선	3, 6호선 Moncloa

버스 예약하기

마드리드에는 30여 개의 버스 회사들이 있지만 가장 큰 회사는 알사 AlSA 버스다. 알사 홈페이지에서 대부분의 노선을 예약할 수 있지만 현지 신용카드가 없다면 페이팔을 이용해야 한다. 페이팔을 쓰고 싶지 않다면 버스 예약 대행사이트를 이용하는 방법도 있는데 사용이 편리하지만 수수료를 꼭 확인하도록 하자. 소규모 버스회사들은 종종 인수합병되기도 한다.

주요 버스 회사

알사 ALSA www.alsa.es(톨레도 등 대부분 도시)
라 세풀베다나 La Sepulvedana
https://lasepulvedana.es(세고비아 등)
아반사 Avanza www.avanzabus.com(살라망카, 발렌시아 등)
소시버스 Socibus www.socibus.es(코르도바, 세비야 등)
아이사 www.aisa-grupo.com(톨레도-쿠엥카 구간)
사마르 Grupo Samar www.samar.es(발렌시아 등)

예약 대행사

오미오 www.omio.com(영어)
버스버드 www.busbud.com(영어)
모벨리아 www.movelia.es(스페인어)

시내 교통

마드리드는 시내 교통이 잘 되어 있어 편리하게 이용할 수 있으며, 구시가 중심은 대부분 걸어서 다닐 수 있다. 숙소가 시내에 있다면 교통 수단을 이용하지 않아도 되지만 기차역이나 버스터미널, 공항으로 이동하려면 메트로를 이용하게 된다.

티켓 종류

마드리드 교통 티켓은 1회권의 경우 메트로와 버스가 따로 있지만, 10회권은 메트로와 버스를 모두 이용할 수 있으며 가격도 더 저렴하다. 여행자 카드는 교통수단을 많이 이용할 때 유리하지만 대부분 걸어 다닐 수 있는 마드리드에서는 보통 10회권이면 2~3일 일정에 충분하다. 티켓은 정류장 부근 신문가게나 지하철역 매표소, 자동발매기에서 살 수 있으며 버스의 경우 1회권은 버스 안에서도 살 수 있다. 2017년 말에 티켓 시스템이 크게 바뀌면서 주요 메트로역에는 티켓 안내부스가 마련되어 있다.

마드리드 교통국 www.crtm.es

교통카드

티켓안내부스

티켓 TÍTULOS	특징	구역 ZONA	요금 PRECIO
1회권 1 viaje(Sencillos)	메트로 티켓 Billete Metro 버스 티켓 Billete EMT	A존 Zona A	€1.50~2
		전 구역 Combinado	€3.00
10회권 10 viajes	메트로, 버스 공용 Billete 10 viajes (여러 명이 함께 사용 가능)	A존 Zona A	€12.20
		전 구역 Combinado	€18.30
여행자 카드 Abono Turístico	1, 2, 3, 4, 5, 7일권이 있으며 해당 기간 무제한 사용. (공항 구간 제외) 10세 이하 50% 할인	A존 Zona A	1일권 1 día €8.40~ 7일권 7 día €35.40
		전 구역	1일권 1 día €17~ 7일권 7 día €70.80

※교통카드 비용(€2.50)이 따로 추가되므로 카드를 1개만 사서 같이 쓰는 것이 저렴하다.

메트로(지하철)

1~12호선과 R선, 그리고 3개의 메트로 리헤로 Metro Ligero 노선이 시내 곳곳을 연결한다. 교통 체증이 없고 스스로 찾아다니기 편리해서 여행자들이 많이 이용한다. 오래된 객차는 아직도 손잡이가 달려 있는데, 타고 내릴 때 손잡이

를 위로 올려야 문이 열린다. 복잡한 메트로 역이나 객차 내에는 간혹 소매치기가 있으니 주의하자.

운행 06:00~01:30 홈피 www.metromadrid.es

버스

200개가 넘는 다양한 노선의 버스는 메트로가 닿지 않는 구석구석을 연결한다. 하지만 스페인어를 모르면 이용이 다소 불편하고 교통 체증이 있다는 점도 기억해 두자. 시 외곽으로 나가는 근교 버스 Autobuses Interurbanos도 있다.

운행 06:00~23:45(23:45부터는 일부 노선 심야버스)
홈피 www.emtmadrid.es

근교열차

마드리드 외곽을 연결하는 근교 열차를 세르카니아스 Cercanías라 부른다. 스페인 철도청에 해당하는 렌페 Renfe에서 운영해 기차 패스가 있으면 무료로 이용할 수 있다. 지하철과도 잘 연계되어 아란후에스나 엘에스코리알 등을 오갈 때 편리하다. 구역에 따라 요금이 정해지며 1회권과 10회권이 있다. 10회권은 마드리드 교통티켓과 마찬가지로 여러 명이 같은 여정일 경우 함께 사용할 수 있다.

요금 (구역별) 1회권 €1.70~5.50, 10회권 €10~38.45
운행 06:00~23:30 홈피 www.renfe.com

택시

택시를 이용하는 방법이나 요금은 우리나라와 비슷한 편이다. 택시 앞 유리에 "LIBRE(빈차)"라 써 있으면 지나가는 택시를 부를 수 있다. 주말과 심야에 할증 요금이 붙으며 공항이나 버스터미널, 기차역에서도 추가 요금이 붙는다.

관광안내소

마요르 광장: Plaza Mayor, 27(Casa de la Panadería)

간이 안내소
- **Paseo del Prado**: Plaza de Neptuno
- **Atocha**: Ronda de Atocha, s/n(junto al Museo Reina Sofía)
- **Plaza de Callao**: Plaza de Callao, s/n
- **Recoletos-Colón**: Paseo Recoletos, 23(en el Bulevar)
- **CentroCentro**: Plaza de Cibeles, 1(Palacio de Cibeles)
- **Madrid-Barajas 공항**: T2 라운지 5, 6, T4 라운지 10, 11

홈피 www.esmadrid.com

MEMO

마드리드 시티 투어 버스 Madrid City Tour Bus

관광안내소에서 추천하는 마드리드 투어 버스다. 2개의 노선으로 주요 관광지를 연결하며 원하는 정류장에서 내렸다가 탈 수 있으며 오디오 가이드(한국어 제외)가 있다. 티켓은 투어 버스에서 직접 사거나 관광안내소에서 살 수 있으며, 홈페이지 예매 시 할인 되기도 한다.

운행 3~10월 09:00~22:00, 11~2월 10:00~18:00 요금 성인 1일권 €22, 2일권 €26 홈피 http://madrid.city-tour.com/en

BEST COURSE

마드리드 추천 코스

마드리드는 대도시지만 관광지는 도심에 모여 있어 1~2일이면 돌아볼 수 있다. 먼저 도시의 중심이 되는 솔 광장과 마요르 광장, 왕궁 주변에서 하루를 보내고, 다음날에는 미술관들이 모여 있는 곳에서 여유 있는 시간을 보내자. 그리고 마지막 날에는 카스티야의 수도였던 톨레도를 당일치기로 방문하자. 톨레도는 오랜 역사만큼이나 볼거리가 많은 소도시다.

Check List

- ☑ 마드리드의 자랑 웅장한 왕궁 입성
- ☑ 산 미겔 시장에서 타파스 안주로 맥주 마시기
- ☑ 프라도 미술관에서 고야 그림 감상하기
- ☑ 도시 속 오아시스 레티로 공원 거닐기
- ☑ 소피아 미술센터에서 게르니카 마주하기
- ☑ 마요르 광장 주변 상점과 선술집 배회하기

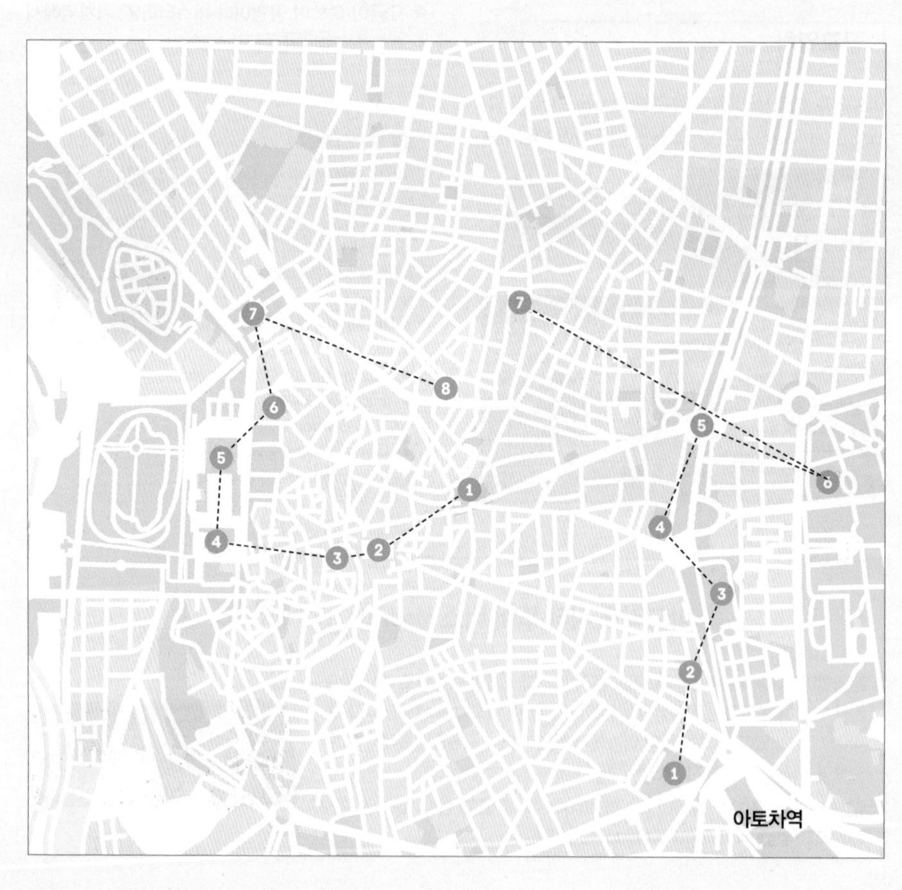

▸ **DAY 1**

마요르 광장 주변

1. **솔 광장**
   ▼ 도보 5분
2. **마요르 광장**
   ▼ 도보 1분
3. **산 미겔 시장** 〈점심〉
   ▼ 도보 5분
4. **알무데나 대성당**
   ▼ 도보 2분
5. **왕궁**
   ▼ 도보 2분
6. **엥카르나시온 수도원**
   ▼ 도보 2분
7. **스페인 광장**
   ▼ 도보 5분
8. **그란 비아**

▸ **DAY 2**

프라도 미술관 주변

(콜론 광장 주변)

1. **소피아 국립 미술센터**
   ▼ 도보 5분
2. **카이샤 포럼**
   ▼ 도보 5분
3. **프라도 미술관**
   ▼ 도보 5분
4. **티센 보르네미사 미술관**
   ▼ 도보 10분
5. **시벨레스 광장**
   ▼ 도보 5분
6. **레티로 공원**
   ▼ 도보 10분
7. **추에카** 〈쇼핑과 저녁식사〉

※ 대부분 박물관은 월요일 휴무. 소피아 미술센터만 화요일 휴무

▸ **DAY 3**

근교 도시 선택 여행

톨레도(마드리드 이전의 수도)

세고비아(고대 로마유적과 신데렐라 성)

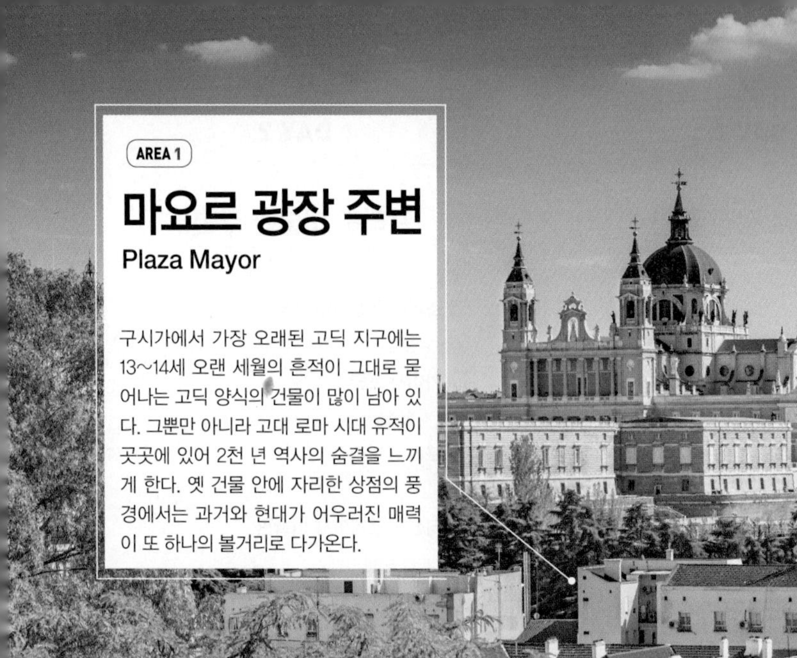

AREA 1

마요르 광장 주변

Plaza Mayor

구시가에서 가장 오래된 고딕 지구에는 13~14세 오랜 세월의 흔적이 그대로 묻어나는 고딕 양식의 건물이 많이 남아 있다. 그뿐만 아니라 고대 로마 시대 유적이 곳곳에 있어 2천 년 역사의 숨결을 느끼게 한다. 옛 건물 안에 자리한 상점의 풍경에서는 과거와 현대가 어우러진 매력이 또 하나의 볼거리로 다가온다.

SIGHTSEEING

솔 광장

Puerta del Sol

마드리드의 중심이자 교통의 요지로 가장 번잡한 곳이기도 하다. 시계탑이 있는 가장 눈에 띄는 건물은 '왕립 우체국 Real Casa de Correos'으로 현재에도 통신 관련 지방 관청이 들어서 있다. 건물 앞 바닥에는 스페인 전국으로 뻗어나가는 도로의 기점이 되는 킬로미터 제로 0km 표식이 있으며, 광장 중앙에는 스페인 경제발전에 힘쓴 카를로스 3세의 기마상이 있다. 또한 지하철 역 출구 부근에는 마드리드의 상징으로 자주 등장하는 '곰과 산매자나무 동상 Estatua del Oso y el Madroño'이 있다.

위치 메트로 1 · 2 · 3, 세르카니아스 C3 · C4 솔역 Sol 지도 Plaza de la Puerta del Sol, s/n, 28013 Madrid 지도 맵북 P.15-H

왕립 우체국

곰과 산매자나무 동상

킬로미터 제로

왕립 미술아카데미
Real Academia de Bellas Artes de San Fernando

1744년 펠리페 5세의 명으로 1752년 페르난도 6세에 의해 착공된 미술 교육기관이며 지금은 미술관으로 운영되고 있다. 피카소, 달리, 고야 등 많은 유명한 화가들이 이 아카데미를 거쳐 갔다. 17세기 스페인 화가인 수르바란의 작품들을 비롯해 고야, 벨라스케스, 엘 그레코, 무리요, 귀도 레니, 알론소 카노 등 16세기~19세기 스페인을 대표하는 작품들과 루벤스, 반다이크 등 스페인 외 유명 작가들의 작품도 다수 전시하고 있다.

위치 메트로 2 세비야역 Sevilla에서 도보 3분 **주소** Calle de Alcalá, 13, 28014 Madrid **오픈** 화~일 10:00~15:00 **휴무** 월요일 **요금** 일반 €8, 26세 이상 학생 €4, 25세 이하 학생 무료 **홈피** realacademiabellasartessanfernando.com **지도** 맵북 P.15-H

고야의 자화상

고야의 마지막 팔레트

데스칼사스 수도원
Monasterio de las Descalzas Reales

1559년 카를로스 5세의 딸 후아나가 포르투갈로 시집을 갔다가 미망인이 되자 세운 수도원이다. 그녀를 포함해 많은 왕족, 귀족의 여인들이 여생을 보낸 곳이다. 겉모습과 달리 내부는 꽤 화려하고 남아 있는 미술작품도 많다. 천장, 벽면이 프레스코화로 장식된 대계단이 하이라이트. 그 밖에도 루벤스의 밑그림으로 제작한 태피스트리 등 볼거리가 많다. 가이드 투어만 가능하므로 미리 예약하는 것이 좋다. 내부 촬영 금지.

위치 메트로 3 · 5 카야오역 Callao에서 도보 3분 **주소** Plaza de las Descalzas, s/n, 28013 Madrid **오픈** 화~토 10:00~14:00, 16:00~18:30, 일 · 휴일 10:00~15:00 **휴무** 월요일 **요금** €6 **홈피** www.patrimonionacional.es **지도** 맵북 P.15-G

마요르 광장
Plaza Mayor

펠리페 3세 때인 1619년 완공해 400년의 역사를 지닌 광장이다. '마요르'는 '메이저'라는 뜻으로 종교 재판, 사형 집행, 취임식, 축제 등 각종 행사와 마켓을 열며 마드리드의 중심지 역할을 해 왔다. 광장의 이름은 정치적 상황에 따라 수차례 바뀌다가 스페인 내전이 끝난 후 가장 무난하고 비정치적인 '마요르' 광장으로 남았다. 광장 중앙에는 펠리페 3세의 청동상이 서 있으며 벽화로 장식된 두 개의 탑이 있는 4층 건물과 5층 건물들이 직사각형으로 둘러싸고 있다. 17~18세기 몇 차례 화재를 겪고 재건되면서 증축되었으며, 화려한 벽화들은 1992년에 그려진 것이다. 건물의 각 면에 있는 9개의 아치문이 시내로 나가는 길과 연결된다.

위치 솔 광장에서 도보 4분 주소 Plaza Mayor, 28012 Madrid 지도 맵북 P.15-G

마요르광장1763년

산 미겔 시장
Mercado de San Miguel

마요르 광장 바로 서쪽에 자리한 시장이다. 시내 한복판에 있어 더욱 붐비는 이곳은 천장이 있는 철골 구조물 안에 상점들이 오밀조밀하게 모여 있다. 실내 시장이라 사시사철 인기가 많으며, 현지인과 관광객이 뒤섞여 매우 복잡하면서도 활기찬 분위기다. 재래시장이라기보다는 푸드코트 같은 곳으로, 원하는 가게에서 음식을 사 들고 가운데 식탁에서 먹으면 된다. 간단한 타파스와 맥주를 즐기기 좋지만 식사 시간대에는 빈자리를 찾기가 만만치 않다.

위치 마요르 광장에서 도보 1분 주소 Plaza de San Miguel, s/n, 28005 Madrid 오픈 일~목 10:00~24:00, 금 · 토 10:00~01:00 홈피 www.mercadodesanmiguel.es 지도 맵북 P.15-G

산 이시드로 성당
Santa Iglesia de San Isidro

위치 메트로 5 라 라티나역 La Latina에서 도보 2분 주소 Calle de Toledo, 37, 28005 Madrid 오픈 07:30~13:00, 18:00~21:00(여름 19:00~21:00) 홈피 misas.org 지도 맵북 **P.15-K**

17세기 초 스페인 최초의 예수회 성당으로 건축됐으며 1993년까지 약 100여 년간 마드리드의 대성당이었다. 산 이시드로는 마드리드의 수호 성인으로 생전 농부였지만 여러 기적을 일으켜 성인으로 추앙되었고 성당 내부 제단 밑에 그 유해가 보존되어 있다. 매해 축일을 기념해 5월 15일 산 이시드로 축제가 열린다. 마요르 광장 남쪽 문을 나가 톨레도 거리를 걷다 보면 상점들 사이로 두 개의 탑이 있는 성당이 보인다.

왕궁
Palacio Real

원래 이슬람의 요새가 있던 자리에 세운 궁전이었으나 1734년 화재로 소실되었다가 1738년 펠리페 5세의 명으로 재건됐다. 신고전주의 바로크 양식으로 지은 회백색의 석조 궁전으로 모두 3천여 개의 방으로 이루어져 있다. 그중 관람이 가능한 방은 50여 개. 현재 왕가는 사르수엘라 궁에 거주하기 때문에 행사가 있을 때를 제외하곤 일반인에게 개방하고 있다.

왕궁 기념품

궁 내부에는 13세기부터 남아 있는 왕가의 많은 예술 작품들과 유산들이 전시돼 있다. 입구부터 웅장하고 화려하며 특히 베르사유 궁전의 거울의 방을 모방한 옥좌의 방, 화려한 로코코 양식의 드레스 룸인 가스파리니의 방, 대연회장, 스트라디바리우스 현악 5중주 세트가 있는 방, 아르메리아 광장에 있는 왕실 무기고의 갑옷 컬렉션 등이 눈길을 끈다. 왕궁 내부는 대부분 사진 촬영 금지. 성수기에는 매우 붐비기 때문에 예매하는 것이 좋다. 왕궁 북쪽에는 사바티니 정원 Jardines de Sabatini, 동쪽에는 오리엔테 광장 Plaza de Oriente이 있으며 서쪽으로는 거대한 공원인 캄포 델 모로 Campo del Moro가 펼쳐져 있다.

위치 메트로 2·5·R Opera역에서 도보 5분 주소 Calle de Bailén, s/n, 28071 Madrid 오픈 4~9월 10:00~20:00, 10~3월 10:00~18:00 휴무 1.1, 1.6, 5.1, 12.24, 25, 31 요금 일반 €10, 5~16세 €5, 5세 미만 무료 홈피 patrimonionacional.es 지도 맵북 **P.14-F**

알무데나 대성당
Catedral de Santa María la Real de la Almudena

마드리드 왕궁과 마주보고 있는 성당으로 '알무데나'란 아랍어로 성벽이란 뜻이다. 8세기경 이슬람 침략 당시 성벽에 숨겨 두었던 성모상이 발견되었다고 전해지는 '알무데나의 성모 Virgen de la Almudena'에게 봉헌하는 성당이다. 16세기에 건설을 시작했는데, 재정 부족과 내전 등의 이유로 공사가 계속 미루어져 1993년에야 완공됐다. 성당 왼쪽으로 가면 부속 건물인 지하 예배당 Cripta Neorrománica de la Catedral de la Almudena이 있다. 이 예배당은 400개가 넘는 기둥으로 이루어져 있으며 각 기둥의 조각들이 모두 다르다. 예배당 한쪽에는 전설의 알무데나 성모상이 모셔져 있다.

위치 메트로 2 · 5 · R Opera역에서 도보 5분 **주소** Calle de Bailén, 10, 28013 Madrid **오픈** 09:00~20:30 **홈피** catedraldelaalmudena.es **지도** 맵북 P.14-F

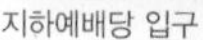

지하예배당 입구

지하예배당

알무데나의 성모

엥카르나시온 수도원

Convento de la Encarnación

1611년 아우구스티누스 수도회가 창설되고 난 뒤 5년 뒤 완공된 여자 수도원이다. 펠리페 3세의 아내 마르가리타 왕비가 설립했으며 이곳에서 많은 귀족과 왕족 여인들이 거주했다. 내부박물관에는 이들이 남긴 회화, 조각 등 미술품뿐 아니라 종교 관련 성물과 도구들도 다수 전시하고 있는데, 특히 성물실에 있는 성 판탈레온의 피를 보기 위해 많은 사람이 찾아온다.

위치 메트로 2 · 5 · R Opera역에서 도보 3분 **주소** Plaza de la Encarnación, 1, 28013 Madrid **오픈** 화~토 10:00~14:00, 16:00~18:30, 일 · 휴일 10:00~15:00 **휴무** 12.25 **요금** €6 **홈피** patrimonionacional.es **지도** 맵북 P.14-B

스페인 광장

Plaza de España

번화가인 그란비아 대로와 이어지는 이 광장은 마드리드 타워와 스페인 빌딩 등 현대적인 건물들로 둘러싸여 있다. 광장 중앙에는 스페인의 국민 소설 《돈키호테》의 작가 세르반테스 기념비가 서 있고 기념비 앞쪽으로 로시난테를 탄 돈키호테, 노새를 탄 산초 판사의 청동상이 있다. 이들은 세르반테스 사후 300주년을 기념한 작품이다. 기념비에는 세르반테스가 이들을 내려다보고 있으며 맨 위에는 지구를 이고 책을 읽는 사람들의 조각이 있다.

위치 메트로 3 · 10 Plaza de España역에서 바로 **주소** Plaza de España, 28008 Madrid **지도** 맵북 P.14-B

AREA 2

프라도 미술관 주변

Museo Nacional del Prado

마드리드 시내 동쪽 지역으로, 박물관과 미술관이 밀집되어 있는 문화 지구다. 프라도 미술관을 비롯해 소피아 미술관, 티센 보르네미사 미술관 등 스페인의 중요한 미술관들이 있으며, 주요 기차역인 아토차역이 있다. 또한 거대한 녹지대 레티로 공원이 있어 여유 있는 시간을 보내기에도 좋다.

SIGHTSEEING

시벨레스 광장

Plaza de Cibeles

중앙에 분수대가 있는 원형의 교차로다. 분수대 중심에는 로마 신화 속 풍요를 상징하는 마차를 탄 시벨레스 여신의 조각상이 있다. 마드리드의 자랑스러운 축구구단 레알 마드리드가 우승하면 선수들이 분수대 안으로 뛰어들기도 한다. 광장 앞 아름다운 건물은 **시벨레스 궁 Palacio de Cibeles**이다. 20세기 초반에 중앙 우체국 Palacio de Communicaciones으로 지어졌으며 현재는 일반 우체국과 문화 센터, 시청 등이 자리하고 있다. 건물 꼭대기 층에는 전망대인 미라도르 Mirador가 있어 마드리드 시내를 한눈에 내려다볼 수 있다.

위치 메트로 2 Banco de España역 주소 Plaza Cibeles 28014 Madrid 오픈 전망대 화~일 10:30~14:00, 16:00~19:30 휴무 월요일, 일부 공휴일, 악천후 시 요금 일반 €3, 7~14세 €1.50 지도 맵북 P.16-A

알칼라 문
Puerta de Alcalá

로마의 개선문을 본떠 만든 알칼라 문은 카를로스 3세의 명으로 이탈리아 건축가인 프란시스코 사바티니 Francesco Sabatini가 1778년 완공했다. 3개의 아치문을 포함 총 5개의 문이 있고 앞쪽으로 독립 광장 Plaza de la Independencia이 넓게 자리하고 있다. 1814년 페르난도 7세 때 스페인이 독립 전쟁에 승리한 것을 기념해 조성한 광장이다. 밤에는 조명을 받아 더욱 웅장하고 아름답게 보인다.

위치 메트로 2 Retiro역에서 도보 4분 주소 Plaza de la Independencia, 1, 28001 Madrid 지도 맵북 P.16-B

레티로 공원
Parque del Retiro

도심 속 거대한 녹색 지대로 둘레가 4Km에 달한다. 원래는 펠리페 2세가 세운 별궁 부엔레티로의 정원이었다. 나폴레옹과의 전쟁 때 대부분이 소실되고 일부만 남아 있다. 공원 북부에는 호수와 카페테리아, 야외음악당, 그리고 알폰소 12세의 동상이 있다. 중앙에는 전시장으로 쓰이는 벨라스케스 궁전과 크리스탈 궁전이, 남쪽에는 장미 정원이 있다. 주말이면 거리 예술공연과 작은 콘서트도 열려 소소한 즐거움을 준다.

위치 메트로 9 Ibiza역에서 도보 2분 주소 Plaza de la Independencia, 7, 28001 Madrid 지도 맵북 P.16-B

고야 동상

프라도 미술관
Museo Nacional del Prado

유럽 3대 미술관으로 꼽히는 프라도 미술관은 마드리드 여행의 백미라고 할 수 있는 곳이다. 원래는 1785년 카를로스 3세의 명을 받아 자연사 박물관으로 설립할 계획이었는데, 전쟁으로 공사가 중단됐다가 1819년 페르난도 7세에 의해 왕립 미술관으로 거듭났다.
미술관 정문 앞에는 벨라스케스 동상이 있으며 건물 양쪽에 고야의 문과 무리요의 문이 출입구로 사용되며 각각 무리요와 고야의 동상이 있다. 이 세 화가와 함께 엘 그레코 등 12세기 이후 스페인을 대표하는 대가들의 국보급 작품들뿐 아니라 네덜란드 플랑드르파, 이탈리아, 독일, 프랑스 등의 유명한 화가들의 작품들도 전시하고 있다. 지하 1층 지상 3층 규모로 소장품이 3만여 점에 달해 제대로 보려면 하루도 부족하다. 입구에서 한국어 안내도를 구해 자신이 둘러볼 곳을 미리 계획하는 것이 좋다. 사진 촬영은 금지이니 주의하자.

위치 메트로 1 Atocha역에서 도보 7분 **주소** Paseo del Prado, s/n, 28014 Madrid **오픈** 월~토 10:00~20:00, 일·휴일 10:00~19:00 **휴무** 1.1, 5.1, 12.25 **요금** 일반 €15, 학생 €7.50, 25세 이하 학생, 18세 이하 무료, 월~토 18:00 이후, 일·휴일 17:00 이후 무료 **홈피** museodelprado.es **지도** 맵북 P.16-C

tip

미술관 이용팁

❶ 항상 붐비는 곳이니 아침 일찍 개관 시간 전에 도착하는 것이 좋다.
❷ 저녁 6시부터 무료 티켓을 배부하므로 5시경부터 줄을 선 사람들로 가득하다. 복잡함을 피하려면 아침 일찍, 무료로 보고 싶다면 늦은 오후에 간다.
❸ 미술관은 동서남북 4개의 출입구가 있는데, 간단히 보려면 북쪽에 계단으로 올라가는 '고야의 문 Puerta alta de Goya'으로 들어가 1층(위층) 위주로 둘러본다.
❹ 가끔 전시실이 바뀌거나 투어 중인 작품이 있으니 안내지도를 받아 둔다.

미술관 카페

음료나 간단한 식사를 할 수 있는데 약간 비싼 편이다.

뮤지엄 숍

카페 옆에 자리한 기념품점에는 프라도 미술관의 작품들을 소재로 한 다양한 기념품이 있다. 한국어 버전의 작품 안내책자도 있다.

미술관 패스 Paseo del Arte Pass

마드리드 3대 미술관으로 불리는 프라도 미술관, 티센 보르네미사 미술관, 레이나 소피아 예술센터를 모두 방문할 계획이라면 이 세 미술관 입장료가 포함된 패스를 사는 것이 저렴하다. 유효기간 1년.
요금 €30.40

Zoom in

MUSEO NACIONAL DEL PRADO
꼭 봐야 할 작품

0층 _ Planta Primera

십자가에서 내려지는 그리스도
El Descendimiento
(반데르 바이덴 Van der Weyden)

15세기 플랑드르 지역의 화가였던 반데르 바이덴의 화풍이 잘 나타나 있는 작품으로 인물들의 구도와 감정, 옷감, 근육, 상처, 주름 등이 화려한 색채로 섬세하게 표현돼 있다. 특히 울다 기절한 마리아의 고통스러운 마음과 예수의 창백한 얼굴이 인간적 면모를 느끼게 한다.

수태고지 La Anunciación
(프라 안젤리코 Fra Angelico)

피조물, 쾌락의 동산, 지옥 3부작이 3개의 패널로 구성된 이 작품은 현실세계에서 쾌락만 추구하다가는 결국 지옥에 떨어진다는 메시지를 담고 있다. 작가의 돋보이는 상상력, 화면을 채우고 있는 선명하고 아름다운 색깔, 다양한 사람과 동물, 식물들이 충분한 볼거리를 준다.

쾌락의 정원 El Jardín de las Delicias (히에로니무스 보스 Hieronymus Bosch)

수태고지란 수태할 것을 알려준다는 뜻으로 이 작품은 가브리엘 천사가 성령으로 예수를 임신한다는 하느님의 뜻을 알리자 마리아가 이를 받아들이는 장면이다. 이 제단화 밑의 작은 그림들도 볼거리다. 프레델라 predella라고 불리는 이 그림은 마리아의 일생이 그려져 있다.

 Zoom in

1층 _ Planta Primera

궁정의 시녀들 Las Meninas

(디에고 벨라스케스 Diego Velázque)

중심의 마르가리타 공주를 포함해 그림 속에 등장하는 모든 인물에 대해 지금까지도 많은 연구와 이야깃거리를 선사하고 있는 벨라스케스의 대표작이며 스페인의 보물이다. 특히 화가 자신의 모습을 그려 넣은 것이 눈에 띈다. 많은 화가들이 리메이크하기도 했으며 시와 소설의 소재로도 많이 쓰였다.

세 여신 Las Tres Garcias

(피터 폴 루벤스 Peter Paul Rubens)

비너스를 보필하던 제우스의 세 딸 아글라이아, 유프로시네, 탈레이아를 그린 작품이다. 17세기 바로크를 대표하는 화가인 루벤스는 자신의 젊은 부인을 모델로 이 여신들을 관능적이고 건강하게 표현해냈다.

옷을 입은 마하 / 벌거벗은 마하

La Maja Vestida / La maja Desnuda

(프란시스코 고야 Francisco Jose de Goya)

마하는 잘 차려입은 세련된 여인을 뜻한다. 당시 독실한 가톨릭 국가에서 용납하지 않던 체모 노출과 과감한 포즈가 옷을 입은 모습과 벗은 모습으로 대비되며 더 관능적으로 보이게 한다.

1808년 5월 3일의 처형 El Tres de Mayo

(프란시스코 고야 Francisco Jose de Goya)

스페인을 점령했던 나폴레옹 군대에 대항하며 봉기를 일으킨 마드리드 시민들이 1808년 5월 3일 무자비하게 처형당하는 장면을 그리고 있다. 랜턴에 비친 놀란 시민의 얼굴 속에서 그들의 두려움과 당혹감을 볼 수 있으며 벌린 두 손에 있는 못 자국으로 그리스도의 처형을 연상하게 한다.

아들을 잡아먹는 사투르누스

Saturno devorando a su hijo 1819-1823

(프란시스코 고야 Francisco Jose de Goya)

우라노스와 가이아의 아들 사투르누스는 아버지 우라노스를 거세해 바다에 던졌다. 이에 대한 죄책감과 그의 아들에 의해 축출될 것이라는 예언을 두려워해 아들을 낳는 족족 잡아먹었다. 고야는 잔인하게 아들을 뜯어먹는 사투르누스를 통해 광기와 공포, 폭력, 악함의 절정을 표현했다.

가슴에 손을 얹은 기사

El Caballero de la Mamo en e Pecho 1580

(엘 그레코 El Greco)

모델이 누구인지 의견이 분분한 이 작품은 보는 이를 꿰뚫어 보는 듯한 눈빛, 섬세하게 보이는 목과 소매의 레이스, 우아해 보이는 손, 최고급품의 검이 단조로운 색채 속에서 시선을 압도하는 작품이다.

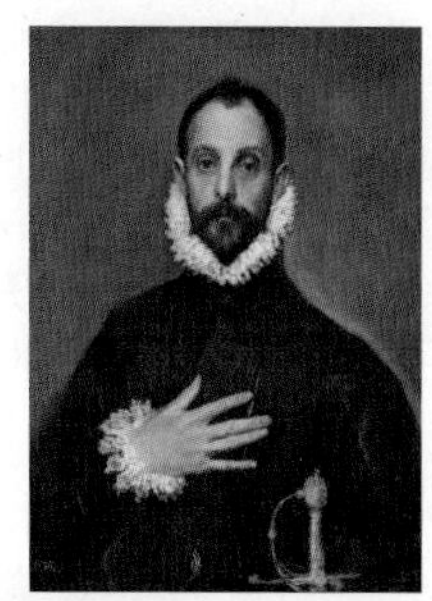

MUSEO NACIONAL DEL PRADO

프라도 대표 화가

프란시스코 고야

Francisco José de Goya y Lucientes(1746-1828)

스페인을 대표하는 화가로 귀족들의 초상화와 풍속화로 명성을 얻었다. 그러나 나폴레옹 군대가 스페인을 점령해 저지른 만행들을 보며 민중들의 고통을 그림으로 표현해내는 혁명적인 화가이기도 하다. 특히 80개의 연작으로 이루어진 판화시리즈 '카프리초스 Caprichos'는 인간의 탐욕과 무지를 기괴하고 냉소적으로 표현해낸 대표작이다. 고야의 많은 작품은 프라도 미술관에 있으며 이후 낭만주의 화가들에게 많은 영향을 주었다. 미술관 북쪽 고야의 문 앞에 고야의 동상이 있다.

디에고 벨라스케스

Diego Rodríguez de Silva y Velázquez(1599-1660)

미술관 정문 앞의 동상이 말해주듯 프라도 미술관에서 빼놓을 수 없는 화가다. 17세기 바로크 미술을 대표하는 화가로 스페인 세비야에서 태어나 필리페 4세의 궁정화가로 활동했다. 귀족부터 서민, 교황에 이르기까지 다양한 인간들의 모습을 그렸는데 지위와 상관없이 각자의 개성을 사실적으로 표현한 것으로 유명하다. 빛과 색채의 조절을 통해 인간 내면을 표현해낸 바로크 미술의 진수를 보여준 화가다.

티센 보르네미사 미술관
Museo de Thyssen Bornemisza

성공한 기업인이었던 독일 헝가리계 티센 보르네미사 가문이 몇 대에 걸쳐 수집해온 미술품들을 전시하기 위해 탄생한 미술관이다. 처음에는 스페인에 대여하는 형식으로 전시했다가 티센 남작(2002년 작고)의 몇몇 요구 사항을 들어주는 조건으로 스페인 정부에 소유권을 넘겨 1992년 지금의 자리에 정식 개관했다. 원래 비야에르모사 궁전이었던 미술관 건물은 스페인 건축가 라파엘 모네오 Rafael Moneo가 리모델링했다. 입구에 티센 남작의 흉상을 세워 기념하고 있다.

티센의 작품들은 개인 컬렉션이니만큼 시대나 지역이 좀 더 다양하다는 평을 받는다. 대가들의 유명한 고전들뿐만 아니라 미국 현대 미술품도 다수 소장하고 있으며 특별전도 여는데 인기가 많다.

위치 메트로 2 Banco de España 역에서 도보 4분 **주소** Paseo del Prado, 8, 28014 Madrid **오픈** 화~금, 일 10:00~19:00(매표소는 1시간 전 폐쇄), 토 10:00~21:00, 월 12:00~16:00 **휴무** 1.1, 5.1, 12.25 **요금** 일반 €12, 학생 €8, 월요일 무료 **홈피** museothyssen.org **지도** 맵북 P.16-A

미술관 카페테리아

티센 보르네미사 미술관은 카페와 레스토랑도 잘 알려져 있다. 가격대가 좀 있지만 프라도 미술관이 보이는 5층의 El Mirador 레스토랑은 미술관 운영시간과 관계없이 늦게까지 영업하며, 1층(G층)의 카페테리아와 정원 앞 야외에 자리한 La Terrazas까지 세 곳이 있다.

뮤지엄 숍

여느 미술관과 마찬가지로 아기자기한 기념품과 서적을 파는 뮤지엄 숍이 있다.

Zoom in

MUSEO DE THYSSEN BORNEMISZA
꼭 봐야 할 작품

조반나 토르나부오니의 초상
Retrato de Giovanna Tornabuoni 1489-1490
(도메니코 기를란다요 Domenico Ghirlandaio)

섬세하고 정교한 붓 터치가 눈길을 사로잡는 이 작품은 티센 미술관에서도 인기 많은 작품으로 손꼽힌다. 아름다운 옆얼굴과 목선, 고급스러운 옷차림, 단정한 헤어 스타일, 고급스러운 장신구 등이 15세기 부유한 젊은 여인의 아름다움을 잘 나타내고 있다.

영국 왕 헨리 8세의 초상
Retrato de Enrique VIII de Inglaterra 1537
(한스 홀바인 Hans Holbein)

헨리 8세의 단체 가족초상화를 그렸던 것으로 유명한 한스 홀바인은 그의 궁정 화가였다. 영국 절대 왕정의 기틀을 만들었고 특히 앤 불린과의 스캔들로 유명한 헨리 8세는 그의 재력과 권력을 자신의 초상화를 통해서도 나타내고자 했으며 따라서 실제의 모습과는 다소 다르다는 평이 있다.

오베르의 레 베스노 마을
Les Vessenots in Auvers 1890
(반 고흐 Vincent van Gogh)

티센 미술관에 있는 5점의 고흐 작품 중 하나다. 기구한 삶을 살았던 그가 마지막에 머물며 작품 활동을 했던 오베르쉬아즈 Auvers sur Oise의 풍경화로 고흐만 의 독특한 색채, 붓터치가 잘 나타나 있다. 그는 이 작품을 그린 그 해에 권총 자살로 생을 마감했다.

녹색 옷의 발레리나
Bailarina basculando(Bailarina verde) 1877-1879
(에드가 드가 Edgar Degas)

티센 미술관에는 사람들에게 인기 있는 인상주의 화가들의 작품이 많다. 그들 중 하나인 드가는 이 작품을 통해 발레리나들의 순간의 모습을 파스텔을 이용해 보이는 대로 구현하려 했으며 어떤 움직임을 포착하려는 인상주의의 특징을 잘 나타나 있다고 할 수 있다.

소피아 국립 미술센터
Museo Nacional Centro de Arte Reina Sofía

스페인 왕비였던 레이나 소피아에가 1986년 설립한 예술센터로 1992년 미술관으로 정식 개관했다. 원래 18세기 종합병원이었던 이 건물은 1977년 국가문화유적으로 승인된 후 보존 가치를 인정받아 리모델링을 거쳐 지금의 미술센터로 거듭났다. 내부 벽과 천장은 과거 형태가 남아 있으며 정면에 두 개의 투명 엘리베이터가 눈길을 끈다. 2005년에는 신관을 지어 문화공간으로 이용하고 있다. 주로 20세기와 현대 미술품들을 소장하고 있으며 특히 대표 전시작인 피카소의 게르니카를 보기 위해 해마다 많은 관광객이 다녀간다.

위치 메트로 1 Atocha역에서 도보 4분 **주소** Calle de Santa Isabel, 52, 28012 Madrid **오픈** 월, 수~토 10:00~21:00, 일요일 10:00~19:00 **휴무** 화요일, 1.1, 1.6, 5.1, 5.15, 11.9, 12.24, 25, 31 **요금** 일반 €10, 온라인 €8, 25세 이하 학생, 18세 미만 무료 **홈피** museoreinasofia.es **지도** 맵북 P.16-E

TALK 

게르니카 ★ Guernica
(1937년, 피카소)

피카소의 대표작 중 하나로 소피아 미술센터 2층에 있다. 스페인 내전이 한창이던 1937년 4월 26일 스페인 독재자 프랑코를 지지하던 독일과 이탈리아가 스페인 게르니카를 무자비하게 폭격해 수천 명의 사상자를 내자 그 참상을 알리고자 그린 그림이다. 피카소는 작품 완성 후 파리박람회 스페인관에 출품했고 이후 여러 나라를 거쳐 미국 뉴욕의 현대미술관에서 오래 전시해 왔다. 프랑코 사망 후 스페인이 입헌군주제가 되자 피카소의 유언대로 반환을 요구했고 1981년 스페인으로 돌아와 최종적으로 소피아 미술센터에 자리를 잡았다.

카이샤 포럼
Caixa Forum

독특한 기하학적 구조와 녹색 식물이 가득한 벽면으로 시선을 끄는 이곳은 마드리드의 문화예술 공간이다. 건물 자체가 작품이라는 평을 듣는 곳으로 스페인 최대 금융그룹인 카이샤 그룹이 문화사업의 일환으로 바르셀로나에 이어 2008년 두 번째로 개관했다. 유명 화가들의 회화, 조각, 영상 등 다양한 작품을 전시하며 문화예술 프로젝트, 기획전도 운영한다. 원래 발전소였던 건물을 리모델링한 곳으로도 의미가 있다.

위치 메트로 1 Atocha역에서 도보 4분 주소 Paseo del Prado, 36, 28014 Madrid 오픈 10:00~20:00 휴무 1.1, 1.6, 12.25 요금 전시에 따라 다름 홈피 caixaforum.es 지도 맵북 P.16-C

콜론 광장
Plaza de Colón

박물관 지구에서 시벨레스 광장을 지나 북쪽으로 올라가면 콜론 광장이 나온다. 콜론은 크리스토퍼 콜럼버스의 스페인어 이름이다. 대형 스페인 국기가 펄럭이는 콜론 광장에는 아메리카 대륙을 발견한 콜럼버스를 기념하기 위해 세운 콜럼버스 기념탑 Monumento a Cristóbal Colón이 서 있다. 바로 옆에는 반지하층으로 이루어진 건물에 시립 문화센터가 있고 주변에 분수와 발견의 정원 Jardines del Descubrimiento, 그리고 석조 기념물들이 있다. 광장 바로 동쪽은 고급스러운 쇼핑가 세라노 지역이고, 서쪽에는 아기자기한 상점들이 있는 추에카 지역이 있어 쇼핑 여행을 즐기기에 좋다(P.282 참고).

위치 메트로 4 Colón역 주소 Plaza de Colón, 1, 28001 Madrid 지도 맵북 P.16-A

콜론기념탑

메손 델 참피뇬
Mesón del Champiñón

너무나 유명한 일명 '버섯집'이다. 참피뇬이란 뜻 자체가 버섯이니 맞는 말이긴 하다. 이 집의 시그니처 메뉴가 버섯 타파스인데, 우리 입맛에 좀 짜기는 하지만 고소한 맛이 일품으로 맥주와 잘 어울린다. 방송의 힘인지 유난히 한국인이 많으며 한국어 메뉴판도 있다. 내부는 동굴 같은 인테리어로 그리 쾌적한 분위기는 아니지만 아늑함을 준다. 관광객들로 항상 붐비며 가격대는 조금 있는 편이다.

주소 C/ Cava de San Miguel, 17, 28005 Madrid 오픈 화~토 12:00~ 02:00, 일 · 월 12:00~ 01:30 가격 타파스 €6~12 전화 +34 915 59 67 90 홈피 mesondelchampinon.com 지도 맵북 P.15-G

보틴
Restaurante Botin

마드리드에서 가장 유명한 식당이다. 300년 가까이 되는 놀라운 역사뿐 아니라 헤밍웨이 소설에도 등장하는 헤밍웨이의 단골집으로 알려져 있다. 메뉴 중에서는 새끼돼지 바비큐 요리인 코치니요 아사도 Cochinillo Asado가 유명하다. 여름에는 가스파초, 겨울에는 마늘 수프를 많이 시키며 성수기에는 예약을 해야 한다. 입구에서 사진만 찍고 가는 관광객들도 많다.

주소 Calle Cuchilleros, 17, 28005 Madrid 오픈 13:00~16:00, 20:00~24:00 가격 코치니요 아사도 €24 전화 +34 913 66 42 17 홈피 botin.es 지도 맵북 P.15-K

카사 루카스
Casa Lucas

마드리드 현지인들 사이에서 인기 있는 맛집 거리 중 한 곳이 카바 바하 Cava Baja다. 개성 있는 바르와 메손들이 옹기종기 모여 있는 이 거리는 점차 예쁜 가게들이 늘어나며 관광객들도 눈에 띄게 늘고 있다. 화려한 벽화와 간판으로 장식한 식당들 사이에 조용히 자리한 카사 루카스는 주로 현지인들이 많이 찾는 퓨전 맛집이다. 음료를 시키면 기본 타파스가 나오고, 일반 타파스들은 가격대가 조금 있지만 대부분 맛있으며 와인 셀렉션도 훌륭하다.

주소 Cava Baja, 30, 28005 Madrid 오픈 일~목 13:00~15:30, 20:00~24:00(수요일은 저녁만), 금 · 토 13:00~16:00, 20:00~01:00 가격 타파스 €6~12, 와인 €4~, 생수 €3 전화 +34 913 65 08 04 홈피 www.casalucas.es 지도 맵북 P.14-J

인클란 브루탈 바
Inclan Brutal Bar

솔 광장 남쪽 관광 지구의 한 쪽 골목길에 자리한 칵테일 바 겸 레스토랑이다. 감성적인 바의 분위기를 하고 있으면서도 맛있는 스패니시 퓨전 음식들이 인기의 비결이다. 안쪽으로도 공간이 넓지만 자리가 없는 경우가 꽤 있으니 예약을 하는 것이 좋다. 가스파초, 토르티야, 파타타스 브라바스 Patatas Bravas, 문어 요리 등 기본적인 스페인 타파스에 조금 독특한 맛을 가미했다.

주소 Calle Álvarez Gato, 4, 28012 Madrid 오픈 12:00~01:30 가격 타파스 €6~9 전화 +34 910 23 80 38 홈피 inclanbrutal.com 지도 맵북 P.15-H

초콜라테리아 산 히네스
Chocolateria San Ginés

1894년에 문을 열어 100년이 넘는 전통을 자랑하는 이곳은 역사뿐 아니라 핫초코에 찍어 먹는 바삭한 추로스로 유명한 집이다. 입구는 작지만 1층과 지하에 작은 테이블이 가득하며 항상 많은 사람들로 붐빈다. 핫초코가 좀 달긴 하지만 매우 진하며, 집에서 만들어 먹을 수 있는 가루 제품을 매장에서 판매하고 있다. 건너편에는 같은 집에서 운영하는 아이스크림 가게도 있다.

주소 Pasadizo San Ginés, 5, 28013 Madrid **오픈** 24시간 **가격** 핫초코가 함께 나오는 추로스 6개 €4 **전화** +34 913 66 54 39 **홈피** www.chocolateriasangines.com **지도** 맵북 P.15-G

초콜라테리아 발로르
Chocolatería Valor

1881년 전통의 초콜릿 전문점으로 아주 유명한 곳이다. 바르셀로나에도 체인점이 있다. 매장에는 추로스와 핫초코뿐만 아니라 아이스크림, 커피 등 다양한 메뉴가 있으며, 초콜릿과 원두 커피도 판매한다. 브랜드로 상품화시킨 가공 초콜릿은 일반 슈퍼마켓에서도 살 수 있다.

주소 Calle del Postigo de San Martín, 7, 28013 Madrid **오픈** 월~금 08:00~22:30, 토요일 09:00~01:00, 일요일 09:00~24:00 **가격** 추로스 4개가 핫초코 사이즈에 따라 €4.30~4.70 **전화** +34 915 22 92 88 **홈피** www.chocolateriasvalor.es **지도** 맵북 P.15-C

초콜라테리아 1902

Chocolatería Los Artesanos 1902

앞의 두 곳보다는 덜 인기 있는 곳이지만 역시나 100년이 넘는 전통을 자랑하는 핫초코 추로스 가게다. 너무 유명한 '산 히네스'와 '발로르' 두 가게 중간에 위치해 줄을 서다 포기한 사람들이 들르기도 하며 관광객들에 밀린 현지인들이 종종 찾기도 한다.

주소 Calle de San Martín, 2, 28013 Madrid 오픈 일~목 07:00~23:00, 금 · 토 07:00~24:00 가격 핫초코와 추로스 4개 €4 전화 +34 915 22 57 37 홈피 www.losartesanos1902.com 지도 맵북 P.15-G

크로케타 이 프레수미다

Croqueta y Presumida

조그만 크로켓 체인점이다. 역사는 짧지만 귀엽고 깔끔한 인테리어에 가격이 착하면서도 맛있는 크로켓으로 점차 체인이 늘어나고 있다. 조리 전 크로켓을 저렴하게 판매해 현지인들은 포장해 가서 튀겨 먹기도 한다. 훌륭한 간식거리로도 좋지만, 주꾸미, 게, 햄, 버섯, 오징어먹물, 새우, 치즈 등 종류가 워낙 다양해서 여러 가지 먹다 보면 한끼 식사로도 충분하다. 심지어 초콜릿 크로켓도 있다.

주소 Calle de Toledo, 43, 28005 Madrid 오픈 월~토 12:00~22:00, 일요일 12:00~16:00 가격 크로켓 5개 €3.95 전화 +34 911 38 85 96 홈피 www.croquetaypresumida.com 지도 맵북 P.15-K

타코스
Takos Al Pastor

마드리드에서 젊은이들에게 가장 인기 있는 타코집이다. 뛰어난 가성비의 타코와 퀘사디야 등을 맛볼 수 있으며 멕시칸 식당인 만큼 마르게리타, 데킬라 같은 멕시코 술과 코로나 Corona, 솔 Sol 등 멕시코 맥주를 즐길 수 있다. 미국식 타코와 달리 멕시코식의 부드러운 토티야가 특징이며 소고기, 닭고기, 버섯, 치즈, 감자, 소시지, 매콤한 돼지고기 등 다양하며 직접 담근 과일주도 있다. 가게가 넓은 편이 아닌데, 사람들이 많아서 기본적으로 줄을 서야 한다.

주소 Calle de la Abada, 2, 28013 Madrid 오픈 화~일 13:30~24:00 휴무 월요일 가격 타코 1개 €1 전화 +34 680 24 72 17 지도 맵북 P.15-G

알람브라
Alhambra

솔 광장 부근의 빅토리아 거리 Calle de la Victoria는 관광객들을 겨냥한 식당들이 모여 있는 곳이다. 여행의 분위기를 느끼며 스페인 음식을 맛보고 싶은 손님들을 위해 스페인 스타일의 인테리어를 갖춘 곳이 많고 메뉴도 파에야나 타파스 등 스페인 음식이 많다. 맛집이라고는 할 수 없지만 무난한 음식과 가끔 한국어 인사하는 웨이터들이 있어 친근한 곳이다. 샹그리라는 물론, 감바스 알 아히요 Gambas al ajillo, 스페인식 토르티야 Tortilla española 등 스페인 음식이 주를 이룬다.

주소 Calle de la Victoria, 9, 28012 Madrid 오픈 11:00~01:00 가격 메뉴 델 디아 €13 전화 +34 915 21 07 08 지도 맵북 P.15-H

SPECIAL

맛대로 골라 먹는 재미! 메르카도 BEST 3

메르카도 Mercado는 원래 시장이라는 뜻이지만 최근에는 보다 현대적인 모습으로 변모하는 곳들이 있다. 옹기종기 한 시장 느낌을 간직하면서도 깔끔한 인테리어와 편의시설을 갖추어 작은 부스들이 들어선 형태로 테이블이 모여 있는 푸드코트와 비슷하다. 일행이 있는 경우 각자의 입맛대로 음식을 주문할 수 있고 혼밥이나 혼술에도 좋으며, 셀프 서비스이기 때문에 팁에 대한 부담도 없다. 가격대는 가게마다 다르지만 시설이 나은 만큼 재래시장보다는 비싸다.

안톤 시장 Mercado de San Anton

개성 있는 동네 추에카 Chueca 지구에 자리한 시장 겸 푸드코드다. 지하에는 대형 슈퍼마켓이 있고 1층에는 간단한 시장, 그리고 위층에 작은 식당들이 모여 있다. 시장이라고는 하지만 깨끗한 건물에 쾌적한 분위기로 현지인들에게 인기가 많다. 관광객들에게는 아직 인지도가 떨어져 식사 시간을 피하면 덜 붐비는 편이다. 옥상에는 야외 바가 있는데 주택가 주변이라 전망이 좋은 것은 아니지만 선선한 날씨에 인기가 많다.

주소 Calle de Fuencarral, 57, 28004 Madrid 오픈 가게마다 다르며 시장 자체는 10:00~24:00 전화 +34 915 59 13 00 홈피 mercadodesanildefonso.com

1

2

산 일데폰소 시장 Mercado de San Ildefonso

추에카 지구의 번화가에 자리한 푸드코트다. 주변에 상점이 많아 쇼핑을 하다가 잠시 들러서 식사를 하기에 좋은 곳이다. 타파스는 물론, 라면, 교자, 등 다양한 종류의 식당이 모여 있는데 아시아 음식도 많은 편이며 한국음식도 있다.

주소 Calle de Fuencarral, 57, 28004 Madrid 오픈 가게마다 다르며 보통 매일 12:00~24:00 전화 +34 915 59 13 00 홈피 mercadodesanil defonso.com

산 미겔 시장 Mercado de San Miguel

마요르 광장 바로 옆에 자리한 너무나도 유명한 시장이다. 푸드코트처럼 원하는 곳에서 음식을 사다가 각자 테이블에 앉아서 먹는 곳이다. 워낙 붐비는 곳이라 자리가 없을 경우 난감하지만, 음식을 직접 보고 고를 수 있으며 다양한 현지 음식을 접할 수 있다. 활기찬 분위기에서 시원한 맥주를 즐기기에도 괜찮다. 서민들의 정취를 느낄 수 있는 재래시장이 아니라 관광객이 많고 물가도 그리 저렴하지는 않다.

주소 Calle de Fuencarral, 57, 28004 Madrid 오픈 10:00~24:00 전화 +34 915 59 13 00 홈피 mercadodesanildefonso.com

3

엘 코르테 잉글레스

El Corte Inglés (백화점 식당가)

스페인 대표 백화점 엘 코르테 잉글레스는 마드리드 중심가에만 두 곳의 지점이 있다. 두 곳 모두 지하에는 식품관, 꼭대기층에는 식당가다. 솔 광장 지점 식당가는 평범하며, 그란 비아 지점은 좀더 화려하고 전망 테라스도 있다. 가격이나 음식이 딱히 훌륭한 것은 아니지만 대체로 무난한 편이다. 식사보다는 타파스와 맥주나 와인을 즐기기 좋다.

주소 Plaza del Callao, 2, 28013 Madrid 오픈 월~토 10:00~22:00, 일요일 11:00~21:00 전화 +34 913 79 80 00 홈피 www.elcorteingles.es 지도 맵북 P.15-G

라 마요르키나
La Mallorquina

솔 광장에 자리한 오래된 빵집 겸 제과점이다. 100년이 넘는 전통을 지닌 꽤 유명한 곳이지만 더 화려하고 맛있는 현대식 베이커리에 익숙한 사람들에게는 다소 촌스러운 느낌이 들기도 한다. 그래도 위치가 좋다보니 항상 많은 사람들이 찾는다. 바 형태로 서서 먹는 1층은 포장이나 간단한 아침 식사를 하는 사람이 많으며 2층 테이블은 점심이 되어야 오픈한다.

주소 Calle Mayor, 2, 28013 Madrid 오픈 08:30~21:00 가격 빵은 보통 €1.20~3.00 전화 +34 915 21 12 01 홈피 www.pastelerialamallorquina.es 지도 맵북 P.15-G

글라스 마르 / 라 테라사
Glass Mar / La Terraza

솔 광장에서 프라도 미술관 방향으로 조금만 걷다보면 나오는 우르반 호텔에는 꼭대기층에 루프탑 바가 있다. 부티크 호텔답게 개성 넘치는 인테리어를 갖춘 이곳은 뜨거운 낮 시간에는 호텔 로비에 자리한 글라스 마르 Glass Mar 바가 좋고 선선한 해질녘에는 라 테라사 La Terraza 루프탑 바가 인기다. 조명이 빛나는 작은 수영장은 호텔 투숙객만 이용할 수 있다.

주소 Carrera de San Jerónimo 34 전화 +34 917 87 77 70 홈피 hotelurban.com 지도 맵북 P.15-H

글라스마르

라테라사

그란 비아
Gran Via

마드리드에서 가장 번화한 대로다. 1km 정도에 이르는 6차선의 넓은 도로 양쪽으로 대형 매장들이 들어서 있다. 주로 유명한 대중 브랜드가 많으며 상점만 있는 것이 아니라 곳곳에 기념품점, 식당, 은행, 호텔도 있다. 특히 붐비는 곳은 프리마크 PRIMARK 매장이며, 로에베 Loewe 본점, 대형 자라 Zara, 그리고 자라의 자매 브랜드인 베르슈카 Bershka 등도 항상 붐빈다. 그란 비아 거리는 서쪽의 스페인 광장에 메트로 플라자 데 에스파냐 Plaza de España을 시작으로, 산토 도밍고역 Santo Domingo, 카야오역 Callao, 그란 비아역 Gran Via이 바로 연결되고, 세비야역 Sevilla과 방코 데 에스파냐역 Banco de España과도 가깝다. 이중 카야오역 Callao의 카야오 광장 Plaza del Callao에는 스페인의 대형 체인 백화점 엘 코르테 잉글레스 El Corte Inglés 백화점이 있고 여기서부터 솔 광장으로 이어지는 **프레시아도스 거리 Calle de Preciados**는 대로변의 그란 비아보다 걷기 좋은 쇼핑거리다.

Zoom in

프리마크
PRIMARK

더블린에 본사를 둔 아일랜드의 스파 브랜드 프리마크의 초대형 플래그십 매장이다. 1969년에 아일랜드에서 오픈해 저렴한 가격으로 영국 시장을 공략해 왔던 프리마크는 스파 브랜드의 유행을 타고 확장을 거듭하며 마드리드에 입성했다. 360개가 넘는 전 세계 매장 중에 맨체스터 다음으로 큰 매장으로 알려져 있으며 규모뿐 아니라 5층의 높은 천장과 화려한 네온, 대형 LED 스크린에서 펼쳐지는 비디오쇼와 음악으로 흥겨운 분위기를 연출한다. 의류제품은 거의 자체 브랜드지만 잡화용품은 타 브랜드 상품도 있다.

주소 Calle Gran Vía, 32, 28013 Madrid 오픈 10:00~22:00 홈피 www.primark.com 지도 맵북 P.15-D

레알 마드리드 공식 스토어
Real Madrid Official Store

레알 마드리드 팬들의 마음을 설레게 하는 공식 스토어다. 대형 매장은 아니지만 캐릭터 상품과 티셔츠, 후드티, 목도리, 모자, 텀블러, 머그컵, 축구공과 아동용품, 장난감 등 다양한 상품이 있다. 가격이 좀 비싼 것이 흠이지만 €90를 초과하면 택스리펀 서비스도 해준다.

주소 31, Calle Gran Vía, 28013 Madrid 오픈 월~토 10:00~21:00, 일요일 11:00~20:00 홈피 www.realmadrid.com 지도 맵북 P.15-C, G

엘 코르테 잉글레스
El Corte Inglés

스페인 대도시의 번화가에서 종종 볼 수 있는 대형 백화점 체인이다. 마드리드에 지점이 여럿 있지만 위치가 편리하면서도 규모가 커서 많은 사람이 찾는다. 그란 비아 거리에 면한 건물은 조금 답답한 구조이지만 식당가를 잘 꾸며 놓았고 건물 뒤쪽으로 프레시아도스 거리를 따라 솔 광장까지 분야별로 건물이 흩어져 있는데 솔 광장에 바로 면한 건물은 메트로 솔 Sol 역과 연결되며 지하 식품매장이 큰 편이다.

주소 Plaza del Callao, 2, 28013 Madrid 오픈 월~토 10:00~22:00, 일요일 11:00~21:00 홈피 www.elcorteingles.es 지도 맵북 P.15-G

추에카
Chueca

그란 비아 북쪽의 추에카 지구는 평범해 보이는 동네지만 골목 곳곳에 크고 작은 상점과 식당이 모여 있는 곳이다. 유명 브랜드 상점들도 있지만 아담한 편집숍이나 독특한 매장들이 있어 소소한 재미를 준다. 주류 패션보다는 다소 펑키한 분위기의 개성 있는 옷이나 신발, 향수, 생활용품 등을 찾을 수 있고 아기자기한 베이커리, 카페, 타파스 바들이 빼곡이 들어서 있다. 넓게 흩어져 있는 지역이지만 중심 거리는 **오르탈레사 거리 Calle Hortaleza**와 **푸엥카랄 거리 Calle de Fuencarral**이며, 신발 가게가 밀집된 거리는 **아우구스토 피게로아 거리 Calle de Augusto Figueroa**다. 메트로 추에카역 Chueca에서 나오면 바로 신발 거리를 찾을 수 있다.

세라노
Serrano

추에카 동쪽이자 레티로 공원 북쪽에는 명품 쇼핑지구로 잘 알려진 세라노 지구가 있다. 콜론 광장의 동쪽에 자리한 세라노는 메트로 세라노역 Serrano을 중심으로 사방에 골목마다 상점들이 들어서 있다. 메트로 역이 자리한 **고야 거리 Calle de Goya**를 시작으로 주변을 둘러보면 된다. 고야 거리와 만나는 **세라노 거리 Calle de Serrano**의 코너에는 세라노를 대표하는 명품 매장 중 하나인 로에베 LOEWE 매장이 있다. 세라노 거리는 다른 골목보다 큰 길인데 이 길을 따라 남쪽으로 마이클 코어스, 프라다, 빔바 이 롤라, 캠퍼, 코치 등이 이어지고 북쪽으로는 겐조, 제냐, 자라 등이 골고루 있다.

Zoom in

로에베
LOEWE

화려함보다는 질 좋은 가죽으로 잘 알려진 명품 브랜드다. 1846년 마드리드에서 가죽공방으로 시작해 최고의 가죽을 고집하며 세계적인 브랜드가 되었다. 루이비통으로 유명한 프랑스의 LVMH이 인수했지만 여전히 스페인 명품이라는 이미지가 강하다. 그란 비아와 세라노에 대형 매장이 있는데, 가격도 국내보다는 저렴한 편이고 물건의 종류가 다양하며 갤러리같은 분위기로 아름답게 꾸며 놓았다.

주소 Calle de Serrano, 34, 28001 Madrid 오픈 월~토 10:00~20:30, 일요일 11:00~20:00 홈피 www.loewe.com

엘 하르딘 데 세라노
El Jardín de Serrano

메트로 세라노역 옆에 자리한 쇼핑센터다. 크지는 않지만 고급스러운 쇼핑몰로 부티크 상점들과 베이커리, 카페 등이 있다. 입구는 작은 편이지만 건물 안쪽으로 정원이 있어 잠깐 쉬어가기에 좋다.

주소 Calle de Goya, 6-8, 28001 Madrid, 스페인 오픈 월~토 09:30~21:30 휴무 일요일 전화 +34 915 77 00 12

SHOPPING

마요르 광장 주변
Plaza Mayor

관광의 중심이 되는 마요르 광장 주변은 항상 수많은 관광객들로 붐비는 지역이다. 그러다 보니 기념품점이 매우 많고 관광객들이 좋아할 만한 스페인 관련 상점이 많다.

Zoom in

투로네스 비센스
Turrones Vicens

비센스는 스페인의 전통 과자로 유명한 투론의 유명 브랜드다. 투론은 스페인에서 워낙 흔해서 슈퍼마켓에서도 살 수 있지만 선물용으로는 비센스가 인기다. 바르셀로나 등 스페인 동부 지역에 체인이 많은데 마드리드에서는 마요르 광장 부근에 큰 매장이 있다. 가끔 시식해 볼 수 있는 것도 있고 종류가 다양하며 고급스럽고 예쁘게 포장되어 선물하기에 좋다. 선물이 아니라 나를 위한 간식이라면 근처의 카사 미라 Casa Mira 제과점이 투론으로 유명하다. 1842년 창업한 오래된 가게로 좀 낡은 분위기지만 현지인들이 많이 찾는 곳이다(비센스에서 솔 광장쪽으로 10분 정도 걸어가면 작은 가게가 나온다. 주소 Carrera de S. Jerónimo, 30).

주소 Calle Mayor, 41, 28013 Madrid 오픈 월~토 10:00~22:00, 일요일 11:00~21:00 홈피 www.vicens.com 지도 맵북 P.15-G

라 치나타
La Chinata Sol

올리브 생산국으로 유명한 스페인에서 빼놓을 수 없는 쇼핑 아이템이 바로 올리브다. 여러가지 향이 가미된 신선한 올리브 오일은 기본이고, 올리브로 만든 비누, 화장품, 식료품까지 다양한 상품을 만날 수 있다. 국내에도 일부 수입되고 있지만, 현지에서 더 많은 상품을 저렴하게 구입할 수 있어서 관광객들에게 인기다. 라 치나타는 체인 브랜드인데, 마드리드의 매장 규모는 작다.

주소 Calle Mayor, 44, 28013 Madrid 오픈 월~토 10:00~21:00, 일요일 12:00~20:00
홈피 www.lachinata.es 지도 맵북 P.15-G

카사 에르난스
Casa Hernanz

150년 넘는 전통을 자랑하는 유명한 에스파드리야 신발가게다. 가볍고 편해서 인기 있는 에스파드리야 Espadrilla는 스페인의 인기 쇼핑 아이템이다. 한국에서는 흔히 '에스파듀'라고 부르는데 탐스 같은 브랜드가 대표적이다. 짚과 천으로 만들어 통풍이 잘되고 가볍다. 1840년에 처음 문을 열어 지금까지 같은 자리에서 4대째 가게를 이어가고 있는 이곳은 오랜 역사가 느껴지는 낡은 모습이지만 색색의 수제화를 착한 가격에 살 수 있어 항상 사람들로 붐빈다. 시에스타가 있어 낮에는 영업하지 않으니 주의하자.

주소 Calle de Toledo, 18, 28005 Madrid 오픈 월~금 09:00~13:30, 16:30~20:00, 토요일 10:00~14:00 휴무 일요일 홈피 www.alpargateriahernanz.com 지도 맵북 P.15-K

라스트로 벼룩시장
El Rastro

마드리드에서 가장 요란한 벼룩시장이다. 평일에도 일부 매대가 들어서지만 일요일에는 엄청난 규모로 장이 서서 한번쯤 구경할 만하다. 길거리 음식과 길거리 공연도 펼쳐져 매우 복잡하지만 사람 구경, 시장 구경에 시간 가는 줄 모른다. 다양한 골동품과 수제품, 그리고 남대문 시장에 있을 법한 온갖 물건들로 가득하다.

주소 Calle de la Ribera de Curtidores, 28005 Madrid 전화 +34 915 29 82 10 홈피 elrastro.org 지도 맵북 P.15-K

라스 로사스 스타일 아웃렛
Las Rozas The Style Outlets

라스 로사스 빌리지에서 1km 정도 떨어진 곳에 있는 또 하나의 아웃렛이다. 거리가 멀지는 않지만 중간에 고속도로를 지나가야 해서 차가 있는 경우 추천한다. 라스 로사스 빌리지처럼 화려하지 않고 건물 하나로 이루어진 소규모 아웃렛이며 데시구알, 마시모 두티, 노스페이스, 아디다스, 나이키, 망고, 샘소나이트 등 중급 브랜드가 대부분이다.

위치 라스 로사스 빌리지에서 도보 10분 주소 Calle de Pablo Neruda, 28232 Las Rozas, Madrid 오픈 10:00~22:00 홈피 www.las-rozas.thestyleoutlets.es

라스 로사스 빌리지 아웃렛
Las Rozas Village

마드리드 외곽에 자리한 아웃렛 타운이다. 유명 브랜드 상점들로 이루어진 큰 규모 아웃렛으로 예쁜 마을처럼 꾸며 놓아 쾌적한 분위기에서 쇼핑을 즐길 수 있다. 캠퍼, 빔바 이 롤라, 펄라, 디젤, 바버 등 유명 브랜드와 함께 프라다, 아르마니, 제냐, 불가리, 구찌, 버버리, 지미추 등 명품 브랜드도 입점해 있다. 아웃렛이라고 하지만 엄청 저렴한 것은 아니고 추가 세일을 할 때 가면 득템의 기회가 있다. 그리고 여러 매장들이 모여 있어 택스리펀을 받기 쉽다.

위치 ① 오리엔테 광장 2층 주차장에서 출발하는 아웃렛 셔틀버스로 직행(1일 3회, 예약 권장) 왕복 €18 ② 메트로 3, 6호선 몽클로아 Moncloa 역에서 625, 628, 629버스로 30분 소요. **주소** Calle Juan Ramón Jiménez 3, 28232 Las Rozas Madrid **오픈** 10:00~21:00(토요일과 여름 성수기는 22:00까지) **홈피** www.lasrozasvillage.com

아웃렛대중교통 아웃렛셔틀

tip

식사는 헤론 시티에서!

라스 로사스 빌리지 안에는 카페와 식당이 별로 없어서 식사를 하기에는 좀 불편하다. 하지만 빌리지에서 한 블록 걸어가면 헤론 시티 Heron City라는 엔터테인먼트 복합몰이 있다. 이곳에는 영화관, 놀이기구와 함께 패스트푸드점과 패밀리 레스토랑이 많아 선택의 폭이 넓다.

2

TOLEDO
톨레도

오랜 세월 스페인의 수도 역할을 해온 도시다. 타호 강이 굽이쳐 흐르는 곳에 요새 같은 모습으로 자리해 멋진 풍경을 자랑하며, 가톨릭, 유대교, 이슬람의 오래된 유적지들을 보존하고 있어 관광 도시로서 큰 인기를 누리고 있다. 언덕진 좁은 골목길을 걷다 보면 중세의 시간이 느껴지며 오랜 역사와 함께 운치를 더한다.

Transportation
교통 정보

가는 방법

마드리드에서 당일치기로 여행하기에 적당하다. 기차나 버스 모두 운행편이 많은데, 버스가 시간은 더 많이 걸리지만 저렴하다.

기차

마드리드 아토차역 Estación de Atocha에서 고속열차 아반트 AVANT로 30분 정도 소요된다. 차마르틴역에서 출발하는 로컬열차는 같은 요금이지만, 버스보다도 오래 걸리고 운행 편수도 거의 없어 추천하지 않는다. 톨레도 기차역은 시내에서 꽤 떨어져 있는 데다 시내까지 오르막길을 20~25분 정도 걸어야 한다. 기차역 앞 버스 정류장에서(기차역 출구로 나와 오른쪽) 소코도베르 광장으로 가는 시내버스를 이용하는 것이 편리하다.

요금 왕복 €22.20(정상 요금 기준. 조기 예약 환급 불가 시 할인되기도 한다) 홈피 www.renfe.com

출발	도착	열차 종류	소요 시간
마드리드 아토차역	톨레도역	AVANT	33분
마드리드 차마르틴역	톨레도역	LD-AVANT	1시간 20분

tip

역마저도 볼거리!

기차를 타고 톨레도에 가면 역에 도착하는 순간부터 이국적인 분위기를 느낄 수 있다. 1920년에 지어진 역사지만 톨레도의 특징을 살려 아름다운 네오 무데하르 양식으로 지어졌다. 이슬람 분위기가 물씬 풍기는 건물 자체만으로도 볼거리다. 작은 역이라 부대시설은 거의 없고 카페가 하나 있다.

버스

마드리드 엘립티카 Eliptica 버스터미널에서 알사 ALSA 등의 버스로 50~90분 소요된다. 돌아오는 시간을 정하지 않고 오픈으로 왕복 티켓을 끊은 경우 톨레도에서 다시 티켓을 받아야 한다. 톨레도 버스터미널에서 시내까지는 도보로 15~20분 정도 걸린다. 이정표를 따라 걷다 보면 도심으로 올라가는 엘리베이터가 나온다. 더운 날씨라면 시내버스 5번을 타고 소코도베르 광장으로 바로 가는 것도 좋다.

요금 왕복 €9.99~11.99

톨레도 버스터미널

톨레도 ALSA 버스

시내 교통

버스

구시가지 안에서는 걸어서 다니기에 충분하지만, 톨레도 기차역이나 버스터미널에서 시내 중심의 소코도베르 광장을 오갈 때, 그리고 소코도베르 광장에서 파라도르 전망대를 오갈 때 이용하면 좋다.

요금 편도 €1.40 홈피 http://unauto.es

소코트렌 Zocotran

소코도베르 광장에서 출발해 톨레도 구시가지를 한바퀴 돌고 강 건너 톨레도 전경이 보이는 전망대까지 다녀오는 꼬마기차다. 전망대에서 10분간 정차하므로 사진만 찍고 돌아오기에는 좋다. €5.50

BEST COURSE

톨레도 추천 코스

톨레도는 보통 마드리드에서 당일치기 여행으로 다녀오는 경우가 많다. 톨레도는 과거 카스티야의 수도로 역사적인 장소가 많고 풍경도 아름다우며 오래된 골목길을 거니는 재미도 있다. 따라서 아침 일찍 서둘러 꽉 찬 일정을 보낼 것을 추천한다.

Check List

- ☑ 스페인 가톨릭의 총본산인 톨레도 대성당 구경하기
- ☑ 톨레도의 중세시대 미로 같은 골목길 헤매기
- ☑ 타호강 건너 계곡에서 톨레도 전망 감상하기
- ☑ 톨레도 대표 화가 엘그레코의 흔적 찾기
- ☑ 달달한 마사판 시식하고 금속공예기념품 구경하기

DAY 1

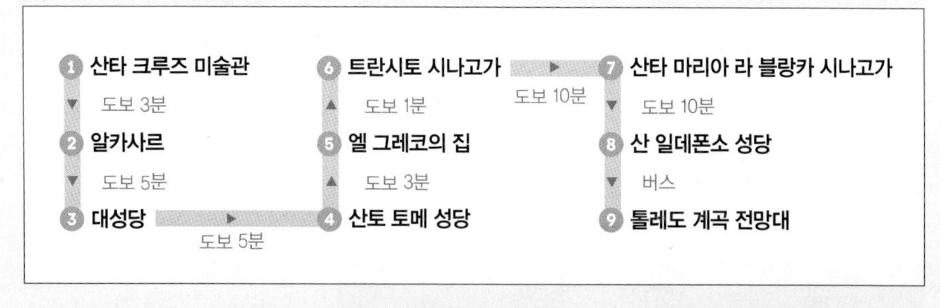

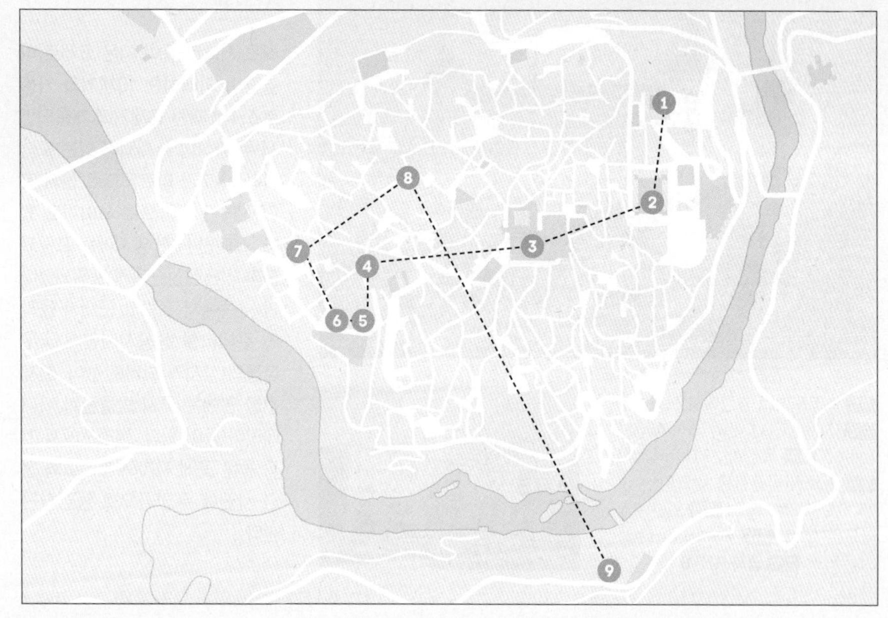

소코도베르 광장
Zocodover

토레도 교통의 중심이 되는 광장으로, 대부분의 시내버스가 정차하며 꼬마 관광열차인 소코트렌이 출발하는 곳이다. 광장 주변에는 관광안내소가 있으며, 맥도날드, 버거킹 등 패스트푸드점과 카페, 그리고 유명한 전통 과자점 등이 있다. 근처에 산타 크루즈 미술관과 알카사르가 있어 여행을 시작하기에도 좋다.

위치 ① 톨레도 기차역 앞에서 시내버스 5번, 11번, 61번, 62번, 94번 등으로 10분 ② 톨레도 버스터미널에서 도보 15분 주소 Plaza Zocodover, s/n, 45001 Toledo 지도 맵북 P.17-B

알카사르
Alcázar

최초 서고트 족이 지은 요새로 이슬람이 지배하던 10세기와 카를로스 1세 때인 16세기에 개축되면서 두 양식이 혼재되어 있는 모습이다. 수도가 마드리드로 옮겨 가기 전에는 왕궁으로 쓰이기도 했다. 스페인 내전 당시에는 프랑코파가 인민전선군에게 포위되었다가 남쪽에서 프랑코 군대가 올라와 쿠데타를 성공시키면서 극우파들의 성지가 되기도 했다. 현재 건물 안에는 군사 박물관과 카페테리아 등이 있다. 톨레도에서 가장 높은 곳에 자리해 톨레도의 전경 사진에 주인공으로 등장하곤 한다.

위치 소코도베르 광장에서 도보 5분 주소 Calle de la Union, s/n, 45001 Toledo 오픈 목~화 10:00~17:00 휴무 수요일(박물관은 월요일), 1.1, 1.6, 5.1, 12.24, 25, 31 요금 일반 €5, 일요일 무료 홈피 www.museo.ejercito.es 지도 맵북 P.17-B

산타 크루즈 미술관
Museo de Santa Cruz

건물 자체가 십자가 모양을 하고 있어 산타 크루즈 미술관이라 불리는 이곳은 원래 16세기 이사벨 여왕에 의해 지어진 자선 병원 건물이었다. 15~16세기 유행한 스페인 벽장식인 플라테레스코 Plateresco 양식의 파사드가 있는 입구가 눈길을 끌며 내부로 들어가면 중세풍의 1, 2층 회랑이 파티오를 고즈넉하게 둘러싸고 있다. 회화, 조각, 타피스트리 등 다양한 작품들을 전시하는데 특히 16~17세기 톨레도 미술품들과 톨레도에서 40여 년을 산 엘 그레코의 여러 작품을 만날 수 있다.

위치 소코도베르 광장에서 도보 1분 **주소** Calle Miguel de Cervantes, 3, 45001 Toledo **오픈** 월~토 09:30~18:30, 일요일 10:00~14:00 **휴무** 1.1, 1.6, 1.23, 5.1, 12.24, 25, 31 **요금** 일반 €4, 16세 미만 무료 **홈피** patrimoniohistoricoclm.es **지도** 맵북 P.17-B

엘그레코

대성당
Catedral

1226년부터 약 266년에 걸쳐 건설한 스페인 가톨릭의 총본부다. 기본적으로는 고딕 양식이지만, 오랜 세월 지어진 영향으로 여러 양식이 보이기도 한다. 엄청난 규모와 화려한 장식, 중요한 소장품으로 톨레도 관광의 필수로 꼽힌다. 성당에서 가장 눈여겨볼 것은 중앙 예배당 제단과 맞은편의 성가대, 그리고 제단 뒤쪽 천장의 트란스파렌테 Transparente다. 성당 내부에는 작은 예배당이 22개나 되며 성직자실에는 역대 주교들의 초상화가 걸려 있고 성물실과 보물실 등 볼거리가 매우 많다.

위치 소코도베르 광장에서 도보 7분 주소 Calle Cardenal Cisneros, 1, 45002 Toledo 오픈 월~토 10:00~18:00, 일요일 · 공휴일 14:00~18:00 휴무 1.1, 12.25, 행사 시 요금 Visita Completa(타워 포함) €12.50, Museos(타워 미포함) €10 홈피 catedralprimada.es 지도 맵북 P.17-D

Zoom in

성가대석 Choir

제단 바로 앞에는 역시나 화려한 성가대석이 마주 보고 있다. 파이프 오르간 아래에는 정교한 대리석 부조들이 있고 아래 나무 의자에는 그라나다 함락 등 레콩키스타의 장면들이 새겨져 있다.

Zoom in

제단 장식벽 Altar Reredos

대성당 중앙에 자리한 예배당 제단에는 화려하게 빛나는 장식벽이 있다. 7열의 수직으로 제작된 금빛의 화려한 병풍 부조에는 예수의 생애를 표현한 조각들이 새겨져 있는데, 27명이나 되는 장인들이 6년에 걸쳐 완성한 것이다.

트란스파렌테 Transparente

'트란스파렌테'란 투명창을 뜻한다. 어두운 성당의 천장을 뚫어 채광창에서 쏟아지는 빛을 조명 삼아 아름다운 천장화와 조각들이 화사함을 더하는데, 채광창 바로 아래 조각들에 후광이 비치는 듯한 효과를 낸다. 나르시소 토메의 작품으로 스페인 특유의 후기 바로크 양식인 '추리게라' 양식의 걸작으로 꼽힌다.

엘 그레코의 '엘 엑스폴리오 El Expolio'

성당 내부 안쪽의 성물실에는 아름다운 천장화와 함께 유난히 사람들로 붐비는 곳이 있다. 바로 엘 그레코의 '엘 엑스폴리오 El Expolio(성의의 박탈)'가 있는 곳이다. 1577~1579년에 그린 이 작품은 예수님이 십자가에 매달리기 직전의 모습으로 성스럽고 영롱한 표정과 주변의 대비되는 사람들의 모습이 매우 인상적이다.

성체 현시대

보물실에는 번쩍번쩍 화려한 보물들이 가득한데, 그중에서도 최고의 보물로 꼽히는 것은 성체 현시대다. 금과 은으로 화려하게 장식되었으며 매년 성체 축일에 톨레도 거리를 순회하는 성체 행렬에 아직도 쓰이고 있다.

산토 토메 성당

Iglesia de Santo Tomé

무데하르 양식의 탑이 있는 이 성당은 엘 그레코가 1586년 그린 '오르가스 백작의 장례식 El entierro del Conde de Orgaz'을 보기 위해 가는 곳으로 유명하다. 성당의 후원자였던 오르가스 백작이 사망하자 성당 측에서 엘 그레코에게 주문해 그린 것으로 하단은 오르가스를 매장하려는 지상의 모습, 상단은 백작이 그리스도와 성모 마리아에게 가는 천상을 표현하고 있다. 그림 왼쪽 하단의 아이는 엘 그레코의 아들로 성당 입구에도 그려져 있다.

위치 대성당에서 도보 7분 주소 Plaza del Conde, 4, 45002 Toledo 오픈 3.1~10.15 10:00~18:45 / 10.16~2.28 10:00~17:45 휴무 1.1, 12.25 요금 일반 €2.80 홈피 www.santotome.org 지도 맵북 P.17-C

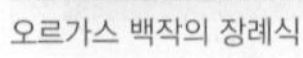

오르가스 백작의 장례식

TALK

엘 그레코 * El Greco

(Doménikos Theotokópoulos) 1541–1614

'엘 그레코'는 '그리스인'이라는 뜻으로, 스페인 화가지만 그리스 크레타 섬에서 태어났다고 해서 불렸던 이름이다. 19세에 베네치아의 티치아노 화실로 들어가 활동하다가 1577년 스페인으로 이주해 잠시 필리페 2세의 궁정 화가로 활동하기도 했다. 톨레도에 정착한 그는 죽을 때까지 37년 동안 이곳에 살면서 많은 작품을 남겼고 말년에는 종교화를 많이 그렸다. 특히, 그의 독특한 색채와 구도는 그의 사후에 가치를 더 높이 평가 받았으며 훗날 표현주의와 추상주의에 영향을 끼쳤다.

엘 그레코 박물관 · 엘 그레코의 집
Museo del Greco · Casa de El Greco

엘 그레코가 톨레도에 머물며 작품 활동을 하던 집 옆의 건물을 20세기 초 베가 인클란 Benigno de la Vega Inclán이라는 후작이 단장해 박물관으로 만든 곳이다. 엘 그레코가 살았던 16세기 가옥의 느낌을 재현하고 있으며, '톨레도의 전경', '십자가의 그리스도' 등 엘 그레코의 중요한 작품들과 함께 수르바란 등 스페인 화가들의 작품들도 전시하고 있다. 아름다운 정원과 가옥, 지하의 와인 저장소까지 볼거리가 많은 곳이다.

위치 대성당에서 도보 8분 주소 Paseo Tránsito, 10, 45002 Toledo 오픈 11~2월 화~토 09:30~18:00, 3~10월 화~토 09:30~19:30, 일요일 10:00~15:00 휴무 월요일 요금 일반 €3, 18세 미만, 25세 이하 학생 무료, 토요일 14:00 이후 무료, 일요일, 일부 공휴일 무료 홈피 museodelgreco.mcu.es 지도 맵북 P.17-C

트란시토 시나고가
Sinagoga del Tránsito

14세기에 처음 세워진 무데하르 양식의 시나고그(유대 교회)로 1492년 유대인들이 추방되면서 가톨릭 교회가 되었다. 유대문화의 흔적이 남아 있는 중요한 문화유산으로, 아치, 창문, 벽 장식 등이 독특하다. 예배당을 지나 정원을 사이에 두고 별관으로 이어지는데 이곳에는 유대인의 역사와 문화를 알 수 있는 유물들이 전시되어 있다.

위치 엘 그레코의 집 바로 옆 **주소** Calle Samuel Levi, 0, 45002 Toledo **오픈** 11~2월 화~토 09:30~18:00, 3~10월 화~토 09:30~19:30, 일요일 10:00~15:00 **휴무** 월요일, 1.1, 1.6, 5.1, 12.24, 25, 31, 일부 공휴일 **요금** 일반 €3, 토요일 14:00 이후 무료, 일요일 무료 **홈피** www.mecd.gob.es **지도** 맵북 P.17-C

TALK

유대인 지구 ★ La Juderia

유대 교회인 시나고그들이 자리한 좁은 골목들 사이에는 벽이나 바닥에 작은 유대 지구 표식들이 하나둘 보인다. 12~13세기 카스티야 왕국 당시 가장 번성했던 유대인 지구로 당시에는 이슬람, 유대교, 가톨릭 세 종교가 평화롭게 살았으나 14세기 말부터 가톨릭에 의해 개종 당하거나 추방되었다.

유대인 지구 표시

산타 마리아 라 블랑카 시나고가

Sinagoga de Santa María la Blanca

톨레도에 남아 있는 가장 크고 오래된 시나고그다. 12세기에 무데하르 양식으로 지어졌으며, 말굽 모양의 하얀 아치 기둥들로 이루어져 있다. 아치를 떠받치고 있는 팔각기둥 위 장식이 독특하고 아름답다. 1391년 유대인들을 학살, 추방하고 가톨릭 성당으로 바꾸면서 지금의 이름을 갖게 되었다.

위치 엘 그레코의 집에서 도보 4분 주소 Calle de los Reyes Católicos, 4, 45002 Toledo 오픈 3.1~10.15 10:00~18:45 / 10.16~2.28 10:00~17:45 휴무 1.1, 12.25 요금 일반 €2.80 홈피 www.toledomonumental.com/sinagoga.html 지도 맵북 P.17-C

tip

관광 팔찌 Tourist Bracelet

톨레도의 기념물 7곳의 입장료가 포함된 패스다. 대체로 소소한 볼거리들이지만 4곳 이상 입장한다면 저렴하다. 한번 착용하면 무제한으로 이용할 수 있는데, 코팅된 종이로 되어 있어 찢어질 수도 있으니 1~2일 내 사용하는 것이 좋다. 7곳의 기념물 매표소에서 구입할 수 있다.

요금 일반 €9, 10세 이하 무료

- 산토 토메 성당
- 산 일데폰소 성당(로스 헤수이타스 성당)
- 후안 데 로스 레예스 수도원
- 산타 마리아 라 블랑카 시나고가
- 살바도르 성당
- 크리스토 데 라 루즈 메스키타
- 레알 콜레지오

후안 데 로스 레예스 수도원
Monasterio de San Juan de los Reyes

유대인 지구 한복판에 조금 뜬금없는 분위기의 어울리지 않는 수도원이 있다. 이사벨과 페르난도가 가톨릭 세력 과시를 위해 유대인 지구의 일부를 허물고 그 자리에 세운 프란체스코회 성당이다. 1476년 토로 전투에서의 승리를 기념해 1477~1504년에 거대한 규모로 지어졌으며 전체적으로 이자벨 양식을 띠고 있으나 천장의 장식 등 곳곳에서 무데하르 양식을 엿볼 수 있다.

위치 산타 마리아 라 블랑카 시나고가에서 도보 3분 주소 Calle de los Reyes Católicos, 17, 45002 Toledo 오픈 3.1~10.15 10:00~18:45 / 10.16~2.28 10:00~17:45 휴무 1.1, 12.25 요금 일반 €2.80 홈피 www.sanjuandelosreyes.org 지도 맵북 P.17-A

산 일데폰소 성당
Iglesia de San Ildefonso(los Jesuitas)

로스 헤수이타스 성당 Iglesia de los Jesuitas이라고도 한다. 대성당과 5분 거리에 있으며 17세기 완공된 바로크 양식의 건물이다. 규모는 크지 않지만, 하얀색으로 칠한 내부의 벽과 천장 사이 사이에 있는 화려한 조각들이 눈길을 끈다. 2층으로 가면 톨레도 전경을 내려다볼 수 있는 종탑에 오를 수 있는데, 대성당, 알카사르 등 톨레도의 랜드마크와 시가지의 지붕들이 어우러진 아름다운 풍경을 볼 수 있다.

위치 대성당에서 도보 5분 주소 Plaza Padre Juan de Mariana, 1, 45002 Toledo 오픈 3.1~10.15 10:00~18:45 / 10.16~2.28 10:00~ 17:45 휴무 1.1, 12.25 요금 일반 €2.80 홈피 www.toledomonumental.com/jesuitas.html 지도 맵북 P.17-A

종탑전경

메스키타 델 크리스토 데 라 루스
Mezquita Del Cristo De La Luz

톨레도의 초입에 자리한 무어 양식의 메스키타(모스크)다. 이슬람이 지배하던 999년에 지어진 것으로 태양의 문 Puerta del Sol 바로 옆에 자리하고 있는데, 당시 이 동네는 '메디나'라 불릴 만큼 부유한 지역이었다. 건물 자체는 크지 않지만, 사각형의 흔치 않은 정면에 무데하르 양식 특유의 벽돌 아치들이 눈에 띈다. 건물 옆으로 조성된 정원에서는 톨레도 북쪽의 전경이 시원하게 보인다.

위치 ① 산 일데폰소 성당에서 도보 4분 ② 소코도베르 광장에서 도보 4분 주소 Calle Cristo de la Luz, 22, 45002 Toledo 오픈 3.1~10.15 10:00~18:45 / 10.16~2.28 10:00~17:45 휴무 1.1, 12.25 요금 일반 €2.80 홈피 www.toledomonumental.com/mezquita.html 지도 맵북 P.17-B

산티아고 교회
Iglesia Santiago del Arrabal

톨레도 마을 입구에 자리한 이 교회는 13세기 산초 2세의 명으로 건설한 것이다. 가톨릭교회로 지어졌으나 1125년까지 원래 이 자리에 있었던 아랍 모스크의 많은 부분을 차용했기 때문에 건물 외관에서부터 무데하르 양식을 볼 수 있다. 현존하는 무데하르 양식의 교회 중에서도 매우 독특한 형태를 보이며 교회 안에는 14세기에 만든 설교단이 남아 있다.

위치 ① 산 일데폰소 성당에서 도보 4분 ② 소코도베르 광장에서 도보 4분 주소 Calle Cristo de la Luz, 22, 45002 Toledo 오픈 3.1~10.15 10:00~18:45 / 10.16~2.28 10:00~17:45 휴무 1.1, 12.25 요금 일반 €2.80 홈피 www.toledomonumental.com/mezquita.html 지도 맵북 P.17-A

톨레도 계곡 전망대
Mirador del Valle

톨레도 여행의 하이라이트로 꼽히는 멋진 전망대다. 톨레도 남쪽으로 강 건너편에 위치해 조금 멀지만 타호강으로 둘러싸인 요새 도시 톨레도의 풍경을 한눈에 볼 수 있다. 가장 높은 곳에서 마을을 지키는 알카사르를 시작으로, 대성당의 뾰족한 종탑과 마을을 가득 메운 지붕들 그리고 마을을 감싸 흐르는 타호강까지 한 폭의 그림 같은 풍경이다.

위치 ① 소코도베르 광장 근처 Calle de la Paz (Cuesta Carlos V) 버스정류장에서 71번 버스 €1.50 ② 소코도베르 광장에서 출발하는 꼬마기차 소코트렌은 미라도르에서 5분간만 정차한 후 다시 소코도베르 광장으로 돌아간다. €6.00 **주소** Ctra. Circunvalación, s/n, 45004 Toledo **지도** 맵북 P.17-D

SPECIAL

톨레도를 지켜온 세 개의 문

비사그라 문 Puerta De Bisagra

톨레도의 초입에 우뚝 서서 도시를 지키는 문이다. 원래 첫 번째 비사그라 문은 알폰소 6세의문 Puerta de Alfonso VI이라 하여 10세기에 지어졌는데, 이후 16세기에 그보다 조금 동쪽인 지금의 자리에 '신 비사그라 문 Puerta Nueva de Bisagra'이 들어서면서 지금까지 톨레도로 들어가는 입구 역할을 하고 있다. 바깥 쪽은 양쪽에 둥근 모습을 하고 있지만, 마을 안쪽에서 보면 첨탑이 두 개 있는 사각형의 모습이다. 문 안쪽 공간에는 카를로스 5세의 동상이 있다.

위치 ① 톨레도 기차역 앞에서 시내버스 5번, 11번, 61번, 62번, 94번 등으로 5분 ② 톨레도 버스터미널에서 도보 10분 주소 Calle Real del Arrabal, 26, 45003 Toledo 지도 맵북 P.17-B

알폰소 6세의 문

태양의 문 Puerta Del Sol

성벽으로 둘러싸인 톨레도로 들어가는 관문이다. 톨레도의 오래된 성벽을 따라 언덕길을 올라가다 보면 성벽 옆으로 붙어있는 문이 보인다. 13세기 말에서 14세기경 구호기사단에 의해 무데하르 양식으로 지어졌다. 톨레도가 확장하면서 비사그라 문이 관문의 역할을 하기 시작하자 원래 기능이 약화되었다. 정면 위쪽에 톨레도의 수호성인인 일데폰소의 부조가 새겨져 있다.

위치 비사그라 문에서 도보 5분 주소 Callejón San José, 2, 45003 Toledo 지도 맵북 P.17-B

알칸타라 문 Puerta de Alcántara

타호 강변에 지어진 문이다. 아랍어로 '알칸타라'는 '다리'를 뜻하는데, 바로 옆에 강을 가로지르는 알칸타라 다리 Puente de Alcántara가 있는 것에서 알 수 있다. 10세기에 아랍인들이 만들었으며 가톨릭 지배에 놓이면서 변형되었다. 중세 시대에는 도시 방어에 중요한 역할을 했으며 강변에 있었던 만큼 상인들에게도 중요한 문이었으나, 마드리드로 수도를 옮긴 16세기부터 쇠퇴하기 시작해 19세기까지 방치되었다.

위치 소코도베르 광장에서 도보 10분 주소 45001, Calle Gerardo Lobo, 1, 45001 Toledo 지도 맵북 P.17-B

라 파브리카 데 아리나스

Restaurante La Fábrica de Harinas

산 후안 로스 레예스 호텔 Hotel San Juan de los Reyes에서 운영하는 '밀가루 공장'이란 뜻을 지닌 레스토랑이다. 4성급 호텔에 있지만 '메뉴 델 디아 Menu del Dia(오늘의 메뉴)'를 이용하면 가성비가 좋은 정찬을 즐길 수 있다.

주소 Calle de los Reyes Católicos, 5, 45002 Toledo 오픈 화~금 11:00~17:00, 20:00~23:00, 토·일 11:00~23:00 휴무 월요일 가격 메뉴 델 디아(평일 점심) €18, 일반 코스 요리 €27~32 전화 +34 925 28 35 49 홈피 www.hotelsanjuandelosreyes.com 지도 맵북 P.17-C

EATING

파라도르 데 톨레도

Parador de Toledo

톨레도에서 가장 전망 좋은 카페를 꼽으라면 단연 이곳이다. 톨레도 계곡 전망대보다 더 높은 곳에 자리 잡고 있어 비슷하지만 조금 다른 풍경을 선사한다. 톨레도의 전경이 한눈에 들어오는 것은 물론이고 알카사르와 카테드랄 등 톨레도의 주요 명소들을 하나하나 여유 있게 바라보며 노천 테이블에 앉아서 느긋하게 커피나 음료를 즐길 수 있다. 파라도르 건물은 붉은 벽돌과 돌 그리고 나무로 지어져 고풍스러운 느낌을 더한다.

주소 Cerro del Emperador, s/n, 45002 Toledo 오픈 월~금 10:30~24:00, 주말 · 공휴일 11:00~24:00 가격 커피나 음료 €3~7 전화 +34 925 22 18 50 홈피 www.parador.es 지도 맵북 P.17-D

SPECIAL

톨레도의 명물 마사판 Mazapan

마사판은 아몬드 가루에 설탕이나 꿀을 넣어 만든 과자다. 톨레도에서는 아주 오래전부터 크리스마스에 주로 만들어 먹는 전통 과자였는데, 일종의 만주 같은 간식으로 엄청 달아서 커피나 차와 어울린다. 특별한 맛은 아니지만 궁금하다면 조금만 사서 맛을 보는 것도 괜찮다.

콘피테리아 산토 토메 Confiteria Santo Tomé

톨레도에서 가장 유명한 마사판 가게다. 1856년에 오픈한 전통적인 과자점으로 본점은 산토 토메 골목에 있고 소코도베르 광장에도 분점이 있다. 대부분 kg 단위로 판매해서 부담스럽지만, 작은 비닐 팩에 든 것도 있다.

주소 Plaza Zocodover, 7, 45001 Toledo / 본점 Calle Santo Tome, 3, 45002 오픈 09:00~21:00 홈피 www.mazapan.com 지도 맵북 P.17-B

카페 라스 몬하스 El Café de las Monjas

'수녀님들의 카페'라는 뜻의 이 카페에서는 쇼윈도에 마사판을 만드는 수녀들의 모습이 귀여운 모형으로 전시되어 있다. 가격이 비싼 편이지만 낱개 판매를 하고 있어 1, 2개 사서 먹어보기에 좋다. 추로스와 초콜릿도 판다.

주소 Calle Santo Tome, 2, 45002 Toledo 오픈 09:00~21:00 홈피 www.elcafedelasmonjas.com 지도 맵북 P.17-C

SPECIAL

다마스키나도 Damasquinado

이슬람의 흔적을 느낄 수 있는 톨레도 특유의 금속공예품이 있는데 '다마스키나도 damasquinado'라 부른다. 뜻 자체는 '상감 세공품'이란 뜻인데, 과거 번성했던 시리아의 수도 다마스쿠스 장인이 만든 데서 비롯된 이름이다. 검은 금속판에 금실이나 은실을 입히는 상감 기법으로 만들며, 작은 액세서리에서부터 시계, 장식품, 접시, 보석함, 칼, 가위에 이르기까지 다양한 물건이 있다. 톨레도 상점에서 쉽게 볼 수 있는 기념품이다.

시미안 Simian

톨레도에서 가장 유명한 다마스키나도 상점이다. 규모가 크고 오래되기도 했지만, 입구에서 장인들이 직접 만드는 과정을 보여주어 좋은 구경거리가 된다. 좁은 골목에 있지만, 단체 투어 손님들로 북적이는 곳이다.

주소 Calle Sta. Ursula, 6, 45002 Toledo 오픈 09:30~20:00 홈피 www.artesaniasimian.com 지도 맵북 P.17-C

SEGOVIA
세고비아

로마의 식민지였고, 카스티야 왕국의 주요 거점이었던 세고비아는 스페인의 고대와 중세의 모습을 고스란히 간직하고 있다. 웅장하고도 완벽한 건축미를 뽐내는 수도교, 우아함과 세련미를 품은 대성당, 동화 〈백설공주〉 성의 배경이 된 알카사르, 투박하면서도 포근한 골목길까지. 자연스레 중후한 도시의 매력에 빠지게 된다.

Transportation
교통 정보

가는 방법

당일치기 여행지로 유명한 세고비아는 마드리드 북서쪽으로 약 80km 떨어진 지점에 있다. 기차와 버스로 이동할 수 있지만, 기차보다는 버스가 여러모로 편리하다.

기차

버스보다는 기차가 운행 편수가 많다. 게다가 고속열차를 탔을 경우 소요 시간도 버스보다 2배는 빠르다. 다만, 단점이라면 기차 티켓 비용이 많이 들며, 명소가 모여 있는 구시가까지는 5km 떨어져 있어 대중교통을 이용해야 한다는 것. 특별한 경우가 아니라면 추천하지 않는다.

마드리드 차마르틴역

마드리드 차마르틴역 Madrid Chamartín에서 1시간에 1~2회 운행하는 고속열차는 세고비아 기차역 Segovia Av(Segovia Guiomar)까지 단 27분이면 도착할 수 있다. 구시가까지는 버스 혹은 택시를 이용해야 한다.

세고비아역에서 구시가로 이동하기

교통 수단	요금
11번 버스(종점 : 수도교)	€2.00
12번 버스(종점 : 버스 터미널)	
택시 RADIO-TAXI SEGOVIA www.radiotaxisegovia.es	평일 €8.50, 주말 €11.50

세고비아 기차역

마드리드 아토차 세르카니아스역 Madrid Atocha Cercanias에서는 하루에 약 5대 운행하는 지역 열차 레지오날 Regional이 마드리드 차마르틴역을 지나 구 세고비아역 Segovia까지 연결하며, 약 2시간 소요된다.

구 세고비아역에서 구시가로 이동하기

교통 수단	요금
6, B번 버스(경유 : 버스 터미널)	€2.00
8, 9번 버스(경유 : 수도교)	
택시 RADIO-TAXI SEGOVIA www.radiotaxisegovia.es	평일 €5.50, 주말 €7.50

※버스회사 Urban Segovia
홈피 https://segovia.avanzagrupo.com

버스 

세고비아 버스터미널에서 구시가까지는 도보 6분 정도로 접근성이 좋고, 기차 편도 가격으로 버스 왕복 티켓을 살 수 있다는 장점이 있어 기차보다는 버스를 많이 이용한다.

마드리드 몽클로아역 Moncloa(메트로 3 · 6호선)에서 1번 출구(Terminal Autobuses 방향)로 나가 라 세풀베나다 La Sepulvedana 버스회사 창구에서 티켓을 구입할 수 있다.

출발지	소요시간	버스회사
마드리드	(직행) 1시간 10분 (완행) 1시간 30분 ~ 2시간	라 세풀베나다 La epulvedana https://lasepulvedana.es

- 버스회사 창구/자동발매기에서 티켓 구입
- 직행 Directo 버스 스케줄 확인
- 좌석은 지정되어 있지 않다.
- 왕복 티켓 구입 시, 세고비아 버스터미널에서 시간 지정하기(성수기에는 매진될 수 있으므로 도착 후 바로 지정한다).
- 세고비아 버스터미널 내 코인 로커 €3.00

관광안내소

위치 세고비아 수도교 근처
주소 Plaza Azoguejo, 1, 40001 Segovia 오픈 월~토 10:00~18:00, 일요일 10:00~17:00
홈피 www.turismodesegovia.com

BEST COURSE

세고비아 추천 코스

수도교부터 알카사르까지 한 방향으로 쭉 뻗어 있어 동선이 복잡하지 않다. 다만, 명소간 거리가 있어 오래 걸어야 하지만 옛 모습 그대로 보존된 구시가를 걷는 일은 꽤 즐겁다.

Check List

- ☑ 계단에 올라 끝없이 펼쳐진 수도교 감상하기
- ☑ 알카사르를 바라볼 수 있는 숨은 뷰 포인트 찾아가기
- ☑ 세고비아 대표 음식 코치니요 아사도 먹어보기

DAY 1

1. 세고비아 수도교

▼ 도보 10분

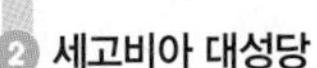

2. 세고비아 대성당

▼ 도보 10분

3. 알카사르

▼ 도보 2분

4. 산 에스테반 성당

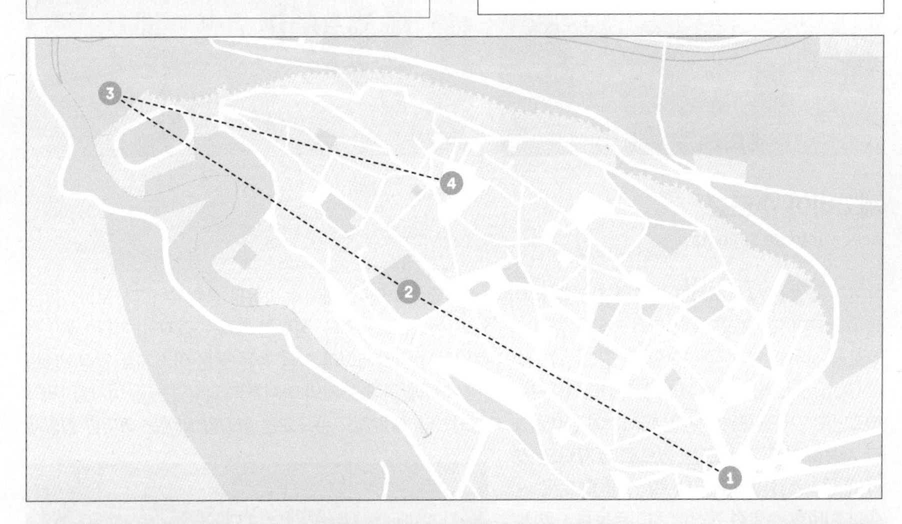

세고비아 수도교
Acueducto de Segovia

유구한 세월 동안 웅장하고 견고한 자태를 유지한 수도교의 완벽한 상태에 놀라움을 금할 수 없다. 로마인들은 약 17km 떨어진 프리오 Rio Frio 강물을 끌어오기 위해 수도교를 지었다. 정확한 기록은 없지만, 기원 1세기 전후로 추정하고 있다. 수도교의 총 길이는 728m, 아치의 수는 167개이며 가장 높은 곳은 아소게호 광장 Plaza del Azoguejo 부근으로 28m에 달한다. 11세기 이슬람 세력에 의해 36개의 아치가 파괴되었는데, 이사벨 1세와 페르난도 2세의 재위 기간인 15세기에 완벽하게 복원되었다. ***놀랍게도 수도교는 화강암 외에는 어떠한 접합제도 사용하지 않고 누르는 힘으로 유지되고 있다.*** 인공축조물임에도 고대 로마인들의 토목 기술과 치밀한 수학적 계산에 경이로움을 느끼게 되는 이유다. 수도교의 물길은 알카사르까지 이어졌으며 1884년까지 사용되었다. 1985년에는 유네스코 세계문화유산으로 등재되었다.

위치 버스터미널에서 도보 6분 **주소** Plaza del Azoguejo, 1, 40001 Segovia **지도** 맵북 P.18-D

로마의 건국 시조인
로물루스와 레무스 동상

세고비아 대성당
Catedral de Segovia

정식 명칭은 세고비아 성모의 대성당 Catedral de Santa María de Segovia이다. '대성당의 귀부인'이라고 불릴 정도로 고풍스럽고 우아한 자태를 뽐낸다. 코무네로스의 반란으로 이전의 대성당이 파괴된 후, 1525년에 짓기 시작한 것이 지금의 대성당이다. 1577년에 초기 건축이 이뤄졌고 그 후 증·개축을 거듭해 약 200년 후인 1768년이 되어서야 비로소 완성되었다. 로마네스크 양식으로 시작했으나 후기 고딕 양식을 더 많이 볼 수 있는 것도 이 때문이다. 규모가 큰 만큼 내부에는 수많은 예배당이 있고 화려한 스테인드글라스로 가득하다.
부속 박물관 Museo Catedralicio에는 종교화, 공예품, 보물을 전시하고 있으며 스페인에서 가장 처음으로 인쇄된 단행본 〈시노달 데 아길라푸엔테 Sinodal de Aguilafuente〉도 있다. 어린아이의 묘는 엔리케 2세 Enrique II의 아들 페드로의 묘다. 유모의 실수로 알카사르에서 떨어져 죽었으며 유모 역시 그 뒤를 따라 성에서 투신했다고 전해진다.

위치 세고비아 수도교에서 도보 10분 **주소** Plaza Mayor, s/n, 40001 Segovia **오픈** 11~3월 09:30~18:30 / 4~10월 09:00~21:30 **휴무** 1.1, 1.6, 성 금요일, 12.25, 12.31 **요금** 일반 €3.00 (일요일 09:00~10:30 무료, 회랑 및 박물관은 비공개) **홈피** http://catedralsegovia.es **지도** 맵북 **P.18-A**

tip

대성당 탑

탑은 가이드 투어로만 올라갈 수 있으며 약 70분이 소요된다. 예약은 티켓 창구에서 한다.

투어 11~3월 10:30, 12:00, 13:30, 16:30 / 4~10월 10:30~12:00, 13:30, 16:30, 19:30 **요금** €3.00

알카사르
Alcázar de Segovia

고깔을 얹은 뾰족한 둥근 탑이 인상적인 알카사르는 어린 시절 꿈꾸던 동화 속의 성을 보는 듯하다. 실제로 월트 디즈니 만화 〈백설공주〉의 모티브가 되었다. 알카사르에 대한 기록은 12세기에 처음 발견되었으며, 고대 로마 시대 요새부터 시작되었다고 전해진다. 카스티야 왕국의 왕들이 가장 좋아했다고 알려진 알카사르에 이사벨 1세도 카스티야 왕위에 오르기 전에 머물렀다. 스페인 황금시대에 즉위했던 펠리페 2세의 결혼식도 이곳에서 진행되었다. 이후 마드리드로 수도를 옮겨가면서 왕의 거처 역할은 상실되고 2세기 동안 감옥으로 사용되었다. 1762년에는 포병 학교로 사용되기도 했고, 1862년에는 대화재 발생으로 소실되었다가 복원되었다.
성의 내부에는 화려한 왕가의 생활을 보여주는 수많은 방이 있는데 수 세기를 거쳐온 만큼 각각 서로 다른 특징을 느낄 수 있다. 각종 무기와 갑옷, 대포 등을 전시하여 스페인 전성기의 강인함을 그대로 느낄 수 있는 박물관도 있다. 후안 2세 탑 Torre de Juan II에 오르면 사방이 탁 트인 전경을 볼 수 있다.

위치 세고비아 대성당에서 도보 10분 **주소** Plaza Reina Victoria Eugenia, s/n, 40003 Segovia **오픈** 11~3월 10:00~18:00 / 4~10월 10:00~20:00 **휴무** 1.1, 1.6, 6.14, 12.25 **요금** 성+박물관+탑 €8.00, 성+박물관 일반 €5.50, 학생 €3.50, 탑 €2.50 ※한국어 오디오 가이드 €3.00(보증금 €5.00) **홈피** www.alcazardesegovia.com **지도** 맵북 P.18-A

산 에스테반 성당
Iglesia de San Esteban

13세기에 후기 로마네스크 양식으로 지어졌다. 1896년에 화재가 발생하여 큰 피해를 보았지만 10개의 아치로 이어진 회랑과 기둥머리는 건축 당시의 것이다. 지금의 모습은 20세기에 재건되었다. 성당의 핵심은 높이 53m의 바로크 양식 종탑이다. 독특한 모양새로 '탑의 여왕'이라 불린다.

위치 알카사르에서 도보 10분 주소 Plaza San Esteban 40003 Segovia 지도 맵북 P.18-B

백설공주 성을 찾아서

동화 속 성의 모습을 볼 수 있는 장소는 따로 있다. **라 프라데라 데 산 바르코 전망대 Mirador de la Pradera de San Marcos**라는 곳이다. 계단을 따라 한참 내려가고, 강을 건너기도 하는 등 고생이 따르지만 진정한 알카사르의 모습을 한눈에 담을 수 있다.

위치 알카사르에서 도보 10분 주소 Calle de San Marcos, 19, 40003 Segovia, Spain 지도 맵북 P.18-A

레스토랑 호세 마리아
Restaurante José María

1982년에 문을 연 레스토랑으로 메손 데 칸디도보다는 역사가 짧지만, 세고비아에서 가장 유명한 코치니요 아사도 전문점이다. 이곳의 주인이자 셰프인 호세 마리아 José María는 1972년 이탈리아 밀라노에서 열린 세계 소믈리에 챔피언십을 비롯해 많은 대회에서 수상한 바 있으며, 세고비아에 레스토랑을 열고 새끼돼지 요리를 대표메뉴로 걸면서 많은 연구를 한 인물로 알려져 있다. 게다가 코치니요 아사도와 완벽한 조화를 이루는 와인을 직접 만들기도 해서 더욱 유명하다.

주소 Calle Cronista Lecea, 11, 40001 Segovia **오픈** 월~수 09:00~01:00, 목 · 금 09:00~02:00, 토 · 일 10:00~01:00 **가격** 코치니요 아사도 €27.00 **전화** +34 921 46 11 11 **홈피** www.restaurantejosemaria.com **지도** 맵북 P.18-B

세고비아의 명물
코치니요 아사도 ★ Cochinillo Asado

생후 2개월이 넘지 않은 새끼돼지를 화덕에 구운 요리다. 얇고 바삭한 껍질과 연하고 담백한 육질이 일품이다. 통째로 구운 새끼돼지는 칼 대신 접시로 자르는데 그만큼 고기가 연하다는 것을 의미하며 자른 접시는 던져서 깨는 풍습이 있다. 새끼돼지를 먹는 것이 보기에 따라 잔인해 보일 수 있지만, 세고비아의 전통 음식임을 존중해야 한다.

메손 데 칸디도
Mesón de Cándido

세고비아의 명물인 새끼돼지 요리 코치니요 아사도 전문점으로 세고비아 수도교 바로 앞에 있다. 100년이 넘는 오랜 역사만큼 맛이 검증된 곳이라 늘 관광객으로 붐빈다. 고풍스러운 실내와 수도교가 보이는 전망도 한몫한다. 통째로 구운 새끼돼지를 접시로 잘라주는 일종의 퍼포먼스는 그만큼 부드럽다는 것을 보여주려는 의도가 담겨 있다.

주소 Plaza Azoguejo, 5, 40001 Segovia 오픈 13:00~17:00, 20:00~23:00 가격 코치니요 아사도 €24.00 전화 +34 921 42 59 11 홈피 www.mesondecandido.es 지도 맵북 P.18-D

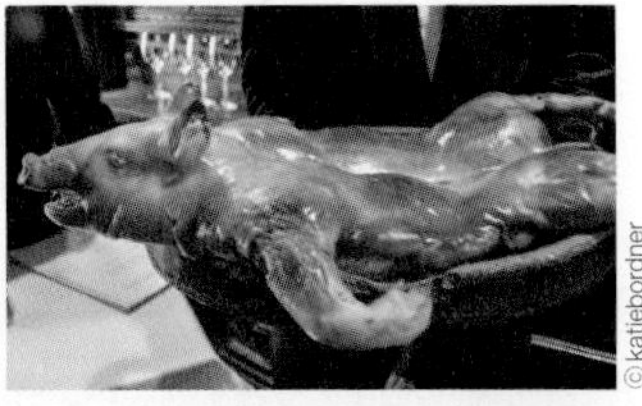

© katiebordner

리몬 이 멘타
Limón y Menta

세고비아 전통 과자 폰체 Ponche 전문점이다. 폰체는 밀가루, 달걀노른자, 설탕, 버터를 넣고 그 위에 슈가 파우더를 뿌린 후 격자무늬를 낸 디저트다. 과자보다는 층층이 쌓인 스폰지 케이크와 더 비슷하다. 안쪽은 부드럽고 겉은 쫄깃하다. 레몬의 신맛도 느껴지지만 단맛이 훨씬 강해서 폰체를 먹을 때는 커피와 함께 즐길 것을 권한다.

주소 C/ Isabel la católica, 2, 40001 Segovia 오픈 월~금 09:00~20:30, 토 · 일 09:00~21:00 가격 폰체 €3.00 전화 +34 921 46 22 57 홈피 www.pastelerialimonymenta.com 지도 맵북 P.18-B

EL ESCORIAL
엘 에스코리알

마드리드에서 한 시간만 달리면 울창한 숲 속에서 고요하면서도 웅장한 모습을 보여주는 수도원을 만날 수 있다. 스페인의 가장 화려했던 시기에 지어졌으나 담담한 절제의 미를 보여주는 엘 에스코리알 수도원은 스페인 황금기의 또 다른 모습을 볼 수 있는 곳이다.

Transportation
교통 정보

가는 방법

마드리드의 솔 광장, 아토차 역, 차마르틴 역 등에서 근교 열차인 세르카니아스 C3번 노선으로 1시간 정도 소요된다. 엘 에스코리알 역은 작지만 카페와 매점, 타파스 바가 있어 간단한 식사를 할 수 있다.
엘 에스코리알 역에서 수도원까지는 걸어가거나 버스, 택시를 이용할 수 있다. 버스는 정류장이 떨어져 있고 자주 오지 않으니 갈 때는 택시, 역으로 돌아올 때는 걸어올 것을 추천한다. 택시는 역 바로 뒤 택시 승차장에서 타면 €5 정도 나온다. 역 뒤편에서 수도원까지는 숲이 우거진 공원 산책로가 있어 걸어가는 것도 좋다. 20~25분 소요되며 수도원으로 갈 때는 살짝 오르막길이니 내려올 때가 편하다. 공원이 닫힌 경우 옆 도로를 이용할 수 있다(공원 오픈 4~9월 10:00~20:00, 10~3월 10:00~18:00, 월요일 폐관).

관광안내소

엘 에스코리알 수도원뿐 아니라 수도원이 자리한 소도시 산 로렌소 엘 에스코리알 San Lorenzo de El Escorial의 전반적인 관광 안내를 맡고 있다. 수도원 정문 바로 길 건너편에 위치한다.

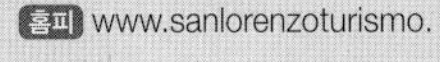
홈피 www.sanlorenzoturismo.es

TALK

여기서 잠깐! 펠리페 2세

엘 에스코리알에 대해 알려면 펠리페 2세를 알아야 한다. 펠리페 2세는 엘 에스코리알을 만든 왕일 뿐만 아니라 스페인 역사에 있어 최고의 전성기와 함께 몰락의 시작을 모두 겪은 왕이다. 그는 신성로마제국의 황제인 카를 5세(스페인 카를로스 1세)의 아들로 태어났다. 16세기 유럽은 종교개혁이 한창이던 시기로, 펠리페 2세는 가톨릭의 수호자로서 개신교나 이슬람을 탄압하고 수많은 전쟁을 일으켰다. 1571년 레판토 해전에서 오스만 제국을 물리치기도 했으나, 1581년 네덜란드가 폭정에 반발하며 80년에 걸친 전쟁이 시작되었다. 잉글랜드는 네덜란드 반군을 지원하였고 칼레 전투의 패배와 태풍 등으로 잉글랜드와의 전쟁에 패함으로써 스페인 무적함대의 시대는 끝을 맺는다. 통치 기간 동안 네 번이나 파산 선고를 했으며 그의 사후 스페인은 나폴레옹에게 점령당하고 식민지 독립 등을 겪으며 몰락의 길을 걷는다. 엘 에스코리알 수도원은 스페인의 전성기에 지어져 펠리페 2세의 독실함이 묻어나는 웅장하면서도 경건한 곳으로, 최초의 스페인 국왕이라 할 수 있는 부왕 카를로스 1세와 펠리페 2세 자신이 묻힌 곳이다.

엘 에스코리알 수도원
Monasterio de El Escorial

마드리드 서북쪽 45km 거리에 자리한 산 로렌소 데 엘 에스코리알 마을에 있는 수도원으로, 정식 명칭은 왕립 산 로렌소 데 엘 에스코리알 수도원 Monasterio y Sitio de El Escorial en Madrid이다. 스페인 국왕의 거주지이자 광대한 수도원이며, 궁전, 묘지, 예배당, 학교, 병원, 박물관 등이 한데 모여 있는 독특한 복합 시설이다.

1557년 8월 스페인은 생 켕탱 전투에서 프랑스군을 물리쳤는데 마침 이 때가 산 로렌소의 날이었다. 펠리페 2세는 전쟁의 승리를 기념하고 산 로렌소에게 봉헌하기 위해 1563~1584년 이 수도원을 세웠다. 당시 유럽은 프로테스탄트들의 저항이 계속되던 시기로, 펠리페 2세는 가톨릭의 지식과 기록, 학문을 발전시키기 위해 거대 연구원을 지었다. 엘 에스코리알의 중요한 볼거리인 **도서관 La Biblioteca**에는 4만 권이 넘는 장서가 보존되어 있으며 천장의 프레스코화가 매우 아름답다.

또한, 펠리페 2세는 신성로마제국의 황제였던 자신의 아버지 카를로스 1세와 가족들의 묘지를 만들었으며, 이후 5세기 동안 스페인 왕들이 이곳에 묻혔다. 지하 왕족들의 **판테온 Los Panteones**에서 수많은 비석과 묘지를 볼 수 있다. 300개의 방과 15개의 회랑이 있는 거대한 규모지만 신실했던 펠리페 2세는 화려하지 않고 간단하고 소박하게 지을 것을 명했다. 사실 소박하다는 표현이 무색할 수는 있지만, 궁전이라고 하기에는 상대적으로 매우 소박한 편이다.

궁전 Los Palacios은 합스부르크 가문과 부르봉 가문의 궁전으로 나뉘어 있으며 서류왕이라 불렸던 펠리페 2세의 업무실도 남아 있다. 맨 위층 **전쟁의 방 Sala de las Batallas**에는 스페인의 승전을 묘사한 벽화가 벽면을 가득 메우고 있다. 크고 복잡한 건물이지만 관람 안내 표지판이 잘 되어 있어 순서대로 따라가면 헤매지 않고 돌아볼 수 있다.

주소 Av Juan de Borbón y Battemberg, s/n, 28200 San Lorenzo de El Escorial 오픈 4~9월 화~일 10:00~20:00 / 10~3월 화~일 10:00~18:00 휴무 월요일, 1.1, 1.6, 5.1, 9.9, 12.24, 25, 31 요금 일반 €10, 25세 이하 학생 €5, 5세 미만 무료 홈피 http://monasteriodelescorial.com, www.patrimonionacional.es

기념품

5

CUENCA

쿠엥카

절벽 위의 도시 쿠엥카는 기암 괴석의 독특하면서도 신비로운 모습과 그 위에 아찔하게 세워진 마을의 풍경이 그림 같은 곳이다. 과거 이슬람이 요새를 지었던 오래된 도시로서 마을 전체가 유네스코 문화유산으로 지정되어 있다.

Transportation
교통 정보

가는 방법

쿠엥카는 버스나 완행열차를 이용해서 저렴하지만 조금 느리게 가는 방법이 있고, 직행 열차로 비싸지만 빠르게 가는 방법이 있다. 소요 시간 차이가 두 배 정도 나지만, 직행열차가 도착하는 역이 시내에서 멀리 떨어져 있다는 것도 염두에 두자.

기차

마드리드의 아토차역에서 다양한 열차가 있다(차마르틴역에서도 출발할 수 있지만, 더 오래 걸리고 요금도 싸지 않다). 직행 열차가 훨씬 빠르지만 쿠엥카에 도착하는 소벨역이 시내에서 6km 정도 떨어져 있어 버스나 택시를 이용해야 중심가로 갈 수 있다(버스 €2.15, 택시 €12~15).

출발	도착	열차 종류	소요 시간
아토차 기차역 Puerta de Atocha	쿠엥카 페르난도 소벨역 Cuenca-Fernando Zóbel	직행 AVE, Intercity, ALVIA	55분~1시간 10분
아토차 세르카니아스역 Atocha Cercanias	쿠엥카역 Cuenca	완행 레히오날 Regional	2시간 40분

소벨역관광안내소

버스 

마드리드의 남부 터미널에서 출발하는 아반사 Avanza 버스로 2시간 ~2시간 30분 정도 소요된다. 쿠엥카의 버스터미널은 쿠엥카역 근처에 있는데, 시내 중심가까지 약 1.6km 거리로 20분 정도 걷거나 버스를 이용해야 한다.

©Antonio Vera

시내 교통

시내 버스 빨간색 1번 노선이 쿠엥카의 두 기차역과 버스터미널에서 시내 중심까지 운행되는데, 배차 간격이 평일에는 30분, 주말과 공휴일에는 1시간이므로 주의해야 한다.

요금 편도 기준 쿠엥카역에서 시내 €1.20, 소벨역에서 시내 €2.15 홈피 www.urbanoscuenca.com

▶쿠엥카 페르난도 소벨역 – 쿠엥카역, 버스터미널 – 마요르 광장(카테드랄) 총 25분 소요

관광안내소

고속열차의 기차역인 소벨역에 관광안내소가 있으며, 쿠엥카 시청사 바로 뒤에도 관광안내소가 있다. 시청사 뒤편의 관광안내소에는 무료 한글 책자도 있는데 내용이 꽤 알차다.

주소 Calle Alfonso VIII, 2, 16001 Cuenca 오픈 일~목 10:00~14:00, 17:00~19:00, 금 · 토 10:00~19:00 홈피 www.turismo.cuenca.es

MEMO

꼬마 관광열차 트렌 투리스티코 TrenTuristico

마을의 주요 관광지를 순환하는 꼬마 열차다. 가격에 비해 큰 도움이 되는 것은 아니지만, 노인이나 아동을 동반하는 경우 좀 더 편하게 구경하며 소소한 재미를 느낄 수 있다. 마요르 광장 앞에서 상행선과 하행선 모두 정차한다.

운행 4~10월 화~일요일 11:00~19:00(11~3월은 16:00 정도까지 운행. 정확한 스케줄은 홈페이지 참조) 휴무 월요일과 일부 공휴일 요금 1회왕복 €6, 1일권 €7 홈피 www.trenturisticocuenca.com

BEST COURSE

쿠엥카 추천 코스

쿠엥카는 마드리드에서 조금 멀리 떨어져 있지만, 작은 마을이라 당일치기로 다녀올 수 있는 곳이다. 마을 안에서는 대부분 걸어 다닐 수 있어서 여유 있게 하루를 즐기기 좋다.

- ☑ 쿠엥카의 상징 매달린 집을 배경으로 인증샷
- ☑ 아찔한 계곡 위의 산 파블로 다리 건너기
- ☑ 맑은 날 전망대에서 쿠엥카 내려다보기

DAY 1

1. 마요르 광장
   ▼ 도보 1분
2. 알폰소 8세의 길
   ▼ 도보 2분
3. 대성당
   ▼ 도보 2분
4. 매달린 집
   ▼ 도보 2분
5. 산 파블로 다리
   ▼ 도보 2분
6. 파라도르 데 쿠엥카
   ▼ 도보 20분
7. 쿠엥카 전망대

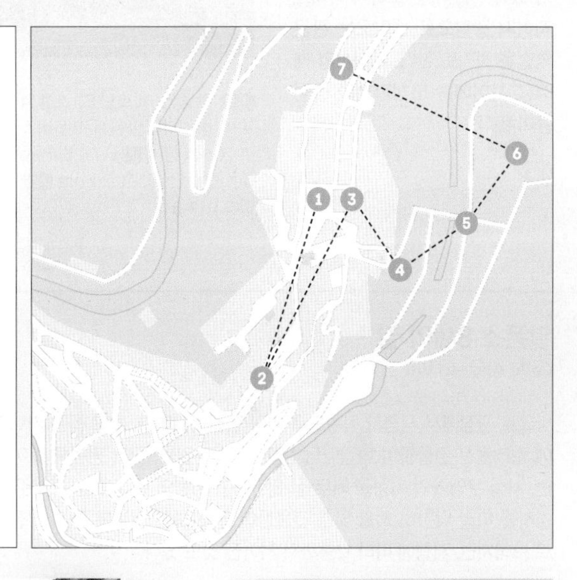

마요르 광장
Plaza Mayor

쿠엥카 여행의 중심이 되는 광장이다. 기차역이나 버스터미널에서 시내버스를 타면 바로 이곳에 내려 쿠엥카 여행을 시작하면 된다. 삼각형의 작은 광장에 대성당이 있고 색색의 건물들이 나란히 붙어 있으며 광장 끝에는 시청사가 있다. 시청사는 로마식 아치로 지어져 광장으로 들어오는 관문 역할을 하기도 한다. 시청사와 대성당 사이에는 노천카페와 상점들이 있다.

위치 쿠엥카 페르난도 소벨역 또는 버스터미널에서 1번 버스로 20~30분 **주소** Calle Severo Catalina, 2, 16001 Cuenca **지도** 맵북 P.19-B

쿠엥카 시청사

알폰소 8세의 길
Calle Alfonso VIII

마요르 광장에서 시청사 뒤쪽으로 이어진 골목길이다. 짧고 좁은 커브길에 컬러풀한 건물들이 다닥다닥 붙어 있어 눈길을 끈다. 평범해 보이지만, 사실 쿠엥카의 지형을 매우 잘 활용하고 지형의 특성을 잘 보여준다. 경사를 따라 나란히 키를 맞춘 건물들이 얼핏 보면 대부분 4~5층 정도로 보이지만, 지형에 따라 12층까지 지어진 것도 있다.

위치 마요르 광장에서 도보 1분 **주소** Calle Alfonso VIII, 16001 Cuenca **지도** 맵북 P.19-D

대성당
Catedral

마요르 광장에서 가장 눈에 띄는 건물로 쿠엥카 지역의 대주교 성당이다. 1196~1257년에 고딕 양식으로 지어진 성당이지만, 여러 차례 개축되어 바로크 양식과 르네상스 양식이 섞여 있다. 1902년에 번개로 성당이 무너져 내리면서 전면 파사드는 네오 고딕 양식으로 복구되었으나 아직도 미완성인 상태다. 플라테레스코 양식의 문과 성당 내부의 이중으로 된 복도 등이 볼만하다.

위치 마요르 광장 바로 앞 주소 Plaza Mayor, 16001 Cuenca 오픈 10:30~13:30, 16:00~18:00(7월 초~10월 중순 10:00~19:00) 요금 €4.80 홈피 www.catedralcuenca.es 지도 맵북 P.19-B

대성당1900년

매달린 집
Casas Colgadas

쿠엥카의 상징이 되는 건물이다. 아찔한 절벽 위에 매달려 있는 모습이 신기한데 건물의 입구 쪽에서 보면 전혀 상상할 수 없는 구조다. 산 파블로 다리 Puente de San Pablo 쪽에서 보면 제대로 된 모습을 볼 수 있다. 18세기 말까지 시청사로 사용하였으나 현재는 건물 안에 추상미술관 Museo de Arte Abstracto과 레스토랑이 있다.

위치 마요르 광장에서 도보 3분 주소 Casas Colgadas, 16001 Cuenca 오픈 (추상미술관) 화~금, 공휴일 11:00~14:00, 16:00~18:00, 토요일 11:00~14:00, 16:00~18:00, 일요일 11:00~14:30 휴무 월요일, 1.1, 12.24, 25, 31, 일부 공휴일 요금 무료 홈피 www.march.es 지도 맵북 P.19-B

산 파블로 다리
Puente de San Pablo

매달린 집이나 쿠엥카의 절벽들, 그리고 파라도르를 배경으로 인증샷을 찍기에 좋은 장소다. 우에카르강 Río Huécar의 계곡을 이어주는 이 다리는 1533~1589년에 처음 지어졌으나 무너져내려 1902년에 지금의 보행자 철교로 다시 만들었다. 이 다리를 건너면 파라도르와 이어진다. 기암 절벽 위에 세워진 쿠엥카의 독특한 매력을 한껏 느낄 수 있는 곳으로 다리 아래로는 아찔한 계곡이 펼쳐진다.

위치 마요르 광장에서 도보 5분 주소 Río Huécar, Cuenca, 16001 Cuenca 지도 맵북 P.19-B

파라도르 데 쿠엥카
Parador de Cuenca

16세기에 지어진 산 파블로 수도원을 개조해 현대식 호텔과 레스토랑을 갖춘 파라도르로 만들었다. 절벽 위에 있어 기본적으로 경관이 멋지고, 쿠엥카 구시가의 건너편에 자리해 구시가 절벽 위의 여러 건물을 바라보기에도 좋다. 파라도르에서 운영하는 카페 겸 바와 레스토랑이 있는데, 레스토랑은 식사 시간에만 운영하며 예약을 하는 것이 좋다.

위치 마요르 광장에서 도보 7분 주소 Paseo del Huécar, s/n, 16001 Cuenca 오픈 레스토랑 08:00~11:00, 13:30~16:00, 20:30~23:00 전화 +34 969 23 23 20 홈피 www.parador.es 지도 맵북 P.19-B

파라도르레스토랑 파라도르카페

쿠엥카 전망대
Mirador Barrio del Castillo

쿠엥카 마을의 북쪽 끝 언덕 위에 자리한 전망대다. 경사진 길을 제법 걸어야 하지만, 톨레도의 멋진 풍경을 한눈에 담을 수 있는 곳이다. 특히, 날씨가 맑은 날에는 시야가 넓어서 멀리 신시가지와 주변의 산들 그리고 깊은 계곡들 위로 펼쳐진 매우 아름다운 마을의 풍광을 감상할 수 있다.

위치 ① 마요르 광장에서 도보 12분 ② 마요르 광장에서 2번 버스로 5분 주소 Calle Larga, 37, 16001 Cuenca 지도 맵북 P.19-B

6

SALAMANCA
살라망카

고대 로마인들이 건설한 유서 깊은 도시로, 13세기에는 스페인 최초의 대학이 설립된 학문의 도시이기도 하다. 도시 전체가 유네스코 세계문화유산에 등재될 만큼 고풍스러운 유적지를 간직하고 있으면서도 대학생들로 가득해 활기찬 에너지가 느껴지는 매력적인 곳이다.

Transportation
교통 정보

가는 방법

살라망카는 마드리드에서 북서쪽으로 200km 정도 떨어진 곳에 있어 버스나 일반열차를 이용한다면 이동 시간에만 2시간 30분 이상 할애해야 한다. 마드리드에서 출발해서 여유 있게 당일치기 여행을 할 계획이라면 고속열차를 이용하는 것이 좋다.

기차

마드리드 차마르틴역에서 살라망카역까지 일반열차로 2시간 40분~3시간, 고속열차 알비아 ALVIA로는 1시간 40분 걸린다. 살라망카역에서 시내 중심인 마요르 광장까지는 2km 정도 떨어져 있어 20~25분은 걸어야 하므로 시내버스 이용도 고려해보자. 기차역에는 패스트푸드점과 푸드코트 그리고 지하에 대형 마트 카르푸가 있어 편리하게 이용할 수 있다.

출발	도착	열차 종류	소요 시간
차마르틴역	살라망카역	일반 열차	2시간 40분~3시간
		알비아 ALVIA	1시간 40분

버스

마드리드 남부터미널에서 살라망카 버스터미널까지는 아반사 Avanza 버스로 2시간 30분~2시간 45분 걸린다. 살라망카 버스터미널은 시내 북서쪽에 위치하고 있으며 마요르 광장까지는 도보로 15분 정도 걸린다. 시내버스를 타도 시간은 크게 차이 나지 않는다.

출발	도착	열차 종류	소요 시간
남부터미널	살라망카 버스터미널	아반사 Avanza	2시간 30분~2시간 45분

시내 교통

버스

시내는 걸어서 충분히 볼 수 있으나, 기차역에서 시내를 오갈 때에는 버스가 편리하다. 1번 버스가 기차역과 마요르 광장 사이를 오간다.

요금 €1.05

BEST COURSE

살라망카 추천 코스

살라망카는 마드리드에서 고속열차가 생기면서 최근에는 더 편하게 당일치기로 다녀올 수 있게 되었다. 오래된 도시로 볼거리가 많지만, 동선이 짧아서 하루 코스로 힘들지 않게 돌아볼 수 있다.

Check List

- ☑ 스페인 최초의 대학과 유럽에서 가장 오래된 도서관 방문하기
- ☑ 신 대성당 북문에서 우주인 조각 찾기
- ☑ 살라망카 대학 정문에서 개구리 찾기
- ☑ 이에로니무스 종탑에 올라 대성당 감상하기

▶ DAY 1

1. **마요르 광장**
   - ▼ 도보 4분
2. **조개의 집**
   - ▼ 도보 3분
3. **살라망카 대학**
   - ▶ 도보 1분
4. **이에로니무스 탑**
   - ▲ 도보 1분
5. **대성당**
   - ▲ 도보 5분
6. **산 에스테반 수도원**

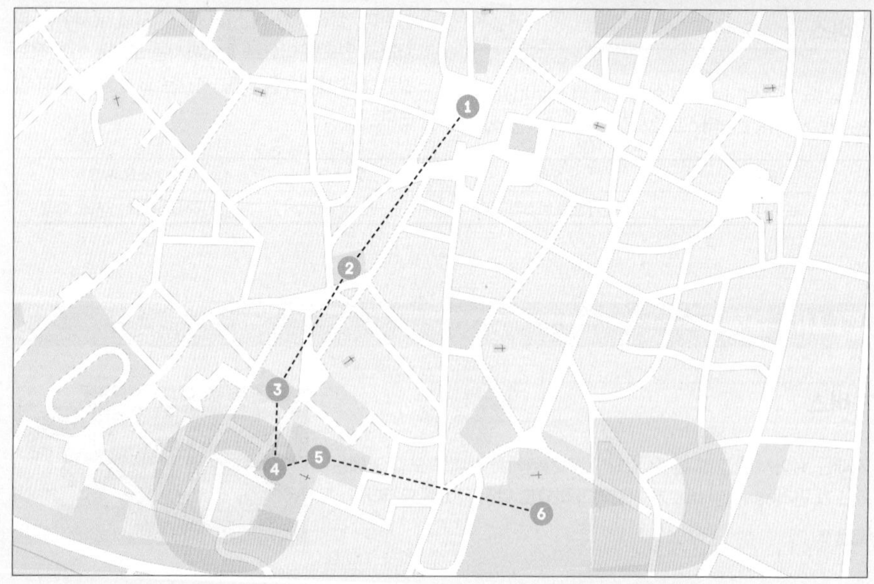

마요르 광장
Plaza Mayor

살라망카 여행의 중심이 되는 광장이다. 18세기 펠리페 5세의 지시로 알베르토 데 추리게라가 설계하고 니콜라스 데 추리게라와 호세 데 라라 데 추리게라, 안드레스 가르시아 데 키노네스가 완공했다. 광장을 둘러싼 건물에는 카페와 상점이 들어서 있으며, 종탑과 시계가 있는 아름다운 시청사 건물도 있다. 동쪽에 자리한 로열 파빌리언에는 펠리페 5세의 흉상이 새겨져 있다. 이 광장에서 1992년에 마지막 투우 경기가 있었다고 한다.

마요르 입구

펠리페 5세

위치 ① 기차역에서 1번 버스로 10분 ② 버스 터미널에서 도보 15분 **주소** Plaza Mayor, s/n, 37002 Salamanca **지도** 맵북 P.18-F

마요르 거리
Rua Mayor

마요르 광장에서 남쪽 출구에서 좁은 골목길을 잠시 지나면 나오는 '코리요 광장 Plaza del Corrillo'에서 대성당이 자리한 '아나야 광장 Plaza de Anaya'까지 이어진 거리다. 특별한 볼거리보다는 걷기 편한 보행자 거리로 길 양쪽으로 식당과 기념품점들이 늘어서 있는 곳이다. 300m 정도 되는 이 거리는 오전에는 한산하지만 점심시간부터 노천 테이블이 펼쳐지면서 금세 관광객들로 가득한 활기찬 거리로 변신한다. 건물들 사이에 자리한 골목이라 그늘이 잘 생겨 쉬어가는 여행자들이 많다.

위치 마요르 광장에서 도보 1분 **주소** Rua Mayor, 37002 Salamanca **지도** 맵북 P.18-E

조개의 집
Casa de las Conchas

15세기 후반에 지어진 고딕 양식의 저택이다. 산티아고 순례자를 수호하는 기사가 살았던 집으로 벽면 전체에 걸쳐 조개(가리비) 모양의 장식 300여 개가 붙어 있다. 가리비는 산티아고 기사단의 상징이다. 현재 건물은 공공 도서관으로 이용하고 있다.

위치 마요르 광장에서 도보 4분 주소 Calle de la Compañía, 2, 37002 Salamanca 오픈 (도서관) 월~금요일 09:00~21:00, 토 09:00~14:00, 16:00~19:00 휴무 일요일 홈피 www.salamanca.es 지도 맵북 P.18-E

이에로니무스 탑
Ieronimus(Puerta de la Torre)

살라망카의 전망을 360도 감상할 수 있는 종탑으로 '이에로니무스'는 대성당의 주교였던 '제롬'의 라틴어 이름이다. 대성당의 부속 건물에 해당하지만 입구는 살라망카 대학 쪽으로 돌아간 대성당 입구 반대편에 있다. 계단을 따라 오르다 보면 중간에 예배당 내부도 잠시 보이고 전시 공간에는 900년이 넘는 대성당의 역사를 알 수 있는 자료들이 있다. 110m 높이의 꼭대기 전망대에 오르면 성당의 지붕과 주변의 풍경들이 보인다. 성당 지붕에서 눈에 띄는 '수탉의 탑 Torre del Gallo'은 16개의 기둥과 32개의 좁고 긴 창문으로 이루어진 아름다운 탑으로 꼭대기에 수탉 모형의 풍향계가 있다.

위치 조개의 집에서 도보 4분 주소 Plaza Juan XXIII, s/n, 37003 Salamanca 오픈 3~12월 10:00~20:00 / 1~2월 10:00~18:00(매표소는 1시간 전 폐관) 요금 €3.75 홈피 http://ieronimus.es/ 지도 맵북 P.18-G

살라망카 대학

Universidad de Salamanca

레온 왕국 시대였던 1134년에 설립한 유럽 최초의 대학교다. 사실 공식적으로 승인된 스페인 최초의 대학은 1212년 팔렌시아 대학교인데, 이는 살라망카 대학이 1218년에서야 아폰수 9세로부터 일반 학교로 공식 승인받았기 때문이다. 화려한 조각이 가득한 정문 파사드와 함께 가장 유명한 곳은 유럽에서 가장 오래되었다는 도서관이다. 나무로 된 책장 안에 가득한 서적들과 마룻바닥, 지구본들이 고풍스러운 느낌을 준다.

위치 마요르 광장에서 도보 7분 주소 Calle Libreros, 30, 37008 Salamanca 오픈 (도서관) 월~금 08:30~21:00 휴무 토, 일, 공휴일 요금 €10 홈피 https://bibliotecas.usal.es 지도 맵북 P.18-G

TALK

개구리 찾기

살라망카에서는 개구리 모양의 기념품이 종종 눈에 띈다. 살라망카 대학의 정문에 조각된 개구리 때문이다. 해마다 신입생이 들어오면 정문에서 개구리 찾는 게임을 한다. 개구리를 찾으면 시험을 통과한다거나 제때 졸업을 한다는 등 여러 미신이 있다. 개구리에 대한 해석도 다양해서, 이사벨 여왕의 아들 중 어릴 때 살라망카에서 죽은 후안 왕자를 뜻한다는 설도 있고 매춘에 대한 경고라는 설도 있다. 개구리는 정문 중앙의 페르난도와 이사벨 원형 흉상에서 가장 오른쪽 기둥의 위쪽에 매달린 해골 위에 있다.

신대성당

대성당
Catedral Nueva / Catedral Vieja

살라망카의 대성당은 두 개의 건물로 되어 있다. 구 대성당에 덧붙여 신 대성당이 지어지면서 두 성당이 내부에서 연결되었다. 현재 입구는 신 대성당이다.

신 대성당 16~18세기에 걸쳐 지어져 후기 고딕 양식과 함께 르네상스 양식과 바로크 양식이 섞여 있다. 서쪽 출입구 용서의 문에는 예수의 탄생과 공헌에 대한 내용이 섬세하게 조각되어 있으며 위쪽에는 베드로와 바울의 조각도 있다. 안으로 들어가면 화려한 바로크 스타일인 추리게라 양식의 돔을 볼 수 있다. 예배당 제단의 화려한 장식도 알베르토 데 추리게라의 작품이다.

구 대성당 신 대성당보다 훨씬 오래 전인 12세기 초에 지어진 것으로, 처음에 로마네스크 양식으로 시작했다가 13세기 완성 당시에는 고딕 양식이 가미되었다. 반원형 제단의 53개 패널에는 예수와 마리아의 생애가 담겨 있고, 맨 위에는 프레스코화 '최후의 심판'이 독특한 모습으로 그려져 있다.

위치 ① 마요르 광장에서 도보 7분 ② 살라망카 대학에서 도보 2분 **주소** C. Cardenal Pla y Deniel, 37008 Salamanca **오픈** 4~9월 10:00~20:00 / 10~3월 10:00~18:00(45분 전까지 입장) **휴무** 1.1, 부활절 목, 금요일, 12.25 **요금** 일반 €5, 30세 미만 학생 €4, 7~16세 €3 **홈피** www.catedralsalamanca.org **지도** 맵북 P.18-G

구대성당

TALK

이거 실화냐?

고풍스럽고 웅장한 모습의 대성당이지만 일부분은 20세기에 개축된 증거가 있다. 신 대성당 북쪽(아나야 광장 쪽)의 아치 정문을 찬찬히 훑어보면 왼쪽에 아이스크림을 먹는 사자와 우주인이 있다. 일각에서는 미래에 대한 예견이었다고 주장하기도 하지만 1992년 개축 당시 추가된 것으로 알려져 있다.

산 에스테반 수도원
Convento de San Esteban

대성당 언덕 아래 쪽에 조용하게 자리한 도미니칸 수도회의 수도원이다. 1525년~1618년에 걸쳐 지어진 건물로 살라망카에서 꼭 봐야 할 중요한 명소 중 하나다. 정문의 위쪽에는 십자가를 진 예수상이 있으며 중앙에는 돌에 맞아 죽어가는 모습의 순교자 산 에스테반을 묘사하는 조각이 새겨져 있다. 내부에는 아름다운 회랑이 있으며 중앙 제단의 장식벽은 17세기에 완성된 호세 데 추리게라의 작품으로 화려한 추리게라 양식을 볼 수 있다. 위층 성가대에 그려진 프레스코화도 유명한데, 1705년에 그린 이 그림은 교회의 무장과 승리를 표현한 것으로 4대 덕목, 7가지 원죄 등 수많은 상징들이 표현되었다.

위치 대성당에서 도보 5분 **주소** Plaza del Concilio de Trento, s/n, 37001 Salamanca **오픈** 3월 중순~11월 초 10:00~14:00, 16:00~20:00 / 11월 초~3월 중순 10:00~14:00, 16:00~18:00 **휴무** 1.1, 12.25 **요금** 일반 €3.50, 학생 €2.50 **홈피** www.conventosanesteban.es **지도** 맵북 P.18-H

에스테반조각 성가대프레스코화

에스테반회랑

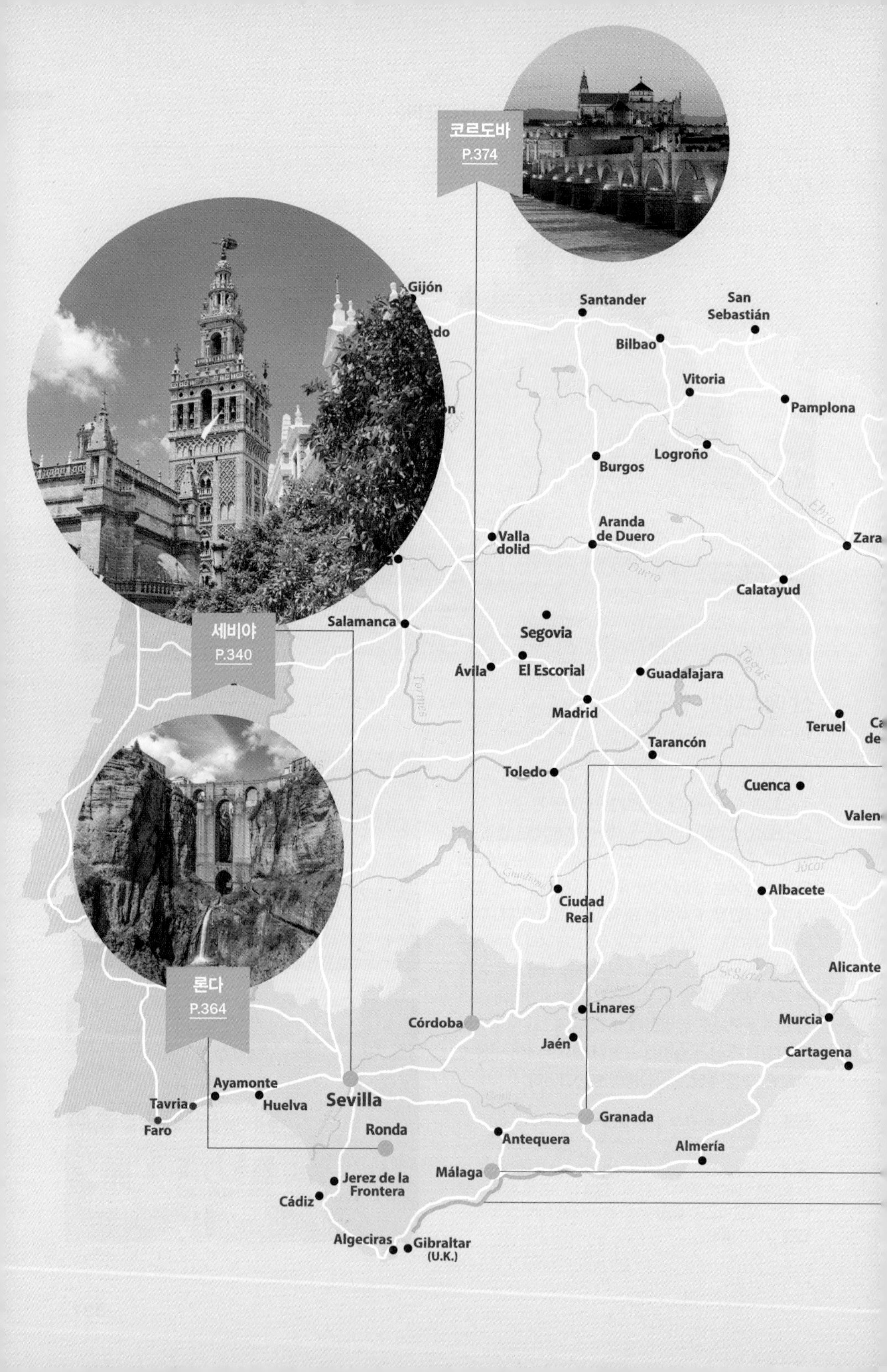

코르도바
P.374
세비야
P.340
론다
P.364
Gijón
Santander
San Sebastián
Bilbao
Vitoria
Pamplona
Burgos
Logroño
Ebro
Valla dolid
Aranda de Duero
Zara
Duero
Calatayud
Salamanca
Segovia
Ávila
El Escorial
Guadalajara
Tagus
Tormes
Madrid
Teruel
Tarancón
Toledo
Cuenca
Valen
Júcar
Ciudad Real
Albacete
Alicante
Segura
Linares
Córdoba
Murcia
Jaén
Cartagena
Ayamonte
Tavria
Huelva
Sevilla
Faro
Granada
Ronda
Antequera
Almería
Málaga
Jerez de la Frontera
Cádiz
Algeciras
Gibraltar
(U.K.)

스페인 남부
Southern Spain

흔히 스페인을 말할 때 플라멩코와 투우, 강렬한 햇살처럼 뜨거운 정열의 나라로 일컫는다. 이러한 이미지를 응축시킨 지역이 스페인 남부 안달루시아 지방이다. 유럽과 아프리카를 잇는 지리적 조건으로 인하여 영토를 두고 맹렬한 쟁탈전을 벌였으며, 특히 약 800년간은 이슬람교도의 지배를 받아 역사적 보존 가치가 많은 유산을 남기기도 했다. 이슬람과 스페인 전통문화가 공존하는 이국의 저편에서 느긋하면서도 열정적인 시간을 보내고자 한다면, 그 장소는 안달루시아가 될 것이다.

Port-Bou
Gerona
Lérida
Barcelona
Tarrangona

그라나다
P.384

말라가
P.406

코스타 델 솔
P.420

1

SEVILLA
세비야

붉은 천을 들고 성난 소를 제압하는 투우와 혼을 다해 추는 집시여인의 춤, 플라멩코의 본고장이 바로 세비야다. 또한, 콜럼버스의 대항해가 시작된 곳이기도 하다. 스페인에서 네 번째로 큰 도시이자 안달루시아 지방의 주도인 세비야는 오페라 〈카르멘〉을 비롯해 많은 오페라와 영화의 무대가 되었다. 정열의 나라 스페인을 가장 잘 느낄 수 있는 곳이라면 단연 세비야라고 할 수 있다.

Transportation
교통 정보

가는 방법

대도시답게 항공, 기차, 버스 등 다양한 교통수단을 이용할 수 있다. 항공은 주로 포르투갈에서 이동할 때 이용하고, 기차는 마드리드를 오갈 때 이용한다. 버스는 남부의 소도시로 이동할 때 편리하다.

비행기

우리나라에서 세비야로 가는 직항편은 없지만 파리, 프랑크푸르트 등을 경유하는 항공편을 이용할 수 있다. 부엘링 Vueling, 라이언에어 Ryanair 등 취항 항공사도 여럿 있어 스페인 국내로의 이동도 편리하다.

세비야 산 파블로 공항
Aeropuerto de Sevilla San Pablo(SVQ)

시내에서 북동쪽으로 10km 거리에 있는 세비야 공항은 스페인 남부의 주요 관문 중 하나다.

홈피 www.aena.es/es/aeropuerto-sevilla/index.html

공항에서 시내로

20~30분 간격으로 운행하는 공항버스 EA를 가장 많이 이용하며 40분 소요된다. 택시는 20분이 소요되지만 요일, 시간, 짐 여부에 따라 요금이 달라진다.

교통수단	주요 행선지	소요시간	요금
공항버스 EA	Estación Plaza de Armas Paseo Colón Av. Carlos V Estación de Santa Justa	40분	편도 €4.00 왕복 €6.00
택시		20분	€22.00~30.00

※ 공항버스 왕복 티켓 : 돌아오는 티켓은 구입한 날만 사용 가능

기차

마드리드에서 코르도바를 거쳐 세비야로 들어오는 열차의 운행이 가장 많다. 말라가도 운행 편수가 잦은 편이며, 그라나다에서는 하루 4회 운행한다. 중앙역인 **세비야 산타 후스타역 Sevilla Santa Just**은 시내 중심에서 약 2km 떨어져 있어 대중교통을 이용해야 한다.

출발지	소요시간
마드리드	2시간 32분
코르도바	44분 ~ 1시간 25분
말라가	1시간 55분 ~ 2시간 48분
그라나다	2시간 20분

세비야 산타 후스타역에서 시내로 이동하기

교통 수단	요금
21번 버스 (경유 : 왕립 마에스트란사 투우장)	€1.40
32번 버스 (경유 : 메트로폴 파라솔 근처)	
택시	€5.00~7.00

버스 

세비야에는 두 개의 버스터미널이 있다. 북쪽의 플라사 데 아르마스 버스터미널이 가장 크며 중 · 장거리 노선이 많다. 남쪽의 프라도 데 산 세바스티안 버스터미널은 주로 단거리 노선을 운행한다.

❶ 플라사 데 아르마스 Estación de Autobuses Plaza de Armas

세비야 미술관 동쪽에 있는 버스터미널로 안달루시아 지역을 포함한 스페인 주요 도시와 포르투갈까지 연결하는 버스가 발착한다.

홈피 www.autobusesplazadearmas.es

출발지	소요시간	버스회사
코르도바	2시간	알사 ALSA www.alsa.com
말라가	2시간 45분	
그라나다	2시간 55분 ~ 4시간 30분	
발렌시아	9시간 45분 ~ 11시간 30분	
바르셀로나	14시간 45분 ~ 17시간	
리스본	6시간 45분 ~ 7시간 15분	
마드리드	6시간	소시버스 SOCIBUS http://socibus.es

❷ 프라도 데 산 세바스티안 Estación De Autobuses Prado San Sebastián

스페인 광장 주변에 있는 버스터미널로 주로 안달루시아 지역의 도시와 연결하는 노선이 많다. 특히 세비야 근교 여행으로 많이 가는 론다행 버스가 이곳에서 출발한다.

출발지	소요시간	버스회사
론다	1시간 45분	다마스 DAMAS www.damas-sa.es
그라나다	3시간	알사 ALSA www.alsa.com
리스본	7시간 15분 ~ 7시간 45분	

시내 교통

버스, 트램, 메트로 등 다양한 교통수단이 시내 곳곳을 연결하고 있다. 다만, 숙소가 관광지에서 멀거나 시내에서 기차역/버스터미널로 이동할 때를 제외하고는 이용할 일이 거의 없다.

홈피 www.tussam.es

티켓 종류	특징	요금
1회권 Billete nuiviaje	– 버스, 트램, 메트로 등 1회 이용 (버스운전기사, 트램 정류장 자동판매기에서 구입)	€1.40
충전식 교통카드 Tarjeta multiviaje	– 환승 가능 여부에 따라 두 가지로 나뉨 신 트란스보르도 sin transbordo 환승 불가 €0.69 콘 트란스보르도 con transbordo 1시간 내 환승 가능 €0.76 – 신문가게 quiosco, 담배가게 tabacos에서 판매 – 최소 €7.00부터 최대 €50.00까지 충전 가능	
관광 카드 Tarjeta Turística	– 1일권 €5.00, 3일권 €10.00(보증금 €1.50 필요, 반환 가능) – 기차역/버스 터미널 관광안내소에서 구입	

관광안내소

세비야 대성당

위치 히랄다 탑 부근

주소 Pl. del Triunfo, 1, 41004 Sevilla

오픈 09:00~19:30

홈피 www.visitasevilla.es

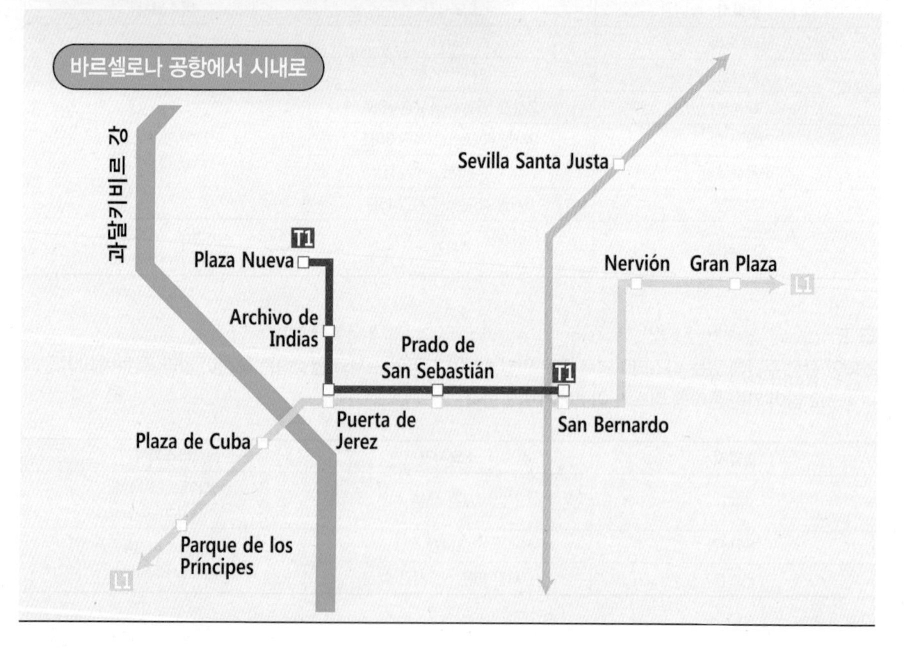

BEST COURSE

세비야 추천 코스

대부분 명소가 모여 있어 하루면 볼 수 있지만, 반나절을 더 투자한다면 플라멩코 공연까지 여유롭게 즐길 수 있다. 특히 여름에는 한낮의 태양에 지치기 쉽기 때문에 다음날 오전 일정을 추가하여 전날 지나쳤던 곳에 다녀오길 추천한다.

Check List

- ☑ 히랄다 탑에서 세비야 전망 즐기기
- ☑ 마차&보트 타며 스페인 광장 즐기기
- ☑ 해 질 무렵 메트로폴 파라솔 오르기
- ☑ 본고장에서 즐기는 플라멩코 공연

DAY 1

1. **알카사르**
   ▼ 도보 1분
2. **산타 크루즈 지구**
   ▼ 도보 1분
3. **세비야 대성당**
   ▼ 도보 5분
4. **왕립 마에스트란사 투우장**
   ▼ 도보 5분
5. **황금의 탑**
   ▼ 도보 9분
6. **세비야 대학**
   ▼ 도보 8분
7. **스페인 광장**
   ▼ 도보+트램 28분
8. **메트로폴 파라솔**

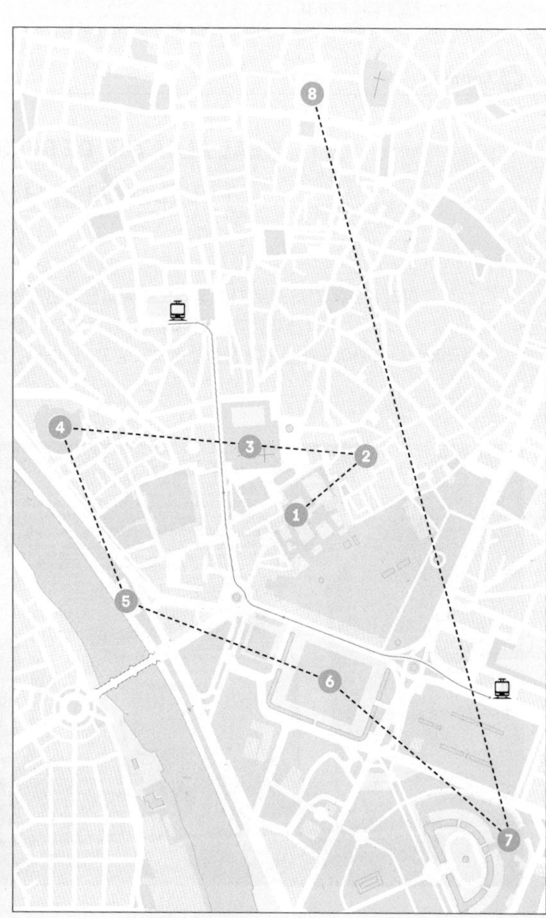

SIGHTSEEING

알카사르
Real Alcázar de Sevilla

세비야의 알람브라 궁전이라 불리는 알카사르는 이슬람과 기독교 두 양식이 조합된 무데하르 양식의 걸작이라는 평가를 받는다. 712년에 무어인에 의해 요새로 지어졌다가 9세기에는 궁으로 개조되었고, 레콘키스타 이후 기독교도 왕들에 의해 개축되며 고딕 양식도 더해졌다. 알카사르의 핵심인 페드로 1세 궁전 Palacio de Pedro I은 14세기 카스티야의 국왕 페드로 1세 Pedro I가 지었음에도 이슬람 풍이 강하게 느껴지는데, 이슬람 장인을 불러들여 자신의 취향을 적극적으로 반영했기 때문이다. 알카사르는 지금도 스페인 왕족들의 거처로 사용되고 있다.

위치 세비야 산타 후스타역에서 버스+도보 25분 주소 Patio de Banderas, s/n, 41004 Sevilla 오픈 10~3월 09:30~17:00 / 4~9월 09:30~19:00 휴무 1.1, 1.6, 성 금요일, 12.25 요금 일반 €11.50, 17~25세 €2.00, 오디오 가이드 €5.00 홈피 www.alcazarsevilla.org 지도 맵북 P.20-D

Zoom in

REAL ALCÁZAR DE SEVILLA
알카사르 살펴보기

여러 왕조에 걸쳐 서로 다른 양식으로 지어진 궁전인 만큼 다양한 볼거리가 있다.
게다가 아름다운 정원과 어우러져 있으니 산책하기도 좋다.
한국어 오디오 가이드를 들으며 풍성한 정보도 얻고, 구석구석 눈에 담아보며 여유롭게 둘러보자.

제독의 방 Cuarto del Almirante
대항해시대에 탐험에 나선 사람들의 무사 귀환을 기원하는 작품 〈항해자의 성모 Virgen de los Navegantes〉와 콜럼버스 산타마리아호의 모형이 있는 곳이다.

처녀의 정원 Patio de las Doncellas

알카사르의 중심으로 연못을 중앙에 두고 양쪽이 대칭을 이루는 모양새가 알람브라 나스리 궁전을 닮았다. 정원의 이름은 이슬람 왕이 기독교도에게 매년 100명의 처녀를 바치라고 요구했다는 전설에서 유래된다.

사자의 문 Puerta del León

19세기에 만들어진 문으로 사자 모양의 그림이 있어 사자의 문이라 불리는 알카사르의 정문이다.

- 석고 궁전 Palacio del Yeso
- 교역의 집 Casa de la Contratación
- 돈 페드로 궁전 Palacio del Rey Don Pedro
- 하인들의 집 Casa del Asistente
- 고딕 궁전 Palacio Gótico

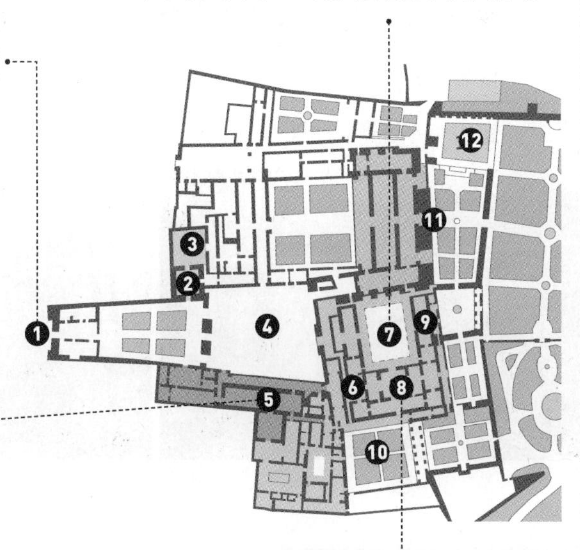

1. 사자의 문 Puerta del León
2. 정의의 방 Sala de Justicia
3. 석고의 중정 patio del Yeso
4. 사냥의 중정 Patio de la Montería
5. 제독의 방 Cuarto del Almirante
6. 인형의 중정 Patio de las Muñecas
7. 처녀의 정원 Patio de las Doncellas
8. 대사의 방 Salón de Embajadores
9. 카를로스 5세의 응접실 Salón del Techo de Carlos V
10. 왕자의 정원 Jardín del Príncipe
11. 바리아 파디야의 목욕탕 Baños de María Padilla
12. 머큐리 연못 Fuente de Mercurio

tip

- 예약은 필수(온라인 수수료 발생)
- 한국어 오디오 가이드 지원

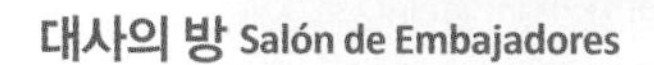

대사의 방 Salón de Embajadores

은하수를 새겨놓은 듯한 황금빛의 화려한 천장이 돋보이는 곳으로, 페드로 1세가 머물던 장소이자 그의 아들 카를로스 1세 Carlos I가 포르투갈의 이사벨과 결혼한 장소다.

산타 크루즈 지구

Barrio de Santa Cruz

미로처럼 얽혀 있는 산타 크루즈 지구는 세비야에서 가장 오래된 동네로 옛 유대인의 거주 구역이었다. 높은 건물이 좁은 골목에 다닥다닥 붙어 있는 것은 스페인의 강렬한 햇살을 피하기 위함이었는데, 특히 레이노스 거리 Calle Reinoso는 어찌나 좁은지 창문을 열면 이웃과 키스할 수 있다고 해서 키스의 거리 Calle de los besos라고도 불린다. 17세기 스페인의 전설 속 인물인 돈 후안 Don Juan은 산타 크루즈 지구에서 여인들과 밀회를 즐겼다고 알려졌는데, 스페인 극작가 호세 소리야 José Zorilla가 그의 이야기를 담은 〈돈 후안 테노리오 Don Juan Tenorio〉 집필 당시 머물렀다는 호스테리아 델 라우렐 Hostería Del Laurel도 이곳에 있다.

위치 알카사르에서 도보 1분 지도 맵북 P.20-D

TALK

크리스토퍼 콜럼버스 ★ Cristoforo Colombo (1450~1506)

대서양 너머 세상에 대한 신대륙 발견의 꿈을 갖고 있던 콜럼버스는 항해를 지원해줄 후원자로 포르투갈 · 프랑스 왕을 찾아가지만 거절당한다. 이후 해상무역에 관심이 많았던 이사벨 1세와 페르난도 2세로부터 인도 항로 개척을 위한 산타페 협약을 맺고 항해에 나섰다. 다만, 콜럼버스가 발견한 것은 인도가 아닌 아메리카 대륙이었던 것. 그곳을 인도라 생각했던 콜럼버스는 스페인 땅임을 선포하고 원주민을 인디언이라 칭하며 공납과 금 채굴을 명령했지만, 생각보다 얻을 것이 없자 원주민을 학대, 살육, 노예화하기에 이른다. 그를 믿고 후원해주던 이사벨 1세가 죽자 스페인 정부는 투자 가치가 없다는 판단으로 지원을 멈추고 그를 외면한다. 그 후 스페인 바야돌리드에서 55세의 나이로 비참하게 생을 마감하며 *"죽어서도 스페인 땅을 밟지 않겠다"*라는 유언을 남겼다.

세비야 대성당
Catedral de Sevilla

가까이에선 한눈에 들어오지 않는 대규모의 세비야 대성당은 바티칸 성 베드로 성당과 브라질 아파레시다 성당에 이어 세계에서 세 번째로 큰 규모를 자랑한다. 1401년에 열린 성당 참사회의에서 ***'성당을 본 사람들이 우리를 보고 미쳤다고 생각할 정도로 거대한 성당을 세우자'***라는 결정을 통해 이슬람 사원이 있던 자리에 대성당을 짓기 시작했고 비로소 1528년에 대성당이 완공되었다. 무려 1세기에 걸쳐 지어진 만큼 이슬람 건축 양식, 고딕 양식, 르네상스 양식 등이 혼재되어 있다.

위치 알카사르에서 도보 2분 **주소** Av. de la Constitución, s/n, 41004 Sevilla **오픈** 9~6월 월요일 11:00~15:30, 화~토 11:00~17:00, 일요일 14:30~18:00 / 7~8월 월요일 10:30~16:00, 화~토 10:30~18:00, 일요일 14:00~17:00 **요금** 일반 €9.00, 학생 €4.00 **홈피** www.catedraldesevilla.es **지도** 맵북 **P.20-C**

CATEDRAL DE SEVILLA
세비야 대성당 살펴보기

스페인 왕들의 무덤이 있는 왕실 예배당 Capilla Real, 보물이 있는 성구 보관실 Sacristía Mayor 등 대성당의 규모만큼이나 곳곳에 가치 있는 예술작품이 가득하다. 그 중 세비야 대성당에서 놓치지 말아야 할 4가지를 소개한다.

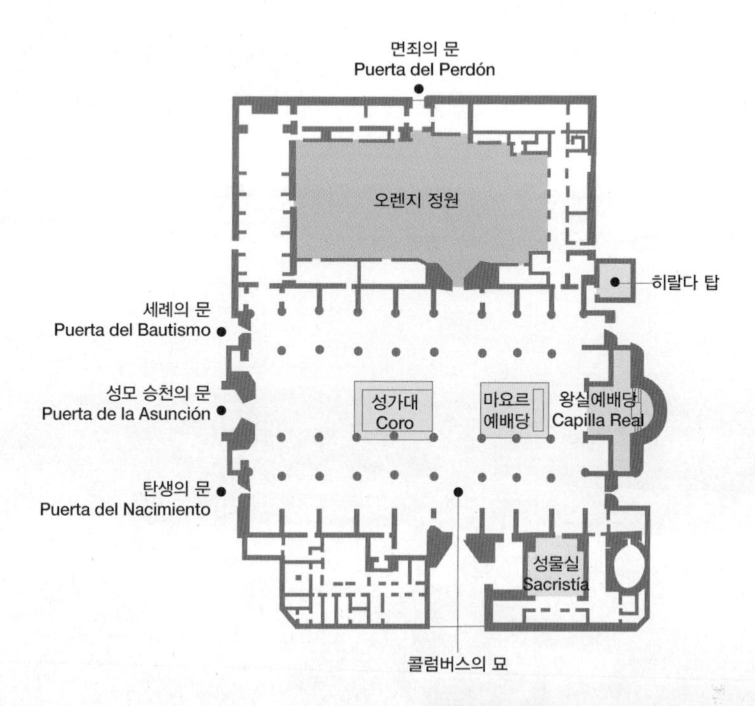

마요르 예배당 Capilla Mayor

고딕 양식의 중앙 제단이 있고, 뒤쪽에는 조각가 페드로 단카르트 Pedro Dancart를 비롯한 여러 조각가의 손을 통해 1480년부터 1560년에 걸쳐 완성한 세계 최대 규모의 제단 장식이 있다. 약 80년에 걸쳐 빚어낸 걸작은 예수의 생애 28개의 장면으로 구성되어 있으며 약 1,000여 명이 조각되어 있다.

콜럼버스의 묘 Tumba de Cristóbal Colón

"죽어서도 스페인 땅을 밟지 않겠다"라는 스페인 왕실에 대한 배신감이 묻어나는 유언을 남긴 콜럼버스. 그의 유언에 따라 유해는 도미니카 공화국의 산토도밍고, 쿠바의 아바나로 옮겨졌다가 사망한 지 수 세기가 흐른 1899년에 영웅으로 추대되어 세비야 대성당에 안치된다. 유언에 따라 그의 관은 땅으로부터 멀리 떨어져 있는데 스페인의 4대 왕국인 카스티야, 레온, 나바라, 아라곤의 왕들이 관을 메고 서 있기 때문이다. 그를 지지했던 카스티야, 레온의 왕은 당당하고 위압적인 자세지만, 그렇지 않았던 나바라, 아라곤 왕은 고개를 떨구고 있다. 사실, 콜럼버스의 묘라는 것은 확실하지 않다. 아메리카 대륙에 옮겨졌다가 세비야에 안장되었다는 것, 유전자 검사를 통해 사실로 확인되었다는 등의 소문이 있지만, 공식적으로는 산토도밍고라고 한다.

tip

살바도르 성당 Iglesia del Salvador에서는 세비야 대성당도 입장할 수 있는 통합권 Combinada을 판매한다. 통합권으로 대기 없이 바로 대성당에 입장할 수 있다.

 통합권 €9.00

오렌지 정원 Patio de los Naranjos

히랄다 탑과 함께 12세기에 건설한 이슬람 사원의 흔적이 남아 있는 장소다. 오렌지 나무와 분수대가 있는데, 이슬람 신도들이 기도 전 손과 발 그리고 얼굴을 씻는 의식을 치르며 심신을 정화했던 곳이다.

히랄다 탑 Giralda

12세기 말에 세운 이슬람 사원의 첨탑인 미나레트로, 16세기에 종루와 풍향계를 설치하면서 풍향계라는 뜻의 히랄다로 불렀다. 높이 104m의 탑 내부에는 계단이 없고 경사로를 따라 오르막이 형성되어 있는데, 이슬람교도들이 당나귀를 타고 올랐기 때문이라고 한다. 탑 꼭대기에 있는 높이 4m의 여인상은 바람이 불면 회전하는 풍향계인 히랄디요 Giraldillo로 깃발과 종려나무 가지를 들고 있다.

인디아스 고 문서관
Archivo General de Indias

귀중한 공문서를 소장하고 있는 곳으로, 1987년에 세비야 대성당, 알카사르와 함께 유네스코 세계문화유산에 등재되었다. 1572년 상품 거래소 Casa Lonja 용도로 지어졌으며 엘 에스코리알 궁전을 건축한 후안 데 에레라 Juan de Herrera가 설계를 맡았다. 1785년에는 신대륙과 관련한 문서를 다루는 곳으로 바뀌면서 항해를 기록한 문서와 사진, 콜럼버스의 자필 문서 등 역사적 가치가 있는 문서들을 대거 보관하고 있다.

위치 세비야 대성당에서 도보 1분 주소 Edificio de la Lonja, Av. de la Constitución, 3, 41004 Sevilla 오픈 화~토 09:30~17:00, 일요일 10:00~14:00 휴무 월요일, 성 목요일, 성 금요일, 12.24, 12.25, 12.31 요금 무료 홈피 www.culturaydeporte.gob.es 지도 맵북 P.20-C

TALK

세비야가 가장 화려해지는 시기

세마나 산타 Semana Santa

예수의 부활을 기념하는 종교 행사로 부활절 포함 일주일 동안 거행된다. 신도단을 따라 각 성당에서는 십자가를 등에 진 예수와 마리아상을 태운 가마의 행렬을 시작하는데, 정오 전후로 시작해서 늦게는 새벽까지 이어진다. 크고 화려한 가마도 볼거리지만 눈을 제외하고 얼굴 전체를 가린 고깔모자와 회개와 속죄를 의미하는 겉옷의 예복을 입은 신도단의 행렬도 인상적이다.

4월 축제 Feria de abril

세마나 산타가 끝나고 시작하는 봄맞이 축제다. 여성들은 세비야 전통 복장을 하고 남성들은 말과 마차를 타고 다닌다. 움막 형태의 임시 건물인 카세타 Caseta가 수백 개 세워져 이곳에서 종일 먹고 마시고 노래하고 춤을 추는 흥겨운 분위기가 이어진다. 다만, 세비야 시민들을 위한 축제답게 카세타 입장은 초대를 받아야만 가능한데, 가끔 공개된 천막도 있어 여행객도 즐길 수 있다.

주소 Calle Juan Belmonte, 38, 41011 Sevilla

왕립 마에스트란사 투우장
Plaza de toros de la Maestranza

론다 투우장과 함께 스페인에서 가장 오랜 역사를 자랑하는 곳으로, 1761년에 완공했다. 원래 투우장은 원형이지만, 세비야의 투우장은 타원형에 가깝다는 것이 특징이다. 동물 학대문제로 예전보다 투우 경기가 많이 축소되었지만, 다른 지역보다는 경기가 많이 열리는 편이며, 경기가 없을 때는 가이드 투어로 내부를 둘러볼 수 있다. 투우 역사에 한 획을 그은 경기, 투우사들의 소지품, 박제된 소, 회화작품 등을 전시한 박물관도 있다.

위치 세고비아 대성당에서 도보 5분 **주소** Paseo de Cristóbal Colón, 12, 41001 Sevilla **오픈** 11.1~3.31 09:30~19:00 / 4.1~10.31 09:30~21:00 **휴무** 12.25 **요금** 일반 €8.00, 학생 €5.00 **홈피** www.realmaestranza.com **지도** 맵북 P.20-C

황금의 탑
Torre del Oro

13세기 초 알모아데 왕조 때 세운 12각형 형태의 탑으로 과달키비르 강변에 있다. 황금의 탑이라는 이름이 붙은 것은, 탑의 상부가 황금색이었다는 설과 아메리카 식민지로부터 실어 나른 금은보화를 보관했기 때문이라는 설이 있다. 현재는 해양 박물관 Museo Naval Torre del Oro으로 사용하고 있다. 옥상은 세비야 시내와 과달키비르강을 조망할 수 있는 전망대 역할을 한다.

위치 왕립 마에스트란사 투우장에서 도보 5분 **주소** Paseo de Cristóbal Colón, s/n, 41001 Sevilla **오픈** 월~금 09:30~18:45, 토 · 일 10:30~18:45 **요금** 일반 €3.00, 학생 €1.50 **홈피** www.visitasevilla.es/monumentos-y-cultura/torre-del-oro **지도** 맵북 P.20-E

tip

과달키비르강을 즐기는 방법, 유람선

황금의 탑 인근에 유람선 선착장이 있다. 대단한 볼거리가 있는 것은 아니지만, 육지에서 즐기는 것과 물 위에서 바라보는 풍경은 다르기 때문에 일정이 여유롭다면 유람선을 타며 시간을 보내는 것도 좋다.

리버크루즈 Cruceros Torre Del Oro

주소 Paseo Alcalde Marqués del Contadero, s/n, 41001 Sevilla **오픈** 5~9월 11:00~22:00, 10~4월 11:00~19:00(30분 간격 출발, 1시간 코스) **요금** 일반 €17.00 **홈피** www.crucerostorredeloro.com **지도** 맵북 P.20-E

자선병원
Hospital de la Caridad

빈곤층과 노인을 위한 병원으로 17세기 중반에 건설했다. 젊은 시절 방탕한 생활을 즐겼던 미구엘 마냐라 Miguel Mañara는 사랑하는 여인을 만나 결혼했지만, 아내의 죽음과 자신의 장례식 장면을 꿈에서 본 후 살아온 삶을 참회하는 의미로 병원을 지었다고 한다. 병원 내 부속 성당인 산 호르헤 교회 iglesia de san Jorge에는 죽음과 사랑, 자선을 주제로 한 작품들이 있는데, 발데스 레알 Valdés Leal의 〈세상의 영광과 종말 Finis Gloriae Mundi〉를 비롯해 무리요 Murillo, 페드로 롤단 Pedro Roldán의 작품이 볼만하다.

위치 황금의 탑에서 도보 3분 **주소** Calle Temprado, 3, 41001 Sevilla **오픈** 월~토 10:30~19:30, 일요일 12:30~14:00 **요금** 일반 €8.00, 18세 이하 €2.50, ※월요일 15:30~19:30 무료 **홈피** www.santa-caridad.es **지도** 맵북 P.20-C

세비야 대학
Universidad de Sevilla

18세기에 건설한 세비야 대학 본관은 원래 왕립 담배공장 Real Fábrica de Tabacos이었다. 16세기 초 세비야는 신대륙 무역의 독점무역항 지위를 얻어 공장을 도시 곳곳에 두고 있었는데, 원활한 통제를 위해 18세기에 지금의 장소로 통합하여 세우면서 세계 최대의 산업용 건물이 되었다. 또한, 이 건물은 프로스페르 메리메 Prosper Mérimée의 작품 〈카르멘 Carmen〉의 무대가 된 장소로 유명하다. 집시 여인 카르멘은 담배 공장에서 일했고, 돈 호세는 공장의 감시병으로 등장한다.

위치 산타 크루스 지구에서 도보 9분 **주소** Calle San Fernando, 4, 41004 Sevilla **홈피** www.us.es **지도** 맵북 P.20-F

마리아 루이사 공원
Parque de María Luisa

세비야 시민들의 휴식처인 공원은 산 텔모 궁전 Palacio de San Telmo의 일부였는데, 1893년에 궁전의 소유주인 마리아 루이사 페르난다 María Luisa Fernanda de Borbón 공작 부인이 시에 기증했다. 이후 1929년 라틴 아메리카 박람회장을 위해 재단장하여 시민들을 위한 공원으로 조성되었다. 공원 안에는 세비야의 랜드마크 중 하나인 스페인 광장이 있다.

위치 스페인 광장에서 도보 4분 **주소** Paseo de las Delicias, s/n, 41013 Sevilla **지도** 맵북 P.20-F

스페인 광장
Plaza de España

우리에게는 플라멩코를 추는 김태희와 웨딩드레스를 입은 한가인 두 여배우의 CF로 익숙한 곳이다. 1929년에 열린 라틴 아메리카 박람회장의 대회장으로 조성되었는데, 건축가 아니발 곤살레스 Anibal Gonzalez가 설계를 맡았다. 유럽식과 아랍식이 한데 어우러진 반원형의 건물, 그 주위의 운하, 스페인 옛 4대 왕국을 뜻하는 운하 위 다리, 건물 양쪽 끝의 세비야 대성당 히랄다 탑을 본 떠 만든 두 개의 탑까지 묘한 매력이 느껴진다. 특히 건물 아래에 있는 이슬람 풍의 타일 벤치가 흥미로운데, 스페인 58개의 도시와 휘장, 지도를 비롯해 역사적 사건들이 채색 타일로 장식되어 있어 이채롭다.

위치 세비야 대학에서 도보 8분 주소 Av de Isabel la Católica, 41004 Sevilla
지도 맵북 P.20-F

tip

스페인 광장의 흔한 풍경

마차를 타고 중세시대로 여행을 떠나는 것, 보트를 타고 운하 위를 유유자적 떠다니는 일이 도시에서는 평범한 일상 속 풍경이다.

마차는 스페인 광장, 마리아 루이사 공원, 세비야 대성당을 오가며 편하게 둘러볼 수 있는 수단이다. 마차 1대당 요금을 받으며 최대 4명까지 탑승할 수 있다. 정찰제로 운영해서 바가지요금 및 할인은 없다.

보트는 스페인 광장을 조금 더 특별하게 추억할 수 있게 만들어주는 수단으로 보트 1대당 4명까지 탈 수 있으며 보증금이 필요하다.

요금 **마차** 40분 / €45.00, **보트** 35분 / €6.00

메트로폴 파라솔
Metropol parasol

일명 '와플 전망대' 혹은 '버섯 전망대'라고 불리는 메트로폴 파라솔은 21세기 새로운 랜드마크로 자리 잡은 세비야의 전망 핫스팟이라고 할 수 있다. 건축물이 있는 엔카르나시온 광장 plaza de la Encarnación에는 19세기부터 시장이 있었고 그 흔적은 1973년까지 남아 있었다. 이후 1990년에 재개발 공사를 시작했는데, 고대 로마와 이슬람 유적이 발견되면서 공사는 중단되었고 2004년이 되어서야 재개할 수 있었다. 독일 건축가 위르겐 마이어 Jürgen Mayer의 설계로 2011년 완공했다. 오랜 시간이 걸렸지만 세계 최대 목제 건물이라는 타이틀을 얻을 수 있었다. 메트로폴 파라솔은 지하 1층 유적 박물관, 0층 시장, 1층은 야외광장, 2층 레스토랑&전망대로 구성되어 있으며 지하 매표소에서 티켓을 사서 전망대로 올라가면 세비야의 과거와 현대가 공존하는 아름다운 전망을 즐길 수 있다.

위치 트램 T1 Plaza Nueva정류장 하차, 도보 10분 **주소** Pl. de la Encarnación, s/n, 41003 Sevilla **오픈** 일~목 09:30~23:00, 금·토 09:30~23:30 **요금** 전망대 €3.00 **홈피** www.setasdesevilla.com **지도** 맵북 P.20-B

- 티켓에는 무료 음료 한 잔 포함
- 전망대에는 그늘이 없다. 낮보다는 해가 질 무렵을 추천

필라토스의 집
Casa de Pilatos

무데하르, 고딕, 르네상스 등 여러 양식이 가미된 독특한 아름다움을 뽐내는 필라토스의 집은 세비야 명문 귀족의 대저택이다. 안달루시아의 총독 파드리케 엔리케스 Fadrique Enríquez de Rivera가 예루살렘을 순례하고 돌아온 후 1483년에 착공했으며 그의 아들인 타리파 후작 Tarifa이 완성했다. 예수에게 사형을 선고한 로마 총독 본디오 빌라도 Pontius Pilate의 저택에서 영감을 얻었으며 라틴어 이름인 필라토스로 명명했다. 저택의 하이라이트는 파티오(중정)로, 이슬람 풍의 화려한 색채가 돋보이는데, 알람브라의 사자의 궁을 떠올리게 한다. 위층 내부는 메디나셀리 Medinaceli 가문 후손의 소유로 가이드 투어로만 둘러볼 수 있다.

위치 메트로폴 파라솔에서 도보 8분 **주소** Pl. de Pilatos, 1, 41003 Sevilla **오픈** 11~3월 09:00~18:00 / 4~10월 09:00~19:00 **요금** 저택 전체 €12.00, 1층 €10.00 **홈피** www.fundacionmedinaceli.org/monumentos/pilatos **지도** 맵북 P.20-B

카사 라 비우다
Casa la Viuda

미슐랭 가이드에 여러 번 소개된 적이 있는 곳으로, 우리에겐 '미망인의 집'이라는 이름이 더 친숙하다. 한국어 메뉴판이 따로 있어서 주문도 어렵지 않다. 대표 메뉴는 바칼라오 알 에스틸로 데 라 비우다 Bacalao al estilo de la Viuda라는 대구 토마토소스 요리로, 촉촉한 대구 살 위에 치즈가 녹아 있고 그 위에 소스가 뿌려져 있는 요리다. 작은 접시 TAPA, 큰 접시 PLATO에 따라 가격과 양이 달라지는데, 저렴해서 이것저것 맛보기 좋다.

주소 Calle Albareda, 2, 41001 Sevilla **오픈** 월~목 12:30~16:30, 20:00~24:00, 금~일 12:30~24:00 **가격** 대구 토마토소스 요리 €2.75, €11.00 **전화** +34 954 21 54 20 **홈피** www.casalaviuda.es **지도** 맵북 P.20-A

보데가 산타 크루즈
Bodega Santa Cruz

여행객은 물론 현지인도 많이 찾는 이곳은 해가 질 무렵이면 빈자리를 찾아보기 힘들 정도로 유명한 타파스 맛집이다. 많은 종류의 타파스 중에서도 명란 알 튀김 Huevas Frias, 꿀 가지 튀김 Berenjenas con miel, 시금치 치즈 타파스 Espinacas 5 Quesos가 가장 인기 있다. 스페인어와 영어가 적힌 메뉴판이 있긴 하지만, 사진이 없어 주문에 어려움을 겪을 수 있다. 주문하면 테이블에 음식 가격을 표시하는 것이 이곳의 특징이다.

주소 Calle Rodrigo Caro, 1A, 41004 Sevilla **오픈** 월~토 08:00~24:00, 일요일 08:30~24:00 **가격** €2.20~ **전화** +34 954 21 16 94 **홈피** http://facebook.com/BodegaSantaCruzSevilla **지도** 맵북 P.20-D

라 브루닐다
La Brunilda

하얀색 벽에 파란문 색상이 돋보여 찾기 쉽다. 마치 이태원에 있는 스페인 레스토랑에 온 듯한 착각이 들 정도로 우리나라 사람이 많은데, 그만큼 한국인 입맛에 최적화되어 있다는 뜻이기도 하다. 추천 사이트에서 1~2위를 다투며 상위 랭크되어 있는 식당답게 오픈 전부터 줄이 길게 늘어서는 걸 보면 소문대로 인기가 좋다는 것이 느껴진다. 게다가 다양한 타파스를 여러 개 주문해도 부담되지 않을 정도로 착한 가격 또한 매력적이다. 많은 메뉴 중 으깬 단호박 위에 돼지고기가 올라간 Grilled Iberian pork shoulder 요리가 가장 인기 있다.

주소 Calle Galera, 5, 41002 Sevilla 오픈 화~토 13:00~16:00, 20:30~23:30 휴무 월요일 전화 +34 954 22 04 81 홈피 www.labrunildatapas.com 지도 맵북 P.20-C

바톨로메아
Bartolomea

라 브루닐다 La Brunilda의 분점으로, 민트&우드의 모던한 인테리어는 흡사 예쁜 브런치 카페를 연상케 한다. 타파스 맛집인 만큼 양은 많지 않지만, 예쁘게 플레이팅한 여러 종류의 타파스를 맛볼 수 있다. 진한 크림소스의 버섯 리조토 Idiazabal cheese and mushroom risotto, 야들야들한 식감의 문어 요리 Sous vide octopus, 돼지 목살구이 Grilled Ibérico pork shoulder가 가장 유명하다.

주소 10, Calle Pastor y Landero, 41001 Sevilla 오픈 화~토 13:00~16:00, 20:30~23:30 휴무 월요일 전화 +34 955 23 43 70 홈피 https://m.facebook.com/bartolomeatapas 지도 맵북 P.20-C

엘 링콘 데 베이루트

El Rincon de Beirut

세비야 대학교 근처에 있는 레바논 음식점이다. 많은 사람이 선호하는 메뉴는 아니지만, 비교적 우리 입맛에도 잘 맞는 편이다. 맛도 좋고 대학가 근처다 보니 양이 많다는 것도 장점 중 하나다. 레바논에서 먹는 게 아닐까 싶을 정도로 비주얼도 훌륭하고 퀄리티도 높다. 오랜 여행 중 스페인 음식이 지겨워졌다면 들러볼 만하다.

주소 Calle San Fernando, 21, 41004 Sevilla 오픈 12:00~24:00 전화 +34 955 11 87 07 홈피 www.restauranteelrincondebeirut.es 지도 맵북 P.20-F

엘 파사제 세비야

El Pasaje Sevilla

돼지고기 타다키 Tataki de Solomillo de Cerdo 타파스로 유명한 엘 파사제 세비야는 산타 크루스 지구에 있다. 소고기도 아닌 돼지고기를 겉면만 익혔다는 것에 살짝 거부감이 들 수 있는데, 겉면은 쫄깃하고 고소하며 분홍빛 속살이 무척 부드러운 반전 매력의 맛을 지녔다. 바삭한 파이 위에 아보카도, 연어, 토마토가 들어간 타파스 Torta Naranja de Inés Rosales는 세비야 타파스 Week에서 우승한 것으로 엘 파사제의 추천 메뉴다. 영어 메뉴판도 준비되어 있다.

주소 Calle Ximénez de Enciso, 33, 41004 Sevilla 오픈 월~금 11:30~23:45, 토~일 12:00~23:45 전화 +34 627 96 76 68 홈피 www.elpasajesevilla.com 지도 맵북 P.20-D

EATING

라 바톨라
La Bartola

산타 크루즈 지구의 트렌디한 타파스 가게다. 창의적이고 훌륭한 맛을 자랑하는 라 바톨라는 가격까지 저렴해 늘 인산인해를 이룬다. 대표 메뉴는 벽에 걸린 칠판에 그림과 함께 쓰여 있다. 튀긴 가지 사이에 대구 살이 들어간 요리 Berenjena tapada, 우리나라 갈비찜과 비슷한 웍 요리 Wok Picante de cerdo Iberico y verdure, 오징어 그릴 요리 Chipirones a la plancha 등이 가장 인기 있는 메뉴다.

주소 Calle San José, 24, 41004 Sevilla 오픈 12:00~24:00 전화 +34 955 27 19 78 지도 맵북 P.20-D

SHOPPING

사보 아 에스파냐
Sabor a España

매장 앞을 지나갈 때면 달콤하고 고소한 냄새가 솔솔 풍긴다. '스페인의 맛'이라는 이름을 가진 이곳은 1909년에 문을 연 누가 가게다. 설탕과 꿀에 말린 과일이나 견과류를 섞어 만드는데, 그 종류가 굉장하다. 입구에서 직접 만들고 있어서 시식도 가능하고 갓 볶은 견과류를 구입할 수 있다는 장점이 있다. 주전부리용 간식이자 기념품으로도 좋다. 세비야에는 대성당과 알카사르 주변에 있으며 론다, 말라가, 코르도바 등 스페인 남부 지역에서도 매장을 볼 수 있다.

주소 Av. de la Constitución, 16, 41001 Sevilla 오픈 10:00~21:30 전화 +34 957 84 62 94 홈피 www.sabor-espana.com 지도 맵북 P.20-C

플라멩코 박물관
Museo del Baile Flamenco

플라멩코의 탄생부터 발전해온 역사에 관한 전시물이 있는 박물관이다. 공연장도 갖추고 있어 매일 저녁이면 플라멩코를 보려는 사람들로 가득 찬다. 0층은 공연장과 기념품 상점, 위층에는 전시실이 있다. 전반적인 설명과 함께 영상으로 플라멩코의 동작을 이해하기 쉽게 보여주고 공연에 사용되는 소품도 전시하고 있다. 성수기에는 공연이 빨리 매진되니 미리 예약하는 것을 추천한다.

주소 Calle Manuel Rojas Marcos, 3, 41004 Sevilla 오픈 **박물관** 10:00~19:00, **공연** 17:00, 19:00, 20:45, 22:15 요금 **박물관** 일반 €10.00, 학생 €8.00, **공연** 일반 €22.00, 학생 €15.00, **박물관+공연** 일반 €26.00, 학생 €19.00 전화 +34 954 34 03 11 홈피 www.museodelbaileflamenco.com, www.flamencotickets.com (공연 예약) 지도 맵북 **P.20-B**

엘 아레날
El Arenal

필라르 로페스 무용단 소속이었던 플라멩코의 유명한 무용수 쿠로 베레스 Curro Vélez가 세비야에 정착한 후 1975년에 문을 연 타블라오다. 수준 높은 플라멩코 공연을 볼 수 있어 세비야에서도 손에 꼽히는 곳으로 유명하며, 2014년 〈꽃보다 할배〉에서 할배들이 플라멩코 공연을 보고 감명받은 곳이 바로 엘 아레날이기도 하다. 타블라오는 17세기 건물을 개조한 레스토랑 형식으로 되어 있는데, 음료, 타파스, 디너의 포함 여부에 따라 티켓 가격과 자리 배치가 달라진다. 가장 저렴한 음료 티켓은 공연장 뒤쪽에 배정된다.

주소 Calle Rodo, 7, 41001 Sevilla 오픈 공연 19:30, 21:30 요금 음료 €39.00, 타파스 €62.00, 디너 €75.00 전화 +34 954 21 64 92 홈피 www.tablaoelarenal.com 지도 맵북 **P.20-C**

로스 가요스
Los Gallos

1966년에 문을 연 타블라오로, 세비야에서 가장 오래된 역사와 전통을 자랑한다. 공연장은 아담하지만, 열정과 관록이 돋보이는 기량으로 관객을 집중시키고 감동을 준다. 티켓에는 음료 한 잔이 포함되어 있고, 좌석은 따로 지정되어 있지 않아 선착순으로 입장 후 원하는 자리에 앉으면 된다.

주소 Pl. de Sta Cruz, 11, 41004 Sevilla 오픈 공연 20:30, 22:30 요금 €35.00 전화 +34 954 21 69 81 홈피 www.tablaolosgallos.com 지도 맵북 P.20-D

TALK

세비야 플라멩코 ★ Sevilla Flamenco

빨간 드레스를 입고 우아한 춤사위를 선보였던 우리나라의 광고 이미지 때문인지 '플라멩코'라고 하면 예쁜 춤이라는 인식이 강하지만, 사실은 집시들의 애환이 진하게 스며든 고통 서린 춤이다.
중세시대부터 집시들은 악마 취급을 받았고, 오랜 세월 고통과 핍박을 받으며 자신들의 문화를 만들어냈다. 그들의 자유로운 영혼은 독특한 예술적 방법으로 표출되었는데, 그것이 바로 플라멩코다. 집시들의 문화였던 플라멩코는 세비야에서 화려하고도 예술적인 측면을 강조하는 하나의 공연으로 정착하게 되었다.

플라멩코의 3대 요소

플라멩코는 **바일레 Baile(춤)**라는 인식이 강하지만, 사실은 고통과 슬픔을 담아 부르는 **칸테 Cante(노래)**가 차지하는 비중이 크고, 여기에 **토케 Toque(기타 연주)**가 더해져 집시들의 애환과 한이 강하게 표출된다.

관람 주의사항

팔마 Palma(박수), 피토스 Pitos(손가락 소리)로 박자와 리듬을 맞추기 때문에 공연 도중 박수를 치는 것은 피하도록 한다.

2

RONDA
론다

까마득한 깊이의 타호 협곡 사이에 구시가와 신시가를 잇는 누에보 다리를 보러 수많은 여행객이 론다를 찾는다. 아찔한 절벽에 놀라고 그 아래로 펼쳐진 평야의 경이로운 장관에 매료된다. 작은 도시지만, 이곳을 찾는 사람에겐 절대 잊지 못할 만큼의 그림 같은 풍경을 선사한다.

Transportation
교통 정보

가는 방법

론다까지는 기차와 버스를 통해 이동할 수 있다. 기차는 주로 마드리드나 그라나다처럼 장거리 이동을 할 경우 이용하는 것이 효율적이고 그 밖의 근교 도시에서는 버스로 이동하는 것이 대부분이다.

기차

작은 마을인 론다를 잇는 열차 편이 많지는 않지만, 거리가 먼 마드리드나 그라나다에서 이동한다면 기차를 추천한다. 마드리드와 그라나다에서 각각 하루 3회, 말라가에서 2회 운행한다. 론다역 Estación de tren de Ronda에서 버스터미널까지 도보 5분, 누에보 다리까지는 20분 소요된다.

출발지	소요시간
마드리드	3시간 45분
말라가	1시간 51분
그라나다	2시간 32분

여행자 티켓 Bono Turístico

론다의 주요 명소 4곳을 하나의 통합권으로 방문할 수 있는 티켓이다. 개별 티켓 구매보다 저렴하지만 모두 방문했을 경우에만 이득을 볼 수 있다. 관광안내소에서 살 수 있다.

- 누에보 다리 센터
  Centro de Interpretación del Puente Nuevo
- 몬드라곤 궁전(론다 박물관)
  Palacio de Mondragón
- 아랍 목욕탕 Baños Arabes
- 호아킨 페이나도 박물관
  Museo Joaquín Peinado

요금 일반 €8.00, 학생 €6.50

버스

세비야와 말라가에서 론다까지는 비교적 거리가 짧아 버스로 많이 이동한다. 직행과 완행에 따라 소요시간이 다르고, 평일과 주말에 따라 운행 편수도 조금씩 다르지만, 하루 5회 이상 운행한다.

론다 버스터미널 Estación de Autobuses de Ronda은 지상 1층을 제외한 주거용의 독특한 건물로 규모는 매우 작다. 내부에는 버스회사 창구, 유료 화장실, 유인 수하물 보관소가 있다.

출발지	소요시간	버스회사
세비야	1시간 45분~	다마스 DAMAS www.damas-sa.es
말라가	2시간~	

버스 출발 · 도착에 따라 창구가 열리니, 다음 목적지 티켓은 론다 도착 후 바로 사는 것이 좋다.

BEST COURSE

론다 추천 코스

알라메다 델 타호 공원을 시작으로 반시계방향으로 걸으며 가볍게 산책하듯 둘러보면 좋다. 많은 명소가 있지만 깊은 협곡에 자리한 도시의 풍경을 감상하는 것만으로도 여행의 행복을 느낄 수 있다.

Check List

- ☑ 전망 포인트 찾아가기
- ☑ 근대 투우의 발상지 둘러보기
- ☑ 누에보 다리 야경보기
- ☑ 론다 대표 음식 소꼬리 찜 먹어보기

DAY 1

1. **알라메다 델 타호 공원**
   ▼ 도보 2분
2. **론다 투우장**
   ▼ 도보 1분
3. **론다 전망대**
   ▼ 도보 3분
4. **론다 파라도르(헤밍웨이의 길)**
   ▼ 도보 1분
5. **누에보 다리**
   ▼ 도보 6분
6. **몬드라곤 궁전**
   ▼ 도보 2분
7. **산타 마리아 라 마요르 성당**
   ▼ 도보 6분
8. **무어 왕의 집**
   ▼ 도보 4분
9. **아랍 목욕탕**
   ▼ 도보 4분
10. **쿠엥카 공원**

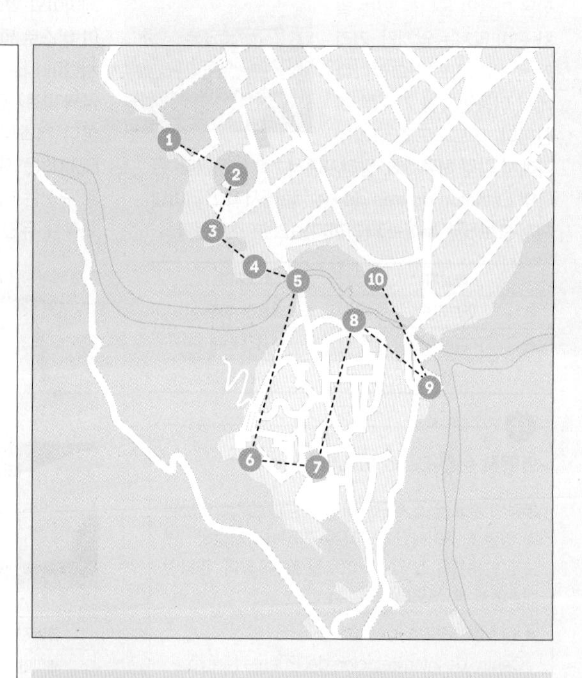

ℹ 관광안내소

위치 투우장 맞은편
주소 Paseo Blas Infante, S/N, 29400 Ronda
오픈 월~금 10:00~19:00, 토요일 10:00~ 17:00, 일요일 10:00~14:30
홈피 www.turismoderonda.es/en

론다 투우장
Plaza de toros de Ronda

1785년에 완공된 론다 투우장은 스페인 투우 역사상 세비야 다음으로 가장 오랜 역사를 자랑한다. 이 도시의 페드로 가문은 3대에 걸쳐 유명한 투우사를 양성한 가문으로 유명하다. 프란시스코 로메로 Francisco Romero는 과거 말을 타고 황소를 무찌르던 방식에서 소를 모는 케이프와 물레타(붉은 천)를 흔드는 방식을 고안하고 근대 투우를 확립했다. 그의 손자 페드로 로메로 Pedro Romero는 부상 없이 약 5,600마리의 황소를 쓰러뜨린 전설의 투우사로 불린다. 내부에는 투우 역사와 의상, 도구 등을 전시하는 박물관이 있다. 투우의 본고장으로 명성 있는 곳이지만 경기가 자주 열리지는 않는다.

위치 버스 터미널에서 도보 7분 주소 Calle Virgen de la Paz, 15, 29400 Ronda 오픈 11~2월 10:00~18:00 / 3월, 10월 10:00~19:00 / 4~9월 10:00~20:00 요금 일반 €8.00 홈피 www.rmcr.org 지도 맵북 P.21-C

TALK

페드로 로메로 축제 ★ Feria y Fiestas de Pedro Romero

매년 9월이면 론다의 가장 큰 축제가 열린다. 스페인 투우 역사에 길이 남을 전설의 투우사 페드로 로메로를 기리는 축제로 탄생 200주년이 되던 1954년부터 시작되었다. 화가 프란시스코 고야가 살던 18세기의 전통 의상을 입은 사람들의 마차 행렬은 투우장 도로 앞을 가득 메우고 이 축제의 하이라이트라 불리는 코리다 고예스카 Corrida Goyesca 투우 경기를 보려는 사람들로 북적인다.

누에보 다리

Puente Nuevo

구시가와 신시가의 연결 통로가 된 누에보 다리는 론다의 상징이자 보물이다. 120m 깊이의 움푹 패인 타호 협곡 위에 놓인 다리는 론다 최고의 절경을 자랑한다. 누에보 다리 이전에 있던 다리가 50명의 사상자를 내며 무너지자 건축가 마르틴 데 알데후엘라 Martín de Aldehuela의 설계로 '새로운'이라는 뜻의 누에보 다리 공사가 착공에 들어갔다. 무려 40여 년의 공사 끝인 1793년에 완공되었다. 다리 아래 공간은 스페인 내전 기간엔 감옥과 고문 장소로 이용되었고 지금은 다리의 역사와 건축에 대한 전시관인 **누에보 다리 센터 Centro de Interpretación del Puente Nuevo**로 활용 중이다.

위치 론다 파라도르에서 도보 1분 주소 Calle Armiñán, s/n, 29400 Ronda 지도 맵북 P.21-C

TALK

헤밍웨이의 길 ★ Paseo de E Hemingway

론다 파라도르 뒤쪽으로는 소설가 어니스트 헤밍웨이 Ernest Hemingway의 이름을 딴 산책로가 있다. 스페인 내전 당시 헤밍웨이는 파시스트에 대항하는 공화국 정부에 가담하여 직접 전쟁에 참전했고 <누구를 위하여 종은 울리나 For Whom the Bell Tolls, 1940>를 통해 내전의 참상을 알렸다. 아찔한 깊이의 타호 협곡은 실제로 적을 떨어뜨려 처형하는 장소였다고 전해진다.

몬드라곤 궁전
Palacio de Mondragón

모로코 술탄의 아들이자 론다를 통치했던 이슬람 왕인 아보멜릭 Abomelic이 거주하던 궁전으로 1314년에 지어졌다. 이후 레콩키스타(국토회복운동)로 론다가 점령된 이후 1940년대에는 이사벨 1세와 페르난도 2세가 잠시 머물기도 했다. 아름다운 정원과 중정 그리고 곳곳에 남아 있는 무어 양식의 보존 상태가 뛰어난 곳으로 유명하다. 지금은 론다 박물관으로 궁전 일부가 사용 중이다.

위치 누에보 다리에서 도보 6분 주소 Plaza Mondragón, s/n, 29400 Ronda 오픈 월~금 10:00~18:00, 토·일 10:00~15:00 요금 일반 €3.00, ※수요일 무료 홈피 www.museoderonda.es 지도 맵북 P.21-E

©Graeme Churchard

산타 마리아 라 마요르 성당
Iglesia de Santa María la Mayor

론다의 수호성인을 모시고 있는 구시가 중심의 성당이다. 성당은 15~16세기에 걸쳐 지어졌는데 본래 이곳은 이슬람 사원터에 세워졌다. 오랜 세월에 걸쳐 건설되었기에 여러 양식이 섞인 것이 특징이다. 종탑을 비롯한 외관은 무데하르 양식을 사용했고, 내부에는 고딕 양식의 신랑과 바로크 양식의 제단 등 다양한 건축 양식이 섞여 있음을 알 수 있다. 좁은 나선형 계단을 통해 종탑에 오르면 론다 시가지가 사방으로 펼쳐지는 전망을 감상할 수 있다.

위치 몬드라곤 궁전에서 도보 2분 주소 Calle Sor Angela de la Cruz, 5, 29400 Ronda 오픈 11~2월 10:00~18:00 / 3·10월 10:00~19:00 / 4~9월 10:00~20:00 요금 일반 €4.50 지도 맵북 P.21-F

무어 왕의 집
La Casa del Rey Moro

무어 왕의 집 하이라이트는 과달레빈강으로 이어지는 비밀 계단이다. 높은 언덕 위에 집이 있어 물을 구하기가 힘들었고 이에 대한 대책으로 300개 이상의 계단을 만들어 물을 길어오기 위한 통로를 만들었다. 어둡고 습한 계단은 미끄러워 오르내릴 때 조심해야 한다. 정원은 유명한 건축가이자 화가인 프랑스의 장 클로드 니콜라 포레스티에 Jean Claude Nicolas Forestier가 1923년에 설계했다. 내부 관람을 할 수 있는 것도 아니지만, 잔잔하고 적막해서 비현실적으로 느껴지는 과달레빈강 풍경을 느껴보고 싶다면 가볼 만하다.

위치 산타 마리아 라 마요르 성당에서 도보 6분 주소 9, Calle Cuesta de Santo Domingo, 29400 Ronda 오픈 10:00~19:00 요금 일반 €5.00, 학생 €3.00 지도 맵북 P.21-D

아랍 목욕탕
Baños Arabes

건조하고 척박한 사막 지대에 살았던 이슬람 민족에게 목욕 문화는 중요한 전통이자 생활방식이었다.

13세기 말부터 14세기 초반에 걸쳐 만들어진 아랍 목욕탕은 스페인에 있는 목욕탕 유적지 중 보존이 잘 된 것 중 하나다. 수리를 한다면 지금도 사용할 수 있다고 알려진다. 크게 온탕과 냉탕 그리고 휴식공간으로 나뉜다. 차를 마시거나 마사지를 받던 중앙의 휴식 공간은 말굽형 아치가 떠받치고 있는 둥근 천장에 현대 목욕탕의 조명과 환기구 역할을 하는 별 모양의 공기구멍이 뚫려 있다. 귀족과 평민 모두 이용할 수 있었으며 사교와 비즈니스, 종교 모임의 장소로 이용되었다. 목욕탕 안쪽에서는 만들어지는 과정과 이용방법 관련 영상을 볼 수 있다.

위치 무어 왕의 집에서 도보 4분 주소 29400 11, Calle Molino de Alarcón, 29400 Ronda 오픈 10.25~3.26 월~금 10:00~18:00, 토 · 일 10:00~15:00 / 3.27~10.24 월~금 10:00~19:00, 토 · 일 10:00~15:00 요금 일반 €3.50, 학생 €2.70 지도 맵북 P.21-F

론다의 전망 포인트 Best 5

경치가 아름답기로 이름난 도시인 만큼 론다를 더욱 아름답게 바라볼 수 있는 전망대도 곳곳에 많다. 절벽 아래 평야를 한눈에 내려다보거나, 반대로 거대한 암석 위의 도시를 바라볼 수 있는 장소 그리고 론다 여행의 하이라이트인 누에보 다리를 다각도로 바라볼 수 있는 전망대를 소개한다(맵북 P.21 참고).

❶ 알라메다 델 타호 공원 Alameda del tajo
❷ 론다 전망대 Mirador de Ronda
❸ 론다 파라도르 Parador de Ronda
❹ 쿠엥카 공원 Jardines de Cuenca
❺ 누에보 다리 전망대 Mirador puente nuevo de Ronda

라스 마라빌라스
Las Maravillas

투우장 근처의 아늑하고 감각 있는 인테리어가 인상적인 라스 마라빌라스는 론다의 명물인 소꼬리 찜을 비롯해 스파게티, 버거, 파에야, 양고기, 타파스 등 스페인 전역에서 볼 수 있는 대부분의 음식을 맛볼 수 있다. 맛도 맛이지만 빠른 서빙과 유쾌한 직원들의 서비스로 입소문을 탔다. 관광지 물가 치고는 가격도 적당하다.

주소 Carrera Espinel, 12, 29400 Ronda 오픈 11:30~23:30 전화 +34 666 21 94 62 홈피 http://las-maravillas.eltenedor.rest 지도 맵북 P.21-C

푸에르타 그란데
Puerta Grande

론다에서 꼭 먹어봐야 할 음식인 소꼬리 찜 맛집이다. 입맛 돋게 하는 애피타이저와 식후 입가심으로 안성맞춤인 식후주도 무료로 제공한다. 대표 메뉴답게 소꼬리 찜 Rabo de toro은 질기지 않고 부드러운 육질이 예술이다. 우리나라 음식을 떠올린다면 갈비찜과 비슷한 느낌. 또 하나의 추천 메뉴는 가지 튀김 Berenjenas Fritas이다. 겉은 바삭하고 속은 촉촉하면서도 달달한 이 음식 또한 론다 여행 중 꼭 추천하고 싶은 메뉴다. 한국어 메뉴도 있어 주문에 어려움이 없다.

주소 Calle Armiñán, 40, 29400 Ronda 오픈 수~월 12:30~16:00, 19:00~23:00 휴무 화요일 가격 소꼬리 찜 €17.90, 가지 튀김 €7.90 전화 +34 952 87 92 00 홈피 http://restaurantepuertagrande.com 지도 맵북 P.21-D

트라가타
Tragatá

주소 4, Calle Nueva, 29400 Ronda 오픈 수~월 01:15~03:45, 08:00~23:00 휴무 월요일 가격 오징어 샌드위치 €2.90 전화 +34 952 87 72 09 홈피 http://tragata.com 지도 맵북 P.21-D

론다 파라도르에서 불과 도보 1분 거리에 있는 타파스 맛집으로 2016년 미슐랭 가이드에도 소개되었다. 흰 벽과 천장에 매달린 화분들은 현대적이면서도 전형적인 안달루시아 지방의 분위기로 꾸며졌다. 다양한 종류의 타파스가 있는데 독특한 것이라면 퓨전 메뉴가 많다는 점이다. 오징어 튀김이 들어간 샌드위치 Bocadillo de calamar가 대표적인 예다. 메뉴판에 사진이 없고 스페인어와 영어로만 되어있어 주문에 다소 어려움을 겪을 수는 있다.

레스토랑 헤레스
Restaurante Jerez

투우장 바로 옆에 있는 레스토랑 헤레스는 론다의 명물 소꼬리 찜 Rabo de Toro Estofado으로 유명한 레스토랑이다. 메뉴판에는 사진과 한국어가 같이 적혀 있어 주문도 쉽다. 소꼬리 찜은 뼈와 살이 쉽게 분리될 만큼 질기지 않고 부드러우며 양도 제법 많은 편이다. 한국식 음식이 아니니 아주 똑같다고 할 수는 없지만, 론다에서 맛보는 이 전통음식은 한국에서도 먹어본 듯한 익숙한 맛이어서 거부감도 적다. 평일 점심 코스 요리인 메뉴 델 디아도 가성비가 좋다.

주소 Paseo Blas Infante, 2, 29400 Ronda 오픈 12:00~16:00, 19:00~23:00 가격 소꼬리 찜 €19.75 전화 +34 952 87 20 98 홈피 www.restaurantejerez.com 지도 맵북 P.21-C

3

CÓRDOBA
코르도바

한때 이슬람의 수도로 화려했던 도시. 이슬람의 포용 정책 덕분에 가톨릭과 유대교, 이슬람교가 공존하며 평화롭게 살며 문화를 꽃피웠다. 스페인을 더욱 매력 있게 만드는 독특하고 이국적인 분위기가 물씬 풍기는 곳으로 마드리드나 세비야에서 당일치기로 다녀오기에도 좋다.

Transportation
교통 정보

가는 방법

안달루시아 지방에서 당일치기로 다녀오기 좋으며, 마드리드에서도 초고속열차를 이용한다면 당일치기가 가능하다. 또는, 마드리드에서 세비야로 가는 도중에 들러보는 것도 괜찮다. 기차역 바로 옆에 알사 ALSA 버스터미널이 있으며, 시내까지는 걸어갈 수도 있지만, 2km 정도 떨어져 있으니 시내버스를 타는 것이 편리하다.

기차

마드리드와 세비야에서 고속열차를 타면 편리하게 갈 수 있다. 운행횟수가 많은 편이라 일정을 여유롭게 짤 수 있다는 것도 장점. 시간은 조금 걸리지만, 그라나다나 바르셀로나에서도 기차 여행이 가능하다.

출발지	소요 시간
마드리드 아토차역	1시간 45분(AVE)
세비야 산타후스타역	45분(AVE)
그라나다 그라나다역	2시간 20분(Altaria)
바르셀로나 산츠역	4시간 40분(AVE)

버스

기차보다는 시간이 더 걸리고 운행횟수도 적은 편이지만, 상대적으로 요금이 저렴해서 안달루시아 지방 내에서는 버스도 많이 이용한다. 주변 도시와 알사 ALSA 버스로 어렵지 않게 연결된다. 버스터미널 내에는 토큰을 구입해 이용하는 코인 로커가 있다.

출발지	소요 시간
마드리드 남부터미널	4시간 50분
세비야 아르마스광장 터미널	1시간 50분
그라나다 버스터미널	2시간 30분
말라가 버스터미널	4시간
바르셀로나 북부터미널	13시간

시내 교통

코르도바의 기차역과 버스터미널은 시내 중심에서 조금 벗어나 있다. 2km 정도니까 20~30분 정도 걸어서 갈 수도 있지만, 땡볕의 큰길을 지나야 하므로 가급적이면 버스 Autobús를 이용하는 것이 좋다. 기차역과 버스터미널 사이에 버스정류장이 여러 곳 있는데, 442번 정류장에서(Augusta 거리와 Arqueologo Garcia y Bellido 거리의 교차로) 3번 노선을 타야 한다. 메스키타에서 시작하려면 로마교가 있는 Puerta del Puente에서 내리고, 포트로 광장에서 시작하려면 San fernando에서 내리면 된다. 시내는 모두 걸어서 돌아볼 수 있다.

요금 €1.30 홈피 www.aucorsa.es

BEST COURSE

코르도바 추천 코스

코르도바 여행의 핵심은 메스키타이며 그 주변에 대부분의 볼거리가 모여 있다. 오전에 여유 있게 메스키타를 둘러보고 유대인 거리에서 점심 식사를 한 후 오후에는 알카사르를 보는 것에 중점을 두면 된다.

Check List

- ☑ 스페인 최대 모스크이자 내부에 교회를 품고 있는 독특한 이슬람 사원 방문하기
- ☑ 좁은 골목으로 이루어진 유대인 거리를 헤매며 꽃의 길 찾기
- ☑ 알카사르 정원 걷기

DAY 1

1. **포트로 광장**
   ▼ 도보 10분
2. **메스키타**
   ▼ 도보 3분
3. **유대인 거리** (점심식사)
   ▼ 도보 7분
4. **아랍 목욕탕**
   ▼ 도보 5분
5. **알카사르**
   ▼ 도보 5분
6. **로마교**

※포트로 광장을 마지막에 가도 되지만 기차역이나 버스터미널에서 당일치기로 돌아본다면 버스 노선이 일방통행이라 먼저 들르는 것이 낫다.

메스키타
Mezquita

스페인에서 현존하는 가장 큰 이슬람 사원이다. 그 규모도 놀랍지만, 이슬람과 가톨릭이 공존하는 기이한 모습을 볼 수 있는 곳이다. 이슬람 시대인 8세기 알라흐만 1세 때 지어졌는데, 이후에도 계속 증축되다가 가톨릭 세력에 정복당하면서 가톨릭 성당의 모습으로 변형되었고, 문들을 막아버리면서 밝았던 내부도 지금처럼 어두워졌다. 특히, 카를로스 1세 때에는 사원 안에 성당을 지으면서 지금의 기이한 모습이 되었다.

위치 기차역이나 버스터미널에서 3번 버스로 20분 **주소** Calle Cardenal Herrero, 1, 14003 Cordoba **오픈** 3~10월 월~토 10:00~19:00, 일요일 · 공휴일 08:30~11:30, 15:00~19:00 / 11~2월 월~토 10:00~18:00, 일요일 · 공휴일 08:30~11:30, 15:00~18:00(※야간개장 스케줄은 홈페이지 참조) **요금** 일반 €10, 10~14세 €5, 종탑 €2, 월~토요일 08:30~09:30 무료(※야간개장은 €18, 학생 €9, 온라인 예약 가능) **홈피** www.catedraldecordoba.es **지도** 맵북 P.22-D

tip

입장 요령

거대한 메스키타에는 입구 여러 개 있는데, 정문에 해당하는 것은 북쪽에 종탑이 있는 '**면죄의 문 Puerta Del Perdon**'이다. 이 문으로 들어가면 오렌지 정원이 있고 회랑 쪽에 매표소가 보인다. 매표창구보다는 발매기를 이용하는 것이 빠르다.

발매기

아치와 기둥

메스키타 안으로 들어가면 수많은 아치로 이어진 기둥들이 건물을 떠받치고 있는 모습을 볼 수 있다. 원래 천 개가 넘는 기둥이 있었다는데, 가운데 기둥들을 부수고 가톨릭 성당을 지으면서 현재의 850개 정도만 남게 되었다. 이중으로 된 아치는 붉은 벽돌을 이용해 줄무늬로 쌓았으나 나중에 지어진 것들은 벽돌이 부족해 붉은색 칠을 해 넣은 것이라 자세히 보면 차이가 난다.

MEZQUITA
메스키타 하이라이트

미흐랍 Mihrab

'미흐랍'은 이슬람 사원 내부에서 메카를 향해 있는 벽면으로 바로 이곳을 향해 절을 한다. 보통 미흐랍은 검소하게 짓지만 코르도바 메스키타는 매우 화려하고 섬세한 아라베스크 무늬와 황금 모자이크 장식으로 유명하다.

대성당

13세기 코르도바가 기독교 세력에 정복당한 뒤 메스키타는 성당으로 이용되었다. 300여 년간 원래의 모습이 유지되었으나 16세기 카를로스 1세는 메스키타 중앙에 가톨릭 예배당을 짓고 성가대를 세웠다.

종탑 Torre Campanario

이슬람 시대 알 라흐만 3세 때 처음 지어졌다가 1360년부터 기독교 종탑으로 사용된 것으로 추정되며 정확한 기록은 1495년부터다. 이후 16세기 말, 18세기에 폭풍과 지진 등으로 파괴되어 여러 차례 재건되었다. 좁은 공간이라 입장 인원에 제한이 있으므로 예약하는 것이 좋다. 종탑에 오르면 메스키타 지붕을 뚫고 올라온 대성당의 모습을 볼 수 있다.

비야비시오사 예배당 Capilla de Villaviciosa

1371년에 메스키타 안에 처음 지어진 가톨릭 예배당이다. 평면도는 전형적인 가톨릭교회의 고딕 양식으로 신도석 등이 배치되어 있으나 여러 개의 아치로 이루어진 기둥은 아랍 스타일인 무데하르 양식으로 지어져 매우 독특하다.

SIGHTSEEING

유대인 거리
La Judería

메스키타 북서쪽 지역은 코르도바의 유대인들이 모여 살았던 동네다. 세금이나 재정과 관련한 일들을 도맡아 했던 유대인들은 칼리프들에게 중요한 존재였다. 하지만, 1492년 가톨릭의 유대인 추방령으로 이 지역을 떠나야 했다. 과거의 아픈 기억과는 반대로 골목에 들어서면 안달루시아 특유의 하얀 벽에 미로처럼 좁은 길들이 운치 있게 느껴진다. 가장 유명한 골목은 '**꽃의 골목 Calleja de las Flores**'이다. 하얀 벽에 색색의 꽃 화분이 걸려 있는 예쁜 길로, 골목 안쪽의 작은 뜰에 서서 골목길을 바라보면 멀리 메스키타의 종탑이 보여 인증샷 장소로 인기가 많다.

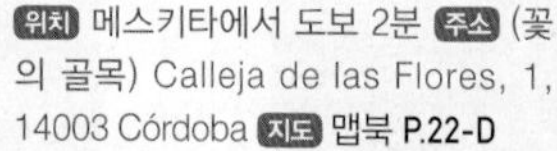
위치 메스키타에서 도보 2분 주소 (꽃의 골목) Calleja de las Flores, 1, 14003 Córdoba 지도 맵북 P.22-D

꽃의 골목

아랍 목욕탕
Baños del Alcázar Califal

이슬람 시대였던 10세기경에 지어진 목욕탕으로 예배를 하기 전에 몸을 씻었던 곳이다. 지하에 밀실처럼 되어 있어 20세기가 되어서야 발견되었는데, 지금의 목욕탕처럼 스팀 사우나실이 있고 온도별로 탕이 나뉘어 있다. 물을 덥히는 시스템이나 천장에 별 모양으로 환기구를 만들어 놓은 것들이 상당히 발전된 기술을 보여주고 있다. 코르도바가 수도였던 시절에는 이러한 아랍 목욕탕이 600여 개나 되었다고 한다.

위치 메스키타에서 도보 6분 주소 Plaza Campo Santo de los Mártires, s/n, 14004 Córdoba 오픈 6.16~9.15 화~토 08:30~15:00, 일요일 · 공휴일 08:30~15:00 / 9.16~6.15 화~금 08:30~20:45, 토요일 08:30~16:30, 일요일 · 공휴일 08:30~14:30 휴무 월요일 요금 일반 €2.50, 학생 €1.50, 공휴일이 아닌 화~금 08:30~09:30 무료 홈피 https://banosdelalcazarcalifal.cordoba.es 지도 맵북 P.22-C

알카사르
Alcázar de los Reyes Cristianos

무어인들이 짓기 시작했으나 14세기 알폰소 11세에게 정복당한 뒤 완공되었다. 한때 이사벨 여왕과 페르난도 국왕이 머물기도 했으며 이슬람 마지막 왕이 감금되었던 곳이기도 하다. 1482년에는 종교재판소가 설치되어 이교도들을 처단했는데, 왕의 목욕탕을 개조해 고문실과 감옥으로 사용했다. 한편, 그라나다의 알람브라를 연상시키는 아름다운 아랍식 정원이 있어 산책하기에 좋으며, 특히, '물의 정원'에서는 야간에 화려한 분수 쇼가 펼쳐지기도 한다. 정원 안쪽으로 들어가면 콜럼버스가 이사벨과 페르난도를 알현하는 석상 Alcázar de los Reyes Cristianos이 있다. 성탑에서 시내 조망을 할 수 있다.

위치 ① 메스키타에서 도보 9분 ② 아랍 목욕탕에서 도보 2분 주소 Plaza Campo Santo de los Mártires, s/n, 14004 Córdoba 오픈 6.16~9.15 화~토 08:30~14:30, 일요일 · 공휴일 09:30~14:30 / 9.16~6.15 화~금 08:30~20:45, 토요일 08:30~16:30, 일요일 · 공휴일 08:30~15:00 휴무 월요일, 1.1, 1.6, 12.25 요금 일반 €4.50, 학생 €2.25, 14세 미만 무료, 공휴일이 아닌 화~금 08:30~09:30 무료 홈피 https://alcazardelosreyescristianos.cordoba.es
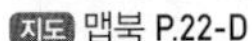
지도 맵북 P.22-D

로마교
Puente Romano

푸엔테문

코르도바 시내 남쪽으로 흐르는 과달키비르강에 놓인 오래된 다리다. 로마 시대였던 1세기경에 지어졌으며, 다리의 시작점에는 **푸에르타 델 푸엔테 Puerta del Puente**(다리의 문)가 있고 그 옆에 코르도바의 수호성인 라파엘 천사의 조각상이 있다. 다리를 건너면 **칼라오라의 탑 Torre de la Calahorra**이 있는데, 이는 14세기 알폰소 11세에 의해 지어진 망루다. 한때 감옥으로 사용되기도 했으나 현재는 박물관이다.

위치 메스키타에서 도보 3분 주소 Av. del Alcázar, s/n, 14003 Córdoba 지도 맵북 P.22-D

포트로 광장
Plaza del Potro

포트로는 스페인어로 망아지다. 코르도바시의 문장인 망아지 조각상 분수가 있는 아담한 광장으로, 세르반테스가 머물며 '돈키호테'에도 언급했던 여인숙 포트로 Posada Del Potro가 있다. 현재 여인숙 건물은 플라멩코 센터로 이용되고 있다. 광장 끝에는 산 라파엘 San Rafael 천사상이 있어 눈길을 끈다.

위치 메스키타에서 도보 8분 주소 Plaza del Potro, s/n, 14003 Córdoba 지도 맵북 P.22-D

보데가스 메스키타
Bodegas Mezquita

주소 Calle Céspedes, 12, 14003 Córdoba **오픈** 월~목 12:30~24:00, 금 · 토 12:30~01:00 **가격** 메뉴 델 디아 €14.85, 2인 타파스 각 €14.90, 주제별 코스 메뉴 €18~30 **전화** +34 957 10 78 59 **홈피** bodegasmezquita.com **지도** 맵북 P.22-D

메스키타 근처 유대인 거리의 초입에 자리한 레스토랑이다. 위치도 가깝고 깔끔한 인테리어에 안달루시아 음식이 주메뉴라서 많은 관광객이 찾는다. 내부에 좌석이 많지만 단체관광객도 많은 편이라 식사 시간대에는 줄을 서야 하는 경우도 있다. 저렴한 식당은 아니지만 메뉴 델 디아(오늘의 메뉴)를 이용하면 무난한 가격에 식사를 즐길 수 있다. 멀지 않은 곳에 3곳의 체인점이 있으며 바로 근처에는 식당에서 운영하는 와인숍도 있다.

마르케사 푸드코트
Los Patios de la Marquesa

유대인 지구에 자리한 푸드코트다. 메스키타나 유대인 거리에서 아랍 목욕탕으로 가는 길에 있다. 케밥, 타파스, 유대인 음식, 아랍 음식, 파에야, 피자, 커피, 와인 등 15개가 넘는 작은 매대들이 들어서 있으며 직접 주문해서 야외 푸드코트에서 먹는 곳이라 간편하게 식사하기에 좋다.

주소 Calle Manríquez, 4, 14003 Córdoba, Spain **오픈** 12:00~24:00 **가격** 메뉴별 €5~12 **전화** +34 957 42 06 53 **홈피** www.lospatiosdelamarquesa.com **지도** 맵북 P.22-D

4

GRANADA
그라나다

이슬람의 지배를 받았던 영향으로 이슬람 문화가 도시 곳곳 생생하게 자리 잡고 있어 스페인의 다른 도시보다 유독 뜨겁고 강렬한 인상을 준다. 이슬람 미술의 정점을 느낄 수 있는 알람브라 궁전과 그곳에서 바라본 하얀 집들의 언덕 알바이신 지구, 아랍의 자취가 살아 숨 쉬는 골목 등 이슬람교의 마지막 거점 도시답게 다른 유럽 도시에서는 느낄 수 없던 이국적인 풍경을 느낄 수 있다.

Transportation
교통 정보

가는 방법

항공, 기차, 버스 등 다양한 교통수단을 통해 그라나다를 드나들 수 있으며, 그 중 가장 많이 이용하는 것은 버스다. 공항이 있기는 하지만 운행편이 많지 않고, 기차는 버스와 소요시간 면에서 큰 차이가 없다.

비행기

그라나다까지 연결되는 항공편이 많지는 않다. 주로 바르셀로나, 마드리드, 빌바오에서 오고 갈 때 저가 항공을 이용하게 된다.

그라나다-하엔 페데리코 가르시아 로르카 공항
Aeropuerto Federico García Lorca Granada-Jaén(GRX)

시내 중심에서 서쪽으로 약 18km 거리에 있는 작은 규모의 공항이다. 스페인 국내는 물론 국제선도 연결하지만, 운항편이 많지는 않다.

홈피 www.aena.es/es/aeropuerto-federico-garcia-lorca-granada-jaen/index.html

공항에서 시내로

규모가 작은 공항인 만큼 발착하는 항공편에 맞춰 공항버스가 운행한다. 같은 비행기에 탔던 승객과 공항버스도 같이 타게 되는 셈이다. 그렇기 때문에 짐을 찾은 후 빠르게 공항버스에 타야 편하게 앉아서 시내까지 갈 수 있다.

교통수단	운행 시간	주요 행선지	소요시간	요금
공항버스	(공항 출발) 06:00~23:30 (시내 출발) 05:00~21:45	Gran Via 54 Catedral Acera del Darro	45분	€2.90
택시			30분	€30.00

※시내에서의 출발은 버스 운행 편수도 적고 요일에 따라 다르기 때문에 공항 홈페이지에서 꼭 시간표를 확인해야 한다.

버스 

다양한 버스 노선과 촘촘히 연결된 도로망 덕분에 그라나다까지는 버스 이동이 편리하고 가장 많이 이용하는 수단이기도 하다. **그라나다 버스 터미널 Estacion de Autobuses de Granada**은 북쪽으로 약 3km 거리에 있다. 시내 중심까지는 터미널 바로 앞 Juan Pablo II 정류장에서 33번 버스에 탑승해 Catedral 정류장에서 내리면 된다. 시내까지 버스로 약 10분 소요된다.

출발지	소요시간	버스회사
네르하	1시간 50분 ~ 2시간 20분	알사 ALSA www.alsa.com
말라가	1시간 45분 ~ 2시간 30분	
세비야	3시간	
코르도바	2시간 45분	
마드리드	4시간 30분 ~ 5시간 30분	

기차 

스페인은 기차보다는 버스가 발달했듯 그라나다 역시 버스를 이용하는 것이 더 편리하여 특별한 경우가 아니라면 잘 이용하지 않는다. 하루 운행 편수도 적고, 소요시간도 버스와 차이가 크지 않다. **그라나다 기차역 Estación de Granada**에서 도보 5분 떨어진 콘스티투시온 거리 Av. de la Constitución에서 4번, 21번, 33번 버스를 타고 Catedral 정류장에서 내리면 시내 중심이다.

출발지	소요시간
코르도바	2시간 10분
세비야	3시간 20분
말라가	3시간 55분
마드리드	3시간 55분
바르셀로나	7시간 40분

시내 교통

대표적인 교통수단은 버스다. 기차역과 버스 터미널을 오가는 시내버스와 알람브라 · 알바이신 · 사크로몬테를 연결하는 **미니버스**를 타게 된다. 일정상 5회 이상 탈 예정이라면 교통카드를 구입해서 다니는 것이 1회권 사용보다 경제적이다.

티켓 종류	특징	요금
1회권 Billete Ordinario	– 버스, 메트로 1회 이용 (버스운전기사, 자동판매기에서 구입 / 환승 가능)	€1.40
버스 교통카드 BonoBus(Credibus)	– 보증금 €2.00 / 보증금을 제외한 잔액은 환불 불가 – €5.00 (1회 차감 €0.87), €10.00 (1회 차감 €0.85), €20.00 (1회 차감 €0.83) 충전 가능 – 버스운전기사, 정류장 키오스크에서 구입 및 충전, 보증금 환불 가능 – 1시간 이내 다른 노선으로 환승 가능 / 여러 명 사용 가능 – 버스 내에서 단말기 인식	

그라나다 카드 Granada Card

그라나다 주요 명소의 무료입장과 시내버스 9회 이용 티켓(60분 이내 환승 가능), 관광 열차 1회 탑승이 가능한 시티 카드로 그라나다에 오래 머물며 많은 곳을 방문할 예정이라면 충분히 이용 가치가 있다. 특히 알람브라 궁전 티켓을 구하지 못했다면 그라나다 카드로 입장할 수 있다. 카드 혜택은 5일간 유효하며 온라인 구입 후 시내 관광안내소에서 카드를 수령하면 된다.

무료입장 가능한 명소

- 알람브라 궁전 Alhambra
- 그라나다 대성당 Catedral de Granada
- 왕실 예배당 Capilla Real
- 카르투아 수도원 La Cartuja
- 산 제르니모 수도원 Real Monasterio de San Jerónimo
- 사크로몬테 수도원 Abadía del Sacromonte
- 사이언파크 박물관 Parque de las Ciencias
- 사이언파크 박물관 Parque de las Ciencias
- 자프라의 집 Casa de Zafra
- 산토 도밍고 궁전 Cuarto Real de Santo Domingo
- 베야스 미술관 Museo de Bellas Artes
- 카사 데 로스 티로스 박물관 Museo Casa de los Tiros
- 고고학 박물관 Museo Arqueológico

요금 Granada Card €40.00(알람브라 포함), Granada Card City €35.50(알람브라 불포함) 홈피 https://granadatur.clorian.com

MEMO

그라나다 관광열차 Tren Turístico

알람브라 궁전을 비롯해 그라나다 시내를 크게 한 바퀴 도는 시티투어버스로, 티켓을 소지하면 해당 기간 동안 무제한 이용이 가능하다. 한국어 오디오 가이드가 있으며 이어폰을 소지하면 추가 요금 없이 이용할 수 있다. 좁고 꼬불꼬불한 언덕이 오르기 힘들다면 이용할 만하다.

요금 1일권 €8.00, 2일권 €12.00
홈피 http://granada.city-tour.com

관광안내소

카르멘 광장
주소 Plaza del Carmen, s/n, 18071 Granada
오픈 월~토 09:00~15:00, 일요일 09:00~14:00
홈피 www.granadatur.com

그라나다 대성당 주변
주소 Calle Cárcel Baja, 3, 18001 Granada 오픈 월~목 09:00~20:00, 금요일 09:00~14:00, 토요일 10:00~19:00, 일요일 10:00~15:00 홈피 www.turgranada.es

누에바 광장 주변
주소 Calle Sta. Ana, 4, 18009 Granada 오픈 월~금 09:00~19:30, 토 · 일 09:30~15:00 홈피 www.andalucia.org

BEST COURSE

그라나다 추천 코스

그라나다의 대표 명소인 알람브라 궁전은 하루를 모두 투자해도 아깝지 않을 정도로 크고 볼거리가 많다. 그렇기 때문에 첫날은 시내 위주로 둘러보고 둘째 날은 알람브라와 사크로몬테를 방문하는 일정으로 그라나다를 여유롭게 둘러보길 권한다.

Check List

- ☑ 안달루시아의 보물 알람브라 관람하기
- ☑ 음료 한 잔에 무료 타파스 한 접시 즐기기
- ☑ 동굴 플라멩코 관람하기

DAY 1

1. **왕실 예배당**
   ▼ 도보 1분
2. **그라나다 대성당**
   ▼ 도보 1분
3. **알카이세리아 거리**
   ▼ 도보 5분
4. **칼데레리아 누에바 거리**
   ▼ 도보 10분
5. **알바이신(산 니콜라스 전망대)**

DAY 2

1. **알람브라**
   ▼ 버스 15분
2. **이사벨 라 카톨리카 광장**
   ▼ 버스 15분
3. **사크로몬테**
   ▼ 도보 8분
4. **동굴 플라멩코**

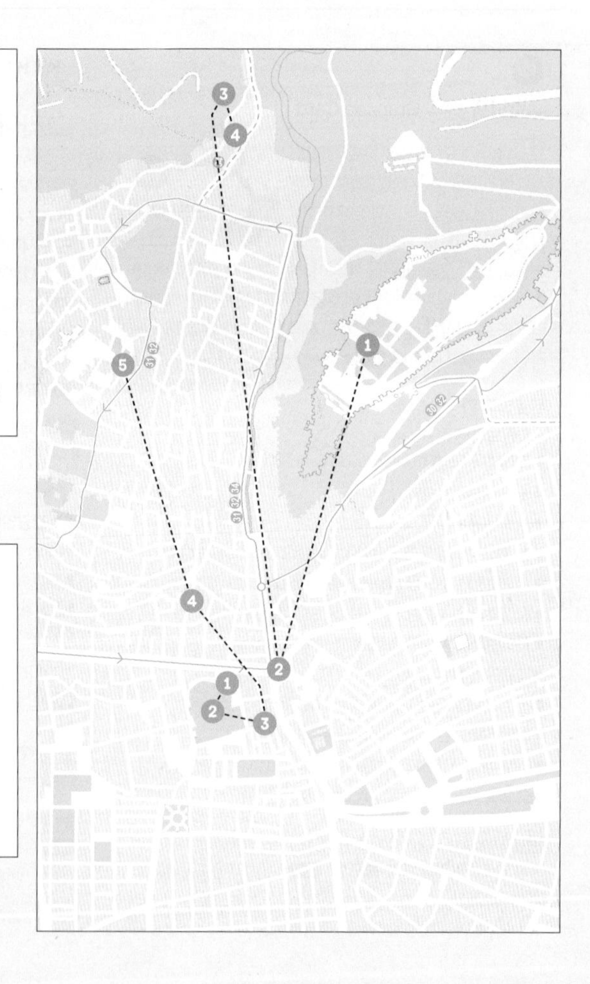

SIGHTSEEING

왕실 예배당
Capilla Real de Granada

1492년 스페인의 마지막 이슬람 영토였던 그라나다를 탈환하며 레콩키스타를 완성한 이사벨 여왕과 페르난도 2세의 유해가 있는 곳이다. 1504년 건축가 엔리케 에가스 Enrique Egas의 설계로 짓기 시작했는데 그해에 이사벨 여왕이 사망했고, 페르난도 2세는 1516년에 사망하여 완공된 1521년이 돼서야 유해가 이곳으로 안치되었다. 예배당 내부 오른쪽이 가톨릭 부부왕 묘이며, 왼쪽이 그들의 딸 후아나 1세 Juana I와 사위인 펠리페 1세 Felipe I의 묘이다. 성물실 Sacristia에는 이사벨 여왕이 수집한 예술품 및 유물이 전시되어 있다. 내부 촬영은 금지되어 있다.

위치 이사벨 라 카톨리카 광장에서 도보 2분 **주소** Calle Oficios, s/n, 18001 Granada **오픈** 월~토 10:15~18:30, 일요일 11:00~18:00 **요금** 일반 €5.00, 학생 €3.50, ※수요일 14:30~18:30 무료 **홈피** http://capillarealgranada.com **지도** 맵북 P.23-E

© Javi Guerra Hernando

TALK

스페인 황금시대를 연 이사벨 1세 ★ Isabel I (1474~1504)

8세기부터 약 800년간 풀지 못한 오랜 유럽의 숙원인 레콩키스타 Reconquista를 완성하고 분열된 이베리아반도의 왕국을 통일한 영웅이 스페인의 여왕 이사벨 1세다. 통일 스페인의 어머니라고 불리며 존경받는 이유도 이 때문이다.
카스티야의 공주로 태어나 이복오빠 엔리케 4세 Enrique IV의 견제를 받아 숱한 어려움을 겪었지만 영민했던 어린 소녀는 아라곤의 페르난도 2세 Fernando II와 결혼하고, 탁월한 처세로 왕위에 오르게 된다. 이후 더 많은 힘을 모아 그라나다 정벌이라는 과업을 이룩하고 더 나아가 종교 통일까지 이루고자 했다. 이사벨 1세는 영토 확장과 가톨릭 전파를 목적으로 콜럼버스를 후원했는데, 많은 식민지를 통해 막대한 부를 축적하면서 유럽의 강자가 되었다.

이사벨 1세는 오로지 국가와 국민을 위한 왕으로서 찬란한 스페인의 전성시대를 열었으며 스페인 역사상 가장 빛나는 리더로 손꼽힌다.

그라나다 대성당
Catedral de Granada

이슬람 사원이 있던 곳에 세운 로마 가톨릭 성당으로 1518년 엔리케 에가스 Enrique Egas의 설계로 짓기 시작했다. 초기에는 톨레도 대성당의 고딕양식을 모델로 했지만 1529년 디에고 데 실로에 Diego de Siloé로 책임자가 바뀌면서 르네상스 양식이 가미되었다. 대성당이 지금의 모습이 된 것은 1704년으로, 오랜 시간이 걸린 만큼 무데하르 양식과 바로크 양식도 더해졌다. 하지만, 책임자의 부재와 자금 사정으로 공사가 중단되면서 두 개로 예정되었던 탑도 하나에 그쳤다. 성당 내부의 화려한 중앙제단과 스테인드글라스, 파이프 오르간이 볼만하다.

위치 왕실 예배당에서 도보 1분 주소 Calle Gran Vía de Colón, 5, 18001 Granada 오픈 월~토 10:00~18:30, 일요일 15:00~18:00 요금 일반 €5.00, 학생 €3.50, ※일요일 무료 홈피 www.catedraldegranada.com 지도 맵북 **P.23-E**

알바이신
Albaicín

알람브라 궁전 맞은편에 하얀 집들이 옹기종기 모여있는 언덕이 바로 이슬람교도의 거주지였던 알바이신이다. 좁은 골목이 미로처럼 구불구불하게 나 있는 이유는 성채 도시로 설계되었기 때문이다. 언덕에 자리한 마을이기에 멋진 풍경을 볼 수 있는 전망대가 많다. **산 니콜라스 전망대 Mirador San Nicolás**는 알람브라 궁전과 네바다 산맥을 정면으로 바라볼 수 있는 장소이며, **산 미구엘 알토 전망대 Mirador de San Miguel Alto**는 가장 높은 곳에 있는 만큼 시내 전체를 내려다볼 수 있다. 아름다운 전망을 볼 수 있는 곳으로 유명해서 전망대 주변은 사람이 많지만, 치안이 좋지 않아 늦은 밤 혼자 가는 것은 피해야 한다.

위치 누에바 광장에서 C31, C32 버스 탑승 후 Plaza San Nicolás 정류장 하차, 도보 1분 지도 맵북 **P.23-A**

사크로몬테
Sacromonte

알바이신 동쪽의 언덕으로 집시 거주 지역이다. 집시들은 언덕 경사면에 쿠에바 Cueva라고 하는 동굴 주거 공간을 만들고 생활했다. 지금도 집시들이 거주하고 있으며 **사크로몬테 동굴 박물관 Museo Cuevas del Sacromonte**을 통해 그들의 생활상을 엿볼 수 있다. 부엌과 침실을 포함한 11개의 동굴이 있으며, 생계 유지를 위해 바구니와 도자기를 만들던 공방도 볼 수 있다. 유명한 플라멩코 공연장이 있고 그라나다 시내도 한눈에 조망할 수 있어 관광객이 많이 늘어나긴 했지만, 예전에는 우범지역으로 불릴 만큼 위험했던 곳이니 안전에 유의해야 한다.

사크로몬테 동굴 박물관
위치 누에바 광장에서 C34 버스 탑승 후 Cno del Sacro monte 89 정류장 하차, 도보 8분 주소 Barranco de los Negros, s/n, 18010 Granada 오픈 10.15~3.14 10:00~18:00 / 3.15~10.14 10:00~20:00 요금 일반 €5.00 홈피 www.sacromontegranada.com 지도 맵북 P.23-A

TALK

그라나다 플라멩코 ★ Granada Flamenco

세비야의 플라멩코가 예술적인 측면을 강조한 화려한 공연이라면, 그라나다의 플라멩코는 화려하진 않아도 깊은 울림을 느낄 수 있는 전통적인 느낌의 공연이라 할 수 있다.
그라나다에 정착한 집시들은 산의 경사면을 파고 동굴집을 만들어 살며 방랑 생활을 해야 했던 자신들의 처지에 슬퍼하며 신세 한탄을 춤으로 표현했는데 그것이 그라나다 플라멩코의 시작이다. 동굴 공연장 특성상 무릎이 닿을 만큼 가까워서 그들의 가쁜 숨결까지 느껴지는 것이 특징이다.
사크로몬테 언덕으로 올라가면 동굴 형태의 공연장이 여러 군데 있으며 홈페이지에서 공연 예약을 할 수 있다. 숙소에서 예약하면 픽업까지 가능한 패키지나 공연과 알바이신 지구를 함께 둘러보는 투어도 즐길 수 있다.

쿠에바 라 로시오 Cueva de la Rocio
주소 Camino del Sacromonte, 70, 18010 Granada 요금 €20.00(픽업 포함 €30.00) 홈피 www.cuevalarocio.es 지도 맵북 P.23-A

알람브라
Alhambra

스페인 이슬람 문명의 상징인 알람브라 궁전은 아랍어로 '붉은 성'을 뜻한다. 붉은빛을 띠는 성벽 때문에 붙은 이름이다. 무하마드 1세 Muhammad I가 세운 이베리아반도의 마지막 이슬람 왕조인 나스르 왕조는 그라나다를 거점으로 삼았고 1238년부터 궁전을 짓기 시작하여 7대 왕인 유수프 1세 Yusuf I 때 대부분 완성되었다. 성 안에는 왕족뿐 아니라 귀족도 살고 있어 주택가와 사원도 있었다. 번영을 누리던 이슬람 왕조는 1492년 가톨릭 부부왕의 레콩키스타 완성으로 막을 내리게 된다. 이후 궁전은 가톨릭 세력이 주인이 되면서 사원은 성당으로 개조되고, 궁전 역시 증축되며 이슬람과 가톨릭 양식이 결합한 형태를 보이게 된다. 18세기에는 제대로 관리하지 못하고 방치되었는데, 1832년 미국인 작가 워싱턴 어빙 Washington Irving이 궁전에 머물면서 쓴 〈알람브라 이야기〉가 세상에 알려지면서 알람브라의 복원이 시작되었다. 헤네랄리페, 카를로스 5세 궁전, 알카사바, 나스르 궁전 등 크게 네 부분으로 구분할 수 있고, 모두 관람하는데 최소 3시간 이상이 소요된다.

알람브라 티켓 예매 & 둘러보기

사전 예약은 필수

1일 입장객을 제한하고 있는 곳인 만큼 예약은 필수다. 홈페이지에서 3개월 전 티켓이 오픈된다. 바우처는 매표소 혹은 자동발매기에서 실물티켓으로 발권해야 하며, 만약의 상황을 대비해 예약 시 사용한 카드를 소지해야 한다.

나스르 궁전 입장 시간

티켓 예약 시 입장 시간을 선택하게 되는데, 알람브라 입장 시간이 아닌 나스르 궁전 입장 시간을 선택한다. 선택한 시점으로부터 30분 후까지 입장이 가능하기 때문에 시간을 반드시 준수해야 한다.

예약하지 못했다면

홈페이지에서 티켓을 구하지 못했다 하더라도 스페인 현지시각으로 매일 밤 자정에 풀리는 취소표를 잡을 기회가 있다. 호텔 측에 예약 문의를 하거나 티켓이 포함된 한인 가이드 투어를 이용하는 것도 방법이다. 모두 실패했다면 매표소 오픈 전에 당일 현장 티켓을 구해야 한다.

알람브라 관람 순서

헤네랄리페 ▶ 파르탈 정원 ▶ 카를로스 5세 궁전 ▶ 알카사바 ▶ 나스르 궁전

나스르 궁전 입장 시간에 맞춰 동선을 정하는 것이 좋겠지만, 정문에서 가까운 헤네랄리페를 시작으로 아래로 내려오며 둘러보는 동선이 가장 보편적이다.

기타사항

- 티켓이 필요한 헤네랄리페, 알카사바, 나스르 궁전을 제외한 곳은 무료존이다.
- 한국어 오디오 가이드가 있으며, 고장일 경우 궁전 내에서도 교환할 수 있지만 반납은 처음 받은 곳에 해야 한다. €6.00
- 알람브라 내에 있는 파라도르를 제외하고 제대로 된 식사를 할 수 있는 곳이 드물어 물과 간단한 간식을 가져가는 것이 좋다.
- 티켓을 분실했다면 입구 안내소에서 재발급할 수 있다.

위치 이사벨 라 카톨리카 광장에서 C30, C31 버스 탑승 후 Alhambra-Generalife 2 정류장 하차 **주소** Calle Real de la Alhambra, s/n, 18009 Granada **오픈** **알람브라** 4.1~10.14 08:00~20:00 / 10.15~3.31 08:00~18:00 / **헤네랄리페, 나스르 궁전 야간** 4.1~10.14 화~토 22:00~23:30 / 10.15~3.31 금~토 20:00~21:30 **요금** **통합권** 일반 €14.00, 학생 €9.00, **헤네랄리페 주간** 일반 €7.00, 학생 €6.00, **헤네랄리페 야간** 일반 €8.00, 학생 €4.00, **나스르 궁전 야간** 일반 €8.00, 학생 €6.00 **홈피** www.alhambra-patronato.es, https://tickets.alhambra-patronato.es/en(티켓 예약) **지도** 맵북 P.23-B

TALK 

레콩키스타 * Reconquista

711년 북아프리카 이슬람 우마이야 왕조의 이베리아 정복으로 빼앗긴 스페인 영토를 되찾고 이슬람교도를 축출하기 위해 벌인 '국토 회복 운동'이다. 722년 스페인 북부의 코바동가 Covadonga 전투를 시작으로 장장 800년이 걸렸다. 13세기에 들어 이슬람 세력은 약화되었고, 1492년 이사벨 여왕과 페르난도 2세는 이슬람 세력의 마지막 거점이었던 그라나다를 함락시킴으로써 국토 회복 운동을 완성하게 된다.

 Zoom in

ALHAMBRA
알람브라 살펴보기

밖에서 바라본 알람브라는 단순하고 자칫 밋밋하게도 보인다.
그러나 알람브라의 진가는 정교하고 화려하게 장식된 내부에 있다.
이슬람 예술의 최고 걸작이라는 수식어로도 부족할 만큼 아름답고 신비롭다.

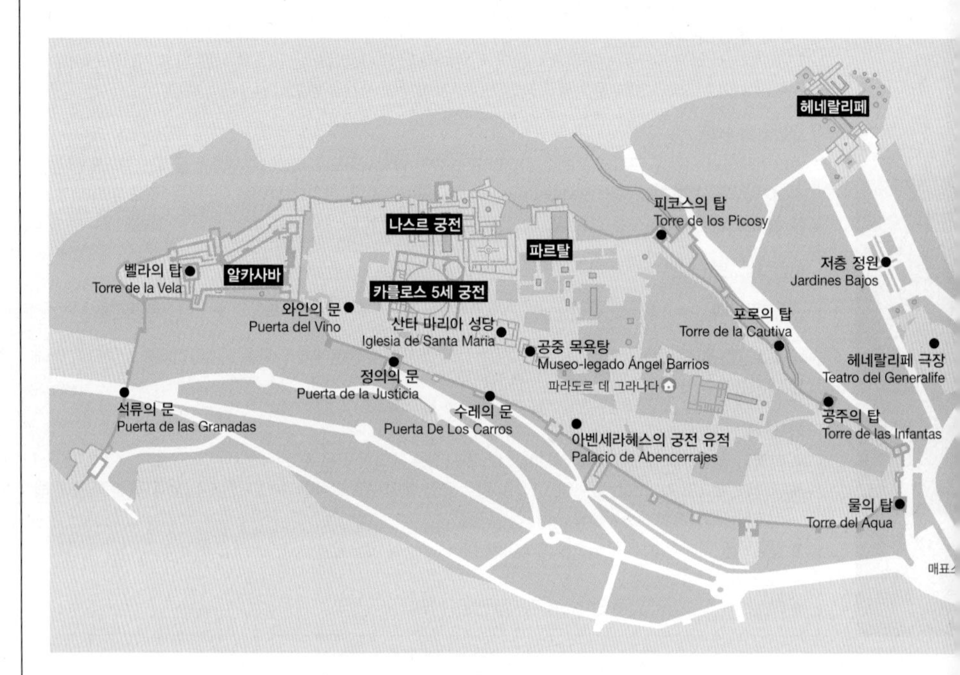

01 헤네랄리페 Generalife

12~14세기에 지어진 이슬람 왕조의 여름 별궁이다. 휴식을 위한 정원과 작은 궁전으로 이루어졌으며 '건축가의 정원'이라는 별칭을 가지고 있다. 여기서 건축가는 이슬람교에서 숭배하는 알라를 뜻한다. 신의 손으로 만들어낸 것처럼 아름답다는 의미다. 헤네랄리페는 이슬람 주거 문화를 잘 보여주는데 건조하고 뜨거운 외부 온도를 차단하기 위해 물을 어떻게 활용했는지를 알 수 있다. 크게 저층 정원 Jardines Bajos, 헤네랄리페 궁전 Palacio del Generalife, 상층 정원 Jardines Altos으로 나뉜다.

헤네랄리페 궁전 Palacio del Generalife

● 하마의 중정 Patio del Descabalgamiento 건물로 들어가기 위해 말에서 내리던 공간

● 친구들의 집 Casa de los amigos 궁전을 방문한 손님들이 머물렀던 공간으로 지금은 터만 남았다.

● 아세키아 중정 Patio de la Acequia '아세키아'는 수로를 의미하며, 긴 수로 양옆에서 포물선을 그리며 뿜어져 나오는 분수가 무척 아름답다. 프란시스코 타레가 Francisco Tárrega의 유명한 기타곡 〈알람브라 궁전의 추억〉도 중정에 흐르는 물소리를 듣고 만든 즉흥곡이다. 애잔한 기타 선율이 아세키아 중정 분위기와 잘 어울린다.

● 왕비의 사이프러스 중정 Patio del Ciprés de la Sultana 보압딜 Boabdil의 왕비와 아벤세라헤스 abencerraje 가문의 귀족이 밀회를 즐겼던 장소로 이 사실을 안 왕은 왕비를 포함 가문의 사내 30명을 처형했다. 그런데도 분이 풀리지 않아 현장을 목격했다는 이유로 나무에 물길을 끊어 고사 시켰다.

저층 정원 Jardines Bajos

정교하게 다듬은 나무와 관목, 활짝 핀 꽃과 긴 연못이 조화를 이룬 아름다운 정원이다. 1952년에 세운 야외 극장 Teatro del Generalife에서는 매년 여름 축제가 열린다.

상층 정원 Jardines Altos

저층 정원과 상반되는 이름처럼 헤네랄리페에서 가장 높은 곳에 있는 정원으로 난간에 물이 흐르는 물의 계단 Escalera del Agua과 로마풍 전망대 Mirador Romántico가 있다.

Zoom in

02 카를로스 5세 궁전 Palacio de Carlos V

1526년 그라나다에서 신혼여행 중이던 카를로스 5세는 황제 위상에 부합하는 궁전을 짓기 위해 나스르 궁전 일부를 헐고 그 자리에 당대 유행하던 르네상스 양식의 궁전을 세운다. 설계는 미켈란젤로의 제자였던 스페인 건축가 페드로 마추카 Pedro Machuca가 맡았다. 하지만 자금 부족으로 미완성에 그쳤고, 궁전의 지붕도 20세기가 돼서야 완성되었다. 화려하고 정교한 여느 궁전과 달리 볼품없이 튼튼하기만 한 모양새 때문에 알람브라 내에서 가장 조화롭지 못한 건축물로 평가받는다. 사각형의 외관과 달리 내부는 2층의 원형 구조로 되어 있는데, 그 덕분에 음향 효과가 좋아 매년 여름 음악제가 열린다. 1층에는 궁전 관련 수집품을 전시하는 **알람브라 박물관 Museo de la Alhambra**, 2층은 그라나다 회화를 전시한 **베야스 미술관 Museo de Bellas Artes**이 있다.

알람브라 박물관

오픈 10.15~3.14 수~토 08:30~18:00, 일~화 08:30~14:30 / 3.15~10.14 수~토 08:30~20:00, 일~화 08:30~14:30 휴무 월요일 요금 무료

베야스 미술관

오픈 4.1~10.14 화~토 09:00~20:00, 일요일 09:00~15:00 / 10.15~3.31 화~토 09:00~18:00, 일요일 09:00~15:00 휴무 월요일 홈피 www.museosdeandalucia.es/web/museosdeandalucia 요금 일반 €1.50

03 알카사바 Alcazaba

9~13세기에 지은 알카사바는 알람브라에서 가장 오래된 건물이다. 와인의 문 Puerta del Vino를 사이에 두고 왕실 주거 구역인 나스르 궁전과 군사요새인 알카사바로 나뉜다. 현재는 터만 남아 있으며, 궁전 사방을 관망할 수 있게 지어진 망루에 오르면 그라나다 시내를 한눈에 담을 수 있다.

누각 Torre del Homenaje

알카사바 입구에 있는 탑으로 가장 높다.

벨라의 탑 Torre de la Vela

알바이신 지구, 시에라 네바다 산맥 등 그라나다의 수려한 경관을 조망할 수 있는 알람브라 최고의 전망대다.

아르마스 광장 Plaza de Armas

군인들의 주거 공간으로 터만 남았다. 무기 공장, 대장장이의 집, 저수조, 지하 감옥의 흔적이 있다.

04 나스르 궁전 Palacios Nazaries

마지막 이슬람 왕조인 나스르 왕조의 역사가 담겨 있는 곳이다. 화려한 아라베스크 문양으로 장식된 아름다운 나스르 궁전은 알람브라 궁전의 핵심이다. 14세기 중후반에 축조된 나스르 궁전은 원래 7개의 궁으로 이루어져 있었으나 지금은 메수아르 Mexuar, 코마레스 Comares, 레오네스 Leones 등 3개의 궁만 남아 있다.

메수아르 궁 Mexuar

이스마일 1세(1314~1325), 무하마드 5세(1362~1391)

나스르 궁전이 시작되는 곳이자 궁에서 가장 오래된 부분으로, 왕의 집무실이었던 **메수아르 방 Sala del Mexuar**은 나무 천장의 정교한 세공과 화려한 문양으로 장식된 벽면이 돋보이는 곳이다. 북쪽의 **기도실 Sala de Oracion**에서는 알바이신 지구가 한눈에 들어온다. 나무 천장에 금빛으로 수놓은 듯하여 **황금의 방 Cuarto Dorado**이라 이름 붙여진 곳은 이슬람 법정과 왕의 명령을 기록하는 직원의 공간으로 사용되었다. 코마레스 궁으로 가는 길에 있는 **황금의 안뜰 Patio del Cuarto**에서는 왕이 강연을 하기도 했다.

아라야네스 중정

바르카의 방

코마레스 궁 Comares

유수프 1세(1333~1354), 무하마드 5세(1362~1391)

● 아라야네스 중정 Patio de Los Arrayanes 나스르 궁전의 중심으로 천국의 꽃이라 불리는 아라야네스가 연못 주변으로 심겨 있다. 물 위로 비치는 높이 45m의 코마레스 탑 Torre de Comares과 파란 하늘의 반영은 알람브라 궁전을 대표하는 풍경이기도 하다.

● 바르카의 방 Sala de la Barca 천장이 작은 배(바르카)의 밑바닥을 연상케 한다 해서 붙여진 이름의 방

● 대사의 방 Salón de los Embajadores 나스르 궁전에서 가장 넓은 공간으로 왕이 외국 사신을 접견하던 방이다. 천장과 바닥 그리고 벽까지 사방이 빈틈없이 화려하고도 정교한 아라베스크 문양으로 가득 장식되어 있다.

사자의 중정

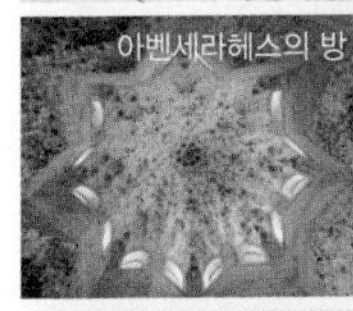
아벤세라헤스의 방

두 자매의 방

왕의 방

레오네스 궁 Leones

무하마드 5세(1362~1391)

● 사자의 중정 Patio de los Leones 왕의 사적 공간이자 왕을 제외한 남자는 출입이 금지된 레오네스 궁 가운데의 중정이다. 물을 내뿜는 12마리 사자상의 원형 분수가 있고 중정 주위로 124개의 대리석 기둥이 에워싸고 있다.

● 아벤세라헤스의 방 Sala de los Abencerrajes 아름다운 방과 어울리지 않게 비극의 방이라고도 불린다. 경쟁 세력의 가문이 아벤세라헤스 가문의 귀족과 왕비가 사랑에 빠졌다는 소문을 냈고 가문의 남자 약 30명이 처형당했다. 그리고 그 피는 사자상의 입으로 흘러나왔다고 전해진다.

● 왕의 방 Sala de los Reyes 중정 동쪽에 있는 방으로 왕들의 침실로 사용되었으며, 중앙 천장에는 나스르 왕조 10명의 왕이 묘사되어 있다.

● 두 자매의 방 Sala de dos Hermanas 아벤세라헤스의 방과 마찬가지로 천장을 가득 메운 화려하고 정교한 종유석 모양의 모카라베 양식이 돋보인다.

바르 로스 디아멘테스
Bar Los Diamantes

누에바 광장 맞은편에 있는 타파스 전문점으로 1942년에 문을 열었다. 그라나다에 여러 지점이 있을 정도로 유명한 타파스 맛집이다. 해산물 요리가 발달한 안달루시아 지방의 도시답게 해산물 튀김이 주메뉴이며 음료를 주문하면 타파스 한 접시가 무료로 제공된다. 타파스는 반 접시 1/2 Media Ración, 한 접시 Ración로 주문할 수 있는데 반 접시만 주문해도 두 사람이 먹기에 충분한 양이다.

주소 Plaza Nueva, 13, 18009 Granada 오픈 12:30~24:00 전화 +34 958 07 53 13 홈피 www.barlosdiamantes.com 지도 맵북 P.23-C

레스토랑 그라나다
Restaurante Granada

이사벨 라 카톨리카 광장과 누에바 광장 사이에 위치한 레스토랑 그라나다는 안달루시아 정통 요리를 맛볼 수 있는 레스토랑이다. 1918년에 문을 연 곳으로 깔끔하고 세련된 분위기의 인테리어가 돋보인다. 그라나다 물가를 생각했을 때 다른 곳보다는 가격대가 살짝 높은 편에 속하지만, 그렇다고 아주 비싼 것도 아니다. 게다가 무료로 제공되는 타파스가 꽤 퀄리티가 있으니 납득이 된다. 매력적인 곳에서의 한 끼 식사를 원한다면 레스토랑 그라나다를 추천한다.

주소 Calle Reyes Católicos, 61, 18010 Granada 오픈 12:00~24:00 전화 +34 958 22 46 31 홈피 www.losmanueles.es 지도 맵북 P.23-C

레스토랑 카르멜라
Restaurante Carmela

이사벨 라 카톨리카 광장에서 도보 2분 거리에 있는 카르멜라에는 지중해식 요리와 안달루시아 지방 요리가 대다수다. 2012년에는 타파스 대회, 2014년에는 맥주 대회에서 수상한 경력도 있다. 내부 인테리어는 무척 세련되고 깔끔하다. 스페인 국민 소스라 불리는 알리올리 소스와 함께 먹는 먹물 파에야 Arroz negro con gambas y choco, 부드러운 문어 요리 Pulpo asado con parmentier de patata y mojo picón, 빼놓을 수 없는 고기 요리 Punts de solomillo al Pedro Ximénez 등 괜찮은 메뉴가 꽤 많다.

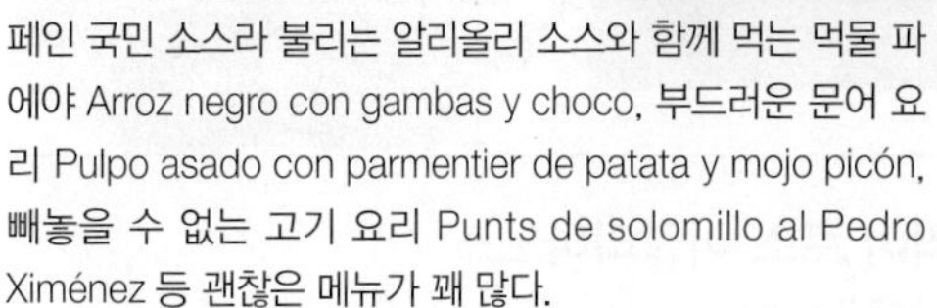

주소 Calle Colcha, 13, 18009 Granada **오픈** 08:00~24:00 **가격** 먹물 빠에야 €14.50, 문어 요리 €18.50 **전화** +34 958 22 57 94 **홈피** www.restaurantecarmela.com **지도** 맵북 P.23-C

바르 라 리비에라
Bar La Riviera

그라나다 타파스 집 중에서도 손에 꼽히는 유명한 곳이다. 타파스가 대단히 맛있다기보다는 평균 2유로대의 주류를 선택하면 무료로 제공하는 타파스 한 접시의 종류를 직접 고를 수 있다는 장점 때문이다. 무료로 제공되는 타파스의 가짓수만 해도 25가지라 선택의 폭도 넓다. 왁자지껄 유쾌한 분위기 또한 한몫해서 자정이 넘어가는 늦은 시간에도 이곳에서 한잔하며 하루를 마감하려는 사람들로 북적인다.

주소 Calle Cetti Meriem, 7, 18010 Granada 오픈 12:00~01:00 전화 +34 958 22 79 69 홈피 https://es-la.facebook.com/CerveceriaLaRiviera 지도 맵북 P.23-C

tip

안달루시아 지방의 레스토랑에서는 음료를 시키면 타파스 한 접시를 무료로 제공하는 문화가 있었다. 하지만 대부분 지역에서는 이 문화를 접할 수 없는데, 그라나다에는 여전히 남아 있다

엘라데리아 로스 이탈리아노스
Heladería Los Italianos

주소 Calle Gran Vía de Colón, 4, 18001 Granada 가격 카사타, 타르타 €2.70 전화 +34 958 22 40 34 홈피 https://facebook.com/pages/Los-Italianos/162755827101243 지도 맵북 P.23-E

1936년에 시작해서 80년 넘게 운영하고 있는 아이스크림 집으로 여느 가게처럼 콘 Barouillos과 컵 Tarrinas에 아이스크림을 담아 팔지만 가장 유명한 것은 따로 있다. 아이스크림 케이크를 잘라 한 조각 통째로 콘에 넣어주는 카사타 Cassata와 타르타 Tarta가 이곳의 대표 메뉴! 카사타는 견과류와 과일이 들어가 있고, 타르타는 커피 Tarta de Cafe, 초콜릿 Tarta de Chocolate 두 가지 맛이 있다.

EATING

츄레리아 알람브라 카페테리아
Churrería Alhambra Cafeteria

주소 Plaza de Bib-Rambla, 27, 18001 Granada 오픈 08:00~23:00 가격 초코라테 €1.95, 추로스 €1.60 전화 +34 958 52 39 29 홈피 www.cafeteria-alhambra.com 지도 맵북 P.23-E

비브 람블라 광장 Plaza Bib Rambla에는 그라나다스러운 이름을 가진 추로스집이 있다. 피자 · 파스타 · 파에야 · 육류/해산물 요리도 있지만 가장 잘나가는 것은 초코라테 Chocolate와 추로스 Racion Curros다. 이미 밥을 먹고 왔다고 하더라도 바삭하고도 쫄깃한 추로스와 진하고 단 초코라테의 비주얼에 빠질 수밖에 없다.

아타우알파 스테이크 하우스
Atahualpa Steak House

아르헨티나 소고기 전문점으로 고급 레스토랑의 분위기라기보다는 동네 식당처럼 소박하고 아담한 느낌이다. 들어가 보면 테이블은 몇 없지만, 동네 맛집이라는 것이 여실히 느껴진다. 다양한 샐러드와 스테이크, 디저트 종류가 있고 메뉴판에는 영어로도 적혀 있어서 선택이 어렵지 않다. 그라나다에서 아르헨티나 스테이크집을 간다는 것이 어울리지 않을 수도 있겠지만, 가격에 비해 품질이 훌륭해서 가볼 만한 가치가 있다.

주소 Plaza del Campillo Bajo & Calle San Pedro Mártir, 18009 Granada 오픈 12:30~16:00, 19:30~23:30 가격 €13.20~ 전화 +34 958 22 05 01 홈피 www.tranquera.net 지도 맵북 P.23-F

카페 풋볼
Café Fútbol

추로스로 유명한 유서 깊은 카페 풋볼은 1903년 마리아나 피네다 광장 Plaza de Mariana Pineda에 문을 열었다. 보기엔 투박하지만 쫄깃하면서도 짭조름한 추로스는, 농도 짙은 초코라테와 만나 단짠의 정석을 보여준다. 매장 내부보다는 푸르른 광장과 잘 어울리는 야외 테라스 좌석이 더 인기가 많다.

주소 Plaza de Mariana Pineda, 6, 18009 Granada
오픈 06:00~24:00 가격 초코라테 €2.00, 추로스 €1.50
전화 +34 958 22 66 62 홈피 www.cafefutbol.com
지도 맵북 P.23-F

이슬라
YSLA

그라나다 전통 디저트 피오노노 Pionono의 전문점이다. 피오노노는 1897년 로마 교황 비오 9세 Pío nono에 경의를 표하며 만든 빵으로 스페인식 이름을 붙여 피오노노라 부르게 되었다. 동글동글한 피오노노는 촉촉한 시트 빵과 달콤한 크림이 얹어진 모양새이며 오리지널 Tradicional, 초콜릿 Chocolate, 화이트 초콜릿 Chocolate Blanco-vanilla, 귤 Mandarina 등 4가지 맛이 있다. 이슬라에서 가장 유명한 것은 피오노노지만 다양하고 예쁜 디저트도 진열장 가득 전시되어 있다.

주소 Pje. Recogidas, 1, 18005 Granada 오픈 07:30~21:00 가격 피오노노 €1.20 전화 +34 958 08 99 51 홈피 www.pionono.com 지도 맵북 P.23-F

SHOPPING

알카이세리아 거리
Calle Alcaicería

거리 입구에 들어서는 순간 과거로의 시간 여행을 떠나는 느낌이 든다. 이슬람 시대에 비단 교역 장소였는데, 로마 황제가 이슬람인들에게 비단 거래를 허락했다 하여 '카이사르의 집'이라는 뜻의 알카이세리아라는 이름을 붙었다. 약 200여 개의 비단 상점과 상인들이 머물던 여관도 함께 있었으며, 밤에는 파수꾼이 거리를 지켰다고 한다. 1843년 성냥 가게에서 발생한 화재로 거리가 전소되는 일도 있었다. 좁은 골목을 사이에 두고 램프, 가방, 옷, 액세서리, 기념품, 악기, 스카프 등 이색적인 물건이 가득하다. 무언가를 사지 않아도 이슬람의 향기를 느낄 수 있는 곳이다.

위치 그라나다 대성당에서 도보 1분 **지도** 맵북 P.23-E

칼데레리아 누에바 거리
Calle Calderería Nueva

다채롭고 강렬한 색감이 가득해 눈을 즐겁게 하는 칼데레리아 누에바 거리는 아랍 문화가 짙게 스며 있는 곳이다. 좁은 언덕길 양쪽으로 아랍 상점과 레스토랑이 빼곡하게 줄지어 있고 아랍식 찻집인 테테리아 Teteria도 있어 쇼핑을 하다가 잠시 쉬어가기에도 좋다.

위치 그라나다 대성당에서 도보 3분 **지도** 맵북 P.23-C

MÁLAGA
말라가

유럽인들이 사랑하는 휴양도시로 연중 맑고 온화한 지중해성 기후 덕분에 겨울에도 아름다운 해변을 볼 수 있다. 고대 페니키아인의 도시 건설 이후 로마, 이슬람, 가톨릭 등 지배자가 여러 번 바뀌는 과정을 겪으며 스페인에서 두 번째로 큰 항구도시로 자리 잡았다. 또한, 말라가는 피카소의 고향으로 도시 곳곳에서 그의 흔적을 만날 수 있다.

Transportation
교통 정보

가는 방법

말라가는 안달루시아 지역 교통의 요지답게 항공, 기차, 버스 등 모든 교통이 잘 정비되어 있다. 스페인 대도시는 항공과 기차로 연결이 쉽고 말라가의 다음 여행지로 많이 가는 네르하와 그라나다는 버스를 많이 이용한다.

비행기

우리나라에서 말라가로 가는 직항편은 없고 1회 경유하는 항공편만 있다. 말라가 주의 해안 지역은 매년 수백만 명이 찾는 유명 휴양지로, 스페인 국내는 물론 유럽 주요 도시와 연결되는 항공편이 많다.

말라가-코스타 델 솔 공항
Aeropuerto de Málaga-Costa del Sol(AGP)

안달루시아 지방의 중요한 공항으로, 시내에서 남서쪽으로 8km 거리에 있다.

홈피 www.aena.es/en/malaga-airport/index.html

공항에서 시내로

렌페, 버스, 택시를 이용해 말라가 시내로 들어갈 수 있다. 소요시간이 짧고, 요금이 저렴한 세르카니아스 Cercanías는 여행객이 가장 많이 이용하는 수단으로 20~25분 간격으로 운행된다. 세르카니아스와 버스 모두 기차역과 버스터미널까지 연결되는데, 구시가까지는 버스가 접근성이 더 좋다.

교통수단	운행 시간	주요 행선지	소요시간	요금
세르카니아스 Cercanías	(공항 출발) 06:44~00:54	Málaga María Zambrano Málaga Centro Alameda	8분 12분	€1.80
75번 버스	(공항 출발) 07:00~00:00 (시내 출발) 06:25~23:30	Explanada la Estación Estación de Autobuses Plaza del General Torrijos	30분	€3.00
택시			15분	€20.00~30.00

기차

하루 3회 운행하는 론다를 제외하고 마드리드, 세비야, 코르도바까지 열차 운행 편수가 많다. 중앙역은 **말라가 마리아 삼브라노역 Málaga María Zambrano**으로 쇼핑몰 건물 안에 있다. 기차역에서 시내 중심까지는 도보로 약 20분 걸린다.

출발지	소요시간
코르도바	49분 ~ 1시간 5분
세비야	1시간 55분 ~ 2시간 44분
론다	2시간 ~ 2시간 22분
마드리드	2시간 24분 ~ 3시간 40분

버스

말라가 주의 해안 도시나 그라나다로 이동할 때는 기차보다 버스를 더 많이 이용한다. **말라가 버스터미널 Estación de Autobuses de Málaga**은 맨디빌 거리 Calle Mendívil를 사이에 두고 기차역과 마주한다. 시내 중심까지는 터미널 바로 앞 Paseo de los Tilos(Plaza de la Solidaridad) 정류장에서 4번, 19번, A번 버스에 탑승해 Paseo del Parque 정류장에서 내리면 된다. 시내까지 버스로 약 10분 소요된다.

출발지	소요시간	버스회사
그라나다	1시간 30분 ~ 2시간 30분	알사 ALSA www.alsa.com
네르하	1시간 15분 ~ 1시간 55분	
세비야	2시간 30분 ~ 4시간	
코르도바	2시간 ~ 3시간 20분	
론다	2시간~	다마스 DAMAS www.damas-sa.es

시내 교통

ⓒtrackyman56

말라가의 대중교통으로 메트로와 버스가 있다. 관광지와 반대 방향으로 노선이 발달한 메트로보다 시내 구석구석을 연결하는 버스가 더 편하다. 또한, 기차역과 버스터미널에서 시내 중심으로 갈 때나, 히브랄파로 성까지 올라갈 때도 주로 버스를 이용한다.

홈피 www.emtmalaga.es

티켓 종류	특징	요금
1회권 Billete Ordinario	– 버스, 메트로 1회 이용 (버스운전기사, 자동판매기에서 구입 / 환승 불가)	€1.30
버스 교통카드 Tarjeta Transbordo	– 충전 카드 €1.90 / 최대 20회 충전 가능 – 키오스트 Quiosco, 담배가게 Tabaco에서 구입 및 충전 가능 – 승차시 단말기 인식 시점부터 1시간 이내 환승 가능	€8.30 (10회)

말라가 패스 Málaga PASS

시내의 많은 박물관과 미술관 입장료를 절약할 수 있는 시티 카드로 개별 티켓 구매보다 33% 절약할 수 있고, 대기 없이 입장할 수 있다는 장점이 있다. 그 밖에 레스토랑, 쇼핑, 호텔, 가이드 투어 등 할인을 받을 수 있다. 대중교통은 포함되지 않았지만, 박물관 투어에 관심 있는 사람이라면 고려해볼 만하다(단, 일요일 오후에는 무료입장이 가능한 곳이 많음).

무료입장 가능한 명소

- 카르멘 티센 미술관 Museo Carmen Thyssen Málaga
- 알카사바 Alcazaba
- 피카소 미술관 Museo Picasso Málaga
- 말라가 대관람차 Noria Mirador Princess
- 히브랄파로 성 Castillo de Gibralfaro
- 퐁피두 센터 말라가 Centro Pompidou de Málaga

※말라가 패스 유효기간이 길수록 무료입장 명소도 많아진다.

요금 24시간 €28.00 / 48시간 €38.00 / 72시간 €46.00 / 1주일 €62.00 홈피 www.malagapass.com

관광안내소

마리나 광장

주소 Plaza de la Marina, 9, 29001 Málaga

오픈 4~10월 09:00~20:00 / 11~3월 09:00~18:00

휴무 1.1, 12.25

홈피 www.malagaturismo.com

BEST COURSE

말라가 추천 코스

하루면 충분히 둘러볼 수 있는 곳이지만 여름에는 땡볕 더위가 지속되어 빠듯한 야외 일정은 되도록 피하고, 가장 더운 한낮에는 미술관에서 시간 보낼 것을 추천한다. 하루 정도 시간을 더 내면 네르하, 미하스와 같은 해안 도시들로 당일치기 여행도 가능하다.

Check List

- ☑ 말라게타 해변 조형물 앞에서 인증샷
- ☑ 피카소 단골 선술집에서 와인 마시기
- ☑ 히브랄파로 성에 올라 전망 즐기기

DAY 1

1. **말라가 대성당**
   ▼ 도보 3분
2. **피카소 미술관**
   ▼ 도보 4분
3. **피카소 생가**
   ▶ 도보 4분
4. **알카사바**
   ▲ 버스 17분 or 도보 22분
5. **히브랄파로 성**
   ▲ 도보 22분
6. **말라게타 해변**

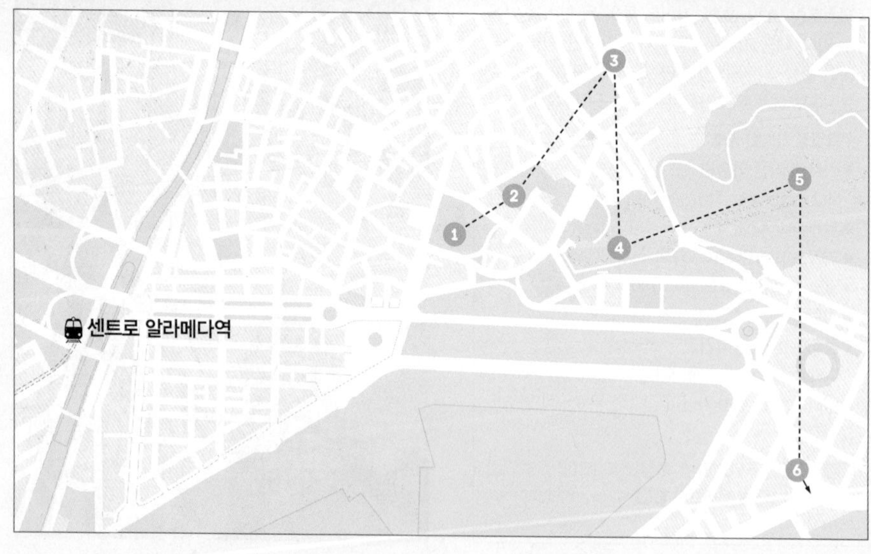

카르멘 티센 미술관
Museo Carmen Thyssen Málaga

마드리드 티센 보르네미사 미술관의 분관으로 2011년에 개관했다. 티센 남작의 부인인 카르멘 티센 Carmen Thyssen의 소장품으로 이루어져 있는데, 주로 안달루시아의 특징을 살린 작품들을 전시한다. 0층 민속화, 1층 자연주의 작품, 2층 20세기 후반 작품, 마지막 3층에는 특별 전시가 열린다. 프란시스코 데 수르바란, 알프레드 드오당크, 훌리오 로메로 등 스페인 화가들의 작품도 볼 수 있다.

위치 말라가 대성당에서 도보 4분 **주소** Calle Compañía, 10, 29008 Málaga **오픈** 화~일 10:00~20:00 **휴무** 월요일, 1.1, 12.25 **요금** **상설전시** 일반 €7.00, 학생 €4.50, **기획전시** 일반 €4.50, 학생 €2.50, **상설전시+기획전시** 일반 €10.00, 학생 €6.00, ※일요일 17:00 무료 **홈피** www.carmenthyssenmalaga.org **지도** 맵북 **P.24-B**

말라가 대성당
Catedral de Málaga

스페인 건축가 디에고 실로에 Diego de Siloé의 설계로 1528년 착공에 들어간 말라가 대성당은 '라 만키타 La Manquita'라고도 불린다. 외팔이라는 뜻인데 대성당 정면에 서면 그 이유를 알 수 있다. 온전한 북쪽 탑과 달리 남쪽 탑은 자금 부족으로 1782년에 공사가 중단되면서 미완성으로 남았다. 성당 내부는 르네상스 양식과 바로크 양식이 적절하게 조화를 이루고 있다. 17세기에 제작된 삼나무 성가대석을 비롯해 부속 예배당과 많은 예술 작품이 볼만하다.

위치 마리나 광장에서 도보 5분 **주소** Calle Molina Lario, 9, 29015 Málaga **오픈** 월~금 10:00~18:00, 요일 10:00~17:00 **휴무** 일요일 **요금** **대성당+박물관** €6.00, **대성당+박물관+지붕** €10.00 **지도** 맵북 **P.24-B**

세비야 히랄다 탑에 이어 안달루시아에서 두 번째로 높은 82m의 북쪽 탑

피카소 미술관
Museo Picasso Málaga

1881년 말라가에서 태어나 10세까지 살았던 피카소는 자신의 고향에 갤러리를 열고 싶어 했지만 생을 마감한지 30년이 되던 2003년이 돼서야 16세기 부에나비스타 궁전 Palacio de Buenavista을 개조한 미술관이 개관했다. 피카소의 며느리인 크리스티네 루이즈 피카소 Christine Ruiz Picasso와 손자인 베르나르드 루이즈 피카소 Bernard Ruiz-Picasso가 기증한 작품이 대부분이다. 유명 작품은 없지만 회화, 도자기, 조각품 등 200여 점이 전시되어 있다.

위치 말라가 대성당에서 도보 3분 주소 Palacio de Buenavista, Calle San Agustín, 8, 29015 Málaga 오픈 3~6월 10:00~19:00 / 7~8월 10:00~20:00 / 9~10월 10:00~19:00 / 11~2월 10:00~18:00 휴무 1.1, 1.6, 12.25 요금 일반 €8.00, 학생 €6.00, ※일요일 폐관 2시간 전 무료 홈피 www.museopicassomalaga.org 지도 맵북 P.24-B

TALK

입체파를 대표하는 화가

파블로 루이스 피카소 ★ Pablo Ruiz Picasso (1881~1973)

스페인 남부 말라가에서 태어난 피카소는 미술학교 교사였던 부친의 영향을 받아 그림에 대한 뛰어난 재능을 보였다. 그가 14세가 되던 해 그린 〈첫 영성체 La primera comunión〉를 보고 그의 부친은 '너에게 더는 가르칠 것이 없다'라고 말하며 붓을 놓으려 했다 하니 어릴 적부터 피카소의 솜씨가 얼마나 특출했는지를 알 수 있다.

어둡고 우울한 이야기를 담은 청색 시대, 따뜻하고 행복한 장밋빛 시대를 지나 1907년 〈아비뇽의 아가씨들 Las señoritas de Avignon〉을 발표하면서 입체주의의 시작을 알렸다. 이후 고전주의, 초현실주의까지 새로운 기법을 시도했고 미술 사상 획기적인 변화를 가져왔다.

그의 작품은 약 3만 점에 달하는데, 그중 스페인 내전 당시 전쟁의 비극성을 담은 〈게르니카 Guernica, 1937〉는 가장 유명한 대작으로 마드리드 레이나 소피아 국립미술관에 소장되어 있다. 피카소의 작품 중에는 6 · 25 전쟁 당시 미군의 잔학행위를 고발한 1951년 〈한국의 학살 Massacre en Corée〉도 있다.

피카소 생가

Fundación Picasso Museo Casa Natal

현대미술의 거장 피카소의 유년 시절을 느낄 수 있는 곳이다. 1988년에 말라가 시의회를 통해 피카소 재단이 설립되었고 그의 유품과 사진을 비롯해 피카소의 부친 유화를 전시하고있다. 대단한 볼거리가 있는 것은 아니지만 생가라는 그 자체가 의미 있다.

위치 피카소 미술관에서 도보 4분 주소 Plaza de la Merced, 29012 Málaga 오픈 09:30~20:00(12.24, 12.31 09:30~15:00) 휴무 1.1, 12.25 요금 **생가** 일반 €3.00, 학생 €2.00, **특별전** 일반 €3.00, 학생 €2.00, **생가+특별전** 일반 €4.00, 학생 €2.50, ※일요일 16:00~20:00, 2.28, 5.18, 5.25, 9.27, 10.25 무료 홈피 http://fundacionpicasso.malaga.eu 지도 맵북 P.24-C

알카사바
Alcazaba

스페인에 남아 있는 알카사바 중에서도 보존 상태가 좋은 요새로 손꼽힌다. 11~14세기에 걸쳐 무어인의 궁전과 요새로 지어졌는데, 견고한 이중 성벽으로 건설된 것이 특징이다. 이슬람 양식의 궁전 내부는 그라나다 알람브라를 떠올리게 한다. 높은 언덕 위에 자리 잡은 덕분에 말라가 전경을 한눈에 바라볼 수 있다. 건설 당시 발견된 고대 로마 시대 원형 극장은 알카사바 입구에 그대로 보존되고 있다.

고대 로마 시대 원형 극장

위치 피카소 생가에서 도보 4분 **주소** Calle Alcazabilla, 2, 29012 Málaga **오픈** 4~10월 09:00~20:00 / 11~3월 09:00~18:00 **휴무** 월요일, 1.1, 12.24, 12..25, 12.1 **요금** **알카사바** €3.50, **알카사바+히브랄파로 성** €5.50, ※일요일 14:00 이후 무료 **지도** 맵북 **P.24-C**

히브랄파로 성
Castillo de Gibralfaro

고대 페니키아인이 세운 요새를 시초로 10세기 코르도바 칼리프 왕조의 알라흐만 3세 Abderramán III에 의해 재건되었고, 14세기에는 나르스 왕조 유수프 1세 Yusuf I가 가톨릭 세력으로부터의 방어를 목적으로 증축했다. 하지만, 레콩키스타 중인 1487년에 이사벨 여왕과 페르난도 왕의 침공으로 3개월 만에 함락당한다. 화려한 성의 모습은 남아 있지 않지만 정상에 오르면 말라가 시내와 푸른 지중해 바다를 파노라마로 감상할 수 있다.

위치 ① 버스 35번 Camino de Gibralfaro 정류장 하차, 도보 1분, ② 알카사바에서 도보 22분 **주소** Camino Gibralfaro, 11, 29016 Málaga **오픈** **여름** 09:00~20:00, **겨울** 09:00~18:00 **요금** **히브랄파로 성** €3.50, **알카사바+히브랄파로 성** €5.50, ※일요일 14:00 이후 무료 **지도** 맵북 **P.24-C**

tip

- 35번 버스 배차간격 : 40~50분
- 히브랄파로 성과 알카사바는 연결되어 있지 않다.

퐁피두 센터 말라가
Centro Pompidou de Málaga

파리 3대 미술관 중 하나인 퐁피두 센터의 분관으로 2015년에 개관했다. 두 건축가의 협력으로 만들어진 퐁피두 센터의 외관인 엘 큐보 El Cubo는 색색의 모자이크 외관 때문에 더욱 유명하다. 현대 미술관답게 기묘한 느낌을 주는 회화, 조각, 설치미술, 비디오 아트 등 흥미로운 작품이 많으며 프리다 칼로, 파블로 피카소, 프랜시스 베이컨, 호안 미로 등 현대 거장의 작품도 전시하고 있다. 너무 크지도, 작지도 않은 적당한 규모여서 가볍게 보기 좋다.

위치 히브랄파로 성에서 도보 22분 주소 Pasaje Doctor Carrillo Casaux, s/n, 29016 Málaga 오픈 수~월 09:30~20:00 휴무 화요일, 1.1, 12.25 요금 **상설전시** 일반 €7.00, 학생 €4.00, **기획전시** 일반 €4.00, 학생 €2.50, **상설전시+기획전시** 일반 €9.00, 학생 €5.50, ※일요일 16:00 이후 무료 홈피 www.centrepompidou-malaga.eu 지도 맵북 **P.24-F**

말라게타 해변
Playa de La Malagueta

눈부신 햇살 아래 코발트빛 바다가 펼쳐져 있고 야자수가 드리워져 있다. 해변 주변으로는 쇼핑센터, 레스토랑, 카페가 늘어서 있고 산책로가 조성되어 있어 시민들이 휴식을 취하는 장소이기도 하다. 말라게타 해변의 시그니처는 Malagueta라고 쓰인 거대한 알파벳이다. 마치 모래로 쌓은 듯한 조형물 앞에서의 기념사진을 찍는 관광객을 쉽게 볼 수 있다.

위치 퐁피두 센터 말라에서 도보 5분 지도 맵북 **P.24-F**

안티구아 카사 데 구아르디아
Antigua Casa de Guardia

피카소가 자주 찾았다는 선술집으로 1840년에 문을 열었다. 쭉 늘어선 오크통에는 각기 다른 셰리 와인 Jerez이 들어 있다. 오크통에서 한 잔씩 따라 팔기도 하고 병으로도 판매하는데, 가격이 비싸지 않아 부담 없이 말라가 전통 와인을 마실 수 있다. 테이블이나 의자 없이 마시며, 바에 분필로 가격을 적는 것이 이곳의 특징이다. 오크통 맞은편에는 와인에 곁들이기 좋은 안주들이 있다. 종류가 많아 선택하기 어렵다면 추천을 받아 마셔보자.

주소 Alameda Principal, 18, 29005 Málaga 오픈 월~목 10:00~22:00, 금~토 10:00~22:45, 일요일 11:00~15:00 가격 한 잔당 €1.00~ 전화 +34 952 21 46 80 홈피 http://antiguacasadeguardia.com 지도 맵북 P.24-D

카사 아란다
Casa Aranda

1932년에 문을 연 카사 아란다는 말라가에서 제일 맛있는 추로스 전문점으로 불린다. 여행객에게는 초록색의 작은 간판이 눈에 잘 띄지 않지만, 아침이면 현지인들로 좁은 골목의 테이블이 가득 차는 소문난 맛집이다. 설탕을 뿌려먹는 한국식 추로스와는 다르게 갓 튀겨낸 두툼한 추로스를 진한 초코라테에 찍어먹는다. 바삭하고 담백한 추로스와 많이 달지 않은 진한 초코라테의 궁합은 과연 환상이다.

주소 Herrería del Rey, 3, 29005 Málaga 오픈 08:00~12:30, 17:00~21:00 가격 추로스 €0.5, 초코라테 €1.65 전화 +34 952 22 28 12 홈피 www.casa-aranda.net 지도 맵북 P.24-A

카사 미라
Casa Mira

강렬한 태양 아래의 도시를 걷고 있으면 자연스레 생각나는 것이 아이스크림이다. 카사 미라는 현대적인 인테리어로 꾸며졌지만, 1890년에 문을 연 오랜 전통을 자랑하는 곳이다. 32가지 종류의 아이스크림, 음료와 간식거리도 판매한다. 가장 유명한 것은 스페인 전통 과자 투론 Turrón 맛이며, 말라가 와인 맛이 나는 말라가 Málaga 맛도 독특한 매력이 있다. 아이스커피가 마시고 싶다면 클랑코 이 네그로 Blanco y Negro도 추천한다. 번호표를 뽑고 나서 차례가 되면 주문하는 방식으로 가짓수에 따라 가격이 달라진다.

주소 Calle Marqués de Larios, 5, 29015 Málaga 오픈 10:30~24:00 가격 콘 Cucuruchos €2.00~, 컵 Tarrinas €2.50~ 전화 +34 952 22 30 69 지도 맵북 P.24-B

로스 멜리조스
Los Mellizos

푸엔히롤라를 비롯해 많지는 않지만 스페인 남부 곳곳에 있는 프랜차이즈 해산물 레스토랑이다. 바닷가에 접한 도시답게 다양한 해산물 요리를 맛볼 수 있다. 각종 튀김이나 구이요리는 물론이고 파에야나 스테이크도 있다. 파에야는 2인 이상 주문 가능한 다른 레스토랑과 달리 한 접시 Ración, 반 접시 1/2 Ración로도 주문 할 수 있다. 레스토랑 맞은편에 같은 이름의 레스토랑이 있으니 주의해야 한다.

주소 Calle Sancha de Lara, 7, 29015 Málaga 오픈 13:00~24:00 전화 +34 952 22 03 15 홈피 www.losmellizos.net 지도 맵북 P.24-E

카사 로라
Casa Lola

맛은 물론 분위기와 비주얼까지 삼박자를 고루 갖춘 카사 로라는 현지인이 가장 많은 추천을 하는 곳이기도 하다. 식사시간에 가면 꽤 오래 기다려야 할 정도로 인기가 많은 곳이다. 타파스와 핀초가 대표 메뉴고 식전 빵은 무료로 제공된다. 하몽이 들어간 크로켓 Croquetitas Caseras, 소고기 핀초 Carpaccio de Presa Ibérica, 미니 햄버거 Hamburguesita de Presa Ibérica를 포함해 괜찮은 메뉴가 꽤 많다. 말라가 대성당 근처에는 또 다른 분점이 있다.

주소 Calle Granada, 46, 29015 Málaga 오픈 12:30~24:00 가격 핀초 €2.00~ 전화 +34 952 22 38 14 홈피 www.tabernacasalola.com 지도 맵북 P.24-B

카페테리아 돌체스 드림스
Cafeteria Dulces Dreams

중심지에서 조금 떨어진 한적한 골목에 있음에도 카페 분위기가 좋아 사람이 제법 많다. 아담하고 아기자기한 카페는 호스텔에서 운영하고 있다. 샐러드와 샌드위치 등 가볍게 식사를 즐기기에도 좋고 합리적인 가격의 커피나 신선한 과일을 갈아주는 생과일주스도 맛있다. 다만, 소파 좌석을 제외하고는 오래 앉아 있기 힘들다.

주소 Plaza de los Mártires Ciriaco y Paula, 6, 29008 Málaga 오픈 08:00~22:00 전화 +34 952 22 38 14 홈피 www.dulcesdreamshostel.com/cafeteria 지도 맵북 P.24-B

브런치잇
Brunchit

말라가에 두 곳의 지점을 둔 브런치잇은 이 도시에서 가장 핫한 브런치 카페다. 깔끔한 인테리어의 매장과 메뉴들의 예쁜 비주얼로 사랑 받는다. 케이크, 샌드위치, 빵, 피자, 쿠키 등 다양한 메뉴가 있는 브런치에는 커피와 주스가 포함되어 있다. 직접 카운터에서 주문하고, 결제 후 번호판을 받고 자리에 앉아 기다리면 가져다 준

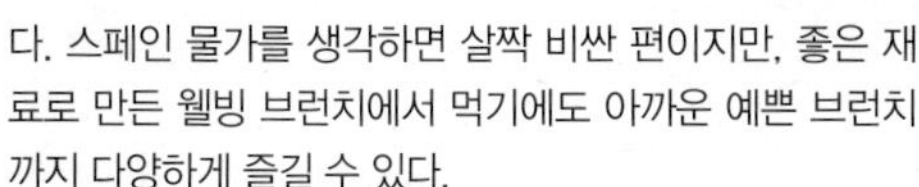

다. 스페인 물가를 생각하면 살짝 비싼 편이지만, 좋은 재료로 만든 웰빙 브런치에서 먹기에도 아까운 예쁜 브런치까지 다양하게 즐길 수 있다.

주소 Calle Carretería, 46, 29008 Málaga 오픈 09:00~20:00
전화 +34 951 33 84 97 홈피 www.brunchit.es 지도 맵북 P.24-A

스파고스
Spago's

이탈리아 셰프가 직접 요리하는 파스타 가게로 약 10가지 종류의 파스타를 5유로 정도로 저렴하게 먹을 수 있다. 가게 안쪽에는 만드는 곳과 바 형태의 테이블이 있어 혼자 먹기 좋고, 앞은 3개의 테이블이 놓인 아담한 규모다. 면 종류도 직접 선택할 수 있는데, 일반 면과는 좀 다르다. 저렴하지만 양이 무척 많다는 것도 특징이다.

주소 Calle Calderería, 11,29008 Málaga, Spagna, 29001 Málaga 오픈 금~토 12:00~18:00, 일~목 12:00~02:00 가격 €5.00~ 전화 +34 951 28 69 70 홈피 www.spagos.it 지도 맵북 P.24-B

6

COSTA DEL SOL
코스타 델 솔

MADRID

COSTA DEL SOL

스페인 남부의 지중해에 면한 코스타 델 솔은 '태양의 해안'이라는 이름처럼 1년 내내 따뜻하고 일조량이 풍부해 스페인 대표 휴양지로 유명하다. 말라가를 기점으로 당일치기로 다녀오기에 좋은데, 푸엔히롤라와 미하스, 네르하와 프리힐리아나 두 마을씩 묶어서 다녀오는 일정을 추천한다.

푸엔히롤라
Fuengirola

말라가에서 남서쪽으로 해안선을 따라 달리면 푸엔히롤라에 도착하게 된다. 1960년대만 해도 작은 어촌 마을에 불과했지만, 지금은 휴가철이 되면 유럽인들이 모여드는 인기 휴양지로 꼽힌다. 푸엔히롤라역에서 쭉 뻗은 길 끝에는 보트들이 정박한 항구가 있고, 그 아래로는 **레이 데 에스파냐 해안 산책로 Paseo Marítimo Rey de España**가 이어지며 해산물 레스토랑도 빼곡하게 들어서있다. 북쪽에는 고대 로마 시대의 유적 **핀카 델 세크레타리오 Finca del Secretario**가 있고, 남쪽으로는 12세기에 지어진 이슬람 **소아일 성 Castillo Sohail**이 있다.

가는 방법 ① 말라가 센트로 알라메다역 Málaga Centro Alameda 혹은 말라가 마리아 삼브라노역 Málaga María Zambrano에서 국철 세르카니아스 Cercanías C-1 탑승, 종점 푸엔히롤라역 Fuengirola 하차(약 45분 소요) ② 말라가 버스터미널 Estación de Autobuses de Málaga에서 CTSA-Portillo 버스의 M-113번 탑승, 종점 푸엔히롤라 버스터미널 하차(약 50분 소요) 홈피 http://siu.ctmam.ctan.es

미하스
Mijas

유명한 관광지가 있는 것도 아니건만 하얀 마을의 아기자기한 풍경으로 많은 사람을 매료시키는 곳이다. 푸엔히롤라에서 북쪽으로 약 7km 떨어져 있는 미하스는 지중해를 바라볼 수 있는 산 중턱에 자리한다. 버스 정류장이 있는 **비르헨 데 라 페냐 광장 Plaza Virgen de la Peña**의 한쪽에는 한국어 지도를 구할 수 있는 관광안내소가 있다. 그 앞으로는 미하스의 명물 **당나귀 택시 Burro Taxi** 승차장이 있고 전망대 방향으로는 성모 마리아상이 발견된 자리에 돌로 쌓아 만든 **라 페냐 성모 예배당 Ermita de la Virgen de la Peña**이 있다. 마을의 중심인 **콘스티투시온 광장 Plaza de la Constitución** 북쪽으로는 하얀 벽에 알록달록 화분이 매달린 풍경이 펼쳐지는데 미하스를 소개하는 대표 사진으로 자주 등장하는 **산 세바스티안 거리 Calle San Sebastián**다. 1900년대에 지어진 세계에서 가장 작은 **원형 투우장 Plaza de Toros**도 미하스의 작은 볼거리다. 하지만, 역시 미하스의 핵심은 하얀 마을과 지중해를 조망할 수 있는 전망대에서의 풍경이니 절대 놓치지 말자.

가는 방법 ① 말라가 버스터미널 Estación de Autobuses de Málaga에서 CTSA-Portillo 버스의 M-112번 탑승, 종점 미하스 마을 Mijas Pueblo 하차(약 1시간 10분 소요) ② 푸엔히롤라 버스터미널에서 CTSA-Portillo 버스의 M-122번 탑승, 종점 미하스 마을 Mijas Pueblo 하차(약 17분 소요) 홈피 http://siu.ctmam.ctan.es

네르하
Nerja

말라가 주 동부 끝에 위치한 네르하는 코스타 델 솔의 대표적인 관광 · 휴양 도시다. 약 16km에 달하는 도시의 한 면이 지중해와 맞닿아 있어 매년 여름이면 유럽인들이 수상스포츠를 즐기러 많이 찾는다. 1882년 스페인 남부에 지진이 발생하여 알폰소 12세가 Alfonso XII가 네르하를 방문했을 때 아름다운 전망에 감동하여 '***이곳이 유럽의 발코니다***' 라고 말했는데, 이후 그 장소는 **유럽의 발코니 Balcón de Europa** 전망대라 불리며 동상까지 세워졌다. 9세기에는 이슬람 요새가 있던 자리라고 한다. 전망대는 버스정류장에서 도보 10분 거리에 있으며, 좁은 골목 좌우로 아케이드 상점이 펼쳐져 있다. 네르하에서 약 4km 떨어진 마로 Maro 마을의 **네르하 동굴 Cueva de Nerja**도 볼거리다. 태고의 신비로움이 느껴지는 동굴은 1959년에 발견되었으며, 4만 2천 년 전에 네안데르탈인이 그렸을 것이라 추정되는 오래된 벽화가 있어 고고학 자료로도 높은 가치를 인정받아 정부의 보호 아래 있다. 여름이면 음악회가 열리는 공연장이 되기도 한다.

가는 방법 말라가 버스터미널 Estación de Autobuses de Málaga에서 알사 ALSA 버스 탑승, 네르하 Nerja 하차(약 1시간 20분 소요)
네르하 동굴 가는 법 ① 말라가 버스터미널 Estación de Autobuses de Málaga에서 알사 ALSA 버스 탑승, 네르하 동굴 Nerja(Cuevas) 하차 (약 1시간 30분 소요) ② 네르하 버스정류장에서 알사 ALSA 버스 탑승, 네르하 동굴 Nerja(Cuevas) 하차(약 10분 소요)

프리힐리아나
Frigiliana

하얀 외벽에 파란 대문과 창문이 어우러진 집들이 깎아지른 절벽을 따라 모여 있는 풍경 때문에 '***스페인의 산토리니***' 라고 불린다. 스페인에서 가장 아름다운 마을로 꼽힌 적이 있을 만큼 마을 어디를 둘러봐도 엽서 같은 풍경이 펼쳐진다. 하얀 벽 곳곳을 장식한 화분과 타일장식, 기념품 상점의 소품들 모두 그림 같은 풍경을 자아낸다. 아름다운 마을 풍경과 달리 그라나다에서 추방된 이슬람 세력들이 이곳에 정착하면서 형성된 마을의 역사가 있다. 지금은 매년 8월 말이면 기독교 · 이슬람교 · 유대교 등 세 종교의 융합을 기념하는 **세 문화 축제 Festival de las Tres Culturas**도 열린다.

가는 방법 네르하 알사 ALSA 버스정류장 앞에서 버스 탑승, 종점 Frigiliana 하차(약 20분 소요)
※버스 운행 편이 적으니 네르하 도착 후 바로 시간표를 확인할 것

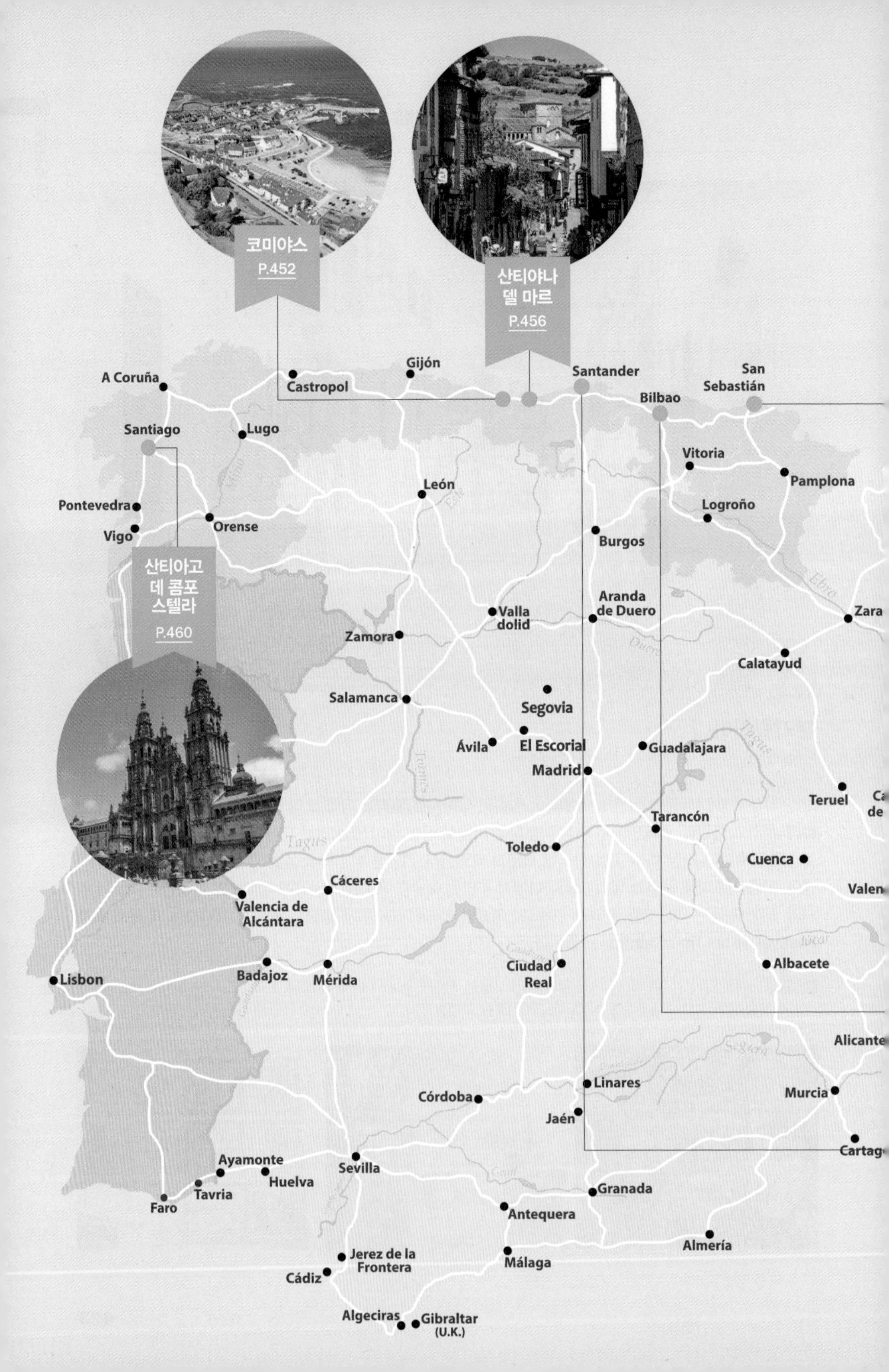

코미야스
P.452
산티야나
델 마르
P.456
산티아고
데 콤포
스텔라
P.460
A Coruña
Castropol
Gijón
Santander
San
Sebastián
Bilbao
Santiago
Lugo
Vitoria
Pamplona
León
Pontevedra
Vigo
Orense
Logroño
Burgos
Ebro
Valla
dolid
Aranda
de Duero
Zara
Zamora
Duero
Calatayud
Salamanca
Segovia
Ávila
El Escorial
Guadalajara
Tagus
Madrid
Teruel
Tarancón
Toledo
Tagus
Cuenca
Cáceres
Valencia de
Alcántara
Valen
Ciudad
Real
Albacete
Lisbon
Badajoz
Mérida
Alicante
Segura
Linares
Córdoba
Murcia
Jaén
Ayamonte
Huelva
Sevilla
Tavria
Faro
Granada
Antequera
Almería
Jerez de la
Frontera
Málaga
Cádiz
Algeciras
Gibraltar
(U.K.)

스페인 북부 Northern Spain

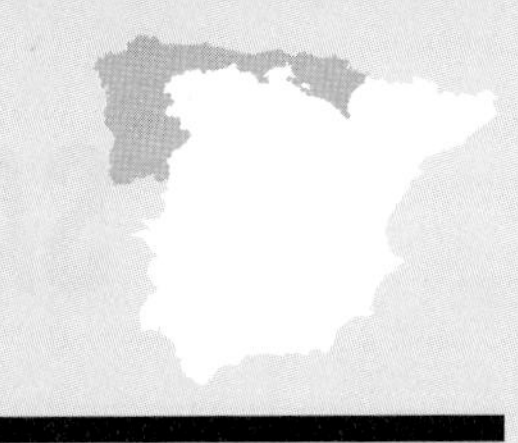

스페인 북부에는 각기 다른 특색의 지방들이 모여 있다. 언어는 물론 독자적인 문화와 전통을 갖고 있는 바스크 지방 Vasco, 선사 시대 유적부터 스페인 대표 건축가 가우디의 작품이 있는 칸타브리아 지방 Cantabria, 이슬람 세력으로부터 국토를 되찾는 레콩키스타가 시작된 아스투리아스 지방 Asturias, 순례길의 최종 목적지 산티아고 데 콤포스텔라가 있는 갈리시아 지방 Galicia까지 지역색이 강한 독특한 분위기의 스페인을 만나 볼 수 있다.

1

SAN SEBASTIÁN
산 세바스티안

스페인 북부에서는 도노스티아 Donostia라고 더 많이 불린다. 19세기에 왕비의 휴양지가 된 이후에는 아름다운 해변을 품은 휴양 도시로, 더 많은 사람이 휴가를 보내러 찾아온다. 무엇보다 미식의 도시답게 구시가에는 맛집들이 오밀조밀 모여 있고 미슐랭에 소개된 레스토랑도 많아 미식가들에게 즐거움을 선사한다.

Transportation
교통 정보

가는 방법

스페인 북부 내에서 이동할 때는 버스를 이용하고, 그 외 도시들은 항공과 기차를 이용한다. 공항이 있기는 하지만 운행편이 적고 시내로 이동하기가 편리하지만은 않아 빌바오 공항을 통해 들어오는 여행객도 있다.

비행기

바르셀로나, 마드리드를 오가는 항공편만 있다. 운항 편수도 많지 않고 공항도 시내와 가깝지 않아 이용객은 적지만, 두 도시에서 이동한다면 이용할 만한 교통수단이다.

산 세바스티안 공항
Aeropuerto de San Sebastián(EAS)

산 세바스티안의 근교 도시이자 프랑스 국경과 맞닿은 온다리비아 Hondarribia에 공항이 있다. 산 세바스티안 시내에서 약 19km 떨어져 있다.

홈피 www.aena.es/en/san-sebastian-airport/index.html

공항에서 시내로

공항 앞에서 E20, E21 버스를 타면 산 세바스티안 반대 방향의 도시 온다리비아 Hondarribia를 거쳤다가 다시 산 세바스티안으로 출발한다. 종점인 기푸스코아 광장 Gipuzkoa Plaza에서 내리면 된다. E27번 버스도 비슷한 노선이지만 시간이 더 걸린다.

홈피 https://ekialdebus.eus, www.lurraldebus.eus

교통수단	주요 행선지	소요시간	요금
E20번 버스	San Sebastiá (Plaza Gipuzkoa)	40분~50분	€2.55
E21번 버스			
E27번 버스			
택시		15분	€35.00

기차

고속열차 및 장거리 열차를 운행하는 렌페 Renfe의 산 세바스티안역 Estación de San Sebastián과 스페인 북부 바스크 지방을 연결하는 유스코 트렌 Eusko Tren의 아마라역 Estación de Amara-Donostia이 있다. 유스코 트렌은 프랑스 국경의 앙다이 Hendaye에서 시작해서 산 세바스티안을 거쳐 빌바오까지 연결한다.

홈피 www.euskotren.eus

출발지	소요시간
빌바오	2시간 30분
마드리드	5시간 24분
바르셀로나	5시간 33분

버스

스페인 북부 도시를 여행할 때 가장 편리해서 많이 이용하는 교통수단이다. 산 세바스티안 버스터미널 Estación de Autobuses Donosti은 렌페역 맞은편에 있다.

출발지	소요시간	버스회사
빌바오	1시간 20분	알사 ALSA www.alsa.com 페사 PESA www.pesa.net
산탄드레	2시간 50분	알사 ALSA www.alsa.com
마드리드	5시간 10분	
바르셀로나	7시간 45분	

BEST COURSE

산 세바스티안 추천 코스

단순 볼거리로만 생각한다면 하루면 충분하지만, 산 세바스티안은 미식과 휴양의 도시인 만큼 이틀 정도 머물며 여유롭게 둘러보는 것이 좋다. 오전에는 몬테 우르굴에 올라보고 낮에는 해변에서 시간을 보낸 후 몬테 이겔도에 가는 것이 해를 등지는 코스로 순광 방향이 되어 사진 찍기도 좋다. 저녁의 핀초 투어는 여행의 핵심이다.

Check List

- ☑ 몬테 우르굴 아침 산책하기
- ☑ 시가지에서 핀초스 투어 하기
- ☑ 몬테 이겔도에 올라 해변 바라보기

DAY 1

1. **몬테 우르굴**
   ▼ 도보 20분
2. **콘차 해변**
   ▼ 도보 28분 혹은 버스 10분+푸니쿨라
3. **몬테 이겔도**

ℹ 관광안내소

구시가지

주소 Boulevard Zumardia, 6, 20003 Donostia-San Sebastián 오픈 겨울 월~토 09:00~19:00, 일요일 10:00~14:00 / 여름 월~토 09:00~20:00, 일요일 10:00~19:00 휴무 1.1, 1.6, 12.25 홈피 www.sansebastianturismo.com

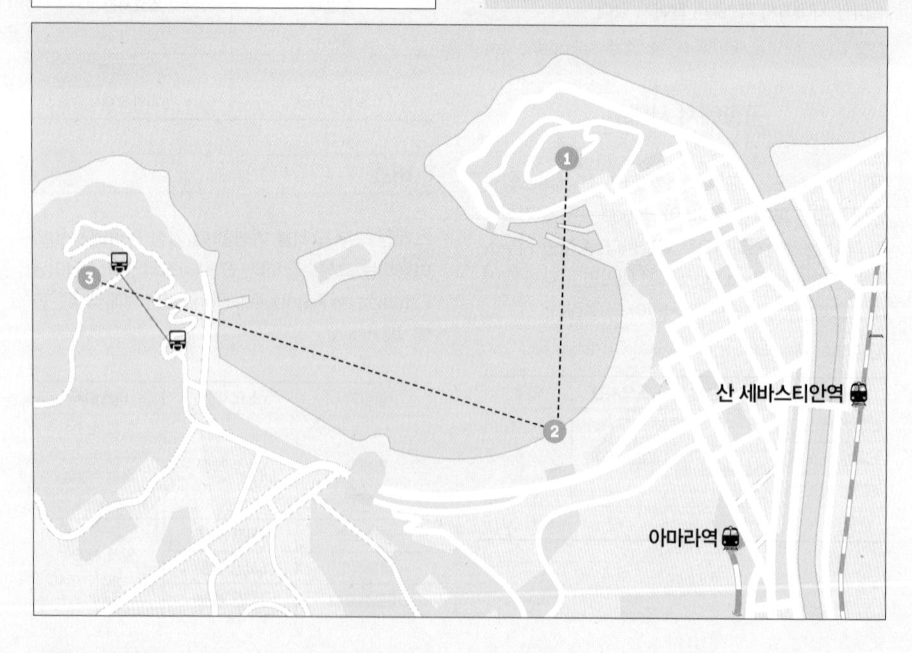

몬테 우르굴
Monte Urgull

콘차 해변 옆에 있는 높이 123m의 언덕이다. 정상에는 중세시대에 건설한 모타성 Castillo de la Mota과 1950년에 세운 12m 높이의 예수 그리스도 조각상이 있다. 나무가 우거진 숲길을 따라 쉬엄쉬엄 걷다 보면 정상에 도착할 수 있다. 언덕 위에 오르면, 맞은편 몬테 이겔도와 해변의 아름다움을 더해주는 산타 클라라 섬 Isla de Santa Clara 등 멋진 전망을 감상 할 수 있다.

위치 버스터미널에서 언덕 입구까지 도보 20분 **오픈** 여름 08:00~21:00, 겨울 08:00~19:30 **지도** 맵북 **P.25-B**

아쿠아리움
Aquarium

몬테 우르굴 근처에 있는 아쿠아리움에는 물고기와 어패류 등 약 600종, 5,000마리가 있다. 가장 큰 볼거리는 대수조다. 상어와 가오리 그리고 바다거북이가 헤엄치는 대수조 안은 마치 바닷속에 들어온 듯한 기분이다. 선박과 역사에 대해 알 수 있는 자료를 전시하며 바스크 지방의 해양 문화를 공부할 수 있는 전시관이 있다는 것도 독특하다.

위치 언덕 입구에서 도보 5분 **주소** Plaza de Carlos Blasco Imaz, 1, 20003 Donostia-San Sebastián **오픈** 10월~부활절 평일 10:00~19:00, 주말 10:00~20:00 / 부활절~6월, 9월 평일 10:00~20:00, 주말 10:00~21:00 / 7~8월 10:00~21:00 **요금** 일반 €13.00, 학생 €9.00 **홈피** http://aquariumss.com **지도** 맵북 **P.25-B**

산 텔모 박물관
Museo San Telmo

1902년에 개관한 바스크 지방에서 가장 오래된 박물관으로 역사와 문화, 예술에 관한 전시를 한다. 박물관 건물은 16세기에 지은 도미니카 수녀원을 개조한 것이다. 많은 회화 중에는 생활상을 그린 작품이 많아서 더욱 흥미롭게 관람 할 수 있다. 회화 이외에도 조각이나 의상, 시청각 자료가 있고 도시의 발전상까지도 확인해 볼 수 있다. 생각보다 자료가 방대하여 제대로 보려면 많은 시간이 소요된다.

위치 언덕 입구에서 도보 4분 **주소** Plaza Zuloaga, 1, 20003 Donostia-San Sebastián **오픈** 화~일 10:00~20:00 **휴무** 월요일, 1.1, 1.20, 12.24, 12.25 **요금** 일반 €6.00, 학생 €3.00, ※매주 화요일, 5.18, 18세 이하 무료 **홈피** www.santelmomuseoa.eus **지도** 맵북 **P.25-B**

SIGHTSEEING

콘차 해변
Playa de la Concha

몬테 우르굴과 몬테 이겔도 두 언덕 사이에 있는 해안이다. 콘차 Concha는 '조개껍데기'라는 뜻으로 이름처럼 해변 모양이 조개를 닮았다고 해서 콘차 해변이라 부른다. 유럽에서 아름답기로 손꼽히는 해변이며 산책로가 잘 조성되어 있다. 산 세바스티안에는 콘차 해변 말고도 서핑 즐기기 좋은 수리올라 해변 Playa de la Zurriola, 콘차 해변 옆의 온다레나 해변 Playa de Ondarreta이 있다.

위치 산 텔모 박물관에서 도보 10분 지도 맵북 P.25-B

클라라 섬 Isla de Santa Clara

몬테 우르굴과 몬테 이겔도 사이에 있는 섬으로 콘차 해변의 아름다움을 더해준다. 섬에서는 산책을 하거나 수영을 할 수도 있으며 작은 카페도 있다. 섬까지는 보트를 이용해 직접 들어가거나 (레드라인), 투어(블루라인)를 통해 섬 주변을 둘러볼 수 있다.

보트 Motoras de la Isla

주소 Lasta Plaza s/n, Caseta del puerto, Parte vieja. 20003 Donostia - San Sebastián 오픈 레드라인 6~9월 10:00~20:00, 블루라인 12:00, 13:00, 14:00, 15:30, 16:30, 17:30, 18:30, 19:30 요금 레드라인 €4.00 (왕복), 블루라인 €6.50
홈피 www.motorasdelaisla.com

본고장에서 맛보는 핀초 ★ Pintxo

안달루시아 지방에 타파스 Tapas가 있다면, 바스크 지방에는 핀초 Pintxo가 있다. 스페인어로 '찌르다'라는 뜻의 핀차르 Pinchar에서 유래된 것으로 바게트 한 조각 위에 연어, 새우, 하몽 등 다양한 재료를 올리고 이쑤시개로 꽂은 모양새다. 산 세바스티안 구시가지는 핀초스 바르 Bar가 가득한데, 와인 혹은 맥주와 함께 핀초스를 맛보고 또 다른 바르 Bar에서도 핀초스를 먹어보는 일명 핀초스 투어 **'치키테오 Txikiteo'**가 여행객 사이에 유명하다. 일종의 문화이며 저렴한 가격으로 여러 바르 Bar의 대표 메뉴를 먹어볼 수 있다는 장점이 있다. 맥주도 좋지만, 바스크 지방의 와인 **차콜리 Chacolí**나 사과주 **시드라 Sidra**를 곁들여 먹기에도 좋다.

미라마르 궁전
Palacio de Miramar

1893년에 지어진 왕실의 여름 별궁이다. 스페인 국왕 알폰소 12세 Alfonso XII의 두 번째 부인 마리아 크리스티나 María Cristina가 매년 여름휴가를 보내기 위해 찾았던 곳이다. 설계는 건축가 셀던 월넘 Selden Wornum이 맡았다. 왕가의 별궁치고는 화려하진 않지만, 두 해변이 내려다보이는 전망은 훌륭하다. 정원은 무료로 개방되어 있으며, 수많은 공공 행사 장소로 사용되기도 한다.

위치 콘차 해변에서 도보 17분 주소 48 Paseo Miraconcha, 20007 Donostia -San Sebastián 오픈 09:00~20:00 지도 맵북 P.25-A

몬테 이겔도
Monte Igueldo

해발 181m의 언덕으로 콘차 해변이 잘 보이는 산 세바스티안 최고의 전망을 자랑한다. 전망에는 1912년에 개장한 몬테 이겔도 놀이공원 Parque de Atracciones Monte Igueldo이 있고, 전망대로 사용 중인 옛 등대 La Farola와 카페 · 레스토랑도 있어 몬테 우르굴보다 찾는 사람도 많다. 몬테 우르굴이 자연 그대로의 모습이라면 이곳은 관광객을 위해 특화된 느낌이 강하다.

위치 버스 16번 Funikularea 정류장 하차, 푸니쿨라 탑승 주소 Subida al Castillo Kalea, 6, 20003 Donostia-San Sebastián 오픈 푸니쿨라 10:00~22:00, 전망대 10:00~23:30, 놀이기구 11:00~20:30(성수기 기준/계절에 따라 변동) 요금 **푸니쿨라** 편도 일반 €2.30, 7세 이상 €1.50, 왕복 일반 €3.75, 7세 이상 €2.50, **전망대** €2.30, **놀이기구** €1.00~2.50 홈피 www.monteigueldo.es 지도 맵북 P.25-A

TALK 

산 세바스티안 국제 영화제
Festival Internacional de Cine de San Sebastián

1953년부터 시작된 산 세바스티안 국제 영화제는 스페인어권에서 오랜 역사와 함께 가장 영향력 있는 영화제로 알려져 있다. 〈봄 여름 가을 겨울 그리고 봄〉, 〈살인의 추억〉, 〈당신 자신과 당신의 것〉 등 우리나라 영화도 수상한 바 있다.

2

BILBAO
빌바오

철강과 조선의 도시로 번영을 누렸던 빌바오는 20세기 말 중공업의 쇠퇴로 심각한 불황에 빠졌으나 예술이라는 새 옷을 덧입어 문화의 중심지로 거듭났다. 강을 따라 늘어섰던 옛 공장지대는 볼 수 없고 도시 곳곳이 문화와 예술을 위한 공간으로 변모했다. 지금도 여전히 진행 중이어서 오늘보다는 내일이 더 기대되는 빌바오다.

Transportation
교통 정보

가는 방법

빌바오를 드나들 때 가장 많이 이용하는 수단은 항공과 버스다. 스페인 대도시에서의 이동은 항공을 이용하고 바스크 지방을 오갈 때는 주로 버스를 이용한다. 기차도 있지만, 선호도가 높지 않다.

비행기

바르셀로나, 마드리드, 세비야, 그라나다, 이비자 등 스페인 곳곳을 연결하는 항공편이 많다. 바스크 지방의 중심 도시답게 유럽 주요 도시도 쉽게 오갈 수 있다.

빌바오 공항 Aeropuerto de Bilbao(BIO)

시내에서 북쪽으로 약 8km 거리에 있으며 이베리아 항공 Iberia과 부엘링 항공 Vueling의 허브공항이다. 공항의 규모는 작지만 주변 경관이 좋으며, 취항하는 항공사도 많은 국제공항이다.

홈피 www.aena.es/en/bilbao-airport/index.html

공항에서 시내로

빌바오 시내까지는 대부분 버스를 이용한다. 택시 이외의 교통수단은 버스 하나지만, 15분 간격으로 운행하고 있어 편리하다. 산 세바스티안 공항이 운항편이 적다 보니 산 세바스티안으로 갈 때도 빌바오 공항을 이용하는 여행객이 많다. 빌바오 공항에서 산 세바스티안 시내로 가는 버스도 30분~1시간 간격으로 다닌다.

홈피 www.bizkaia.eu, www.pesa.net

교통수단	운행 시간	주요 행선지	소요시간	요금
A3247번 버스	(공항 출발) 06:15~24:00 (시내 출발) 05:15~22:00	Alameda Recalde 11 Plaza Moyúa Gran Vía 79 Termibus	30분	€3.00
택시			15분	€24.00~29.00
DO50B번 버스	(공항 출발) 06:45~23:45 (시내 출발) 04:30~09:30	San Sebastián	75분	€17.00

기차 

마드리드, 바르셀로나 등 고속열차나 장거리 열차가 발착하는 렌페 Renfe의 빌바오역 Estación de Abando Indalecio Prieto과 산 세바스티안에서 출발한 열차가 도착하는 유스코 트렌 Eusko Tren의 자스피칼레악 빌바오역 Zazpikaleak-bilbao이 있다.

출발지	소요시간
산 세바스티안	2시간 30분
산탄드레	3시간
마드리드	5시간 4분
바르셀로나	6시간 34분

시내 교통

도시 자체가 크지 않아서 걸어 다닐 수 있지만, 짐이 있거나 비스카야 다리를 보러 근교로 나갈 때는 대중교통을 이용하는 것이 좋다. 트램은 도시를 휘감아 도는 네르비온강 Ría del Nervión을 따라 운행하는데, 빌바오 주요 명소 부근을 모두 지나간다. 근교로 나갈 때는 메트로를 추천한다. 버스도 시내를 구석구석 연결하지만 메트로와 트램으로 모두 커버된다.

트램

요금 1회권 Billete de IDA €1.50

홈피 www.euskotren.eus

메트로

요금 1 Zona €1.60, 2 Zona €1.80

홈피 www.metrobilbao.eus

버스 

산 세바스티안과 산탄드레 등 스페인 북부 내에서 이동할 때 여행객이 많이 이용하는 교통수단이다. 빌바오 버스터미널 Termibus은 국철 세르카니아스 Cercanías 산 마메스역 San Mamés에서 도보 3분 거리에 있다.

출발지	소요시간	버스회사
산 세바스티안	1시간 20분	알사 ALSA www.alsa.com 페사 PESA www.pesa.net
산탄드레	1시간 30분	알사 ALSA www.alsa.com
마드리드	4시간 15분	
바르셀로나	8시간 15분	

관광안내소

빌바오역 근처

주소 Plaza Biribila, 1, 48001 Bilbo

오픈 09:00~20:00

홈피 www.malagaturismo.com

구겐하임 미술관 근처

주소 Mazarredo Zumarkalea, 64, 48009 Bilbo

오픈 7~8월 월~일 10:00~19:00 / 9~6월 월~토 10:00~19:00, 일요일 10:00~15:00

홈피 www.busturistikoa.com

빌바오 비즈카야 BILBAO BIZKAIA

빌바오의 시티카드로 가장 큰 혜택은 정해진 시간 동안 대중교통을 무제한 이용할 수 있다는 점이다. 그밖에 구겐하임 미술관 대기 없이 입장, 가이드 투어 무료, 관광지 무료 입장 혹은 할인의 이점이 있지만, 혜택을 톡톡히 보기란 어렵다. 반드시 홈페이지에서 미리 카드의 혜택을 꼼꼼하게 살펴본 후 구입할 것을 추천한다.

요금 24시간 €10.00 / 48시간 €15.00 / 72시간 €20.00 홈피 www.bilbaobizkaiacard.com

BEST COURSE

빌바오 추천 코스

문화의 도시답게 미술관과 박물관이 많다. 구겐하임 미술관만 본다면 괜찮지만, 다른 미술관과 박물관을 일정에 추가한다면 좀 더 시간이 필요하다. 여유가 된다면 근교의 세계 최초 운반교인 비스카야 다리에 다녀오는 것도 추천한다.

Check List

- ☑ 구겐하임 미술관 관람하기
- ☑ 아르찬다 전망대 올라보기
- ☑ 구시가 누에바 광장의 핀초스 바르 Bar 들러보기

DAY 1

1. **구겐하임 미술관**
   ▼ 도보 8분
2. **빌바오 미술관**
   ▼ 도보 3분
3. **아스쿠나 센트로아**
   ▶ 도보 15분
4. **구시가**
   ▲ 도보 25분 or 트램 10분
5. **수비수리**
   ▲ 도보 5분 + 푸니쿨라
6. **아르찬다 전망대**

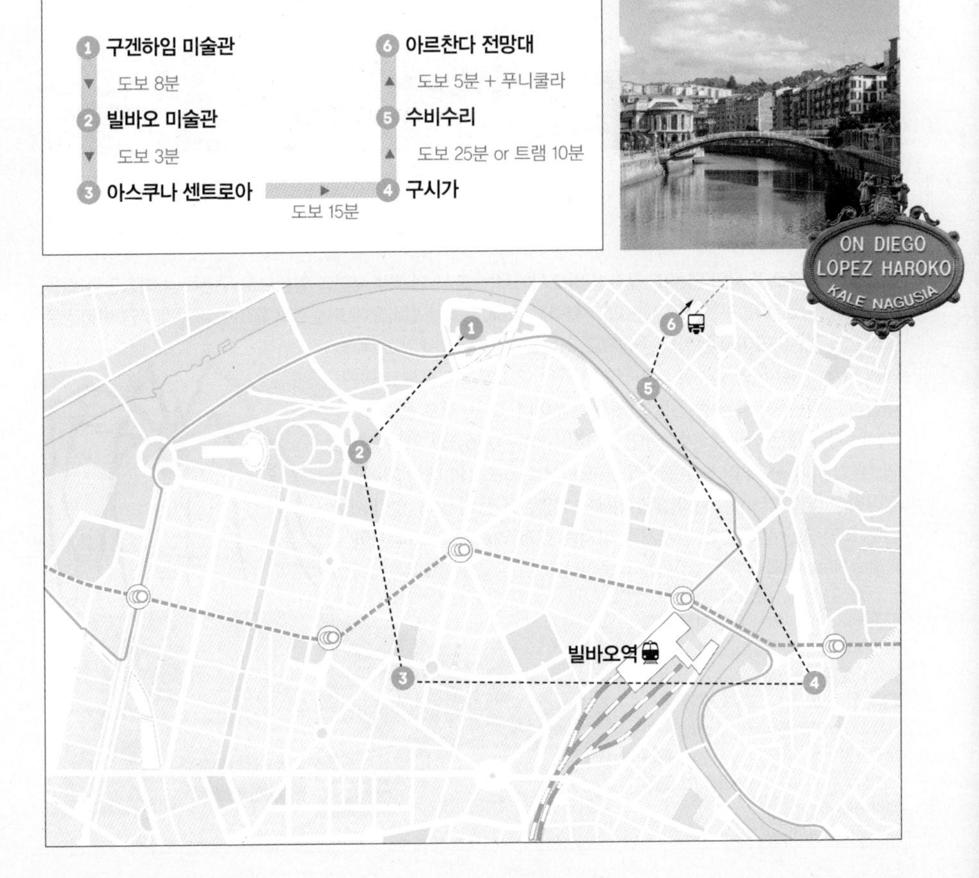

구겐하임 미술관
Museo Guggenheim

중공업의 쇠퇴로 도시의 명성도 잃자 빌바오시에서는 도시 재개발 사업의 일환으로 구겐하임 미술관 설립을 추진했다. 솔로몬 R. 구겐하임 재단과의 협력을 통해 1997년 빌바오에 미술관이 들어섰고 구겐하임 박물관은 빌바오의 랜드마크이자 문화의 중심지로 거듭났다. 미국 건축가 프랭크 게리 Frank Gehry의 설계로 지어졌으며 곡면 구조에 티타늄으로 덮인 대담하고 혁신적인 미술관 건물 자체가 예술이다. 또한, 제프 쿤스 Jeff Koons가 수많은 꽃으로 만든 거대 강아지 〈퍼피 Puppy〉와 일곱 송이의 〈튤립 Tulips〉, 루이스 부르주아 Louise Bourgeois의 대형 거미를 형상화한 〈엄마 Mamá〉 등 미술관 밖에도 유명한 작품이 많다. 일정 시간이 되면 미술관 주변에 안개처럼 퍼지는 효과 역시 후지코 나카야 Fujiko Nakaya의 〈안개 Fog〉라는 작품이다.

위치 버스터미널에서 트램 11분 **주소** Abandoibarra Etorb., 2, 48009 Bilbo **오픈** 화~일 10:00~20:00 **휴무** 월요일, 1.1, 12.25 **요금** 일반 €17.00, 학생 €9.50, 구겐하임 미술관+빌바오 미술관 €17.00 **홈피** www.guggenheim-bilbao.es **지도** 맵북 P.25-D

빌바오 미술관

Museo de Bellas Artes de Bilbao

12세기부터 21세기까지 광범위한 예술 작품을 볼 수 있는 미술관으로 1914년에 개관했다. 약 1만 점의 작품을 보유하고 있으며 그 중에는 엘 그레코, 무리요, 고야, 고갱, 타피에스 등의 작품도 있다. 고전 미술과 바스크 지방의 예술 작품 그리고 현대미술까지 시대순으로 전시공간을 분류해 놓았기 때문에 빌바오의 100년 역사를 한 번에 볼 수 있다.

위치 구겐하임 미술관에서 도보 8분 **주소** Museo Plaza, 2, 48009 Bilbo **오픈** 10:00~20:00 **휴무** 1.1, 1.6, 12.25 **요금** 일반 €10.00(25세 이하, 18:00~20:00 무료), 구겐하임 미술관+빌바오 미술관 €17.00 **홈피** www.museobilbao.com **지도** 맵북 P.25-C

아스쿠나 센트로아

Azkuna Zentroa

1909년에 건설한 후 와인 저장고로 사용하던 건물이 빌바오 시민들을 위한 복합문화공간으로 재탄생했다. 2001년부터 2010년까지 리모델링 공사를 진행해서 영화관, 도서관, 스포츠센터, 카페 및 레스토랑이 들어섰다. 건물에 들어서면 먼저 각기 다른 독특한 디자인으로 만든 43개의 기둥과 수영장이 눈에 띈다. 빌바오 시민들에게는 알론디가 Alhóndiga라는 명칭으로 더 익숙한 곳이지만, 15년간 빌바오를 문화의 중심지로 변화시킨 시장 이나키 아스쿠나 Iñaki Azkuna의 공로를 인정해 2015년 지금의 이름으로 변경했다.

위치 빌바오 미술관에서 도보 10분 **주소** Arriquíbar Plaza, 4, 48010 Bilbo **오픈** 월~목 07:00~23:00, 금요일 07:00~24:00, 토요일 08:30~24:00, 일요일 08:30~23:00 **홈피** www.azkunazentroa.eus **지도** 맵북 P.25-C

바스크 박물관
Bilbao Euskal Museoa

바스크 지방의 전통문화를 소개하는 박물관으로 1921년에 개관했다. 수렵 생활을 하던 오랜 시대부터 근대의 가옥과 어선, 전통 의상, 생활용품, 그림, 공예품 등을 통해 독특한 문화에 대해 알아볼 수 있다. 네 개의 층으로 이루어져 있으며, 가장 높은 층에서는 빌바오가 주도인 비스카야주 Vizcaya의 입체 지형도가 있다.

위치 아스쿠나 센트로아에서 도보 15분 주소 Unamuno Miguel Plaza, 4, 48006 Bilbo 오픈 월 · 수 · 목 · 금 10:00~19:00, 토요일 10:00~13:00, 16:00~19:00, 일요일 10:00~14:00 휴무 화요일 요금 일반 €3.00, 학생 €1.50 홈피 www.euskal-museoa.eus 지도 맵북 P.25-D

수비수리
Zubizuri

바스크어로 '하얗다'라는 뜻의 수비수리는 스페인 건축가 산티아고 칼라트라바 Santiago Calatrava의 설계로 1997년에 건설했다. 생물의 유기적 형태를 활용하는 건축가답게 수비수리 역시 구부러진 형상을 보인다. 바닥은 유리로 되어 있어 약간의 긴장감을 조성하는데, 흐린 날이 많은 빌바오의 기후를 고려하지 않아 겨울이나 비가 올 때면 미끄러워 불편하다는 비판을 받기도 했다.

위치 구시가에서 도보 20분 또는 트램 10분 주소 Zubizuri, 48001 Bilbao 지도 맵북 P.25-D

아르찬다 전망대
Mirador de Artxanda

빌바오 시내를 한눈에 담을 수 있는 언덕 위의 전망대다. 빨간색의 아르찬다 푸니쿨라 Funicular de Archanda는 1915년에 운행을 시작했으며 스페인 내전으로 손상되면서 잠시 중단되기도 했다. 전망대에서는 빌바오의 상징인 구겐하임 미술관을 비롯해 시내 전체가 내려다보인다. 전망대 주변은 공원처럼 꾸며서 날씨 좋은 날이면 많은 시민들이 찾아와 나들이를 즐긴다.

위치 수비수리에서 도보 5분 + 푸니쿨라 **주소** S/N, Funikularreko Plaza, 48007 Bilbao **오픈** 6~9월 월~목 07:15~22:00, 금~토 07:15~23:30, 일요일 08:15~22:00 / 10~5월 07:15~22:00 **요금** 편도 €1.75, 왕복 €3.25 **지도** 맵북 P.25-D

비스카야 다리
Puente de Vizcaya

빌바오 교외의 두 마을 포르투갈레테 Portugalete와 게초 Getxo를 잇는 다리로 길이 160m, 높이는 45m에 이른다. 1893년에 개통한 비스카야 다리는 세계 최초의 운반교로 이후 건축되는 운반교의 중요한 모델이 되었다. 다리는 강철 밧줄을 교차 시켜 경량화를 이루고, 곤돌라를 이용해 차량과 사람을 실어 나를 수 있다. 배의 통행을 방해하지 않고 두 도시를 효율적으로 연결했다는 점을 인정받아 2006년에는 유네스코 세계문화유산에 등재되었다. 지금도 곤돌라를 통해 강을 건널 수 있고, 엘리베이터를 타고 올라가 다리 위를 걸을 수도 있다.

위치 ① 버스 A3411번 Bizkaia Zubia/Puente Bizkaia 정류장 하차, 도보 2분, ② 메트로 2호선 포르투갈레테역 Portugalete 하차, 도보 10분 **주소** Puente de Vizcaya Zubia, Getxo **오픈** 엘리베이터 11~3월 10:00~19:00(평일은 Getxo만 운행, 주말은 양쪽 운행) / 4~10월 10:00~20:00 **요금** 곤돌라 €0.45, 엘리베이터 €8.00 **홈피** www.puente-colgante.com **지도** 맵북 P.25-C

카페 바 빌바오
Café Bar Bilbao

누에바 광장 Nueva Plaza을 둘러싼 많은 핀초바 중에서도 특히나 유명한 곳이다. 1911년에 문을 연 카페 바 빌바오는 예부터 모임 장소로 유명했다. 눈을 사로잡는 화려한 핀초의 종류만 60가지에 달하는데, 식사시간에는 사람이 워낙 많아 자리 잡기도 힘들지만, 그만큼 회전율이 높아 바로 만든 핀초를 맛볼 수 있다. 핀초도 좋지만 등심 요리 Entrecot a la plancha나 구운 양파와 오징어 Chipirones encebollados a la plancha 요리와 같은 주문 음식도 합리적인 가격으로 맛볼 수 있다.

주소 Kale Barria, 6, 48005 Bilbo 오픈 월~금 07:00~23:00, 토요일 08:30~23:30, 일요일 07:00~23:00 가격 등심 요리 €14.00, 구운 양파와 오징어 €11.50 전화 +34 944 15 16 71 홈피 www.bilbao-cafebar.com 지도 맵북 P.25-D

라 올라 데 라 플라자 누에바
La Olla de la Plaza Nueva

핀초가 가득한 바에 자리를 잡기 힘들 정도로 많은 사람이 있는데, 맛을 보면 이해가 된다. 진열장에는 바게트 위에 다양한 재료가 올려진 핀초들이 가득하다. 이곳에서 쓰는 핀초의 재료들은 대부분 스페인에서 나고 자란 것들이라 더 믿음직스럽다. 가격은 조금 비싸지만, 전채요리 두 가지, 메인요리 하나, 후식 한 가지가 제공되는 메뉴 델 디아도 있다.

주소 Kale Barria, 6, 48005 Bilbo 오픈 일~목 08:00~22:30, 금~토 08:00~23:30 가격 메뉴 델 디아 €28.50 전화 +34 946 63 00 12 홈피 www.laolladelaplazanueva.es 지도 맵북 P.25-D

자하라
Zaharra

또 다른 누에바 광장 Nueva Plaza의 핀초바로 규모도 작고 핀초의 가짓수도 많아 보이지는 않지만, 자하라만의 독특한 매력이라면 토르티야 Tortilla의 종류가 많다는 것이다. 감자와 계란을 반죽으로 만든 스페인식 오믈렛인 기본 토르티야에 추가된 재료에 따라 분류된 종류만 해도 최소 8가지다.

주소 Kale Barria, 4, 48005 Bilbao 오픈 월~목 08:00~22:00, 토요일 09:00~23:00, 일요일 09:00~22:00 요금 금요일 전화 +34 944 15 94 33 홈피 www.zaharra.es 지도 맵북 P.25-D

엘 글로보 타베르나
El Globo taberna

2018년 미슐랭에 선정된 빌바오의 핀초바로 모유아 광장 Moyua plaza에서 도보 3분 거리에 있다. 크지 않은 규모이기도 하지만, 맛집으로 소문난 만큼 늘 사람들로 북적인다. 무수히 많은 핀초들은 모두 맛있어 보여서 뭘 골라야 할지 고민될 정도인데, 선택하기 어렵다면 추천을 받아 보는 것도 방법이다. 촉촉한 대구살과 부드러운 치즈가 어우러진 대구 핀초 Bacalao gratinado도 맛있다.

주소 Diputazio Kalea, 8, 48008 Bilbo 오픈 월~금 08:30~23:00, 토요일 11:00~24:00 휴무 일요일 가격 €28.50 전화 +34 944 15 42 21 홈피 www.barelglobo.com 지도 맵북 P.25-D

3

SANTANDER
산탄데르

칸타브리아 해에 면한 항구도시로 유명 볼거리는 많지 않지만, 스페인 왕실의 해수욕장이라는 타이틀 덕에 고급 피서지로 알려지면서 여름이면 휴가를 즐기려는 사람들로 북적인다. 유독 근대적인 풍경을 볼 수 있는 시의 중심부는 1941년 발생한 화재로 파괴되었다가 재건되어 지금의 모습이 되었다.

Transportation
교통 정보

가는 방법

산탄데르를 오갈 때는 항공과 버스를 가장 많이 이용한다. 스페인 내 대도시 간의 이동은 항공 이동이 효율적이고, 북부 내에서는 버스로 이동하는 것이 소요시간이나 요금 면에서 합리적이다.

비행기

바르셀로나, 마드리드, 발렌시아, 말라가, 세비야, 발렌시아 등에서 연결되는 다양한 스페인 국내선이 있어 산탄데르까지 편하게 갈 수 있다. 런던, 베를린, 부다페스트, 베네치아, 바르샤바 등 유럽 주요 도시 노선도 많다.

세베 바예스테로스-산탄데르 공항
Aeropuerto Seve Ballesteros-Santande (SDR)

도심에서 남쪽으로 약 5km 거리에 있으며 노스트룸 항공 Air Nostrum, 이베리아 항공 Iberia, 라이언에어 **Ryanair**, 부엘링 Vueling, 볼로티 Volotea 등 5개 항공사가 취항한다.

홈피 www.aena.es/es/aeropuerto-santander/index.html

공항에서 시내로

산탄데르 공항과 시내는 무척 가깝다. 알사 버스 ALSA가 30분 간격으로 운행하고 있는 직행버스는 버스터미널까지 10분 소요된다. 늦은 밤이나 짐이 많아 택시를 타야 할 경우가 아닌 이상 버스를 이용하면 된다.

홈피 www.alsa.es

교통수단	운행 시간	주요 행선지	소요시간	요금
알사 ALSA	(공항 출발) 06:40~23:00 (시내 출발) 06:30~22:45	Estación de Autobuses de Santander	10분	€2.90
택시				€9.00~12.00

ⓒChish burnette

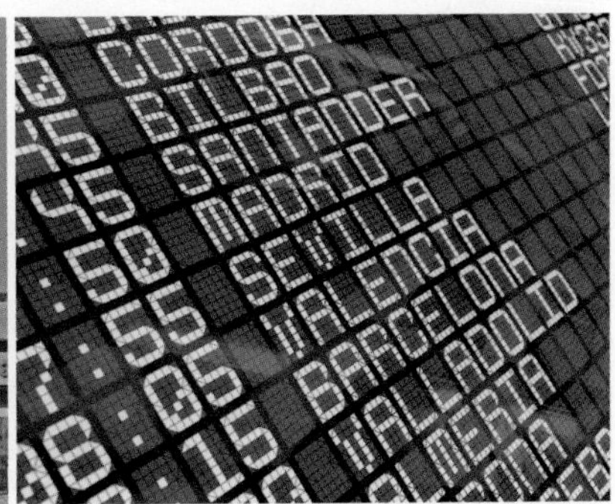

기차 

빌바오에서 1일 6회, 마드리드에서 1일 8회 산탄데르까지 운행한다. 산탄데르 기차역 Estación de Santander은 여행의 시작점인 산탄데르 대성당과 5분 거리에 있다.

출발지	소요시간
빌바오	3시간
마드리드	4시간 7분 ~ 7시간 1분

관광안내소

페레다 정원
위치 Jardines de Pereda, s/n, 39003 Santander
오픈 9.5~6.14 월~금 09:00~19:00, 토요일 10:00~19:00, 일요일 10:00~14:00 / 6.15~9.14 월~일 09:00~21:00 휴무 1.1, 1.6, 12.24, 12.25
홈피 http://turismo.santander.es

에스테 시장
주소 Calle Hernán Cortés, 4, 39003 Santander
오픈 09:00~21:00
휴무 1.1, 1.6, 12.24, 12.25, 12.31
홈피 www.turismodecantabria.com

버스 

북부도시에서 산탄데르를 오갈 때나 근교로 당일치기 여행을 떠날 때 버스 이용이 가장 편리하고 소요시간도 짧다. 산탄드레 버스터미널 Estación Autobuses de Santander은 기차역과 마주하고 있다.

출발지	소요시간	버스회사
산티야나 델 마르	50분	라 칸타브리아 La Cantabrica www.lacantabrica.net
코미야스	1시간 10분	
빌바오	1시간 20분	알사 ALSA www.alsa.com
산 세바스티안	3시간	
마드리드	5시간 45분	

시내 교통

대중교통을 이용할 일이 많은 도시는 아니다. 시내 중심에서 멀리 떨어진 막달레나 반도나 사르디네로 해변까지 갈 때는 산책하듯 걸어가도 돌아오는 길은 상당히 멀게 느껴지는데, 이때는 버스 탑승을 추천한다. 산탄데르에서 주어진 시간이 많지 않다면 가격은 비싸도 핵심 명소만 둘러보는 투어 버스나 자전거를 이용해보는 것도 괜찮다.

버스
요금 €1.30 홈피 www.tusantander.es
투어 버스 Hop-on Hop-off
요금 €15.00(24시간) 홈피 www.santandertour.com
자전거 TusBic
요금 €2.08(보증금 필요) 홈피 www.tusbic.es

BEST COURSE

산탄데르 추천 코스

볼거리가 많아 빡빡한 일정의 대도시와 달리 산탄데르는 빌바오에서 당일치기로 다녀올 수 있을 정도로 여유로운 휴양도시다. 산책하듯 여유롭게 둘러보면 좋을 곳이긴 하지만, 산탄데르를 거점으로 삼고 조금 더 머물며 산티야나 델 마르나 코미야스에 다녀오는 것을 추천한다.

Check List

- ☑ 유람선 타보기
- ☑ 막달레나 반도 산책하기
- ☑ 스페인 왕실 해수욕장에서 수영하기

DAY 1

1. 산탄데르 대성당
   - ▼ 도보 4분
2. 페레다 정원과 산책로
   - ▼ 도보 30분 or 버스 5분
3. 막달레나 반도
   - ▼ 도보 10분
4. 사르디네로 해변

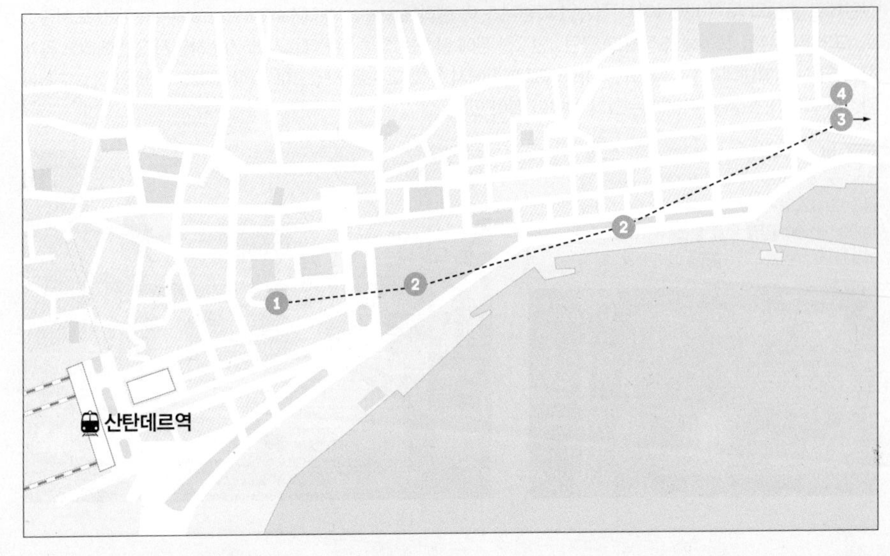

산탄데르 대성당

Catedral de Nuestra Señora de la Asunción de Santander

바닷가와 면한 산탄데르와 잘 어울리는 흰색의 건물은 여느 도시의 대성당과는 조금 다른 느낌이다. 12세기 말부터 14세기까지 건설한 고딕 양식의 건축물로, 1941년에는 큰 화재가 발생하여 반 이상이 파괴되는 일도 있었지만, 재건 작업을 통해 지금의 모습으로 재탄생했다. 성당 내부의 유리 바닥을 통해 로마 시대의 흔적도 볼 수도 있다.

위치 버스터미널에서 도보 5분 주소 Calle Somorrostro, s/n, 39002 Santander 오픈 6~9월 08:00~13:00, 16:00~20:00 / 10~5월 08:00~13:00, 17:00~20:00 요금 기부금 홈피 www.diocesisdesantander.com/catedral-2 지도 맵북 P.26-D

메넨데스 펠라요 도서관

Biblioteca de Menéndez Pelayo

산탄데르 출생의 문학비평가이자 작가인 메넨데스 이 펠라요 Marcelino Menéndez Pelayo의 개인 도서관으로, 그의 필사본을 포함해 소장하고 있던 4만 2천 권에 달하는 책을 산탄데르시에 기증하면서 일반에게도 공개하게 되었다. 메넨데스 이 펠라요는 마드리드 대학에서 문학 교수로 지냈으며 퇴직 후에는 스페인 국립도서관 관장이 되었다. 도서관 뒤편에는 그가 살았던 집이 있다.

위치 버스터미널에서 도보 7분 주소 Calle Rubio, 6, 39001 Santander 오픈 월 · 수 · 금 · 토 09:00~13:00, 화 · 목 09:00~13:00, 16:00~21:00 요금 무료 홈피 www.bibliotecademenendezpelayo.org 지도 맵북 P.26-A

페레다 정원과 산책로
Paseo y jardines de Pereda

산탄데르가 주도인 칸타브리아 지방 출신의 소설가 호세 마리아 데 페레다 José María de Pereda의 이름을 딴 정원과 산책로다. 정원에는 그의 기념비와 함께 작품에 등장하는 인물의 청동상이 세워져 있다. 정원에서 시작되는 산책로는 치코 항구 Puertochico까지 이어지는데, 주변과 어우러지게 잘 조성해서 즐겁게 걸을 수 있다. 정원 근처에는 유럽의 3대 은행이자 세계에서 가장 큰 은행 중 하나인 산탄데르 은행 Banco Santander의 본점이 있다.

위치 산탄데르 대성당에서 도보 4분 지도 맵북 P.26-B,C

바다 전망 보기 좋은 센트로 보틴 Centro Botín

이탈리아의 유명 건축가 렌조 피아노 Renzo Piano가 지은 아트 센터로 2017년에 개관했다. 내부에는 갤러리, 상점, 레스토랑이 있고 외부 옥상과 곳곳의 테라스에서는 산탄데르 바다 전망을 즐길 수 있다.

주소 Muelle Albareda, s/n, 39004 Santander 오픈 10~5월 화~일 10:00~20:00 / 6~9월 화~일 10:00~21:00 휴무 월요일(6.16~8.27 제외), 3.18, 4.22, 12.9, 12.23, 12.30 요금 전시회 €8.00 홈피 www.centrobotin.org 지도 맵북 P.26-E

막달레나 반도
Península de La Magdalena

산탄데르 동쪽에 거대한 공원으로 형성된 막달레나 반도는 현지인과 여행객 모두에게 사랑받는 장소다. 펭귄과 물개가 있는 작은 해양 공원 Parque Marino de La Magdalena과 범선을 전시한 야외 박물관 Muelle de las Carabelas 그리고 가장 높은 곳에는 막달레나성 Palacio de la Magdalena이 있다. 산탄데르시에서 1908년부터 1912년까지 왕실 가족을 위한 여름 별궁을 지어 알폰소 13세 Alfonso XIII에게 헌정했고 스페인 왕정이 폐지되기 전까지 왕정 회의가 열리는 등 실제로 사용되었다. 이후 1932년부터는 메넨데스 펠라요 국제대학교 UIMP 건물로 사용했으며, 현재는 회의장으로 쓰고 있다. 스페인어로 진행되는 45분간의 투어를 통해 내부를 둘러볼 수 있다.

위치 1, 2, 4, 7번 버스 탑승 후 La Magdalena 정류장 하차 주소 Av. de la Magdalena, 1E, 39005 Santander 오픈 궁전 월~금 11:00, 12:00, 13:00, 16:00, 17:00, 18:00, 토~일 10:00, 11:00, 12:00 요금 일반 €3.00 홈피 http://palaciomagdalena.com 지도 맵북 P.26-C

tip

막달레나 반도의 관광열차 Tren Turístico

막달레나 반도를 순환하는 투어버스. 일정이 촉박하거나 걷기 귀찮을 때 빠르고 편하게 풍경을 감상하는 용도로 이용하면 좋다.
요금 일반 €2.45, 어린이 €1.45

사르디네로 해변
Playa del Sardinero

스페인 왕실이 해수욕장으로 삼은 해변으로 19세기 중반부터 20세기 초까지 급속도로 유명해지면서 스페인에서 가장 아름다운 해변 중 하나로 떠오르게 되었다. 넓고 긴 백사장의 금빛 모래와 해수욕하기 좋은 파도 덕에 여름이면 이곳에서 많은 이들이 휴가를 보낸다. 주변에는 호텔, 극장, 카지노, 골프장이 줄지어 있다. 사르디네로 해변 옆에는 낙타 해변이라는 뜻의 카메요 해변 Playa del Camello이 있는데, 낙타 모양의 바위가 있다고 해서 붙은 이름이다.

위치 막달레나 반도 입구에서 도보 10분 **지도** 맵북 P.26-C

tip

유람선 타고 산탄데르 한 바퀴

유람선을 타고 시원한 바닷바람을 맞으며 도시 풍경과 자연이 빚어낸 절경을 감상하다 보면 산탄데르의 또 다른 면모를 발견하게 된다. 유람선에서 바라보는 일몰은 특히나 아름답다.

Los Reginas Santander

위치 센트로 보틴에서 도보 2분 **주소** Paseo Marítimo, s/n, 39004 Santander **요금** €10.50 **전화** +34 942 21 67 53 **홈피** www.losreginas.com **지도** 맵북 P.26-B

카사 리타
Casa Lita

주소 Paseo de Pereda, 37, 39004 Santander 오픈 화~일 12:00~24:00 휴무 월요일 전화 +34 942 36 48 30 홈피 www.casalita.es 지도 맵북 P.26-C

산탄데르에서 가장 유명한 핀초바로 2009년, 2014년 미슐랭에 소개되었다. 테이블도 있지만 대부분 바 형태로 운영된다. 핀초는 진열장 가득 채워져 있고 그 종류도 무척 다양한데, 고르기 힘들다면 직원에게 추천을 받아보는 것도 괜찮다. 자신들의 핀초스에 자부심이 있는 직원들은 친절하게 표정과 손짓으로 설명해준다. 고른 후 바로 결제하면 되며, 감자 칩이 무료로 제공되는 점도 매력적이다.

100 몬타디토스
100 Montaditos

스페인 전역에서 쉽게 볼 수 있는 프랜차이즈로, 가장 큰 장점이라면 저렴하다는 것. 대부분 1~2유로로 맛볼 수 있다. 스페인식 작은 샌드위치인 몬타디토 Montadito가 메뉴의 반 이상을 차지하며, 치즈볼, 양파링, 감자칩, 닭날개, 샐러드 등의 메뉴도 있다. 원하는 메뉴는 테이블 위 주문서에 작성 후 카운터에서 직접 계산하고, 이름을 부를 때 음식을 가지러 가면 된다. 수요일과 일요일에는 몇몇 메뉴를 제외하고 1유로라는 파격적인 프로모션도 진행한다.

주소 Calle Calderón de la Barca, 19, 39002 Santander 오픈 일~목 10:00~24:00, 금요일 10:00~01:00, 토요일 11:00~01:00, 일요일 11:00~24:00 전화 +34 902 19 74 94 홈피 https://spain.100montaditos.com 지도 맵북 P.26-E

EATING

소로 마사마드레
Solo MasaMadre

햄버거, 피자, 파스타, 멕시칸 요리 등 다양한 종류의 메뉴가 있는 캐주얼한 느낌의 레스토랑이다. 한쪽은 바 형태로 되어 있어 타파스도 즐길 수 있으며, 스페인 대부분의 레스토랑이 그렇듯 이곳에서도 평일 점심엔 가성비 좋은 메뉴 델 디아가 있다. 저녁에는 멋진 분위기의 펍으로 변신해 가볍게 맥주와 튀김 안주를 먹으며 느긋하게 보낼 수 있다.

주소 Calle Marina, 1, Esquina Calle Del Medio, 39003 Santander 오픈 07:00~24:00 전화 +34 942 21 55 24 지도 맵북 P.26-B

산타&코
Sants&Co

맛도 좋고 분위기도 좋은 산탄데르의 예쁜 브런치 카페다. 아늑하면서도 포근한 분위기를 살려주는 인테리어는 SNS 감성이 충만하다. 커피와 각종 디저트를 비롯해 피자, 햄버거, 샌드위치, 샐러드 등 다양한 메뉴가 있는데, 인기 메뉴는 단연 카페 이름을 딴 햄버거 Santa y Co다. 신선한 소고기 패티를 즉석에서 구워내니 맛이 있을 수밖에 없다.

주소 Calle Marcelino Sanz de Sautuola, 17, 39003 Santander 오픈 월~금 10:00~23:00, 토요일 10:30~23:00 휴무 일요일 전화 +34 942 07 19 84 홈피 http://santayco.com 지도 맵북 P.26-B

4

COMILLAS
코미야스

세계적인 건축 거장인 가우디를 만나러 바르셀로나에 간다지만, 그곳으로부터 약 700km 떨어진 코미야스에서도 젊은 시절 가우디의 흔적을 찾을 수 있다. 가우디의 작품을 볼 수 있다는 것만으로도 방문 가치가 있으며, 번잡하지 않은 바다와 조화를 이루는 평화로운 풍경까지 만끽할 수 있다.

Transportation
교통 정보

가는 방법

산탄데르 버스터미널 Estación Autobuses de Santander에서 하루 4회 운행하는 칸타브리아 La Cantabrica 회사 버스에 탑승한다. 버스는 산티야나 델 마르 Santillana del Mar를 거쳐, 코미야스에 도착하게 되며, 마을 입구에서 내려준다(약 1시간 10분 소요).

라 칸타브리아 La Cantabrica www.lacantabrica.net

관광안내소

호아킨 델 피에라고 광장

주소 Calle Joaquín del Piélago, 1, 39520 Comillas

오픈 10~4월 월~토 09:00~14:00, 16:00~18:00, 일요일 09:00~14:00 / 5월 09:00~14:00, 16:00~18:00 / 6~9월 09:00~21:00

홈피 www.comillas.es

BEST COURSE

코미야스 추천 코스

반나절이면 모두 둘러볼 수 있을 만큼 작은 도시다. 엘 카프리초에 방문한 후 코미야스 시민들의 삶의 중심이 된 마을을 거쳐 바다로 이어지는 동선을 추천한다. 일정이 여유롭다면 근교 마을인 산 빈센테 데 라 바르케라 San Vicente de la Barquera와 함께 여행해도 좋다.

DAY 1

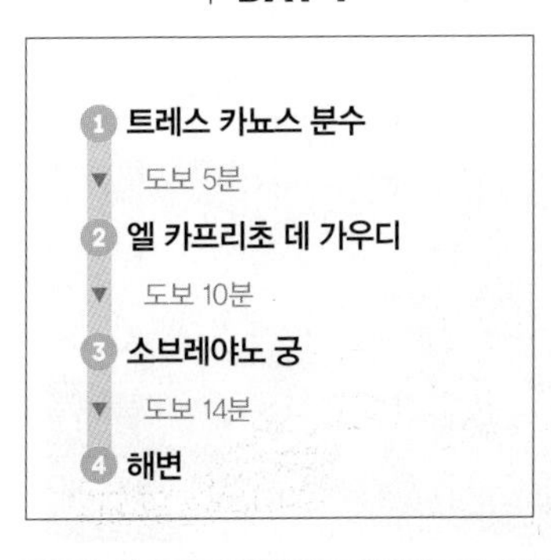

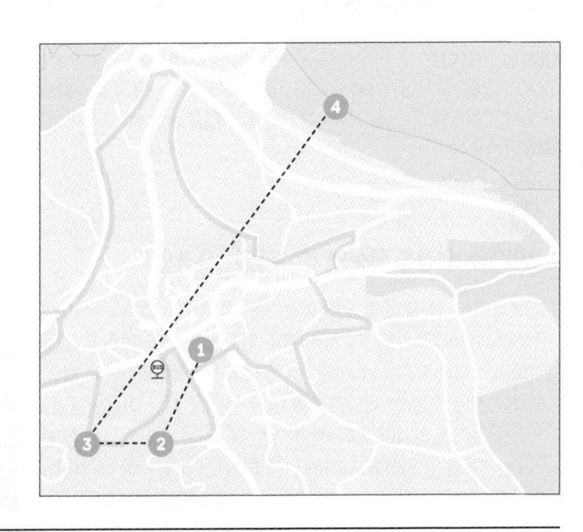

트레스 카뇨스 분수
Fuente de los Tres Caños

마을 중심인 호아킨 델 피에라고 광장 Calle Joaquín del Piélago에 있는 분수로 1899년 가우디와 동시대에 활동했던 건축가 루이스 도메네크 이 몬타네르 Lluís Domènech i Montaner가 만들었다. 꽃과 천사를 모티브로 아름답고도 정교하게 조각된 것이 특징이다.

위치 버스 정류장에서 도보 2분 주소 Calle los Arzobispos, 10, 39520 Comillas 지도 맵북 P.27-C

소브레야노 궁
Palacio de Sobrellano

쿠바에서 부를 축적한 안토니오 로페즈 Antonio López 후작의 의뢰로 건축가 호안 마르토레 Joan Martorell가 세운 건축물이다. 1881년부터 1888년에 걸쳐 지어진 궁은 네오 고딕양식과 베네치아 스타일이 가미되었으며, 내부에는 가우디가 만든 가구들도 남아 있다. 건물 옆 고딕 양식의 예배당 Capilla Panteón 역시 후작의 명으로 지은 것이다.

위치 엘 카프리초 데 가우디에서 도보 10분 주소 Barrio el Parque, s/n, 39520 Comillas 오픈 11.1~3.31 화~금 09:30~15:30, 토 · 일 09:30~17:30 / 4.1~6.15, 9.16~10.31 화~일 09:30~18:30 / 6.16~9.15 월~일 09:45~19:30 휴무 성수기 제외 월요일, 1.1, 1.6, 12.24, 12.25, 12.31 요금 일반 €3.00, 어린이 €1.50 홈피 http://centros.culturadecantabria.com 지도 맵북 P.27-E

tip

코미야스 전경을 한눈에 볼 수 있는 뷰포인트

소브레야노 궁 맞은편 언덕에는 구 신학대학 Universidad Pontificia de Comillas이 자리한다. 이곳 역시 코미야스 태생의 안토니오 로페즈 Antonio López 후작의 투자로 1980년에 설립되었다. 빨간 벽돌과 타일로 이루어진 정문을 지나 아름다운 산책길을 걸어 올라가면 코미야스를 한눈에 내려다볼 수 있는 장소가 나온다. 높은 언덕에 자리한 만큼 마을 전체가 훤히 내려다보이고 환상적인 칸타브리아 해도 볼 수 있다. 지도 맵북 P.27-C

엘 카프리초 데 가우디
El Capricho de Gaudí

카탈루냐 지방 밖에서 볼 수 있는 가우디의 몇 안 되는 작품 중 하나로, 바르셀로나의 첫 번째 작품인 카사 비센스 Casa Vicens와 동일한 시기인 1883년부터 1885년 사이에 건설했다. 막시모 디아스 데 퀴하노 Máximo Díaz de Quijano 후작의 의뢰를 받아 여름 별장으로 설계한 것인데, 실제 공사는 크리스토발 카스칸테 Cristóbal Cascante가 진두지휘했다. 전쟁으로 파괴되기도 했고, 이후에는 레스토랑으로도 이용하다가 2009년에 박물관으로 개관한 다양한 이력을 가지고 있다.

'변덕'이라는 뜻의 엘 카프리초 El Capricho는 언뜻 멀리서 보면 장난감 블록으로 만든 집 같아 보인다. 외벽은 해바라기 타일을 이용했고, 높이 20m의 탑은 이슬람 사원의 종탑에서 아이디어를 얻었는데, 탑에 오르면 칸타브리아 해를 볼 수 있다. 정원에는 가우디가 건물을 바라보는 동상도 있다. 별장이다 보니 내부는 휴식을 위한 공간으로 설계했는데, 온실이 있다는 것이 가장 큰 특징이다.

위치 트레스 카노스 분수에서 도보 5분 **주소** Barrio Sobrellano, s/n, 39520 Comillas **오픈** 11~2월 10:30~17:30 / 3~6월, 10월 10:30~20:00 / 7~9월 10:30~21:00 **휴무** 1.1, 1.6, 12.24, 12.25, 12.31 **요금** 일반 €5.00, 7~14세 €2.50 **홈피** www.elcaprichodegaudi.com **지도** 맵북 P.27-E

TALK 

코미야스 근교 마을 산 비센테 데 라 바르케라 ★ San Vicente de la Barquera

칸타브리아 지방의 작고 아름다운 어촌 마을로 코미야스에서 서쪽으로 10km 떨어져 있다. 마을은 **마사 다리 Puente La Maza**를 통해 연결된다. 15세기에 개축되었으나 그 시작은 6세기경에 지어진 목조다리라는 점에서 이 작은 마을의 유구한 역사를 알 수 있다.

다리 옆 버스 터미널 Terminal de Autobuses부터 해안을 따라 산책로가 조성되어 있고 **바르케라 다리 Puente de La Barquera**까지 이어진다. 다리 건너편에서 바라보는 마을 풍경이 무척 아름답다. 되돌아온 후 바로 오른쪽 길로 접어들면 옛 성벽과 함께 **카스티요 델 레이 Castillo del Rey**가 있고, 길의 끝엔 중세 시대 **산타 마리아 로스앤젤레스 성당 Iglesia de Santa María de Los Ángeles**이 있다. 마을의 가장 높은 곳에서 굽어보는 풍경이 빼어나다.

5

SANTILLANA DEL MAR
산티야나 델 마르

중세 시대 모습 그대로 보존되어 있어 1889년 도시 전체가 국가기념물로 지정되었다. 성스럽고 Santi, 평평하고 Llana, 바다 Mar가 있다는 뜻과는 전혀 다른 풍경에 도시 이름이 세 가지 거짓말을 하고 있다고 말하지만, 사실은 성녀 훌리아나 Santa Juliana의 유물을 봉안한 수도원을 건립한 것이 도시명의 기원이다.

Transportation
교통 정보

가는 방법

산탄데르 버스터미널 Estación Autobuses de Santander에서 하루 4회 운행하는 칸타브리아 La Cantabrica 회사의 버스를 타고 산티아나 델 마르 Santillana del Mar에서 하차하면 된다(약 40분 소요).

라 칸타브리아 La Cantabrica www.lacantabrica.net

관광안내소

간다라 광장

주소 Calle Jesús Otero, 15A, 39330 Santillana del Mar 홈피 http://santillanadelmarturismo.com

여행 방법

버스에서 내려 조금만 올라가면 구시가의 입구. 빛 바랜 돌벽과 자갈이 빼곡하게 깔린 바닥 위로 마차가 지나갈 것 같은 기분에 사로잡힌다. 수백 년 세월의 흔적을 고스란히 간직한 도시를 보존하기 위해 이곳 주민을 제외하고 차량 통행을 엄격히 통제하고 있다. 그 덕분에 중세도시 풍경을 실제로 눈 앞에서 볼 수 있는 것이다.

첫 번째 갈림길에 마주했을 때 왼쪽으로 가면 파라도르 데 산티아나 길 블라스 Parador Santillana Gil Blas와 마요르 광장 Plaza Mayor이 나오고, 오른쪽으로 가면 **산타 훌리아나 성당 Colegiata de Santa Juliana**이 눈에 들어온다. 12~13세기에 로마네스크 양식으로 지어진 성당으로 산타 훌리아나의 유물을 보관하고 있는 매력적인 곳이다.

산티아나 델 마르에서는 사실 지도가 필요 없다. 오래된 자갈과 건물이 가득한 좁은 골목을 걸어 다니거나 상점을 구경하며 스페인 중세의 모습을 온전히 느끼는 것만으로도 충분하다.

알타미라 박물관
Museo de Altamira

인류 역사상 가장 오래된 벽화가 발견된 곳으로 알려진 알타미라 동굴 Cuevas de Altamira을 재현한 박물관. 산티야나 델 마르에서 약 2km 거리에 있어 마을 산책을 하고 들르면 좋다. 아쉬운 점은 동굴에 수많은 관광객이 방문하면서 벽화가 훼손되자 1977년부터 극소수 인원만 입장을 허락하고 있다는 것이다.
동굴이 발견된 것은 1879년. 고고학에 관심 많던 마르셀리노 산스 데 사우툴라 Marcelino Sanz de Sautuola가 여덟 살 딸 마리아 María와 함께 구경하던 중 딸이 위를 보란 뜻의 알타 미라 Alta Mira라고 말했고, 천장 가득한 벽화를 발견하게 된다. 들소, 멧돼지, 사슴, 말, 노루 등 무려 기원전 3만 5천 년~1만 5천 년 전에 그린 벽화였지만, 당시 학자들은 너무나 뛰어난 보존상태와 탁월한 표현력을 의심하며 구석기 시대 벽화라고 인정하지 않았다. 그러다 1902년이 돼서야 진가를 알아보고 구석기 시대 벽화로 인정하게 되었다.
박물관에서는 동굴 벽화를 재현한 전시관과 구석기 시대의 생활상을 알 수 있는 전시관을 관람할 수 있다. 상세하게 전시하고 있어 둘러보는 내내 흥미롭다.

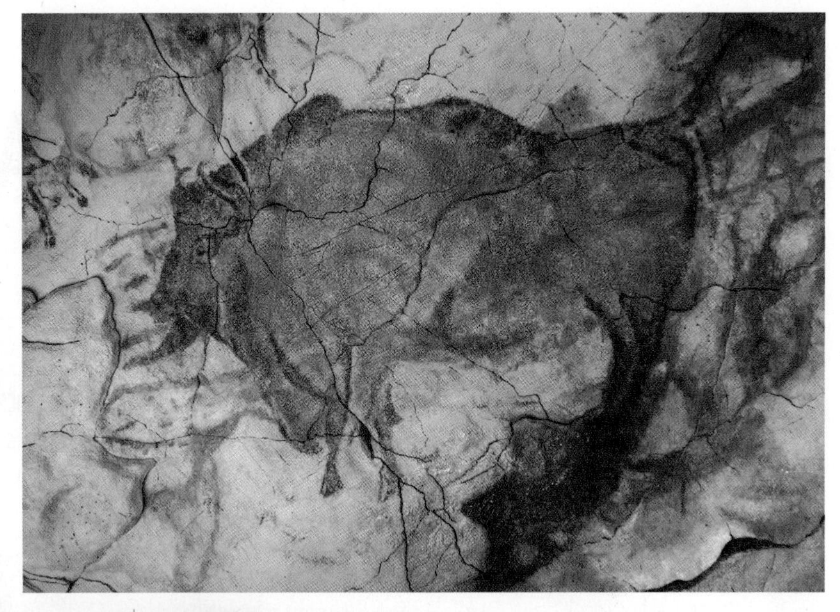

위치 ① 산티야나 델 마르에서 도보 30분 ② 토레가베라 Torrelavega행 버스 탑승 후 Cuevas de Altamira 정류장 하차, 도보 7분(하루 3~4회 운행, www.transportedecantabria.es) 주소 Avenida Marcelino Sanz de Sautuola, s/n, 39330 오픈 5~10월 화~토 09:30~20:00, 일요일 09:30~15:00 / 11~4월 화~토 09:30~18:00, 일요일 09:30~15:00 휴무 월요일, 1.1, 1.6, 5.1, 6.28, 12.24, 12.25, 12.31 요금 일반 €3.00, 학생 €1.50 ※25세 이하, 토요일 오후 2시부터, 일요일, 4.18, 5.18, 10.12, 12.6 무료 홈피 http://museodealtamira.mcu.es

tip

소바오 파시에고 Sobaos pasiegos

칸타브리아 지방을 대표하는 디저트로, 유난히 산티야나 델 마르에서 자주 보인다. 비주얼이나 맛을 보면 카스텔라가 떠오르지만, 좀 더 부드럽고 진한 버터의 풍미를 느낄 수 있다. 갓 만든 소바오는 정말 핵꿀맛. 식어도 맛있기 때문에 포장해서 나중에 먹어도 괜찮다.

Casa De Las Quesadas Obrador Primín

홈피 Calle la Carrera, 39330 Santillana del Mar

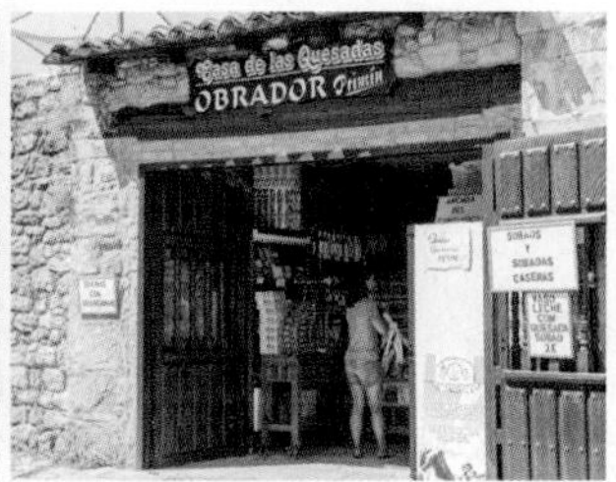

SANTIAGO DE COMPOSTELA
산티아고 데 콤포스텔라

가톨릭의 3대 성지 중 하나로 꼽히는 곳이다. '산티아고'는 성 야고보의 스페인식 이름이며 '콤포스텔라'란 이름에는 여러 설이 있지만, 야고보의 유해를 안내한 '별빛이 비추는 들판'이라는 뜻으로 여겨지기도 한다. 산티아고 순례길의 종착지이자 도시를 대표하는 대성당은 야고보의 유해를 모시고 있다 하여 수많은 순례자들이 찾는 곳이다.

Transportation
교통 정보

가는 방법

스페인 북부 내에서 이동할 때는 버스를 이용하고, 그 외 도시들은 항공과 기차를 이용한다. 공항이 있기는 하지만 운행편이 적고 시내로 이동하기가 편리하지만은 않아 빌바오 공항을 통해 들어오는 여행객도 있다.

비행기

한국에서 가는 직항편은 없고, 마드리드나 바르셀로나, 리스본을 경유한다. 각 도시에서는 부엘링, 라이언 에어, TAP 항공 등으로 1시간 20분~2시간 정도 소요된다.

국제공항인 산티아고 데 콤포스텔라 공항 Aeropuerto de Santiago de Compostela(SCQ)이 시내에서 13km 정도 떨어져 있으며 공항 버스가 시내 중심의 갈리시아 광장 Praza de Galicia과 기차역, 버스터미널에 정차한다.

소요시간 30분~40분 요금 €3 홈피 www.aena.es

기차

스페인의 북서쪽 끝단에 위치한 도시의 특성상 철도 교통이 발달하지는 않았다. 마드리드에서 출발하는 기차가 직행(ALVIA)으로 5시간 10분, 갈아타는 경우는 8시간 이상 소요된다. 기차역은 시내 남쪽에 자리하고 있어 대성당까지 걸어갈 수도 있지만 시내버스를 이용하는 것이 편리하다.

버스

알사 ALSA 버스가 마드리드의 주요 도시와 포르투갈 도시를 이어준다.

출발지		소요시간
포르투 터미널 Interface Casa da Musica		4시간 15분
마드리드	몽클로아 터미널 Moncloa	7시간 55분~8시간 55분
	남부 터미널 Sur	8시간 10분~9시간 45분
빌바오		11시간 15분~11시간 35분

시내 교통

시내에서는 이용할 일이 없지만 버스터미널이나 기차역이 시내 중심에서 떨어져 있어 시내버스를 이용하면 편리하다. 기차역은 1km 거리인데 중간에 상점들도 있어서 걸어갈 만하고, 버스터미널은 2km 가까이 되니 버스를 타는 것이 좋다. 요금 €1

5번 버스: 버스터미널 – 갈리시아 광장 **6번 버스**: 기차역 – 갈리시아 광장

BEST COURSE

산티아고 데 콤포스텔라 추천 코스

여행의 핵심은 대성당이다. 아침 시간을 대성당에서 보내고 주변을 돌아다니면 주요 볼거리는 반나절 일정으로도 가능하다.

Check List

- ☑ 대성당 안에서 야고보의 상 만나기
- ☑ 갈리시아 지방의 명물 가리비 구이 맛보기
- ☑ 대성당을 바라보며 파라도르에서 커피 마시기

DAY 1

1. **대성당**
   ▼ 바로 앞
2. **오브라도이루 광장**
   ▼ 도보 2분
3. **산 마르티뇨 피나리오 수도원**
   ▼ 도보 3분
4. **킨타나 광장**
   ▼ 도보 2분 — 식사 (프랑코 거리 주변)
5. **순례자의 박물관**

※ 대성당과 순례자 박물관 남쪽으로 이어진 프랑코 거리는 골목마다 식당과 바르, 기념품점이 있어 시간을 보내기에 좋다.

대성당
Catedral de Santiago de Compostela

중앙 제단

산티아고 데 콤포스텔라의 하이라이트이자 산티아고 순례길의 최종 목적지가 되는 성당이다. 성 야고보를 모신 제단이 있을 뿐 아니라 성 야고보의 관과 수많은 조각상이 있는 중요한 순례지이자, 건축적으로도 중요한 로마네스크의 걸작으로 꼽힌다. 원래 9세기에 건설한 건물은 파괴되었고, 지금의 성당은 1071~1152년에 주교 디에고 페라에스가 지은 것이다. 이후에도 여러 차례 개축되었다.

은세공의 문

오브라도이루 광장 쪽 정문으로 들어가면 마테오가 조각한 200여 개의 조각상이 있는 **영광의 문 Pórtico da Gloria**이 나오고 안쪽으로 매우 화려한 **중앙 제단 Altar Mayor**이 보인다. 중앙 제단에는 황금색의 야고보 상이 있는데, 제단 오른편 뒤쪽에 있는 작은 입구의 계단으로 올라가면 성 야고보 상 바로 뒤쪽으로 연결된다. 신자들은 야고보의 망토에 키스하고 기도하기 위해 이 입구에 줄을 길게 서 있다. 제단 뒤쪽의 계단으로 내려가면 지하 묘지 Cripta에 성 야고보의 관이 있다. 대성당에는 4개의 출입구가 있는데, 그중 매일 오픈하는 **은세공의 문 Porta das Praterias**에는 성경에 나오는 이야기들을 소재로 한 조각들이 가득하다.

위치 오브라도이루 광장 바로 앞 주소 Praza do Obradoiro, s/n, 15704 Santiago de Compostela 오픈 (은세공의 문) 07:00~20:30 요금 성당은 무료, 박물관이나 지붕 등은 추가 요금 홈피 www.catedraldesantiago.es 지도 맵북 P.28-C

TALK

야고보 ★ Santiago(St. James)

성경을 모르더라도 한 번쯤은 들어봤을 야고보는 예수의 열두 제자 중 한 사람으로, 기독교 성인이자, 특히 스페인에서는 수호성인으로 매우 중요하다. 예수의 사후 복음을 전파하다 44년 예루살렘에서 참수형을 당한다. 그리고 9세기경에 이베리아반도에서 유해가 발견되었다 하여 그의 묘지 위에 지금의 산티아고 데 콤포스텔라 대성당을 지었다. 야고보는 예수의 제자 중 첫 번째 순교자로서 여러 기적의 이야기가 전해지며 약사, 수의사, 상인, 순례자의 수호성인으로 추앙받고 있다. 상징물로는 지팡이, 외투, 조가비, 칼 등이 있다.

오브라도이루 광장
Praza do Obradoiro

산티아고 데 콤포스텔라의 대성당이 자리한 중앙 광장이다. 순례를 마치고 모여든 수많은 순례자가 삼삼오오 모여서 담소를 나누거나 바닥에 앉아 휴식을 취하는 모습을 볼 수 있다. 북쪽에는 웅장한 모습의 **파라도르(국가에서 운영하는 호텔) Parador de Santiago de Compostela**가 있는데, 15세기 말에 페르디난드 왕과 이사벨 여왕이 순례자들을 위해 지은 것으로, 당시 두 사람을 상징하는 '가톨릭 부부왕'의 숙소 및 병원, 즉, '오스탈 데 로스 레예스 카톨리코스 **Hostal de Los Reyes Católicos**(갈리시아어로 Hostal dos Reis Católicos)'라 불렸다.

위치 갈리시아 광장에서 도보 7분 주소 Praza do Obradoiro, 15704 Santiago de Compostela 지도 맵북 P.28-C

산 마르티뇨 피나리오 수도원
Monasterio de San Martiño Pinario

스페인에서 엘 에스코리알 다음으로 큰 수도원이다. 규모에서 알 수 있듯 과거 갈리시아에서 가장 권위 있는 수도원이었다. 현재는 신학대학과 종교 미술관으로 이용하고 있다. 안쪽 회랑은 일반인이 들어갈 수 없지만, 건물 내부의 화려한 중앙 제단과 성가대석은 볼 수 있다. 16세기에 개축하면서 원래 있던 중세 건축 부분이 많이 없어졌다.

위치 대성당에서 도보 2분 주소 Praza da Inmaculada, 5, 15704 Santiago de Compostela 오픈 목~화 11:00~19:00 휴무 수요일 요금 (교회와 박물관) 일반 €4, 학생 €3 홈피 http://espacioculturalsmpinario.com 지도 맵북 P.28-C

킨타나 광장

Praza de la Quintana

대성당 뒤쪽의 **면죄의 문** Puerta del Perdón과 연결된 광장으로 오브라도이루 광장과는 또 다른 분위기다. 넓지는 않지만, 웅장한 건물들로 둘러싸인 광장에는 쉴 수 있는 그늘과 계단, 분수가 있어 많은 사람들이 모여든다. 면죄의 문은 '성스러운 문'이라고도 불리는데, 평소에는 굳게 닫혀 있다가 성 야고보의 날(7월 25일)이 일요일인 해에만 문이 열린다.

면죄의 문

위치 대성당 바로 옆 **주소** Praza da Quintana de Vivos, s/n, 15704 Santiago de Compostela **지도** 맵북 **P.28-C**

순례자의 박물관

Museo de las Peregrinaciones : 갈리시아어 [Museo das Peregrinacións]

대성당 옆에 자리한 부속 박물관으로, 성당의 역사와 과거 조각품들이 전시된 곳이다. 박물관 자체는 1951년에 세워졌지만, 2015년에 지금의 현대적인 모습으로 새롭게 단장하면서 순례와 관련된 내용이 대폭 늘어났다. 오랫동안 수집한 물품들과 순례자들의 기증품이 합쳐지면서 중요한 유품부터 소소한 순례의 도구들까지 전시되어 있으며, 가톨릭을 넘어 다른 종교의 순례와 관련된 물품까지도 폭넓게 볼 수 있다.

위치 대성당에서 도보 1분 **주소** Praza das Praterías, 2, 15704 Santiago de Compostela **오픈** 화~금 09:30~20:30, 토요일 11:00~19:00, 일요일 · 공휴일 10:15~14:45 **휴무** 1.1, 1.6, 5.1, 12.24, 25, 31, 일부 공휴일 **요금** 일반 €2.40, 학생 €1.20, ※18세 미만, 토요일 14:30 이후, 일요일 무료 **홈피** www.museoperegrinacions.xunta.gal **지도** 맵북 **P.28-C**

타베르나 두 비스푸
A Taberna do Bispo

레스토랑과 바르가 모여 있는 프란코 거리 중간쯤 자리한 선술집(타베르나)이다. 음식 사진들을 잔뜩 붙여놓는 다른 식당들에 비해 입구가 작고 소박하지만, 해산물 타파스가 맛있기로 유명한 곳이다. 바에 여러 가지 타파스와 핀초스가 있어 직접 보고 고를 수도 있다. 추천 메뉴는 산티아고 데 콤포스텔라에서 꼭 먹어봐야 할 가리비 구이. 가리비는 스페인어로 '비에이라 Vieira'라고 한다.

주소 Rúa do Franco, 37, 15702 Santiago de Compostela 오픈 11:00~24:00 가격 타파스, 핀초스 €6~15 전화 +34 981 58 60 45 홈피 www.atabernadobispo.com 지도 맵북 P.28-C

파라도르 데 산티아고 카페
Cafe de parador de Santiago

산티아고 데 콤포스텔라 대성당 정면이 바로 보이는 오브라도이루 광장 Praza do Obradoiro 끝에 자리한 카페다. 파라도르에서 운영하며 노천 테이블이 있어 선선한 저녁 시간에 대성당을 바라보며 시간을 보내기 좋다.

주소 Rúa das Carretas, 4, 15704 Santiago de Compostela 오픈 11:00~24:00 가격 커피, 맥주 €3.50~6.00 전화 +34 981 58 22 00 홈피 www.parador.es/en/paradores/parador-de-santiago-de-compostela 지도 맵북 P.28-C

SPECIAL

산티아고에서 만나는 기념품

성물

산티아고 데 콤포스텔라가 가톨릭의 중요한 성지인 만큼 성물을 파는 곳도 많다. 묵주나 성화, 그리고 성모마리아, 예수, 야고보 등이 새겨진 다양한 조각상, 장식품 등을 구할 수 있다.

가리비 기념품

산티아고 순례길의 이정표가 되는 가리비는 순례자의 상징으로, 산티아고 데 콤포스텔라 곳곳에서 표식을 발견할 수 있다. 기념품 숍에서도 예외는 아니다. 티셔츠, 볼펜, 마그네틱, 열쇠고리 등 다양한 종류의 가리비 기념품이 있다.

테티야 치즈
Queso Tetilla

산티아고 콤포스텔라 식당이나 마켓에서 종종 볼 수 있는 갈리시아 기방의 특산품 치즈다. '테티야'란 가슴을 뜻하는 말인데, 다양한 설이 있지만 치즈의 모양이 여성의 가슴과 비슷해 지어진 이름이라고 한다. 맛이 부드럽고 약간의 신맛과 함께 고소함을 느낄 수 있다. 다른 지역에서는 구하기 어려운 치즈라 공항의 면세점에서도 인기 토산품으로 팔리고 있다.

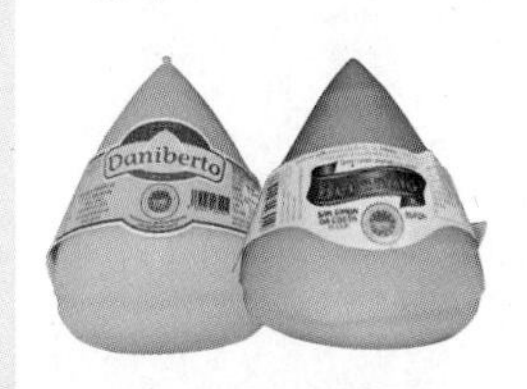

타르타 데 산티아고
Tarta de Santiago

갈리시아 지방의 전통적인 케이크로, 아몬드 가루에 달걀을 반죽해 만들어 고소한 맛이 일품이다. 갈리시아어로는 '토르타 데 산티아고 Torta de Santiago'라고도 부른다. 관광객이 많은 산티아고 데 콤포스텔라에서는 유난히 예쁜 포장과 모양으로 상품화되어 기념품점에서도 팔고 있다.

팔찌

순례길을 걷는 여행자들이 종종 손목에 두르고 다니는 팔찌도 인기 기념품이다. 가죽끈에 가리비 장식이 들어간 것도 있고 심플한 실리콘 밴드 형태도 있다. 가장 가볍고 저렴한 것은 천으로 된 것으로 1유로 정도에 살 수 있다. 팔찌에는 순례길에 대한 내용이나 성경 그리고 재미있는 글귀가 담겨 있어 청소년들에게 특히 인기가 높다.

PART 4

PORTUGAL
포르투갈

포르투갈 기초 정보

국명

포르투갈 공화국
República Portuguesa

공식명칭은 포르투갈 공화국 Portuguese Republic이며 포르투갈어로는 República Portuguesa이다.

면적

92,212km^2

남한보다 약간 작은 규모라서 모든 도시가 육로 이동이 가능하다.

위치

유럽 남서쪽
이베리아 반도

유럽의 서남단인 이베리아 반도에서도 남서쪽 끝부분을 차지하고 있다. 유럽의 최서단 호카곶이 포르투갈에 있다.

수도

리스본 Lisboa

현지에서는 리스보아 Lisboa라 부르지만 국제적으로는 영어인 리스본 Lisbon을 많이 쓴다. 포르투갈에서 가장 큰 도시로 인구가 50만 명이 넘는다. 태주강을 통해 자연스럽게 대서양과 이어지는 훌륭한 입지 조건으로 기원전부터 마을이 형성되었으며 13세기에 포르투갈의 수도가 되었다.

시차

−9시간

한국보다 9시간이 느리며 국제표준시(UTC) 기준으로는 1시간 느리다. 유럽의 다른 나라들과 마찬가지로 서머타임을 실시해 3~10월에는 한 시간이 빨라져 한국과 8시간 차이가 난다.

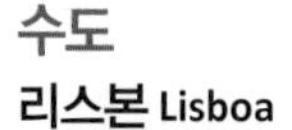

인구

약 1,029만 명

면적은 우리나라와 비슷하지만 인구가 훨씬 적어 인구 밀도 111명/km2로 상당히 무난한 편이다. 이민자의 비율은 약 5%이며 가장 큰 비중을 차지하는 나라는 같은 언어를 사용하는 브라질이다.

정치

공화제

우리와는 조금 다른 분권형 대통령제다. 국민이 선출한 대통령이 국가 원수지만 내각의 대표인 총리의 권한도 큰 편이다. 유럽 연합에 속해 있으며 우리나라와는 1961년에 수교하였다.

경제

1인당 GDP $23,731

(2019년 기준)

관광업, 제조업, 농업 등이 주산업으로 특히 관광 산업과 관련된 서비스업이 높은 비율을 차지한다. 연간 천 만 명이 다녀가는 관광대국으로 국내총생산의 10%가 넘을 정도다.

전압

220V, 50Hz

우리나라와 전압이 같고 플러그 타입도 F로 똑같아서 변환 콘센트 없이 한국 전자제품을 그대로 사용할 수 있다.

기후

지중해성의 온화한 기후로 겨울에는 습하고 비가 잦으며 기온은 7~12도 정도, 여름에는 24~29도 정도지만 햇빛이 강하고 건조한 편이다. 여행하기에 가장 좋은 시기는 6월과 9월이다.

언어

포르투갈어

브라질에서 사용하는 포르투갈어와 발음과 문법이 조금 다른데, 브라질 인구가 압도적으로 많아 대부분의 사전에는 브라질리언 포르투갈어로 표기된다.

통화

유로(Euro) €1.00=약 1,309원

(2019년 4월)

유럽 연합의 19개국에서 공동으로 사용하는 유로를 사용한다. 지폐는 €5, €10, €20, €50, €100, €200, €500가 있으며 동전은 1c, 2c, 5c, 10c, 20c, 50c, €1, €2이 있다. 1유로는 100센트다.

국가번호

+351

한국에서 포르투갈로 전화할 때는 001(국제전화 식별 번호)+351(포르투갈 국가 번호)+(포르투갈 지역 번호)+123-456(상대방 전화 번호) 순으로 누르면 된다.

종교

가톨릭(81%)

로마 가톨릭 외의 다른 기독교 5.5%, 불교, 이슬람교 등 다른 종교 0.6%, 무교 6.8% 등으로 나타난다(2011년 기준).

공휴일 (2019년 기준)

1월 1일 신년
4월 19일 성 금요일*
4월 21일 부활절*
4월 25일 리버티 데이
5월 1일 노동절
6월 10일 포르투갈 데이
6월 20일 성체축일*
8월 15일 성모 승천일
10월 5일 공화국의 날
11월 1일 모든 성인의 날
12월 8일 성령수태일
12월 25일 성탄절

※ *은 매년 날짜가 바뀌는 공휴일

포르투갈 역사

로마가 이베리아 반도를 침입해 반도 전체를 정복했다. 이때 지금의 포르투갈 지역을 로마의 '루시타니아 Lusitania' 지방이라 불렀다.

과달레테 전투

5세기 로마의 멸망 후 게르만족인 서고트의 지배를 받아왔다. 711년 북아프리카와 아랍에서 건너온 우마이야 칼리파와의 과달레테 전투에서 서고트가 패하면서 이후로 오랫동안 무슬림의 지배를 받았다.

리스본 정복

10세기 이베리아 반도의 북쪽에서 세력을 넓힌 기독교 왕국 아스투리아스, 레온, 갈리시아 등에 의해 무슬림 세력은 남쪽으로 밀려났고, 많은 전쟁을 겪으며 1143년 아폰수 1세(아폰수 엔리케, 1139~185년 재위)는 리스본을 정복하고 포르투갈 왕국을 세웠다. 13세기 아폰수 3세가 최남단의 알가르베를 정복하면서 현재의 포르투갈의 국경이 완성되었다.

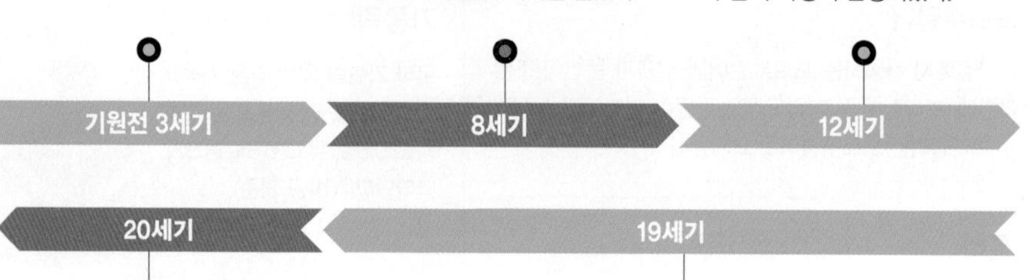

1910년 공화국이 수립되면서 군주제가 끝났지만, 수많은 군소 정부가 나타나 혼란의 시대가 거듭되었다. 결국 쿠데타로 군사정권이 들어서며 안토니우 살라자르의 오랜 독재 시대가 이어진다. 이후 1974년 '카네이션 혁명'이라 불리는 무혈 쿠테타로 독재 정치는 끝난다.

포르투갈공화국

19세기 초반 세 차례나 나폴레옹 군의 침략을 받았고 왕족들은 브라질로 도피했다. 1820년 자유주의 혁명이 일어나자 1821년 주앙 6세는 리스본으로 돌아와 입헌군주정을 선포한다. 1822년 주앙 6세의 아들 페드루 4세는 브라질에서 독립을 선언하고 브라질 황제 페드루 1세로 즉위한다. 포르투갈은 부의 원천이었던 식민지를 잃고, 1828년 절대왕정 복고를 원하는 보수파와 내전까지 겪으며 정치적 혼란과 함께 국력이 쇠퇴한다.

브라질 도피

포르투갈 내전

알주바로타 전투

9대 왕 페르난두의 사후, 주앙 1세(1385~1433년 재위)는 알주바로타 전투에서 카스티야 왕국을 물리치고 아비스 왕조를 세웠다. 상업 부르주아 세력의 지지를 받은 아비스 왕조는 포르투갈 제국의 황금기를 이끌었다. 또한, 14세기에는 포르투갈 역사에서 가장 중요한 인물로 손꼽히는 엔리크 Infante Dom Henrique(1394~1460)가 나타난다. 주앙 1세의 아들로 태어난 그는 대항해시대의 문을 열어 포르투갈 최고의 전성기를 이끌어냈다.

바스코 다 가마 인도 항로 개척

포르투갈 역사에서 가장 화려했던 시대다. 엔리크 왕자에 의해 해양학이 발전하면서 대항해 시대의 막을 열었다. 주앙 2세의 후계자가 된 마누엘 1세(1495~1521년 재위)는 해상 무역에 관심이 많아 바스코 다 가마에게 인도 항로를 개척하게 했으며, 브라질까지 영토에 편입시켰다. 이로 인해 막대한 부를 쌓았고 이러한 번영을 수많은 건축물에 남겼다.

1578년 세바스티앙 1세가 북아프리카 원정에서 전사한다. 후계자가 없던 포르투갈은 왕위 계승 문제로 펠리페 2세에 대항하지만 알칸타라 전투에서 패해 에스파냐 왕국에 병합되고 60년간 통치를 받는다.

알칸타라 전투

1640년 주앙 4세가 포르투갈 독립을 선언, 수차례의 전쟁 끝에 1668년 리스본 조약을 이끌어내며 에스파냐로부터 독립했다. 이후 포르투갈은 브라질 상파울루에서 금이 발견되면서 막대한 부를 이룬다.

독립 선언

18세기 초반 서유럽 열강들이 스페인 왕위 계승 전쟁에 참여한다. 이후 개혁왕으로 불리는 주제 1세(1750~1777년 재위)는 폼발 후작과 함께 정치, 경제 등 다양한 분야를 개혁했다. 1755년에는 안타깝게도 10만여 명이 사망한 리스본 대지진을 겪었다.

리스본 대지진

1

LISBON
리스본

포르투갈의 수도로 현지에서는 리스보아 Lisboa라 부른다. 과거 영광스러운 시절도 있었지만, 비교적 조용한 근현대를 보냈고 최근에는 여행자들 사이에서 큰 인기를 끄는 핫한 여행지가 되어 새로운 전성기를 맞고 있다. 오랜 시간의 흔적이 느껴지는 골목길과 현대적인 건물들이 뒤섞여 개성 넘치는 모습을 볼 수 있다.

Lisbon Preview
리스본 한눈에 보기

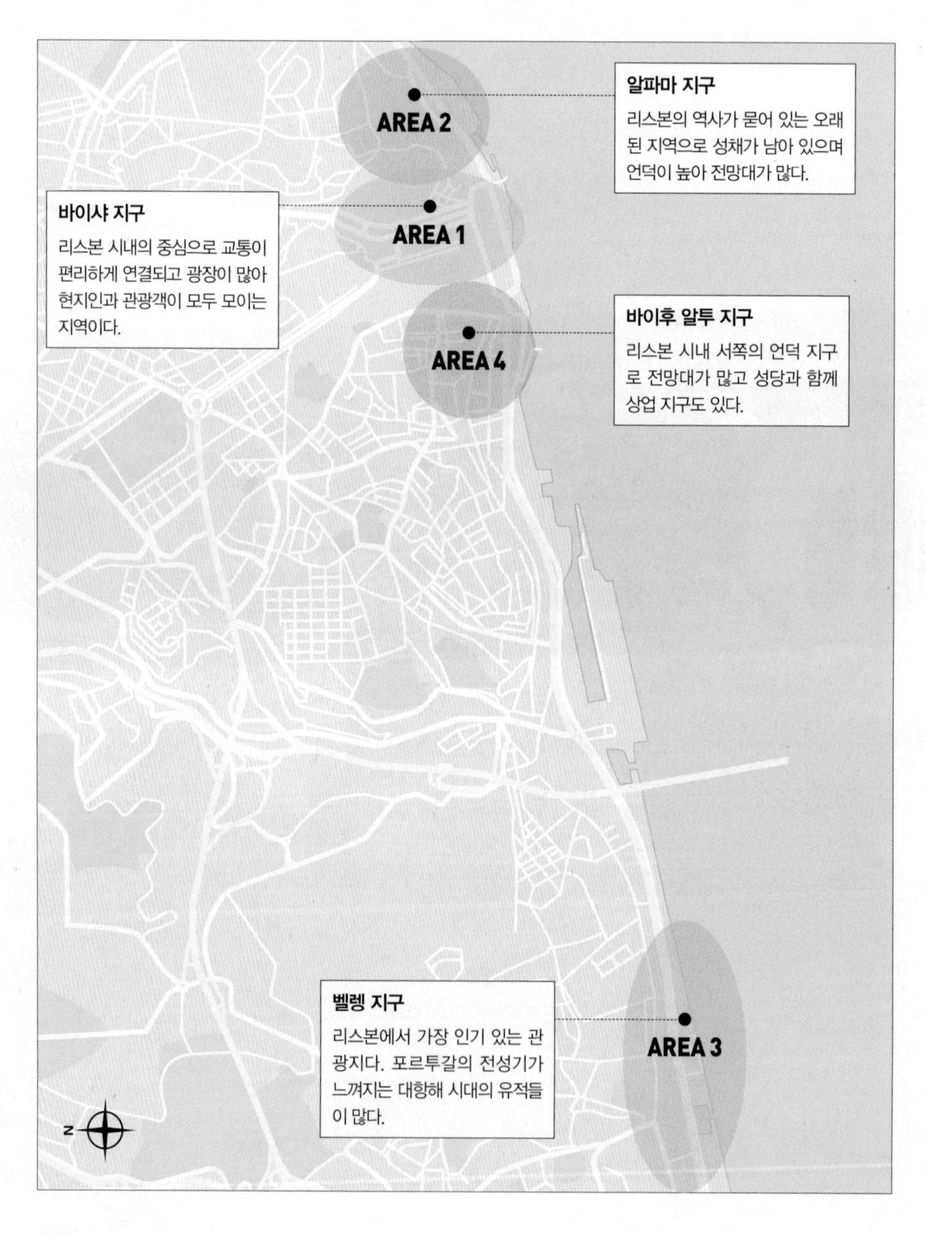

Transportation
교통 정보

가는 방법

포르투갈은 최근 핫한 관광지로 부각되고 있지만 아직 한국에서 직항편은 없다. 포르투갈의 관문인 리스본으로 가려면 스페인의 바르셀로나, 마드리드 또는 제3국을 경유해 가야 한다.

비행기

한국에서 리스본으로 가는 직항편은 없지만 다양한 경유편이 있다. 그리고 스페인 등 유럽 내에서는 저가 항공을 비롯해 여러 노선이 있다.

리스본 국제공항 Aeroporto de Lisboa (LIS)
포르텔라 공항 Aeroporto da Portela 또는 움베르토 델가도 공항 Humberto Delgado Airport이라고도 한다. 대부분의 항공사는 제1터미널을 이용하며, 이지젯, 라이언 에어 등 일부 저가 항공은 제2터미널을 이용한다. 리스본 시내에서 불과 7km 거리에 있어 가깝게 오갈 수 있다. 공항 1층에는 바로 관광안내소 부스가 있어 각종 예약과 신청이 가능하며 리스본 카드도 살 수 있다. 공항 출구로 나가면 바로 버스 정류장과 지하철이 있어 어렵지 않게 시내로 나갈 수 있다.

홈피 www.aeroportolisboa.pt

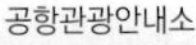
공항관광안내소

공항에서 시내로

시내로 들어가는 교통 수단은 공항버스, 메트로, 택시가 있다. 시내가 가까운 편이라 소요시간은 크게 차이 나지 않으니 자신의 목적지와 편리하게 연결되는 방법을 선택하면 된다.

❶ 공항버스(아에로부스) Aerobus

일반 시내 버스도 있기는 하지만, 시간이 더 걸리고 큰 짐이 있으면 추가 요금이 있어 아에로부스를 이용하는 것이 일반적이다. 아에로부스는 2개의 노선이 있다.

홈피 www.aerobus.pt

노선 번호	주요 행선지	운행 시간	요금(성인 기준)
1번	카이스 두 소드레역 Cais do Sodré 호시우역(시내 중심) Rossio 엔트레캄푸스역 Estação Entrecampos	07:30~19:00(20분 간격) 07:00~23:00(25분 간격)	편도 €4.00 (온라인 €3.60) 왕복 €6.00 (온라인 €5.40)
2번	엔트레캄푸스역 Estação Entrecampos 세트 히우스역 Sete Rios	07:40~19:00(20분 간격) 07:00~22:45(25분 간격)	

※아에로부스를 이용하면 같은 회사인 옐로우버스 투어를 10% 할인해 준다.

❷ 메트로 Metro

레드 라인의 공항역 Aeroporto과 연결되어 1번 정도 환승하면 시내 각지로 이동할 수 있다(자세한 이동방법은 시내 교통편 참조).

운행 06:30~01:00 요금 €1.45

홈피 www.metrolisboa.pt

❸ 택시 Taxi

시내까지 거리가 가까워 택시를 이용해도 별로 비싸지 않으니 짐이 많다면 이용해 보는 것도 괜찮다. 간혹 외국인에게 바가지 요금을 씌우는 경우도 있으니 출발 전에 운전수에게 예상 요금을 물어보고 미터기를 확인한다. 보통 €15~25 정도 나온다.

기차

리스본에는 행선지에 따라 다양한 기차역이 있으며, 2개는 주로 국제열차, 3개는 포르투갈 지방이나 리스본 근교를 오가는 열차가 이용한다. 대부분의 여행자들이 이용하는 역은 오리엔테, 산타 아폴로니아, 호시우 역으로, 모두 메트로와 연결되어 있다. 행선지에 따라 발착하는 역이 다르니 반드시 출발 전에 확인해야 한다.

 www.cp.pt

역 이름	행선지	메트로 역
산타 아폴로니아역 Estação de Santa Apolónia	마드리드 코임브라, 포르투	Azul(파랑) 라인 산타 아폴로니아역 Santa Apolónia
호시우역 Estação do Rossio	신트라 방면	Azul(파랑) 라인 레스타우라도레스역 Restauradores (메트로 호시우역 Rossio과는 조금 떨어져 있음)
오리엔테역 Gare do Oriente	라구스 방면과 마드리드 등 국제선 중간역	**Vermelha**(빨강) 라인 오리엔테역 Oriente
카이스 두 소드레역 Estação Cais do Sodré	카스카이스 방면	Verde(초록) 라인 카이스 두 소드레역 Cais do Sodré
세트 히우스역 Estação rodoviária de Sete Rios	신트라, 오비두스, 나자레 방면	Azul(파랑) 라인 자르딩 주로지쿠역 Jardim Zoológico

버스

버스도 기차와 마찬가지로 행선지에 따라 터미널이 다르지만 대부분의 버스는 시내 북쪽의 세트 히우스 터미널 Estação rodoviária de Sete Rios을 이용한다. 메트로 아줄(파랑) 라인 자르딩 주로지쿠역 Jardim Zoológico과 연결된다.

홈피 www.renex.pt

버스 회사 종류	행선지	홈페이지
헤드 에스프레수스 Rede Expressos	포르투, 브라가, 코임브라, 파티마 등 장거리	www.rede-expressos.pt
에바 Eva	라구스, 세비야(스페인)	www.eva-bus.com

리스본 출발 행선지별 소요시간

교통 수단	신트라	코임브라	포르투	마드리드	세비야
기차	40분	2시간	3시간	10시간 40분	–
버스	–	2시간 20분	3시간 30분	10시간	9시간

시내 교통

티켓 종류

리스본은 대중교통이 잘 되어 있어 편리하게 이용할 수 있으며 가격도 저렴한 편이다. 메트로 외에는 대부분 카리스 Carris라는 회사에서 운영하지만, 통합권을 구입하면 모두 이용할 수 있다.

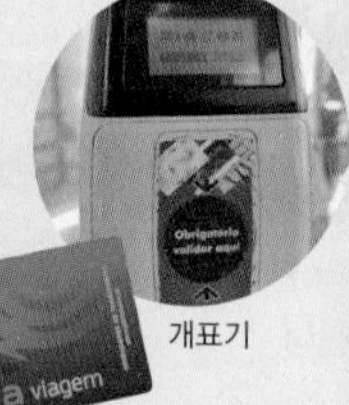
개표기

비바비아젱

발매기

티켓 종류		특징	요금
1회권	전차 Elétricos	주요 관광지를 도는 명물 28번 전차와 벨렝으로 가는 15번 전차를 많이 이용한다.	€3.00
	아센소르 Ascensor	언덕길을 오르내리는 일종의 푸니쿨라다.	€3.80(왕복)
	버스 Autocarros	구석구석 연결하는 노선이 매우 많다.	€2.00
	엘리베이터 Elevadores	언덕길을 오르는 엘리베이터(푸니쿨라)	€3.80(왕복)
	산타후스타 엘리베이터Elevador de Santa Justa	관광 명소로 자리잡은 엘리베이터로, 요금에 벨베데레 볼거리가 포함된다.	€5.30(왕복)
	메트로 Metro	색깔별로 구분되는 4개의 노선이 있으며 파란색 아줄 Azul 라인을 많이 이용한다.	€1.50
24시간 패스		24시간 교통 무제한	€6.40
비바 비아젱 Viva Viagem(7 Colinas)		충전식 교통 카드로, 사용한 만큼 빠져 나가며 환불되지 않는다.	카드 기본료 €1.35

전차, 버스, 엘리베이터 정보 www.carris.pt
메트로 정보 www.metrolisboa.pt

❶ 전차 Elétricos

리스본의 명물이자 재미난 교통수단이다. 인기 있는 노선은 명소를 이어주는 빈티지 느낌의 28번 노선이며, 벨렝 지구를 방문할 때에는 15번도 유용하다. 요금이 조금 비싼 편이니 자주 이용한다면 24시간 패스나 리스본 카드를 활용하면 좋다. 관광객들이 많아 자리를 잡기 어려우며 소매치기도 많은 편이니 주의하자.

전차내발매기

❷ 아센소르(푸니쿨라) Ascensor

언덕길을 오르내리는 푸니쿨라로 19세기에 생겨 지금은 3개 노선이 남아 있다. 관광객들이 주로 이용하는 노선은 알칸타라 전망대 근처의 글로리아 Gloria 노선과 산타 카타리나 전망대 근처의 비카 Bica 노선이다.

❸ 버스 Bus

시내 중심에서는 별로 탈 일이 없지만, 상 조르제 성을 오르거나 아줄레주 박물관 등 도심에서 조금 떨어진 곳을 오갈 때는 다양한 노선의 버스를 이용할 수 있다.

❹ 엘리베이터 Elevador

언덕이 많은 리스본에서는 엘리베이터도 교통 수단이 되곤 한다. 특히 산타후스타 엘리베이터는 유명한 스팟으로 일반 엘리베이터보다 비싸지만 항상 줄을 서야 할 만큼 인기가 많다. 24시간 패스나 리스본 카드를 활용하면 좋다.

❺ 메트로 Metro

색깔별로 4개 노선이 있으며, 노선 이름도 포르투갈어 색깔을 뜻하는 아줄 Azul(파랑), 아마렐라 Amarela(노랑), 베르멜랴 Vermelha(빨강), 베르드 Verde(초록) 라인이다. 요금이 저렴해 공항을 오갈 때도 종종 이용한다.

❻ 툭툭 TukTuk

동남아시아에서 종종 볼 수 있는 툭툭이 리스본에서도 자주 눈에 띈다. 좁은 언덕길을 오르내리며 관광용으로 이용하는 사람들이 점차 늘고 있다. 요금은 약간의 흥정이 가능하지만 꽤 비싸다. €10 정도

리스본 카드 Lisboa Card

전차, 메트로, 산타후스타 엘리베이터 등 리스본 시내의 교통 수단은 물론, 신트라와 카스카이스행 국철도 무료이며, 다양한 관광명소의 입장료가 할인되거나 무료인 카드다. 공항이나 코메르시우 광장의 관광안내소나 온라인 등에서 구입할 수 있다.

※인기 혜택: 제로니무스 수도원, 벨렝탑, 아줄레주 박물관 등 무료

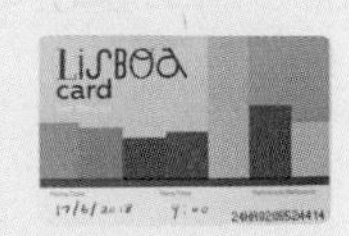

요금 (성인 기준) 24시간 €20.00, 48시간 €34.00, 72시간 €42.00 홈피 www.lisboacard.org

옐로 버스 Yellow Bus

일반 시내버스보다 비싸지만 여행자들을 위한 노선이라 편리하다. 특히 교통이 애매한 벨렝 지구를 돌아보기에 좋다.

홈피 www.yellowbustours.com

ℹ 관광안내소

Turismo de Lisboa Visitors & Convention Bureau

리스본 시내의 코메르시우 광장에 사무실이 두 곳 있으며 공항, 벨렝탑, 카이스 두 소드레역, 호시우역 등에 안내부스가 마련되어 있다. 리스본 카드를 구입하거나 각종 투어를 신청할 수 있다.

주소 Rua do Arsenal 23, 1100-038 Lisboa 전화 +351 21 031 2700 홈피 visitlisboa.com

BEST COURSE

리스본 추천 코스

리스본은 꽤 큰 도시로 관광지가 곳곳에 흩어져 있지만 크게 보면 두 군데로 나뉘어 있다. 볼거리가 많아서 부지런히 다닌다면 2일 일정으로 가능하며 여유 있게 보고 싶다면 4일은 잡아야 한다.

- ☑ 포르타스 두 솔 전망대 앞에서 맥주 마시기
- ☑ 상 조르즈 성벽 걷기
- ☑ 파스테이스 드 벨렝 에그타르트 맛보기
- ☑ 제로니무스 수도원 회랑 거닐기
- ☑ 벨렝 탑에 올라 테주 강 감상하기
- ☑ 타임 아웃 마켓에서 맛집 찾기
- ☑ 피할 수 없는 대구와 문어 즐기기

▶ DAY 1

바이샤 지구 & 알파마 지구

1. 호시우 광장
   ▼ 도보 3분
2. 산타 주스타 엘리베이터
   ▼ 도보 7분
3. 코메르시우 광장
   ▼ 도보 8분
4. 대성당
   ▼ 도보 6분
5. 포르타스 두 솔 전망대
   ▼ 도보 10분
6. 상 조르즈 성
   ▼ 도보 10분
7. 그라사 전망대

▶ DAY 2

벨렝 지구 & 바이후 알투 지구

1. 제로니무스 수도원
   ▼ 도보 2분
2. 파스테이스 드 벨렝 에그타르트
   ▼ 도보 10분
3. 발견 기념비
   ▼ 도보 20분
4. 벨렝 탑
   ▼ 전차 20분
5. 타임 아웃 마켓
   ▼ 도보 10분
6. 산타 카타리나 전망대
   ▼ 도보 12분
7. 카르무 성당

▶ DAY 3 근교 도시

❶ **신트라** – 아름다운 페나 성과 신트라 궁전 ❷ **호카 곶** – 유럽 대륙의 땅끝 마을

※ 두 곳 모두 다녀올 수도 있다.

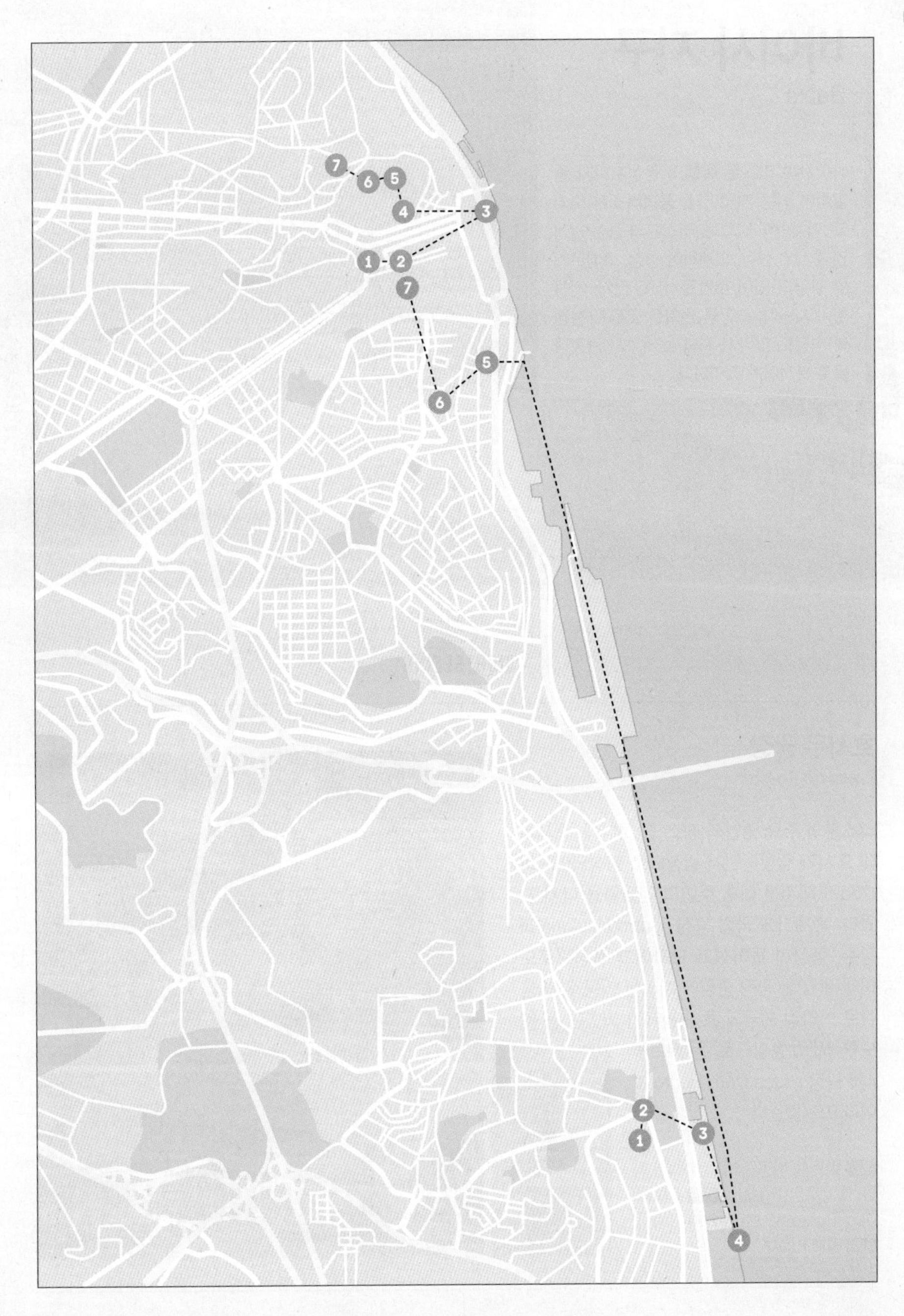
7
6
5
4
3
1
2
7
5
6
2
3
1
4

AREA 1

바이샤 지구
Baixa

바이샤는 리스본 여행의 중심지이자 출발점이 되는 지역이다. 공항버스가 오가고, 기차역이 있으며, 리스본의 중심 광장인 호시우 광장, 피게리아 광장, 코메르시우 광장이 있어 수많은 버스, 전차, 지하철이 지난다. 그만큼 번화한 곳으로 상점과 식당도 많아서 저녁 늦게까지 관광객들로 북적이는 지역이다.

SIGHTSEEING

호시우 광장
Praça do Rossio

리스본의 주요 만남의 장소 중 하나다. 중세시대 도시가 팽창하면서 광장으로 형성되었으며 1755년 대지진 이후 주변의 건물들을 다시 지었다. 19세기에 국립 극장 Teatro Nacional과 분수, 동상이 들어섰고 모자이크 포장도로도 이때 깔았다. 광장 중앙에 자리한 기둥 위의 동상은 브라질 제국의 초대 황제가 되었던 동 페드루 4세의 동상으로, 동 페드루 4세 광장 Praça Dom Pedro IV 이라고도 불린다.

위치 메트로 베르드 Verde(초록) 라인 호시우역 Rossio 주소 Praça Dom Pedro IV, 1100-200 Lisboa 지도 맵북 P.30-F

SIGHTSEEING

피게이라 광장

Praça da Figueira

멀리 언덕 위로 상 조르즈 성벽이 보이는 번화한 광장으로 리스본 교통의 중심이기도 하다. 대지진으로 인해 원래 있던 병원이 파괴되고 폼발 시대에는 시장이 들어섰는데, 광장 주변으로 아직도 폼발 시대의 주택들이 남아 있다. 중앙에는 주앙 1세의 청동 기마상이 있다. 봄, 여름, 크리스마스 시즌 등에는 종종 바이샤 시장 Mercado da Baixa이 열려 큰 천막이 들어서는데, 계절에 따라 직접 만든 치즈, 와인, 소시지나 공예품 등을 판매하며 푸드코트도 열려 간단한 음식을 즐길 수 있다.

위치 메트로 베르드 Verde(초록) 라인 호시우역 Rossio에서 도보 1분 주소 Praça da Figueira 5C, 1100-197 Lisboa 지도 맵북 P.30-F

산타 주스타 엘리베이터와 전망대
Elevador de Santa Justa/Miradouro

1927년에 건설한 리스본의 명물 엘리베이터다. 에펠탑으로 유명한 귀스타브 에펠의 제자 퐁사르의 작품으로 철근을 이용한 화려한 모습이 눈길을 끈다. 독특하고 아름다운 외관뿐만 아니라 꼭대기에 전망대가 있어서 리스본의 전경을 볼 수 있다. 특히 해가 질 무렵의 상 조르즈 성과 대성당, 태주강을 보기 위해 많은 사람들로 붐빈다. 산타 주스타 거리 쪽에서 타는 엘리베이터 상행선은 항상 대기 줄이 길기 때문에 언덕 위(카르무 수도원 쪽) 캄포 거리 Rua do Campo에서 타는 하행선을 이용하는 것이 좋다.

위치 메트로 베르드 Verde(초록) 라인 호시우역 Rossio에서 도보 3분 주소 R. do Ouro, 1150-060 Lisboa 오픈 07:00~22:45 요금 왕복 €5.30, 전망대 €1.50 홈피 carris.pt 지도 맵북 P.30-F

아우구스타 거리
Rua Augusta

호시우 광장과 피게이라 광장 사이에서 남쪽으로 내려가는 보행자 전용 도로다. 화려한 거리는 아니지만 차들이 다니지 않아 노천 카페에 앉아서 사람 구경을 하기 좋은 곳이다. 길 양쪽으로 다양한 상점과 식당이 있으며 버스킹이나 퍼포먼스를 하는 사람들도 볼 수 있다. 이 길과 평행선으로 내려가는 주변 거리도 대부분 쇼핑가다. 남쪽으로 계속 내려가면 코메르시우 광장이 나온다.

위치 메트로 베르드 Verde(초록) 라인 호시우역 Rossio에서 도보 1분 주소 R. Augusta 1100-170 Lisboa 지도 맵북 P.30-F

코메르시우 광장
Praça do Comércio

테주 Tejo 강과 면해 있는 리스본의 중심 광장이다. 코메르시우 Comércio란 '무역'을 뜻하는 말로, 대항해 시대 활발하게 무역이 이루어진 곳이라는 것을 알 수 있다. 과거에 히베이라 궁전이 있었으나 대지진 때 파괴되어 당시 왕이었던 주제 1세는 아주다 언덕으로 피신을 했다. 광장의 중앙에는 주제 1세의 동상 Estátua de Dom José I이 바다 쪽을 바라보며 서 있고 뒤편으로 '승리의 아치 Arco da Vitoria'라 불리는 하얀 색의 '아우구스타 거리 아치 Arco da Rua Augusta'가 있다. 아치 위로 오르면 높지는 않지만, 전망대가 있어 광장을 내려다볼 수 있다. 아치를 중심으로 광장을 감싸고 있는 노란 건물에는 법원, 시청 등의 관공서들과 관광 안내소가 자리하고 있다.

위치 아우구스타 거리 끝
주소 Praça do Comércio, 1100-148 Lisboa
지도 맵북 P.30-J

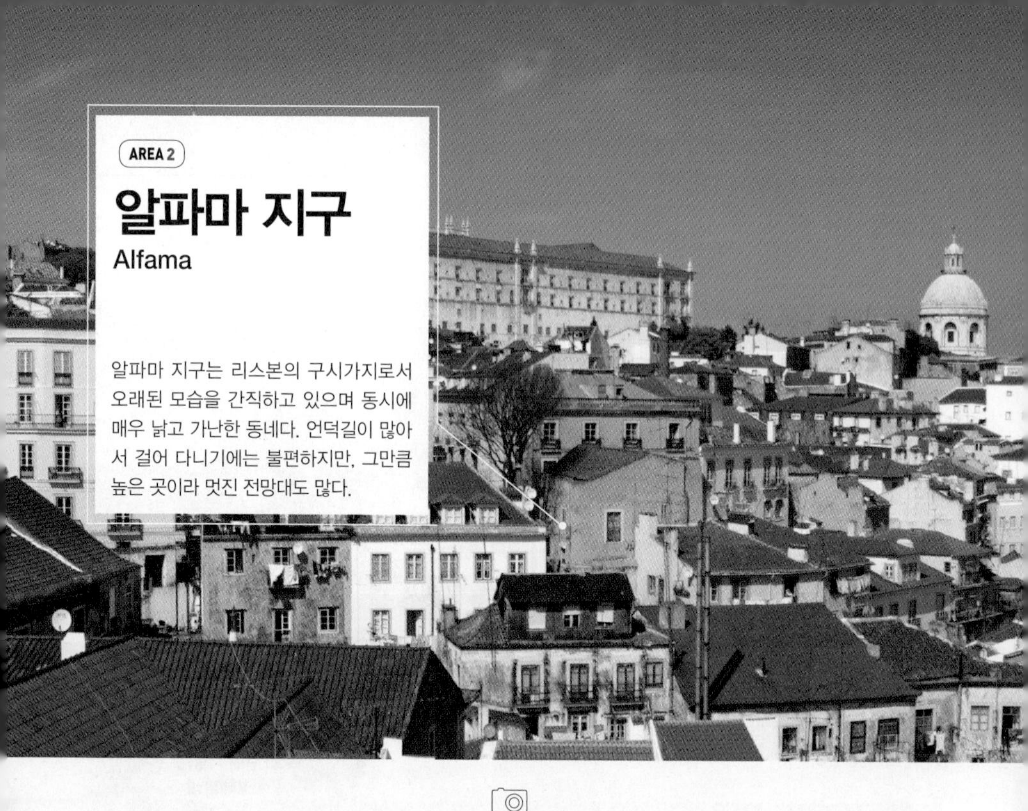

AREA 2

알파마 지구

Alfama

알파마 지구는 리스본의 구시가지로서 오래된 모습을 간직하고 있으며 동시에 매우 낡고 가난한 동네다. 언덕길이 많아서 걸어 다니기에는 불편하지만, 그만큼 높은 곳이라 멋진 전망대도 많다.

SIGHTSEEING

대성당

Sé de Lisboa

과거 무어인들의 모스크가 있던 자리에 포르투갈 왕국을 건립한 아폰수 1세가 1147년 로마네스크 양식의 가톨릭 성당을 지었다. 이후 여러 차례 변형되어 고딕, 바로크 양식 등 다양한 건축양식을 보인다. 대지진에도 무너지지 않을 정도로 튼튼하게 지어졌으며 1910년에는 포르투갈 국립기념물로 지정되었다. 성당 내부는 상당히 소박한 편이다.

위치 28번 전차로 대성당 바로 앞 하차 주소 Largo da Sé, 1100-585 Lisboa 오픈 09:00~19:00 요금 성당 무료, 회랑과 보물실은 각각 €2.50, 학생 €1.25 홈피 www.patriarcado-lisboa.pt 지도 맵북 P.31-K

산타 루치아 전망대
Miradouro de Santa Luzia

대성당에서 조금 올라간 곳에 자리한 전망대다. 바로 위에 있는 포르타스 두 솔 전망대보다 낮은 곳에 위치해 전망은 조금 떨어지지만, 분위기가 아담하다. 산타 루치아 성당 앞에 작은 정원인 Jardim Júlio de Castilho이 있으며 성당 벽면에는 1147년 무어인을 물리친 것을 묘사한 대형 아줄레주(포르투갈의 독특한 타일 장식)가 있다. 아줄레주에서는 대지진 이전의 코메르시우 광장의 모습도 볼 수 있다.

위치 대성당에서 도보 6분 **주소** Largo de santa Luzia, 1100-487 Lisboa **지도** 맵북 P.31-L

포르타스 두 솔 전망대
Miradouro Portas do Sol

리스본의 대표 사진에 자주 등장하는 풍경을 볼 수 있는 전망대다. 산타 루치아 전망대보다 좀 더 위에 있어서 더욱 시원한 전망을 선사한다. 하얀색 상 비센트 성당과 판테온 돔 아래 붉은색 지붕들과 색색의 건물들이 리스본의 푸른 하늘 아래 빛나는 모습이 매우 인상적이다. 바로 옆에는 상 비센트의 동상이 있다.

위치 산타 루치아 전망대에서 도보 1분 **주소** Largo Portas do Sol, 1100-411 Lisboa **지도** 맵북 P.31-H

SIGHTSEEING

상 조르즈 성
Castelo de São Jorge

로마 시대였던 기원전 48년에 처음 지어졌으며 10세기에 무어인들이 재건했다. 12세기 포르투갈 왕국이 점령한 뒤 1255년에 리스본이 포르투갈의 수도가 되면서 아폰수 3세의 성으로 개축했다. 1300년에도 왕궁으로서 대대적인 개축이 있었고 14세기 말에는 주앙 1세가 상 조르즈(성 조지)에게 봉헌하면서 현재의 이름을 갖게 되었다. 그러나 16세기 테주 강변에 히베이라 왕궁을 지으면서부터는 궁으로서의 역할이 점차 약해지고 지진 등을 겪으며 파손되었다. 그 후 오랫동안 방치되었다가 20세기 살라자르 정권 때 재정비되어 현재의 모습을 갖추었다.

위치 포르타스 두 솔 전망대에서 도보 9분 주소 R. de Santa Cruz do Castelo, 1100-129 Lisboa 오픈 3~10월 09:00~21:00 / 11~2월 09:00~18:00 휴무 1.1, 5.1, 12.24, 25, 31 요금 일반 €10.00, 13~25세 €5.00, 12세 이하 무료 홈피 castelodesaojorge.pt 지도 맵북 P.31-G

Zoom in

성벽 걷기

성으로 들어서면 '충성의 탑 Torre de Menagem', '궁전의 탑 Torre do Paço', '상 로렌소의 탑 Torre de São Lourenço' 등 여러 탑들이 있다. 계단을 올라 성벽길을 걸어야 탑을 둘러싼 성벽의 모습을 제대로 볼 수 있다.

옛 왕궁 유적 감상

옛 왕궁의 유적지가 남아 있는 터에는 걷기 좋은 산책로가 마련되어 있고 건물 안에는 상설 전시장을 만들어 유물들을 전시하고 있다.

성에서 전망 즐기기

리스본의 가장 높은 언덕에 있는 성이라 그 풍경도 남다르다. 먼발치에 테주강이 흐르고 그 앞에는 사각형의 코메르시우 광장이 보이고 주변으로 붉은 지붕들이 가득한 리스본의 풍경이 시원하게 펼쳐진다.

카페테리아와 정원

성으로 들어가기 전에 카페테리아가 있어 여유 있게 시간을 보내기에 좋다. 특히 야외 테라스에서는 나무들 사이로 꿩이나 공작들이 돌아다니는 모습을 볼 수 있다. 카페 안쪽으로 기념품점도 있다.

그라사 전망대
Miradouro da Graça

조금 멀기는 하지만 상 조르즈 성과 테주강이 보이는 멋진 전망대다. 전망대 자리에 포르투갈의 작가이자 시인 소피아 Sophia de Mello Breyner Andresen의 동상이 있어 소피아 전망대라고도 하며, 바로 앞에 그라사 성당 Igreja e Convento da Graça이 있어 그라사 전망대라고도 부른다. 성당 바로 앞에는 분수가 있는 작은 공원인 그라사 정원 Jardim da Graça이 있다. 해질녘 전망대에 서면 멀리 상 조르즈 성 너머로 노을이 지는 풍경이 아름답다.

위치 상 조르즈 성에서 도보 9분 주소 Calçada da Graça, 1100-265 Lisboa 지도 맵북 P.31-H

상 비센트 드 포라 수도원
Igreja de São Vicente de Fora

위치 ① 28번 전차로 수도원 앞(Voz do Operário) 하차 ② 포르타스 두 솔 전망대에서 도보 7분 주소 Largo de São Vicente, 1100-572 Lisboa 오픈 화~일 10:00~18:00 휴무 월요일, 1.1, 부활절, 12.25 요금 일반 €5, 학생 €2.50 홈피 www.patriarcado-lisboa.pt 지도 맵북 P.31-H

알파마 지구의 언덕 위에 있어 리스본의 고풍스러운 스카이라인을 만들어 주는 아름다운 수도원이다. 입구 쪽에서 보이는 것과 달리 뒤쪽으로도 거대한 규모의 건물이 이어진다. 최초의 건물은 12세기에 지어졌으나 16세기에 재건축하면서 현재의 모습을 갖추었고 이후로도 계속 추가되었다. 수도원 앞 작은 광장에서는 음악회 등 다양한 행사가 열린다.

산타 클라라 벼룩시장
Mercado de Santa Clara - Feira da Ladra

판테온 뒤쪽의 산타 클라라 공터 Campo de Santa Clara에서 열리는 벼룩시장이다. 장소 이름을 따서 '산타 클라라 시장 Mercado de Santa Clara'이라고도 하고, 그냥 간단히 줄여서 '벼룩시장 Feira da Ladra'이라고도 한다. 매주 화요일과 토요일에만 열리는 시장인데, 길거리에서 펼쳐놓고 파는 시장이다 보니 날씨의 영향을 많이 받아서 맑은 날에는 아침 일찍 열고 오후 5~6시까지도 장이 선다. 하지만, 비가 오거나 추울 때는 규모도 작고 일찍 닫는다. 사람이 많을 때는 소매치기를 주의하자.

위치 상 비센트 수도원에서 도보 4분 주소 Campo de Santa Clara, 1100-472 Lisboa 오픈 화, 토 09:00~18:00 홈피 https://lisboando.pt/util/feira-da-ladra/#horario 지도 맵북 P.31-H

산타 앵그라시아 성당(국립 판테온)
Igreja de Santa Engrácia(Panteão Nacional)

컬러풀한 도시 리스본에서 언덕 위에 하얀 돔으로 위용을 뽐내는 건물이다. 17세기 말에 성당으로 짓기 시작했으나 100년이 넘도록 완공이 늦어지면서 1916년 포르투갈 제1공화정 시기에 국가 유명인사들의 유해를 안치하는 국립 판테온으로 바뀌었다. 바로크 양식의 하얀 대리석 건물이 웅장하면서도 아름답다. 4층에 알파마의 전망을 볼 수 있는 테라스가 있다.

위치 상 비센트 수도원에서 도보 4분 주소 Campo de Santa Clara, 1100-471 Lisboa 오픈 화~일 10:00~17:00 휴무 월요일, 1.1, 부활절, 5.1, 12.25 요금 일반 €4, 청소년 €2 홈피 patrimoniocultural.pt 지도 맵북 P.31-H

아줄레주 국립 박물관
Museu Nacional do Azulejo

16세기 수도원이었던 건물을 개조해 아줄레주 박물관으로 새롭게 만들었다. 입구는 일반 저택처럼 소박하지만 내부에는 매우 화려한 예배당이 있으며, 회랑과 아랍 스타일의 방도 있다. 시대에 따라 다른 여러 양식의 아줄레주가 전시되어 있는데, 특히 맨 위층에 있는 전시실 벽면을 따라 가로로 23m에 이르는 기다란 아줄레주 벽화가 볼만하다. 이 벽화는 단순한 장식이 아니라 과거 리스본의 모습과 역사를 알 수 있는 중요한 자료다. 방문객이 이용하는 카페테리아와 화장실에도 아줄레주가 있어 소소한 재미를 느낄 수 있다.

위치 버스 718, 742, 794, 759번을 타고 박물관 앞 하차 주소 R. Me. Deus 4, 1900-312 Lisboa 오픈 화~일 10:00~18:00 휴무 월요일, 1.1, 부활절, 5.1, 12.25 요금 일반 €5, 학생 €2.50 홈피 museudoazulejo.gov.pt 지도 맵북 P.31-L

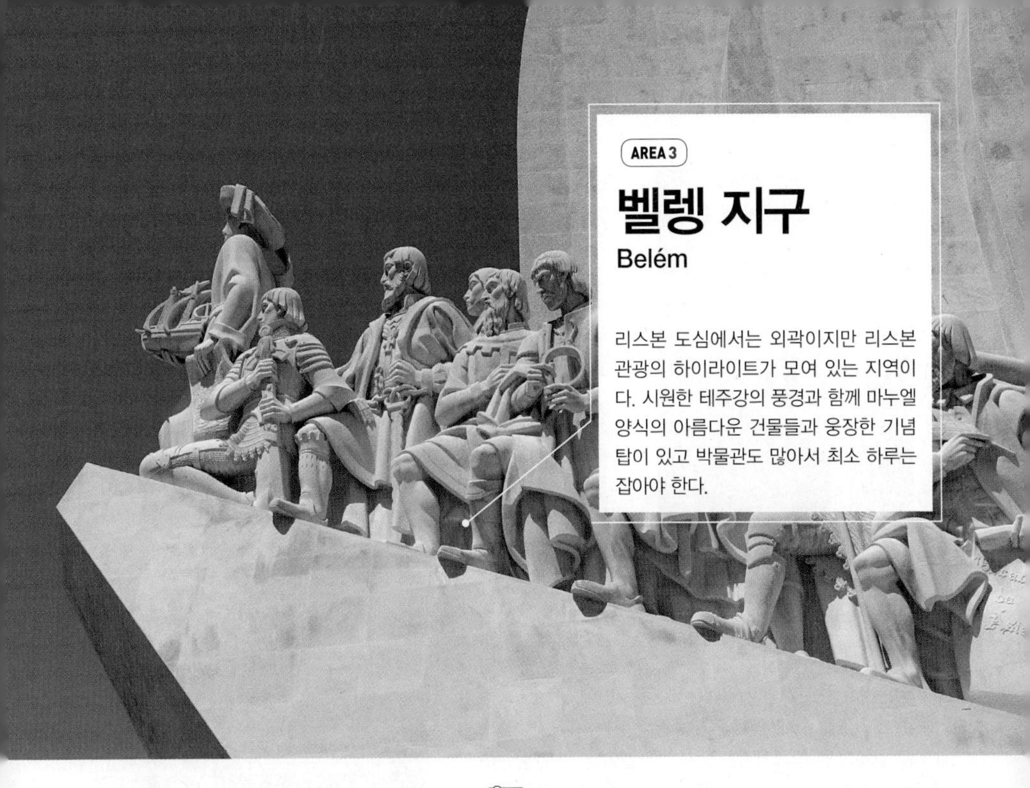

AREA 3

벨렘 지구
Belém

리스본 도심에서는 외곽이지만 리스본 관광의 하이라이트가 모여 있는 지역이다. 시원한 테주강의 풍경과 함께 마누엘 양식의 아름다운 건물들과 웅장한 기념탑이 있고 박물관도 많아서 최소 하루는 잡아야 한다.

SIGHTSEEING

제로니무스 수도원
Mosteiro dos Jerónimos

유네스코 문화유산에 빛나는 제로니무스 수도원은 포르투갈의 자랑스러운 기념물이다. 포르투갈 최고의 전성기였던 발견의 시대의 영광을 그대로 보여주는 건물이면서 동시에 마누엘 양식의 걸작으로 꼽히는 아름다운 수도원이다. 바스쿠 다 가마가 인도항로를 발견하고 무사히 돌아온 것을 기념하기 위해 마누엘 1세의 명으로 짓기 시작했으며 1502~1672년에 걸쳐 건설했다. 초기에는 디오구 보이탁을 비롯한 여러 건축가가 참여했지만, 1517년부터 주앙 드 카스티요 João de Castilho가 맡았다. 주앙은 제로니무스 수도원의 남문을 비롯해, 투마르 수도원, 바탈랴 수도원, 알쿠바사 수도원 등 유네스코 문화유산으로 꼽히는 훌륭한 건물들의 건축에 참여했다.

위치 전차 15번으로 수도원 앞 하차 주소 Praça do Império 1400-206 Lisboa 오픈 6~9월 10:00~18:30 / 10~5월 10:00~17:30 휴무 월요일 요금 일반 €10, 학생 €5(벨렘 탑과 통합권 €12) 홈피 www.mosteirojeronimos.gov.pt 지도 맵북 P.32-A

Zoom in

산타마리아 성당 Igreja Sta. Maria Belém

수도원 입구(서문)의 바로 오른쪽에 있는 산타 마리아 성당으로 들어서면 양쪽에 석관이 보인다. 왼쪽의 바스쿠 다 가마 석관에는 배와 지구본이, 오른쪽의 카몽이스 석관에는 악기와 펜이 새겨져 있다. 안쪽 제단으로 가면 수도원을 짓게 한 마누엘 1세의 석관이 있다.

남문 Portal Sul

수도원의 입구인 서문 오른쪽에 있는 문이 남문이다. 남문은 보통 출구로만 사용하는데, 문 주변에 새겨진 화려한 조각들을 보기 위해 언제나 많은 사람이 모여 있다. 문 위쪽의 맨 꼭대기에는 천사 미카엘이 있으며, 중간에 성모 마리아의 조각이 보인다. 그리고 아치 아래 양쪽에는 수도원의 이름이기도 한 제로니무스의 이야기가 묘사되어 있다. 문 바로 위 중앙에 칼을 든 사람은 엔리크다. 매우 화려한 조각들로 이루어진 이 문에는 성경뿐 아니라 포르투갈 왕들에 관한 내용도 있어 흥미롭다.

회랑 Claustro

제로니무스 수도원의 하이라이트다. 넓은 회랑에 마누엘 양식의 특징을 그대로 드러낸 기둥이나 아치, 창틀, 벽장식 등이 매우 화려하고 정교하다. 해양시대를 소재로 한 마누엘 양식에서는 밧줄 무늬와 지구본 등을 쉽게 찾아볼 수 있다. 회랑 한쪽에는 제로니무스의 문장을 상징하는 사자상이 있다.

식당 Refeitório

수도원의 식당으로 사용되던 홀이다. 아래쪽 벽면에 18세기 아줄레주 타일이 장식되어 있는데, 성경에 나오는 예수의 '빵과 물고기 기적'을 묘사한 그림이 있다. 빵 5개와 물고기 2마리로 5천 명을 먹인 내용이다.

발견 기념비

Padrão dos Descobrimentos

제로니무스 수도원에서 태주강 쪽으로 나가면 강을 향해 우뚝 서 있는 건물이 있다. 뒤에서 보면 거대한 십자가가 있어 교회당을 연상시키지만, 옆면으로 다가가서 보면 뱃머리를 세우고 있는 거대한 범선 모양에 수많은 사람이 새겨진 조각물이다. 맨 앞에 배를 들고 서 있는 사람은 해양왕으로 불리는 엔리크다. 이 기념물은 엔리크 사후 500주년을 기념하기 위해 지은 것으로 포르투갈의 대항해 시대를 이끌었던 그의 업적을 기리고 있다. 나머지 인물들은 양쪽이 다른데, 동쪽(강을 바라볼 때 왼쪽) 조각에서 엔리크 바로 뒤에 무릎을 꿇고 칼을 쥐고 있는 사람이 아폰수 5세, 그 뒤에 서 있는 사람이 바스쿠 다 가마다. 서쪽 조각에서는 엔리크 뒤에 무릎을 꿇고 고개를 숙인 사람이 인판테 동 페르난두인데, 주앙 1세의 막내아들이자 엔리크의 동생으로 엔리크와 함께 탕헤르를 공격했다 실패해 무어인들에게 죽임을 당했다. 기념비 중간에는 우리에게 익숙한 탐험가 마젤란과 바르톨로뮤 디아스의 모습을 역동적으로 표현한 조각도 있다. 건물 안에는 전시실과 전망대가 있다.

위치 제로니무스 수도원에서 도보 6분 주소 Av. Brasília, 1400-038 Lisboa 오픈 3~9월 10:00~19:00 / 10~2월 10:00~18:00 휴무 월요일(4~9월에는 오픈), 1.1, 5.1, 12.25 요금 내부 전시와 전망대 일반 €6.00, 학생 €3.00 홈피 padraodosdescobrimentos.pt 지도 맵북 P.32-A

해양 박물관
Museu de Marinha

제로니무스 수도원과 이어진 옆 건물에 자리한 박물관이다. 마누엘 양식으로 지은 화려한 건물 입구로 들어가면 바로 해양왕 엔리크의 동상이 보인다. 전시실 안으로 들어가면 바스쿠 다 가마 동상을 비롯해 중요한 탐험가들에 대한 전시와 해양학, 배의 구조 등에 대한 내용과 선실 모습을 재현해 놓은 방이 있어 재미있게 둘러볼 수 있다. 바깥쪽으로 나가면 대형 갤러리에 전시해둔 화려한 배들도 볼 수 있다. 전시실 끝에는 카페테리아와 기념품점이 있다.

위치 제로니무스 수도원에서 도보 2분 **주소** Praça do Império, 1400-206 Lisboa **오픈** 3~9월 10:00~18:00 / 10~4월 10:00~17:00 **휴무** 1.1, 부활절, 5.1, 12.25 **요금** 일반 €6.50, 12세 이하 €3.25, 3세 이하 무료, 매월 첫째 일요일 무료 **홈피** http://museu.marinha.pt **지도** 맵북 P.32-A

TALK

엔리크 ★ Infante Dom Henrique
(1394~1460)

해양왕 O Navegador으로 불리는 엔리크는 왕이 된 적이 없으니 엄밀히 말하면 해양왕자다(영어로 Prince Henry the Navigator). 주앙 1세의 셋째 아들로 북아프리카의 세우타와 포르투갈 남단 알가르베의 총독이었으며 아프리카와 아시아 항로 개척과 교역에 관심을 갖고 후원해 포르투갈의 대항해 시대를 이끄는 데 큰 역할을 했다. 에스파냐에 같은 이름의 왕들이 많아서 보통 해양왕이란 별명과 함께 부른다.

베라두 컬렉션 미술관

Museu Colecção Berardo

해양 박물관 바로 건너편의 벨렝 문화센터 Centro Cultural de Belém 건물 안에 자리한 현대 미술관이다. 벨렝 문화센터는 하얀 석회암으로 지어진 현대적인 건물로 공연장, 갤러리 등을 갖춘 문화 공간으로 다양한 프로그램을 진행하는데 이 건물에 2007년 베라두 미술관이 들어서면서 더욱 활기를 띠게 되었다. 주식으로 부호가 된 포르투갈의 억만장자 주세 베라두 José Berardo가 수백 점에 이르는 자신의 소장품을 대여하며 오픈한 미술관으로 20세기 현대미술과 동시대미술을 상설전과 특별전으로 나누어 알차게 다루고 있다. 파블로 피카소, 마르셀 뒤샹, 살바도르 달리, 앤디 워홀, 프랜시스 베이컨 같은 유명한 예술가들의 작품과 신진 작가들의 작품을 볼 수 있다.

위치 제로니무스 수도원에서 도보 5분 주소 Praça do Império 1449-003 Lisboa 오픈 10:00~19:00 요금 일반 €5, 토요일 무료 홈피 www.museuberardo.pt 지도 맵북 P.32-A

마차 박물관

Museu Nacional dos Coches

1905년에 개관한 국립 마차 박물관은 세계적인 마차 컬렉션으로 알려져 있다. 원래는 벨렝 궁전에 자리한 화려한 18세기 승마학교 건물 안에 전시해 왔는데, 2015년에 개관 110주년을 기념해 바로 길 건너편 현대적인 건물로 옮겼다. 안으로 들어가면 하얀 갤러리 안에서 빛나고 있는 황금빛 마차들의 멋진 모습을 구경할 수 있다. 총 60여 대의 마차가 있는데, 18세기에 교황 클레멘트 11세의 마차와 엘리자베스 2세의 마차가 특히 유명하다.

위치 15번 전차로 벨렝역 하차, 도보 1분 ② 기차로 벨렝역에서 하차, 도보 1분 주소 Av. da Índia 136, 1300-004 Lisboa 오픈 화~일 10:00~18:00 휴무 월요일, 1.1, 부활절, 5.1, 6.13, 12.24, 25 요금 일반 €8, 학생 €4 홈피 museudoscoches.pt 지도 맵북 P.32-B

벨렝 탑
Torre de Belém

태주 강변에 아름다운 자태로 떠 있는 이 탑은 그 우아한 모습과는 달리 잔인한 고문의 현장이기도 했다. 처음 탑이 지어진 것은 15세기 말, 주앙 2세가 도시 방어를 목적으로 요새를 짓게 했다. 원래 강 건너편에 요새가 있었는데, 더욱 완벽한 방어를 위해 강이 좁아지는 곳에 남북으로 양쪽에서 공격할 수 있도록 하기 위함이었다. 그 후 여러 시기를 거쳐 아래층은 감옥, 위층은 세관 등 다양한 용도로 사용되었다. 특히 맨 아래층은 천장이 낮은 반지하 구조로 되어 있는데 만조가 되어 물이 차오르는 것을 이용해 고문실로도 쓰였다. 제로니무스 수도원과 마찬가지로 아름다운 마누엘 양식의 건축물과 역사적인 배경으로 유네스코 문화유산에 등재되었다.

위치 ① 제로니무스 수도원에서 도보 15분 ② 전차 15번으로 Largo da Princesa 하차 후 도보 5분 **주소** Av. Brasília, 1400-038 Lisboa **오픈** 6~9월 10:00~18:30 / 10~5월 10:00~17:30 **휴무** 월요일, 1.1, 부활절, 5.1, 6.13, 12.25 **요금** 일반 €6, 학생 €3, ※제로니무스 수도원 통합표는 €12 **홈피** www.torrebelem.gov.pt **지도** 맵북 P.32-A

입장 인원 제한

벨렝 탑은 규모 자체도 작지만 탑 위로 오르는 계단이 매우 좁고 전망대도 넓지 않아서 입장 인원이 정해져 있다. 따라서 사람이 많아지면 더 이상 들어갈 수 없고, 입장한 사람이 어느 정도 나올 때까지 밖에서 기다려야 한다. 예매를 한 경우라도 마찬가지다(예매 입장 대기 줄이 매표소 줄보다는 빠르다). 줄을 서는 곳은 그늘 하나 없는 땡볕이니 아침 일찍 갈 것을 권한다.

Zoom in

왕의 방
Sala dos Reis

나선형의 좁은 계단을 오르면 2층에 왕의 방이 나온다. 작고 소박한 방이지만 발코니가 있어 태주강을 배경으로 멋진 풍경을 볼 수 있다.

성모 마리아상

벨렝 탑의 테라스는 크지는 않지만 아름다운 벨렝 탑을 바라보기에 좋은 장소다. 왕의 방 발코니가 올려다 보이고 가운데 작은 회랑 앞에는 아기 예수를 안은 성모마리아 조각상이 있다. 긴 항해를 앞둔 선원들이 이 성모상 앞에서 무사 귀환을 기도했다고 한다.

코뿔소 조각

어찌 보면 좀 초라해 보이는 조각이지만, 그 옛날에 코뿔소를 본 적도 없는 사람들이 이야기만 듣고 상상해서 만들었다는데 신기하게도 코뿔소와 닮았다. 총독의 방 쪽에 안내판이 있어 좁은 포대를 통해 볼 수 있다.

전망대

나선형의 좁은 계단이라 신호등을 보고 일방통행으로 올라가야 한다. 아담한 전망대에서 태주강과 함께 벨렝 지구 주변을 내려다볼 수 있다.

아트 건축 기술 박물관
Museu Arte Arquitetura Tecnologia(MAAT)

벨렝 지구의 새로운 아이콘으로 떠오르는 박물관이다. 2016년에 개관한 곳으로, 오래된 화력 발전소를 새롭게 탈바꿈시켜 현대미술관으로 꾸미고 바로 옆에 초현대적인 디자인으로 건축예술과 관련된 특별 전시관을 만들었다. 박물관 내부에서는 실험적이고 창의적인 작품들을 만날 수 있으며, 미술관 지붕은 태주 강변을 걷다가 자연스럽게 정원과 전망대로 이어져 시민들의 좋은 휴식처가 된다.

위치 기차로 벨렝역에서 하차, 도보 8분 주소 Av. Brasília, 1300-598 Lisboa 오픈 11:00~19:00 휴무 화요일, 1.1, 5.1, 12.25 요금 일반 €5, 학생 €2.50, 18세 이하 무료, 매월 첫째 일요일 무료 홈피 maat.pt 지도 맵북 P.32-B

아주다 궁전

Palácio Nacional da Ajuda

포르투갈에서 가장 화려한 궁전으로 알려져 있다. 아주다 언덕 위에 조용히 자리한 이곳은 18세기 주앙 5세가 여름 별궁으로 지은 것이다. 1755년 대지진으로 태주 강가의 코메르시우 광장에 있던 왕궁이 물에 잠기자 주제 1세는 이곳으로 거처를 옮겼다. 그 후 대화재 등을 겪으며 여러 차례 개축해 지금의 모습이 되었다. 평범해 보이는 외관과 달리 방들이 매우 화려하며 현재 포르투갈의 영빈관으로 사용되고 있다.

위치 버스 742, 760번을 타고 아주다 궁전 하차 **주소** Largo Ajuda 1349-021, Lisboa **오픈** 10:00~18:00 **휴무** 수요일 **요금** 일반 €5, 학생 €3 **홈피** palacioajuda.gov.pt **지도** 맵북 P.32-B

바이후 알투 지구
Bairro Alto

리스본 시내 중심의 서쪽에 자리한 동네다. 언덕길이 많아 아센소르와 같은 교통수단을 이용하는 즐거움이 있다. 주택가와 함께 동네 곳곳에는 아기자기한 상점, 식당, 파두 바 등이 있으며 지대가 높아 전망대도 많다.

SIGHTSEEING

산타 카타리나 전망대
Miradouro de Santa Catarina

바이후 지구 서쪽 주택가에 있는 전망대다. 관광객보다는 동네 주민들이 산책 나오는 분위기로, 평일 낮에는 한가하지만 주말 저녁에는 꽤 붐빈다. 우리나라 방송에서도 버스킹 장소로 나오면서 더 유명해졌다. 최근 리스본에 신축 공사가 많아지면서 여기저기 크레인이 보여 방해되기는 하지만, 멀리 붉은 색의 '4월 25일 다리 Ponte 25 de Abril'와 '예수상 Santuário Nacional de Cristo Rei'도 보인다.

위치 상 파울루 거리에서 비카선을 타거나 도보 5분 주소 R. de Santa Catarina S/N, 1200-012 Lisboa 지도 맵북 **P.30-E**

tip

아센소르 다 비카 Ascensor da Bica

산타 카타리나 전망대로 갈 때 이용하면 좋은 아센소르다. 짧은 구간이지만 경사가 심한 언덕길을 오르는 리스본의 명물로 컬러풀한 그라피티가 분위기를 한껏 살려준다. 언덕 위쪽에서 내려올 때는 태주강이 보인다. 출발지는 상 파울루 거리 Rua de S. Paulo의 작은 역이다.

카몽이스 광장
Praça Luís de Camões

바이후 알투 지구의 중심이 되는 광장이다. 중앙에 포르투갈의 국민 시인 루이스 드 카몽이스 Luís Vaz de Camões의 조각상이 서 있다. 주변에 상점, 약국, 식당이 많으며 바로 앞에 두 개의 성당 '로레토 성당 Igreja de Nossa Senhora do Loreto과, '엥카르나상 성당 Igreja de Nossa Senhora da Encarnação'이 있어 광장은 항상 많은 사람으로 북적인다.

위치 전차 28번으로 카몽이스 광장 하차 주소 Praça Dom Pedro IV, 1100-200 Lisboa 지도 맵북 P.30-E

상 호케 성당
Igreja São Roque

포르투갈 최초의 예수회 교회다. 1505년 리스본에 페스트가 창궐했을 때 마누엘 1세가 병든 자들의 수호성인인 상 호케의 성물을 가져와 예배당을 설립한 것이 시초. 그 후 1540년 주앙 3세가 이 자리에 예수회 교회를 크게 지으면서 오늘날의 모습을 갖추게 되었다. 1755년 대지진에도 무너지지 않아 기적의 성당으로 불리기도 했다. 성당 외관은 소박하지만 내부는 매우 화려한데, 특히 금빛으로 가득한 주앙 3세의 성소가 볼만하다.

위치 카몽이스 광장에서 도보 5분 주소 Largo Trindade Coelho, 1200-470 Lisboa 오픈 4~9월 월 14:00~19:00, 화 · 수 09:00~19:00, 목 09:00~20:00, 금~일 09:00~19:00 / 10~3월 월 14:00~18:00, 화~일 09:00~18:00 휴무 1.1, 부활절, 5.1, 12.25 요금 성당 무료, 박물관 €2.50 홈피 www.museu-saoroque.com 지도 맵북 P.30-F

상 페드루 드 알칸타라 전망대
Miradouro de São Pedro de Alcântara

바이후 알투 지구의 대표적인 전망대다. 멀리 상 조르즈 성벽과 리스본 시내가 시원하게 펼쳐지며 전망대 자체도 공원으로 조성되어 있어 산책을 즐기기에도 좋다. 평소에 공원 안에서 크고 작은 이벤트가 종종 열리며, 주말이면 가족 단위로, 해가 질 무렵에는 데이트하는 커플도 많이 찾는다. 주변에 상점과 파두 레스토랑이 많아 저녁 시간에 방문하기 좋다.

아센소르 다 글로리아
Ascensor da Glória

레스타우라도레스 광장 옆에서 출발하는 노란색 아센소르다. 좁은 골목길에 많은 사람들이 줄 서 있는 모습을 쉽게 볼 수 있다. 짧은 구간이라 교통수단이라기보다는 관광용으로 인증샷을 찍는 사람들이 많다.

위치 상 호케 성당에서 도보 3분 **주소** R. de São Pedro de Alcântara, 1200-470 Lisboa **지도** 맵북 P.30-B

카르무 수도원
Convento do Carmo

한때 리스본에서 가장 큰 예배당이었으나 1755년 대지진 때 지붕이 무너져 내렸으며 그 후 나폴레옹 군대 점령 당시에도 파괴되어 현재의 아치 기둥과 벽면만 남아 있는 앙상한 모습이 되었다. 맑은 날이면 파란 하늘에 걸쳐 있는 하얀 아치들이 고색창연한 아름다움을 주지만, 비가 오는 날이면 폐허만 남은 우울한 분위기를 연출하는 독특한 곳이다. 옆 건물에는 박물관을 만들어 다양한 유물을 전시하고 있다.

위치 산타 주스타 엘리베이터 위층 바로 뒤 주소 Largo do Carmo, 1200-092 Lisboa 오픈 6~9월 10:00~19:00 / 10~5월 10:00~18:00 휴무 일요일, 1.1, 5.1, 12.25 요금 일반 €4, 학생 €3, 14세 이하 무료 홈피 www.museuarqueologicodocarmo.pt 지도 맵북 P.30-F

산타 주스타 엘리베이터 Elevador de Santa Justa

리스본의 명물 엘리베이터로 바이샤 지구에서 이미 소개했지만, 카르무 수도원을 갈 때 특히 편리한 교통수단이다. 엘리베이터 위에서 바로 수도원으로 연결되는 다리가 있어 찾아가기도 쉽고, 수도원을 바라보는 장소로도 좋다. 수도원은 정면에서는 건물이 잘 보이지 않는다.

파스테이스 드 벨렘

Pastéis de Belém

포르투갈식 에그 타르트인 '파스테이스 드 나타'의 원조 맛집이다. 5대째 이어져 오는 레시피는 1급 비밀로 바삭하면서도 고소한 맛이 일품이다. 다른 곳에 비해 덜 달아서 우리 입맛에 더 잘 맞는다. 아침 일찍 문을 열지만, 항상 줄을 서서 먹는 곳인 만큼 벨렘 지구에 가면 꼭 들러보자. 제로니무스 수도원과 가까워 함께 가면 좋다. 내부가 엄청 넓고 좌석이 많은데도 빈자리를 찾기가 어렵다. 앉아서 먹으려면 서빙을 기다렸다가 주문해야 하며, 입구에 서서 주문하면 테이크 아웃만 가능하다.

주소 R. de Belém 84-92, 1300-085 Lisboa 오픈 08:00~23:00 가격 나타 1개 €1.10 전화 +351 21 363 7423 홈피 pasteisdebelem.pt 지도 맵북 P.32-B

TALK

파스테이스 드 나타 * Pastéis de Nata

리스본에 왔다면 꼭 한 번 먹어봐야 하는 것이 바로 '파스테이스 드 나타'다. 단어 자체는 '크림 페스트리'란 뜻인데 일종의 포르투갈식 에그 타르트다. 일반 에그 타르트와 달리 바닥이 페스트리에 윗 부분은 불에 살짝 그을렸다. 리스본행 비행기에서 기내 간식으로 주기도 하며 리스본의 스타벅스에는 현지 메뉴로 준비되어 있을 만큼 대표적인 간식이다. 단, 스타벅스의 파스테이스 드 나타는 비추.

파브리카 다 나타
Fábrica da Nata - Rua Augusta

벨렘 지구의 에그 타르트는 이미 정평 나 있는 필수 코스이고, 바이샤 지구에서 에그 타르트를 즐긴다면 가볼 만한 곳이다. 벨렘과 마찬가지로 슈가파우더와 시나몬 가루를 뿌려 먹을 수 있다. 1층은 간단히 서서 먹는 곳이고 2층에는 예쁜 자리가 마련되어 있다.

주소 R. Augusta 275 A, 1100-052 Lisboa 오픈 08:00~23:00 가격 나타 1개 €1, 커피 €0.60~2.00 전화 +351 912 551 171 홈피 www.fabricadanata.com 지도 맵북 P.30-F

콘페이타리아 나시오날
Confeitaria Nacional

입구에서부터 '1829년'이라는 숫자가 여러 번 나온다. 거의 200년이 되어 가는 오랜 전통을 자랑하는 베이커리로 가게 분위기에서 그 역사를 느낄 수 있다. 피게이라 광장 근처이면서 호시우 광장에서도 가까워 항상 많은 사람으로 붐빈다. 여러 종류의 케이크뿐만 아니라 에그 타르트도 있는데, 단맛이 강한 편이다.

주소 Praça da Figueira 18B, 1100-241 Lisboa 오픈 월~목 08:00~20:00, 금~일 09:00~21:00 가격 나타 1개 €1.15 전화 +351 21 342 4470 홈피 confeitarianacional.com 지도 맵북 P.30-F

우마
Marisqueira Uma

한국인들 사이에서 큰 인기를 끌고 있는 해물밥집이다. 우리 입맛에 딱 맞는 매콤한 토마토 베이스에 쌀과 꽃게, 홍합, 새우 등의 해물을 듬뿍 넣어 푹 끓인 것이 일품이다. 동양인도 많지만 현지인 단골들도 꽤 있다. 현금결제만 가능하고, 해물밥 대신 다른 메뉴를 시키면 화를 내기도 한다는 소문이 있다. 저녁에 조금 늦게 가면 재료가 떨어져 손님을 받지 않으니 일찍 가는 것이 좋다.

소금 적게!

포르투갈 음식은 해산물이 많은데 소금에 푹 담근 듯한 짠맛을 내는 경우가 꽤 많다. 모처럼의 푸짐한 해산물 요리가 너무 짜다면 대실망. 주문 시 한 번쯤 외쳐 주자. 소금 적게 해주세요! 포르투갈어로 나웅 무이토 쌀 não muito sal(not much salt) 또는 메누스 쌀 Menos Sal(less salt)이다.

주소 R. dos Sapateiros 177, 04015-070 Lisboa 오픈 12:00~15:00, 19:00~22:15 가격 해물밥 2인분 €25 전화 +351 21 342 7425 지도 맵북 **P.30-F**

피노키오
Pinóquio

우마와 더불어 한국인들의 사랑을 듬뿍 받는 식당. 〈꽃보다 할배〉 프로그램에 등장해 더욱 유명해진 곳으로 푸짐한 해물밥이 주력 메뉴다. 우마의 해물밥이 얼큰한데 비해 피노키오는 구수한 맛이 강한 편이고, 메뉴가 더 다양해서 각종 해물 스테이크나 대구 등 생선요리를 먹는 사람도 많다. 해물밥은 랍스터까지 들어가서 그런지 가격대가 좀 나가는 편이다. 짠맛이 강하므로 주문 시 소금을 적게 넣어달라고 말해두는 것이 좋다.

주소 R. de Santa Justa 54, 1100-422 Lisboa 오픈 12:00~23:00(겨울 비수기에 휴무인 경우도 있음) 가격 해물밥 1인분 €23 전화 +351 21 346 5106 홈피 www.restaurantepinoquio.pt 지도 맵북 **P.30-F**

오 시아두
O Chiado

메트로 바이샤-시아두역 근처에 자리한 포르투갈 음식 전문점으로 생선과 고리요리 모두 인기다. 숯불구이처럼 나오는 대구구이와 돌판에 익혀 먹는 스테이크가 유명하며 와인 셀렉션도 좋은 편이다. 입구가 썰렁하고 초라해서 지나치기 쉬우므로 잘 찾아야 한다. 메트로 역에서 아주 가까워 접근성은 좋다.

주소 R. do Crucifixo 104, 04015-070 Lisboa **오픈** 12:30~15:00, 18:30~22:00 **휴무** 일요일 **가격** 돌판 스테이크(Naco na Pedra) €18 **전화** +351 21 342 2086 **지도** 맵북 P.30-F

리코리스타 바칼료에이루
A Licorista O Bacalhoeiro

호시우 광장 근처, 아우구스타 거리에서도 가까운 생선요리 전문점이다. 관광객과 현지인 모두 많이 찾는 식당인데, 보통 현지인은 오른쪽의 바칼료에이루 Bacalhoeiro 식당에 앉는다. 쪽문으로 연결된 같은 식당인데 관광객을 앉히는 자리에는 다국어 메뉴판과 함께 올리브, 빵 등 쿠베 Couvert가 올려져 있다. 대구와 정어리구이를 비롯해 생선을 이용한 포르투갈 음식들이 주력 메뉴다.

주소 R. dos Sapateiros 218, 1100-062 Lisboa **오픈** 12:00~15:00, 19:00~22:15 **휴무** 일요일 **전화** +351 21 343 1415 **가격** 대구요리 €11 **지도** 맵북 P.30-F

쿠베 Couvert

쿠베란 원래 프랑스어로 커버 차지나 접시를 뜻하는데, 주문하지 않았지만 테이블에 있는 음식을 먹으면 계산서에 추가되는 것이다. 유럽의 일부 식당에 이런 문화가 있는데, 특히 포르투갈에 많다. 보통은 €2~3 정도지만, 관광객을 주로 상대하는 곳 중에는 접시가 많거나 계속 리필을 해주거나 가격이 비싼 경우도 있으니 주의해야 한다.

바스타르두
Bastardo

호시우 광장 근처에 자리한 인터나시오날 호텔에서 운영하는 레스토랑이다. 2층 창문에서는 야트막하게 호시우 광장과 동 페드루 4세의 동상이 보인다. 포르투갈의 전통 요리들을 현대식으로 재해석해 퓨전 스타일로 나온다. 호텔 수준의 친절한 서비스가 있지만, 가격이 저렴하지는 않다.

주소 Rua da Betesga 3, 1100-052 Lisboa 오픈 12:00~23:00 가격 생선요리 €16~18 전화 +351 21 324 0993 홈피 www.restaurantebastardo.com 지도 맵북 P.30-F

타임 아웃 마켓
Time Out Market

영국의 유명 잡지 〈타임 아웃〉에서 하는 대형 푸드코트다. 카이스 두 소드레역 바로 건너편의 히베이라 시장 Mercado da Ribeira에 자리하고 있어 찾아가기 쉽고, 다양한 식당이 입점해 있어 메뉴 선택의 폭도 넓다. 평소에도 항상 붐비는 활기찬 곳이며, 축구 경기 등이 있는 날이면 대형 스크린 앞에 모여든 사람들로 왁자지껄한 분위기를 느낄 수 있다.

주소 Av. 24 de Julho 49, 1200-479 Lisboa 오픈 일~수 10:00~24:00, 목~토 10:00~02:00 가격 +351 21 395 1274 홈피 timeoutmarket.com 지도 맵북 P.30-I

카페 드 상 벤투
Café de sao Bento

리스본 최고의 등심 스테이크로 손꼽는 아주 유명한 스테이크집이다. 원래 본점은 관광객들에게 다소 낯선 동네인 상 벤투 거리에 있는데, 타임 아웃 마켓 안에 분점이 들어왔다. 작은 바 형태로 운영되어 스테이크하우스의 분위기는 아니지만, 본점보다 저렴하게 즐길 수 있다. 시그니처 메뉴인 카페 드 상 벤투 스테이크 Café de São Bento Steak는 특유의 크림소스를 얹은 것으로 맛이 훌륭하다. 고기 부위별로 가격 차이가 있다.

주소 Av. 24 de Julho 49, 1200-479 Lisboa 오픈 10:00~24:00 가격 Café de São Bento Steak €13.50~18.40 전화 +351 91 056 5513 홈피 http://en.cafesaobento.com 지도 맵북 P.30-I

오토
OTTO - Pizza Al Mercato

대구와 문어가 지겹다 싶을 때쯤 가볍게 가볼 만한 피자집이다. 타임 아웃 마켓 바로 뒤에 있으며 노천 테이블도 있고 안에도 좌석이 많다. 깔끔한 인테리어에 가격대와 맛 모두 무난한 편이다. 시원한 맥주와 함께 얇은 화덕피자를 즐기고 싶다면 좋은 선택이 될 수 있다.

주소 Edifício 8 Building, Praça Dom Luís I, nº 34, loja 9, 1200-148 Lisboa 오픈 일~목 12:00~24:00, 금 · 토 · 공휴일 12:00~01:00 가격 피자 €9~15 전화 +351 21 049 9710 홈피 www.grupodocadesanto.com.pt 지도 맵북 P.30-I

아 진지냐
A Ginjinha

포르투갈의 전통술인 체리주를 파는 곳으로, 1840년에 문을 열어 지금까지 대를 이어 오는 집이다. 체리주는 진지냐 Ginjinha 또는 간단히 진자 Ginja라고 부르는데, 체리뿐 아니라 계피 등을 넣고 오래 발효시킨 것이라 옛날에는 약술로도 쓰였다. 맛은 아주 달고 독하다. 호시우 광장의 국립극장 옆 골목에 있는 이 가게는 카운터만 있고 의자 하나 없는 곳이지만, 식사 후에 들러 한 잔씩 서서 마시는 사람들이 많다.

주소 Largo São Domingos 8, 1100-201 Lisboa 오픈 09:00~22:00 가격 한 잔(소주잔) €1.20 전화 +351 21 814 5374 지도 맵북 P.30-F

파스텔 드 바칼라우
Pastel de Bacalhau

대구살로 만든 크로켓을 파는 체인점이다. 1층에는 세트같이 작고 예쁜 부엌에서 크로켓을 만드는 모습을 볼 수 있으며 테이블이 있는 2층도 작지만 예쁘게 꾸며 놓았다. 크로켓은 맛보다는 예쁘게 상품화한 느낌이지만, 아기자기한 재미가 있다. 크로켓을 체리주와 함께 주문하면 손에 끼우는 예쁜 트레이에 담아 준다. 포르투에도 분점이 있다.

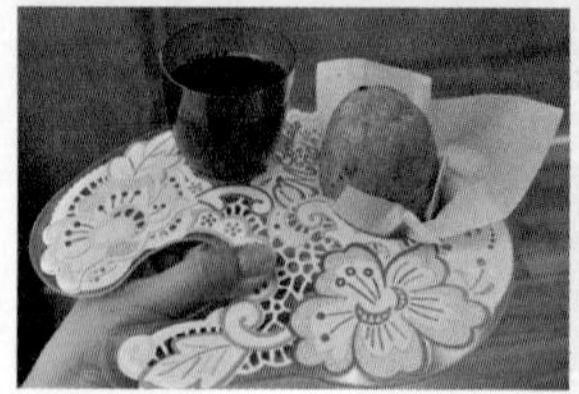

주소 R. Augusta 106, 1100-053 Lisboa 오픈 10:00~22:00 가격 크로켓 1개 €4 전화 +351 916 486 888 홈피 pasteisdebacalhau.com 지도 맵북 P.30-J

크루제스 크레두

Cruzes Credo

대성당 바로 옆 골목에 있어 찾아가기 좋은 식당이다. 노란 벽면의 입구가 작은 식당이지만, 옆 공터에 노천 테이블이 있고 안에도 자리가 꽤 많다. 각종 해산물과 고기로 만든 다양한 메뉴가 있으며 대부분 맛있다. 낮에는 커피를 마시기에도 좋고 밤늦게까지 운영해 시원하게 맥주 한잔하기에도 좋다.

주소 R, Cruzes da Sé 29, 1100-192 Lisboa 오픈 12:00~24:00 가격 간단한 요리 €7~12.50 전화 +351 21 882 2296 지도 맵북 **P.31-K**

아 마르젱

À Margem

태주 강변에 하얀색의 컨테이너로 지은 카페 겸 레스토랑이다. 관광지 카페 같지만, 현지인도 꽤 찾는 전망 좋은 곳으로 음식도 맛깔스럽다. 샌드위치, 샐러드, 각종 타파스와 맥주, 와인 등을 즐기기에 좋으며, 태주 강을 따라 흘러가는 요트들을 바라보며 휴식을 취하기에도 좋다. 발견 기념비와 벨렝 탑 사이에 자리하고 있어 두 장소를 이동하다가 들르면 좋다.

주소 Doca do Bom Sucesso, 1400-038 LISBOA, Portugal, 1400-038 Lisboa 오픈 월~토 10:00~01:00, 일요일 10:00~22:00 가격 타파스 €5~15 전화 +351 918 620 032 홈피 amargem.com 지도 맵북 **P.32-A**

아 비다 포르투게사

A Vida Portuguesa

포르투갈의 예쁜 기념품들을 모아 놓은 편집숍이다. 포르투에 대형 매장이 있으며 리스본에도 다수의 매장이 있는데, 접근성이 좋은 곳은 바이샤 지구에 자리한 매장이다. 가격대가 저렴하지는 않지만, 너무나도 예쁜 소품들이 가득해 구경을 하다 보면 시간 가는 줄 모른다. 유명 브랜드 비누에서부터 치약, 손수건, 공책, 부엌 용품과 식재료까지 품목별로 다양한 종류의 기념품이 있어 선물을 고르기에도 좋다.

주소 R. Anchieta 11, 1200-087 Lisboa **오픈** 월~토 10:00~20:00, 일요일 11:00~20:00 **홈피** avidaportuguesa.com **지도** 맵북 P.30-F

세라미카스 나 리냐

Cerâmicas na Linha

도자기 쇼핑의 천국이라 불리는 인기 도자기 전문점이다. 넓은 매장에 그릇 종류도 많고 질 좋은 나무로 만든 도마 등 부엌용품도 있다. 대부분 포르투갈에서 직접 구운 도자기들이며 가격대가 다양하지만 비교적 저렴한 편이다. 재미있는 것은 일부 도자기들은 무게로 가격을 매겨 판매한다는 점이다. 짐이 늘어나서 많이 담을 수는 없겠지만, 예쁜 그릇들을 구경하며 골라내는 재미가 있다.

주소 Portugal, R. Capelo 16, 1200-224 Lisboa **오픈** 10:00~20:00(비수기 일요일은 1시간 늦게 열고 일찍 닫음) **홈피** ceramicasnalinha.pt **지도** 맵북 P.30-J

SPECIAL

리스본 기념품

성 안토니오 기념품

가톨릭의 성인 성 안토니오 상을 기념품점에서 종종 볼 수 있다. 설교와 선행으로 잘 알려진 성 안토니오는 리스본에서 태어나 프란치스코의 수도자로 이탈리아에서 활동했다. 책이나 물고기와도 자주 등장하지만 주로 아기 예수를 안고 있는 모습이 일반적이다.

도자기

아줄레주 타일에서 알 수 있듯이 포르투갈은 화려한 도자기로도 유명하다. 흙으로 빚어 투박한 멋과 함께 은은한 색감으로 한국에서도 인기 있는 코스타노바 등 다양한 브랜드의 도자기 그릇을 저렴하게 구입할 수 있다.

코르크 제품

전 세계 코르크의 50%를 생산한다는 포르투갈에는 기념품도 코르크 제품이 많다. 코르크를 이용해 만든 신발, 가방, 컵받침 등 다양한 물품을 만날 수 있다.

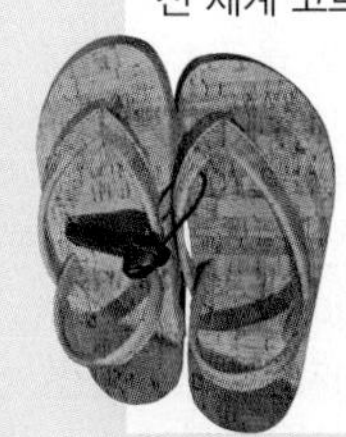

물고기 기념품

포르투갈 식탁에서 빠질 수 없는 대구와 정어리는 리스본에서도 정말 흔한 음식이다. 대구는 모양이 그다지 예쁘다고 할 수 없지만, 날렵한 몸매의 정어리는 기념품으로 사볼 만하다. 열쇠고리, 마그네틱, 조각장식품 등 다양한 종류가 있다.

SCP 기념품

축구팬이라면 리스본을 연고로 하는 축구 클럽 '스포르팅 클루브 드 포르투갈 Sporting Clube de Portugal'의 기념품도 눈여겨보자. 사자 마스코트 인형도 귀여우며 초록 티셔츠를 입고 다니면 '엄지척' 해주는 현지 팬들도 종종 만날 수 있다.

SHOPPING

타이포그라피아
Typographia

포르투갈에서 탄생해 스페인에서 더 큰 인기를 누리고 있는 티셔츠 전문점이다. 옷감 가공과 프린팅은 포르투에서 하지만, 전세계 로컬 디자이너들의 작업으로 만들어져 매우 다양하고 창의적인 아이디어가 많다. 심플한 티셔츠에 여러 가지 재미난 패러디나 예쁜 디자인을 프린팅해서 하나씩 구경하는 재미가 있다. 가격대가 무난하고 옷감도 좋은 편이라 인기가 많다.

주소 R. Augusta 93, 1100-048 Lisboa 오픈 10:00~21:00 홈피 www.typographia.com 지도 맵북 P.30-J

코무르 – 콘세르베이라 드 포르투갈
Comur-Conseveira de Portugal

1942년 포르투갈의 작은 어촌마을 무르토사에서 시작해 거대 기업이 된 통조림 회사가 75주년을 맞아 화려한 포장으로 관광객들 앞에 나타났다. 올리브 오일을 곁들인 정어리, 문어, 대구, 훈제 홍합, 참치, 훈제 연어 등 17가지나 되는 생선을 예쁜 통조림에 담아 선물용으로 만들었다. 가격이 비싼 것이 흠이지만, 대부분 요리하지 않고 먹을 수 있고 시식도 해볼 수 있다. 화려한 매장 자체도 볼거리이며 지하에는 금박을 입힌 통조림도 있다.

주소 Rua da Prata 72, 1100-415 Lisboa 오픈 10:00~20:00 홈피 comur.com 지도 맵북 P.31-K

우 문두 판타스티쿠 다 사르디냐 포르투게사

O Mundo Fantástico da Sardinha Portuguesa

'사르디나'는 스페인어로 '정어리'를 뜻한다. 즉, 가게 이름을 번역하면 '포르투갈 정어리의 환상적인 세계'다. 해마다 정어리를 잡아 통조림을 만드는데, 예쁜 통조림 포장에 정어리가 잡힌 연도를 써놓고 손님들에게 자신이 태어난 해에 잡힌 정어리를 사라고 권하는 재미난 가게다. 화려하고 요란한 장식이 가득하고 가게 벽면에는 연도별로 정리된 통조림이 가득하다. 인증샷 가게로 인기지만, 통조림 가격이 제법 비싸다.

주소 Praça Dom Pedro IV 39, 1100-200 Lisboa 오픈 10:00~20:00 홈피 mundofantasticodasardinha.pt 지도 맵북 P.30-F

파브리카 다스 엥기아스

Fábrica Das Enguias

정어리 통조림과 같은 회사에서 만드는 장어 통조림이다. '장어 공장'이라는 가게 이름처럼 1942년 이래 자신들만의 레시피로 장어를 가공해 통조림으로 판매하는 곳으로 시식도 해볼 수 있다. 화려한 인테리어에 예쁜 디자인의 선물용 통조림으로 관광객들의 시선을 사로잡지만, 가격이 비싼 편이다. 액체가 들어 있기 때문에 기내 반입 시 주의해야 한다.

주소 Rua da Prata 66, 1100-419 Lisboa 오픈 10:00~20:00 홈피 fabricadasenguias.pt 지도 맵북 P.31-K

엠바이샤다
Embaixada

리스본에서 가장 트렌디한 동네로 꼽히는 프린시프 헤알 Príncipe Real에 자리한 작은 쇼핑센터다. 19세기에 지어진 네오 아라비안 양식의 히베이루 다 쿠냐 Ribeiro da Cunha 궁전을 개조한 건물 자체만으로도 볼거리다. 매장이 많지는 않지만, 대부분 우리에게 낯선 포르투갈 브랜드나 로컬 수제품숍들이 들어와 있어 평범한 브랜드에 싫증 난 사람이라면 또 다른 재미가 있다. 주변에 편집숍도 많고 공원도 있어서 여유 있게 쇼핑을 즐기기 좋다.

주소 Praça do Príncipe Real, 26 1250-184 Lisboa **오픈** 12:00~20:00 **홈피** embaixadalx.pt **지도** 맵북 P.30-A

21pr 콘셉트 스토어
21pr concept store

엠바이샤다 옆에 자리한 인기 편집숍이다. 프린시프 헤알 Príncipe Real 지역의 패션피플들이 즐겨 찾는 편집숍이 많은데, 이곳은 특히 찾아가기 편리해서 여행자들에게도 인기다. 의류, 핸드백, 액세서리 등 온갖 브랜드의 멋쟁이 물품들을 모아 놓아 가격대는 좀 나가지만, 구경하는 것만으로도 즐겁다. 시간이 여유롭다면 주변의 다른 편집숍들도 들러보자.

주소 Praça do Príncipe Real 20, 1250-096 Lisboa **오픈** 10:30~20:00 **지도** 맵북 P.30-A

SPECIAL

LX 팩토리 LX Factory

오랫동안 공장 지대였던 곳이 젊은이들이 좋아하는 힙한 공간으로 탈바꿈했다. 근처에 고가 도로가 지나가고 아직도 물탱크가 보이는 창고 같은 곳이지만, 화려한 그라피티와 개성 있는 상점들이 많아 소소한 재미를 준다. 상점뿐 아니라 연기 학원, 요리 학원, 클럽, 문화 공간도 있으며 일요일에는 벼룩시장도 열린다. 곳곳에 카페와 펍, 식당, 아이스크림 가게, 주스 가게가 있어 식사하기에도 괜찮다.

주소 R. Rodrigues de Faria 103, 1300-501 Lisboa 오픈 10:00~22:00(마켓은 일요일 11:00~20:00) 홈피 www.lxfactory.com

레르 드바가르 Ler Devagar

LX 팩토리에서 가장 인기 있는 북카페다. 높은 천장의 1,2층 벽면이 모두 책장으로 이루어져 책들이 빼곡히 꽂혀 있다. 책으로 둘러싸인 공간의 곳곳에 테이블이 있어 커피를 마시거나 간단한 식사를 할 수 있다.

주소 1300, R. Rodrigues de Faria 103, Lisboa 오픈 월 12:00~21:00, 화~목 12:00~24:00, 금 · 토 12:00~02:00, 일요일 11:00~21:00 전화 +351 21 325 9992 홈피 lerdevagar.com

바이루 아르트 Bairro Arte

바이루 알투 지역에 본점이 있는 선물 가게로 포르투갈에 10개가 넘는 체인이 있다. 온갖 잡화용품과 인테리어용품, 아이디어용품, 주방용품, 여행용품, 학용품, 기념품 등으로 가득해 구경하는 재미가 쏠쏠하다.

주소 R. Rodrigues de Faria 103 R/C, 1300, 1300-501 Lisboa 오픈 월~목 09:00~24:00, 금요일 09:00~01:00, 토요일 10:00~01:00, 일요일 10:00~23:00 전화 +351 914 439 543 홈피 bairroarte.com

SINTRA
신트라

리스본의 근교 도시 신트라에는 포르투갈의 독특함을 가장 돋보이게 해주는 페나 성이 자리하고 있다. 테마파크의 성채처럼 화려한 색감의 유니크한 모습에 남녀노소가 좋아하는 곳이다. 이 외에도 신트라 궁전과 무어 성, 헤갈레이라 별장 등 볼거리가 많으며 도시 전체가 유네스코 세계문화유산 Cultural Landscape of Sintra으로 지정되어 있다.

Transportation
교통 정보

가는 방법 · 시내 교통

리스본에서 신트라로

리스본의 호시우역 Rossio에서 기차로 40~45분 소요된다. 아침 일찍부터 운행하지만, 신트라의 시내교통 운행시간을 생각한다면 너무 일찍 가는 것보다 08:00 이후 출발하는 것이 좋다.

홈피 www.cp.pt

버스

신트라의 주요 명소는 모두 버스를 이용해야 갈 수 있다. 버스 노선을 미리 확인해야 헤매지 않고 여행을 즐길 수 있다. 근교 여행지인 호카 곶과 카스카이스를 갈 때도 버스를 이용하면 된다.

홈피 http://scotturb.com

번호	노선
434	신트라역 – 신트라 궁전 – 무어 성 – 페나 성 – 신트라역
435	신트라역 – 신트라 궁전 – 헤갈레이라 별장 – 몬세라트 – 신트라역
403	신트라역 – (호카 곶)* – 카스카이스 터미널
417	신트라역 – 카스카이스 터미널

*403 버스는 호카 곶을 들르는 노선과 지나치는 노선이 있으니 탑승 시 꼭 확인해야 한다(P.530 버스 노선도 참조).

티켓 종류

신트라 버스와 입장권, 리스본행 국철 등이 포함된 다양한 티켓이 있으니 자신의 목적지에 맞게 선택하도록 하자. 구간별로 따로 끊는 것보다 크게 저렴한 것은 아니지만, 시간이 절약되고 편리하다.

티켓 종류	포함 내역 및 조건	요금
Turístico diário(Daily tour)	버스에서 운전기사에게 구입. 대부분 시내교통 포함.	€15.00
Train & Bus	미리 구입해야 하며, Turístico diário 티켓에 리스본 국철 추가	€15.80
Circuito da Pena Hop-on Hop-off(434)	434버스를 타고 내릴 수 있다.	€6.90
Circuito da Pena ida/volta(434)	페나 성을 오가는 티켓(편도)	€3.90
Villa Express 4 Palácios Hop-on Hop-off(435)	435버스를 타고 내릴 수 있다.	€5.00
Sintra Green Card 2 Palácios*	CP매표소에서 판매. 434노선과 신트라 궁전과 페나 성, 1개 박물관 입장료가 포함된다.	€31.00

*신트라 명소를 여러 곳 방문한다면 신트라 공원 공식 홈페이지에서 한번에 사는 것이 좀더 저렴하다. 명소 개수가 많아질수록 할인율이 커지며 기본 온라인 할인은 5%다. www.parquesdesintra.pt

BEST COURSE

신트라 추천 코스

신트라는 리스본에서 당일치기 여행으로 매우 인기 있는 도시다. 볼거리가 많아서 아침에 일찍 출발해도 꽉 찬 하루를 보낼 수 있으며, 조금 더 욕심을 낸다면 호카 곶이나 카스카이스를 추가할 수도 있다.

- ☑ 동화 속 궁전 같은 페나 성 오르기
- ☑ 신트라 궁전의 개성 있는 방들과 부엌 구경하기
- ☑ 무어 성에 올라 신트라 궁전 내려다보기

DAY 1

1. 신트라역
   - 버스 15분
2. 페나 성
   - 버스 5분
3. 무어 성
   - 버스 10분
4. 신트라 궁전
   - 버스 10분
5. 헤갈레이라 별장
   - 버스 10분
6. 신트라역

※ 호카 곶이나 카스카이스까지 간다면 신트라에서는 2~3곳만 선택하는 것이 좋다.

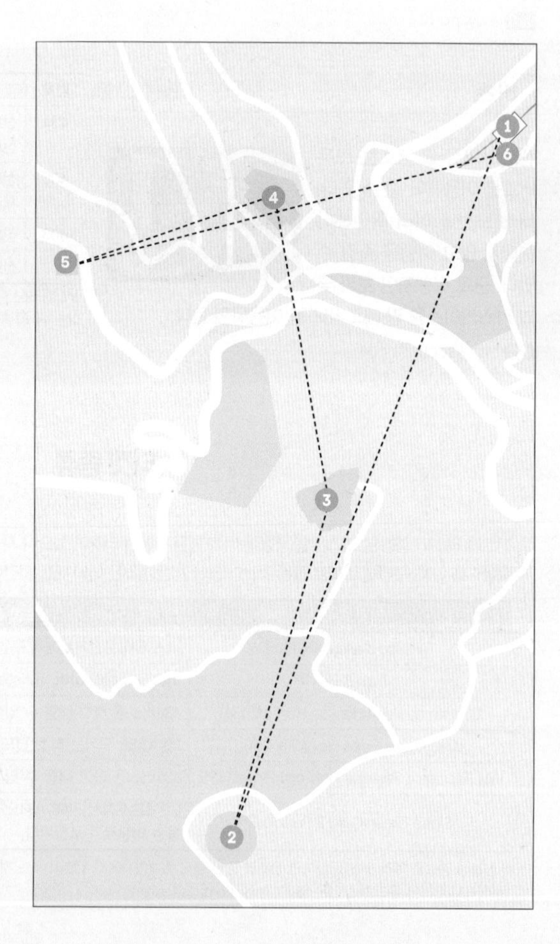

페나 성

Palácio Nacional da Pena

중세 시대 이곳은 성모 마리아의 발현지로 알려져 작은 예배당이 있었다. 16세기 초 마누엘 1세는 이 성스러운 곳에 제로니무스 수도원을 세웠으나 18세기에 번개와 지진으로 크게 손상되어 오랜 시간 방치되었다. 19세기에 페르난도 2세와 마리아 2세는 이 주변을 재건해 여름 별궁을 지었는데, 예술에 관심이 많았던 페르난도는 적극적으로 관여했다. 이처럼 오랜 세월 동안 다양한 변화를 거쳤기에 네오고딕, 네오마누엘, 네오이슬라믹, 네오르네상스 양식이 뒤섞여 매우 개성 있는 모습을 하고 있으며, 노랑, 빨강, 파랑이 한데 어우러진 알록달록한 건물이 마치 테마파크의 궁전을 보는 것 같다. 신트라의 높은 산 위에 지어져 여름이면 울창한 숲으로 둘러싸인 모습이 더욱 아름다우며 이렇게 독특한 모습에 매료되어 해마다 수많은 관광객이 몰린다.

위치 신트라역에서 434번 버스를 타고 페나 성 하차 **주소** Estrada da Pena, 2710-609 Sintra **오픈** 공원 09:30~19:00 궁전 09:45~18:15 **요금** 공원+궁전 일반 €14, 6~17세 €12.50 / 공원 일반 €7.50, 6~17세 €6.50 **홈피** parquesdesintra.pt **지도** 맵북 P.32-C

tip

미니버스

페나 성 입구로 들어가면 다시 언덕길을 올라 왕궁까지 걸어야 한다. 걷는 것이 힘들다면 초록색의 미니버스를 이용하는 것도 좋다. 단, 사람이 많을 때는 버스를 타는 데에도 줄을 한참 서야 한다.

Zoom in

트리톤 테라스 Terraço do Tritão

그리스 신화에 나오는 바다의 신 포세이돈의 아들로 상반신은 인간, 하반신은 물고기 모습을 하고 있는 트리톤 아치가 보이는 테라스다. 네오마누엘 양식의 아치문 중앙에는 무서운 얼굴의 트리톤이 창문을 떠받치며 입구를 지키고 있다. 아치문 안으로 들어가면 또 하나의 테라스가 나온다.

회랑 Claustro

성 내부로 들어오면 바로 나오는 회랑은 과거 수도원 건물의 일부였다. 컬러풀한 타일로 장식되어 있으며 뚫린 천장을 통해 붉은색의 시계탑을 볼 수 있다.

객실 Sala de Visitas

아랍식 건축이 돋보여 아랍 룸이라고도 한다. 방 전체가 마치 대리석으로 둘러싸인 듯 벽면과 천장 전체가 트롱프뢰유 Trompe-l'œil 프레스코화로 덮여 있다. 트롱프뢰유란 그림이지만 마치 3차원 조각을 보는 듯 사실적이고 정교하다.

노블 홀 Salão Nobre

처음에는 공식적인 행사를 위한 대사의 방으로 만들었는데, 마리아 왕비의 사후 당구장, 무도회장 등으로 변형되었다. 2014년에 추가로 복원되면서 장식이 더욱 화려해 졌다.

왕실 주방 Cozinha Real

연회를 준비했던 주방으로 성 안에서 가장 큰 주방이다. 3개의 스토브 중에 2개가 남아 있으며 뒤쪽에 오븐도 보인다. 궁전에서 사용했던 구리로 만든 주방용품들이 걸려 있어 더욱 현실감이 있다.

왕비의 테라스 Terraço da Rainha

아멜리아 여왕의 방에서 바로 연결되어 궁전 남쪽의 아름다운 풍경이 펼쳐지는 곳이다.

카페테리아

페나 성 왼쪽 건물에는 기념품점과 식당이 있는데, 기념품점을 통해 올라가거나 페나 성의 왕실 주방에서 나오면 바로 연결된다. 아래층 실내 카페테리아에서는 커피와 오늘의 메뉴로 간단한 요리가 나온다. 일반적인 포르투갈 음식이나 파스타 같은 무난한 메뉴다. 위층 테라스에서는 음료와 샌드위치 같은 간단한 음식을 판다. 테라스에서는 페나 성의 아름다운 모습을 다시 한번 볼 수 있다.

무어 성
Castelo dos Mouros

8~9세기경 무어인들이 건설한 성이었지만, 1147년 아폰수 엔리크가 리스본을 정복하면서 기독교인들이 지배하기 시작했다. 12세기 말에는 예배당을 짓고 이후로도 성을 개축했으나 15세기부터 버려져 있다가 1755년 대지진 때 상당 부분이 파괴되었다. 그러다 19세기 말에 와서야 조금씩 복구해 현재의 모습을 갖추었다. 산등성이를 따라 지어진 성벽에 오르면 신트라의 구시가지와 페나 성이 한눈에 들어오는 절경을 즐길 수 있다. 입구에서부터 성벽까지 꽤 걸어 들어가야 하고 성벽 계단도 가파른 편이니 편한 신발을 준비하는 것이 좋다.

위치 신트라역 또는 페나 성에서 434번 버스를 타고 무어 성 하차 주소 Castelo dos Mouros, 2710 Sintra 오픈 09:30~20:00 요금 일반 €8, 6~17세 €6.50 홈피 parquesdesintra.pt 지도 맵북 P.32-C

헤갈레이라 별장
Quinta da Regaleira

19세기에 브라질과의 무역으로 큰 부를 이루었던 백만장자 몬테이루 Monteiro 가문의 여름 별장이다. 개인의 별장이었지만 주인이 여러 차례 바뀌고 결국 1997년에 신트라 시에서 인수해 일반인들에게 공개하면서 관광지가 되었다. 넓은 부지에 별장과 함께 예배당, 동굴, 연못, 우물, 정원 등 온갖 것들을 다양한 양식으로 조성해 매우 독특하면서도 다소 기이한 모습을 하고 있다. 별장 건물은 지하 2층과 지상 3층으로 꽤 큰 규모인데, 역시 다양한 양식의 방들로 이루어져 있으며 지대가 높아서 전망도 좋다.

위치 신트라역에서 435번 버스로 헤갈레이라 별장 하차 주소 R. Barbosa do Bocage 5, 2710-567 Sintra 오픈 4~9월 09:30~19:00 / 10~3월 09:30~17:00 휴무 12.24, 25, 1.1 요금 일반 €8.00, 6~17세 €4 홈피 www.regaleira.pt 지도 맵북 P.32-C

신트라 궁전
Palácio Nacional de Sintra

포르투갈에서 가장 잘 보존된 형태로 남아 있는 중세 시대 왕궁이다. 과거 무어인들이 건설했지만, 12세기에 아폰수 1세가 무어인을 정복하면서 14세기부터 포르투갈 왕실의 여름 별궁으로 사용하였다. 이에 따라 무데하르 양식과 고딕, 마누엘 양식이 혼재하는 독특한 모습을 하고 있다. 14세기에 지은 왕궁 예배당도 있지만 대부분의 모습은 15세기 주앙 1세 때 완성된 것이며, 18세기 페드로 왕자 이후에도 계속 증축해서 지금의 모습을 갖추었다.

위치 신트라역에서 434, 435번 버스로 신트라 궁전 하차 **주소** Largo Rainha Dona Amélia, 2710-616 Sintra **오픈** 09:30~18:30 **요금** 일반 €10, 6~17세 €8.50 **홈피** parquesdesintra.pt **지도** 맵북 P.32-C

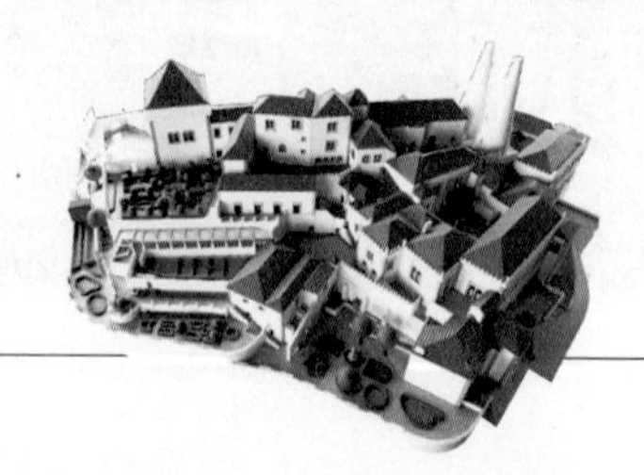

Zoom in

백조의 방
Sala dos Cisnes

주앙 1세 때 만든 방으로 주요 행사가 열렸던 곳이다. 천장에 백조가 그려진 팔각형의 패널 27개가 있어 백조의 방이라 부른다.

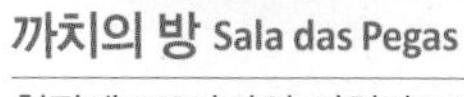

까치의 방 Sala das Pegas

천장에 176마리의 까치가 그려져 있으며 벽면은 타일로 장식되어 있다. 남쪽 창문으로 멀리 신트라 언덕의 무어 성이 보인다.

아폰수 6세의 방
Quarto-prisão de D. Afonso VI

아폰수 6세가 동생이었던 페드루 2세에 의해 유배되어 죽을 때까지 9년간 살았던 곳이다. 바닥에는 15세기 무데하르 스타일의 타일이 깔려 있다.

문장의 방 Sala dos Brasões

신트라 궁전의 하이라이트. 높은 돔 형태의 천장에 72개 귀족 가문의 문장이 화려하게 장식되어 있으며 벽면에는 18세기 아줄레주 타일이 깔려 있다.

아랍의 방 Sala dos Árabes

주앙 1세의 침실 중 하나로 '인어의 방'과 연결된다. 벽면의 입체적인 타일과 청동상이 있는 이국적인 분수가 눈에 띈다.

부엌 Cozinha

15세기 초부터 만든 이 부엌에는 33m나 되는 거대한 굴뚝이 있다. 궁전의 상징이 된 이 쌍둥이 원뿔형 굴뚝은 냄새를 없애는 기능을 했다.

왕궁 예배당 Capela Palatina

14세기 초 드니스 왕이 성령에 봉헌하기 위해 만든 예배당으로, 벽면의 비둘기들은 성령을 뜻한다. 바닥의 모자이크 타일과 화려한 천장은 무데하르 양식이다.

SPECIAL

리스본 근교 당일치기 여행

리스본 근교에서 가장 인기 있는 지역은 신트라, 호카 곶, 카스카이스다. 이 세 지역은 대중 교통이 서로 잘 연결되어 조금 무리를 하면 하루에 모두 몰아서 볼 수도 있다. 리스본에서 신트라로 가는 열차는 호시우역 Rossio에서 출발하지만, 카스카이스에서 출발해 리스본에 도착하는 역은 카이스 두 소드레역 Cais do Sodré이다.

▶ 일정

※스케줄에 따라 소요시간이 조금 다르며 배차 간격도 고려해야 한다.

※타이트해도 알찬 일정을 선호하는 한국인 여행자들에게 인기 있는 코스로, 신트라에서의 일정을 간단히 하고 버스 스케줄에 신경써야 한다.

※대서양과 만나는 유럽 대륙의 서남단 호카곶까지 다녀온다.

※신트라 여행 후 해변 마을에서 시간을 보낸다.

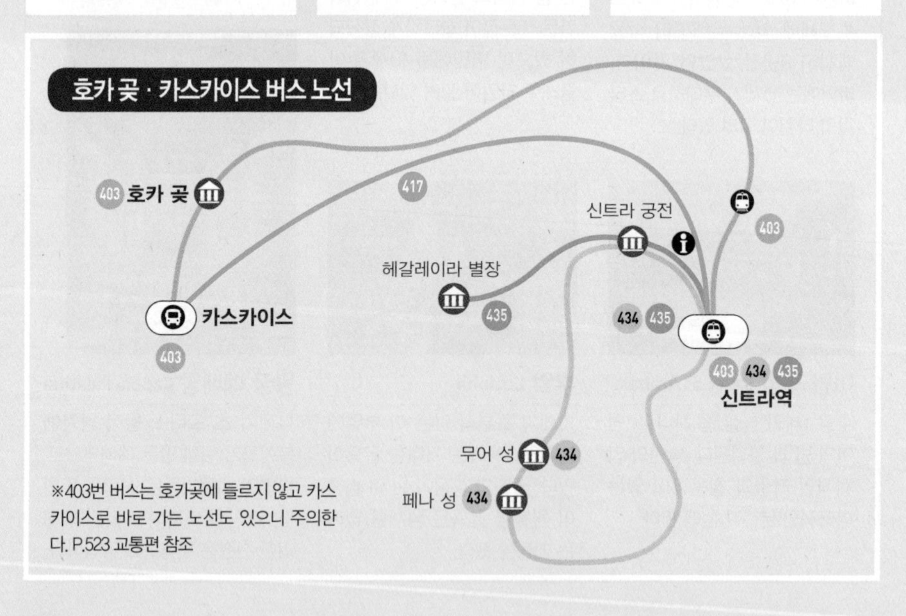

호카 곶 등대

방문 증명서

카보 다 호카(호카 곶) Cabo da Roca

'유럽 대륙의 서쪽 끝'이라는 이름만으로 설레는 곳이다. 지리적인 위치일 뿐인데 왜 그렇게 의미를 부여하나 싶기도 하지만, 막상 가보면 정말 느낌이 남다르다. 바다를 향해 한 걸음 내디딜 때마다 시원한 바닷바람을 느끼며 묘한 기분이 든다. 한때 '세상의 끝'이라 믿었던 그 자리에 지금은 돌로 된 이정표 하나가 남아 있을 뿐이다. 이정표 꼭대기에는 십자가가 세워져 있고 아래에는 "이곳에서 땅이 끝나고 바다가 시작된다. AQUI ONDE A TERRA SE ACABA E O MAR COMEÇA"는 포르투갈의 국민시인 카몽이스 Camões의 글귀가 적혀 있다. 멀리 등대가 보이며 버스 정류장이 있는 관광안내소에서는 최서단 방문 증명서를 발급해 준다(발급비 €9).

가는 방법

신트라역에서 403번 버스로 40분 정도, 카스카이스 터미널에서는 같은 403번 버스로 25분 정도 소요된다. 버스 정류장에서 내리면 바로 안내센터가 있고 주차장을 지나면 최서단 기념비가 보인다.

홈피 http://scotturb.com

카스카이스 Cascais

조용한 어촌 마을이었던 카스카이스는 왕실의 여름 별장과 리조트가 들어서면서 유명세를 타기 시작했다. 점차 해변에 시설이 갖추어지고 주변에 상점과 카페, 레스토랑이 생겨나면서 이제는 리스본에서 쉽게 다녀올 수 있는 해변 마을로 각광받고 있다. 대중교통도 편리해 기차역과 버스터미널이 해변에서 가까우며, 버스터미널 바로 옆에 쇼핑센터와 대형 마트도 생겨 편리하게 이용할 수 있게 되었다.

카스카이스에는 여러 곳의 해변이 있는데, 가장 넓은 콘세이상 해변 Praia da Conceição과 아담한 하이냐 해변 Praia da Rainha, 그리고 시청 광장에서 가까운 히베이라 해변 Praia da Ribeira이 유명하다.

가는 방법

신트라에서 403번 버스로 1시간, 417번 버스로 30분 정도 소요되며, 호카 곶에서는 403번 버스로 25분 정도 소요된다. 리스본에서 갈 때는 시내 남쪽의 카이스 두 소드레역 Cais do Sodré에서 기차로 33~40분 소요된다. 카스카이스 버스터미널과 기차역은 바로 길 건너에 있으며 조금만 걸으면 해변, 시내 중심인 시청 광장도 도보 7~8분이면 가능하다.

홈피 http://scotturb.com(버스), www.cp.pt(기차)

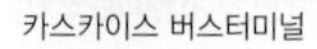

카스카이스 버스터미널

카스카이스역

카스카이스 하이냐

카스카이스 히베이라

카스카이스 콘세이상

3

ÓBIDOS
오비두스

중세 시대 성벽으로 둘러싸인 아담한 마을 오비두스는 낭만적이고 운치 있는 곳이다. 오래된 성곽 안에 하얀 집들이 옹기종기 모여 있어 천천히 걸으며 마을을 구경하기에 좋다. 아기자기한 골목길에는 카페, 기념품점들과 함께 곳곳에서 오비두스의 특산품 체리주를 맛볼 수 있다.

Transportation
교통 정보

가는 방법

리스본 캄푸 그란드 Campo Grande 터미널에서 버스로 1시간 소요된다. 오비두스가 종점이 아니므로 잠들지 말고 제때 내려야 한다. 소도시인 만큼 터미널이 아닌 작은 버스정류장에 정차한다. 나자레에서도 1시간~1시간 15분 정도 소요된다.
버스정류장 근처에는 대형 주차장이 있어 차를 가져간 경우 이곳에 주차하면 된다. 바로 옆에는 관광안내소가 있다. 오비두스는 성벽으로 둘러싸인 작은 마을로 천천히 돌아봐도 1~2시간이면 가능하다.

관광안내소

마을을 둘러싼 성곽으로 들어가기 전 마을 입구의 주차장 옆에 자리하고 있다. 뒤쪽으로 여분의 대형 주차장이 있으며 그 뒤로는 기다란 로마시대 수도교가 보인다. 근처에 오비두스 버스정류장도 있다.
위치 R. da Porta da Vila, Óbidos
오픈 5~9월 09:30~19:30, 10~4월 09:30~18:00, 주말 · 공휴일 09:30~12:30, 13:30~17:30 홈피 www.obidos.pt

TALK

오비두스 수도교 ★ Aqueduto deÓbidos

마을 초입에는 기다랗게 이어진 수도교가 눈에 띈다. 16세기 말에 지어진 것으로 길이가 무려 3km나 된다. 17세기 초와 19세기 초에 복원공사를 거쳐 1962년에 공공재로 지정되었는데, 이러한 수도교가 아무렇게나 주차장으로 사용되고 있다는 사실이 놀랍다.

오비두스 마을을 한눈에!

렌터카를 이용한다면 놓치지 말아야 할 뷰포인트가 '베네딕트 예배당 Capela de S. Bento da Capeleira'이다. 마을에서 2~3km만 가면 나오는 작고 낡은 예배당이지만 언덕에 자리해 멀리 성벽으로 둘러싸인 오비두스 마을이 한눈에 들어온다.
버스로 이동하는 경우에는 A8 고속도로에서 마을로 드나들 때 로터리 부근 커브길에서 잠깐씩 마을이 보인다.

오비두스 성
Castelo De Obidos

무어인들이 쌓았던 요새로 1148년 아폰수 1세가 무어인을 물리치고 재건하였다. 이후 1282년 디니스 왕이 아라곤의 이자벨과 결혼할 때 이 성을 선물했다. 성으로 들어가는 입구에는 18세기 타일로 장식된 포르타 다 빌라 Porta da Vila(마을의 문)가 있다. 문을 지나면 아기자기한 상점과 카페들이 있는 골목을 지나 성이 나오고, 주변 이정표를 따라 성벽으로 오를 수 있다. 현재 성 자체는 숙박시설인 포우자다로 운영되고 있으며 카페와 레스토랑도 있다. 따라서 성 내부를 보는 것이 아니라 성벽에 올라 마을과 성 주변을 감상하는 것이 포인트다.

위치 오비두스 시외버스 정류장에서 도보 3분
주소 R. Josefa de Óbidos, 2510-001 Óbidos

포르타 다 빌라

산타 마리아 성당
Igreja de Santa Maria

마을의 중심이 되는 산타 마리아 광장 Praça de Santa Maria에 자리한 성당으로 외관은 소박한 르네상스 양식이다. 1441년 아폰수 5세가 사촌과 결혼식을 올렸던 곳으로, 당시 아폰수의 나이가 10살, 사촌 이자벨의 나이는 겨우 8살이었다. 광장 위쪽 도로에 세워진 마누엘 양식의 기둥은 주앙 2세의 부인 레오노르 왕비가 자기 아들이 물에 빠졌을 때 구하려 했던 어부를 위해 만들었다.

위치 마을 입구 포르타 다 빌라에서 도보 4분 주소 Praça de Santa Maria, 2510-001 Óbidos 오픈 4~9월 09:30~12:30, 14:30~19:00, 10~3월 09:30~12:30, 14:30~17:00 요금 무료

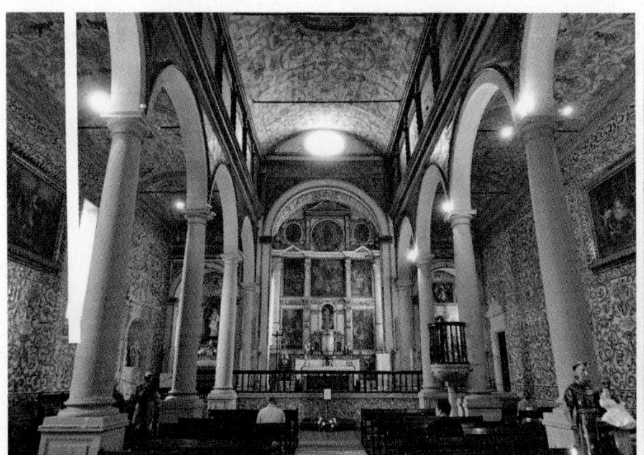

TALK

오비두스의 명물 진지냐 ★ Ginjinha(Ginja)

오비두스 거리에서 쉽게 볼 수 있는 것이 체리주 진지냐(진자)다. 길거리 매대에서 한 잔씩 마시거나 시음을 하거나 기념품으로 사는 사람들로 가득하다. 체리가 많이 나는 오비두스에서는 체리주가 특히 유명한데, 오비두스 체리주의 특징은 유리잔 대신 초콜릿 잔에 준다는 점이다. 달지만 독한 체리주를 마신 뒤 초콜릿 잔까지 씹어 먹으면 제대로 달다. 한 잔 €1

4

NAZARÉ
나자레

어촌 마을 나자레는 포르투갈 중부에서 제법 큰 도시로 교통도 편리한 편이다. 대서양을 향해 드넓은 모래사장이 펼쳐져 있고 아름다운 풍광을 가진 절벽이 있어 휴양지 분위기를 물씬 풍긴다. 또한, 식사 시간이 다가오면 생선 굽는 냄새가 여기저기 퍼지며 구수함을 더한다.

Transportation
교통 정보

가는 방법

나자레는 기차가 다니지 않는 해변 마을이라 버스로 가야 한다. 소도시지만 인기 있는 휴양지라서 리스본, 포르투, 오비두스, 파티마 등 여러 도시에서 갈 수 있다. 포르투갈의 주요 버스 회사인 헤드 에스프레수스와 테주 버스 두 회사에서 운행하며, 버스 터미널도 두 회사가 함께 이용한다. 다만, 간이 사무실이 있는 정류장이라 해야 할 정도로 규모는 작다. 해변까지는 5분도 걸리지 않는 거리지만 마을 중심에서는 꽤 떨어져 있다. 렌터카를 이용할 경우 숙소에 주차장이 없다면 이 버스 정류장 부근의 대형 주차장을 이용하는 것이 저렴하다.

버스정류장 주소 Av. do Município, 2450-106 Nazaré

출발지	소요 시간	버스 회사
리스본	1시간 50분~2시간 10분	헤드 에스프레수스 Rede Expressos www.rede-expressos.pt
포르투	3시간 25분~4시간	
오비두스	1시간~1시간 45분	테주 Tejo, Rodoviaria, rapida www.rodotejo.pt
알쿠바사	20분	
바탈랴	35분~55분	
파티마	1시간 25분~1시간 45분	

시내 교통

나자레는 해변을 따라 여러 상점과 식당들이 모여 있으며 마을 쪽으로 들어가면 호텔과 슈퍼마켓 등이 있다. 해변 부근은 걸어서 다닐 수 있지만, 명소들이 자리한 시티우 지역으로 가려면 가파른 언덕길을 올라야 하므로 아센소르(푸니쿨라)를 타는 것이 좋다. 절벽을 오르는 동안 나자레의 멋진 해안을 감상할 수 있다. 아센소르 역은 마을의 북쪽 끝에 있으므로 걷는 것이 싫다면 관광객들이 종종 이용하는 툭툭(투키투키)을 타도록 하자.

아센소르 요금 왕복 €2.50
툭툭 요금 편도 €2(언덕 위 광장까지), 투어는 €10~35

나자레 재래 시장
Mercado Municipal de Nazaré

해변에서 가까운 대형 주차장 옆에 자리한 재래시장으로, 시외버스 정류장에서도 5분 거리로 가까워 잠깐 들러 구경할 만하다. 입구는 작지만 안으로 들어가면 높은 천장에 큰 규모에 놀라게 된다.

주소 Av. Vieira Guimarães, 2450-000 Nazaré 오픈 화~일 06:30~01:00

나자레 해변
Praia da Nazaré

대서양을 향해 길에 뻗어 있는 나자레 해변은 모래가 많고 수심이 얕아 해수욕에 좋은 해변으로 알려져 있다. 포르투갈의 인기 휴양지로 작은 마을이지만 많은 피서객이 찾는다. 넓은 모래사장에는 작지만 관중석까지 갖춰진 축구장이 있고, 파도가 잦아 서핑하기 좋은 절벽 부근에는 서핑 스쿨도 있다. 해변 곳곳에서는 전통 고기잡이 나룻배들을 볼 수 있다.

위치 나자레 시외버스 정류장에서 도보 5분 주소 Av. Manuel Remígio 87, 2450-106 Nazaré

노사 세뇨라(성모 마리아) 성당
Igreja Nossa Senhora da Nazaré

나자레 북쪽 시티우 지역의 중심에 웅장하게 서 있는 성당이다. 14세기에 페르난두 1세가 순례자들이 찾는 메모리아 예배당을 보기 위해 나자레에 방문했는데 예배당이 너무 작아서 새로 짓게 한 것이 바로 이 성당이다. 2개의 첨탑이 있는 바로크 양식의 정면과 계단, 그리고 양쪽으로 뻗은 건물들이 위용 있어 보인다. 성당 안으로 들어가면 제대 왼쪽에는 검은 성모상이 있는데 이는 복제품이고 왼쪽의 아줄레주 벽으로 된 좁은 복도를 지나 제대 뒤로 올라가면 진품이 있다.

위치 아센소르역에서 도보 2분 주소 Largo de Nossa Sra. da Nazaré, 2450-065 Nazaré 오픈 4~9월 09:00~19:00 / 10~3월 09:00~18:00 요금 성당 무료, 제단 위 성모상 관람 €1 홈피 www.cnsn.pt

노사세뇨라성모

메모리아 예배당
Ermida da Memoria

노사 세뇨라 성당이 있는 광장 끝에는 바다를 등지고 조용히 자리한 아주 작은 예배당이 있다. 너무 작아서 예배당이라기보다는 기도실이라고 해야 할 것 같은 이곳은 성모마리아의 발현지로서 순례자들이 많이 찾는 곳이다. 12세기에 한 귀족이 사냥을 하다 절벽에서 떨어질 뻔했는데 그때 성모 마리아가 나타나 말을 멈추게 했다고 하여 그 자리에 지은 예배당이다. 작은 공간이지만 안에 제단이 있고 지하로 내려가면 성모마리아상이 있다. 예배당 옆 바다 쪽의 십자가 기념비는 바스쿠 다가마가 인도로 항해하기 전에 기도하러 들렀던 것을 기념하는 것이다.

위치 아센소르역에서 도보 1분 주소 R. 25 de Abril 17, 2450-065 Nazaré 오픈 09:00~18:00 요금 무료

수베르쿠 전망대
Miradouro do Suberco

나자레 언덕 위의 시티우 Sitio 지역은 해안선이 절벽으로 이루어져 멋진 풍광을 자랑한다. 그중에서도 가장 유명한 곳이 수베르쿠 전망대다. 메모리아 소성당 바로 뒤에 자리한 이 전망대에 서면 나자레의 해안선이 한눈에 들어오며 붉은 지붕의 집들과 해변, 바다가 어우러진 아름다운 풍경을 볼 수 있다. 주변에 다른 전망대들도 제각기 다른 풍경이 있으니 천천히 둘러볼 것을 권한다.

위치 메모리아 예배당 바로 옆 주소 Sitìo do Promontório, Largo do Elevador, 2450-065 Nazaré

5

ALCOBAÇA
알쿠바사

ALCOBAÇA
LISBON

작고 아름다운 마을 알쿠바사에는 12세기에 지어진 오래된 수도원이 있다. 포르투갈에서 가장 긴 건물이라고 할 정도의 커다란 규모와 고딕 양식의 걸작이라고 불리는 이 수도원에는 비극적인 사랑과 복수에 관한 이야기가 있어 더욱 많은 사람들을 불러 모으고 있다.

가는 방법

리스본의 세트 히우스 Sete Rios 버스터미널에서 헤드 에스프레수스 Rede Expressos 직행 버스를 이용하면 된다. 근교 도시에서는 시외버스인 테주 Tejo 버스를 이용할 수 있는데, 주말에는 운행 횟수가 매우 적으니 주의해야 한다. 알쿠바사 버스정류장에서 수도원까지는 걸어서 10분 정도 걸린다. 자동차로 갈 경우에는 버스정류장 근처 공영주차장을 이용하면 된다. 수도원으로 가는 길에 관광안내소가 있다.

출발지	소요 시간	버스 회사
리스본	1시간 50분~2시간 20분	헤드 에스프레수스 Rede Expressos www.rede-expressos.pt
나자레	20분	테주 Tejo, Rodoviaria www.rodotejo.pt
바탈랴	30분	
파티마	1시간 5분~1시간 25분	

알쿠바사 수도원

Mosteiro de Alcobaça

유네스코 문화유산으로 지정된 중세시대 로마 가톨릭 수도원으로, 정식 명칭은 산타 마리아 드 알쿠바사 수도원 Mosteiro de Santa Maria de Alcobaça이다. 오랜 역사뿐 아니라 포르투갈 최대라는 놀라운 규모와 건축학적 아름다움으로 고딕 예술의 걸작으로 손꼽는 수도원이다. 또한, 이곳에는 비극적인 사랑과 복수의 이야기를 남긴 페드루 1세와 이네스가 함께 묻혀 있어 많은 사람들의 호기심을 자극하기도 한다.
성당 내부의 심플하면서도 웅장한 고딕 기둥들을 지나면 페드루 Pedro 1세와 그의 연인이었던 이네스 드 카스트루 Inês de Castro의 석관을 볼 수 있다. 석관의 조각은 매우 정교하며 예수의 수난과 기독교적 영생에 대한 내용을 묘사해 놓았다.
수도원 안쪽으로 들어가 999명의 수도사를 먹여 살린 커다란 주방 Cozinha과 동 디니스의 회랑으로도 알려진 침묵의 회랑 Claustro do Silencio도 놓치지 말자.

위치 시외버스 정류장 또는 공영 주차장에서 도보 8분 **주소** Mosteiro de Alcobaça 2460-018 Alcobaça **오픈** 4~9월 09:00~19:00, 10~3월 09:00~18:00 **휴무** 1.1, 부활절, 5.1, 8.20, 12.25 **요금** 일반 €6, 학생 €3 **홈피** www.mosteiroalcobaca.gov.pt

tip

유네스코 문화유산 삼총사

알쿠바사 수도원, 바탈랴 수도원, 투마르 수도원. 이렇게 세 곳의 수도원은 유네스코 문화유산에 빛나는 포르투갈의 자산이자 성지순례지로도 알려져 있다. 오랜 역사를 간직한 중요한 유적지임과 동시에 아름다운 건축물, 그리고 성스러움과 함께 온갖 비화들로 가득해 관광객들에게도 매력적인 곳이다. 세 곳을 하루에 볼 경우 통합티켓이 있다. 요금 €15

페드루 석관

이네스 석관

TALK

비극적인 사랑의 주인공 페드루와 이네스

페드루 1세는 비극적인 이야기로 수많은 소설과 오페라, 그림에 남아 있다. 아버지였던 아폰수 4세의 명에 따라 카스티야의 공주 콘스탄세와 결혼한 페드루는 그녀의 친척이자 시녀였던 이네스와 사랑에 빠진다. 콘스탄세가 일찍 죽자 페드루는 이네스와 재혼하려 하지만 당시 복잡한 정치 상황에서 아폰수는 이를 반대하고 결국 이네스를 암살한다. 2년 뒤 아폰수가 죽고 페드루 1세가 왕이 되자 그는 이네스를 죽였던 암살자들의 심장을 꺼내 처형한다. 전설에 의하면 페드루는 이네스를 관에서 꺼내 왕비로서 대관식을 치르고 신하들에게 그녀의 손등에 키스하게 했다고 한다. 현재 페드루와 이네스는 알쿠바사 수도원에 마주 보고 묻혀 있다. 이는 최후의 심판이 오면 관에서 일어나 서로를 마주 보기 위함이라고 한다.

페드루

이네스

6

BATALHA 바탈랴

포르투갈 중부의 조용한 마을 바탈랴는 아무도 찾을 것 같지 않은 시골 마을이지만, 아름다운 수도원 하나를 보기 위해 많은 사람이 방문하고 있다. 알쿠바사와 가까워 두 마을을 함께 보는 경우가 많은데, 하루에 두 곳의 유네스코 문화유산을 즐길 수 있는 알찬 여행지다.

가는 방법

리스본의 세트 히우스 Sete Rios 버스터미널에서 헤드 에스프레수스 Rede Expressos 직행 버스를 이용하면 된다. 근교 도시에서는 시외 버스인 테주 Tejo 버스를 이용할 수 있는데, 주말에는 운행 횟수가 매우 적으니 주의해야 한다. 바탈랴에 버스터미널은 없고 잠시 정차하는 버스정류장이 있으며 수도원에서 가깝다. 수도원 바로 뒤쪽 광장에는 관광안내소가 있다.

출발지	소요 시간	버스 회사
리스본	2시간	헤드 에스프레수스 Rede Expressos www.rede-expressos.pt
나자레	55분~1시간	테주 Tejo, Rodoviaria www.rodotejo.pt
알쿠바사	30분	
파티마	30~35분	

바탈랴 수도원
Mosteiro da Batalha

'바탈랴 Batalha'는 포르투갈어로 '전투'를 뜻한다. 1385년 주앙 1세는 카스티야를 물리치고 아비스 왕조를 세우는데 결정적이었던 알주바호타 전투 Batalha de Aljubarrota의 승리를 기념하기 위해 이 수도원을 세웠다. 공식 명칭은 '승리의 성모 마리아 수도원 Mosteiro de Santa Maria da Vitória'으로, 전투를 승리로 이끌게 해준 성모 마리아에게 봉헌하는 의미가 들어 있다. 후기 고딕 양식에 포르투갈 특유의 마누엘 양식이 혼합되어 독특한 아름다움을 지니고 있다.

위치 시외버스 정류장에서 도보 3분 **주소** Largo Infante Dom Henrique, Batalha **오픈** 4.1~10.15 09:00~18:30 / 10.16~3.31 09:00~18:00 **휴무** 1.1, 부활절, 5.1, 12.24, 25 **요금** 일반 €6, 학생 €3 **홈피** www.mosteirobatalha.pt

Zoom in

설립자의 예배당 Capela do Fundador

후기 고딕 양식의 정문 입구에는 예수와 12사도의 부조가 새겨져 있고 성당으로 들어가면 바로 오른쪽에 설립자의 예배당 Capela do Fundador이 있다. 작은 예배당이지만, 화려한 스테인드글라스는 볼만하다. 스테인드글라스 아래에는 설립자였던 주앙 1세와 왕비의 석관이 있다.

왕실 회랑 Claustro Real

성당 안쪽으로 들어가면 왼쪽에 수도원으로 연결된 문이 있다. 수도원으로 들어가면 바로 고딕 아치에 마누엘 양식으로 아름답게 장식된 왕실 회랑 Claustro Real이 있다. 회랑을 걷다가 나오는 챕터하우스(사제단 회의장) Sala do Capítulo에는 제1차 세계대전에서 전사한 군인의 묘가 있다.

챕터하우스

두아르테레오노르

미완성 예배당 Capelas Imperfeitas

수도원 뒤쪽으로 돌아가면 나오는 미완성 예배당 Capelas Imperfeitas은 바탈랴 수도원의 하이라이트 볼거리다. 주앙 1세의 아들 두아르테 왕은 왕실의 판테온을 지으려 했으나 완성을 보지 못하고 눈을 감았다. 미완성 예배당 한쪽에는 레오노르 왕비와 손을 잡고 나란히 누워있는 그의 석관이 있다. 8각형의 천장은 하늘이 드러난 채로 있는데, 마누엘 양식의 섬세한 장식들이 파란 하늘 아래서 더욱 빛을 발한다.

7

FÁTIMA

파티마

성모마리아의 발현지로서 가톨릭의 중요한 성지순례 장소다. 엄청난 규모의 성당 두 곳이 서로 마주보고 있으며, 그 아래 넓은 광장 사이로 참회의 길이 있어 무릎을 꿇고 기어 가는 순례자들을 보면 그 절실함에 가슴이 뭉클해진다. 늦은 밤에도 촛불을 들고 운집하는 신도들로 가득하다.

Transportation
교통 정보

가는 방법

리스본의 세트 히우스 Sete Rios 버스터미널에서 헤드 에스프레수스 Rede Expressos 직행 버스가 있어 1시간 20분이면 갈 수 있다. 근교 도시에서는 시외 버스인 테주 Tejo 버스를 이용하면 되는데, 운행 횟수가 적으니 주의해야 한다. 파티마 버스터미널은 작지만 깨끗한 편이며 길 건너에 큰 슈퍼마켓도 있다. 파티마 대성당에서도 가까워 주변을 걸어서 다닐 수 있다.
기차를 이용하는 경우에는 파티마에서 30분 정도 떨어진 카사리아스역 Caxarias에서 내려 셔틀버스나 택시를 이용해야 한다. 셔틀버스는 운행 횟수가 매우 적고 택시 요금은 €40~50 정도다.

출발지	소요 시간	버스 회사
리스본	1시간 20분	헤드 에스프레수스 Rede Expressos www.rede-expressos.pt
코임브라	55분~1시간 25분	
바탈랴	30~35분	테주 Tejo, Rodoviaria www.rodotejo.pt
투마르	45분~1시간	

마을 초입에 자리한 세 목동상

tip

성수기에 주의하세요!

파티마는 가톨릭 신자들에게 중요한 순례지로서 해마다 많은 신자들이 찾아온다. 특히 파티마의 성모 발현일로 알려진 5월 13일과 10월 13일에는 수십 만 명이 방문해 숙소를 구하기 어렵고 가격도 매우 비싸다. 버스표가 매진되는 등 교통편도 구하기 어려우니 주의해야 한다. 반대로 아무런 행사가 없는 비수기에는 좋은 호텔을 아주 저렴하게 묵을 수도 있다.

파티마 대성당

Basílica de Nossa Senhora do Rosário de Fátima

1917년 5월 13일, 세 명의 어린 목동이 성모 마리아의 발현을 목격했다고 하면서 작은 마을 파티마는 주목을 받기 시작했다. 그로부터 매월 13일에 성모가 나타났다고 하며, 10월 13일에는 마을로 모여든 수많은 사람들이 목격했다고 전해지면서 1930년 포르투갈 주교에서 성지로 인정하게 되었다. 파티마 대성당은 이러한 성모 마리아의 발현을 기념해 1928~1953년에 지어진 성당이다. 신고전주의 양식의 웅장한 성당으로 양 옆으로 펼쳐진 회랑에는 예수의 수난을 표현한 그림들이 있다.

위치 파티마 시외버스 터미널에서 도보 12분 **주소** Cova de Iria, 2496-908 Fátima **오픈** 아침 일찍부터 밤 늦게까지 미사가 있다. 홈페이지 참조. **홈피** fatima.pt

파티마 대성당 회랑

아기예수상

목동상

방문자센터

발현 예배당 Capelinha das Aparições

성모 마리아가 발현했다고 알려진 곳에 지은 예배당. 멀리서 두 목동의 조각이 발현 예배당을 바라보고 있다. 옆에 있는 나무는 세 목동이 성모에게 기도했던 나무라고 한다.

위치 파티마 대성당을 등지고 오른쪽 앞면 주소 Cova de Iria, 2496-908 Fátima

성심 기념탑 Monumento ao Sagrado Coração de Jesus

파티마 대성당을 등지고 광장 중앙에 서 있는 기념탑이다. 원래 이 자리에 샘이 있어서 순례자들이 목을 축이던 곳이었는데, 1932년 예수 청동상을 세우고 분수로 만들었다.

위치 파티마 대성당 바로 앞 주소 Praceta de Santo António 12, 2495-402 Fátima

참회의 길 Pista dos Penitentes

광장에 있는 흰 색의 보도블록이다. 발현 예배당까지 무릎으로 기어가면서 참회하면 병이 낫는다고 하여 실제로 몸이 아픈 사람들이 찾아온다.

위치 삼위일체 성당 앞에서 발현 예배당까지

Zoom in

베를린 장벽 Muro de Berlin

광장 한쪽 구석에는 유리 상자 안에 벽면이 전시되어 있는데, 1991년 독일의 포르투갈 이민자들이 파티마에 선물한 베를린 장벽이다. 발현 성모가 공산주의의 몰락을 예견했다는 것을 기념하기 위한 것이라고 한다.

위치 파티마 대성당을 등지고 광장 왼쪽

삼위일체 성당 Basílica da Santíssima Trindade

파티마 대성당과 마주 보고 있는 성당이다. 엄청나게 몰려드는 순례자들을 수용하기 위해 파티마의 기적 90주년을 기념해 2007년에 완공했다. 거대한 규모의 현대적인 건물로 입구를 등지고 서면 정면에 파티마 성당이 한눈에 들어온다. 공사비는 순례자들의 기부금으로 이루어졌으며 입구의 커다란 유리 벽에 세계 각국의 언어로 성경 구절이 쓰여 있다.

위치 파티마 대성당 건너편

주소 Av. de Dom José Alves Correia da Silva, 2496-908 Fátima

바오로상

SPECIAL

파티마의 성물 기념품

성지 파티마의 성물 쇼핑

성지 순례지인 파티마 곳곳에는 기념품점을 겸한 성물 가게들이 많다. 아기예수나 성모 마리아, 성 프란체스코, 테레사 수녀 등 다양한 인물의 마그네틱이나 조각상 기념품을 쉽게 찾을 수 있다. 성물 가게에는 아름다운 성화를 비롯해 다양한 조각 장식품, 양초, 묵주, 성수가 담긴 작은 유리병 등 신자들을 위한 선물이 많다.

성수 성물

상 주세 광장 Praceta de São José

파티마 대성당 바로 근처 주차장 옆에는 공원처럼 조성된 작은 광장이 자리하고 있다. 광장을 둘러싸고 있는 하얀 건물 안에는 다양한 수공예품과 기념품을 파는 40여 개의 작은 가게들이 있어 시장 같은 분위기에 아기자기한 물건들을 구경하는 재미가 있다.

위치 파티마 대성당 옆 **주소** Praceta de São José 33, 2495-422 Fátima

8

TOMAR

투마르

포르투갈 중부 나방강이 흐르는 내륙 깊숙한 곳에 있는 투마르는 12세기 템플 기사단의 수도원이 자리한 곳이다. 작은 도시지만 산 꼭대기에 요새처럼 서 있는 수도원과 아름다운 광장이 있는 유서 깊은 마을로 여유를 가지고 돌아보는 것이 좋다.

Transportation
교통 정보

가는 방법

투마르 역시 소도시라서 버스가 편리하지만 리스본에서 출발한다면 기차를 이용하는 것도 좋다.

기차

리스본의 산타 아폴로니아역 Estação de Santa Apolónia이나 오리엔테역 Gare do Oriente에서 출발해 1시간 40분 정도 소요된다. 투마르의 기차역은 시내와 가까우며 버스터미널은 기차역 바로 앞이다. 시내까지는 걸어서 10분 정도지만, 수도원까지는 1km 이상 걸어야 하고 언덕길도 있어 20분 정도 예상해야 한다.

홈피 www.cp.pt

출발지	소요 시간	출발역
리스본	1시간 40분~2시간 20분	산타 아폴로니아역 Estação de Santa Apolónia, 오리엔테역 Gare do Oriente
코임브라	2시간 20분~2시간 45분	코임브라역 Coimbra, 코임브라 B역 Coimbra B
포르투	3시간 10분~4시간	캄파냐역 Campanha

기차 노선

리스본 산타 아폴로니아역 ▶ 리스본 오리엔테역 ▶ 투마르

포르투 상벤투역 ▶ 포르투 캄파냐역 ▶ 코임브라 B역 ▶ 파티마(외곽) ▶ 투마르

버스

리스본의 세트 히우스 Sete Rios 버스터미널에서 헤드 에스프레수스 Rede Expressos 직행버스가 있다. 근교 도시에서는 시외버스인 테주 Tejo 버스를 이용하면 되는데, 주말에는 운행 횟수가 적으니 주의해야 한다. 기차역 앞에 있는 투마르 버스 터미널에서 수도원까지는 걸어서 20분 정도 걸린다.

출발지	소요 시간	버스 회사
리스본	2시간	헤드 에스프레수스 Rede Expressos www.rede-expressos.pt
파티마	50분~1시간	테주 Tejo, Rodoviaria www.rodotejo.pt
바탈랴	55분~1시간 30분	
나자레	나자레 1시간 30분	

크리스투(그리스도) 수도원
Convento de Cristo/Mosteiro de Cristo

12세기에 템플 기사단이 건설한 수도원으로, 무어인들을 막아내며 요새와 같은 역할을 한 곳이다. 14세기로 들어서면서 템플 기사단은 무너졌지만, 투마르에 있던 포르투갈 지부는 왕궁의 비호 아래 그리스도 기사단으로 이름을 바꾸고 그 명맥을 유지했다. 15세기에는 엔리크가 그리스도 기사단의 수장을 맡으며 항해에 매진하기도 했다. 크리스투 수도원은 초기 템플 기사단 건물의 원형들이 남아 있는 중요한 유적지로 꼽히는데, 후에 엔리크 왕자와 마누엘 1세, 주앙 3세를 거치며 지속적으로 건물이 추가되어 고딕 양식, 마누엘 양식, 그리고 르네상스 양식까지 다양한 스타일의 건물을 볼 수 있다.

위치 헤푸블리카 광장에서 도보 10분 **주소** Igreja do Castelo Templário, 2300-000 Tomar **오픈** 6~9월 09:00~18:30 / 10~5월 09:00~17:30 **휴무** 1.1, 3.1, 부활절, 5.1, 12.24, 25 **요금** 일반 €6, 학생 €3 **홈피** www.conventocristo.gov.pt

TALK

템플 기사단

1119년에 설립된 기독교 수도회 조직으로, 1128년 교황으로부터 정식 인가를 받아 2차 십자군 전쟁에서 활약했으며 이후 막대한 부를 축적해 권세를 누리기도 했다. 그러나 13세기 말 프랑스의 필리프 4세에게 탄압을 받고 해체되어 처참하게 무너졌다. 기사단은 1312년 공식적으로 해체되었지만, 포르투갈 지부는 그리스도 기사단으로 명칭을 바꾸어 지금까지도 이어오고 있다.

Zoom in

샤롤라 Charola

수도원 정면에서 보이는 둥근 건물이 바로 수도원의 중심부인 예배당으로, 템플 기사단 건물의 전형적인 로툰다 rotunda(원형이나 타원의 건물) 형태로 되어 있다. 이러한 로툰다는 솔로몬의 성전 자리에 지어진 예루살렘의 바위 돔을 모델로 했다고 한다. 외벽은 16면체로 지어졌으며 내부에 다시 8각형의 공간이 있고 그 안에 예수의 고난상이 있다. 성전의 벽면에는 성서의 내용이 그려져 있다.

회랑 Claustro

15~16세기에 만든 8개의 회랑 중 가장 중심이 되는 회랑은 대회랑 Claustro Principal이다. 주앙 3세의 이탈리아 르네상스 예술에 대한 애정이 드러나는 곳으로 '주앙 3세의 회랑'이라고도 한다. 중앙에는 수로와 연결된 분수가 있다. 그 외에도 가난한 자들에게 빵을 나누어 주었다는 '빵의 회랑 Claustro da Micha', 기사들과 수도사들이 묻혀 있는 '묘지의 회랑 Claustro do Cemitério', 수도사들이 의복을 씻었다는 '세탁의 회랑 Claustro da Lavagem', 숙사 회랑 등도 둘러보자. '까마귀의 회랑 Claustro dos Corvos'에는 야외 테이블이 있어 잠시 쉬어가기 좋다.

대회랑

까마귀회랑

빵의회랑

묘지회랑

Zoom in

챕터하우스의 창문 Janela do Capítulo

챕터하우스(사제단 회의장)의 외벽에 있는 창문으로, 바다에서 모티브를 따온 소재들로 섬세하게 장식한 16세기 초반의 고딕 마누엘 양식이 돋보인다.

주방 Cozinha과 숙사 Hostel

수도사와 순례자들이 머물렀던 숙사 근처에는 식당과 주방이 있다. 물을 끌어와 음식을 하고 기숙사에 불을 때서 방을 덥히는 히팅룸 등을 볼 수 있다.

투마르 성채 Castelo de Tomar

수도원과 이어져 있는 투마르 성채는 1160년에 방어의 목적으로 건설했다. 나방강이 내려다보이는 언덕 위 가장 높은 곳에 있으며, 지금은 유적지와 함께 일부를 오렌지 정원으로 조성해두었다.

헤푸블리카 광장
Praça da república

투마르의 중심이 되는 광장이다. 중앙에는 템플 기사단 초대 수장으로서 1157년에 투마르를 세운 구알딩 파이스 Gualdim Pais의 동상이 있다. 동상 뒤로 상 주앙 바티스타 성당이 있으며 맞은편에는 시청사가 자리하고 있다. 성당 옆으로는 보행자 거리인 세르파 핀투 거리 Rua serpa pinto가 이어진다. 카페, 레스토랑과 상점들이 양쪽으로 늘어서 있는 거리를 걷다 보면 멀리 투마르 성채가 올려다보인다.

위치 ① 시외버스 시내정류장에서 도보 1분 ② 투마르 기차역이나 시외버스터미널에서 도보 10분 주소 Praça da República 41, Tomar

세르파 핀투

시청사

상 주앙 바티스타 성당
Igreja de São João Baptista

마을의 중심 헤푸블리카 광장 Praça da república에 자리한 성당이다. 15세기 말 마누엘 1세의 명으로 지었으며, 16세기에 엔리크 왕자가 재건했다. 마누엘 양식을 비롯해 바로크, 르네상스 양식이 가미되어 뾰족한 8각형의 시계탑과 정면의 파사드가 대조를 이루는 모습이 독특하다. 1910년에 국립기념물로 지정되었다.

위치 헤푸블리카 광장 앞 주소 Rua de São João, 2300-568 Tomar 오픈 08:00~19:00 요금 무료

PORTO
포르투

포르투갈 제2의 도시 포르투는 최근 포르투갈 최고의 관광도시로 꼽힐 만큼 인기가 많다. 도우루강이 흐르는 시원한 도시의 풍경과 함께 컬러풀하면서도 예스러운 모습을 갖춘 포르투는 푸짐한 해산물과 포트투 와인으로 다양한 취향의 여행자들을 끌어모으고 있다.

Transportation
교통 정보

가는 방법

비행기

한국에서 포르투로 가는 직항편은 없고 보통 마드리드나 리스본을 경유한다. 마드리드나 리스본에서 포르투를 오가는 노선은 부엘링, 라이언에어, TAP 항공 등 운항편이 많다.

포르투 국제공항
Aeroporto do Porto(OPO)

프란시스쿠 사 카르네이루 Francisco Sá Carneiro 또는 페드라스 후브라스 Aeroporto de Pedras Rubras 공항으로도 불린다. 포르투 시내에서 14km 정도 떨어져 있는 현대적인 공항이다.

공항에서 시내로

시내로 들어가는 교통 수단은 에어로버스, 메트로, 택시가 있다. 시내가 가까운 편이라 소요시간은 비슷하니 자신의 목적지와 편리하게 연결되는 방법을 선택하면 된다.

교통 수단	주요 행선지	소요 시간	요금
아에로부스 Aerobus 테라비전 Terravision	리베르다드 광장	25분	€6
메트로 Metro	E선	트린다드까지 30분	€2.00(4구역)+€0.60(보증금)
택시 Taxi		시내까지 20~30분	€20~30

기차

중앙역은 캄파냐역이며 행선지에 따라 상 벤투역에서 발착하기도 한다.

홈피 www.cp.pt

캄파냐역

상벤투역

역 이름	행선지	메트로
상 벤투역 Estação de São Bento	브라가 등 근교	D선
캄파냐역 Estação de Campanhã	코임브라, 리스본 등 장거리	A,B,C,E,F선

버스

버스 회사와 행선지에 따라 버스터미널이 다르니 예약 후 반드시 정류장의 위치를 확인해야 한다. 최근에는 카사 다 무지카 Casa da Musica 터미널을 주로 이용하는데, 포르투 시내에서 조금 벗어나 있지만 지하철 카사 다 무지카역 Casa da Musica과 바로 연결된다.

버스 회사	행선지	홈페이지
헤드 에스프레수스 Rede Expressos	리스본, 코임브라	www.rede-expressos.pt
알사 ALSA	산티아고 데 콤포스텔라	www.alsa.com

포르투 기준 행선지별 소요시간

교통 수단	브라가	코임브라	산티아고 데 콤포스텔라	리스본	마드리드
항공	–	–	3시간 30분(경유편)	50분	1시간 20분
기차	55~70분	1시간 30분 ~2시간 15분	4시간 30분~6시간	3시간	13~15시간
버스	60~70분	1시간 25분	4시간 15분	3시간 30분	8시간 15분 ~9시간 45분

시내 교통

포르투는 대중교통이 잘 되어 있다. 하지만 숙소가 시내에 있다면 굳이 교통 수단을 이용하지 않고 대부분 걸어서 다닐 수 있다.

티켓 종류

포르투메트로

포르투전차

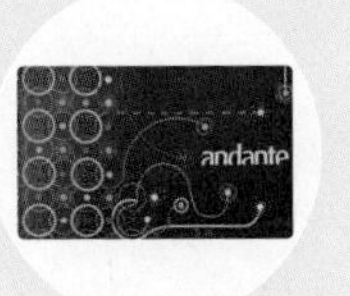

안단테카드

tip

포르투 카드

포르투의 다양한 명소들이 할인되는 카드로 교통패스 옵션을 추가하면 교통(전차 제외)도 무제한 이용할 수 있다. 1일권부터 4일권까지 있다.
1일권 €6(교통 포함 €13), 4일권 €15(교통 포함 €33)
홈피 www.visitporto.travel

티켓 종류		특징	요금	홈페이지
1회권	전차 Elétrico	1번, 18번, 22번 노선이 관광용으로 남아 있다.	€3.50	www.stcp.pt
	버스 Autocarros	구석구석 연결하는 노선이 매우 많다.	€2.00	
	깅다이스 푸니쿨라 Funicular dos Guindais	바탈랴 광장과 히베이라를 오르내릴 때 편리하다.	€2.50	www.metrodoporto.pt
	메트로 Metrô	색깔과 알파벳으로 구분되는 6개의 노선이 있다.	€1.20	
안단테 카드 Cartão Andante		충전식 교통 카드로, 1회권보다 저렴하다.	기본료 €0.60	www.linhandante.comhttps://en.metrodoporto.pt/ www.stcp.pt/en
안단테 투어 Andante Tour		전차, 버스, 푸니쿨라, 메트로 무제한 이용권	1일 €7 3일 €15	

※*구역: 포르투 시내교통은 대부분 2구역(Z2)이며 공항은 4구역(Z4)에 해당한다.

BEST COURSE

포르투 추천 코스

포르투 시내는 크지 않아서 하루면 대부분 돌아볼 수는 있다. 하지만 강 건너 가이아 지역까지 포함해 여유 있는 일정을 즐기려면 이틀 정도 돌아볼 것을 권한다. 강 건너편에서 바라보는 포르투는 또 다른 풍경을 보여준다.

- ☑ 동 루이스 1세 다리 걸어서 건너기
- ☑ 히베이라 드 가이아에서 포르투 바라보기
- ☑ 카르무 성당의 세상에서 가장 좁은 건물 방문하기
- ☑ 렐루 서점 구경하기
- ☑ 가이아 와이너리에서 와인 테이스팅
- ☑ 포르투 칼로리 버거 프란세지냐 맛보기

DAY 1

1. 카르무 성당
   ▼ 도보 2분
2. 렐루 서점
   ▼ 도보 2분
3. 클레리구스 탑
   ▼ 도보 5분
4. 리베르다르 광장
   ▼ 도보 7분
5. 산타 카타리나 거리

DAY 2

1. 대성당
   ▼ 도보 10분
2. 볼사 궁전
   ▼ 도보 1분
3. 상 프란시스쿠 성당
   ▼ 도보 5분
4. 카이스 다 히베이라
   ▼ 도보 5분
5. 동 루이스 1세 다리

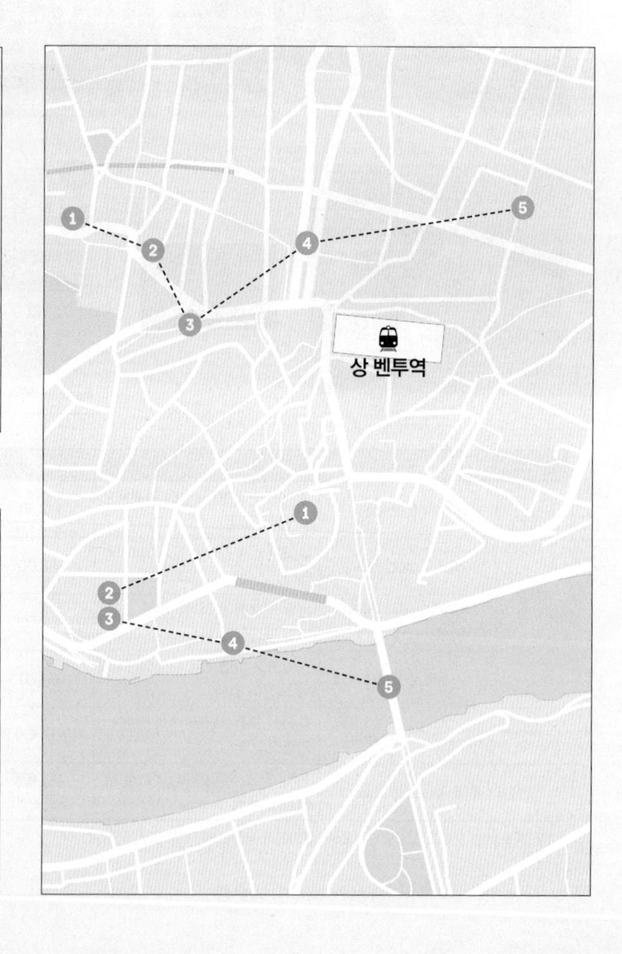

카르무 성당
Igreja do Carmo

아줄레주 벽화로 유명한 성당이다. 정면에서 성당을 바라보면 건물 양쪽이 조금 다른 느낌인데, 자세히 보면 두 개의 성당이 이어졌다는 것을 알 수 있다. 오른쪽의 카르무 성당은 18세기에 지은 수도원이고 왼쪽의 카르멜리타스 성당 Igreja dos Carmelitas은 17세기에 지은 수녀원으로, 수녀와 수도사들이 접촉하지 못하도록 따로 지은 것이라고 한다. 그리고 성당의 벽면을 나란히 붙이지 않는 당시의 규칙에 따라 가운데 아주 좁은 건물을 지었다. 초록 문이 있는 이 좁은 건물은 세상에서 가장 좁은 건물이라 불릴 정도로 폭이 1m 정도밖에 되지 않는데, 여기서 1980년대까지 사람이 살았다고 한다. 오른쪽 카르무 성당의 벽 옆면 전체에는 거대한 크기의 아줄레주가 있는데 이는 카르멜 수도회 기사단에 대한 내용이다. 2013년 국가 기념물로 지정되었다.

위치 상 벤투 기차역 또는 메트로역에서 도보 8분 주소 R. do Carmo, 4050-164 Porto 오픈 월~금 07:30~19:00, 토 · 일 · 휴일 09:00~18:45 요금 성당 무료, 부속 건물 €3.50 지도 맵북 P.35-A

렐루 서점
Livraria Lello

《해리 포터》의 작가 조앤 롤링이 영감을 얻었다고 전해지면서 포르투의 핫플레이스로 떠오른 곳이다. 아르누보 스타일의 내부 인테리어와 스테인드글라스가 잘 어우러지며 곡선으로 굽이치는 계단과 난간들로 해리 포터의 느낌이 물씬 풍긴다. 인테리어 재료들은 고풍스러운 나무 같지만 사실 나무색으로 칠을 한 시멘트라는 것도 놀랍다. 밀려드는 관광객 탓에 입장료를 부과하고 있으며, 서점에서 물건을 구입하면 입장료를 공제해 준다.

위치 카르무 성당에서 도보 2분 주소 R. das Carmelitas 144, 4050-161 Porto 오픈 09:30~19:00 요금 €5(책을 사면 공제) 홈피 livrarialello.pt 지도 맵북 P.35-A

클레리구스 탑
Torre dos Clérigos

클레리구스 성당에 자리한 포르투에서 가장 높은 종탑으로, 18세기 클레리구스회의 명으로 건설한 포르투갈 최초의 바로크 건축물이다. 250개의 계단을 오르면 종탑 꼭대기에서 포르투의 멋진 전경을 바라볼 수 있다. 바로 아래 리스본 광장 Praça de Lisboa과 코르두아리아 정원 Jardim da Cordoaria의 녹지대와 포르투 대학 Universidade do Porto이 내려다보이고, 날씨가 좋으면 대성당 너머 도우루강까지 보인다.

위치 렐루 서점에서 도보 2분 주소 R. de São Filipe de Nery, 4050-546 Porto 오픈 09:00~19:00(여름 ~23:00) / 12.24, 31 09:00~14:00 / 1.1, 12.25 11:00~19:00 요금 일반 €5, 학생 €2.50 홈피 torredosclerigos.pt 지도 맵북 P.35-D

리베르다드 광장
Praça da Liberdade

'자유 광장'이라는 뜻의 리베르다드 광장은 주요 관광지는 아니지만 포르투 시내의 중심이 되는 곳이다. 1820년에는 헌법 광장이라 불렀으며 중앙에 헌법책을 들고 있는 페드루 4세 동상이 있다. 광장 끝에 보이는 높은 첨탑의 웅장한 건물은 포르투 시청사 Câmara Municipal do Porto다. 광장 양쪽으로 시청사까지 뻗은 길은 '동맹국의 거리 Avenida dos Aliados'라고 하는데, 한쪽에는 유명한 맥도날드 패스트푸드점이 있다. 샹들리에와 스테인드글라스가 가득한 독특한 인테리어로 가장 아름다운 맥도날드라 불리는 곳이다.

위치 클레리구스 탑에서 도보 3분 주소 Praça da Liberdade, 4000-069 Porto 지도 맵북 P.35-B

산타 카타리나 거리
Rua de Santa Catarina

포르투에서 가장 번화한 거리로, 길 양쪽에 수많은 상점과 식당이 모여 있다. 산투 일데폰수 성당 부근에서 시작해 북쪽으로 1.5km가 넘게 이어지는 거리지만, 관광객들이 주로 다니는 번화한 곳은 알마스 성당까지의 500m 정도 구간이다. 이 사이에 Zara 등 유명 브랜드 상점과 대형 쇼핑센터 '비아 카타리나 Via Catarina', 오랜 전통으로 유명한 '마제스틱 카페 Majestic Café' 등이 있다.

위치 ① 리베르다드 광장에서 도보 6분 ② 22번 전차로 산타 카타리나 하차 주소 Rua Santa Catarina, 4000-442 Porto 지도 맵북 P.35-C

카펠라 다스 알마스
Capela Das Almas

'카펠라 다스 알마스'란 문자 그대로 '영혼의 예배당'이라는 뜻이다. 원래는 나무로 만든 산타 카타리나 예배당 Capela de Santa Catarina이었는데, 18세기에 건물을 올리고, 1929년 외벽에 15,947개의 아줄레주 타일을 장식하면서 지금의 개성 있는 모습을 갖추게 되었다. 벽화의 그림은 아시시의 성 프란체스코와 성 카타리나의 삶을 묘사한 내용이다.

위치 산타 카타리나 거리 중간 주소 Rua de Santa Catarina 428, 4000-124 Porto 오픈 월 · 화 · 토 07:30~13:00, 15:30~19:00, 수 · 목 · 금 07:30~19:00, 일 07:30~13:00, 18:00~19:00 홈피 diocese-porto.pt 지도 맵북 P.35-C

산투 일데폰수 성당

Igreja Paroquial de Santo Ildefonso

바탈랴 광장 근처에 자리한 이 성당은 18세기에 바로크 양식으로 지어졌으며 1932년에 11,000개의 아줄레주 타일이 장식되어 낡았지만 독특한 아름다움을 지니고 있다. 아줄레주로 유명한 조르즈 콜라수의 작품이다. 성당 이름은 7세기 서고트 톨레도의 일데폰수 주교 Santo Ildefonso de Toledo를 기리기 위하여 지어진 이름이며 아줄레주에도 그의 일생에 관한 내용이 담겨 있다. 성당 내부의 스테인드글라스도 매우 아름답다.

위치 ① 알마스 성당에서 도보로 7분 ② 상 벤투역에서 도보 5분 주소 R. de Santo Ildefonso 11, 4000-542 Porto 오픈 월 15:00~17:30, 화~토 09:00~12:00, 15:00~18:30, 일요일 09:00~13:00, 18:00~20:00 홈피 paroquia.santoildefonso.org 지도 맵북 P.35-F

상 벤투역

Estação Ferroviária de Porto-São Bento

포르투 시내에 자리한 상 벤투역은 기차역이면서 동시에 관광 명소다. 역 안으로 들어서는 순간 벽면 가득한 아줄레주가 눈에 들어온다. 화재로 잿더미가 되었던 수도원 건물을 18세기에 재건하고 다시 19세기 당대의 유명한 화가 조르즈 콜라수 Jorge Colaço가 2만여 개의 타일에 그림을 그려 화려한 아줄레주 벽화를 남겼다. 그림의 내용은 포르투갈의 중세 역사, 여러 전쟁, 사람들의 일상생활 모습 등으로 다양하다.

위치 기차나 메트로 상 벤투역 주소 Praça Almeida Garrett, 4000-069 Porto 오픈 05:00~01:00 지도 맵북 P.35-E

대성당

Sé Catedral do Porto

포르투에서 가장 중요한 성당으로, 높은 언덕에 자리한 가장 오래된 건물 중 하나다. 12세기에 로마네스크 양식으로 짓기 시작했는데, 몇 차례 개축을 하면서 여러 건축양식이 추가됐다. 정면 파사드와 신도석은 로마네스크 양식이고 회랑과 예배실 하나는 고딕 양식이다. 대성당 앞 광장에 있는 기둥은 기념물처럼 보이지만, 사실은 노예를 매질하거나 죄수를 고문할 때 묶어놓는 기둥으로, 펠로우리뉴로 Pelourinho라고 한다. 대성당 옆에 있는 기마상은 아폰수 3세의 신하 비마라 페레스의 동상 Estátua de Vímara Peres으로, 포르투에서 무어인을 물리친 영웅이다. 근처에 성벽 건물의 관광안내소도 있다.

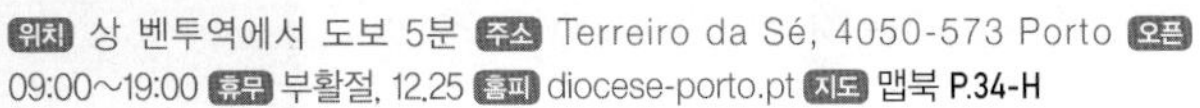

위치 상 벤투역에서 도보 5분 주소 Terreiro da Sé, 4050-573 Porto 오픈 09:00~19:00 휴무 부활절, 12.25 홈피 diocese-porto.pt 지도 맵북 P.34-H

볼사 궁전
Palácio da Bolsa

19세기에 완공된 이 건물은 상인조합에서 지어 주식 거래소로 사용했다는 특이한 이력이 있다. 필요에 따라 상공회의소, 와인거래소, 그리고 다양한 행사장으로 쓰였으며 현재에도 시민들에게 다양한 용도로 대여하고 있다. 신고전주의 양식으로 지은 건물 외관은 1850년에 완성되었는데, 내부 인테리어는 수많은 예술가들이 참여하고 다양한 양식을 가미하면서 1910년까지 추가 작업이 지속되었다. 가이드투어를 통해 각 방의 기능에 대해 알 수 있는데, 에펠탑을 만든 에펠이 사용했던 사무실도 있다. 하이라이트는 1862~1880년에 지어진 아랍 룸으로 이국적이면서도 매우 섬세하고 화려한 장식이 돋보인다. 지금도 국빈 방문 시 리셉션 홀로 사용된다고 한다. 역사, 문화적인 가치를 인정받아 1982년에 국립기념물로 지정되었다.

위치 대성당에서 도보 7분 **주소** R. de Ferreira Borges, 4050-253 Porto **오픈** 4~10월 09:00~18:30 / 11~3월 09:30~13:00, 14:00~17:30(가이드 투어만 가능, 45분 소요) **요금** 일반 €10.00, 학생 €6.50 **홈피** palaciodabolsa.pt **지도** 맵북 P.34-G

상 프란시스쿠 성당
Igreja de S. Francisco

1244년에 작은 수도원으로 지어 성 프란치스코에게 봉헌한 건물인데, 1383년에 페르디난두 1세에 의해 지금의 웅장한 모습으로 확장되었다. 이후 추가 작업을 거치며 1425년에 완성되었다. 건물 외관은 고딕 양식이지만, 내부 장식을 바로크 양식으로 꾸민 것이 이채롭다. 특히 성당 내부의 눈부시게 화려한 황금의 나뭇잎 장식들이 눈에 띄며, 지하묘지에는 해골들이 그대로 보이는 섬뜩한 납골실도 있다. 독특한 건축학적 가치를 인정받아 유네스코 세계문화유산에 등재되었다.

위치 볼사 궁전 옆 주소 Rua do Infante D. Henrique, 4050-297 Porto 오픈 3~10월 09:00~19:00(7~9월 ~20:00) / 11~2월 09:00~17:30 요금 일반 €7.50, 학생 €4.00 홈피 http://ordemsaofrancisco.pt 지도 맵북 P.34-G

카이스 다 히베이라
Cais da Ribeira

포르투갈어로 '카이스 Cais'는 '선착장', '히베이라 Ribeira'는 '강변'을 뜻한다. 말 그대로 도우루 강변의 선착장이다. 히베이라 광장 Praça da Ribeira Porto 앞에 강변을 따라 이어진 이 길에는 수많은 식당과 기념품점들이 늘어서 있어 항상 관광객들로 북적거린다. 도우루강을 바라보며 식사를 하기에도 좋고 강을 따라 유람하는 크루즈를 타기에도 좋다. 강 건너편으로는 나날이 번화해 가고 있는 가이아 지역이 한눈에 들어온다.

위치 상 프란시스쿠 성당에서 도보 5분 주소 Cais da Ribeira 45, 4050-511 Porto 지도 맵북 P.34-G

동 루이스 1세 다리
Ponte Dom Luís I

포르투의 대표적인 랜드마크로 수많은 사진에 등장하는 거대한 더블 덱 철교다. 에펠탑으로 유명한 구스타브 에펠의 제자 테오필 세이리그 Théophile Seyrig가 설계했으며 1886년 완공 당시에는 세계에서 가장 긴 172m의 아치교였다. 다리의 이름이 된 루이스 1세는 다리가 지어졌을 당시 포르투갈의 국왕이었다. 이 다리는 강을 건너기 위한 수단으로뿐만 아니라 도우루 강을 품고 있는 포르투의 전경을 바라보기에도 좋은 전망대 역할을 한다. 다리 상층부에서는 중세 시대 포르투를 감싸고 있던 페르난디나 성벽 Muralha Fernandina도 보인다.

위치 카이스 다 히베이라 바로 옆 **주소** Ponte Luiz I, Porto **지도** 맵북 P.34-H

페르난디나성벽

세하 두 필라 전망대
Miradouro da Serra do Pilar

포르투에서 가이아 쪽으로 동 루이스 1세 다리를 건너는 동안 왼편 언덕 위에 흰색의 기다란 건물이 보인다. 16세기에 지어진 세하 두 필라 수도원 Mosteiro da Serra do Pilar으로, 둥근 모양의 건물이 매우 독특하다. 다리를 건넌 후 왼쪽 언덕 위로 걸어 올라가면 수도원과 함께 바로 옆 포르투가 한눈에 보이는 멋진 전망대가 나온다.

위치 ① 동 루이스 1세 다리 상층부에서 도보 7분 ② 메트로 D선 Jardim do Morro역에서 도보 4분 **주소** Largo Aviz, 4430-999 Vila Nova de Gaia **오픈** 전망대는 항시, 수도원 화~일 10:00~18:30(10~3월 ~17:30) **휴무** 수도원 1.1, 부활절, 5.1, 12.25 **요금** 전망대 무료, 수도원 €2 **홈피** www.culturanorte.pt **지도** 맵북 P.34-K

히베이라 드 가이아

Ribeira de Gaia

포르투에서 도우루강을 건너 남쪽에 자리한 지역은 '빌라 노바 데 가이아 Vila Nova de Gaia'라고 하며 간단히 '가이아 Gaia'라고 부른다. 포르투 광역시에는 포함되지만, 독립적인 시(city)로서 시청사와 기차역도 따로 있다. 이곳은 포르투 와인의 명성을 지닌 와이너리들이 특히 유명하며 도우루강 너머로 포르투의 멋진 풍경을 바라볼 수 있는 곳으로도 인기다.

위치 동 루이스 1세 다리 하층부 바로 옆 주소 Av. de Diogo Leite 308, 4430-999 Vila Nova de Gaia 지도 맵북 P.34-K

tip

가이아 케이블카

Teleférico de Gaia - Estação Cais de Gaia

가이아 지역의 언덕길을 단숨에 날아오르는 케이블카는 편리함은 물론 멋진 경치를 자랑하며, 동 루이스 1세 다리 상층부 부근과 히베이라 드 가이아를 연결해준다. 가격이 좀 비싼 편이지만 한 번쯤 타볼 만하다. 무료로 와인 시음 쿠폰을 주기도 한다.

요금 편도 €6 왕복 €9

홈피 www.gaiacablecar.com

SPECIAL

와이너리 투어

포르투 와인으로 유명한 가이아 지역에서는 와이너리를 돌며 테이스팅 할 수 있는 투어가 필수 코스로 꼽힌다. 관광객이 많아지면서 최근에는 가볍게 체험하는 저렴한 곳도 있지만, 오래전부터 명성을 이어오는 와이너리들이 꾸준히 인기다.

샌드맨 Sandeman

히베이라 드 가이아를 걷다 보면 가장 눈에 띄는 와이너리로, 검은 망토를 두른 샌드맨의 로고에서 강한 포스가 느껴진다. 와이너리 투어도 인기지만, 노천 테이블이나 내부 공간에서 와인을 즐기기에 좋다.

주소 Largo Miguel Bombarda 3, 4430-175 Vila Nova de Gaia 전화 +351 22 783 8104 홈피 www.sandeman.com 지도 맵북 P.34-K

테일러스 Taylor's

1692년에 오픈해 오랜 역사를 자랑하는 곳으로 최상급 포르투 와인을 생산하는 것으로도 유명하다. 규모도 매우 큰 편이다. 가이아 지역의 언덕 위에 자리해 조금 멀기는 하지만, 멋진 전망을 자랑하는 레스토랑이 있어 잠시 쉬어가기 좋다.

주소 Rua do Choupelo 250, 4400-088 Vila Nova de Gaia
전화 +351 22 374 2800 홈피 www.taylor.pt 지도 맵북 P.34-K

칼렘 Cálem

와이너리 투어에다가 저녁에는 파두 공연까지 덤으로 즐길 수 있는 곳이다. 1859년에 문을 열었으며 동 루이스 1세 다리에서 아주 가까워 찾아가기가 편리하다.

주소 344, Av. de Diogo Leite, 4400-111 Vila Nova de Gaia
전화 +351 916 113 451 홈피 www.tour.calem.pt 지도 맵북 P.34-K

카페 산티아고 F
Café Santiago f

포르투에서 탄생한 유명한 샌드위치 프란세지냐 Francesinha를 제대로 맛볼 수 있는 곳이다. 산투 일데폰수 성당 뒤쪽 부근에 자리하며 산타 카타리나 거리에서도 멀지 않다. 오래된 동네 식당 같은 분위기지만, 음식 맛은 정평이 나 있다. 대표 메뉴인 프란세지냐는 재료도 튼실해서 하나만 먹어도 속이 든든하다. 일요일에는 문을 닫지만 평소에는 줄을 서야 먹을 수 있다.

주소 R. de Passos Manuel 198, 4000-382 Porto 오픈 월~토 11:00~23:00 휴무 일요일 가격 프란세지냐 €8.75~9.75 전화 +351 22 208 1804 지도 맵북 P.35-F

라두 B
Lado B

주소 R. de Passos Manuel 190, 4000-382 Porto 오픈 월~토 11:00~23:45, 금 · 토 11:00~01:45 휴무 일요일 가격 프란세지냐 €8.50~9.45, 수퍼복 €1.15~1.80 전화 +351 22 201 4269 홈피 www.ladobcafe.pt 지도 맵북 P.35-F

카페 산티아고 F 건너편 산타 카타리리 거리 방향에 자리한 레스토랑으로 프란세지냐 3대 맛집 중 한 곳으로 꼽힌다. 포르투갈 맥주인 수퍼 복 Super Bock이 미니 사이즈부터 맛별로 다양하게 준비되어 있어 요리와 함께 즐기기 좋다. 카페 산티아고 F와 경쟁하는 곳이라 가격대도 비슷하다. 유명한 곳이라 항상 붐비기 때문에 가급적 식사 시간대는 피하는 것이 좋다. 깔끔한 인테리어의 옆 가게에서는 캐릭터 상품도 판매한다.

미스 파블로바
Miss Pavlova

리베르다드 광장 부근의 골목에 자리한 브런치 카페다. 입구에 '알마다 13 Almada 13'이라는 간판이 걸린 선물가게가 있어 조금 헤맬 수 있는데, 상점 안으로 들어가면 카페테리아가 나온다. 케이크나 커피도 좋지만 에그 베네딕트, 버섯요리, 팬케이크 등 브런치가 매우 인기다. 좌석 안쪽으로 아담한 파티오도 있다. 입구에 있는 상점 알마다 13도 예쁜 물건들로 가득해서 식사 후에 함께 둘러보기 좋다.

주소 Rua do Almada 13, 4050-036 Porto 오픈 화~일 11:00~19:00 휴무 월요일 가격 에그 베네딕트 €6, 프렌치 토스트 €4.80, 샐러드 €9~11 전화 +351 915 979 517 홈피 www.misspavlova.pt 지도 맵북 P.35-E

TALK

프란세지냐 ★ Francesinha

세계 10대 샌드위치 중 하나로 꼽히는 포르투의 유명한 샌드위치다. 식빵에다 소고기 패티, 햄이나 베이컨, 소시지, 치즈 등을 넣고 맨 위에 다시 치즈와 계란을 얹어 특유의 소스를 뿌려내는 음식인데 포르투에서 쉽게 찾을 수 있다. 식당마다 재료나 소스가 조금씩 달라서 맛의 차이가 있지만, 대체로 짜고 느끼한 편이라 맥주와 잘 어울린다. '악마 버거', '내장파괴 버거'라는 별명이 있을 만큼 칼로리가 높다.

아 산데이라
A Sandeira do Porto

주소 Rua dos Caldeireiros 85, Porto 오픈 09:00~24:00 휴무 일요일 가격 런치 메뉴(월~금 12:00~15:00) €6, 샌드위치 €4.90, 샐러드 €6 전화 +351 22 321 6471 홈피 www.asandeira.pt 지도 맵북 P.35-D

골목길에 자리한 조그만 가게지만, 점심 시간이면 줄을 서야 할 만큼 붐비는 곳이다. 샌드위치 전문점으로, 특히 신선하고 건강한 재료에 바삭하게 구운 바게트가 인기다. 과일과 채소를 이용한 다양한 음료도 있는데, 런치 메뉴에는 음료를 추가해주므로 점심시간이 특히 붐빈다.

지마우 타파스 이 비뉴스
Jimão tapas e vinhos

카이스 다 히베이라에 자리한 아담한 타파스바다. 2층까지 좌석이 있지만, 예약하지 않으면 앉을 수 없을 만큼 많은 사람들로 붐빈다. 이 집의 특별 메뉴는 식당 이름이기도 한 지마우 Jimão로, 포르투 와인에 초리조(소시지의 한 종류)를 졸여 낸 것이다. 단짠의 묘미를 보여주는 안주라 맥주나 와인과 함께 먹으면 그만이다. 그 외에도 문어가 가득 들어간 먹물 파스타 등 다양한 타파스도 맛볼 수 있다.

주소 nº 11,12, Praça da Ribeira, 4050-509 Porto 오픈 12:00~18:00, 19:00~24:00 휴무 화요일 가격 타파스 €3~7 전화 +351 22 092 4660 홈피 www.jimao.pt 지도 맵북 P.34-G

에스플라나다 트란스파렌트
Esplanada transparente

동 루이스 1세 다리를 건너 가이아 케이블카 위층에 자리한 카페다. 강 건너편의 포르투 전망이 시원하게 펼쳐지는 곳으로, 야외 테라스도 있고 안쪽 자리도 통유리로 되어 있어 어디서든 멋진 전망을 즐길 수 있다. 간단한 음료에도 자릿값을 톡톡히 내야 하는 곳이지만 전망과 함께 식사를 하기에는 나쁘지 않다.

주소 Calçada da Serra 161, 4430-999 Vila Nova de Gaia **오픈** 10:00~19:00 **가격** 샌드위치나 샐러드 €8~12, 피자 €12~14 **전화** +351 22 099 6290 **홈피** www.esplanada.pt **지도** 맵북 P.34-K

카사 비우바
Casa Viúva

카르무 성당 부근에 자리한 동네 맛집이다. 입구가 작고 허름한 편이며 영어 메뉴도 없어서 거의 현지인들 위주로 운영하는 식당이다. 메뉴가 다양하지는 않은데 주문이 어렵다면 그냥 오늘의 메뉴를 시키거나 옆 테이블에서 먹는 것을 달라고 해보자. 주로 대구 등 해산물이 들어간 포르투갈 음식이며 로컬 식당인 만큼 가성비가 좋다.

주소 R. Actor João Guedes 15, 4050-158 Porto **오픈** 10:00~15:00, 19:00~23:00 **휴무** 일요일 **가격** 오늘의 메뉴 €9, 생선이나 고기 요리 €6~12 **전화** +351 22 200 0672 **지도** 맵북 P.35-A

포르투 칩스
Porto Chips

주소 R. de Mouzinho da Silveira 280, 4000-069 Porto 오픈 09:00~23:00 가격 감자튀김 사이즈별 €3~5, 크로켓 €0.80(3개 €2) 전화 +351 91 926 0348 지도 맵북 P.35-E

세계 어디를 가나 감자튀김은 맛있지만, 포르투 칩스의 감자튀김은 뭔가 다른 매력이 있다. 감자튀김 말고도 치즈 크로켓, 고구마튀김 등 다양한 크로켓과 튀김을 팔고, 샐러드와 음료도 있어서 간단한 간식을 즐기기에 좋다. 자체 개발한 여러 가지 소스도 맛있는데, 따로 사야 한다는 점은 좀 아쉽다.

산티니
Santini

1949년 카스카이스 근처의 타마리스에 처음 오픈해 지금까지 명성을 이어오고 있는 포르투갈의 인기 아이스크림 가게다. 다양한 맛이 있지만 특히나 새콤한 레몬 맛은 가끔 품절될 만큼 인기다. 카스카이스와 리스본에도 지점이 있으며, 메뉴를 확장해서 지금은 페스트리, 케이크, 와플, 크레페도 판매하고 있다. 포르투 지점은 리베르다드 광장 근처의 골목 안에 있으며 상 벤투역에서도 가까운 편이다.

주소 Largo dos Lóios 16, 4050-338 Porto 오픈 13:00~24:00 가격 사이즈별 €2.90~3.90 전화 +351 22 201 1692 홈피 www.santini.pt 지도 맵북 P.35-E

아르 드 히우
Ar de Rio

'히베이라 드 가이아'를 따라 강변에 자리한 카페 겸 레스토랑이다. 저녁이면 스스로 아름다운 조명을 밝히며 포르투의 야경을 즐길 수 있고 낮에는 강변의 평화로운 풍경을 즐길 수 있는 곳으로, 음식 또한 수준급이라 인기가 많다. 보통 스테이크를 많이 먹는데, 느끼해도 한 번쯤 먹어보고 싶은 프란세지냐를 작은 사이즈로도 판매하고 있어 다른 음식과 함께 먹으면 좋다.

주소 Av. de Diogo Leite 5, 4400-266 Vila Nova de Gaia 오픈 12:00~24:00 가격 프란세지냐 €6~12, 스테이크 €11~18 전화 +351 22 370 1797 홈피 www.arderio.pt 지도 맵북 P.34-J

메르카두 베이라 히우
Mercado Beira Rio

최근 급속도로 개발되고 있는 가이아 지구에 새롭게 단장한 푸드코트다. 가이아 케이블카 바로 건너편에 자리해 찾아가기도 편리하고 강변을 끼고 있는 주변 환경도 좋다. 여러 음식 부스들이 들어와 있어서 커피, 맥주, 와인, 디저트나 간단한 식사를 하기 좋으며 셀프서비스라 가격도 저렴한 편이다. 축구 경기라도 있는 날이며 대형 스크린 앞에 모여든 사람들도 매우 북적인다.

주소 Largo Sampaio Bruno 10, 4400-161 Vila Nova de Gaia 오픈 매장마다 차이가 있으며 건물 자체는 5~9월 일~수 10:00~24:00, 목~토 10:00~02:00 / 10~4월 일~수 10:00~23:00, 목~토 10:00~24:00 전화 +351 930 415 404 홈피 www.mercadobeirario.pt 지도 맵북 P.34-J

아 비다 포르투게사
A Vida Portuguesa

포르투갈의 대표적인 대형 기념품 편집샵으로 리스본에 본점이 있다. 원래도 인기 있는 가게지만, 특히 포르투 지점은 렐루 서점 옆에 위치해 함께 둘러보기에 좋으며 상점의 규모도 매우 크다. 관광객들을 겨냥한 너무나도 예쁜 소품들로 가득해서 구경을 하다 보면 시간 가는 줄 모른다. 코우투 치약, 클라우스 포르투 비누 등 '메이드 인 포르투갈'을 대표하는 엄선된 상품들이라 싸구려 기념품들과는 차원이 다르다. 단, 그만큼 가격대도 좀 있는 편이다.

주소 R. da Galeria de Paris 20, 4050-182 Porto 오픈 월~토 10:00~20:00, 일요일 · 공휴일 11:00~19:00 홈피 www.avida portuguesa.com 지도 맵북 P.35-D

비아 카타리나
Via Catarina

산타 카타리나 거리에 자리한 백화점이다. 건물의 정면 입구에 해마다 독특한 장식을 해서 지나가는 사람들의 눈길을 끈다. 밖에서는 작아 보이지만, 안으로 들어가면 중앙이 통으로 뚫린 시원하고 쾌적한 대규모 쇼핑몰이 나오는 것에 놀라게 된다. 맨 위층의 푸드코트, 지하의 소규모 슈퍼마켓까지 4개 층에 걸쳐 90여 개의 상점이 들어서 있다.

주소 Rua de Santa Catarina 312, 4000-008 Porto 오픈 상점 10:00~21:00, 식당 09:00~22:00 홈피 www.viacatarina.pt 지도 맵북 P.35-C

비아 카타리나 푸드코트

클라우스 포르투
Claus Porto

세계적인 럭셔리 비누 브랜드로 성장한 클라우스 포르투는 1887년에 포르투에서 탄생했다. 당시에는 왕실이나 귀족들이 사용하던 비누로, 자연에서 얻은 천연 재료를 사용해 향이 좋으면서도 고급스러운 비누였다. 재료도 좋지만 튼실한 공정을 거쳐 단단하게 오래 쓸 수 있으며 아름다운 포장까지 해서 가격이 좀 비싸기는 하지만, 지금도 전 세계적으로 사랑을 받고 있다. 포르투갈의 기념품점이나 편집숍 등 다양한 상점에서 살 수 있는데, 2017년에 130주년을 기념해 오픈한 포르투 매장에 가면 놀라울 정도로 다양한 향과 예쁘게 포장된 비누를 만날 수 있다. 시향은 물론 세면대가 있어 직접 사용해 볼 수도 있다.

주소 R. das Flores 22, 4050-253 Porto 오픈 10:00~20:00 홈피 www.clausporto.com 지도 맵북 P.35-D

포르투스 칼레
Portus Cale

포르투에서 탄생한 또 하나의 향기 포르투스 칼레는 우리나라에도 들어와 있지만, 포르투갈에서는 더 저렴한 가격으로 다양한 향을 만날 수 있다. 고급지고 예쁜 포장 덕분에 선물용으로 특히 인기이며 비누와 디퓨저, 향초, 바디용품 등이 있다. 포르투 브랜드지만 자체 매장은 따로 없고 백화점이나 편집숍, 기념품점 등 다양한 상점에서 취급하고 있다.

주소 Castelbel no Palácio das Artes. R - de Ferreira Borges, 4050-292 Porto 오픈 12:00~20:00 지도 맵북 P.34-G

COIMBRA

코임브라

포르투갈 역사상 첫 번째 수도로서 교육과 문화의 중심지였던 코임브라는 지금도 유서 깊은 대학 도시의 면모를 가지고 있다. 포르투갈 최초의 대학이 자리해 학문이 발달해왔고 고대 로마시대의 유적지도 남아 있는 역사적인 곳으로, 도시 전체가 세계문화유산으로 지정되어 있다.

Transportation
교통 정보

가는 방법

코임브라는 리스본과 포르투 사이에 있는 도시로, 당일치기 여행이라면 포르투에서 이동하는 것이 좋다. 리스본에서는 왕복 5시간이나 걸려 코임브라를 제대로 보기 어렵기 때문이다. 이동 시간은 기차와 버스가 비슷하지만, 코임브라 기차역이 시내에서 가까워 버스보다 좀 더 편리하다.

기차

리스본의 산타 아폴로니아역 Estação de Santa Apolónia이나 오리엔테역 Gare do Oriente에서 출발해 2시간 20분 정도 소요된다. 코임브라 기차역은 관광지가 모여 있는 구시가지와 가까운 코임브라 A역과 구시가지와 2.5km 정도 떨어져 있는 코임브라 B역이 있다. 그냥 코임브라역이라고 하면 코임브라 A역을 말한다. 대부분의 장거리 열차는 B역에 정차하는데, B역과 A역을 오가는 기차가 수시로 있으니 A역으로 이동한 후 걸어가면 된다.

홈피 www.cp.pt

출발지	소요 시간	출발역
리스본	2시간 20분~2시간 35분	산타 아폴로니아역 Estação de Santa Apolónia, 오리엔테역 Gare do Oriente
포르투	1시간 30분~2시간 15분	캄파냐역 Campanha

버스

리스본의 세트 히우스 Sete Rios 버스터미널에서 헤드 에스프레수스 Rede Expressos 직행버스로 2시간 10분 정도 소요된다. 코임브라의 버스터미널은 코임브라 2개의 기차역 중간에 위치하며, 관광지가 모여 있는 구시가지로 가려면 터미널 옆에 있는 맥도날드 반대쪽 방향(남쪽)으로 15분 정도 걸어가면 된다. 터미널 앞에 28번 버스가 있는데, 상행선은 코임브라 B역, 하행선은 코임브라 A역으로 간다.

출발지	소요 시간	버스 회사
리스본	2시간 10분~2시간 35분	헤드 에스프레수스 Rede Expressos www.rede-expressos.pt
포르투	1시간 25분	
파티마	55분~1시간 25분	
나자레	1시간 40분~2시간	헤드 에스프레수스 Rede Expressos www.rede-expressos.pt
		테주 Tejo www.rodotejo.pt

BEST COURSE

코임브라 추천 코스

코임브라는 포르투에서 당일치기 여행이 가능한 도시다. 구시가지는 버스터미널이나 기차역에서 조금 떨어져 있지만, 대부분의 볼거리들이 모여 있어 걸어 다니면서 볼 수 있다.

Check List

- ☑ 포르투갈 최초의 대학 방문하기
- ☑ 코임브라 대학 종탑에 올라 도시 조망하기
- ☑ 마샤두 드 카스트루 미술관 지하의 로마 유적 둘러보기

DAY 1

1. **구 대성당**
   ▼ 도보 2분
2. **마샤두 드 카스트루 국립 미술관**
   ▼ 도보 2분
3. **신 대성당**
   ▼ 도보 1분
4. **코임브라 대학교**
   ▼ 도보 8분
5. **조아니나 도서관**
   ▼ 도보 10분
6. **산타 크루즈 수도원**

tip

힘들 때는 미니버스를 이용하자

구시가지에 대부분의 볼거리가 모여 있어서 걸어서 다닐 수 있는데, 언덕길이 제법 있어 힘들 수도 있다. 미니버스의 아줄 Ajul 라인을 이용하면 산타 크루즈 수도원, 시청사, 구 대성당, 포르타젱 광장 등을 편하게 둘러볼 수 있다.

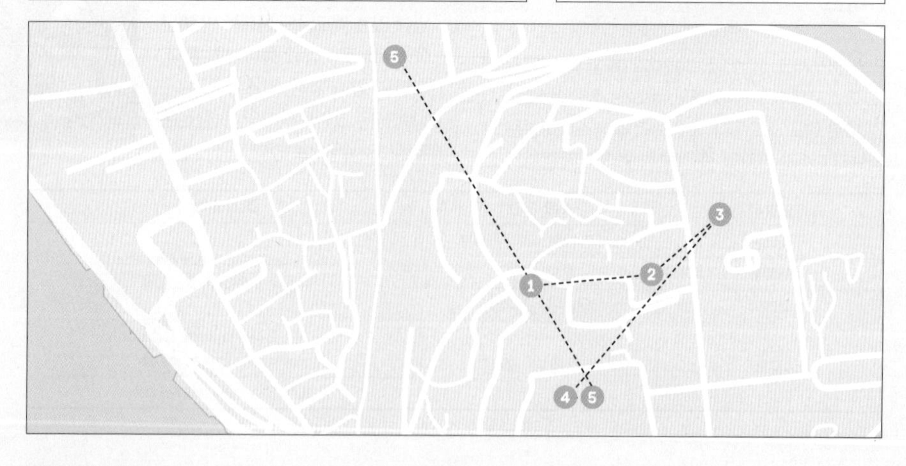

구 대성당
Sé Velha

아폰수 1세가 포르투갈 왕국을 건립하고 코임브라를 수도로 삼았을 때, 무어인들이 사용했던 건물을 성당으로 재건한 것이다. 포르투갈 왕국 초기의 주요 성당으로서 아폰수의 아들 산초 1세의 즉위식이 열렸던 곳이기도 하다. 16세기 무렵 남쪽 예배당이나 성당 북쪽 파사드의 문(Porta Especiosa) 등을 추가로 건설하면서 르네상스 양식이 가미되었지만, 건물의 대부분은 로마네스크 양식으로 지었다. 레콩키스타시대 대부분의 포르투갈 건물들이 파괴되거나 재건, 개축, 증축되었는데, 구 대성당은 거의 유일하게 원형을 유지했기 때문에 로마네스크 건축물로서 역사적인 가치도 높다.

위치 코임브라 A역에서 도보 10분 주소 Largo Sé Velha, 3000-383 Coimbra 오픈 월~금 10:00~17:30, 토요일 10:00~18:30, 일 · 휴일 11:00~17:00 요금 €2.50 홈피 www.sevelha-coimbra.org 지도 맵북 P.33-D

신 대성당
Sé Nova

16세기에 예수회 교회로 지어졌으나 18세기 주제 1세의 총리였던 폼발 후작이 예수회를 추방하면서 구 대성당의 주교 관할권은 신 대성당으로 교체되어 현재까지 이어지고 있다. 바로크 양식의 건물 모양은 브라질 등 포르투갈 식민지에 지은 많은 성당들의 모델이 됐다. 건물 위쪽은 바로크 양식, 아래는 후기 르네상스 양식이며 정면에 4인의 예수회 성인의 조각이 있다. 내부는 매우 화려해서 결혼식장으로도 인기다.

위치 마사두 드 카스트루 미술관에서 도보 1분 주소 Largo Feira dos Estudantes, 3000-213 Sé Nova, Coimbra 오픈 월~토 09:00~18:30, 일요일 10:00~12:30 요금 무료 지도 맵북 P.33-D

마샤두 드 카스트루 국립 미술관
Museu Nacional Machado de Castro

구 대성당에서 신 대성당으로 가는 길에 있는 이 미술관은 중세시대 주교가 살았던 궁전을 개조해 1913년에 미술관으로 개관한 것으로 전망 좋은 레스토랑도 갖추고 있다. 포르투갈의 유명한 조각가 주아킹 마샤두 드 카스트루 Joaquim Machado de Castro에서 이름을 따왔으며 12~20세기에 이르는 회화, 조각, 타일, 가구 등 다양한 작품을 전시하고 있다. 이 미술관이 특히 흥미로운 점은 건물 지하에 엄청난 규모의 로마시대 유적지가 남아 있다는 것이다. 크립토포르티쿠스 Cryptoporticus(포르투갈어로 크립투포르티쿠 Criptopórtico)라 부르는 이 유적은 고대 로마의 건축 형태로 터널처럼 천장이 있는 긴 복도가 특징인데, 시장이나 포럼의 역할을 했던 것으로 추정하고 있다. 보존 상태와 규모가 놀라운 수준이다.

위치 구 대성당에서 도보 3분 **주소** Largo Dr. José Rodrigues, 3000-236 Coimbra **오픈** 화 14:00~18:00, 수~일 10:00~18:00 **휴무** 월요일, 1.1, 부활절, 5.1, 7.4, 12.24, 25 **요금** 박물관 일반 €6, 학생 €3 / 크립투포르티쿠 일반 €3, 학생 €1.50 **홈피** museumachadocastro.gov.pt **지도** 맵북 P.33-D

크립투포르티쿠

코임브라 대학교
Universidade de Coimbra

1290년에 디니스 Dinis 왕의 명으로 설립한 포르투갈에서 가장 오래된 대학교다. 처음 지어진 곳은 리스본이었으나 몇 차례 코임브라로 옮기다가 1537년에 지금의 알카소바 Alcáçova 궁전으로 이전하였다. 원래 신학, 교회법, 법학, 의학만 가르쳤는데, 1772년에 폼발 후작 Marquês de Pombal의 개혁으로 근대적인 과학과 다른 학과들도 만들었다. 대학의 광장과도 같은 안뜰 Pátio das Escolas 중앙에는 코임브라로 대학을 옮겨온 주앙 3세의 동상이 있으며, 대학의 동쪽 입구에는 대학을 설립한 디니스 왕의 동상이 있다. 2013년에 유네스코 세계문화유산으로 지정되었을 만큼 학교 건물 하나하나가 모두 유적처럼 오랜 역사를 가지고 있어 요금을 지불하고 둘러볼 가치가 있다. 교내 기념품점에서는 대학 로고가 담긴 티셔츠와 펜, 그리고 학교 문장과 패턴이 담긴 기념품을 살 수 있다.

위치 구 대성당에서 도보 6분 주소 Pátio das Escolas da Universidade de Coimbra, 3004-531 Coimbra 오픈 09:00~17:00 요금 대학 궁전 Paço ao Colégio(관광지 통합 티켓) 일반 €12.50, 학생 €10.00 / 종탑 일반 €2.00, 궁전티켓 구입시 €1.00 홈피 www.uc.pt/turismo 지도 맵북 P.33-D

주앙 3세

조아니나 도서관 Biblioteca Joanina

'조아니나 Joanina'라는 이름은 18세기 초반 도서관을 짓는데 후원한 주앙 5세를 일컫는다. 도서관 한쪽에 주앙 5세의 초상화가 있다. 바로크 양식의 진수로 알려진 이곳에는 12~16세기 수집한 책들을 소장하고 있다. 책이 많은 곳이라 좀벌레가 싫어하는 참나무로 책장을 만들었고 밤에는 박쥐가 벌레를 잡아먹는다고 한다. 아름다운 프레스코 천장화와 금으로 그린 중국풍 그림도 볼만하다. 도서관으로 들어가기 전 지하에는 책을 훔치는 등 규정을 위반한 학생을 가두었던 학생 감옥도 볼 수 있다.

상 미겔 성당 Capela de São Miguel

조아니나 도서관 바로 옆에 있는 건물이다. 들어가는 입구는 1521년에 지어진 마누엘 양식의 문으로 섬세한 조각들이 눈에 띄며, 내부 인테리어는 17~18세기에 완성된 것으로 아줄레주와 화려한 천장을 볼 수 있다.

탑 전망대 Torre da Universidade de Coimbra

광장의 모퉁이에 자리한 종탑은 코임브라 대학뿐 아니라 도시 전체에서 가장 높은 곳에 있어 훌륭한 전망대 역할을 한다. 1728~1733년에 지어졌으며 좁은 계단을 걸어 올라가면 코임브라 전체를 360도로 조망할 수 있다.

사도의 방 Sala dos Capelo

원래 왕좌의 홀이었으며 현재는 입학식이나 졸업식 등 대학 행사에 이용하는 아름다운 강당이다. 스페인 지배 시기를 제외한 포르투갈 역대 왕들의 초상화가 걸려 있다.

철의 문 Porta Férrea

구 대학으로 들어가는 작은 입구로, 10세기 후반에 지어진 알카소바 궁전의 문이었으며 지금의 장식은 17세기에 만들었다. 코임브라 대학이나 교육과 관련된 조각들이 있고, 문 바깥쪽 바닥에는 코임브라 대학교의 휘장인 지혜의 여신 모자이크가 있다.

산타 크루즈 수도원
Mosteiro de Santa Cruz

1131년에 코임브라를 방어하기 위해 세운 건물이었는데, 이후에 수도원과 교회로 개축했다. 포르투갈 왕국을 건립한 아폰수 1세와 그의 아들 산초 1세가 묻힌 곳으로, 현재는 보통 산타 크루즈 교회 Igreja de Santa Cruz라고 불리며 국립 기념물로 지정되어 있다. 현재 지어질 당시의 초기 로마네스크 양식은 현재 남아 있지 않으며, 16세기에 마누엘 1세가 완전히 개축해 아줄레주와 함께 다양한 마누엘 양식을 볼 수 있다. 정문 바로 오른쪽에는 수도원 일부를 개조해 카페로 만들었다.

위치 구 대성당에서 도보 6분 **주소** Praça 8 de Maio, 3001-300 Coimbra **오픈** 월~토 11:30~16:30, 일 · 휴일 14:00~17:00 **요금** 일반 €3 **홈피** igrejascruz.webnode.pt **지도** 맵북 P.33-C

망가 정원
Jardim da Manga

산타 크루즈 수도원 뒤쪽에 있는 작은 정원이다. 정원 중앙에는 분수 사이로 솟아 있는 독특한 모습의 건축물이 있어 눈길을 끄는데, 마누엘 1세의 아들이었던 주앙 3세의 소매 모양을 본떠 만든 것이라고 한다. '망가 Manga'는 포르투갈어로 옷의 '소매'를 뜻한다.

위치 산타 크루즈 수도원에서 도보 2분 주소 R. Olímpio Nicolau Rui Fernandes 182, 3000-122 Coimbra 지도 맵북 P.33-D

포르타젱 광장
Largo da Portagem

코임브라 시가지를 둘로 나누는 몬데구 Mondego 강변에 자리한 광장이다. 코임브라 구시가지의 번화가인 페헤이라 보르즈스 거리 Rua Ferreira Borges가 시작되는 곳으로 반대쪽으로는 몬데구강을 건너는 산타 클라라 다리 Ponte de Santa Clara가 있다. 광장 중앙에는 19세기 정치가였던 호아킹 드 아귀아르 Joaquim António de Aguiar의 동상이 서 있으며 주변에 관광안내소와 카페 등이 있어 잠시 쉬어가기 좋다.

위치 코임브라 A역에서 도보 5분 주소 Largo da Portagem, 3000-337 Coimbra 지도 맵북 P.33-C

로지아
Loggia

마샤두 드 카스트루 미술관에 자리한 레스토랑으로 뛰어난 전망을 자랑한다. 미술관 입구에서 안쪽으로 들어가 회랑을 지나면 바로 탁 트인 코임브라 전경과 마주할 수 있다. 대형 유리창의 현대식 건물과 테라스에서 구 대성당의 돔과 코임브라 대학이 보인다. 간단한 커피나 와인도 좋고, 평일이라면 런치 뷔페를 할인된 가격에 즐길 수 있다.

주소 Largo Dr. José Rodrigues, 3000-236 Coimbra 오픈 수~토 10:00~22:30, 화 · 일 10:00~18:00 휴무 월요일 전화 +351 239 853 076 홈피 loggia.pt 지도 맵북 P.33-D

카쿠
Caco

리스본, 포르투 등 포르투갈 주요 도시에 체인점이 있는 머핀 샌드위치 전문점으로, 코임브라 지점은 위치가 편리해 이용하기 좋다. 산타크루즈 수도원에서 구시가지로 들어가는 골목 초입에 있으며 다른 식당과 달리 주말 아침에도 오픈한다. 부담 없는 가격으로 샌드위치나 햄버거, 샐러드, 커피 등을 즐길 수 있다.

주소 Rua Visconde da Luz, n15, 3000-414 Coimbra 오픈 월~토 10:30~22:00, 일요일 · 공휴일 11:00~21:00 전화 +351 239 101 270 홈피 originalcaco.com 지도 맵북 P.33-C

니콜라
Nicola

코임브라의 번화가이자 보행자 전용 도로인 페헤이라 보르즈스 거리 Rua Ferreira Borges에 자리한 카페다. 여러 종류의 페스트리와 타르트, 그리고 페다스 베바다스 pêras bebadas(포르투 와인에 조린 배) 등 다양한 디저트가 있는데, 매우 달고 맛있다. 포르투갈의 3대 커피로 꼽히는 니콜라 커피도 마실 수 있다.

주소 R. Ferreira Borges 35, 3000-180 Coimbra 오픈 08:00~20:00 전화 +351 239 094 066 홈피 nicolacoimbra.eatbu.com 지도 맵북 P.33-C

오슬로 호텔 루프탑 바
Rooftop Bar

코임브라 A역 부근에 자리한 오슬로 호텔 옥상에는 전망이 좋은 바가 있어 해가 질 무렵 시원한 맥주나 칵테일을 즐기기 좋다. 코임브라 대학을 중심으로 한 구시가지 언덕이 한눈에 들어와 일정을 마무리하면서 들러 보기에 좋다.

주소 Av. Fernão de Magalhães, 25 3000-175 Coimbra 오픈 18:30~23:00 전화 +351 239 829 071 홈피 www.hoteloslo-coimbra.pt 지도 맵북 P.33-C

11

BRAGA
브라가

브라가는 젊은이들의 수도로 꼽힐 만큼 학생들이 많이 사는 대학도시다. 또한, 포르투갈에서 가장 오래된 도시 중 하나로, 로마시대 이전의 유적지가 있는 곳이기도 하다. 그만큼 오랜 역사와 젊은 에너지가 공존하는 곳이며, 근교에 성스러운 교회가 있어 순례자들도 많이 찾아온다.

Transportation
교통 정보

가는 방법

브라가는 포르투에서 가까운 도시로, 대부분의 여행자들은 포르투에서 당일치기로 다녀오거나 1박 2일 일정으로 돌아본다. 포르투에서 기차나 버스를 이용해 1시간 정도면 갈 수 있으며, 버스보다 기차가 더 편리하다.

기차

포르투의 상 벤투역에서 출발하는 근교 열차는 1시간 정도 걸리는데 운행 편수가 많아 편리하고 예약도 필요 없다. 브라가 기차역은 시내 서쪽 끝에 있는데 시내까지는 걸어서 15분 정도이며, 기차역 바로 앞에 시내 중심이나 봉 제수스 두 몬트로 가는 버스가 있다.

홈피 www.cp.pt

TALK

기차역 지하에 목욕탕이!

브라가 기차역 지하에는 고대 로마 시대 이전의 유적지가 남아 있어 놀라움을 주고 있다. 발네아리우 Balneário라 불리는 이 유적지는 기원전에 고대 켈트족들이 사용했던 목욕탕으로 추정되며 당시 오일을 몸에 바르고 스팀 목욕을 했다는 기록이 있다.

출발지	소요 시간	출발역
포르투	55분~1시간 11분	상 벤투역 São Bento
코임브라	2시간 11분~3시간 30분	(코임브라역 Coimbra) 코임브라 B역 Coimbra B
리스본	3시간 16분~4시간 50분	오리엔테역 Oriente

버스

포르투의 바탈랴 버스정류장에서 헤드 에스프레수스 Rede Expressos 버스로 1시간 정도 소요된다. 브라가 버스터미널은 시내 북쪽 끝에 있는데, 시내 중심까지는 걸어서 15분 정도 걸린다.

출발지	소요 시간	버스 회사
포르투	1시간~1시간 10분	헤드 에스프레수스 Rede Expressos www.rede-expressos.pt
리스본	4시간 15분~5시간 10분	

BEST COURSE

브라가 추천 코스

브라가는 포르투에서 당일치기 일정으로 다녀오기 좋다. 시내에 볼거리가 모여 있고 걸어서 돌아다닐 수 있어 반나절이면 둘러볼 수 있지만, 외곽의 봉 제수스 두 몬트에 다녀오려면 하루를 잡아야 한다.

Check List

- ☑ 봉 제수스 두 몬트 계단 걸어 오르거나 내려가며 조각상과 전망 감상하기
- ☑ 비스카이뉴스 저택 둘러보며 18세기 생활상 엿보기
- ☑ 성당으로 둘러싸인 산타 크루즈 광장 산책하기

DAY 1

1. **봉 제수스 두 몬트**
   ▼ 버스 20분
2. **헤푸블리카 광장**
   ▼ 도보 5분
3. **아이돌의 샘**
   ▼ 도보 1분
4. **하이우 궁전**
   ▼ 도보 2분
5. **산타크루즈 광장**
   ▼ 도보 4분
6. **브라가 대성당**
   ▼ 도보 6분
7. **비스카이뉴스 박물관**

tip

봉 제수스 두 몬트까지는 2번 버스로

브라가 기차역에서 출발하는 2번 버스는 시내를 관통해 봉 제수스 두 몬트까지 가는 노선이라 어디에서 타든지 종점에서 내리면 된다. 기차역에서 45분, 시내에서 20분 정도 소요된다(편도 €1.65, 왕복 €3). 단, 브라가로 돌아오는 버스는 저녁에는 운행하지 않으므로 오전에 다녀오는 것이 좋다.

봉 제수스 두 몬트
Bom Jesus do Monte

봉 제수스 두 몬트는 포르투갈의 중요한 순례 장소 중 하나다. 14세기부터 이 자리에 예배당이 있었는데, 지금의 모습은 1722년에 완성되었다고 한다. 이 성당의 가장 특징은 바로크 양식이 돋보이는 지그재그 모양의 계단이다. 순례자들은 그 계단을 올라가면(전통적으로는 무릎을 꿇으면서) 기독교의 물질계와 정신계에 대해 느낄 수 있다고 한다. 계단을 오르는 동안 나타나는 모든 조각과 분수, 동상 등은 모두 기독교적인 의미가 담겨 있어 교육적인 역할도 한다. 5개의 분수는 인간의 오감을 형상화했으며 샘들은 믿음, 소망, 사랑의 샘으로 불린다. 위쪽에 다다르면 그리스도 수난의 장면도 볼 수 있다. 마지막으로 맨 위에 있는 성당은 하나님의 신정을 상징한다.

위치 브라가 기차역에서 2번 버스로 종점(45분) 하차 후 아센소르나 도보로 올라간다. **주소** Estrada do Bom Jesus, 4715-056 Tenões **오픈** 07:30~20:00 **요금** 무료 **홈피** bomjesus.pt

기념품

tip

힘들면 아센소르 타고 가세요!

수많은 계단은 보기만 해도 아찔하다. 올라갈 때 한 번은 아센소르(푸니쿨라)를 이용하는 것도 좋은 방법. 수력을 이용해 움직이는 아센소르는 산을 타고 천천히 성당까지 올라간다. 단, 내려올 때는 꼭 걸어야 한다. 계단 사이사이에 볼거리가 많으며 층마다 내려다 보이는 브라가의 풍경도 달라진다. 편도 요금 €1.20

헤푸블리카 광장
Praça da República

브라가 시내 중심에 공원으로 조성된 광장이다. 광장 남쪽에는 17세기 말에 바로크 양식으로 지은 콘그레가두스 수도원 Convento dos Congregados이 있는데, 현재는 미뉴대학교 음악학과에서 사용하고 있다. 공원 서쪽 끝에는 세월의 무게가 느껴지는 라파 교회 Igreja da Lapa와 1858년에 지어진 브라가에서 가장 오래된 카페인 비아나 카페 Café Vianna가 있다. 건물 뒤쪽으로 살짝 보이는 브라가 탑 Castelo de Braga은 원래 도시를 둘러싼 성채였는데, 현재는 이 탑만 남아 있다. 남쪽으로 뻗은 리베르다드 거리 초입에는 관광안내소가 있다.

브라가 탑

위치 브라가 기차역에서 도보 15분 주소 Praça da República, 4710-249 Braga

아이돌의 샘
Fonte do Ídolo

1세기 로마시대 루시타니아 신을 숭배하는 분수다. 돌에다 우상(idol)을 조각했고 라틴어로 쓴 명문 銘文도 보인다. 현재는 이 오래된 유적을 보호하기 위해서 건물을 지어 관리하고 있으며, 유적지 옆에서는 이 조각과 샘을 설명하는 비디오도 볼 수 있다.

위치 헤푸블리카 광장에서 도보 5분 주소 R. Raio 379, 4700-924 Braga 오픈 월~금 09:30~13:00, 14:00~17:30, 토요일 11:00~17:30 휴무 일요일 요금 일반 €1.85, 학생 €0.95 홈피 cm-braga.pt

하이우 궁전
Palácio do Raio

파란색 타일 벽면이 인상적인 이 건물은 18세기 바로크 건물로 Casa do Mexicano라고도 불린다. 1754년에 브라가의 유명한 건축가이자 조각가 앙드레이 소아레스 André Soares가 지었으며, 바로크 후기 양식에 로코코 초기 양식도 들어가 있어 독특한 매력을 보여준다. 19세기에 미겔 주제 하이우 Miguel José Raio가 이 궁전을 사들이면서 하이우 궁전으로 불렸다.

위치 아이돌의 샘에서 도보 1분 주소 Braga Norte 920, 4700-327 Braga 오픈 화~토 10:00~13:00, 14:30~18:30 휴무 월요일, 일요일 요금 무료 홈피 www.scmbraga.pt

산타 크루즈 광장
Largo de Santa Cruz

브라가 구시가지의 광장으로 아름답고 웅장한 두 개의 성당이 자리하고 있다. 17세기에 성 십자가를 위해 지은 산타 크루즈 성당 Igreja de Santa Cruz과 18세기에 건축가 카를루스 아마란트 Carlos Amarante가 지은 상 마르쿠스 성당 Igreja de São Marcos이 서로 비스듬하게 마주하고 있다. 건축가의 이름을 따 카를루스 아마란트 광장 Largo Carlos Amarante이라고도 한다.

상 마르쿠스 성당

산타 크루즈 성당

위치 하이우 궁전에서 도보 2분 주소 Largo Carlos Amarante, Braga, Norte, 4700-321 Braga

브라가 대성당
Sé de Braga

브라가 대성당은 포르투갈을 건국한 아폰수 1세의 아버지 엔리크가 오래된 교회를 허물고 새로 지은 성당이다. 11세기부터 짓기 시작했지만, 15세기까지 증축하면서 성당의 많은 부분이 변형되었다. 하지만, 포르투갈의 첫 번째 성당이자 가장 오래된 성당으로 역사적인 가치는 상당하다. 지금도 브라가 대주교 관할 구의 성좌로, 포르투갈 교구 중에서 가장 지위가 높다. 산티아고 데 콤포스텔라의 성당과 오랜 경쟁상대이기도 하다.

위치 산타 크루즈 성당에서 도보 3분 **주소** R. Dom Paio Mendes, 4700-424 Braga **오픈** 4~9월 08:00~19:00 / 10~3월 08:00~18:30 **요금** 입장 구역에 따라 일반 €2~3, 12세 이하 무료 **홈피** se-braga.pt

비스카이뉴스 박물관
Museu dos Biscainhos

17~18세기 포르투갈 귀족의 저택으로, 당시 귀족의 일상생활을 엿볼 수 있는 곳이다. 곳곳에 바로크 건축이 많이 남아 있으며, 집 안의 가구도 바로크 양식이다. 내부로 들어가면 아줄레주로 장식한 벽이 있는 방, 부엌과 마구간까지 자세히 볼 수 있어 요금이 아깝지 않다. 또한, 당시에 사용했던 식기나 장식품, 여러 소품을 그대로 전시해 놓아서 소소한 재미를 느낄 수 있다. 건물 밖에 꾸며놓은 정원은 프랑스의 영향을 많이 받았다.

위치 브라가 대성당에서 도보 5분 주소 R. dos Biscaínhos s/n, 4700-415 Braga 오픈 화~일 10:00~12:30, 14:00~17:30 휴무 월요일, 1.1, 부활절, 5.1, 12.25 요금 일반 €2, 학생 €1 홈피 museus.bragadigital.pt

SOAP
PASSPORT

PART 5

여행 준비하기

여행 계획 세우기

대다수의 사람과 같은 일정이거나 비슷하더라도, 준비에 따라 여행의 질은 달라진다.
계절, 여행 시기, 경비에 따라 경험할 수 있는 것은 모두 다르니 경험자의 주관적인 조언보다
자신의 취향을 적극 반영한 일정을 세우는 것이 중요하다.

여행 계획 세우기

항공권 예약에 앞서 스페인, 포르투갈 여행의 대략적인 일정을 정한다. ①**가보고 싶은 도시**들을 지도에 표시한 후 동선을 연결하면 ②**in/out 도시**를 결정할 수 있다. 가이드북에서 제시한 추천 코스는 효율적인 이동 경로를 고려한 루트로 참고하는 것이 좋다.
다만, 여행할 수 있는 기간과 경비는 정해져 있으니 해당 조건에 맞춰 도시들을 추가하거나 과감하게 제외해야 한다. 방문 도시의 축제 일정이나 교통을 고려하며 ③**세부 일정**을 정하면 최종 루트가 완성된다.

정보 수집

여행 전 알아야 할 국가별 기본 정보, 교통편, 추천 코스 등 실용적인 정보부터 현지에서 얻을 수 있는 꿀팁까지. 검증하여 만든 진짜 여행 정보들이 정리된 가이드북은 여행의 전반적인 개념을 잡는 데 도움이 된다. 그 외 필요한 실시간 정보는 관광청, 블로그, 카페, 각종 여행 사이트에서 얻을 수 있다.

스페인 관광청 www.spain.info/en
포르투갈 관광청 www.visitportugal.com

유용한 애플리케이션

지도 애플리케이션

구글 맵스 Google Maps

해외여행 필수 앱 1순위. 이동 경로 및 대중교통을 안내하고, 자동차 내비게이션이나 주변 맛집 추천 등의 기능이 있다. 지도를 미리 다운받으면 데이터 없이 오프라인에서도 사용할 수 있다.

번역 애플리케이션

구글 번역, 파파고 Papago, 플리토 Flitto

의사소통이 어려울 때 유용한 앱. 완벽한 번역은 아니지만 텍스트, 음성, 이미지 번역이 가능한 구글 번역, 이와 더불어 여행 회화 표현을 배울 수 있는 파파고, 집단지성을 이용해 정확한 번역을 제공하는 플리토. 세 가지를 가장 많이 이용한다.

교통 애플리케이션

스카이스캐너 Skyscanner

전 세계 항공권을 비교 검색하는 앱. 편도, 왕복, 다구간 등 항공권 유형별로 간단한 설정을 통해 최저가 검색이 가능하다. 호텔과 렌터카도 최저가 상품으로 제공한다.

오미오 Omio

출발지와 목적지를 설정하면 항공, 기차, 버스 등 각각의 교통수단에 따른 이동 경로 정보가 나오며, 중개 시스템을 통해 예매도 가능한 앱이다.

렌페 Renfe

스페인 철도청 앱. 스페인 내의 모든 기차를 조회하고 예약할 수 있으며, 종이 티켓이 없어도 앱으로 티켓을 확인할 수 있다.

알사 ALSA

버스 회사 알사에서 운영하는 앱으로 스페인 내 이동 시 가장 많이 이용하는 회사 중 하나다. 버스 스케줄을 검색하고 예약할 수 있다.

레일 플래너 Rail planner

유럽의 모든 기차 시간표, 기차역 주변 검색, 주요 도시 지도 등을 확인할 수 있는 유레일 그룹의 앱으로 오프라인에서도 사용할 수 있다.

우버 Uber, 볼트 Bolt

목적지를 영어나 현지어로 설명해야 하는 부담을 덜어주는 택시 앱. 목적지를 설정하면 주변 택시와 연결되고 이동 방법과 예상 비용이 나온다. 미리 등록한 신용카드나 현금으로 지불한다.

숙소 애플리케이션

호텔스컴바인 Hotels Combined

부킹닷컴, 아고다, 익스피디아, 호텔스닷컴 등 호텔 예약 사이트를 중계하는 곳으로 전 세계 277만 개의 호텔을 한 번에 비교하여 최저가를 제공한다.

에어비앤비 Airbnb

현지인의 집 전체 혹은 일부를 임대하는 숙박 공유 서비스. 합리적인 가격으로 현지인처럼 살아보는 여행이 가능하다는 것이 장점이다.

한인텔 Hanintel

전 세계 한국인들이 운영하는 숙소를 검색하는 앱. 시설과 가격을 함께 확인할 수 있고 실시간 예약도 가능하다.

트립어드바이저 TripAdvisor

세계 최대 규모의 여행 사이트로 호텔, 레스토랑, 투어 등 직접 이용해본 사람들의 생생한 리뷰가 많아 도움이 된다. 항공, 호텔, 렌터카 예약도 가능하다.

기타 애플리케이션

엑스커런시 xCurrency

환율 계산기 앱. 현지 통화로 결제할 때 쉽게 원화와 비교할 수 있다. 실시간 환율을 확인할 수 있고, 환율 변동 추이도 무료로 제공한다. 조작이 쉽고 간편하다.

해외안전여행

외교부에서 제공하는 공식 앱. 위기상황에서 대처할 수 있는 방법을 제시하며 국가별 영사관 전화 바로 연결이 가장 큰 장점이다.

여행에 필요한 증명서 발급

타국에서 신분을 증명할 수 있는 여권, 낯선 땅에서 나를 보호해주는 여행자 보험.
그 밖에 각종 할인 혜택을 받고 비상시 도움 받을 수 있는 증명서를 알아본다.

여권

서울은 각 구청, 그 외 도시는 시청이나 도청의 여권과에서 발급받을 수 있다. 여권이 있더라도 유효기간이 최소 6개월 이상 남아 있어야 하고, 정보 변경 · 사증란 부족 · 분실 · 훼손 등의 문제가 있다면 재발급 받아야 한다. 여권 발급은 보통 3~4일 소요되고, 성수기에는 그 이상 소요된다.
(※스페인, 포르투갈을 포함해 솅겐 협정에 체결된 유럽 국가 여행 시 90일 무비자로 입국이 가능)

외교부 여권 안내 홈페이지 www.passport.go.kr

여권 발급에 필요한 준비물

19세 이상 본인 발급

- ☑ 여권 발급 신청서(여권과에 구비)
- ☑ 여권용 사진 1매(6개월 이내 사진)
- ☑ 신분증(주민등록증, 운전면허증 등)
- ☑ 수수료(10년 복수 여권 53,000원)

여행자 보험

소지품 도난, 휴대품 파손, 항공/수하물 지연 등은 스페인과 포르투갈 여행에서 가장 많이 발생할 수 있는 일이다. 여행자 보험은 이러한 크고 작은 사고 대비하기 위해 가입하는 것으로 여행 지역, 기간, 연령에 따라 보험사마다 보험료와 보상 한도액이 다르다. 보상 시 필요한 서류는 발생 문제에 따라 다르니 미리 확인해야 한다.

국제 학생증 ISIC, ISEC

스페인과 포르투갈에서 학생 신분을 증명하면 박물관 및 미술관을 포함한 명소, 교통, 숙소, 투어 등 혜택을 받을 수 있다. ISIC, ISEC 두 카드는 할인혜택에 약간의 차이가 있을 뿐 크게 다르지는 않으므로 편한 곳에서 발급받으면 된다. 대부분 재학 중인 대학교와 제휴를 맺고 있어 발급이 쉽고 그 외 은행, 여행사, 공식 사이트에서 신청하면 된다. 비슷한 성격의 증명서로는 국제교사증 ITIC, 국제청소년증 IYTC가 있다.

ISIC(유효기간 1년 / 17,000원)
www.isic.co.kr
ISEC(유효기간 1년 / 17,500원)
www.isecard.co.kr

국제 운전면허증

차량을 렌트할 계획이 있다면 국제운전면허증은 필수다. 전국 운전면허시험장 및 경찰서, 인천공항 국제운전면허 발급센터에서 신청하면 된다. 스페인과 포르투갈에서 운전 시 국제운전면허증, 한국 면허증, 여권을 함께 소지해야 하며, 이를 어길 시 무면허 운전으로 처벌받을 수 있다. 국제운전면허증 유효기간은 1년이고 발급 비용은 8,500원이다.

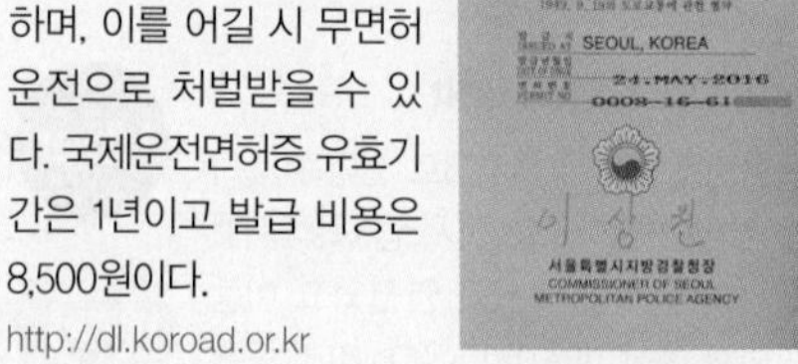

http://dl.koroad.or.kr

항공권 예약

대략적인 루트와 여행 기간이 정해졌다면, 항공권 예약을 서둘러야 한다.
전체 여행경비에서 큰 비중을 차지하는 항공권 비용을 아끼면 조금 더 오래, 여유롭게 여행할 수 있다.

스페인 포르투갈 항공권 예약 팁

바르셀로나 직항편은 대한항공과 아시아나, 마드리드 직항편은 대한항공만 있다. 그 외 스페인 도시와 포르투갈은 경유편을 이용하게 된다. 이때 스탑오버를 이용하면 다른 유럽 국가나 중동 국가에 짧게 머무르며 여행할 수 있다.
저렴하게 구입하는 방법으로 ①**얼리버드 항공권**을 노리는 것인데 항공권은 대개 3개월 전부터 예약하지만, 여름 성수기나 황금연휴에 간다면 5~6개월 전에 예약해도 좌석이 없는 경우가 많아 최대한 빨리 구입하는 것이 좋다. 여행시즌에 맞춰 항공사에서 진행하는 ②**항공사 프로모션**도 눈여겨봐야 한다.

항공권 예약 시 주의사항

❶ 여권의 영문 이름과 동일하게 예약
❷ 항공권 유효기간 확인
❸ 변경 및 취소 규정 확인
❹ 충분한 환승 시간(경유편)
❺ 운임 요금에 따른 마일리지 적립 여부
❻ 도착 시각 및 시내까지 이동 시간 고려

항공권 비교 검색 사이트

스카이스캐너

skyscanner

가장 대표적인 항공권 비교 사이트로 달력에 일별로 항공권 가격이 표시돼 출발일과 도착일을 직접 선택하여 저렴하게 예약할 수 있다.

홈피 www.skyscanner.co.kr

카약닷컴

KAYAK

조회한 항공편의 가격 변동을 예측하여 적절한 시기에 예약할 수 있게 하며, 다구간 선택 시 탑승 클래스를 별도로 선택하여 조회할 수 있다.

홈피 www.kayak.co.kr

네이버 항공권

N 항공권

국내 다양한 여행사와 카드사에서 제시하는 할인 조건을 한눈에 비교하고, 해당 플랫폼과 중개하는 역할을 하고 있어 한국인에겐 가장 편리한 플랫폼이다.

홈피 https://store.naver.com/flights

숙소 예약

여행할 도시가 정해졌다면, 예산과 선호하는 숙박의 형태에 따라 숙소를 예약한다.
예상한 것보다 숙소가 좋지 않다면 여행의 즐거움이 반감되니 꼼꼼하게 비교하고 결정해야 한다.

예약 시기

여행객이 가장 많은 7~8월에 간다면 항공편과 일정이 모두 정해졌을 때 최대한 빨리 해야 한다. 시간을 지체할수록 숙소 선택의 폭이 좁아지고 가격은 오르기 때문이다. 비수기에는 현지에서 예약하며 일정을 조정할 수 있을 정도로 여유로우니 다양한 프로모션까지 따져가며 비교해보고 예약해도 큰 무리가 없다.

숙소를 정하는 기준

'적당히 깔끔하고, 적당히 지낼 공간'을 찾는 것이 생각보다 어렵다. 호텔 · 호스텔 · 한인 민박 · 현지인 집 등 숙소 형태만 해도 다양하며 각자가 생각하는 예산과 취향도 다르다. 우선, 숙소의 형태를 선택하고 가격, 접근성을 비롯한 여건을 고려해야 한다.

- **호텔** 가장 무난하고 안전한 숙박 타입
- **호스텔** 가성비가 중요하고, 외국인과의 소통을 원하는 여행객
- **한인 민박** 원활한 소통과 한식이 가장 큰 장점
- **현지인 집** 여행지에서 현지인처럼 살아보는 독특한 경험 선사

01

가격

가장 중요한 부분 중 하나로 예산 안에서 취향에 맞는 숙소를 찾는다. 호텔 검색 사이트, 숙소 홈페이지를 직접 비교하면서 발품을 팔아야 가성비 좋은 숙소를 예약할 수 있다.

02

접근성

가격만 쫓는다면 시내 중심지와는 동떨어진 숙소를 고르게 될 수도 있다. 기본적으로 관광지와 가까운 곳을 예약하는 것이 좋지만, 숙소가 멀더라도 교통수단을 쉽게 이용할 수 있는 곳이어야 한다.

03

기타

치안, 위생, 시설 등 그 밖에 중요시하는 것을 리뷰를 통해 확인한다. 숙소 제공 사진과 실제는 아주 다르다던가, 베드버그가 나왔다는 등 보이는 것과 전혀 다른 뒷이야기가 있을 수 있으니 꼭 찾아봐야 한다.

숙소 예약 사이트

호텔스컴바인 Hotels Combined
www.hotelscombined.co.kr
에어비앤비 Airbnb
www.airbnb.co.kr
한인텔 Hanintel
www.hanintel.com

환전 및 신용카드

스페인과 포르투갈 두 나라 모두 유로를 사용하고 있어 환전 자체는 쉽다.
다만, 환전하기 전 유로와 카드 비율을 정해두고 효율적으로 사용할 수 있는 준비가 필요하다.

국내 은행 환전(인터넷 뱅킹 환전)

국내 대부분 은행에서 환전 우대 서비스를 받을 수 있다. 환율은 수시로 바뀌고 은행마다 적용하는 수수료도 조금씩 차이가 나지만, 주거래 은행의 실적에 따라 환율 우대를 받거나 매년 진행하는 다양한 환율 우대 프로모션을 이용하면 이득을 볼 수 있다.

또한, 은행 앱과 홈페이지를 통해 사이버 환전을 이용하면 한결 간편하게 환전할 수 있으며, 수령 장소로 인천공항 선택 시 출국 당일에도 받을 수 있다는 장점이 있다.

체크카드(국제 현금카드)&신용카드 발급

많은 액수의 현금을 소지하기보다는 카드로 대신하는 것이 안전하다. 숙박비 · 교통비 · 쇼핑 등 큰 금액을 사용할 때 유용하며 현지 은행 ATM에서 인출하여 환전을 대신할 수 있다. 단, 출국 전에 소지한 카드의 해외 이용 가능 여부와 PIN 번호를 반드시 확인해야 한다. 또한, 본인 명의가 아니거나 여권과 영문명이 다르면 사용이 불가능할 수 있으니 주의해야 한다.

현금과 카드 비율

5:5 비율로 현금과 카드 사용을 권하지만, 사실 개개인의 성향에 따라 다르다. 수수료가 아깝다면 현금 소지에 중점을 두고, 현금 분실이 걱정된다면 카드에 더 많은 비중을 두면 된다. 환전 역시 여행 기간에 따라 차이가 있겠으나 모든 경비를 출발 전 현금화하는 것보다 현지에서 일정 금액을 인출하여 사용하는 것이 경제적이고 안전하다.

tip

원화보다 현지 통화가 유리!

현지에서 카드로 결제 시 원화 혹은 유로의 옵션이 있다. 이때 원화를 선택한다면 원화 환율이 상당히 불리하게 적용되어 3~8%의 추가 수수료를 물게 된다. 이중 환전이 되는 셈이니 현지 통화로 결제하는 것이 절대적으로 유리하다.

스마트폰 체크포인트

이제는 스마트폰 없이 여행하기 힘든 만큼 해외여행에서 데이터는 중요하다.
데이터를 사용할 수 있는 방법은 세 가지. 각각 장단점이 있으므로 조건을 고려해서 결정해야 한다.

유심 vs 로밍 vs 포켓 와이파이

	유심	로밍	포켓 와이파이
개념	• 현지 통신망을 이용해 전화와 데이터 사용	• 국내에서 쓰던 휴대폰을 해외에서도 그대로 사용하게 해주는 서비스	• 3G/4G를 Wi-Fi 신호로 변환하는 휴대용 인터넷 공유기
장점	• 저렴하고 빠른 속도 • 수령, 반납이 용이	• 번거로운 준비가 필요 없음 • 한국과 전화, 문자를 그대로 사용	• 무제한 와이파이 가능 • 하나의 기기로 여러 명 사용 가능 • 전화 수신 가능
단점	• 기존 번호 전화, 문자 착신 불가 (통신사에 착신 전환 신청) • 유심 교체의 번거로움	• 비싼 로밍 요금 • 속도가 느린 경우가 많음	• 500MB 사용 후 속도 저하 • 무게(단말기+보조배터리) • 수령 및 반납의 불편함
종류	보다폰 Vodafone 오렌지 Orange 쓰리심 ThreeSIM 이이 유심 EE USIM	국내 이동통신 3사	와이파이 도시락
가격	1GB 6,000원부터	1일 9,900원부터	1일 8,800원부터

나에게 맞는 데이터 이용 방법 찾기

여행 기간이 길고, 혼자 여행한다면 ☑ 유심
일정이 짧고 기존 휴대폰 번호로 걸려오는 전화를 자주 받아야 한다면 ☑ 로밍
여러 명이 함께 여행하고 단말기와 배터리의 불편함을 감수할 수 있다면 ☑ 포켓 와이파이

대부분 위와 같은 이유로 데이터를 선택하지만, 반드시 정답이라고는 할 수 없다. 통신사마다 다르지만, 로밍에도 유심처럼 저렴한 상품이 나오기도 하고, 유심을 사용하더라도 인터넷 전화 앱을 이용해 착신이 가능하기 때문에 여행 기간, 목적, 인원, 가격 등을 고려하여 선택하는 것이 답이다.

택스 리펀 Tax Refund

스페인 · 포르투갈에서 제대로 쇼핑 여행을 즐겼다면,
한국으로 돌아갈 때 짐은 두 배, 지갑 두께는 반절이 된다. 택스 리펀을 통해 받을 수 있는 만큼 돌려받자.

택스 리펀이란?

구입한 물건에는 모두 '세금'이 붙어 있는데, 해외 여행객에 한하여 산 물건을 가지고 본국으로 돌아갈 경우 물건에 포함되어 있는 부가세를 환급해주는 제도다. 다른 유럽 국가와 비교해도 스페인과 포르투갈은 환급액이 커서 선택이 아닌 필수라는 말까지 나올 정도니 쇼핑 후 세금 환급을 잊지 말아야 한다.

택스 리펀 가맹점

Global Blue, Premier tax free, TAX FREE SHOPPING 등 매장 앞에 로고가 붙어 있다면 해당 매장에서 택스 리펀 서류를 받을 수 있다. 매장에서 계산 시 택스 리펀 서류와 영수증을 받아야 하며 여권을 반드시 소지해야 한다.

스페인은 최소 구매 금액이 없다?!

택스 리펀을 시행하는 국가마다 최소 구매 금액과 최대 환급액이 있다. 하지만 스페인은 최소 구매 금액을 제한을 두고 있지 않아 소액이라도 환급받을 수 있다. 또한, 환급액이 크기로 유명한 스페인은 VAT 부가율에 따라 다르지만 평균 18%(최대 21%)까지 돌려받을 수 있다. 즉, 10만 원에 대한 환급액은 18,000원인 셈이다.
포르투갈의 경우 최소 구매 금액은 €53.00이고, 최대 23%까지 환급받을 수 있다(한곳의 매장에서 구매한 물건들의 합산 금액이 최소 금액을 넘으면 택스 리펀 가능).

발급 절차

1 탑승권 발급

출국 당일, 해당 항공사 카운터에서 탑승권은 발권한다. 만약 택스 리펀 받을 물건을 기내에 들고 탈 예정이 아니라면 수하물 위탁은 잠시 보류한다.
※세관원이 보여 달라고 요청하는 경우가 있다.

2 세관 도장

여권, 택스 리펀 서류, 영수증, 물건을 가지고 출국장 VAT office에 방문하여 서류에 도장을 받는다.
※택스 리펀 서류에 개인 정보를 모두 기재해 둔다.
※디바 DIVA 표시된 서류들은 세관 도장 없이 DIVA(전자 시스템) 기계에서 바코드로 처리 가능

3 수하물 위탁

항공사 카운터로 이동해 수하물을 위탁한다.

4 카드 환급 / 현금 환급

- 카드 환급(출국 수속 전) : 택스 리펀 서류를 봉투에 넣어 글로벌 블루는 파란 색, 그 외 대행사는 노란 우체통에 넣는다.
- 현금 환급(출국 수속 후) : 택스 리펀 대행사에서 서류 제시 후 현금 수령이 가능하다.

카드 환급 vs 현금 환급

- (현금 환급) 빠른 수령, 높은 수수료
- (카드 환급) 낮은 수수료, 1개월 이상 소요
- 출국 수속 후에는 현금 환급만 가능
- 카드 환급 시, 누락을 대비해 영수증 사진 찍기

사건 사고 대처 방법

즐겁기만 하면 좋겠지만 여행지에서 뜻밖의 사건, 사고를 겪을 수 있다.
여행을 망치지 않도록 예방 및 대처 방법을 미리 숙지하고 가면 도움이 된다.

여행 전, 여권을 분실했어요!

출국이 임박한 때 여권을 분실하거나, 사용할 수 없는 여권이란 사실을 알았을 때 인천공항 외교부 영사민원서비스에서 48시간 내 긴급 단수여권 발급이 가능하다.

운영 시간 09:00~18:00(15:00 이전 접수)
소요 시간 1시간 30분
수수료 15,000원

수하물을 분실했어요!

도착지 공항에서 캐리어의 분실, 파손, 지연으로 문제가 생겼다면, 즉시 공항의 수하물분실 신고센터 Baggage Claim에 찾아가 사고 신고서를 작성한다. 탑승 수속 시 받은 수하물 꼬리표 Baggage Tag는 짐의 위치를 추적하는데 아주 중요하니 꼭 챙겨둔다.

- 탑승 수속 전 내용물을 포함한 수하물 사진을 찍어둔다. 사고 신고서 작성 시 상세정보를 기입해야 한다.
- 항공사 과실이므로 짐을 찾았을 경우 숙소로 배달 요청을 할 수 있다.
- 당장 입을 옷과 생필품을 산 후 항공사에 보상 청구를 할 수 있다. 단, 항공사, 탑승 클래스에 따라 보상 기준이 다르다.
- 파손의 경우 항공사가 수리 후 인도하는 방법과, 고객이 수리 후 청구하는 방법이 있다.

현지에서 여권을 분실했어요!

단수여권을 받기 위해서는 현지 경찰서에서 발행한 여권 분실 확인서, 신분증(여권 사본, 주민등록증, 운전면허증 등), 여권용 사진 2매, 수수료를 지참해야 한다. 평균 2시간 이내 발급 가능하다.

위급 상황 시 연락처

주 스페인 대한민국 대사관(마드리드)
Embajada de la República de Corea
주소 Calle González Amigo, 15, 28033 Madrid
오픈 평일 09:00~13:30, 16:00~17:00(7~8월 09:00~ 13:30)
전화 +34 91 353 2000, +34 648 924 695(긴급)
홈피 http://overseas.mofa.go.kr/es-ko/index.do

주 바르셀로나 대한민국 총영사관(바르셀로나)
Consulado de la República de Corea
주소 Passeig de Gràcia, 103, 08008 Barcelona
오픈 평일 09:00~14:00, 16:00~18:00
전화 +34 94 688 7299, +34 94 682 862 431(긴급)
홈피 http://overseas.mofa.go.kr/es-barcelona-ko/index.do

주 포르투갈 대한민국 대사관(리스본)
Embaixada da República da Coreia
주소 Embaixada da República da Coreia
오픈 평일 09:00~17:30
전화 +351 21 793 7200, +351 21 797 7176(근무시간 외)
홈피 http://overseas.mofa.go.kr/pt-ko/index.do

소매치기를 당했어요!

여행 중 지갑(신용카드), 휴대폰, 카메라 등 소지품을 도난당했다면 사건 발생 장소에서 가장 가까운 경찰서에 가서 신고해야 한다. 2차 피해 발생을 막기 위해 휴대폰과 신용카드는 정지한다. 여행자 보험에 가입했다면 보험사에 손해배상 청구를 위해 폴리스 리포트 Police Report를 작성해둔다(자신의 부주의로 분실했다면 작성하지 않는다).

●**폴리스 리포트** 도난당한 물건 정보(브랜드, 가격 등), 개인 정보를 상세히 적어야 하며 핸드폰의 경우 단말기 고유식별번호 IMEI를 미리 알고 있어야 한다.

01

소매치기 유형

●메트로, 버스 안에서 시비를 건다.
●질문하며 가방 시야를 가린다.
●오물 투척 후 도와주는 척 다가온다.
●기차, 버스 이동 시 캐리어를 훔쳐 간다.
●스페인 경찰을 사칭하며 신분증을 요구한다.

※실제로 경찰은 소매치기 단속을 위해 잠복해 있으며 불심 검문을 받고 신분증 제시를 요청한다. 만약 이에 대항하면 공무 수행 방해죄로 처벌당할 수 있다. 사복 경찰이 의심스럽다면 주변 정복 경찰이나 순찰차를 불러 달라고 요청한다.

02

소매치기 방지

●가방은 앞으로 메고, 몸에서 떼지 않는다.
●휴대폰을 보며 걷지 않는다.
●현금은 꼭 필요한 만큼 가지고 다닌다.
●주머니에 귀중품을 넣지 않는다.
●실내에서 짐을 두고 자리를 비우지 않는다.

병원에 가야 할 일이 생겼어요!

상해 또는 질병으로 병원을 이용하게 되었다면 진단서 및 영수증 등 증빙서류가 될 수 있는 것은 모두 챙겨둔다. 귀국 후 보험사에 보상 청구를 할 수 있다. 병원 이용 시 병원 상담을 비롯해 통역이 필요하다면 영사콜센터에 전화하여 통역서비스를 요청할 수 있다.

영사콜센터 +34 800 2100 0404, +34 8000 2100 1304

현금이 급하게 필요해요!

분실이나 도난 등 예기치 못한 사고로 인해 현금이 급히 필요하다면 국내의 지인이 외교부 계좌에 입금하여 현지 대사관에 긴급 경비를 전달하는 신속해외송금제도를 이용할 수 있다. 현지대사관이나 영사콜센터를 통하면 된다.

영사콜센터 +34 800 2100 0404, +34 8000 2100 1304

렌터카 교통사고가 났어요!

대처 방법은 우리나라와 크게 다르지 않지만, 해외임을 잊지 말아야 한다. 예기치 못한 사고에 위축되기 마련이지만, 무조건 상대방에게 사과하는 것은 가급적 피하는 것이 좋다. 자신의 실수나 잘못으로 인정하는 것처럼 보일 수 있다.
상대방 상태를 확인하고, 사진 촬영과 목격자 등의 증거를 확보한 후 경찰서에 연락을 취한다. 이때 현지 대사관이나 영사관, 영사콜센터의 도움을 받는 것이 좋다. 이후 렌터카 회사와 보험 회사에 사고 현황에 대해 전달하면 된다.

찾아보기

스페인

ㅅ

ㅇ

포르투갈

스페인 포르투갈 100배 즐기기

초판 1쇄 2019년 7월 12일

지은이 이주은, 박주미

발행인 양원석
본부장 김순미
편집장 고현진
디자인 · 지도 글터
제작 문태일, 안성현
영업마케팅 최창규, 김용환, 윤우성, 양정길, 이은혜, 신우섭,
김유정, 조아라, 유가형, 임도진, 정문희, 신예은

펴낸 곳 (주)알에이치코리아
주소 서울시 금천구 가산디지털2로 53 한라시그마밸리 20층
편집 문의 02-6443-8891 **구입 문의** 02-6443-8838
홈페이지 http://rhk.co.kr
등록 2004년 1월 15일 제 2-3726호

ISBN 978-89-255-6716-7(13980)

MAP

SPAIN

스페인
포르투갈 맵

스페인 · 포르투갈
SPAIN · PORTUGAL MAP

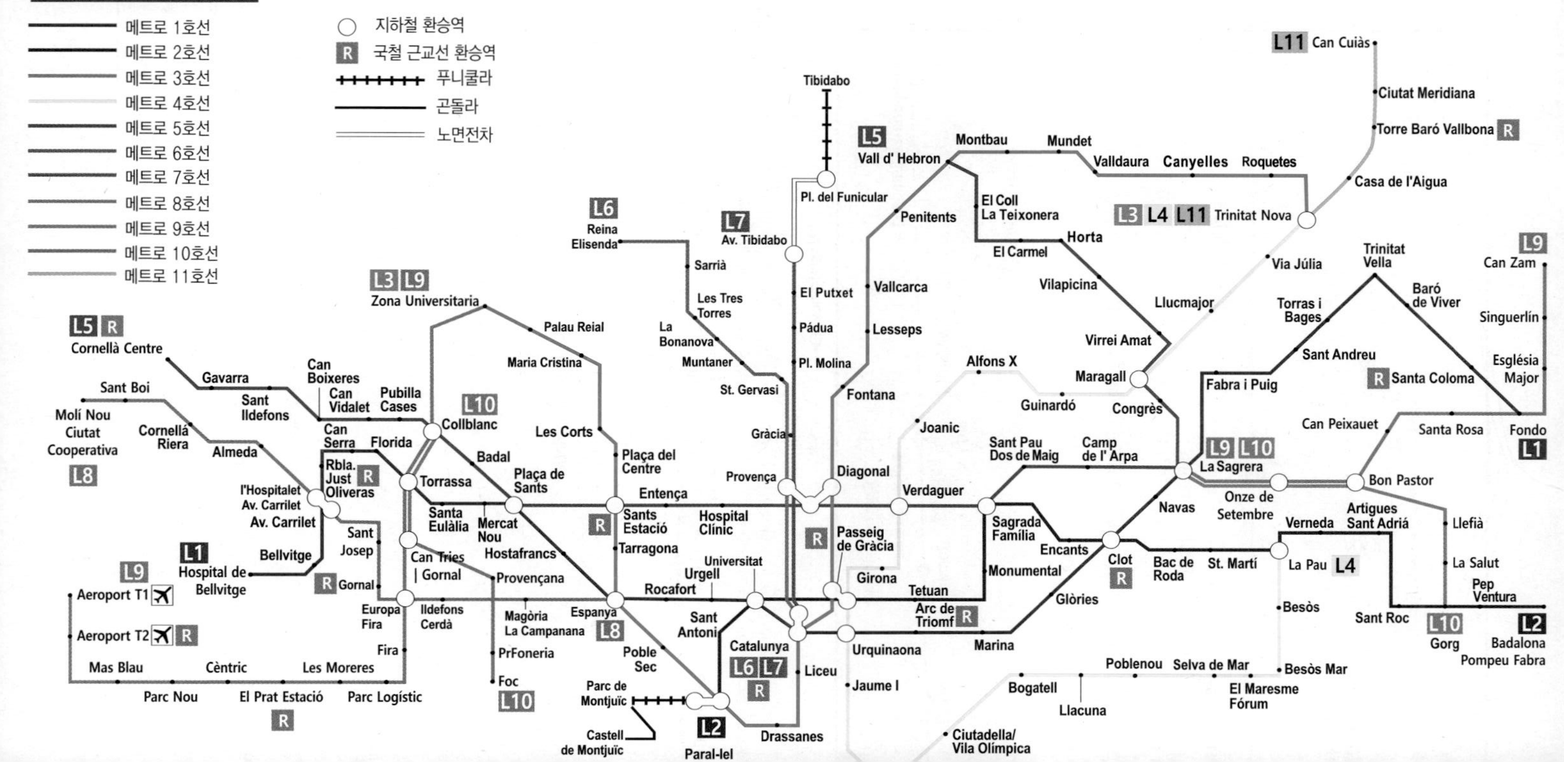

바르셀로나 메트로
메트로 1호선
메트로 2호선
메트로 3호선
메트로 4호선
메트로 5호선
메트로 6호선
메트로 7호선
메트로 8호선
메트로 9호선
메트로 10호선
메트로 11호선
지하철 환승역
국철 근교선 환승역
푸니쿨라
곤돌라
노면전차
L11 Can Cuiàs
Ciutat Meridiana
Torre Baró Vallbona
Casa de l'Aigua
L3 L4 L11 Trinitat Nova
Tibidabo
Pl. del Funicular
L5 Vall d' Hebron
Montbau
Mundet
Valldaura
Canyelles
Roquetes
Penitents
El Coll La Teixonera
El Carmel
Horta
Vilapicina
Llucmajor
Via Júlia
Virrei Amat
Maragall
Congrès
Guinardó
Alfons X
Joanic
L6 Reina Elisenda
Sarrià
Les Tres Torres
La Bonanova
Muntaner
St. Gervasi
L7 Av. Tibidabo
El Putxet
Pádua
Pl. Molina
Gràcia
Vallcarca
Lesseps
Fontana
L3 L9 Zona Universitaria
Palau Reial
Maria Cristina
Les Corts
Plaça del Centre
L5 R Cornellà Centre
Gavarra
Sant Ildefons
Can Boixeres
Can Vidalet
Pubilla Cases
L10 Collblanc
Sant Boi
Molí Nou Ciutat Cooperativa
L8
Cornellà Riera
Almeda
Can Serra
Florida
Rbla. Just Oliveras
Torrassa
Badal
Plaça de Sants
l'Hospitalet Av. Carrilet
Av. Carrilet
Santa Eulàlia
Mercat Nou
Sants Estació
Entença
Hospital Clínic
Provença
Diagonal
Verdaguer
Sant Pau Dos de Maig
Camp de l' Arpa
L9 L10 La Sagrera
Fabra i Puig
Sant Andreu
Torras i Bages
Trinitat Vella
Baró de Viver
Santa Coloma
Can Peixauet
Santa Rosa
Església Major
Singuerlín
L9 Can Zam
Fondo
L1
Bon Pastor
Onze de Setembre
Navas
Artigues Sant Adrià
Verneda
Llefià
La Salut
Pep Ventura
L2 Badalona Pompeu Fabra
L10 Gorg
Sant Roc
La Pau L4
Besòs
Besòs Mar
El Maresme Fórum
Selva de Mar
Poblenou
Llacuna
Bogatell
Ciutadella/ Vila Olímpica
Sant Josep
L1 Hospital de Bellvitge
Bellvitge
Gornal
Can Tries | Gornal
Hostafrancs
Tarragona
Provençana
Passeig de Gràcia
Girona
Tetuan
Arc de Triomf
Sagrada Família
Encants
Clot
Bac de Roda
St. Martí
Monumental
Glòries
Marina
Urquinaona
Jaume I
Liceu
Catalunya
L6 L7
Drassanes
Universitat
Urgell
Rocafort
Sant Antoni
Espanya
L8
Poble Sec
Parc de Montjuïc
Castell de Montjuïc
L2 Paral-lel
Magòria La Campanana
PrFoneria
Foc
L10
Ildefons Cerdà
Europa Fira
Fira
L9 Aeroport T1
Aeroport T2
Mas Blau
Parc Nou
Cèntric
El Prat Estació
Les Moreres
Parc Logístic

0
500m
Zona Universitaria
페드랄베스 공원
Parc de Pedralbes
구엘 별장
Palau Reial
Les Tres Torres
핀카 미라예스
Finca Miralles
La Bonano
Maria Cristina
Avinguda Diagonal
캄프 누
Collblanc
Les Corts
Badal
Plaça del Centre
산츠 버스터미널
Estación de Sants
Torrassa
Plaça de Sants
산츠역
Estación de Sants
Sants Estació
Entença
Hospital Clí
Mercat Nou
Santa Eulàlia
Tarragona
Hostafrancs
호안 미로 공원
Parc de Joan Miró
아레나 Arenas
Magòria-La Campana
에스파냐 광장
Pl. Espanya
Rocafort
Urgell
스페인 마을
Poble Sec
Sant An
카탈루냐 국립 미술관
호안 미로 미술관
올림픽 경기장
Paral·le
몬주익 성
몬주익 묘지
Cementiri de Montjuïc

바르셀로나
티비다보(4.7km)
Av. Tibidabo
Vallcarca
구엘 공원
El Putxet
벙커
Bunkers del Carmel
Lesseps
기르나도 공원
Parc del Guinardó
Pl. Molina
카사 비센스
엑삼플레
Fontana
Alfons X
Gràcia
Guinardó | Hospital de Sant Pau
Joanic
산 파우 병원
Sant Pau | Dos de Maig
Camp de l'Arpa
Diagonal
Verdaguer
Sagrada Família
사그라다 파밀리아 성당
Encants
Provença
Clot
Passeig de Gràcia
카사 바트요
Girona
Monumental
Passeig de Gràcia
Tetuan
Pl. Catalunya
Glòries
아그바 타워
Torre Agbar
Urquinaona
Pl. Catalunya
Arc de Triomf
북부 버스터미널
Estación de autobuses Barcelona Nord
타이포그래피
라 치나타
개선문
Marina
현대 미술관
Liceu
바르셀로나 대성당
Jaume I
Bogatell
Llacuna
시우타데야 공원
프란사역
Estació de França
Barceloneta
Ciutadella Vila Olímpica
포트 벨
마레마그눔
올림픽 선수촌
마리나 베이
쉬링기토 에스크리바
엘 레이 데 라 감바 1
바르셀로네타

타이포그래피
비에나
까르푸
Carrer del Pintor Fortuny
Carrer de la Canuda
엘 콰트레 가츠
스타벅스
비센스
베렘 성당
Parròquia de la
Verge de Betlem
Carrer del Carme
람블라스 거리
아이스 웨이브
바르셀로나
보스코
Carrer de la Portaferrissa
그랑하 라
파야레사
키스의
분보
구 산타 크레우 병원
Antic Hospital de
la Santa Creu
보케리아 시장
라 노스트라
시우타트
사봉
피카소
스타벅스
보트 델룸
덕 스토어
Carrer de l'Hospital
엘 드라크
산트 조르디
사바테르
에르마노스
산 펠립 네리 광장
미로 타일 바닥
산타 마리아 델 피 성당
Basílica de Santa Maria del Pi
운 젤라또
페르 테
산 아구스티 성당
Parròquia de Sant Agustí
Liceu
츄레리아
홈 온 어스
비센스
코쿠아
리세우 극장
Gran Teatre del Liceu
카탈루냐 자치정부 청사
Palacio de la Generalidad
로캄볼레스크
맥도날드
마오즈
토니 폰즈
산 하우메 광장
Carrer de Ferran
Carrer de la Unió
바코아
레스 킨세 니츠
라 마누알
알파르가테라
바르셀로나 시청
Ajuntament de Ba
Carrer de la Lleona
레이알 광장
Carrer Nou de la Rambla
구엘 저택
Carrer dels Escudellers
그릴 룸
Carrer d'Avinyó
Carrer del Regomir
Carrer Nou de Sant Francesc
Carrer Còdols
산타 모니타 아트센터
Arts Santa Mònica
Drassanes
밀랍인형 박물관
Museu de Cera de Barcelona
Carrer Ample
메르세 성당
Basílica de la Mercè
Carrer de Josep Anselm Clavé
Passeig de Colom
노라이 라발

람블라스 거리 & 구시가
0
100m
N
카탈루냐 음악당
Carrer de Sant Pere Més Alt
Carrer de Sant Pere Mitjà
Carrer del Rec Comtal
츄레리아 라이에타나
Carrer de Sant Pere Més Baix
갤러리아 막쏘
Carrer del Portal Nou
버거 킹
Av. de Francesc Cambó
스타벅스
산타 카테리나 시장
갤러리아 막쏘
Carrer del Comerç
Carrer d'en Tantarantana
Carrer dels Corders
와와스 바르셀로나
초콜릿 박물관
Museu de la Xocolata
의 광장
바르셀로나 역사 박물관
세레리아 수비라
Jaume I
Carrer de la Princesa
Passeig de Picasso
유럽 모던 아트 박물관
Museu Europeu d'Art Modern
피카소 미술관
Via Laietana
Carrer de l'Argenteria
핌팜 버거
자연사 박물관
Museo Martorell
라 파라데타
카사
지스퍼트
호프만 베이버리
보른 CCM
El Born Centre de
Cultura i Memòria
사가르디
바르셀로나 고딕
스타벅스
티 샵
카페 엘 마그니피코
산타 마리아 델 마르 성당
Carrer Antic de Sant Joan
시우타데야 공원
부보
Carrer de l'Esparteria
Carrer del Consolat de Mar
Av. del Marquès de l'Argentera
프란사역
Estació de França
Passeig d'Isabel II
Barceloneta

Sant Gervasi
Pl. Molina
카사 비센스
Carrer dels Madrazo
Av. de la Riera de Cassoles
Fontana
Carrer d'Astúries
리우레 극장
Teatre Lliure
Carrer del Torrent de l'Olla
Gràcia
리베르타트 시장
Mercado de la Libertad
Travessera de Gràcia
라 탈리아텔라
Travessera de Gràcia
Avinguda Diagonal
스타벅스
시계탑 광장
Plaça de la Vila de Gràcia
라 탈리아텔라
브런치 & 케이크
맥도날드
Carrer de Còrsega
Carrer de Còrsega
스타벅스
무이 무쵸
브런치 & 케이크
Provença
Diagonal
카사 밀라
Carrer de Provença
Carrer de Provença
그라시아 거리
라 탈리아텔라
세르베세리아 카탈라나
Carrer de València
안토니 타피에스 미술관
Carrer de València
엘 그롭 라 람블라
스타벅스
라 리타
Mercat de la Con
카사 바트요
Passeig de Gràcia
카사 아마트예르
타파 타파
브런치 & 케이크
비니투스
스타벅스
라 파라데타
카사 비바
무이 무쵸
라 탈리아텔라
타파스 24
Carrer de la Diputació
바르셀로나 대학교
Universitat de Barcelona
시우타드 콘달
Passeig de Gràcia
스타벅스
Universitat
엘 그롭 브라세리아
스타벅스
푸라 브라사
FC 바르셀로나 공식 스토어
바코아
라 탈리아텔라
카사 칼베트
고야 극장
Teatre Goya
타파 타파
Pl. Catalunya
스타벅스
Urquinaona
라 탈리아텔라
카탈루냐 광장
엘 코르테 잉글레스

엑삼플레
0
200m
알구에스 공원
Parc de les Aigües
Alfons X
Ronda del Guinardó
Carrer de l'Escorial
Carrer de Ca l'Alegre de Dalt
Carrer de Pau Alsina
Carrer de Pi i Margall
Bruniquer
Joanic
Travessera de Gràcia
Carrer de Lepant
Carrer de Padilla
Carrer de los Castillejos
산 파우 병원
Carrer de Sant Antoni Maria Claret
푸이그그로스
Carrer de la Indústria
Sant Pau | Dos de Maig
아로세리아 가우디
Av. de Gaudí
Carrer de Roger de Flor
Carrer de Còrsega
Carrer del Rosselló
라 파라데타
맥도날드
erdaguer
Sagrada Família
Carrer de Provença
사그라다 파밀리아 성당
Carrer de Mallorca
스타벅스
FC 바르셀로나
공식 스토어
FCBotiga
Carrer de València
Carrer de València
Encants
Passeig de Sant Joan
Avinguda Diagonal
Carrer d'Aragó
Carrer d'Aragó
Carrer del Consell de Cent
Avinguda Diagonal
Carrer de la Diputació
Monumental
모뉴멘탈 투우장
Plaza de toros Monumental
루안 광장
a de Tetuan
Tetuan
글로리에스 카탈라네스 광장
Plaça de les Glòries Catalanes
엔칸츠
벼룩시장
Glòries
Carrer de Casp
카탈루냐 국립 극장
Teatre Nacional de Catalunya
Carrer d'Ausiàs Marc

Magòria-La Campana
Gran Via de les Corts Catalanes
Carrer del Moianès
Carretera de la Bordeta
Carrer de la Creu Cob
Pl. Espanya
에스파
Av. de la Reina Maria Cri
Av. Francesc Ferrer i Guàrdia
스페인 마을
몬주익 마법의 분수
Font Màgica de Montjuïc
Avinguda de l'Estadi
카탈루냐 국립 미술관
민족학 박물관
Museo Etnológico
산 호르디 스포츠관
Palau Sant Jordi
올림픽 경기장
올림픽 스포츠 박물관
Museu Olímpic i de l'Espor
몬주익 묘지
Cementiri de Montjuïc
몬주익 성
Ronda Litoral

몬주익
0
200m
해피 락
아레나 Arenas
스타벅스
anya
푸라 브라사
타파 타파
Carrer de la Diputació
Gran Via de les Corts Catalanes
Rocafort
Urgell
Carrer de Sepúlveda
모리츠 맥주공장
Carrer de Floridablanca
셀로나 박람회장
de Barcelona
Av. del Paral·lel
Carrer de Tamarit
산 안토니 시장
Mercat de Sant Antoni
Sant Antoni
Carrer de Lleida
Carrer de la Font Honrada
Poble Sec
Carrer de Manso
Carrer del Parlament
버거 킹
Carrer de la França Xica
우레 극장
atre Lliure
탈루냐 고고학 박물관
seu d'Arqueologia de Catalunya
Carrer de la Creu dels Molers
Av. del Paral·lel
람블라 데 라발
그렉 극장
Teatre Grec
Carrer de Margarit
버거 킹
Carrer del Poeta Cabanyes
퀴멧 퀴멧
호안 미로 미술관
Paral·lel
산 파우 델 캄프 성당
Sant Pau del Camp
몬주익 푸니쿨라역
icular de Montjuïc
빅토리아 극장
Teatre Victoria
Carrer Nou de la Rambla
아폴로 공연장
Sala Apolo
주익 케이블카역
efèric de Montjuïc
몬주익 야외 수영장
Avinguda Miramar
Carrer de Vila i Vilà
노라이 라발
바르셀로나
해양 박물관
미라마르 전망대
로프웨이
Teleférico de Barcelona
아르마다 광장
Plaça de l'Armada
Passeig Josep Carner
Carretera de Miramar
Ronda Litoral

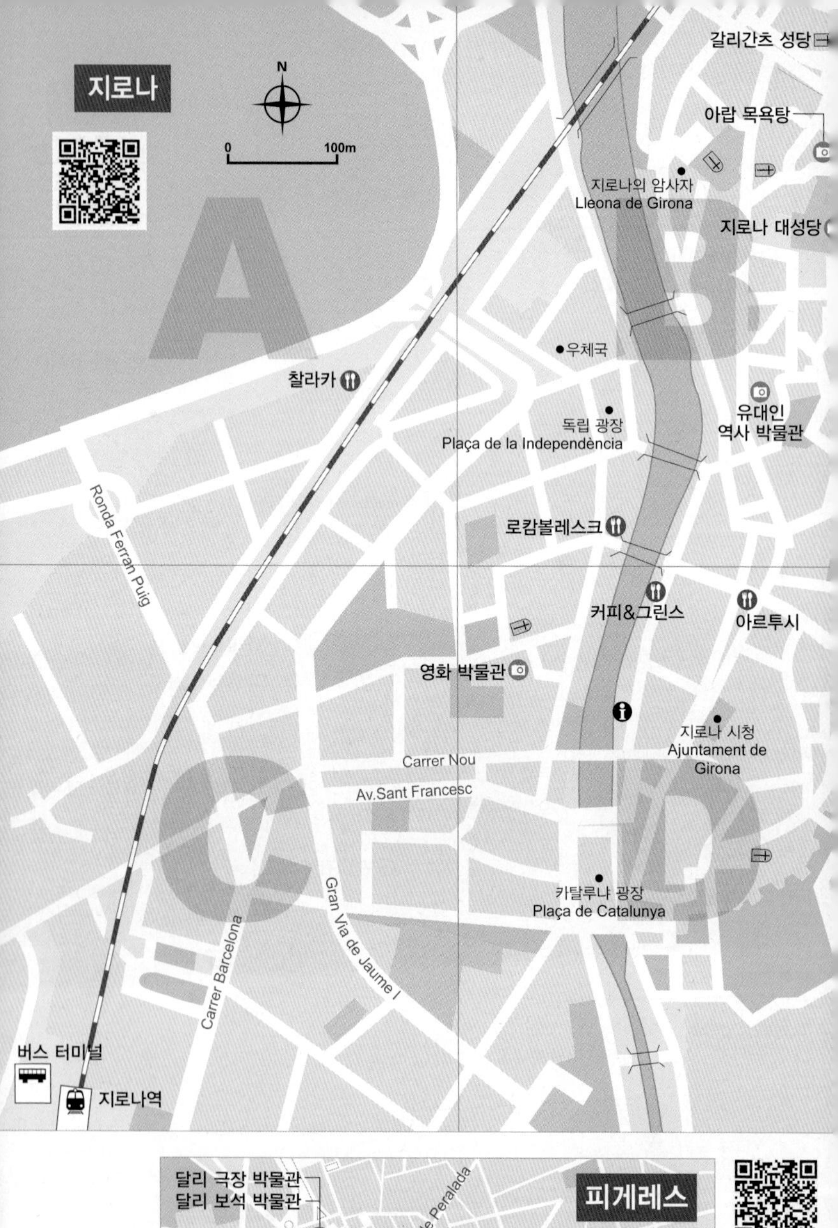
지로나
N
0
100m
갈리간츠 성당
아랍 목욕탕
지로나의 암사자
Lleona de Girona
지로나 대성당
우체국
찰라카
독립 광장
Plaça de la Independència
유대인
역사 박물관
Ronda Ferran Puig
로캄볼레스크
커피&그린스
아르투시
영화 박물관
지로나 시청
Ajuntament de
Girona
Carrer Nou
Av.Sant Francesc
Gran Via de Jaume I
카탈루냐 광장
Plaça de Catalunya
Carrer Barcelona
버스 터미널
지로나역

달리 극장 박물관
달리 보석 박물관
피게레스
Carrer de Peralada
장난감 박물관
Museu del Joguet de Catalunya
피게레스 시청 Ajuntament de Figueres
Carrer Colom
Carrer Nord
피게레스 빌라판트역
(1.3km)
람블라 광장
La Rambla
달리 조형물
Carrer Vilallonga
농산물 시장
Place du Marché Figueres
Carrer Balmes
엘 자르디 극장
Teatre Municipal El Jardí
피게레스역
Carrer Vilafant
Carrer Sant Pau
Carrer Sant Llàtzer
Carrer Sant Antoni
Carrer Nou
버스 터미널
N
0
200m

발렌시아
버스 터미널
발렌시아 중심
발렌시아 대성당
비오파크
메트로 1호선
발렌시아 북역
Estació del Nord
메스타야 경기장
Estadio de Mestalla
Avinguda del Primat Reig
Av. de Cataluna
메트로 4호선
Av. de Blasco Ibáñez
Gran Via de Ferran el Catòlic
Avinguda de Pérez Galdós
라 지라프
라 마스 보니타
파타코나
말바로사 해변
아레나스 해변
Avinguda del Port
걸리버 공원
Parque Gulliver
Avinguda de Peris i Valero
호아킨 소로야역
Estación Joaquin Sorolla
파예로 박물관
예술 과학의 도시
발렌시아 항구
Port de València
메트로 5호선
Av. d'Ausiàs March
0
1km
발렌시아 중심
발렌시아 현대 미술관
Institut Valencià d'Art Modern
세라노 탑
발렌시아 미술관
선사시대 미술관
Museu de la Prehistòria
Carrer de Sant Pius V
투리아 공원
Carrer dels Serrans
Carrer de les Salines
비르헨 광장
Carrer de Quart
콰르트 탑
Torres de Quart
레이나 광장
Plaça de la Reina
발렌시아 대성당
맥도날드
산토 도밍고 수도원
Parroquia Castrense de Santo Domingo
라 론하 데 라 세다
라 리우아
오르차테리아 산타 카탈리나
Carrer de la Pau
중앙 시장
오르차테리아 다니엘
스타벅스
에스 파에야
Avinguda de l'Oest
Carrer de Sant Vicent Màrtir
국립 도자기 박물관
파예로 박물관 (1.7km)
Carrer de Guillem de Castro
버거 킹
엘 코르테 잉글레스
Colón
스타벅스
시청 광장
Plaça del Ajuntament
Carrer de Don Juan de Austria
단테 33 카페
라 피아자
엘 코르테 잉글레스
오르차테리아 다니엘
네코
우체국
발렌시아 시청
Ajuntament de València
스타벅스
Carrer de Colón
발렌시아 CF 메가스토어
콜론 시장
Mercado de Colón
Via de Ramón y Cajal
Carrer de Jesús
Carrer de Xàtiva
맥도날드
버거 킹
Xàtiva
Carrer de Cirilo Amorós
버거 킹
발렌시아 북역
Estació del Nord
발렌시아 투우장
Plaça de bous
Gran Via del Marqués del Túria
Pl. Espanya
호아킨 소로야역
Estación Joaquin Sorolla (1km)
Carrer del Comte d'Altea
200m
N

마드리드 근교열차

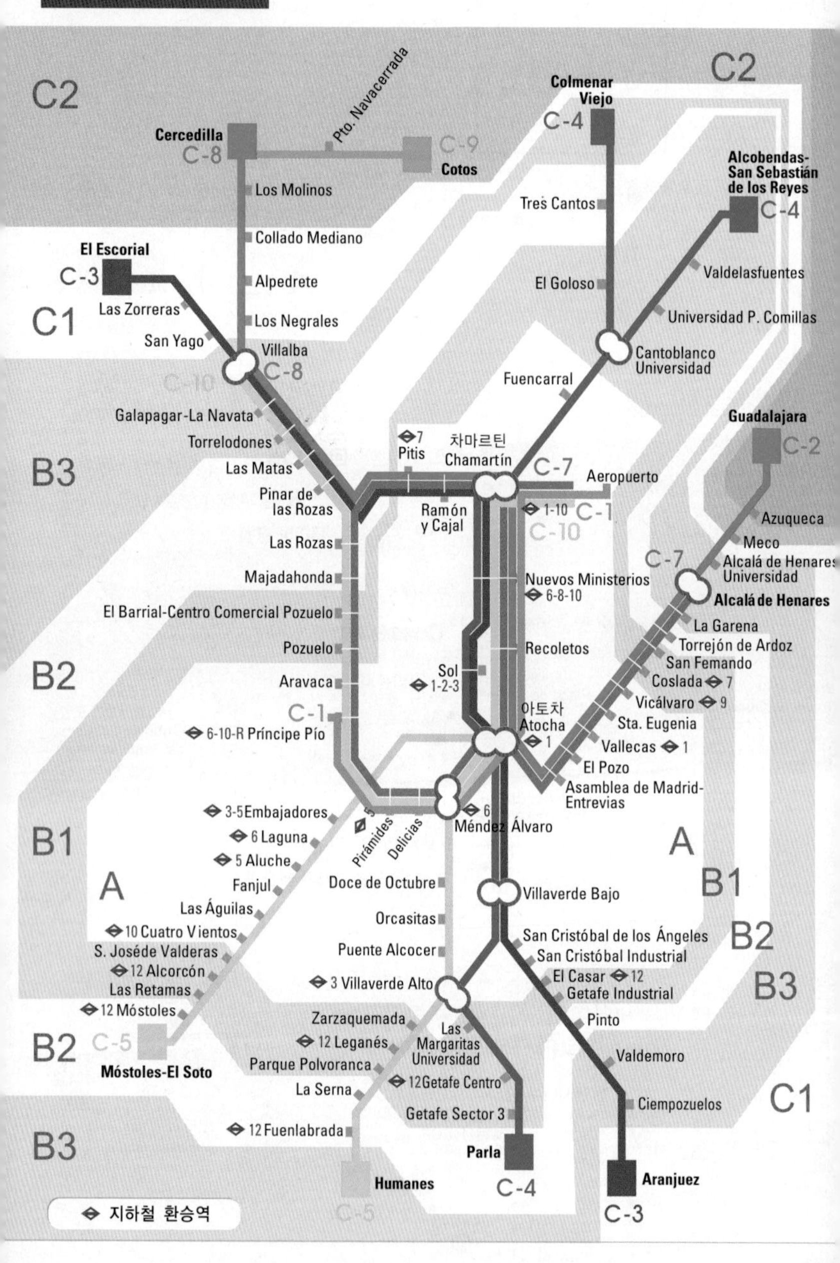

C2
Cercedilla
C-8
Pto. Navacerrada
C-9
Cotos
Colmenar Viejo
C-4
Alcobendas-San Sebastián de los Reyes
C-4
Los Molinos
Tres Cantos
Collado Mediano
El Escorial
C-3
Alpedrete
El Goloso
Valdelasfuentes
Las Zorreras
C1
Los Negrales
Universidad P. Comillas
San Yago
Villalba
C-8
C-10
Cantoblanco Universidad
Fuencarral
Galapagar-La Navata
Guadalajara
C-2
Torrelodones
7 Pitis
차마르틴 Chamartín
B3
Las Matas
C-7
Aeropuerto
Pinar de las Rozas
Ramón y Cajal
1-10
C-1
C-10
Azuqueca
Meco
Las Rozas
C-7
Alcalá de Henares Universidad
Majadahonda
Nuevos Ministerios
6-8-10
Alcalá de Henares
El Barrial-Centro Comercial Pozuelo
La Garena
Torrejón de Ardoz
Pozuelo
Recoletos
San Fernando
B2
Sol
1-2-3
Coslada 7
Aravaca
Vicálvaro 9
C-1
아토차 Atocha
1
Sta. Eugenia
6-10-R Príncipe Pío
Vallecas 1
El Pozo
Asamblea de Madrid-Entrevias
3-5 Embajadores
5 Pirámides
Delicias
6 Méndez Álvaro
B1
6 Laguna
A
5 Aluche
B1
A
Fanjul
Doce de Octubre
Villaverde Bajo
Las Águilas
Orcasitas
10 Cuatro Vientos
San Cristóbal de los Ángeles
B2
S. Joséde Valderas
Puente Alcocer
San Cristóbal Industrial
12 Alcorcón
El Casar 12
Las Retamas
3 Villaverde Alto
Getafe Industrial
B3
12 Móstoles
Zarzaquemada
Pinto
Las Margaritas Universidad
B2
C-5
12 Leganés
Valdemoro
Móstoles-El Soto
Parque Polvoranca
12 Getafe Centro
La Serna
Ciempozuelos
C1
Getafe Sector 3
12 Fuenlabrada
B3
Parla
Humanes
C-4
Aranjuez
C-5
C-3
지하철 환승역

마드리드 메트로

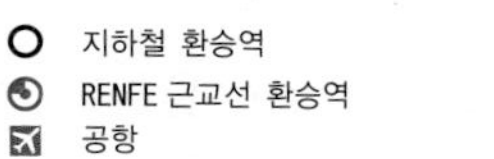

○ 지하철 환승역
RENFE 근교선 환승역
공항

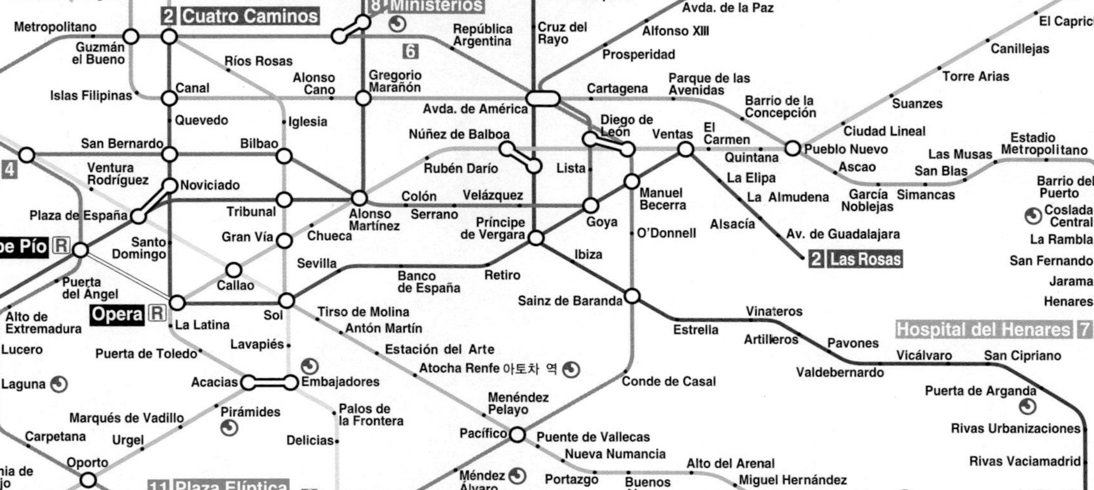

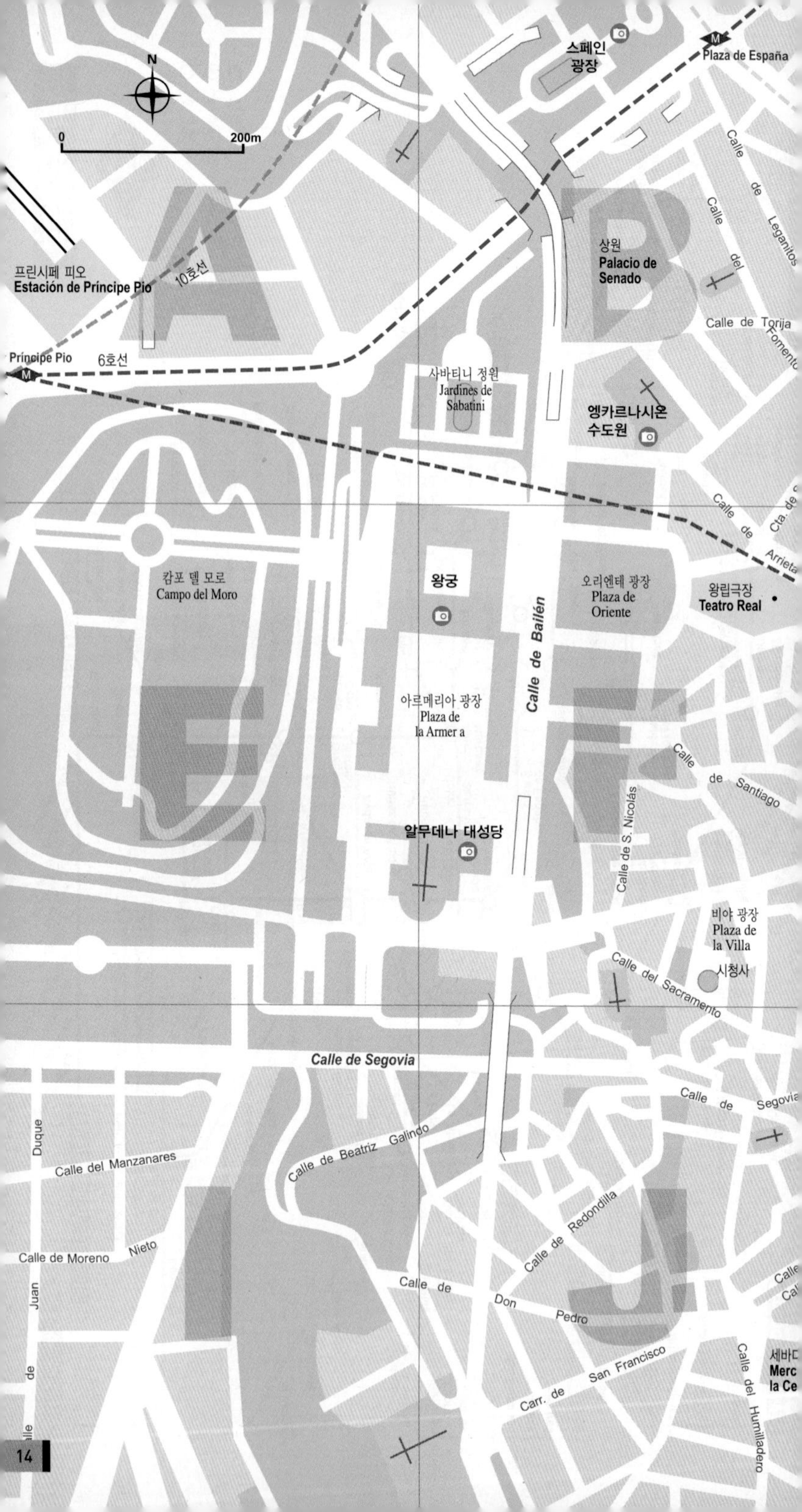
N
0
200m
스페인
광장
Plaza de España
프린시페 피오
Estación de Príncipe Pio
10호선
Príncipe Pio
6호선
상원
Palacio de
Senado
Calle de Leganitos
Calle del Fomento
Calle de Torija
사바티니 정원
Jardines de
Sabatini
엥카르나시온
수도원
Calle de Cta. de
Calle de Arrieta
캄포 델 모로
Campo del Moro
왕궁
Calle de Bailén
오리엔테 광장
Plaza de
Oriente
왕립극장
Teatro Real
아르메리아 광장
Plaza de
la Armer a
Calle de Santiago
Calle de S. Nicolás
알무데나 대성당
비야 광장
Plaza de
la Villa
시청사
Calle del Sacramento
Calle de Segovia
Calle de Segovia
Calle de Beatriz Galindo
Calle del Manzanares
Duque
Calle de Moreno Nieto
Calle de Juan
Calle de Redondilla
Calle de Don Pedro
Carr. de San Francisco
Calle del Humilladero
세바
Merc
la Ce

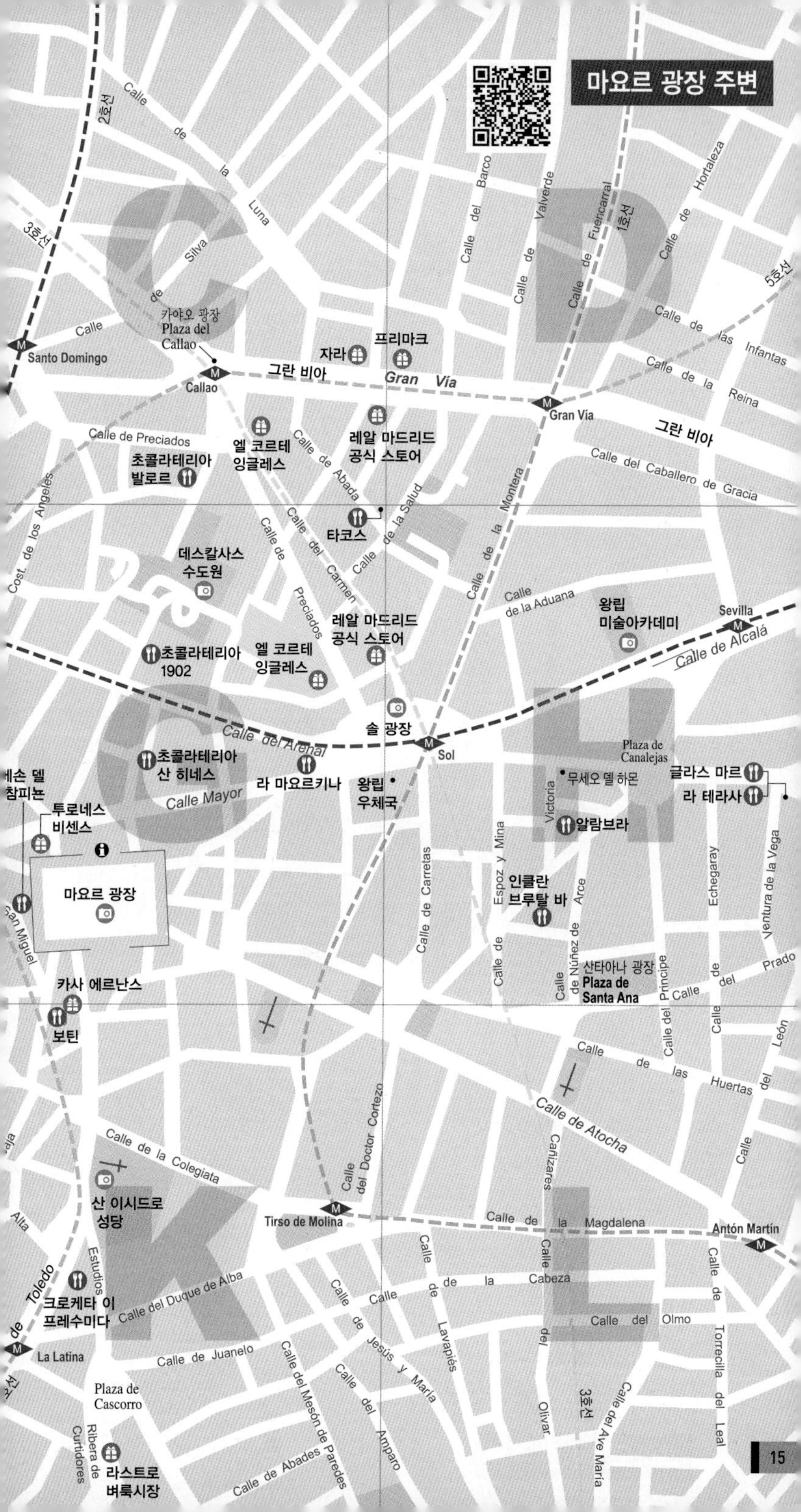
마요르 광장 주변
Calle de la Luna
Calle de Silva
카야오 광장
Plaza del Callao
Santo Domingo
Callao
자라
프리마크
그란 비아
Gran Vía
Gran Vía
그란 비아
Calle del Barco
Calle de Valverde
Calle de Fuencarral
Calle de Hortaleza
Calle de las Infantas
Calle de la Reina
Calle del Caballero de Gracia
Calle de Preciados
초콜라테리아 발로르
엘 코르테 잉글레스
레알 마드리드 공식 스토어
Calle de Abada
타코스
Calle de la Salud
Calle de la Montera
Cost. de los Angeles
데스칼사스 수도원
Calle de Preciados
Calle del Carmen
Calle de la Aduana
왕립 미술아카데미
Sevilla
Calle de Alcalá
초콜라테리아 1902
엘 코르테 잉글레스
레알 마드리드 공식 스토어
솔 광장
Sol
Calle del Arenal
초콜라테리아 산 히네스
라 마요르키나
왕립 우체국
Plaza de Canalejas
무세오 델 하몬
글라스 마르
라 테라사
Calle Mayor
메손 델 참피뇬
투로네스 비센스
마요르 광장
Victoria
알람브라
San Miguel
Calle de Carretas
Calle de Espoz y Mina
인클란 브루탈 바
Calle de Núñez de Arce
Echegaray
Ventura de la Vega
산타아나 광장
Plaza de Santa Ana
Calle del Príncipe
Calle del Prado
카사 에르난스
보틴
Calle de las Huertas
Calle de León
Calle de Atocha
Calle del Doctor Cortezo
Calle de la Colegiata
산 이시드로 성당
Tirso de Molina
Calle de la Magdalena
Antón Martín
Cañizares
Calle de Toledo
Estudios
크로케타 이 프레수미다
Calle del Duque de Alba
Calle de la Cabeza
Calle del Olmo
Calle de Jesús y María
Calle de Lavapiés
Calle del Olivar
Calle de Torrecilla del Leal
La Latina
Calle de Juanelo
Calle del Mesón de Paredes
Calle del Amparo
Calle del Ave María
Plaza de Cascorro
Ribera de Curtidores
라스트로 벼룩시장
Calle de Abades
1호선
2호선
3호선
5호선

콜론 광장
(600m)
알칼라 문
Retiro
Paseo de Recoletos
Calle de Barquillo
Infantas
Banco de España
시벨레스
광장
Gran Vía
Calle de Alcalá
Bank of
Spain
문화 센터
(시벨레스 궁)
솔 광장
(500m)
Calle de Alfonso XI
Calle de Montalbán
레티로
공원
Paseo del Prado
Paseo del Prado
Calle de J. de Mena
Paseo de Argen
Calle de A .Maura
티센
보르네미사
미술관
Carrera de San Jerónimo
Calle de Alfonso XII
Calle de Felipo IV
고야 동상
프라도
미술관
Calle de Cervantes
Calle de Lope de Vega
벨라스케스
동상
Calle de las Huertas
Calle de Moratín
Calle de Espalter
Alameda
Calle del Gobernador
마드리드
왕립 식물원
Calle de Atocha
카이샤
포럼
Calle de la Alameda
Paseo de Fernán
Calle de Claudio Moyano
Calle de Santa Isabel
Estación del Arte
소피아
국립
미술센터
N
0
200m
Atocha Renfe
아토차역
Estación de Atocha

프라도 미술관 주변

톨레도
버스터미널
기차역
Puente de Azarquiel
Avenida de la Reconquista
Avenida de los Duques a de Lerma
Cardenal Tavera
비사그라 문
산티아고 교회
Paseo del Circo Romano
Paseo del Cristo de la Vega
Paseo de Recaredo
태양의 문
G. Lobo
산타 크루즈 미술관
기차역
메스키타 델 크리스토 데 라 루스
알칸타라 문
알칸타라 다리
Venancio González
Silleria
Alfileritas
Merced
Real
Sta Leocadio
Plata
Comercio
콘피테리아 산토 토메
Ronda de Juanelo
Cervantes
산 일데폰소 성당
소코도베르 광장
산타마리아 라 블랑카 시나고가
카페 라스 몬하스
H. de Palo
알카사르
Reyes Catolicos
Ángel
Alfonso XII
Trinidad
대성당
산토 토메 성당
시청사
라 파브리카 데 아리나스
시미안
Cuesta San Justo
엘 그레코 박물관 엘 그레코의 집
트란시토 시나고가
Pozo
Ave Maria
Amargo
Paseo de Cabestreros
Circunvalación
Carretera de
Sola
San Torcuato
Carreras de San Sebastian
타호강
Rio Tajo
N
200m
톨레도 계곡 전망대
Carretera de Circunvalación
파라도르 데 톨레도

라 프라데라 데 산 바르코 전망대
에레스마 강 Rio Eresma
Paseo Santo Domingo de Guzmán
알카사르
산티아고 문
Puerta de Santiago
Calle Daoiz
Calle Dr. Velasco
IE 대학교
IE Universidad
산 에스테반 성당
마요르 광장
Plaza Major
레스토랑 호세 마리아
산 안드레스 문
Puerta de San Andrés
세고비아 대성당
리몬 이 멘타
우체국
Calle de San Valentín
Calle Cuesta de los Hoyos
Calle Juan Bravo
산 마르틴 성당
Iglesia de San Martín
Calle San Juan
맥도날드
메손 데 칸디도
Av. Acueducto
산 밀란 성당
Parroquia de San Millan
Paseo Ezequiel González
버스 터미널
세고비아
일반열차 기차역(1.4km)
고속열차 기차역(5.1km)
Paseo de S. Vincente
버스터미널
600m
Prior
Ancha
Campania
Toro
시청사
마요르 광장
Plaza Mayor
조개의 집
Rua Mayor
San Pablo
San Justo
Gran Via
Palma
마요르 거리
살라망카
대학
신대성당
이에로니무스탑
구대성당
산 에스테반 수도원
Convento de San Esteban
토르메스 강
Tormes
Puente Romano
Paseo
del Rector
N
0
200m
살라망카

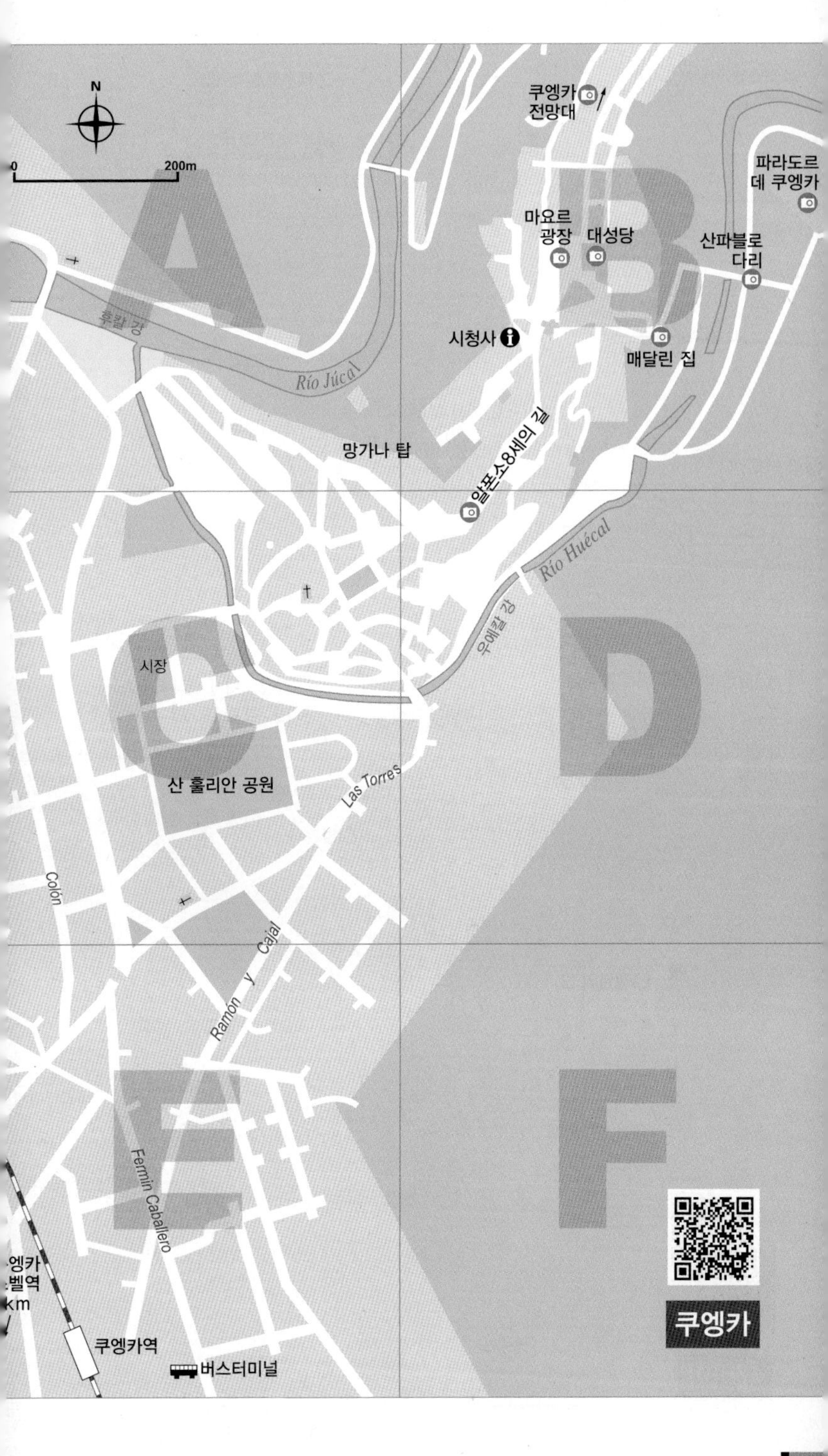
N
0
200m
쿠엥카
전망대
파라도르
데 쿠엥카
마요르
광장
대성당
산파블로
다리
후칼 강
시청사
매달린 집
Río Júcar
망가나 탑
알폰소8세의 길
Río Huécar
우에칼 강
시장
산 훌리안 공원
Las Torres
Colón
Ramón y Cajal
Fermín Caballero
쿠엥카역
버스터미널
쿠엥카
A
B
C
D
E
F

엘 코르테 잉글레스
Calle Alfonso XII
메트로폴 파라솔
Calle Laraña
맥도날드
엔카르나시온 광장
Plaza de la Encarnación
Calle San Eloy
Calle Alhondiga
Calle Velázquez
Calle Cuna
Calle Rioja
Calle San Pablo
Calle Sierpes
산 레안드로 성당
Convento San Leandro
엘 코르테 잉글레스
살바도르 성당
El Divino Salvador
Calle Tetuán
Calle Águilas
카사 라 비우다
플라멩코 박물관
누에바 광장
Plaza Nueva
세비야 시청
Ayuntamiento de Sevilla
Calle Conde de Ibarra
라 브루닐다
1번 트램
Calle Álvarez Quintero
Calle Aire
바톨로메아
Calle Castelar
Calle Guzmán el Bueno
스타벅스
라 바톨라
Calle Adriano
사보 아 에스파냐
엘 파사제 세비
왕립 마에스트란사 투우장
보데가 산타 크루즈
세비야 대성당
산타 크루즈 지구
Santa Cruz
엘 아레날
플라사 데 아르마스
버스터미널
Estación de Autobuses
Plaza de Armas
(750m)
우체국
로스 가요스
세비야 산타 후스
Sevilla Santa
자선병원
인디아스 고 문서관
스타벅스
엘 사보 아 에스파냐
알카사르
Paseo de Cristóbal Colón
Calle Temprado
Av. de Menéndez Pelayo
버거 킹
스타벅스
유람선
Cruceros Torre Del Oro
황금의 탑
Puerta de Jerez
엘 링콘 데 베이루트
맥도날드
프라도 데
산 세바스티안
버스터미널
세비야 대학
Prado de
San Sebastián
산 텔모 궁전
Palacio de San Telmo
Calle Palos de la Frontera
과달키비르 강 Río Guadalquivir
Paseo de las Delicias
Calle la Rábida
로페 데 베가 극장
Teatro Lope de Vega
Av. Portugal
N
Calle de Uruguay
세비야
0
200m
마리아 루이사 공원
스페인 광

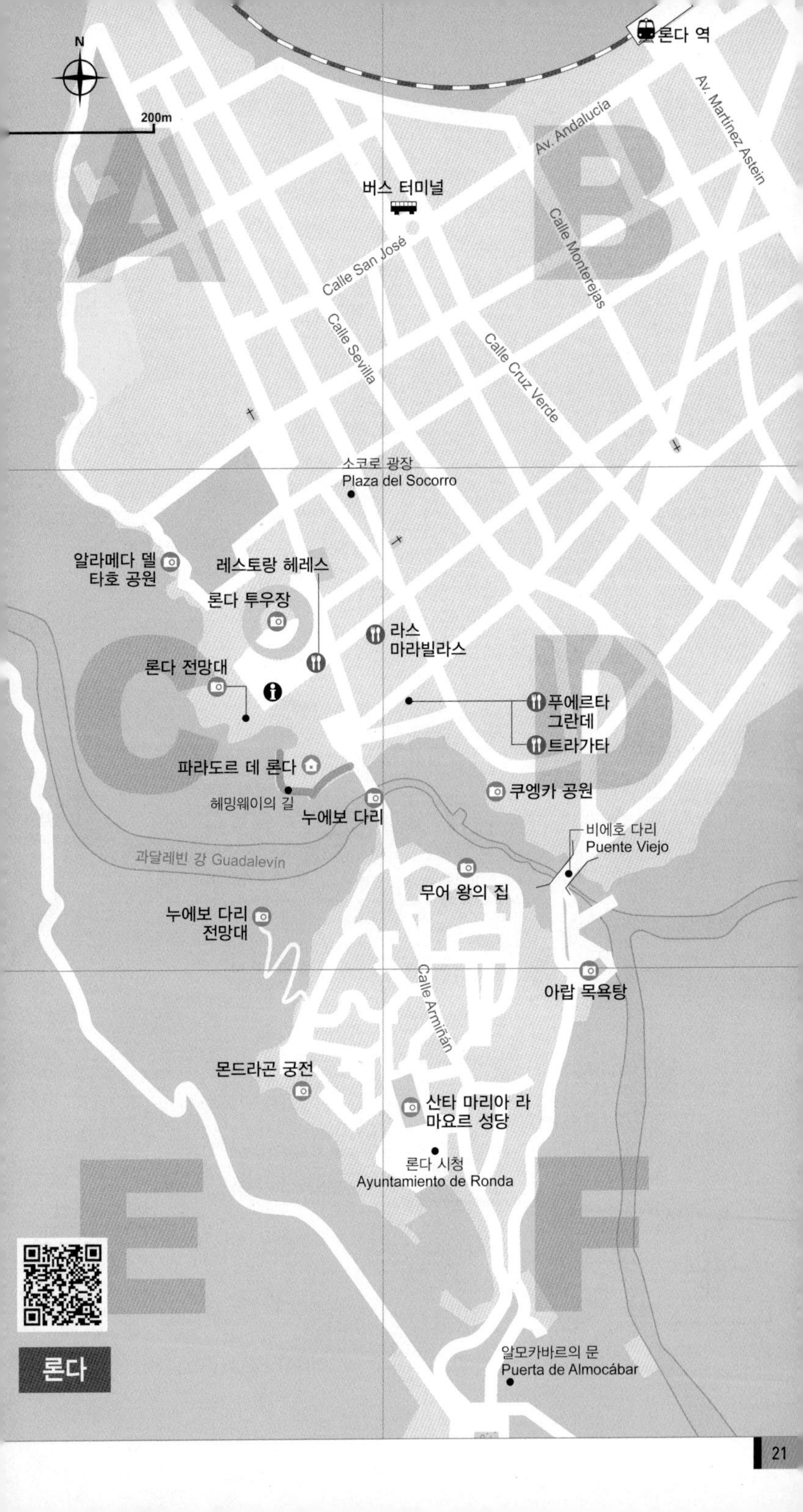

N
200m
론다 역
Av. Andalucía
Av. Martínez Astein
버스 터미널
Calle San José
Calle Monterejas
Calle Sevilla
Calle Cruz Verde
소코로 광장
Plaza del Socorro
알라메다 델 타호 공원
레스토랑 헤레스
론다 투우장
라스 마라빌라스
론다 전망대
푸에르타 그란데
트라가타
파라도르 데 론다
헤밍웨이의 길
누에보 다리
쿠엥카 공원
비에호 다리
Puente Viejo
과달레빈 강 Guadalevín
무어 왕의 집
누에보 다리 전망대
Calle Armiñán
아랍 목욕탕
몬드라곤 궁전
산타 마리아 라 마요르 성당
론다 시청
Ayuntamiento de Ronda
알모카바르의 문
Puerta de Almocábar
론다

코르도바
버스터미널
코르도바 역
Av.de América
Av. Ronda de la los Tejares
Gran Capitán
José Cruz Conde
Alfaros
Av. Medina Azahara
República Argentina
de la Victoria
C. de Gondomar
Pl. de las Tendillas
시청사
Jardines de la Victoria
Av. de la
Paseo
Ángel Saavedra
San Fernando
꽃의 골목
Calleja de las Flores
유대인 거리
La Judería
포트로 광장
Plaza del Potro
마르케사 푸드코트
Los Patios de la Marquesa
보데가스 메스키타
Bodegas Mezquita
Alameda del Aeropuerto
Puente de Mira
메스키타
Mezquita
Ronda de Isasa
Av. Conde de Vallecano
아랍 목욕탕
Baños del Alcázar Califal
알카사르
Alcázar de los Reyes Cristianos
로마교
Puente Romano
Jardines Alcázar
칼라오라의 탑
Torre de la Calahorra
과달키비르 강
Río Guadalquivir
Av. del Alcázar
Av. Corregidor
N
0
200m

그라나다
사크로몬테
Sacromonte
사크로몬테 동굴 박물관
Cno. del Sacromonte 89
쿠에바 라 로시오
산 미구엘 알토 교회
Ermita de San Miguel Alto
산 미구엘 알토 전망대
Mirador de San Miguel Alto
헤네랄리페
Camino del Sacromonte
Cuesta del Chapiz
알람브라 매표소
Alhambra - Generalife 2
살바도르 교구 성당
Parroquia del Salvador
Carril de San Agustín
Calle San Juan de los Reyes
Paseo del Padre Manjón
다로 강 Darro
파라도르 데 그라나다
나스르 궁전
카를로스 5세 궁전
마누엘 데 파야 박물관
Casa Museo Manuel de Falla
산 니콜라스 전망대
Mirador San Nicolás
알카사바
아랍 목욕탕
El Bañuelo
Carrera del Darro
그라나다스의 문
Puerta de las Granadas
레알레호
Realejo
Iglesia de San Miguel Bajo
Mirador de la Lona
Cuesta de Gomérez
Calle Molinos
누에바 광장
Plaza Nueva
바르 로스 디아멘테스(본점)
칼데레리아 누에바 거리
Calle Elvira
Calle Pavaneras
바르 라 리비에라
레스토랑 그라나다
레스토랑 카르멜라
Calle Reyes Católicos
스타벅스
Plaza Isabel la Católica 4
Catedral
이사벨 라 카톨리카 광장
Plaza Isabel la Católica
엘라데리아 로스 이탈리아노스
왕실 예배당
그라나다 시청
Ayuntamiento de granada
카르멘 광장
Plaza del Carmen
바르 로스 디아멘테스
Calle Navas
카페 풋볼
그라나다 대성당
Calle San Jerónimo
알카이세리아 거리
바르 로스 디아멘테스
Calle San Jacinto
아타우알파 스테이크 하우스
비브-람블라 광장
Plaza de Bib-Rambla
츄레리아 알람브라 카페테리아
Calle Ángel Ganivet
엘 코르테 잉글레스
우체국
Calle Mesones
트리니다드 광장
Plaza de La Trinidad
버거 킹
캄필로 광장
Plaza del Campillo
Calle Acera del Darro
Calle Alhóndiga
로스 로보스 광장
Plaza De Los Lobos
Calle Tablas
Calle Recogidas
Calle San Antón
Calle Puentezuelas
Calle Verónica de la Magdalena
이슬라(140m)
0
200m

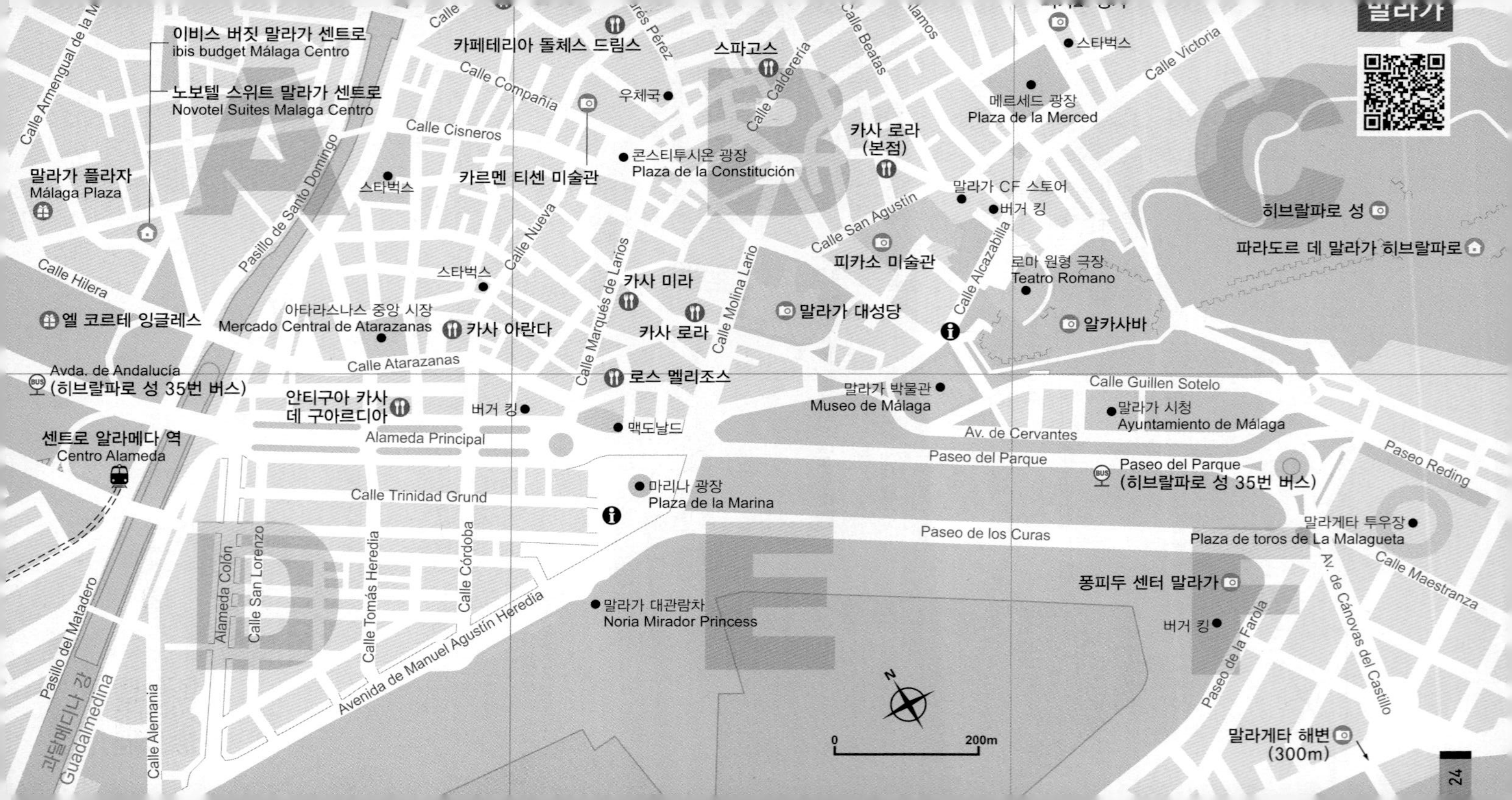

말라가
이비스 버짓 말라가 센트로
ibis budget Málaga Centro
노보텔 스위트 말라가 센트로
Novotel Suites Malaga Centro
말라가 플라자
Málaga Plaza
카페테리아 돌체스 드림스
스파고스
우체국
카르멘 티센 미술관
콘스티투시온 광장
Plaza de la Constitución
카사 로라
(본점)
메르세드 광장
Plaza de la Merced
스타벅스
말라가 CF 스토어
버거 킹
히브랄파로 성
파라도르 데 말라가 히브랄파로
피카소 미술관
로마 원형 극장
Teatro Romano
엘 코르테 잉글레스
아타라스나스 중앙 시장
Mercado Central de Atarazanas
카사 아란다
카사 미라
카사 로라
말라가 대성당
알카사바
Avda. de Andalucía
(히브랄파로 성 35번 버스)
안티구아 카사
데 구아르디아
로스 멜리조스
말라가 박물관
Museo de Málaga
말라가 시청
Ayuntamiento de Málaga
센트로 알라메다 역
Centro Alameda
Alameda Principal
맥도날드
마리나 광장
Plaza de la Marina
Paseo del Parque
(히브랄파로 성 35번 버스)
말라게타 투우장
Plaza de toros de La Malagueta
말라가 대관람차
Noria Mirador Princess
퐁피두 센터 말라가
말라게타 해변
(300m)
Calle Armengual de la Mota
Pasillo de Santo Domingo
Calle Hilera
Calle Compañía
Calle Cisneros
Calle Nueva
Calle Marqués de Larios
Calle Molina Lario
Calle Calderería
Calle Beatas
Calle San Agustín
Calle Alcazabilla
Calle Victoria
Calle Atarazanas
Calle Guillen Sotelo
Av. de Cervantes
Paseo Reding
Calle Trinidad Grund
Paseo de los Curas
Calle Maestranza
Av. de Cánovas del Castillo
Paseo de la Farola
Alameda Colón
Calle San Lorenzo
Calle Tomás Heredia
Calle Córdoba
Avenida de Manuel Agustín Heredia
Pasillo del Matadero
과달메디나 강
Guadalmedina
Calle Alemania
0
200m
N

산 세바스티안
수리올라 해
Playa de la Zurrio
몬테 우르굴
산 텔모 박물관
핀초 거리
아쿠아리움
보트
Motoras de la Isla
클라라 섬
Isla de Santa Clara
산 세바스티안 시청
Donostiako Udala
Hernani Kalea
Askatasunaren Hiribidea
이겔도
몬테 이겔도 푸니쿨라
Funicular Monte Igueldo
콘차 만
Bahía de La Concha
스타벅스
산 마르틴 시장
Mercado de San Martín
San Martin Kalea
온다레나 해변
Playa de Ondarreta
대성당
Katedrala
버스 터미널
콘차 해변
우체국
Mirakontxa Pasealekua
산 세바스티안역
Estación de San Sebastián
미라마르 궁전
De Zumalakarregi Hiribidea
Tolosa Hiribidea
아마라역
Estación de Amara-Donostia
N
0
500m
비스카야 다리
(9.7km)
구겐하임 미술관
아르찬다 전망대
아르찬다 푸니쿨라
Funicular de Archanda
네르비온 강
우체국
수비수리
수비아르테 쇼핑센터
Zubiarte merkataritza-zentroa
Alameda de Recalde
Mazarredo Zumarkalea
Ría del Nervión
해양 박물관
useo Marítimo
Ría de Bilbao
빌바오 미술관
빌바오 시청
Bilboko Udaletxea
Gran Vía de Don Diego López de Haro
돈 페데리코 모유아 광장
Plaza de Don Federico Moyúa
카페 바 빌바오
산 마메스 경기장
San Mamés
차바리 궁전
Txabarri jauregia
Moyúa
라 올라 데 라 플라자 누에바
스타벅스
San Mamés
María Díaz Haroko Kalea
버거 킹
Urkixo Zumarkalea
칼튼 호텔
엘 글로보 타베르나
엘 코르테 잉글레스
Abando
스타벅스
자하라
Zazpi Kaleak
터미널
Indautxu
맥도날드
빌바오 역
Elcano Kalea
누에바 광장
Nueva Plaza
아스쿠나 센트로아
바스크 박물관
Autonomia Kalea
이비스 빌바오 센트로
7번 트램
N
비스타 알레그레 투우장
Plaza de Toros
de Vista Alegre
빌바오
0
200m
아추리역
Atxuri

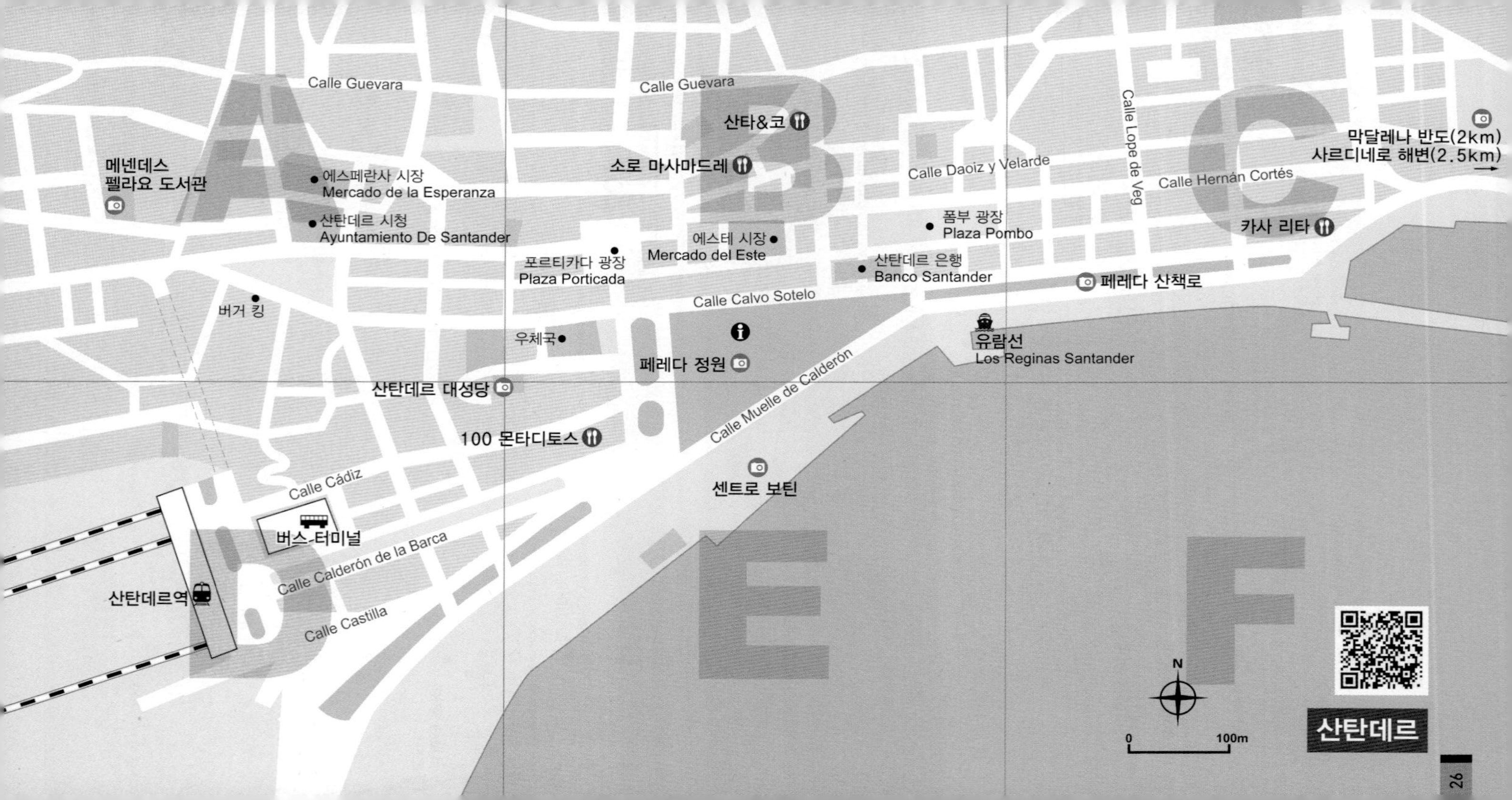

산탄데르
Calle Guevara
Calle Guevara
메넨데스
펠라요 도서관
에스페란사 시장
Mercado de la Esperanza
산탄데르 시청
Ayuntamiento De Santander
버거 킹
산타&코
소로 마사마드레
포르티카다 광장
Plaza Porticada
에스테 시장
Mercado del Este
우체국
페레다 정원
산탄데르 대성당
100 몬타디토스
Calle Calvo Sotelo
Calle Daoiz y Velarde
폼부 광장
Plaza Pombo
산탄데르 은행
Banco Santander
Calle Lope de Veg
Calle Hernán Cortés
막달레나 반도(2km)
사르디네로 해변(2.5km)
카사 리타
페레다 산책로
유람선
Los Reginas Santander
Calle Muelle de Calderón
센트로 보틴
Calle Cádiz
버스 터미널
Calle Calderón de la Barca
Calle Castilla
산탄데르역
N
0
100m

코미야스
N
0
200m
A
B
C
D
E
F
코미야스 등대
Faro de Comillas
Paseo el Muelle
Paseo Garelly
코미야스 해변
Playa de Comillas
Calle Jesús Cancio
Paseo Manuel Noriega
Paseo de Juan Martinez Noriega
Paseo Manuel Noriega
산타 루치아 전망대
Mirador de Santa Lucía
Calle Calvo Sotelo
Calle las Infantas
코미야스 구시청사
Ayuntamiento antiguo de Comillas
신학대학
iversidad
ntificia de Comillas
)0m)
산 크리스토발 성당
Iglesia de San Cristóbal
Barrio la Coteruca
트레스 카뇨스 분수
el Marqués de Comillas
BUS
버스 정류장
Paseo de Estrada
코미야스 시청 Ayuntamiento de Comillas
Barrio el Parque
엘 카프리초 데 가우디
예배당
Capilla Panteón
소브레야노 궁

산티아고 데 콤포스텔라
버스터미널
0
200m
Rúa de Teo
Rúa do Home Santo de Bonaval
Rúa dos Concheiros
Avenida Xoán
Rúa San Roque
보나바르 공원
Río Sarela
사렐라 강
Rúa as Rodas
Porta do Camiño
Rúa de San Pedro
San Francisco
산 마르티뇨 피나리오 수도원
Rúa das Galeras
파라도르
파라도르 데 산티아고 카페
대성당
킨타나 광장
Rúa das Hortas
시청사
순례자의 박물관
오브라도이루 광장
Ensinanza Virxen da Cerca
Calexón das Trompas
Rúa do Pombal
Franco
Rúa do Villar
Rúa Nova
벨비스 공원
Paseo da Alameda
타베르나 두 비스푸
Rúa Fonte do Sto. Antonio
알라메다 공원
갈리시아 광장
Avenida Xoan Carlos I
Rúa do Sar de Afora
Rúa Montero Ríos
Rúa de República de El Salvador
Rúa do Hórreo
Avenida de Lugo
Rúa Frai Rosendo Salvado
Rúa de República de Arxentina
기차역
Renfe

리스본 메트로

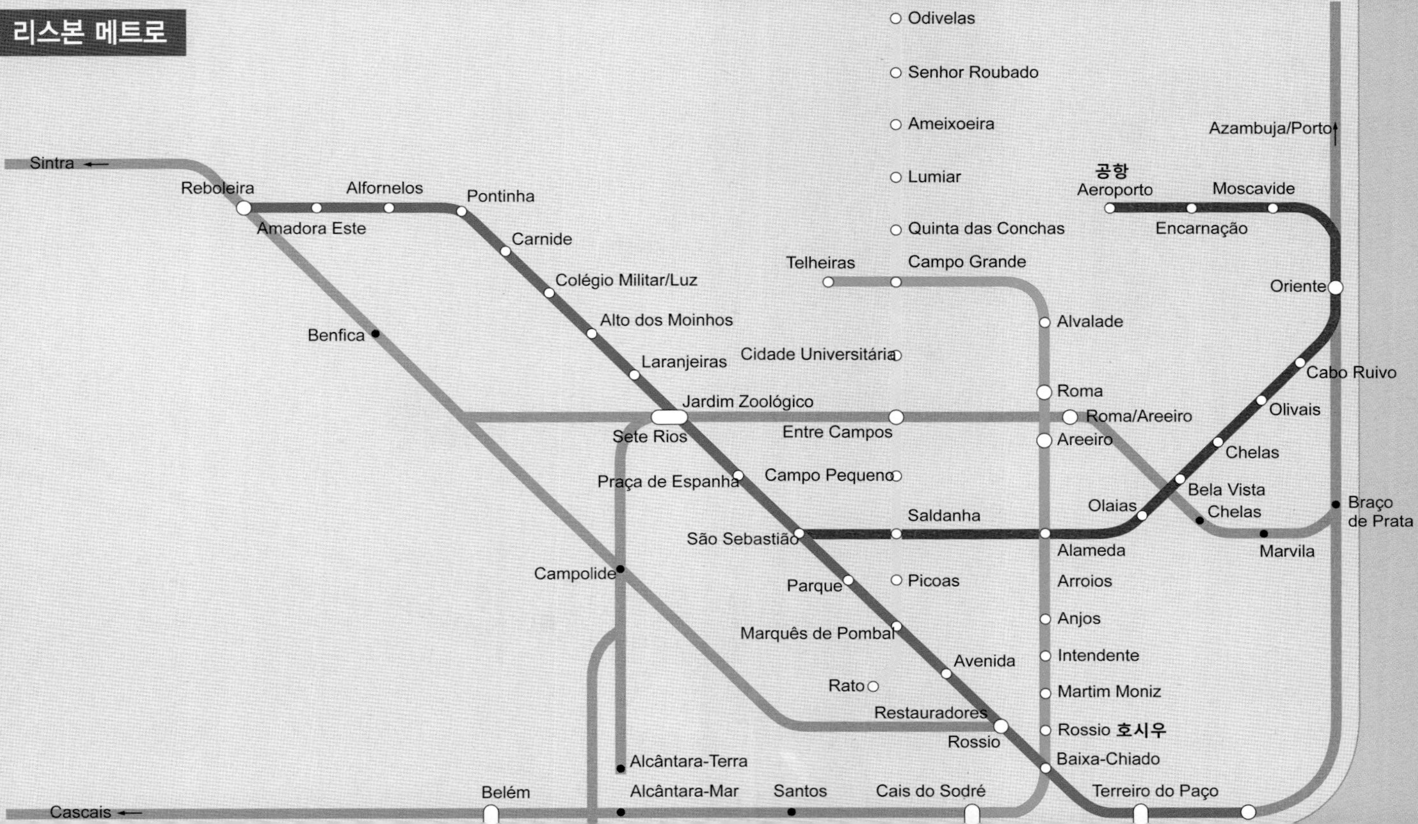

Sintra
Reboleira
Amadora Este
Alfornelos
Pontinha
Carnide
Colégio Militar/Luz
Alto dos Moinhos
Laranjeiras
Benfica
Jardim Zoológico
Sete Rios
Praça de Espanha
Campolide
São Sebastião
Parque
Marquês de Pombal
Avenida
Restauradores
Rossio
Baixa-Chiado
Terreiro do Paço
Odivelas
Senhor Roubado
Ameixoeira
Lumiar
Quinta das Conchas
Campo Grande
Telheiras
Cidade Universitária
Entre Campos
Campo Pequeno
Saldanha
Picoas
Rato
Alvalade
Roma
Roma/Areeiro
Areeiro
Alameda
Arroios
Anjos
Intendente
Martim Moniz
Rossio 호시우
공항
Aeroporto
Encarnação
Moscavide
Oriente
Cabo Ruivo
Olivais
Chelas
Bela Vista
Olaias
Chelas
Marvila
Braço de Prata
Azambuja/Porto
Alcântara-Terra
Alcântara-Mar
Belém
Cascais
Santos
Cais do Sodré

21pr
콘셉트 스토어
엠바이샤다
P. do Príncipe Real
R. de Santo António da Glória
Rua da Glória
Av. da Liberdade
Rua Portas de S. Antão
R. D. Pedro V
R. Conde de Soure R. Luisa Todi
상 페드루
드 알칸타라
전망대
아센소르
다 글로리아
Elevador da Glória
Restauradores
R.S.Pedro Alcântara
피게이라
광장
호시우역
Estação do Rossio
아 진지냐
상 호케
성당
우 문두
판타스티쿠
사르디냐
포르투게사
호시우
광장
Rua do Século
바스타르두
콘페이
파브리카 다 나타
리코리스타 바칼료에이루
Calçada do Combro
Rua da Rosa
R. Áurea
R. Augusta
카르무
수도원
우마
산타
주스타
엘리베이터
카몽이스
광장
R. Mar. Saldanha
R. do Loreto
R. de Santa
Catarina
R. da Horta Seca
Rua Garret
Elevador da Bica
산타 카타리나
전망대
오 시아두
R. dos Sapateiros
아우구스타 거리
아 비다
포르투게사
Baixa-Chiado
세라미카스
나 리냐
아센소르
다 비카
타이포그라피
타임 아웃 마켓
카페 드 상 벤투
Rua Dom Luís I
오토
Rua de S. Julião
R. da Ribeira Nova
Rua Vitor Cordon
Av. Vinte e Quatro de Julio
Praça do Co
Rua do Arsenal
Cais do
Sodré
코메르
광
Av. Ribeira das Naus
카이스 두 소드레역
Estação Cais do Sodré
Cais do Sodré

리스본 중심
N
0
200m
Martim Moniz
M
28번 전차 출발지
그라사 전망대
Calçada da Graça
R. Voz do Operário
Costa do Castelo
상 조르즈 성
R. de São Vicente
상 비센트 드 포라 수도원
산타 클라라 벼룩시장
산타 앵그라시아 성당 (국립 판테온)
Rua da Madalena
R. Chão da Feira
R. de S. Mamede
R.das Pedras Negras
포르타스 두 솔 전망대
산타 루치아 전망대
Rua Jardim Tabaco
아줄레주 국립 박물관 (1.8km)
코무르-콘세르베이라 드 포르투갈
파브리카 다스 엥기아스
대성당
크루제스 크레두
da Alfândega
ante Dom Henrique
Terreiro do Paço
M

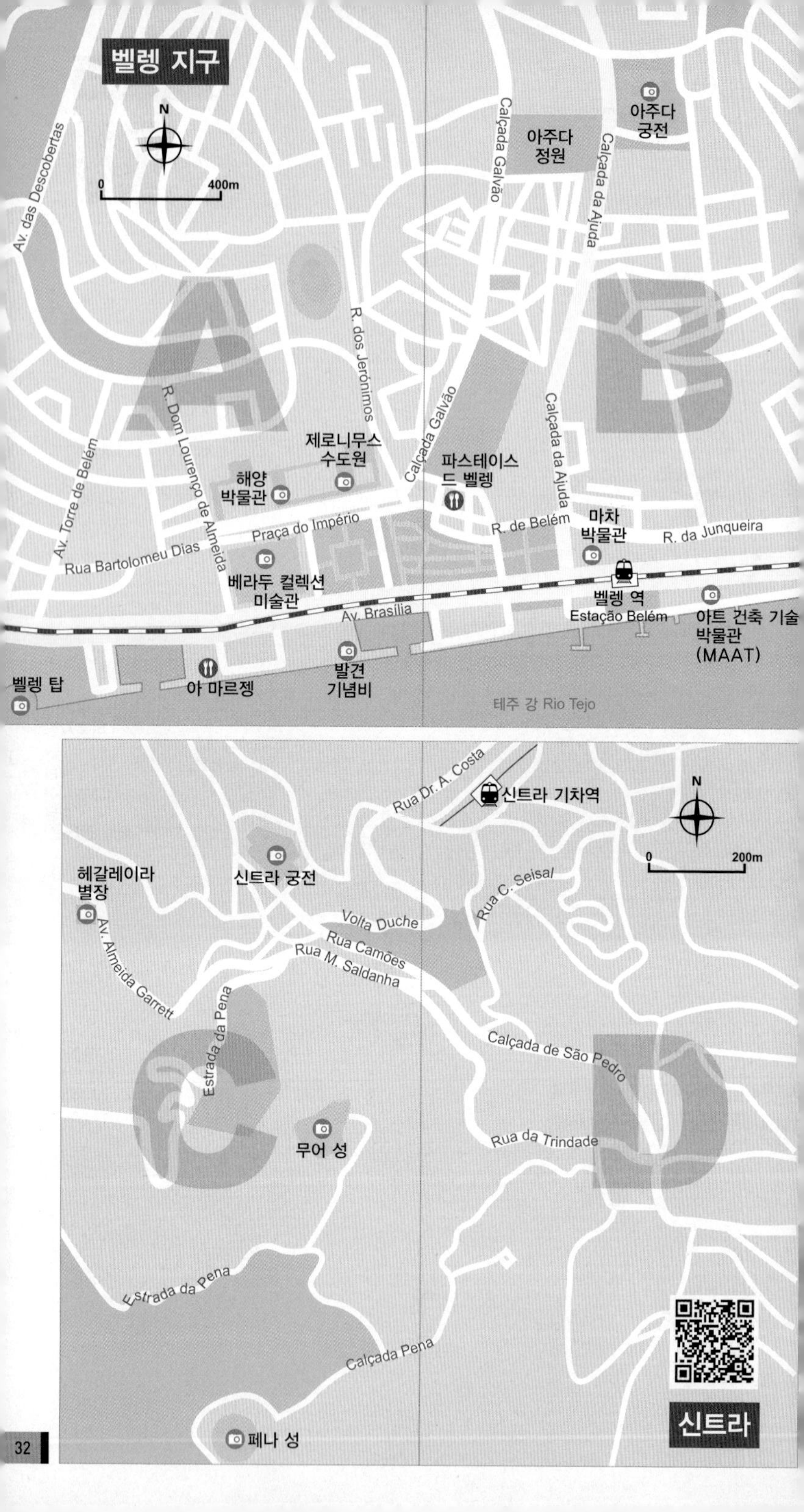

벨렝 지구
N
0
400m
Av. das Descobertas
아주다 궁전
아주다 정원
Calçada Galvão
Calçada da Ajuda
R. dos Jerónimos
R. Dom Lourenço de Almeida
Av. Torre de Belém
제로니무스 수도원
해양 박물관
파스테이스 드 벨렝
R. de Belém
마차 박물관
R. da Junqueira
Praça do Império
Rua Bartolomeu Dias
베라두 컬렉션 미술관
벨렝 역
Estação Belém
Av. Brasília
아트 건축 기술 박물관 (MAAT)
벨렝 탑
아 마르젱
발견 기념비
테주 강 Rio Tejo
Rua Dr. A. Costa
신트라 기차역
200m
헤갈레이라 별장
신트라 궁전
Rua C. Seisal
Volta Duche
Rua Camões
Rua M. Saldanha
Av. Almeida Garrett
Estrada da Pena
Calçada de São Pedro
Rua da Trindade
무어 성
Estrada da Pena
Calçada Pena
페나 성
신트라

코임브라
N
0
100m
A
B
C
D
E
F
R. Sofia
R. Olímpio Nicolau Rui Fernandes
산타 크루즈
수도원
망가 정원
메르카두(시장)
Av. Fernão de Magalhães
코임브라
기차역 B
(2km)
버스 터미널
(1km)
Praça 8 de Maio
카쿠
R. Inácio Duarte
Largo Dr. José Rodrigues
Largo Marques de Pombal
신 대성당
R. Visconde da Luz
브라
역 A
오슬로 호텔
루프탑 바
로지아
Largo de São Salvador
니콜라
Largo Sé Velha
구 대성당
Rua da Sota
R. Ferreira Borges
마샤두 드 카스트루
국립 미술관
R. Ilha
R. de São Pedro
R. de São Pedro
코임브라
대학교
포르타젱
광장
R. Dr. Guilherme Moreira
Couraça de Lisboa
Av. Emídio Navarro
Ponte de Santa Clara
몬데구 강
Rio Mondego

Largo Sao Domingos
R. de Belomonte
대성당
포르투스 칼레
R. do Gen. Sousa Dias
R. da Bolsa
볼사 궁전
상 프란시스쿠
성당
Rua do Infante D. Henrique
지마우 타파스 이 비뉴스
Av. Gustavo Eiffel
카이스 다
히베이라
Cais da Ribeira
도우루 강
동 루이스 1세 다리
히베이라 드 가이아
가이아
케이블카
세하 두 필라
전망대
Av. de Diogo Leite
칼렘
R. do Gen. Torres
에스플라나다
트란스파렌트
Jardim
do Morro
아르 드 히우
가이아
케이블카
샌드맨
Rampa do Infante Santo
R. Rodrigues de Freitas
Av. de Ramos Pinto
메르카두 베이라 히우
테일러스 (600m)
포르투

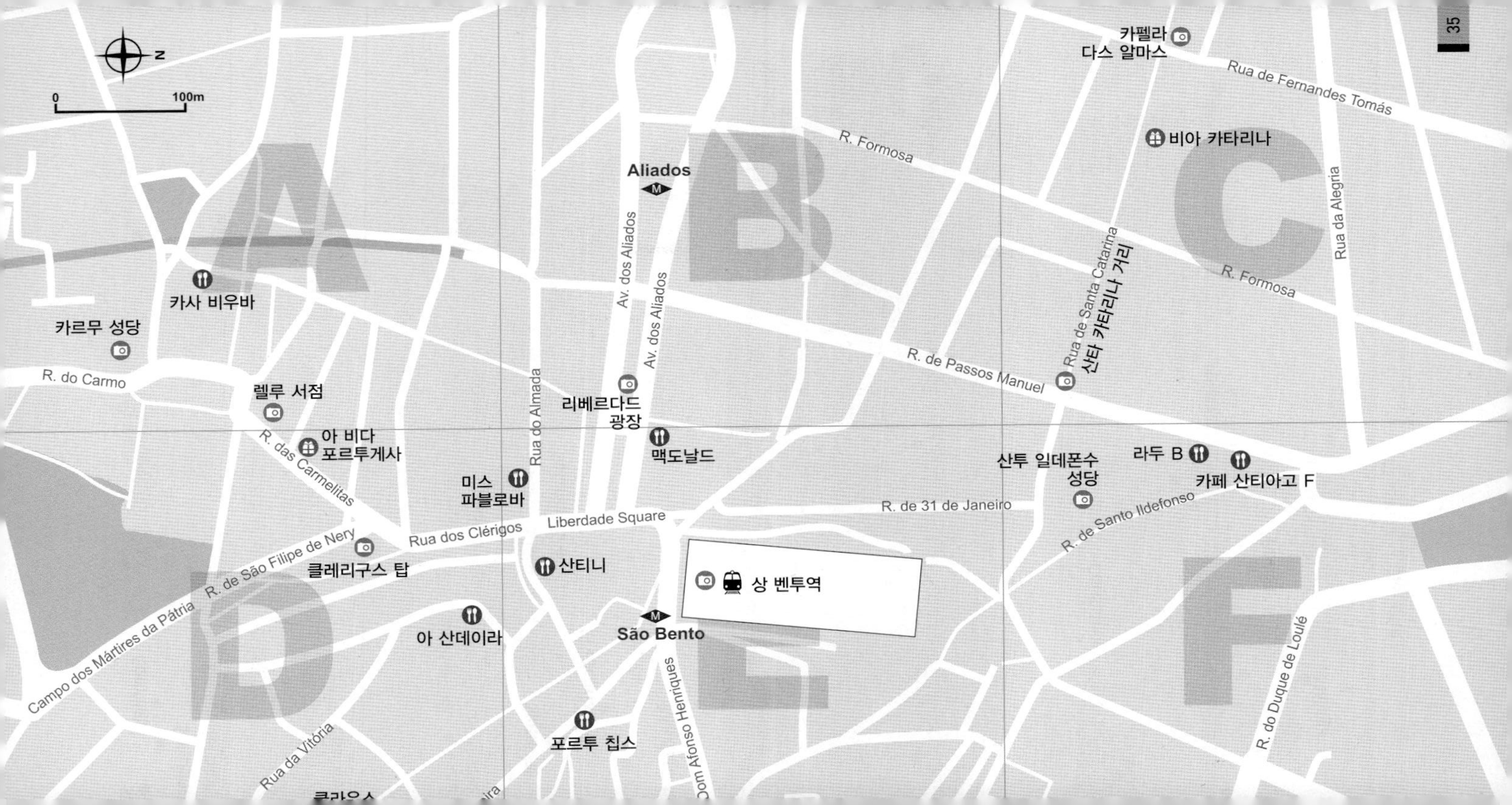
0
100m
N
카사 비우바
카르무 성당
R. do Carmo
렐루 서점
아 비다
포르투게사
R. das Carmelitas
미스
파블로바
Rua do Almada
Aliados
Av. dos Aliados
Av. dos Aliados
리베르다드
광장
맥도날드
Rua dos Clérigos
Liberdade Square
R. de São Filipe de Nery
클레리구스 탑
산티니
상 벤투역
São Bento
아 산데이라
Campo dos Mártires da Pátria
Rua da Vitória
포르투 칩스
Dom Afonso Henriques
R. Formosa
R. de Passos Manuel
Rua de Santa Catarina
산타 카타리나 거리
카펠라
다스 알마스
Rua de Fernandes Tomás
비아 카타리나
R. Formosa
Rua da Alegria
산투 일데폰수
성당
라두 B
카페 산티아고 F
R. de 31 de Janeiro
R. de Santo Ildefonso
R. do Duque de Loulé

A Coruña
Castropol
Gijón
Comillas
Oviedo
Santillana del Mar
Lugo
Santiago
Miño
León
Esla
Pontevedra
Orense
Vigo
Burgos
Valladolid
Braga
Aranda de Duero
Zamora
Porto
Segovia
Salamanca
El Escorial
Ávila
Guarda
Madrid
Tormes
Coimbra
Tagus
Toledo
Nazaré
Batalha
Tomar
Fátima
Valencia de Alcántara
Cáceres
Alcobaça
Óbidos
Guadiana
Sintra
Lisbon
Badajoz
Mérida
Córdoba
Jaén
Ayamonte
Sevilla
Huelva
Genil
Tavria
Faro
Antequera
Ronda
Jerez de la Frontera
Málaga
Cádiz
Algeciras
Gibraltar
(U.K.)

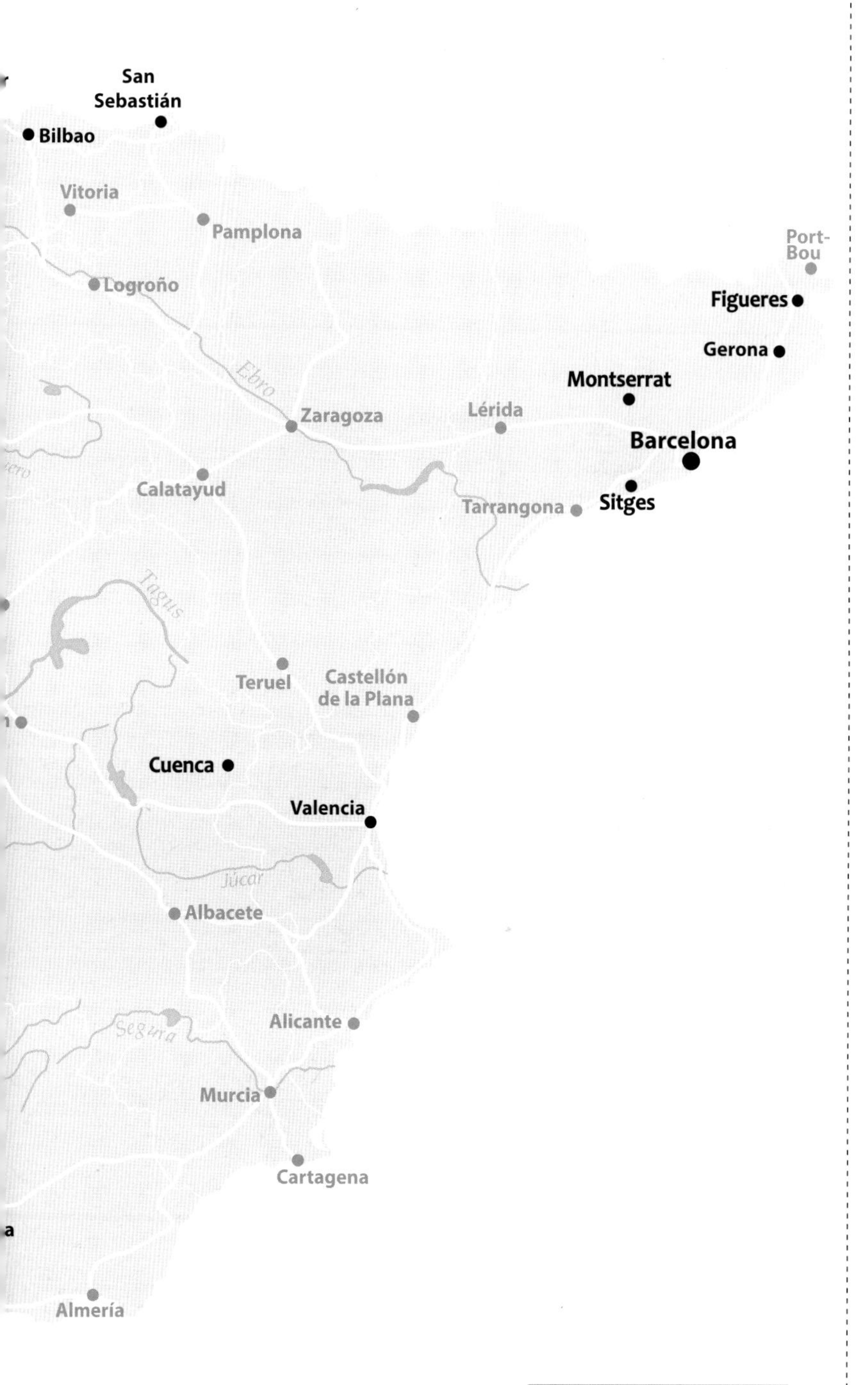
San Sebastián
Bilbao
Vitoria
Pamplona
Logroño
Ebro
Zaragoza
Lérida
Calatayud
Port-Bou
Figueres
Gerona
Montserrat
Barcelona
Sitges
Tarrangona
Tagus
Teruel
Castellón de la Plana
Cuenca
Valencia
Júcar
Albacete
Segura
Alicante
Murcia
Cartagena
Almería

스페인 · 포르투갈 전도

스페인 포르투갈 맵
SPAIN PORTUGAL MAP

스페인 최고의 관광 도시 **바르셀로나**

스페인의 수도이자 교통 중심지 **마드리드**

투우와 플라멩코의 본고장 **세비야**

그림 같은 풍경을 보여주는 도시 **론다**

알람브라 궁전의 추억 **그라나다**

유럽인이 사랑하는 휴양지 **말라가**

가톨릭 3대 성지 **산티아고 데 콤포스텔라**

역사 깊은 포르투갈의 수도 **리스본**

포르투갈 최고의 관광 도시 **포르투**

TRAVEL

SPANISH

여행 스페인어

시원스쿨 스페인어 감수

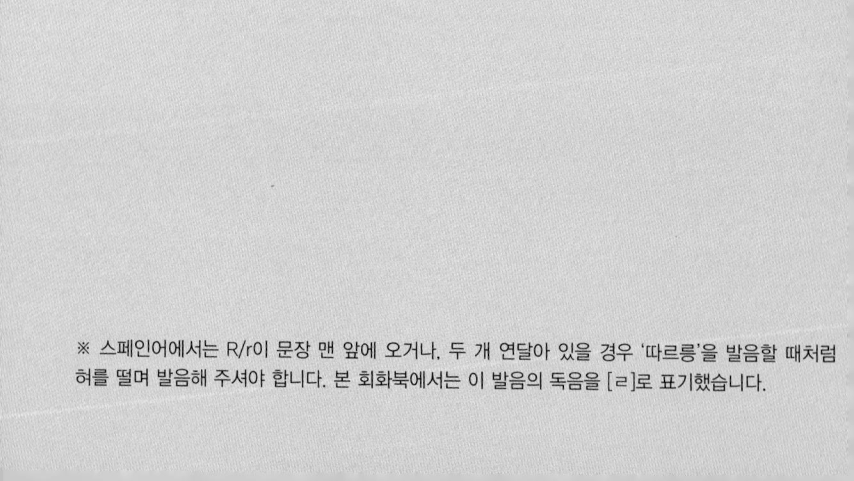

※ 스페인어에서는 R/r이 문장 맨 앞에 오거나, 두 개 연달아 있을 경우 '따르릉'을 발음할 때처럼 허를 떨며 발음해 주셔야 합니다. 본 회화북에서는 이 발음의 독음을 [ㄹ]로 표기했습니다.

TRAVEL SPANISH

여행 스페인어

1

왕초보 스페인어

왕초보 스페인어 패턴

왕초보 스페인어 표현

왕초보 스페인어 패턴

저는 ~할게요.

저는 오늘의 메뉴로 할게요.
Quiero el menú del día.
끼에로 엘 메누 델 디아.

저는 아메리카노로 할게요.
Quiero un americano.
끼에로 운 아메리까노.

저는 현금으로 계산할게요.
Voy a pagar en efectivo.
보이 아 빠가르 엔 에펙띠보.

저는 이 옷으로 할게요.
Quiero esta prenda.
끼에로 에스따 쁘렌다.

이건~인가요?

이건 무엇인가요?
¿Qué es esto?
께 에스 에스또?

이건 시내 가는 버스인가요?
¿Este autobús va al centro?
에스떼 아우또부스 바 알 쎈뜨로?

이건 할인 상품인가요?
¿Es un producto con descuento?
에스 운 쁘로둑또 꼰 데스꾸엔또?

이건 무료인가요?
¿Esto es gratis?
에스또 에스 그라띠스?

~를 부탁해요.

방 청소해주세요.
Limpie la habitación, por favor.
림삐에 라 아비따씨온, 뽀르 파보르.

창가 좌석으로 부탁합니다.
Deme un asiento en ventanilla. Por favor.
데메 운 아씨엔또 엔 벤따니야. 뽀르 파보르.

냅킨 좀 부탁해요.
Deme servilletas, por favor.
데메 쎄르비예따쓰, 뽀르 파보르.

하나 더 부탁해요.
Deme uno más, por favor.
데메 우노 마스, 뽀르 파보르.

요금은 얼마인가요?
¿Cuánto cuesta la tarifa?
꾸안또 꾸에스따 라 따리파?

입장료는 얼마인가요?
¿Cuánto cuesta la entrada?
꾸안또 꾸에스따 라 엔뜨라다?

~는 얼마인가요?

중량 제한이 얼마인가요?
¿Cuál es el límite de peso?
꾸알 에스 엘 리미떼 데 뻬소?

1박에 얼마인가요?
¿Cuánto cuesta una noche?
꾸안또 꾸에스따 우나 노체?

제 자리가 어디인가요?
¿Dónde está mi asiento?
돈데 에스따 미 아씨엔또?

매표소가 어디인가요?
¿Dónde está la taquilla de billetes?
돈데 에스따 라 따끼야 데 비예떼스?

~가 어디인가요?

4번 게이트가 어디인가요?
¿Dónde está la puerta de embarque número cuatro?
돈데 에스따 라 뿌에르따 데 엠바르께 누메로 꽈뜨로?

화장실이 어디인가요?
¿Dónde está el baño?
돈데 에스따 엘 바뇨?

한국어 팸플릿 있나요?
¿Tiene un folleto en coreano?
띠에네 운 포예또 엔 꼬레아노?

전통적인 상품이 있나요?
¿Tiene algún producto típico?
띠에네 알군 쁘로둑또 띠삐꼬?

~가 있나요?
You got~? 유 갓~?

다른 거 있나요?
¿Tiene otro?
띠에네 오뜨로?

다른 색상 있나요?
¿Tiene de otro color?
띠에네 데 오뜨로 꼴로르?

사진 찍을 수 있어요?
¿Puedo tomar una foto?
뿌에도 또마르 우나 포또?

여기서 걸어갈 수 있어요?
¿Puedo ir caminando desde aquí?
뿌에도 이르 까미난도 데스데 아끼?

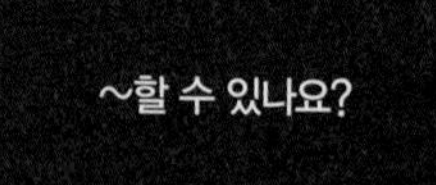

할인되나요?
¿Hay descuento?
아이 데스꾸엔또?

리필 되나요?
¿Se puede rellenar?
쎄 뿌에데 ㄹ레예나르?

잠시 후에 체크아웃하고 싶어요.
Quiero hacer el check-out un poco más tarde.
끼에로 아쎄르 엘 체크아웃 운 뽀꼬 마스 따르데.

룸 서비스를 주문하고 싶어요.
Quiero pedir servicio de habitaciones.
끼에로 뻬디르 쎄르비씨오 데 아비따씨오네스.

~하고 싶어요.

이거 교환하고 싶어요.
Quiero cambiar esto.
끼에로 깜비아르 에스또.

화장품을 좀 보고 싶어요.
Quiero ver los cosméticos.
끼에로 베르 로스 꼬스메띠꼬스.

이건 무엇인가요?
¿Qué es esto?
께 에스 에스또?

방문 목적은 무엇인가요?
¿Cuál es el propósito de su visita?
꾸알 에스 엘 쁘로뽀씨또 데 수 비씨따?

~는 무엇인가요?

가장 인기 있는 게 무엇인가요?
¿Cuál es el más famoso?
꾸알 에스 엘 마스 파모쏘?

가장 유명한 관광명소가 무엇인가요?
¿Cuál es el lugar turístico más famoso de aquí?
꾸알 에스 엘 루가르 뚜리스띠꼬 마스 파모쏘 데 아끼?

왕초보 스페인어 표현

여기 **aquí** 아끼	저기 **allí** 아이	이것 **este** 에스떼
저것 **aquello** 아께요	네 **Sí** 씨	아니요 **No** 노
알겠습니다 **Entendido** 엔뗀디도	모르겠습니다 **No sé** 노 쎄	실례합니다 **¡Disculpe!** 디스꿀뻬!
감사합니다 **Gracias** 그라씨아스	천만에요 **De nada** 데 나다	문제 없어요 **no hay problema** 노 아이 쁘로블레마
여기 있습니다 **Aquí tiene** 아끼 띠에네	어서 오세요 **Bienvenido** 비엔 베니도	안녕히 가세요 **Adiós** 아디오스
일반 인사 **¡Hola!** 올라!	아침 인사 **¡Buenos días!** 부에노스 디아스!	오후 인사 **¡Buenas tardes!** 부에나스 따르데스!
저녁 인사 **¡Buenas noches!** 부에나스 노체스!	좋아요 **Bien** 비엔	싫어요 **No quiero** 노 끼에로
미안해요 **Lo siento** 로 씨엔또	충분해요 **Es suficiente** 에스 수피씨엔떼	충분하지 않아요 **No es suficiente** 노 에스 수피씨엔떼
저 한국인이에요(남자일때) **Soy coreano** 쏘이 꼬레아노	저 한국인이에요(여자일때) **Soy coreana** 쏘이 꼬레아나	맛있어요 **¡Qué rico!** 께 리꼬!

도와주세요 **¡Ayúdeme, por favor!** 아유데메, 뽀르 파보르!	잠깐만요 **¡Un momento, por favor!** 운 모멘또, 뽀르 파보르!

2

공항 · 기내에서

탑승 수속하기

보안 검색받기

비행기 탑승하기

기내 서비스 요청하기

기내 물품 · 시설 문의하기

입국 심사받기

수하물 찾기

환전하기

탑승 수속하기

탑승 수속을 위해 꼭 필요한 표현들을 모았다. 수속 전 항공사의 수하물 규정을 확인하여 기내에 반입할 짐과 위탁할 수하물의 양을 적절히 분배하면 한결 편리하다.

여행 단어

여권	pasaporte 빠싸뽀르떼	무게	peso 뻬쏘
탑승권	tarjeta de embarque 따르헤따 데 엠바르께	무게 초과	overweight 오벌웨잇
좌석	asiento 아씨엔또	추가 요금	coste adicional 꼬스떼 아디씨오날
경유	escala 에스깔라	연착	retraso ㄹ레뜨라쏘
수하물	equipaje 에끼빠헤	다음 비행편	siguiente vuelo 씨기엔떼 부엘로

여행 회화

❶ ○○항공 카운터가 어디인가요?
¿Dónde está la ventanilla de ○○?
돈데 에스따 라 벤따니야 데 ○○?

❷ 창가 좌석으로 부탁합니다.
Deme un asiento en la ventana, por favor.
데메 운 아씨엔또 엔 라 벤따나, 뽀르 파보르.

❸ 중량 제한이 얼마인가요?
¿Cuál es el límite de peso?
꾸알 에스 엘 리미떼 데 뻬소?

❹ 제 짐 무게가 초과됐나요?
¿Mi equipaje se excede de peso?
미 에끼빠헤 쎄 엑쓰쎄데 데 뻬쏘?

❺ 3번 게이트가 어디인가요?
¿Dónde está la puerta tres?
돈데 에스따 라 뿌에르따 뜨레스?

❻ 제 비행기가 연착됐나요?
¿Se ha retrasado mi vuelo?
쎄 아 ㄹ레뜨라싸도 미 부엘로?

겉옷과 모자 등 모든 소지품을 물품 바구니에 담아야 한다. 주머니에 있던 소지품도 빼놓지 말고 꺼내놓자. 간혹 경보음이 울리더라도 당황하지 말고 직원의 요청에 따르자.

여행 단어

한국어	Español	한국어	Español
벗다	Quitarse 끼따르쎄	안경	gafas 가파스
액체류	líquido 리끼도	이상한	extraño/a 엑쓰뜨라뇨/냐
휴대폰	teléfono móvil 뗄레포노 모빌	주머니	bolsillo 볼씨요
소지품	objetos personales 옵헤또쓰 뻬르쏘날레스	겉옷	chaqueta 차께따
모자	sombrero 쏨브레로	임신한	embarazada 엠바라싸다

여행 회화

❶ 무슨 문제 있나요?
¿Hay algún problema?
아이 알군 쁘로블레마?

❷ 주머니에 아무것도 없어요.
No tengo nada en los bolsillos.
노 뗑고 나다 엔 로쓰 볼씨요스.

❸ 액체류는 없어요.
No tengo ningún líquido.
노 뗑고 닝군 리끼도.

❹ 이상한 거 아니에요.
No es nada extraño.
노 에스 나다 엑쓰뜨라뇨.

❺ 이제 가도 되나요?
¿Puedo irme?
뿌에도 이르메?

❻ 저 임산부예요.
Estoy embarazada.
에스또이 엠바라싸다.

공항이 익숙하지 않거나 탑승 시간이 임박했다면 길을 헤매지 말고 탑승구 위치를 물어보자. 공항 직원이나 승무원에게 티켓을 보여주면 대부분 친절히 안내해준다.

여행 단어

탑승권	tarjeta de embarque 따르헤따 데 엠바르께	통로 좌석	asiento en pasillo 아씨엔또 엔 빠씨요
좌석	asiento 아씨엔또	창가 좌석	asiento en ventanilla 아씨엔또 엔 벤따니야
좌석 번호	número de asiento 누메로 데 아씨엔또	일등석	primera clase 쁘리메라 끌라쎄
안전벨트	cinturón de seguridad 씬뚜론 데 쎄구리닫	일반석	clase turista 끌라쎄 뚜리스따
비상구	salida de emergencia 쌀리다 데 에메르헨씨아	기내 휴대 수하물	equipaje de mano 에끼빠헤 데 마노

여행 회화

❶ 제 자리는 어디인가요?
¿Dónde está mi asiento?
돈데 에스따 미 아씨엔또?

❷ 여긴 제 자리입니다.
Este es mi asiento.
에스떼 에스 미 아씨엔또.

❸ 안전벨트를 못 찾겠어요.
No veo el cinturón de seguridad.
노 베오 엘 씬뚜론 데 쎄구리닫.

❹ 제 자리를 발로 차지 말아 주세요.
No golpee el asiento, por favor.
노 골뻬에 엘 아씨엔또, 뽀르 파보르.

❺ 짐 좀 올려주시겠어요?
¿Puede subirme el equipaje, por favor?
뿌에데 수비르메 엘 에끼빠헤, 뽀르 파보르?

❻ 자리를 바꿀 수 있을까요?
¿Puedo cambiar de asiento?
뿌에도 깜비아르 데 아씨엔또?

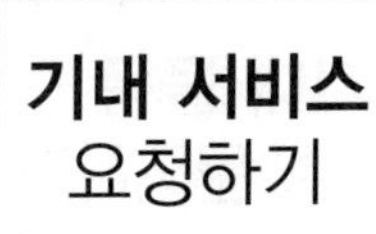

기내 서비스 요청하기

특히 긴 비행 중에는 기내식을 비롯해 베개, 담요 등 필요한 기내 서비스를 제공받거나 요청할 수 있다. 저가항공의 경우 종류에 따라 유료 서비스인 경우도 있으니 염두에 두자.

여행 단어

한국어	스페인어	한국어	스페인어
베개	almohada 알모아다	면세품	productos duty-free 쁘로둑또스 듀티 프리
담요	manta 만따	입국 신고서	tarjeta de llegada 따르헤따 데 예가다
냅킨	servilleta 쎄르비예따	생리대	compresa 꼼쁘레싸
식사	comida 꼬미다	진통제	analgésico 아날헤씨꼬
마실 것	bebida 베비다	비행기 멀미	mareo en avión 마레오 엔 아비온

여행 회화

❶ 냅킨 좀 주세요.	Deme servilletas, por favor. 데메 쎄르비예따스, 뽀르 파보르.
❷ 마실 것 좀 주세요.	Deme algo de beber, por favor. 데메 알고 데 베베르, 뽀르 파보르.
❸ 식사는 언제인가요?	¿Cuándo traen la comida? 꾸안도 뜨라엔 라 꼬미다?
❹ 비행기 멀미가 나요.	Me mareo en el avión. 메 마레오 엔 엘 아비온.
❺ 다른 베개 가져다 주세요.	Deme otra almohada, por favor. 데메 오뜨라 알모아다, 뽀르 파보르.
❻ 입국 신고서 한 장 주세요.	Deme una tarjeta de llegada, por favor. 데메 우나 따르헤따 데 예가다, 뽀르 파보르.

기내 물품 · 시설 문의하기

조명등을 켜고 끄는 것부터 스크린 조작 방법까지 처음 만지는 기내 시설이 익숙하지 않을 터. 궁금한 점이 있다면 망설이지 말고 승무원에게 문의하자.

여행 단어

한국어	스페인어	한국어	스페인어
좌석	asiento 아씨엔또	슬리퍼	pantuflas 빤뚜플라스
안전벨트	cinturón de seguridad 씬뚜론 데 쎄구리닫	안대	antifaz para dormir 안띠파스 빠라 도르미르
화장실	baño 바뇨	전등	lámpara 람빠라
헤드폰	auriculares 아우리꿀라레스	화면	pantalla 빤따야
담요	manta 만따	작동하지 않다	no funciona. 노 푼씨오나

여행 회화

❶ 불 좀 꺼주세요.	Apague la luz, por favor. 아빠게 라 루스, 뽀르 파보르.
❷ 담요를 가져다주세요.	Tráigame una manta, por favor. 뜨라이가메 우나 만따, 뽀르 파보르.
❸ 이게 작동을 안 해요.	No funciona. 노 푼씨오나.
❹ 안대 있나요?	¿Tiene un antifaz para dormir? 띠에네 운 안띠파스 빠라 도르미르?
❺ 제 화면을 한 번 봐 주실래요?	¿Puede ver qué le pasa a mi pantalla? 뿌에데 베르 께 레 빠싸 아 미 빤따야?
❻ 이 베개 불편해요.	Esta almohada es incómoda. 에스따 알모아다 에스 인꼬모다.

입국 심사받기

해외여행지로 가는 첫 관문, 바로 입국 심사다. 입국신고서를 정확히 작성하고 간단한 질문에 답할 수 있다면 큰 무리 없이 통과된다.

여행 단어

입국 신고서	tarjeta de llegada 따르헤따 데 예가다	여권	pasaporte 빠싸뽀르떼
세관 신고서	formulario de aduana 포르물라리오 데 아두아나	방문 목적	propósito de la visita 쁘로뽀씨또 데 라 비씨따
입국 심사	inmigración 인미그라씨온	일주일	una semana 우나 쎄마나
관광	turismo 뚜리쓰모	왕복 티켓	billete de ida y vuelta 비예떼 데 이다 이 부엘따
출장	viaje de negocios 비아헤 데 네고씨오스	전화번호	número de teléfono 누메로 데 뗄레포노

여행 회화

❶ 방문 목적은 무엇인가요?	¿Cuál es el propósito de su visita? 꾸알 에스 엘 쁘로뽀시또 데 수 비씨따?
❷ 관광하러 왔어요.	De turismo. 데 뚜리스모.
❸ 왕복 티켓 있나요?	¿Tiene billete de ida y vuelta? 띠에네 비예떼 데 이다 이 부엘따?
❹ 어디에서 묵을 예정입니까?	¿Dónde quedarán? 돈데 께다란?
❺ 호텔에 묵을 거예요.	Me quedaré en un hotel. 메 께다레 엔 운 오뗄.
❻ 한국인 통역사가 있나요?.	Hay un intérprete coreano? 아이 운 인떼르쁘레떼 꼬레아노?

수하물 안내판에서 탑승한 항공편에 해당하는 컨베이어 벨트 번호를 확인한 후 수하물을 찾으면 된다. 수하물에 문제가 생겼을 경우 곧바로 공항 직원에게 문의하자.

여행 단어

수하물	equipaje 에끼빠헤	분실	pérdida 뻬르디다
수하물 찾는 곳	recogida de equipajes ㄹ레꼬히다 데 에끼빠헤스	파손	daño 다뇨
수하물 표	etiqueta de equipaje 에띠께따 데 에끼빠헤	이름표	etiqueta de identificación 에띠께따 데 이덴띠피까씨온
기내 휴대 수하물	equipaje de mano 에끼빠헤 데 마노	전화번호	número de teléfono 누메로 데 뗄레포노
카트	carro para equipaje 까ㄹ로 빠라 에끼빠헤	수하물 보관소	consigna de equipajes 꼰씨그나 데 에끼빠헤스

여행 회화

❶ 수하물은 어디서 찾아요?	¿Dónde se recoge el equipaje? 돈데 쎄 ㄹ레꼬헤 엘 에끼빠헤?
❷ 제 수화물을 못 찾겠어요.	No encuentro mi equipaje. 노 엔꾸엔뜨로 미 에끼빠헤.
❸ 카트는 어디에 있어요?	¿Dónde están los carros para el equipaje? 돈데 에스딴 로스 까ㄹ로스 빠라 엘 에끼빠헤?
❹ 수하물이 파손됐어요.	Mi equipaje está dañado. 미 에끼빠헤 에스따 다냐도.
❺ 수하물 표를 분실했어요.	He perdido mi etiqueta de equipaje. 에 뻬르디도 미 에띠께따 데 에끼빠헤.
❻ 이상한 거 아니에요.	No es nada extraño. 노 에스 나다 엑쓰뜨라뇨.

환전 하기

한국에서 미처 환전하지 못했다면 현지 공항에 도착해 환전소를 찾아보자. 공항에서도 환전하지 못했거나 여행 경비가 부족하다면 여행지 곳곳의 환전소를 이용하면 된다.

여행 단어

한국어	스페인어	한국어	스페인어
환전	cambio de moneda 깜비오 데 모네다	지폐	billete 비예떼
환전소	casa de cambio 까사 데 깜비오	동전	moneda 모네다
환율	tipo de cambio 띠뽀 데 깜비오	수수료	comisión 꼬미씨온
은행	banco 방꼬	영수증	recibo ㄹ레씨보
잔돈	dinero suelto 디네로 수엘또	유로	euro 에우로

여행 회화

❶ 환전소는 어디인가요?	¿Dónde está la casa de cambio? 돈데 에스따 라 까사 데 깜비오?
❷ 환전을 하고 싶어요.	Quiero hacer un cambio de moneda. 끼에로 아쎄르 운 깜비오 데 모네다.
❸ 오늘 환율은 얼마인가요?	¿Cómo está el cambio hoy? 꼬모 에스따 엘 깜비오 오이?
❹ 수수료는 얼마인가요?	¿Cuánto es la comisión? 꾸안또 에스 라 꼬미씨온?
❺ 잔돈으로 주세요.	Deme dinero suelto, por favor. 데메 디네로 수엘또, 뽀르 파보르.
❻ 영수증 주세요.	Deme el recibo, por favor. 데메 엘 ㄹ레씨보, 뽀르 파보르.

3

교통수단

승차권 구매하기

버스 이용하기

전철 · 기차 이용하기

택시 이용하기

도보로 길 찾기

교통편 놓쳤을 때

알맞은 교통수단을 택하고, 일정에 맞는 승차권을 구매하는 것부터가 여행의 시작. 일정과 동선에 맞는 교통패스를 활용해 교통비를 줄이는 센스도 필요하다.

여행 단어

승차권	billete 비예떼	왕복	ida y vuelta 이다 이 부엘따
시간표	horario 오라리오	편도	ida 이다
발권기	máquina de billetes 마끼나 데 비예떼스	일일 승차권	billete de un día 비예떼 데 운 디아
매표소	taquilla de billetes 따끼야 데 비예떼스	일등석	primera clase 쁘리메라 끌라세
급행열차	tren rápido 뜨렌 ㄹ라삐도	일반석	clase turista 끌라쎄 뚜리스따

여행 회화

❶ 매표소가 어디에 있나요?
¿Dónde está la taquilla de billetes?
돈데 에스따 라 따끼야 데 비예떼스?

❷ 1일 승차권 하나 주세요.
Deme un billete de un día.
데메 운 비예떼 데 운 디아.

❸ 왕복 승차권 주세요..
Deme dos billetes de ida y vuelta.
데메 도스 비예떼스 데 이다 이 부엘따.

❹ 요금은 얼마인가요?
¿Cuánto cuesta la tarifa?
꾸안또 꾸에스따 라 따리파?

❺ 급행열차는 어디에서 타요?
¿Dónde puedo tomar el tren rápido?
돈데 뿌에도 또마르 일 뜨렌 ㄹ라삐도?

❻ 언제 출발(도착) 하나요?
¿A qué hora sale(llega) el tren?
아 께 오라 쌀레(예가) 엘 뜨렌?

구석구석 찾아다닐 수 있는 기동성만큼은 버스가 최고다. 다만, 정류장 위치, 진행 방향 등을 유념해서 탑승해야 목적지까지 실수 없이 도착할 수 있다.

여행 단어

고속버스	autobús exprés 아우또부스 엑쓰쁘레스	승차권(판매기)	máquina de billetes 마끼나 데 비예떼스
매표소	taquilla de billetes 따끼야 데 비예떼스	노선버스	autobús de línea 아우또부스 데 리네아
내리다	bajar 바하르	타다	subir 수비르
동전 교환기	máquina de cambio 마끼나 데 깜비오	거스름돈	cambio 깜비오
다음 정류장	siguiente parada 씨기엔떼 빠라다	다음 버스	siguiente autobús 씨기엔떼 아우또부스

여행 회화

❶ 이 버스가 'ㅇㅇ'에 가나요?	¿Este es el autobús para ㅇㅇ? 에스떼 에스 엘 아우또부스 빠라ㅇㅇ?
❷ 여기서 얼마나 걸려요?	¿Cuánto se tarda desde aquí? 꾸안또 쎄 따르다 데스데 아끼?
❸ 이번 정류장에서 내리면 되나요?	¿Me bajo en esta parada? 메 바호 엔 에스따 빠라다?
❹ 여기서(다음 정류장에서) 내리세요.	Bájese en esta(la siguiente) parada. 바헤쎄 엔 에스따(라 씨기엔떼) 빠라다.
❺ 내릴 정류장을 지나쳤어요.	Me he pasado de parada. 메 에 빠싸도 데 빠라다.
❻ 다음 버스는 언제 오나요?	¿Cuándo viene el siguiente autobús? 꾸안도 비에네 엘 씨기엔떼 아우또부스?

전철·기차 이용하기

지하철은 시내에서 주요 명소로 이동할 때, 기차는 도시 간 장거리 이동 시 선호하는 교통수단. 승강장 위치와 열차 종류, 환승 노선 등은 승·하차 시 반드시 체크할 것.

여행 단어

급행	tren rápido 뜨렌 ㄹ라삐도	지하철	metro 메뜨로
역	estación 에스따씨온	승강장	andén 안덴
환승	transbordo 뜨란스보르도	노선도	plano de metro 쁠라노 데 메뜨로
티켓 판매기	máquina de billetes 마끼나 데 비예떼스	출발시간	hora de salida 오라 데 쌀리다
도착시간	hora de llegada 오라 데 예가다	직행	directo 디렉또

여행 회화

❶ 지하철역이 어디에 있나요?
¿Dónde está la estación de metro?
돈데 에스따 라 에스따씨온 데 메뜨로?

❷ 급행열차 승차권 한 장 주세요.
Deme un billete para el tren rápido.
데메 운 비예떼 빠라 엘 뜨렌 ㄹ라삐도.

❸ 몇 번 승강장에서 타나요?
¿En qué andén puedo tomar el tren?
엔 께 안덴 뿌에도 또마르 엘 뜨렌?

❹ 환승은 어디서 하나요?
¿Dónde hago el transbordo?
돈데 아고 엘 뜨란스보르도?

❺ 이 열차는 'ㅇㅇ' 역에 정차하나요?
¿Este tren para en la estación de ㅇㅇ?
에스떼 뜨렌 빠라 엔 라 에스따씨온 데 ㅇㅇ?

❻ 'ㅇㅇ'역까지 얼마나 걸리나요?
¿Cuánto se tarda hasta la estación de ㅇㅇ?
꾸안또 쎄 따르다 아스따 라 에스따씨온 데 ㅇㅇ?

다른 교통수단에 비해 대체로 비싼 편이지만, 목적지까지 대중교통을 이용하기 애매하거나 에너지를 보충해야 할 때 유용하다. 서너 명이 함께 이동해야 한다면 경제적으로 효율적인 때도 있다.

여행 단어

이 주소	esta dirección 에스따 디렉씨온	택시(승강장)	parada de taxi 빠라다 데 딱씨
기본요금	tarifa básica 따리파 바씨까	할증	recargo ㄹ레까르고
~로 가주세요	lléveme a 예베메 아	트렁크	maletero 말레떼로
빨리	rápido ㄹ라삐도	잔돈	cambio 깜비오
빈차	taxi libre 딱씨 리브레	신용카드	tarjeta de crédito 따르헤따 데 끄레디또

여행 회화

❶ 택시 정류장은 어디인가요?
¿Dónde está la parada de taxi?
돈데 에스따 라 빠라다 데 딱씨?

❷ 이 주소로 가주세요.
Lléveme a esta dirección.
예베메 아 에스따 디렉씨온.

❸ 여기서 내릴게요.
Me bajo aquí.
메 바호 아끼.

❹ 트렁크 열어주세요.
Abra el maletero, por favor.
아브라 엘 말레떼로, 뽀르 파보르.

❺ 서둘러 가주세요.
Vaya rápido, por favor.
바야 ㄹ라삐도, 뽀르 파보르.

❻ 신용카드 되나요?
¿Acepta tarjetas de crédito?
아셉따 따르헤따스 데 끄레디또?

도보로 길 찾기

구글맵이 있다면 목적지가 어디든 도보로 찾아가기 어렵지 않다. 포켓 와이파이나 유심칩을 미리 준비해서 구글맵을 원활하게 사용할 수 있도록 하자.

여행 단어

여기	aquí 아끼	길	camino 까미노
가깝다 · 멀다	cerca · lejos 쎄르까 · 레호스	걷다	caminar 까미나르
왼쪽 · 오른쪽	izquierda · derecha 이쓰끼에르다 · 데레챠	이쪽 · 저쪽	por aquí · por allí 뽀르 아끼 · 뽀르 아이
블록	manzana 만싸나	직진	directo 디렉또
반대편/건너편	el otro lado 엘 오뜨로 라도	관광안내소	información turística 인포르마씨온 뚜리스띠까

여행 회화

❶ 말씀 좀 묻겠습니다.
Disculpe, tengo una pregunta.
디스꿀뻬, 뗑고 우나 쁘레군따.

❷ 'ㅇㅇ'까지 어떻게 가나요?
¿Cómo voy a ㅇㅇ?
꼬모 보이 아 ㅇㅇ?

❸ 여기가 어디예요?
¿Dónde estamos?
돈데 에스따모스?

❹ 거기까지 걸어갈 수 있나요?
¿Puedo ir caminando hasta allí?
뿌에도 이르 까미난도 아스따 아이?

❺ 걸어서 얼마나 걸리나요?
¿Cuánto se tarda caminando?
꾸안또 쎄 따르다 까미난도?

❻ 다시 한 번 말해주세요.
¿Puede repetir, por favor?
뿌에데 ㄹ레뻬띠르, 뽀르 파보르?

교통편을 놓쳤다면 규정에 따라 수수료를 지급하거나 별도의 수수료 없이 다음 교통편으로 재발권할 수 있다. 단, 규정에 따라 재발권이 불가능한 경우도 있으니 우선 티켓 판매처에 문의하자.

여행 단어

비행기	avión 아비온	기차	tren 뜨렌
버스	autobús 아우또부스	시간표	horario 오라리오
변경/환불	cambio/devolución 깜비오/데볼루씨온	대기자 명단	lista de espera 리스따 데 에스뻬라
수수료	comisión 꼬미씨온	항공사	aerolínea 아에로리네아
여행사	agencia de viajes 아헨씨아 데 비아헤스	연락처	contacto 꼰딱또

여행 회화

❶ 기차를 놓쳤어요.
He perdido el tren.
에 뻬르디도 엘 뜨렌.

❷ 다음 기차를 탈 수 있나요?
¿Puedo tomar el siguiente tren?
뿌에도 또마르 엘 씨기엔떼 뜨렌?

❸ 다음 기차는 출발이 언제죠?
¿A qué hora sale el siguiente tren?
아 께 오라 쌀레 엘 씨기엔떼 뜨렌?

❹ 환불 가능한가요?
¿Es posible hacer una devolución?
에스 뽀씨블레 아쎄르 우나 데볼루씨온?

❺ 수수료가 얼마죠?
¿Cuánto es la comisión?
꾸안또 에스 라 꼬미씨온?

❻ 가능한 빨리 출발하고 싶어요.
Quiero partir lo antes posible.
끼에로 빠르띠르 로 안떼스 뽀시블레.

4

숙소에서

숙소 체크인하기

숙소 체크아웃하기

부대시설 이용하기

숙소 서비스 요청하기

객실 비품 요청하기

불편사항 말하기

숙소 체크인하기

혹시 모를 상황에 대비해 숙소 예약 바우처를 출력해 챙겨가는 것이 좋다. 체크인 시간은 숙소별로 다를 수 있으므로 체크인 전에 미리 확인해두자.

여행 단어

예약	reserva ㄹ레쎄르바	체크인	registro / check-in ㄹ레히스뜨로/ 체크인
층	piso 삐소	몇 박	cuantas noches 꾸안따스 노체스
숙박요금	precio de alojamiento 쁘레씨오 데 알로하미엔또	지불	pago 빠고
객실 번호	número de habitación 누메로 데 아비따씨온	객실 열쇠	llave de la habitación 야베 데 라 아비따씨온
침대	cama 까마	와이파이 비밀번호	clave WI-FI 끌라베 위-피

여행 회화

❶ 체크인 할게요.
Quiero hacer el check-in.
끼에로 아쎄르 엘 체크인.

❷ 'ㅇㅇ' 이름으로 예약했어요.
He reservado a nombre de ㅇㅇ.
에 ㄹ레쎄르바도 아 놈브레 데 ㅇㅇ.

❸ 호텔 바우처를 보여드릴게요.
Te doy el vale.
떼 도이 엘 발레.

❹ 객실 요금은 이미 지불했어요.
Ya he pagado la habitación.
야 에 빠가도 라 아비따씨온.

❺ 와이파이 비밀번호가 무엇인가요?
¿Cuál es clave WI-FI?
꾸알 에스 끌라베 위-피?

❻ 객실은 몇 층인가요?
¿En qué piso está la habitación?
엔 께 삐소 에스따 라 아비따씨온?

체크아웃 시간 또한 숙소마다 조금씩 다르다. 사정상 늦은 체크아웃을 해야 한다면 레이트 체크아웃에 따른 추가 요금을 확인할 것.

여행 단어

체크아웃	check-out 체크 아웃	퇴실	salida 쌀리다
보관하다	guardar 구아르다르	분실하다	perder 뻬르데르
객실 열쇠	llave de la habitación 야베 데 라 아비따씨온	소지품	objetos personales 오브헤또스 뻬르쏘날레스
숙박요금	precio de alojamiento 쁘레씨오 데 알로하미엔또	추가 요금	coste adicional 꼬스떼 아디씨오날
사용료	precio de uso 쁘레씨오 데 우소	영수증	recibo ㄹ레씨보

여행 회화

❶ 체크아웃 할게요.	Voy a hacer el check-out. 보이 아 아쎄르 엘 체크 아웃.
❷ 체크아웃은 몇 시죠?	¿A qué hora es el check-out? 아 께 오라 에스 엘 체크 아웃?
❸ 체크아웃 시간 연장이 가능한가요?	¿Puedo retrasar la hora del check-out? 뿌에도 레뜨라사르 라 오라 델 체크 아웃?
❹ 추가 요금이 있나요?	Hay algún precio adicional? 아이 알군 쁘레씨오 아디씨오날?
❺ 짐 좀 보관해줄 수 있나요?	¿Puede guardar mi equipaje, por favor? 뿌에데 구아르다르 미 에끼빠헤, 뽀르 파보르?
❻ 택시를 불러 주세요.	Llame a un taxi, por favor. 야메 아 운 딱씨, 뽀르 파보르.

부대시설 이용하기

레스토랑, 스파, 수영장, 세탁실 등 부대시설을 자유롭게 이용하기 위한 표현들. 숙소 서비스 차원에서 무료로 제공하기도 하고, 때에 따라 추가 요금을 받을 수도 있으니 미리 확인하자.

여행 단어

한국어	스페인어	한국어	스페인어
조식	desayuno 데싸유노	흡연실	sala para fumadores 쌀라 빠라 푸마도레스
수영장	piscina 삐씨나	스파	spa 스파
세탁실	lavandería 라반데리아	바	bar 바르
자판기	máquina expendedora 마끼나 엑스뻰데도라	이용방법	modo de uso 모도 데 우쏘
개점 (시간)	hora de apertura 오라 데 아뻬르뚜라	폐점 (시간)	hora de cierre 오라 데 씨에ㄹ레

여행 회화

❶ 조식은 어디서 먹을 수 있죠? ¿Dónde puedo desayunar?
돈데 뿌에도 데싸유나르?

❷ 조식시간은 몇 시부터 인가요? A qué hora es el desayuno?
아 께 오라 에스 엘 데싸유노?

❸ 스파는 어디에 있나요? ¿Dónde está el spa?
돈데 에스따 엘 스파?

❹ 수영장은 몇 시부터 이용할 수 있나요? ¿Desde qué hora puedo usar la piscina?
데스데 께 오라 뿌에도 우사르 라 삐씨나?

❺ 근처에 편의점이 있나요? ¿Hay alguna tienda de conveniencia cerca?
아이 알구나 띠엔다 데 꼰베니엔씨아 쎄르까?

❻ 흡연실은 몇 층인가요? ¿En qué piso está la sala para fumadores?
엔 께 삐소 에스따 라 쌀라 빠라 푸마도레스?

콜택시 요청하기, 모닝콜 부탁하기, 귀중품 위탁하기 등 필요한 서비스가 있다면 다음의 표현을 활용해 직접 프런트에 말해보자.

여행 단어

공항	aeropuerto 아에로뿌에르또	셔틀버스	autobús de enlace 아우또부스 데 엔라쎄
택시	taxi 딱씨	리무진 버스	autobús del aeropuerto 아우또부스 델 아에로뿌에르또
룸서비스	servicios de habitaciones 쎄르비씨오스 데 아비따씨오네스	짐	carga 까르가
귀중품	objetos de valor 옵헤또스 데 발로르	모닝콜	llamada despertador 야마다 데스뻬르따도르
방 청소	limpieza de habitación 림삐에싸 데 아비따씨온	와이파이 비밀번호	clave WI-FI 끌라베 위-피

여행 회화

❶ 택시 좀 불러 줄 수 있나요?
¿Puede llamar a un taxi?
뿌에데 야마르 아 운 딱씨?

❷ 셔틀버스 운행하나요?
¿Hay autobús de enlace?
아이 아우또부스 데 엔라쎄?

❸ 룸서비스 부탁드려요.
Quiero pedir servicio de habitaciones, por favor.
끼에로 뻬디르 쎄르비씨오 데 아비따씨오네스, 뽀르 파보르.

❹ 모닝콜 부탁드려요.
Llamada despertadora, por favor.
야마다 데스뻬르따도라, 뽀르 파보르.

❺ 방 청소를 부탁드려요.
Limpie la habitación, por favor.
림삐에 라 아비따씨온, 뽀르 파보르.

❻ 와이파이 비밀번호를 알려주세요.
Quiero la clave WI-FI.
끼에로 라 끌라베 위-피.

객실 비품 요청하기

호텔, 리조트의 경우 샴푸나 수건 등 기본적인 비품을 무료로 제공하는 경우가 많다. 이밖에 더 필요한 것이 있다면 이렇게 요청하자.

여행 단어

한국어	스페인어	한국어	스페인어
무료	gratis 그라띠스	필요하다	necesitar 네쎄씨따르
수건	toalla 또아야	비누	jabón 하본
화장지	papel higiénico 빠뻴 이히에니꼬	칫솔	cepillo de dientes 쎄삐요 데 디엔떼스
샴푸	champú 참푸	바디 샴푸	gel de ducha 헬 데 두차
헤어드라이어	secador 쎄까도르	침대 시트	sábanas 싸바나스

여행 회화

❶ 객실 비품은 무료인가요?
¿El equipamiento de la habitación es gratis?
엘 에끼빠미엔또 데 라 아비따씨온 에스 그라띠스?

❷ 수건이 더 필요해요.
Necesito más toallas.
네쎄씨또 마스 또아야스.

❸ 칫솔이 없어요.
No hay cepillo de dientes.
노 아이 쎄삐요 데 디엔떼스.

❹ 헤어드라이어가 고장 났어요.
El secador no funciona.
엘 쎄카도르 노 푼씨오나.

❺ 슬리퍼 하나 더 주세요.
Deme unas zapatillas más, por favor.
데메 우나스 싸빠띠야스 마스, 뽀르 파보르.

❻ 침대 시트를 교체해주세요.
Cambie las sábanas, por favor.
깜비에 라스 싸바나스, 뽀르 파보르.

불편한 상황을 구체적으로 설명하기 어렵다면 호텔 직원에게 객실 방문을 부탁하자. 상황을 직접 보여주면 생각보다 쉽게 해결할 수 있다.

여행 단어

문제	problema 쁘로블레마	고장 나다	no funcionar 노 푼씨오나르
시끄럽다	hacer ruido 아쎄르 ㄹ루이도	방을 바꾸다	cambiar de habitación 깜비아르 데 아비따씨온
난방 · 냉방	calefacción · refrigeración 깔레팍씨온 · 레프리헤라씨온	덥다 · 춥다	hace calor · frío 아쎄 깔로르 · 프리오
인터넷	internet 인떼르넷	청소	limpieza 림삐에싸
변기	váter 바떼르	온수	agua caliente 아구아 깔리엔떼

여행 회화

❶ 온수가 안 나와요.	No sale agua caliente. 노 쌀레 아구아 깔리엔떼.
❷ 너무 시끄러워요.	Hace demasiado ruido. 아쎄 데마씨아도 ㄹ루이도.
❸ 금연실로 예약했는데요.	He reservado una habitación para no fumadores. 에 ㄹ레쎄르바도 우나 아비따씨온 빠라 노 푸마도레스.
❹ 다른 방으로 옮기고 싶어요.	Quiero cambiar la habitación. 끼에로 깜비아르 라 아비따씨온.
❺ 처음부터 고장 나 있었어요.	No funciona desde el principio. 노 푼씨오나 데스데 엘 쁘린씨삐오.
❻ 방에 와서 확인해주세요.	¿Puede venir a la habitación para comprobarlo? 뿌에데 베니르 아 라 아비따씨온 빠라 꼼쁘로바를로?

5
식당에서

메뉴 주문하기

식당 서비스 요청하기

불만사항 말하기

음식값 계산하기

패스트푸드 주문하기

커피 주문하기

사진 메뉴판이 있다면 손가락으로 메뉴를 가리키며 주문할 수 있지만, 스페인어 메뉴판만 있어서 알아보기 힘들다면 직원에게 인기 메뉴를 추천받는 것도 좋은 방법이다.

여행 단어

한국어	스페인어	한국어	스페인어
메뉴	menú 메누	이것/저것	esto · aquello 에스또/아께요
한 개 · 두 개	uno · dos 우노 · 도스	추천	recomendación ㄹ레꼬멘다씨온
가장 인기 있는	más popular 마스 뽀뿔라르	영어 메뉴판	menú en inglés 메누 엔 잉글레스
세트메뉴	combo 꼼보	무한리필	ilimitado 일리미따도
오늘의 특선 메뉴	menú del día 메누 델 디아	테이크아웃	para llevar 빠라 예바르

여행 회화

❶ 주문하겠습니다.
Quiero pedir.
끼에로 뻬디르.

❷ 이걸로 주세요.
Deme esto, por favor.
데메 에스또, 뽀르 파보르.

❸ 이거 하나랑 이거 두 개 주세요.
Deme uno de esto y dos de esto, por favor.
데메 우노 데 에스또 이 도스 데 에스또, 뽀르 파보르.

❹ 테이크아웃하고 싶어요.
Lo quiero para llevar.
로 끼에로 빠라 예바르.

❺ 추천 메뉴는 무엇인가요?
¿Me recomienda algún plato?
메 ㄹ레꼬멘다리아 알군 쁠라또?

❻ 조금 있다가 주문할게요.
Voy a pedir más tarde.
보이 아 뻬디르 마스 따르데.

부족하거나 필요한 것이 있을 때 서비스를 요청할 수 있지만, 격식을 갖춰야 할 레스토랑에서는 손을 들고 큰 소리로 부르기보다는 눈을 맞추고 조용히 얘기하는 것이 예의다.

여행 단어

포크	tenedor 떼네도르	칼(나이프)	cuchillo 꾸치요
잔	vaso 바쏘	접시	plato 쁠라또
냅킨	servilleta 쎄르비예따	물티슈	toallita húmeda 또아이따 우메다
소스	salsa 쌀싸	리필	rellenar ㄹ레예나르
얼음	hielo 이엘로	하나 더	uno más 우노 마스

여행 회화

❶ 접시 하나 더 주세요.
Deme un plato más, por favor.
데메 운 쁠라또 마스, 뽀르 파보르.

❷ 다른 칼로 바꿔주세요.
Deme otro cuchillo, por favor.
데메 오뜨로 꾸치요, 뽀르 파보르.

❸ 냅킨이 없어요.
No hay servilletas.
노 아이 쎄르비예따스.

❹ 이거 리필이 되나요?
¿Esto se puede rellenar?
에스또 쎄 뿌에데 ㄹ레예나르?

❺ 얼음 물 한 잔 주세요.
Deme un vaso de agua con hielo, por favor.
데메 운 바쏘 데 아구아 꼰 이엘로, 뽀르 파보르.

❻ 포장해주세요.
¿Me lo pone para llevar, por favor?
메 로 뽀네 빠라 예바르, 뽀르 파보르?

불만사항 말하기

주문한 음식이 너무 늦게 나오거나 주문한 음식과 다른 메뉴가 나왔을 때, 혹은 음식 맛이나 조리법에 문제가 있을 때도 아래 표현을 활용해 불만사항을 말할 수 있다.

여행 단어

한국어	스페인어	한국어	스페인어
머리카락	pelo 뻴로	이물질	sustancia extraña 쑤스딴씨아 엑쓰뜨라냐
더럽다	sucio 쑤씨오	이상하다	ser extraño 쎄르 엑쓰뜨라뇨
신선하지 않다	no ser fresco 노 쎄르 프레스꼬	덜 익다	menos maduro 메노스 마두로
너무 익다	demasiado hecho 데마씨아도 에초	달다 · 맵다	dulce · picante 둘쎄 / 삐깐떼
짜다 · 싱겁다	salado · soso 쌀라도 · 쏘쏘	미지근하다	templado 뗌쁠라도

여행 회화

❶ 테이블을 닦아주세요.
Limpie la mesa, por favor.
림삐에 라 메사, 뽀르 파보르.

❷ 메뉴가 잘못 나왔어요.
Esto no es lo que he pedido.
에스또 노 에스 로 께 에 뻬디도.

❸ 주문한 메뉴가 안 나왔어요.
Aún no ha salido lo que he pedido.
아운 노 아 쌀리도 로 께 에 뻬디도.

❹ 너무 짜요.
Está demasiado salado.
에스따 데마씨아도 쌀라도.

❺ 이거 너무 익었어요.
Está demasiado hecho.
에스따 데마씨아도 에초.

❻ 이거 맛이 이상해요.
Esto sabe extraño.
에스또 싸베 엑쓰뜨라뇨.

음식값 계산하기

식사를 마치고 계산을 요청할 때 쓸 수 있는 간단한 표현들이다. 간혹 계산서에 팁이 포함되어 있을 때도 있으니 잘 확인해야 한다.

여행 단어

계산서	cuenta 꾸엔따	계산/지불하다	contar · pagar 꼰따르 · 빠가르
착오 · 틀림	error 에ㄹ로르	현금	en efectivo 엔 에펙띠보
신용카드	tarjeta de crédito 따르헤따 데 끄레디또	영수증	recibo ㄹ레씨보
주문하지 않은	no pedido 노 뻬디도	거스름돈	cambio 깜비오
따로	por separado 뽀르 쎄빠라도	세금 포함	impuestos incluidos 임뿌에스또스 인끌루이도스

여행 회화

❶ 계산할 게요.
La cuenta, por favor.
라 꾸엔따, 뽀르 파보르.

❷ 따로 계산해주세요.
Cobre por separado, por favor.
꼬브레 뽀르 쎄빠라도, 뽀르 파보르.

❸ 신용카드 사용할 수 있나요?
¿Puedo usar tarjeta de crédito?
뿌에도 우싸르 따르헤따 데 끄레디또?

❹ 영수증 주세요.
Deme el recibo, por favor.
데메 엘 ㄹ레씨보, 뽀르 파보르.

❺ 세금을 포함한 가격인가요?
¿Los precios incluyen el IVA?
로스 쁘레씨오스 인끌루옌 엘 이바?

❻ 계산서가 잘못 됐어요.
La cuenta está equivocada.
라 꾸엔따 에스따 에끼보까다.

패스트푸드 주문하기

간단히 한 끼를 해결하기 좋은 패스트푸드점. 주문도 역시 심플하다. 하지만 단품인지 세트인지, 매장에서 먹을지 포장할지를 명확히 말해야 착오가 없다.

여행 단어

단품	solo 쏠로	세트	combo 꼼보
여기	aquí 아끼	햄버거	hamburguesa 암부르게싸
감자튀김	patatas fritas 빠따따스 프리따스	케첩	kétchup 케춥
소스	salsa 쌀싸	포장	para llevar 빠라 예바르
리필	rellenar 레예나르	빨대	pajita 빠히따

여행 회화

❶ 3번 세트 주세요.
Deme un combo número tres, por favor.
데메 운 꼼보 누메로 뜨레스, 뽀르 파보르.

❷ 햄버거만 하나 주세요.
Deme solo una hamburguesa, por favor.
데메 쏠로 우나 암부르게싸, 뽀르 파보르.

❸ 감자튀김만 얼마인가요?
¿Cuánto cuestan solo las patatas fritas?
꾸안또 꾸에스딴 쏠로 라스 빠따따스 프리따스?

❹ 리필 할 수 있나요?
¿Puedo rellenarlo?
뿌에도 ㄹ레예나를로?

❺ 여기서 먹을 거예요.
Voy a comer aquí.
보이 아 꼬메르 아끼.

❻ 햄버거만 포장해주세요.
Una hamburguesa para llevar, por favor.
우나 암부르게싸 빠라 예바르, 뽀르 파보르.

커피 메뉴는 영어와 스페인어가 많이 다르기 때문에 영어를 모르는 점원은 못 알아들을 수도 있다. 마시고 싶은 커피가 있다면 미리 스페인어를 확인해두자.

여행 단어

아메리카노	americano 아메리까노	카페라테	café con leche 까페 꼰 레체
에스프레소	espresso 에스쁘레쏘	핫 · 아이스	caliente · con hielo 깔리엔떼 · 꼰 이엘로
작은 사이즈	pequeño 뻬께뇨	큰 사이즈	grande 그란데
진하다	fuerte 뿌에르떼	연하다	suave 수아베
샷 추가	agregar un shot 아그레가르 운 숏	휘핑크림	nata 나따

여행 회화

❶ 카페라테 작은 사이즈 한 잔이요.	Un café con leche pequeño, por favor. 운 까페 꼰 레체 뻬께뇨, 뽀르 파보르.
❷ 휘핑크림은 빼주세요.	Sin nata, por favor. 씬 나따, 뽀르 파보르.
❸ 샷 추가해주세요.	Quiero agregar un shot de espresso, por favor. 끼에로 아그레가르 운 숏 데 에스쁘레쏘, 뽀르 파보르.
❹ 커피를 연하게 해주세요.	Un café suave, por favor. 운 까페 수아베, 뽀르 파보르.
❺ 얼음은 빼주세요.	Sin hielo, por favor. 씬 이엘로, 뽀르 파보르.
❻ 뜨거운 것 (차가운 것) 으로 주세요.	Démelo caliente (frío). 데메로 깔리엔떼 (프리오).

6

관광할 때

관광지 정보 얻기

사진 촬영 부탁하기

공연 표 구입하기

관광 명소 관람하기

현장에서 얻은 생생한 정보는 여행을 역동적으로 만들어준다. 현지인에게 핫하고 정확한 정보를 캐내는 간단한 표현들.

여행 단어

한국어	스페인어	한국어	스페인어
추천하다	recomendar ㄹ레꼬멘다르	가는 길	camino a 까미노 아
가까운	cerca 쎄르까	인기 있는	popular 뽀뿔라르
유명한	famoso 파모쏘	안내소	centro de información 쎈뜨로 데 인포르마씨온
위치	dirección 디렉씨온	여기	aquí 아끼
안내책자	folleto 포예또	무료/유료	gratis · de pago 그라띠스 · 데 빠고

여행 회화

❶ 인기 관광지를 추천해주세요.
¿Me recomienda un lugar turístico famoso?
메 ㄹ레꼬미엔다 운 루가르 뚜리쓰띠꼬 파모쏘?

❷ 산책하기 좋은 곳이 있나요?
¿Hay algún lugar bueno para pasear?
아이 알군 루가르 부에노 빠라 빠쎄아르?

❸ 한국어 안내책자가 있나요?
¿Tiene folletos en coreano?
띠에네 포예또스 엔 꼬레아노?

❹ 여기가 지도상의 위치인가요?
¿Es aquí donde marca el mapa?
에스 아끼 돈데 마르까 엘 마빠?

❺ 걸어가면 얼마나 걸리죠?
¿Cuánto tiempo se tarda caminando?
꾸안또 띠엠뽀 쎄 따르다 까미난도?

❻ 어떻게 가면 될까요?
¿Cómo puedo ir?
꼬모 뿌에도 이르?

사진 촬영 부탁하기

'셀카봉'과 삼각대에만 의지하자니 인생샷 찍기엔 뭔가 부족한 느낌. 지나칠 수 없는 절경이라면 사진 촬영을 부탁하는 것도 좋겠다.

여행 단어

사진 찍다	hacer fotos 아쎄르 포또스	누르다	apretar 아쁘레따르
버튼	botón 보똔	한 장 더	una foto más 우나 포또 마스
사진	foto 포또	가까이 · 멀리	cerca · lejos 쎄르까/레호스
배경	fondo 폰도	카메라	cámara 까마라
촬영 금지	prohibido hacer fotos 프로히비도 아쎄르 포또스	같이	juntos 훈또스

여행 회화

❶ 사진 좀 찍어줄 수 있나요?	¿Podría hacerme una foto? 뽀드리아 아쎄르메 우나 포또?
❷ 이 버튼을 누르면 됩니다.	Apriete este botón. 아쁘리에떼 에스떼 보똔.
❸ 같이 사진 찍을 수 있을까요?	¿Puede sacarnos una foto juntos? 뿌에데 싸까르노스 우나 포또 훈또스?
❹ 여기서 사진 찍어도 되나요?	¿Se puede hacer una foto aquí? 쎄 뿌에데 아쎄르 우나 포또 아끼?
❺ 배경이 나오게 찍어주세요.	Saque también el fondo, por favor. 싸께 땀비엔 엘 폰도, 뽀르 파보르.
❻ 한 장 더 부탁드려요.	Una foto más, por favor. 우나 포또 마스, 뽀르 파보르.

공연 표 구입하기

우리나라에서 보기 힘든 공연이 현지에서 열린다면 치열한 예매 경쟁도 감수할 만하다. 입장료가 얼마인지, 남은 좌석이 있는지 물어야 할 때 유용한 표현들.

여행 단어

공연	concierto 꼰씨에르또	티켓	entrada 엔뜨라다
유명한	famoso 파모쏘	좌석	asiento 아씨엔또
시간표	horario 오라리오	매진	agotado 아고따도
취소	cancelación 깐쎌라씨온	플라멩고	Flamenco 쁠라멩꼬
예매	reserva ㄹ레쎄르바	라인업	alienación 알리에나씨온

여행 회화

❶ 가장 유명한 공연이 뭐예요? ¿Qué concierto es el más popular?
께 꼰씨에르또 에스 엘 마스 뽀뿔라르?

❷ 입장료는 얼마인가요? ¿Cuánto cuesta la entrada?
꾸안또 꾸에스따 라 엔뜨라다?

❸ 공연은 언제 시작하나요? ¿A qué hora empieza el concierto?
아 께 오라 엠삐에싸 엘 꼰씨에르또?

❹ 다음 공연은 몇 시인가요? ¿A qué hora empieza el siguiente concierto?
아 께 오라 엠삐에싸 엘 씨기엔떼 꼰씨에르또?

❺ 5시 공연 티켓 두 장 주세요. Quiero dos entradas para las cinco.
끼에로 도스 엔뜨라다스 빠라 라스 씬꼬.

❻ 내일 공연 예매하고 싶어요. Quiero reservar el concierto para mañana.
끼에로 ㄹ레쎄르바르 엘 꼰씨에르또 빠라 마냐나.

관광 명소 관람하기

여행지를 대표하는 명소는 저마다 다르지만, 자주 쓰는 표현은 크게 다르지 않다. 한국어 오디오 가이드가 있다면 관광 명소를 더욱 깊고 풍부하게 이해할 수 있는 기회!

여행 단어

박물관	museo 무쎄오	미술관	museo de arte 무쎄오 데 아르떼
입구 · 출구	entrada · salida 엔뜨라다/쌀리다	매표소	taquilla de billetes 따끼야 데 비예떼스
안내책자	folleto 포예또	기념품 숍	tienda de recuerdos 띠엔다 데 ㄹ레꾸에르도스
개점	hora de apertura 오라 데 아뻬르뚜라	오디오 가이드	audioguía 아우디오기아
폐점	hora de cierre 오라 데 씨에ㄹ레	한국어 설명	versión coreana 베르씨온 꼬레아나

여행 회화

❶ 매표소는 어디인가요?
¿Dónde está la taquilla?
돈데 에스따 라 따끼야?

❷ 입구(출구)가 어디인가요?
¿Dónde está la entrada(salida)?
돈데 에스따 라 엔뜨라다 (쌀리다)?

❸ 입장료는 얼마인가요?
¿Cuánto cuesta la entrada?
꾸안또 꾸에스따 라 엔뜨라다?

❹ 화장실은 어디에 있어요?
¿Dónde está el baño?
돈데 에스따 엘 바뇨?

❺ 안내책자를 보고 싶어요.
Quiero ver el folleto.
끼에로 베르 엘 포예또.

❻ 한국어 설명도 있나요?
¿Lo tiene en coreano?
로 띠에네 엔 꼬레아노?

7

쇼핑할 때

제품 문의하기

착용 요청하기

가격 흥정하기

상품 계산하기

포장 요청하기

교환 · 환불하기

한국에서 보기 어려운 브랜드 제품은 여행자의 쇼핑 욕구를 높인다. 매장에 들어가 원하는 제품을 찾기 어렵거나, 제품을 고르는 데 점원의 도움이 필요하다면 다음과 같이 말해보자.

여행 단어

한국어	스페인어	한국어	스페인어
가격	precio 쁘레씨오	유명한	famoso/a 파모쏘
지역 특산품	producto local 쁘로둑또 로깔	세일	rebajas ㄹ레바하스
사이즈	talla 따야	세금	impuestos / IVA 임뿌에스또스 / 이바
남성용 · 여성용	para hombre · mujer 빠라 옴브레 / 무헤르	할인	descuento 데스꾸엔또
선물	regalo ㄹ레갈로	이것 · 저것	esto · aquello 에스또 · 아께요

여행 회화

❶ 이 지역에서 가장 유명한 게 뭐예요?
¿Qué es lo más famoso de esta región?
께 에스 로 마스 파모쏘 엔 에스따 레히온?

❷ 이거 얼마인가요?
¿Cuánto cuesta esto?
꾸안또 꾸에스따 에스또?

❸ 이거 세일하나요?
¿Está rebajado?
에스따 ㄹ레바하도?

❹ 추천 상품이 있나요?
¿Hay algún producto que me recomiende?
아이 알군 쁘로둑또 께 메 ㄹ레꼬미엔데?

❺ 선물로 뭐가 좋은가요?
¿Qué me recomendaría para regalar?
께 메 ㄹ레꼬멘다리아 빠라 ㄹ레갈라르?

❻ 미디엄(M) 사이즈 있나요?
¿Lo tiene en tamaño mediano?
로 띠에네 엔 따마뇨 메디아노?

착용 요청하기

치수 표기법이 다른 외국에서는 특히 입어보고 신어본 후에 구매하는 것이 최선이다. 한국에 돌아와 후회하지 않으려면 구매 전에 착용해보자.

여행 단어

한국어	스페인어	한국어	스페인어
피팅룸	probador 쁘로바도르	사이즈	talla 따야
더 큰 것	la más grande 라 마스 그란데	더 작은 것	la más pequeña 라 마스 뻬께냐
너무 크다	es muy grande 에스 무이 그란데	너무 작다	es muy pequeño 에스 무이 뻬께뇨
다른 것	otra cosa 오뜨라 꼬싸	다른 색상	otro color 오뜨로 꼴로르
입어보다	probarse 쁘로바르세	라지 · 미디엄 · 스몰	grande · mediana · pequeña 그란데 · 메디아나 · 뻬께냐

여행 회화

❶ 이거 입어 봐도 돼요?
¿Puedo probármelo?
뿌에도 쁘로바르멜로?

❷ 어떤 사이즈를 입나요?
¿Cuál es su talla?
꾸알 에스 수 따야?

❸ 피팅룸은 어디인가요?
¿Dónde está el probador?
돈데 에스따 엘 쁘로바도르?

❹ 너무 커요(작아요).
Es muy grande (pequeño).
에스 무이 그란데 (뻬께뇨).

❺ 다른 색상도 있나요?
¿Tiene otro color?
띠에네 오뜨로 꼴로르?

❻ 더 큰 것은 없나요?
¿Tiene uno más grande?
띠에네 우노 마스 그란데?

가격 흥정하기

대도시 쇼핑몰이나 백화점 등 정찰제로 상품을 판매하는 곳에서 무리하게 할인과 흥정을 요구하지는 말자. 단, 정감 있는 재래시장에서는 여행자의 애교가 통할 수도 있다.

여행 단어

가격	precio 쁘레씨오	할인	descuento 데스꾸엔또
쿠폰	cupón 꾸뽄	비싸다	caro 까로
저렴하다	barato 바라또	손해	defecto 데펙또
현금	en efectivo 엔 에펙띠보	덤	extra 엑쓰뜨라
신용카드	tarjeta de crédito 따르헤따 데 끄레디또	서비스	atención 아뗀씨온

여행 회화

❶ 할인 받을 수 있나요?	¿hay descuento? 아이 데스꾸엔또?
❷ 현금으로 계산하면 할인해주나요?	¿Hay descuento si pago en efectivo? 아이 데스꾸엔또 씨 빠고 엔 에펙띠보?
❸ 너무 비싸요.	Es muy caro. 에스 무이 까로.
❹ 좀 더 싸게 해주세요.	Más barato, por favor. 마스 바라또, 뽀르 파보르.
❺ 돈이 이것밖에 없어요.	Solo tengo este dinero. 쏠로 뗑고 에스떼 디네로.
❻ 깎아주시면 살게요.	Lo compro si me hace descuento. 로 꼼쁘로 씨 메 아쎄 데스꾸엔또.

상품 계산하기

현금은 미리 환전해서 준비하고, 신용카드는 해외에서 사용 가능한지 미리 확인해두자. 아래 단어와 문장을 활용하면 영수증을 요구하거나 나눠서 계산하는 일도 문제없다.

여행 단어

계산하다	pagar 빠가르	현금	en efectivo 엔 에펙띠보
신용카드	tarjeta de crédito 따르헤따 데 끄레디또	영수증	recibo ㄹ레씨보
면세	tienda libre de impuestos 띠엔다 리브레 데 임뿌에스또스	할부	a plazos 아 쁠라쏘스
일시불	al contado 알 꼰따도	세금 환급	devolución de impuestos 데볼루씨온 데 임뿌에스또스
비닐봉지	bolsa de plástico 볼싸 데 쁠라스띠꼬	전부	todo 또도

여행 회화

❶ 얼마부터 면세가 되나요?
¿Desde qué precio está libre de impuestos?
데스데 께 쁘레씨오 에스따 리브레 데 임뿌에스또스?

❷ 신용카드로 결제 가능한가요?
¿Puedo pagar con tarjeta de crédito?
뿌에도 빠가르 꼰 따르헤타 데 끄레디또?

❸ 세금이 포함된 가격인가요?
¿Está incluido el IVA?
에스따 인끌루이도 엘 이바?

❹ 전부 계산 할게요.
Me lo llevo todo.
메 로 예보 또도.

❺ 영수증 주세요.
Quiero el recibo.
끼에로 엘 ㄹ레씨보.

❻ 세금 환급 가능한가요?
Es posible recibir la devolución de impuestos?
에스 뽀씨블레 ㄹ레씨비르 라 데볼루씨온 데 임뿌에스또스?

포장 요청하기

보기 좋은 떡이 먹기도 좋다. 같은 선물이라도 봉투에 담긴 것과 예쁜 포장지로 말끔히 포장된 건 하늘과 땅 차이. 추가 요금이 발생하더라도 성의를 표하고 싶다면 선물 포장을 주문해보자.

여행 단어

포장	empaquetado 엠빠께따도	선물 포장	empaquetado de regalo 엠빠께따도 데 ㄹ레갈로
포장 코너	servicio de empaquetado 쎄르비씨오 데 엠빠께따도	쇼핑백	bolsa 볼싸
포장지	papel de regalo 빠뻴 데 ㄹ레갈로	비닐봉지	bolsa de plástico 볼싸 데 쁠라스띠꼬
진공 포장	envasado al vacío 엔바싸도 알 바씨오	뽁뽁이	plástico de burbujas 쁠라스띠꼬 데 부르부하스
따로	separado 쎄빠라도	예쁘게	con esmero 꼰 에스메로

여행 회화

❶ 선물 포장해주세요.
Envuelva el regalo, por favor.
엔부엘바 엘 ㄹ레갈로, 뽀르 파보르.

❷ 포장비가 따로 있나요?
¿Necesito pagar para envolverlo?
네쎄씨또 빠가르 빠라 엔볼베를로?

❸ 쇼핑백에 담아주세요.
Démelo con una bolsa, por favor.
데멜로 꼰 우나 볼싸, 뽀르 파보르.

❹ 따로따로 포장해주세요.
Envuélvamelo por separado, por favor.
엔부엘바멜로 뽀르 쎄빠라도, 뽀르 파보르.

❺ 다른 포장지는 없나요?
¿Tiene otro papel para envolver?
띠에네 오뜨로 빠뻴 빠라 엔볼베르?

❻ 예쁘게 포장해주세요.
Envuélvamelo con mucho esmero.
엔부엘바멜로 꼰 무초 에스메로.

물품을 잘못 구매했거나 하자가 있는 경우 교환·환불을 요청할 수 있다. 단, 계산했던 신용카드와 영수증 지참 등 교환·환불 규정에 따른 요건을 갖춘 후에 정중히 요청하자.

여행 단어

한국어	스페인어	한국어	스페인어
교환하다	cambiar 깜비아르	환불하다	devolver el dinero 데볼베르 엘 디네로
지불하다	pagar 빠가르	반품하다	devolver 데볼베르
환불 불가	no se aceptan devoluciones 노 쎄 아쎕딴 데볼루씨오네스	흠집	arañazo 아라냐쏘
새 것	nuevo 누에보	문제	problema 쁘로블레마
불량품	producto defectuoso 쁘로둑또 데펙뚜오쏘	고장나다	no funcionar 노 푼씨오나르

여행 회화

❶ 다른 것으로 교환할 수 있나요?
¿Puedo cambiarlo por otro?
뿌에도 깜비아를로 뽀르 오뜨로?

❷ 새 것으로 바꾸고 싶어요.
Deme uno nuevo, por favor.
데메 우노 누에보, 뽀르 파보르.

❸ 이 제품 고장난 것 같아요.
Este producto parece no funcionar.
에스떼 쁘로둑또 빠레쎄 노 푼씨오나르.

❹ 전혀 사용하지 않았습니다.
No lo he usado.
노 로 에 우사도.

❺ 환불해주세요.
Devuélvame el dinero, por favor.
데부엘바메 엘 디네로, 뽀르 파보르.

❻ 현금(신용카드)으로 계산했어요.
Pague en efectivo (con tarjeta de crédito).
빠게 엔 에펙띠보 (꼰 따르헤따 데 끄레디또).

8

위급상황

분실 · 도난 신고하기

부상 · 아플 때

분실·도난 신고하기

만약 중요한 물품을 잃어버렸다면 반드시 도난 · 분실 신고를 할 것. 여행자 보험으로 보상받는 필수 조건이 신고서 작성임을 명심하자. 여권 사본을 준비하는 것도 만약을 대비하는 좋은 방법이다.

여행 단어

경찰서	comisaría 꼬미싸리아	분실	pérdida 뻬르디다
도난 신고서	denuncia por robo 데눈씨아 뽀르 ㄹ로보	도난	robo ㄹ로보
귀중품	objetos de valor 옵헤또스 데 발로르	지갑	cartera 까르떼라
휴대폰	teléfono móvil 뗄레포노 모빌	가방	mochila 모칠라
여권	pasaporte 빠싸뽀르떼	대사관 · 영사관	embajada 엠바하다

여행 회화

❶ 경찰서가 어디인가요?	¿Dónde está la comisaría? 돈데 에스따 라 꼬미싸리아?
❷ 도난 신고를 하고 싶어요.	Quiero poner una denuncia. 끼에로 뽀네르 우나 데눈씨아.
❸ 분실 신고는 어디서 하나요?	¿Dónde puedo poner una reclamación por extravío? 돈데 뿌에도 뽀네르 우나 ㄹ레끌라마씨온 뽀르 엑쓰뜨라비오?
❹ 지갑을 도난당했어요.	Me han robado la cartera. 메 안 ㄹ로바도 라 까르떼라.
❺ 여권을 잃어버렸어요.	He perdido mi pasaporte. 에 뻬르디도 미 빠싸뽀르떼.
❻ 대사관에 전화해주세요.	Llame a la embajada, por favor. 야메 아 라 엠바하다, 뽀르 파보르.

고대하던 여행도 몸이 아프면 즐거울 리 없다. 견디기 힘든 통증이 있다면 약국이나 병원을 찾아 증상을 설명하고 적절한 처방을 받는 것이 좋다.

여행 단어

병원	hospital 오스삐딸	약국	farmacia 파르마씨아
아프다	doler 돌레르	어지럼증	vértigo 베르띠고
설사	diarrea 디아ㄹ레아	멀미	mareo 마레오
해열제	antifebril 안띠페브릴	진통제	analgésico 아날헤씨꼬
소화제	digestivo 디헤스띠보	응급차	ambulancia 암불란씨아

여행 회화

❶ 가까운 병원은 어디에 있나요?	¿Dónde está el hospital más cerca? 돈데 에스따 엘 오스삐딸 마스 쎄르까노?
❷ 여기가 아파요.	Me duele aquí. 메 두엘레 아끼.
❸ 열이 있어요.	Tengo fiebre. 뗑고 피에브레.
❹ 어제 아침부터 아팠어요	Me duele desde ayer por la mañana. 메 두엘레 데스데 아예르 뽀르 라 마냐나.
❺ 감기약 주세요.	Deme una medicina antigripal. 데메 우나 메디씨나 안띠그리빨.
❻ 응급차를 불러주세요.	Llame a la ambulancia. 야메 아 라 암불란씨아.

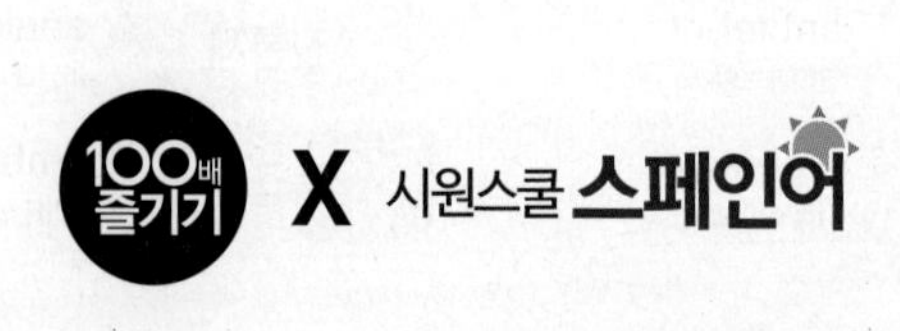
100배
즐기기
X
시원스쿨 스페인어

여행 스페인어
TRAVEL SPANISH

왕초보 스페인어

공항 · 기내에서

교통수단

숙소에서

식당에서

관광할 때

쇼핑할 때

위급상황

시원스쿨 스페인어